2022

농촌지도사

농촌지도론

핵심이론 합격공략!

Always **with you**

사람이 길에서 우연하게 만나거나 함께 살아가는 것만이 인연은 아니라고 생각합니다.
책을 펴내는 출판사와 그 책을 읽는 독자의 만남도 소중한 인연입니다.
(주)시대고시기획은 항상 독자의 마음을 헤아리기 위해 노력하고 있습니다.
늘 독자와 함께하겠습니다.

PREFACE

머리글

농촌지도란 농가를 대상으로 농업소득을 증대시키고 작물생산 기반을 확충시키며 농업 생산성을 향상시키기 위하여 재배기술 및 우량품종 등에 관한 교육을 하고 홍보를 실시하며 지도하는 것입니다.

(주)시대고시기획은 농촌지도론의 학습에 어려움을 느끼고 출간 문의를 해 온 수험생들의 사랑에 보답하기 위하여 농촌지도론 출제 영역, 의도와 방향에 대한 진단을 토대로 핵심적인 내용을 간추리고 이를 문제화하여 실전에 대비할 수 있게 교재를 출간하게 되었습니다.

첫째 농촌지도론 시험을 꼼꼼하게 분석했습니다.
우리 교재는 시험에 출제되는 내용들을 중심으로 이론을 구성하여 합격을 위한 효율적인 학습이 이루어지도록 구성했습니다.

둘째 부가적인 설명을 통해 어려운 내용도 쉽게 이해할 수 있습니다.
우리 교재는 'PLUS ONE', '참고' 등을 통해 친숙하지 않은 이론 및 개념에 대해서도 쉽게 이해할 수 있도록 하였습니다.

셋째 기출문제 및 예상문제를 수록하여 출제경향을 파악할 수 있습니다.
농촌지도론의 광범위한 내용을 모두 학습할 수 없기에 출제범위와 출제경향을 알기 위하여 기출문제는 매우 중요합니다.

(주)시대고시기획은 독자 여러분의 새로운 도전을 응원하면서 한 권의 책으로써 합격의 솔루션을 제공하기 위해 최선의 노력을 다하고 있습니다. 독자 여러분의 합격을 진심으로 기원합니다.

집필자 일동

이 책의 구성과 특징

이론

기출문제를 분석하여 이론을 완벽하게 정리하였습니다. 광범위한 시험 내용의 A부터 Z까지 핵심을 빠짐없이 학습할 수 있습니다. 방대한 농촌지도론의 모든 이론을 학습하기보다는 시험에 자주 출제되는 부분 위주로 학습하시는 것이 더 효율적입니다.

CHAPTER

01 농촌지도의 개

|01| 농촌지도의 정의

(1) 농촌지도의 어원

① 영국(대학확장교육)
  ㉠ 영국의 케임브리지와 옥스퍼드 대학이 일반인을 대상으로 실시히
  ㉡ 확장(extention)이라는 용어는 1873년 영국 케임브리지(Cambr
    공하였던 교육혁신을 소개하면서 처음 사용하였다.
② 미국(협동확장체계)
  ㉠ 교육확장 활동은 미국에 전파되어 미국 주립대학단위로 주로 농민
  ㉡ 미국은 협동확장체계를 농촌지도 의미로 사용하여 공적재원으로

파트별 문제

출제 경향에 맞추어 2022년 시험에 출제될 가능성이 높은 문제를 수록했습니다. 파트별로 학습이 끝나면 스스로 실력을 점검해보고 부족한 부분을 더 집중적으로 학습할 수 있습니다. 문제마다 친절하고 상세한 전문가의 해설을 함께 수록하여 기본부터 심화문제까지 확실히 대비할 수 있습니다.

PART

01 적중예상문제

CHAPTER 01 농촌지도의 개념

01
세계 각국의 농촌지도 의미가 바르지 않은 것은?

① 자문활동 – 미국
② 농업개량보급사업 – 일본
③ 추광사업 – 중국
④ 농촌지도사업 – 우리나라

해설 ① 확장(ex
브리지(
공하였단
다.
② 미국은
여 공적
조직의
동의 의
③ ④ 최1

참고

잘 이해가 안 되신다고요? 헷갈리는 부분을 빠짐없이 이해할 수 있도록 참고사항을 수록하였습니다. 친숙하지 않은 이론이나 개념, 이론에 대하여 추가적으로 알고 있으면 좋은 점 등을 확인하세요.

④ 평가는 하나의 평가위원회를 조직하여 평가하는 것이 타

🔍 참고

농촌지도계획 절차

지역실정 조사 · 분석 → 지역사회문제 결정 → 장기 농촌지도목표
서 작성 → 실천(활동계획) → 결과평가

플러스원

학습에 깊이를 더하고 싶으신가요? 'PLUS ONE'을 통해 내용 정리를 하고 심화 내용을 학습해보세요. 이론에 더하여 함께 학습하면 어렵고 생소한 시험문제에도 대비할 수 있습니다.

➕ PLUS ONE

략적 기획

전통적 기획	전략적 기획
정책(목표)의 구체적 수단	관리도구
최소화	최대화(복잡한 문제를 다루기 위해)
주로 물리적 개발, 토지 이용	기능을 위한 전략
포괄적	선택적
획 일	다 양
전 제	전제되지 않음
추세연장법에 의한 미래예측에 기초	불연속성 전제
변경이 어려움	변경 수용

이론확인문제

이론 학습이 끝난 후 얼마나 공부가 되었는지 '이론을 확인하는 문제'를 통해 확인해보세요. 학습이 끝난 후 문제를 풀어보며 실력을 점검할 수 있습니다. 또한 상세하고 정확한 해설로 가장 최신의 출제경향을 자신의 것으로 만들어보세요.

UP 이론을 확인하는 문제

전략적 기획에 관한 설명 중 옳지 않은 것은?   17 충남, 2

① 정책 결정의 측면에서 조직의 모든 실제적 · 잠재적 역할을 고려하게 되어 정치적
   으로 대응할 수 있다.
② 과거에서 현재까지의 추세에 기초하여 가장 높은 미래를 가정하여 목표달성을 추구
③ 정책 집행 측면에서는 법령이나 지침의 제약을 상대적으로 덜 받는다.
④ 조직 내외 환경에 대한 평가를 통해 비전을 추구하면서 조직의 미래 모습을 구체적으

해설 ②는 전통적 기획의 설명이다.
전통적 기획과 전략적 기획
• 전통적 기획
  – 주어진 목표를 예산이나 사업으로 구체화하기 위해 활용되는 것
  – 기존의 조직 역할에 초점

농촌지도직 공무원 시험 안내

❀ 농촌지도직 공무원의 업무

❶ 농촌지도사업에 대한 장·단기 발전계획을 세우고, 농업농가의 발전을 위하여 농기계, 시설사업, 특용작물재배, 농촌연료, 재배기술 등을 조사

❷ 지도사업에 필요한 자료와 통계를 만들고, 홍보교육을 통하여 각종 작물재배방법을 지도하며 신품종 보급

❸ 병충해의 피해를 최소화시키기 위하여 방제제기와 방제법을 보급하고 농약안전사용 지도

❹ 농민과 농촌청소년 또는 농민후계자들을 대상으로 의식개발, 영농기술 및 경영능력 향상, 지도력의 배양을 위하여 전문 교육을 실시하고 농업경영에 따른 개선점 지도

❺ 각종 농업용 기계의 안전사용을 위하여 기계의 구조와 작동원리, 조정방법 교육

❻ 농민들의 건강향상을 위하여 편리하고 위생적인 생활에 대한 교육

❀ 지방공무원 임용시험 지도공무원 시험안내(2021년도 기준)

▶ 농촌지도사 응시조건 구분표 및 채용정보

구 분	none	A형	B형	C형	D형	E형
응시조건	–	관련분야 전문대 이상 졸업자 ※ 전문대학 포함	관련분야 전공 졸업자 ※ 전문대학 제외	관련분야 석사 이상	학교장의 추천	거주지 제한 없음
공채 공통과목	국어(한문 포함)/영어(대체 공고문 확인)/한국사(대체 공고문 확인)					

▶ 농촌지도사 공개채용정보 | 시험과목 : 필수 7과목('영어'과목은 '영어능력검정시험'으로 대체됨)

주관처	구 분	직 류	채 용	응시조건	시험과목
경상북도	농촌지도사	농업직	26명	none	공통+생물학개론, 재배학, 작물생리학, 농촌지도론
		원예직	13명		공통+생물학개론, 재배학, 원예학, 농촌지도론
		축산직	3명		공통+생물학개론, 가축사양학, 가축번식학, 농촌지도론
		농업기계직	5명		공통+물리학개론, 농업기계학, 농업시설공학, 농촌지도론
광주시	농촌지도사	농업직	5명		공통+재배학, 작물생리학, 농촌지도론

※ 연구·지도사의 한국사 과목이 2021년 지방직, 2022년 국가직(농촌진흥청)부터 한국사능력검정시험으로 대체될 예정입니다.

▶ 농촌지도사 경력채용정보

주관처	구 분	직 류	채 용	응시조건	시험과목
강원도	농촌지도사	농업직	16명	A+D	재배학, 작물생리학, 농촌지도론
		원예직	1명	A+D	재배학, 원예학, 농촌지도론
		축산직	1명	A+D	축산학개론, 가축사양학, 농촌지도론

충청북도	농촌지도사	농업직	14명	A+D	재배학, 작물생리학, 농촌지도론
		원예직	1명	A+D	재배학, 원예학, 농촌지도론
충청남도		농업직	26명	A+D	재배학, 작물생리학, 농촌지도론
전라북도		농업직	27명	A+D	재배학, 작물생리학, 농촌지도론
		축산직	2명	A+D	축산학개론, 가축사양학, 농촌지도론
전라남도		농업직	24명	관련기사 이상	재배학, 작물생리학, 택 1(토양학, 작물육종학, 작물보호학, 농촌지도론)
		원예직	3명	관련기사 이상	재배락, 원예학, 농촌지도론
		축산직	1명	관련기사 이상 or 수의사	축산학개론, 가축사양학, 농촌지도론
		농업기계직	1명	관련기사 이상	물리학개론, 농업동역학, 농촌지도론
대전시		농업직	2명	A+D	재배학, 작물생리학, 농촌지도론
세종시		농업직	2명	A+D ※ 거주지제한(세종, 대전, 충남, 충북)	재배학, 작물생리학, 농촌지도론
대구시		농업직	1명	A+D	재배학, 작물생리학, 농촌지도론

☙ 시험방법

▶ 제1·2차 시험(병합실시) : 선택형 필기시험(매 과목 100점 만점, 사지선다형, 각 과목당 20문항)

▶ 제3차 시험 : 면접시험

☙ 접수방법

▶ 자치단체통합 인터넷원서접수센터(local.gosi.go.kr)에서 인터넷 접수 가능

☙ 영어능력검정시험 성적표 제출

대상 시험 및 기준 점수	토플(TOEFL)		토익 (TOEIC)	텝스 (TEPS)	지텔프 (G-TELP)	플렉스 (FLEX)
	PBT	IBT				
일 반	530	71	700	340	65(Level 2)	625
청각2·3급	352	–	350	204	–	375

농촌지도직 공무원 시험 안내

♣ 가산특전

▶ **자격증 소지자**

- 직렬 공통으로 적용되었던 통신·정보처리 및 사무관리분야 자격증 가산점은 2017년부터 폐지되었습니다.
- **직렬별로 적용되는 가산점** : 국가기술자격법령 또는 그 밖의 법령에서 정한 자격증 소지자가 해당 분야에 응시할 경우 필기시험의 각 과목 만점의 40% 이상 득점한 자에 한하여 각 과목별 득점에 각 과목별 만점의 일정비율에 해당하는 점수를 가산합니다(채용분야별 가산대상 자격증의 종류는 「연구직 및 지도직공무원의 임용 등에 관한 규정」 별표 7 참조).
- **가산비율** : (기술사, 기능장, 기사) 5%, (산업기사) 3%

▶ **지도직 공무원 채용시험 가산대상 자격증**

직렬	직류	「국가기술자격법」에 따른 자격증	그 밖의 법령에 따른 자격증
농촌지도	농업기계	• 기술사 : 기계, 공조냉동기계, 철도차량, 차량, 건설기계, 용접, 금형, 산업기계설비, 기계안전, 공장관리, 품질관리 • 기능장 : 기계가공, 에너지관리, 철도차량정비, 자동차정비, 건설기계정비, 용접, 금형제작, 판금제관, 배관 • 기사 : 일반기계, 메카트로닉스, 공조냉동기계, 철도차량, 자동차정비, 건설기계설비, 건설기계정비, 궤도장비정비, 기계설계, 용접, 프레스금형설계, 사출금형설계, 농업기계, 에너지관리, 산업안전, 품질경영, 승강기 • 산업기사 : 컴퓨터응용가공, 기계조립, 생산자동화, 기계설계, 공조냉동기계, 철도차량, 철도운송, 자동차정비, 건설기계설비, 건설기계정비, 궤도장비정비, 치공구설계, 정밀측정, 용접, 프레스금형, 사출금형, 기계정비, 판금제관, 농업기계, 배관, 에너지관리, 산업안전, 품질경영, 영사, 승강기	
	농업	• 기술사 : 종자, 시설원예, 농화학, 식품 • 기사 : 종자, 시설원예, 식물보호, 토양환경, 식품, 바이오화학제품제조, 유기농업, 화훼장식 • 산업기사 : 종자, 식물보호, 농림토양평가관리, 식품, 유기농업	
	원예	• 기술사 : 종자, 시설원예, 농화학, 조경, 식품 • 기사 : 종자, 시설원예, 식물보호, 토양환경, 조경, 식품, 바이오화학제품제조, 유기농업, 화훼장식 • 산업기사 : 종자, 식물보호, 농림토양평가관리, 조경, 식품, 유기농업	
	축산	• 기술사 : 축산, 식품 • 기사 : 축산, 식품 • 산업기사 : 축산, 식품	• 기사 자격증 가산비율적용 : 수의사, 방사성동위원소취급자(일반), 방사선취급감독자 • 산업기사 자격증 가산비율적용 : 가축인공수정사

※ 참고 : 「연구직 및 지도직공무원의 임용 등에 관한 규정」 별표 7

응시자격

▶ **응시연령** : 20세 이상
▶ **학력 및 경력** : 제한 없음
▶ **응시결격사유 등** : 최종시험 시행예정일(면접시험 최종예정일) 현재를 기준으로 「국가공무원법」 제33조의 결격사유에 해당하거나, 동법 제74조(정년)에 해당하는 자 또는 「공무원임용시험령」 등 관계법령에 의하여 응시자격이 정지된 자는 응시할 수 없음

국가공무원법 제33조(결격사유)

- 피성년후견인 또는 피한정후견인
- 파산선고를 받고 복권되지 아니한 자
- 금고 이상의 실형을 선고받고 그 집행이 종료되거나 집행을 받지 아니하기로 확정된 후 5년이 지나지 아니한 자
- 금고 이상의 형을 선고받고 그 집행유예 기간이 끝난 날부터 2년이 지나지 아니한 자
- 금고 이상의 형의 선고유예를 받은 경우에 그 선고유예 기간 중에 있는 자
- 법원의 판결 또는 다른 법률에 따라 자격이 상실되거나 정지된 자
- 공무원으로 재직기간 중 직무와 관련하여 「형법」 제355조 및 제356조에 규정된 죄를 범한 자로서 300만원 이상의 벌금형을 선고받고 그 형이 확정된 후 2년이 지나지 아니한 자
- 「형법」 제303조 또는 「성폭력범죄의 처벌 등에 관한 특례법」 제10조에 규정된 죄를 범한 사람으로서 300만원 이상의 벌금형을 선고받고 그 형이 확정된 후 2년이 지나지 아니한 사람(2019.4.16. 이전에 발생한 행위에 적용)
- 「성폭력범죄의 처벌 등에 관한 특례법」 제2조에 규정된 죄를 범한 사람으로서 100만원 이상의 벌금형을 선고받고 그 형이 확정된 후 3년이 지나지 아니한 사람(2019.4.17. 이후에 발생한 행위에 적용)
- 미성년자에 대하여 「성폭력범죄의 처벌 등에 관한 특례법」 제 2조에 따른 성폭력범죄, 「아동·청소년의 성보호에 관한 법률」 제2조 제2호에 따른 아동·청소년 대상 성범죄를 저질러 파면·해임되거나 형 또는 치료감호를 선고받아 그 형 또는 치료감호가 확정된 사람(집행유예를 선고받은 후 그 집행유예기간이 경과한 사람을 포함)
- 징계로 파면처분을 받은 때부터 5년이 지나지 아니한 자
- 징계로 해임처분을 받은 때부터 3년이 지나지 아니한 자

국가공무원법 제74조(정년)

- 공무원의 정년은 다른 법률에 특별한 규정이 있는 경우를 제외하고는 60세로 한다.
- 공무원은 그 정년에 이른 날이 1월부터 6월 사이에 있으면 6월 30일에, 7월부터 12월 사이에 있으면 12월 31일에 각각 당연히 퇴직된다.

이 책의 차례

이 책의 차례

PART 01

농촌지도의 기초

농촌지도의 개념

|01| 농촌지도의 정의

(1) 농촌지도의 어원

① 영국(대학확장교육)
  ㉠ 영국의 케임브리지와 옥스퍼드 대학이 일반인을 대상으로 실시하는 대학확장교육에서 출발하였다.
  ㉡ 확장(Extention)이라는 용어는 1873년 영국 케임브리지(Cambridge) 대학교에서 일반시민에게 제공하였던 교육혁신을 소개하면서 처음 사용하였다.

② 미국(협동확장체계)
  ㉠ 교육확장 활동은 미국에 전파되어 미국 주립대학단위로 주로 농민을 대상으로 실시되었다.
  ㉡ 미국은 협동확장체계를 농촌지도 의미로 사용하여 공적재원으로 USDA(미국농무부) – 주립대학교 – 지역행정조직의 교육 · 연구를 연계시킨 비형식적 교육활동의 의미로 사용하였다.

> 🔍 **참고**
>
> 확장의 의미
> • 본래 확장이란 대학이 갖고 있는 인적 · 물적 · 과학적 자원을 일반시민에게 확장한다는 의미이다.
> • 미국의 협동확장체계에서 확장이란 USDA와 주립대학이 캠퍼스가 아닌 곳에서 민간인에게 지식과 다른 자원을 확대하는 역할을 수행함으로써 파트너를 확대시키는 것이다.

③ FAO · World Bank · OECD
  ㉠ 유엔식량농업기구(FAO), 세계은행(Word Bank)은 농촌지도가 농업연구 · 교육을 포함하는 광범위 지식체계로 보고 일련의 시스템적 시각에서 농업지식정보체계(AKIS/RD)라고 정의한다.
  ㉡ OECD는 농촌지도를 농업지식체계(AKS)라고 정의하였는데, 이는 농촌지도사업을 광범위한 지식체계로 인식한다는 것을 의미한다.

④ 세계 각국의 농촌지도 의미
  ㉠ 자문활동 : 영국, 독일, 스웨덴, 덴마크, 유엔식량농업기구(FAO), 세계은행
  ㉡ 교육, 훈련, 컨설팅
    • 독일 · 네덜란드 : 불 밝힘 운동
    • 인도네시아 : Torch(횃불)
    • 말레이시아 : Perkembangan(개발, 발전, 팽창, 확장)

- 스페인 : Capacitaction(일반적으로 '훈련'을 가리킴)
- 오스트리아 : Forderung(바람직한 방향으로 가게 한다는 뜻)

ⓒ 확장 및 자문활동
- 한국 : 농촌지도사업
- 중국 : 추광사업(推廣事業) – 농촌지도는 옮기고 넓힌다는 의미
- 일본 : 협동농업기술보급사업

> **📑 참고**
>
> 일본의 농촌지도사업은 '농업개량보급사업'에서 최근 '협동농업기술보급사업'으로 개칭되었다.

(2) 농촌지도의 일반적 정의

① 농촌지역 또는 주민(농민)을 대상으로 한 사회교육이다.

② 농촌지도란 성인과 청소년이 실천을 통해서 배우는 교외교육활동이다.

③ 행동적 변화를 통하여 경제적 혹은 사회적 개선을 도모하는 사업이다.

④ 농촌지도는 비형식적 · 비학점제의 교육으로서 모든 연령의 사람을 위한 사업이다.

⑤ 농촌지도론은 인적자원개발까지 다양한 학문영역의 간학문(間學文 : 양쪽 학문 분야를 연결하거나 아우르는 학문)적 응용분야이다.

⑥ 농촌지도는 농촌주민들이 일상적인 농업경영, 가정생활 그리고 기타의 농촌생활에 과학적인 지식을 적용하도록 촉진하는 교실 외 교육이다.

⑦ 농촌가족으로 하여금 자연과학 및 사회과학을 농업경영, 가정생활 그리고 1차적 지역사회생활에 적용하도록 촉진하는 학교 외 노변교육이다.

⑧ 농촌주민들이 스스로 농촌을 발전시켜 나갈 수 있도록 능력을 배양하는 사회교육적 접근방법이다.

(3) 농촌지도에 대한 학자들의 정의

① 마운더(Maunder, 1972) : 농촌에 사는 사람들을 가르치는 활동을 통해 삶의 질을 높이는 활동

② 애덤스(Adams, 1982) : 농업인이 가지고 있는 문제를 분석하고 확인하도록 도와주는 활동

③ 모셔(Mosher, 1978) : 농업인들에게 지식과 기술을 제공하고 이를 통해 농업생산성과 물리적인 삶의 질을 향상시키는 활동

④ 스완슨(Swanson, 1984) : 서비스나 시스템을 제공하여 농업기술이나 방법을 향상시키고 생산성, 소득, 삶의 질을 향상시키는 활동

⑤ 오클리와 가포스(Oakley & Garforth, 1985) : 농촌주민의 생활을 향상시키기 위하여 주민과 함께 생활하는 과정으로, 생산성향상을 도와주고 능력을 개발하는 활동

⑥ 에드가(Edgar, 1989) : 농촌지도를 하나의 '사회교육체계'라고 정의하면서 다음의 3가지 측면에서 정의하고 있음

ⓐ 인류를 가르치는 사업

　　ⓑ 인류를 돕는 사업

　　ⓒ 혁신을 실천하도록 격려하는 사업

⑦ 반덴반과 호킨스(Van den Ban & Hawkins, 1996) : 다음의 7개 사항을 체계적으로 전개하는 일련의 과정

　　ⓐ 농업인이 현재와 미래의 상태를 분석하도록 도와주는 과정

　　ⓑ 분석을 통해 밝혀진 문제점을 농업인이 명확히 인식하도록 도와주는 과정

　　ⓒ 지식을 증대시키고 문제에 대한 통찰력을 개발시켜 기존의 지식을 구조화하도록 도와주는 행위

　　ⓓ 특정 문제해결과 관련된 상세한 지식과 정보를 획득하고 가능한 대안들을 발견할 수 있도록 도와주는 행위

　　ⓔ 농업인 자신이 처한 상황에서 가장 적절한 대안을 책임감 있게 선택할 수 있도록 도와주는 행위

　　ⓕ 농업인 자신이 선택한 것을 실천할 수 있도록 동기를 촉진시키는 행위

　　ⓖ 자신의 의견 형성과 의사결정의 기술을 향상시키고 평가하도록 도와주는 체계적인 과정

⑧ 페더, 윌렛과 지프(Feder, Willet & Zijp) : 농촌지도의 정의를 기능으로서의 농촌지도와 체계로서의 농촌지도로 나눔

　　ⓐ 기능으로서의 농촌지도

　　　　• 지속가능한 농산물의 생산, 가공, 유통을 위해 다양한 방향에서 관련 기술을 보급

　　　　• 농장, 농촌집단, 지역사회를 동원하고 조직함

　　　　• 교육을 통해 잠재역량과 인적자원을 개발하고 개인과 지역의 역량을 향상시킴

　　ⓑ 체계로서의 농촌지도 : 기술을 보급하고, 인적, 물적 자원을 동원하며, 교육하고 있는 공공기관과 민간기관을 모두 포함

⑨ 임상봉(1995) : 농촌지도란 농업지도보다 광범위한 개념으로 농촌개발 또는 농촌구조개선을 촉진하기 위하여 정보를 수집·관리하고, 새로운 정보를 창출하며, 농촌개발 관련 고객에게 제공하는 것(정보 제공의 기능을 강조)

⑩ 최민호(1995) : 농촌지도요원이 농촌지도 대상을 일방적으로 지도하는 과정이 아니라, 농촌지도 대상자가 자신의 직업이나 생활에서 자신의 문제를 스스로 인식하고 주도적으로 해결하도록 동기를 부여하고 필요한 지식·기술 등을 제공함으로써 스스로 합리적인 의사결정을 할 수 있도록 도와주고 자문하는 교육활동

➕ PLUS ONE

데이비슨과 아메트가 제시한 농촌지도의 기능

• 정보 제공의 기능

• 기술 전이의 기능

• 교 육

안심Touch

(4) 학교교육과 사회교육(농촌지도)

① 농업발전을 위한 교육사업(Coombs와 Ahmed의 분류)

  ㉠ 일반기초교육 : 국어, 산수, 과학과 환경에 대한 기초적인 지식과 이해 등 초등학교 또는 중학교 수준에서 배워야 할 일반적인 교육 내용이다.

  ㉡ 직업교육 : 여러 가지 경제활동과 생계유지에 필요한 지식 및 기술을 개발시키기 위한 내용의 교육이다.

  ㉢ 가정생활 개선교육 : 보건 · 위생과 영양, 가사, 양육, 주택개량, 가족계획 등 주로 가정생활의 질을 향상시키기 위하여 필요한 지식, 기술, 태도에 관한 교육이다.

  ㉣ 지역사회 개선교육 : 농촌개발 사업을 활성화시키기 위하여 중앙정부, 지방자치단체, 협동조합, 지역사회 개발사업 등에 관한 내용의 교육이다.

② 학교교육과 사회교육(농촌지도)

구 분	학교교육(형식교육)	사회교육(농촌지도)
교육구조	조직화와 구조화가 높음	조직화와 구조화가 낮음
교육기능	일반화된 지식 강조	가변적 지식을 강조
교육내용	이론적, 추상적, 학문적	기능적, 실용적
교육기간	장기간 이수	단기간 이수
교육목표	미래지향적	현재지향적
교육장소	장소 제한이 많음	장소의 공간적 제한이 적음
교육방법	교사 중심	학습자 중심
학습자	학습자 연령의 제한이 있음	학습자 연령 무제한
교 사	자격증 필요	다양한 교육배경
졸 업	졸업이 사회적 성취를 좌우함	졸업과 사회적 성취의 관련이 적음
교육보상	연기된 보상	직접적 보상

➕ PLUS ONE

농촌사회교육의 특징
- 비형식적 사회교육에 역점을 둠
- 농촌지역사회에 큰 비중을 둠
- 다학문적 성격을 지님
- 자율성에 바탕을 두어야 함
- 사회적인 참여의식 교육이 포함되어야 함
- 농민적 시각에서 이루어져야 함
- 농민들의 의사와 요구를 잘 반영해야 함

③ 학교교육의 구조적 모순(Coombs와 Ahmed)

    ㉠ 학교는 농촌주민들의 생활과는 유리된 기관으로 존재한다.

    ㉡ 학교에서 가르치는 학습내용 및 학습경험은 직업준비적인 성격을 띠기 때문에 실제의 현장과는 많이 유리되어 있다.

    ㉢ 학교 자체의 구조는 학생보다 교사를 중심으로 하고 있기에 학습(Learning)보다 교수(Teaching)에 더욱 주력하고 있다.

    ㉣ 학습의 결과는 직접적인 보상(Deferred Rewards), 즉 학습 후 오랜 기간이 지난 연후에야 보상을 받게 되어 있다.

    ㉤ 학교의 교수방법은 인지적 영역을 중심으로 하는 전근대적 방법이다.

④ 사회교육의 필요성(Lengarand, 1970)

    ㉠ 현대의 급격한 사회구조 변화와 인구증대

    ㉡ 과학적 지식과 기술의 발달

    ㉢ 민주화를 위한 정치적 도전

    ㉣ 대중매체의 발달과 정보의 급증

    ㉤ 경제수준의 향상과 여가의 증대

    ㉥ 생활양식과 인간관계의 균형상실

    ㉦ 이데올로기의 위기

⑤ 사회교육의 특성(Brenbeck, 1975)

    ㉠ 인간의 기본적 욕구에 기초를 둔 교육

    ㉡ 인간평등의 구현에 공헌하는 교육

    ㉢ 실제의 세계에 보다 연관되어 있는 교육

    ㉣ 비용이 적게 드는 교육

    ㉤ 이수에 시간이 적게 드는 교육

    ㉥ 학습자 중심으로 이끌어지는 교육

참고

미래 농촌지도자상의 과제
사회교육에서 강조하는 내실추구 방향에서의 발전

---

(5) 농촌발전과 농촌지도

① 농촌발전의 뜻

　㉠ 농촌사회가 다원적인 측면에서 균형적으로 조화롭게 더욱 진보되고 안정된 사회로 변화하는 과정이다.

　㉡ 농촌개발은 농업 및 농촌산업뿐만 아니라 제반 사회개발과 하부구조의 확대 · 개선, 보건, 영양, 문맹퇴치, 가족계획을 포함하는 다원적인 발전이다(Waterson, 1974).

　㉢ 농촌주민의 균등한 참여를 전제로 하며 농업생산뿐만 아니라 수입의 보다 공평한 분배와 농촌주민의 경제적 · 비경계적 측면의 안정, 나아가 그들의 보다 적극적인 국가사회에의 참여를 의미한다(Barraclough, 1973).

② 농촌개발의 접근법

　㉠ 행정적 접근 : 일방적이고, 현실적으로 접근하는 방식

　㉡ 교육적 접근 : 쌍방적이고, 미래지향적으로 접근하는 방식

　㉢ 자족적 접근 : 농촌주민 스스로 농촌개발에 참여하는 방식

③ 클라크의 종합농촌개발

　㉠ 종합농촌개발의 필수적인 2가지 성격

　　• 농촌개발계획과 전체적인 국가개발계획과의 상호관련성

　　• 정치, 경제, 사회, 기술적 요인의 총괄성

　㉡ 종합농촌개발의 기본 요구조건

　　• 개발활동과 의사결정과정에서의 농민 참여

　　• 이익의 공정한 분배

　　• 농촌의 빈곤층에 대한 취업알선

　　• 지역자원의 합리적 관리

④ 농촌행정과 농촌지도

비 교	농촌행정	농촌지도
목 표	농업증산 및 식량수급	영농상의 문제점 해결
주기능	규제, 조장, 관리	기술전달, 사회교육
원 리	법령에 의한 권력 작용 및 이에 근거한 일방적 조정 · 통제	농민의 자발적 참여를 전제로 교육적 원리에 입각한 쌍방적 접근
주요업무	인 · 허가, 등록, 신고, 증명, 지원 등 행정적 업무	기술교육, 새 품종, 새 기술 전달, 다수확 시범 및 전시포 설치, 청소년 · 부녀자 지도 등 주로 교육업무
접촉수단	이 · 동장을 통한 직선적 접촉과 홍보	농촌학습단체 육성을 통한 우회적 접촉과 시범, 전시 및 교육
소속공무원의 자질	농업직공무원 • 행정법, 행정실무 • 자재 및 생산물 수급계획 수립 • 농림자원통계	농촌지도사 • 교육학, 인간관계, 심리이론 • 교수법, 교재제작 활용법 • 농업전문지식 및 기술

농촌지도의 의미에 대한 설명으로 옳지 않은 것은? 17 지도사 기출(변형)

① Extension 개념은 네덜란드의 농민 대상 교육에서 처음으로 시작되었다.

② 확장(Extention)이라는 용어는 1873년 영국 케임브리지(Cambridge) 대학에서 일반시민에게 제공하였던 교육혁신을 소개하면서 처음 사용하였다.

③ 교육확장 활동은 미국에 전파되어 미국 주립대학단위로 주로 농민을 대상으로 실시되었다.

④ 미국의 협동 확장체계에서 확장이란 USDA와 주립대학이 캠퍼스가 아닌 곳에서 민간인에게 지식과 다른 자원을 확대하는 역할을 수행함으로써 파트너를 확대시키는 것이다.

해설 농촌지도를 영어로 협동확장활동이라고 하는데, '확장'을 가장 먼저 사용한 나라는 영국이다.

정답 ①

다음 중 학교교육과 사회교육을 비교한 것으로 옳지 않은 것은? 19 경북 기출

① 학교교육은 기능적, 실용적 교육이다.

② 학교교육은 장기간 교육이다.

③ 사회교육은 학습자 중심의 교육이다.

④ 사회교육은 학습의 공간적 제한이 적다.

해설 학교교육은 이론적, 추상적, 학문적 교육이다.

정답 ①

데이비슨과 아메트가 제시한 농촌지도의 기능이 아닌 것은?

① 정보 제공의 기능　　　　　　　　② 자 문

③ 기술 전이의 기능　　　　　　　　④ 교 육

해설 자문은 반덴반과 호킨스의 농촌지도 목적이다.

정답 ②

|02| 농촌지도의 이념, 목표, 필요성

(1) 농촌지도사업이 지향하는 이념

① 농촌주민의 소득증대와 복지증진
② 국가발전과 복지사회 건설
③ 농업과 농촌발전을 통한 국가발전
④ 농촌주민(인간 개개인)의 발전과 행복추구
⑤ 세계와 인류의 발전 지향

> **참고**
>
> 세계와 인류의 발전과 농업 및 농촌발전을 통한 국가발전을 지향하고, 농촌주민과 함께 인간 개개인의 발전과 행복을 추구하는 것은 합의수준의 농촌지도 이념이라고 말한다.

(2) 농촌지도의 목적

① 농촌지도의 일반적 목적
  ㉠ 합리적 영농을 통해 농업생산을 증대할 수 있는 자질을 길러준다.
  ㉡ 효율적 시장유통을 통하여 소득증대를 도모할 수 있는 자세와 능력을 키워준다.
  ㉢ 지역실정에 맞는 작목을 복합영농할 수 있는 능력을 개발시킨다.
  ㉣ 농업기계화와 협동 영농에 대한 능력을 배양한다.
  ㉤ 가정생활을 행복하게 영위할 수 있는 자질을 배양한다.
  ㉥ 건전한 시민성과 합리성을 기르고, 복지증진을 위한 협동능력을 길러준다.
  ㉦ 애향정신, 개발의욕 증진 등 스스로 향토발전에 공헌할 수 있는 자세를 확립하도록 한다.
  ㉧ 자연자원을 보호하고 개발·활용하는 데 필요한 자세와 능력을 배양한다.
  ㉨ 국제사회에 대한 안목증대와 인류발전에 대한 책임의식을 고양시킨다.

> **⊕ PLUS ONE**
>
> 반덴반과 호킨스의 농촌지도 목적
> • 이전 : 연구자가 농업인에게 농업기술과 지식을 전달 및 보급하는 것
> • 자문 : 농업인의 의사결정을 도와주는 것
> • 교육 : 농업인의 능력을 향상시키기 위해 가르치는 것
> • 조력 : 목적과 가능성을 명확히 하고 이를 실현할 수 있도록 하는 것
> • 자극 : 자발적으로 농업·농촌개발에 참여할 수 있도록 촉진시키는 것

② 농촌지도 목표의 분류

   ㉠ 인간행동을 중심으로 한 분류

     • 인지적 영역 : 지식, 이해력, 사고력, 분석력, 평가력, 종합력 등

     • 정의적 영역 : 태도, 흥미, 습관, 성격, 가치관 등

     • 신체적 영역 : 건강, 숙련기능, 전문기능, 예술기능 등

   ㉡ 지도내용을 중심으로 한 분류

     • 경제적 영역 : 농업생산, 농외소득증대, 농산물유통, 농업경영 등

     • 사회적 영역 : 사회복지사업, 농촌주민의 사회참여, 건전한 사회의식 함양 개발 등

     • 문화적 영역 : 농촌생활환경개선, 문화시설 확충, 전통문화 개발 등

     • 보건적 영역 : 농촌주민의 보건 · 영양개선, 위생관리 등

     • 자연환경보전 목적 : 인간의 삶의 질을 높이기 위해 자연환경과 생활환경의 중요성 부각

(3) 농촌지도의 필요성

① 현대산업사회적 특성에서 농촌지도의 필요성

   ㉠ 과학의 발달

   ㉡ 신속한 사회변화

   ㉢ 산업의 전문화

   ㉣ 지식수준의 향상

② 국가발전적 측면에서 농촌지도의 필요성

   ㉠ 식량생산

   ㉡ 도시와 농촌 간 균형적 발전

   ㉢ 농촌청소년 지도

   ㉣ 농촌주민의 현대적 시민자질

   ㉤ 농촌가정생활의 합리적 운영

(4) 밀러(Miller)의 농촌지도의 영역

① 농업생산의 효율화

② 지도력 배양

③ 농산물의 시장유통 및 이용의 효율화

④ 경영관리의 능력(의사결정력) 배양

⑤ 자연자원 및 환경자원의 보존과 이용

⑥ 지역사회개발

⑦ 가정생활개선

⑧ 공공사업교육 및 소비자 교육

⑨ 청소년지도 및 사회경제적 지도

⑩ 국제농촌지도사업

반덴반과 호킨스의 농촌지도 목적 중 '목적과 가능성을 명확히 하고 이를 실현할 수 있도록 하는 것' 에 해당하는 것은?

① 자 문

② 교 육

③ 조 력

④ 자 극

해설 반덴반과 호킨스의 농촌지도 목적

- 이전 : 연구자가 농업인에게 농업기술과 지식을 전달 및 보급하는 것
- 자문 : 농업인의 의사결정을 도와주는 것
- 교육 : 농업인의 능력을 향상시키기 위해 가르치는 것
- 조력 : 목적과 가능성을 명확히 하고 이를 실현할 수 있도록 하는 것
- 자극 : 자발적으로 농업·농촌개발에 참여할 수 있도록 촉진시키는 것

정답 ③

|03| 농촌지도의 기본성격

(1) 미국농무성 주립대학 농촌지도위원회보고서(미국농무성 보고서)

① 농촌지도는 비형식적·비학점제의 교육으로서 모든 연령의 사람을 위한 사업이다.

② 농촌지도는 교육적 사업의 하나이다.

③ 목적에 있어서 지역단위 간, 지도영역 간, 지도대상 간 균형적 발전을 도모해야 한다.

④ 주민 스스로 자기 자신을 위해 의사결정을 할 수 있도록 사실적 정보를 객관적으로 제시하고 분석한다.

⑤ 지도대상자는 평소에 느끼는 문제를 결정하고 해결하며, 그 결과에 대해 책임을 질 수 있도록 해야 한다.

  ㉠ 사업내용과 사업추진방법에 있어서 농촌지도는 교육적인 사업이기 때문에 대학으로 하여금 그 사업을 관장하도록 한다.

  ㉡ 농촌지도는 교육을 통하여 주민으로 하여금 그들의 문제를 해결하고, 그들에게 주어지는 기회를 이용할 수 있도록 도와주는 사업이다.

  ㉢ 농촌지도는 지방주민이 쉽게 접근할 수 있고, 또한 지방주민들의 영향력에 좌우되는 반자치단체인 일선지도소를 통하여 전개된다.

  ㉣ 농촌지도는 협동적 성격을 가지고 있다. 그렇다고 해서 반드시 연방·주·군 정부가 똑같은 재정적 보조와 사업전개를 해야 함을 뜻하는 것은 아니다.

ⓜ 지도내용은 실용적이고 문제 중심적이며, 실정에 의거해야 한다. 주민들로 하여금 그들의 문제와 필요를 파악하게 하는 데서 출발하여 그들의 문제점을 해결하는 데 새로운 정보와 기술을 사용하도록 도와주는 사업이다.

ⓑ 국가의 재정적·행정적 뒷받침으로 농촌지도가 국가적 목적의 달성에 이바지함과 동시에 지역적으로 결정된 우선순위에 따라서 특수지역의 필요를 충족시키는 사업이다.

ⓢ 농촌지도기구는 전문적인 기관으로서 대학에서 농촌지도원직을 위해 훈련받은 사람으로 하여금 활동을 전개하도록 한다.

(2) 농촌지도의 기본 성격

① 교육적 성격

ㄱ 농촌지도는 인간의 행동과 자질의 함양을 직접 목표로 하는 사업이다.

ㄴ 사회교육의 일환으로, 실용적이며 현재 지향적이다.

ㄷ 행정독려적 성격을 가장 경계해야 한다.

ㄹ 객체 지향적 교육이므로 객체의 자발성과 자원성이 더욱 강조된다.

ㅁ 주민의 행동적 변화를 통하여 경제적·사회적 개선을 도모한다.

ㅂ 주민에게 필요한 정보를 제공하고 토의, 상의, 격려, 조언한다.

② 민주적 성격

ㄱ 의사결정은 지도대상자(농촌주민)에게 달려있고, 그 결과의 책임도 지도대상자에게 있다.

ㄴ 계획, 실천, 평가에 지도대상자의 참여를 전제로 한다.

ㄷ 농촌지도는 지도대상자를 위한 사업이다.

ㄹ 농촌지도는 농촌주민의 소득증대와 복지향상을 위해서 전개되어야 한다.

③ 균형적 성격

ㄱ 농촌주민, 지역사회 및 국가의 각 수준에서 설정될 수 있는 목적들은 상호 간에 상보적, 상반적 혹은 의무관계를 지지할 수 있다.

ㄴ 농촌지도의 국가목적과 농촌주민의 목적 모두 중요하게 다루어야 한다.

- 지역단위 간의 균형 : 국가, 지역사회, 개인 간의 상호보완적 관계
- 지도영역 간의 균형 : 농업발전, 환경보존, 관광개발, 가정생활개선 등 균형발전을 도모하여야 삶의 질 향상
- 지도대상간의 균형 : 지도대상인 농촌주민, 도시주민, 남자와 여자, 어린이, 청소년, 성인, 노인, 장애인 등을 균형적으로 다루어야 함

④ 협동적 성격

ㄱ 농촌개발기관들과 수평적 혹은 상하로 유기적 관계를 유지하여야 효과적으로 그 목적에 도달할 수 있다.

ㄴ 농촌행정기관, 농업계 학교, 농업계 협동조합, 농어촌진흥공사, 농어촌유통공사, 각종 농민단체 등의 기관과 단체가 적극적으로 협동하여야 농촌지도는 물론 농업 및 농촌의 발전이 이루어진다.

안심Touch

농촌지도의 기본성격 중 교육적 성격에 대한 설명으로 가장 옳지 않은 것은? 20 지도사 기출(변형)

① 농촌지도는 실용적이며 현재 지향적이다.

② 농촌지도는 인간의 행동과 자질의 함양을 직접 목표로 하는 사업이다.

③ 농촌지도기구가 독자적으로 농촌지도(교육)사업을 전개할 수 없는 것은 아니다.

④ 지도대상자가 학습경험을 가질 때 비로소 농촌지도 목표에 도달할 수 있다.

해설 협동적 성격

• 농촌지도기구가 독자적으로 농촌지도(교육)사업을 전개할 수 없는 것은 아니다.

• 농촌개발기관들과 수평적 혹은 상하로 유기적 관계를 유지하여야 효과적으로 그 목적에 도달할 수 있다.

• 농촌행정기관, 농업계 학교, 농업계 협동조합, 농어촌진흥공사, 농어촌유통공사, 각종 농민단체 등의 기관과 단체가 적극적으로 협동하여야 농촌지도는 물론 농업 및 농촌의 발전이 이루어진다.

정답 ③

'농촌주민, 지역사회 및 국가의 각 수준에서 설정될 수 있는 목적들은 상호 간에 상보적, 상반적 혹은 의무관계를 지지할 수 있다.'와 관련있는 농촌지도의 특성은? 06 대구 기출

① 교육적 특성   ② 협동적 특성

③ 균형적 특성   ④ 민주적 특성

해설 균형적 성격

• 농촌주민, 지역사회, 국가의 각 수준에서 설정될 수 있는 목적들이 상호 간 상보적 관계를 가져야 한다.

• 농촌지도는 지역단위 간, 지도영역 간, 지도대상 간 균형을 유지해야 한다.

정답 ③

|04| 농업지식체계(AKS)의 변화과정

(1) 개요

① 1950~1960년대에는 국가농업연구기관(NARI)을 중심으로 연구기관의 연구결과를 농촌지도기관을 통해 농업인에게 전달하는 선형적 기술보급모형이었다.

② 1970년대부터 국가농업연구체계(NARS), 국가농촌지도체계(NAES), 국가농업교육훈련체계(NAETS)가 개별적으로 공존하면서 농업연구−지도−교육체계가 연계와 협력이 이루어지는 체계였다.

③ 1980년대 이후부터 농업인을 체계의 중심으로 두면서 연구, 지도, 교육 간의 연계를 강조하는 농업지식정보체계(AKIS)가 대두되었다.

④ 2000년대 이후에는 농업혁신체계(AIS)로 흐름이 바뀌었다.

PLUS ONE

주요 약어 정리
- 국가농업연구기관(National Agricultural Research Institute, NARI)
- 국가농업연구체계(National Agricultural Research System, NARS)
- 국가농촌지도체계(National Agricultural Extension System, NAES)
- 국가농업교육훈련체계(National Agricultural Education & Training System, NAETS)
- 농업혁신체계(Agricultural Innovation System, AIS)
- 농업지식체계(Agricultural Knowledge System, AKS)
- 농업지식정보체계(Agricultural Knowledge and Information Systems for Rural Development AKIS/RD)
- 농업지식혁신체계(Agricultural Knowledge and Innovation System, AKIS)

---

(2) 국가농업연구체계(NARS)

① 개념

㉠ 국가농업연구체계는 한 국가 안에서 그 나라의 농업발전과 자연자원 기반을 유지하는 데 기여하는 연구를 조직화하고, 조정 및 실행하는 데 책임을 지는 모든 조직들로 구성된다.

㉡ 농업연구는 기술이전을 통해 기술채택과 생산성을 향상시키는 데 목적이 있다.

㉢ 국가농업연구체계에서 농업은 공공부문의 농업연구, 훈련, 그리고 지도를 담당하는 조직들에 의존하는 특성을 가지고 있다.

㉣ 농업연구의 역량향상을 위해 과학 인프라에 투자하고, 인적자원을 충원하며, 연구의 우선순위를 세우고, 집행할 수 있는 운영비를 제공한다.

② 특징

㉠ 국가농업연구체계 모델은 식량 확보를 위한 농업생산성 기술개발과 같은 전통적인 농업의 틀에서 효과적인 모델이다.

ⓛ 생산성 기술 향상을 위한 연구기반을 지나치게 강조함에 따라 농업에서 파생되는 다양한 상품들의 중요성에 대해 우선순위를 정하지 못하여 농업의 경제적 중요성을 제대로 다루지 못하고 있다는 한계를 가지고 있다.

ⓒ 연구체계의 역량 개발을 강조하면서 새로운 기술개발을 가능하게 하는 다른 요인에 지나치게 치중하다 보니 급격히 변하는 시장 조건들에 대응하기 어렵고, 생산자들이 새롭게 등장하는 고부가가치의 틈새시장에 공급하기 위한 기술을 제공하는 데는 적합하지 않은 것으로 평가된다.

(3) 농업지식정보체계(AKIS/RD)

① 개념 : 농업지식정보체계(Agricultural Knowledge and Information System)는 유엔식량농업기구(FAO)에 의해 추진되었다.

ⓐ 농업지식정보체계는 농업인, 농업교육자, 연구자, 농촌지도요원을 통합하고, 이들이 속한 다양한 분야에서 도출되는 지식과 정보를 활용하여 농업경영 개선과 생산수준 향상을 동시에 도모하려는 것이다.

ⓛ 농촌지도를 기능 · 목적적 차원의 정의보다는 일련의 체제적 관점에서 정의한다.

② 농업지식정보체계 구성 3요소

ⓐ 3요소(농업연구, 농촌지도, 교육)는 개별적으로 기능하기보다는 하나의 체제 내에서 상호보완적인 투자 관계이면서 연속성을 유지하도록 계획 · 실천되어야 한다.

ⓛ 농업지식체계는 농업인과 관계기관 간 긴밀한 유대관계를 통하여 학습효과를 증진시키고, 농업관련지식 · 기술 · 정보를 새로이 창출하고 공유하며, 효과적으로 활용할 수 있다.

ⓒ 관련된 모든 행위자가 농업인 또는 농촌지역의 행위주체와 관계를 맺으며, 관계 양상이 쌍방향이다(하향식 접근방법이 아님).

③ AKIS/RD 역할 및 특징

ⓐ 농업지식정보체계에서 농촌지도는 농가와 농업교육시스템으로부터 적절한 정보를 수용하여 현장관찰자(정책담당자, 농업교사, 농업인 등)에게 피드백 해주는 역할을 한다.

ⓛ 지도는 농업관련 직업 및 고등교육(대학) 시스템과 직접 연계되어 있으며, 지도사업에 종사할 인력을 배출하기도 한다.

ⓒ 농촌지도사가 전달하는 농업관련지식은 농업연구개발 과정에서 응용과 적용을 통해 도출된 것이기 때문에 농업지도와 농업연구는 훨씬 더 긴밀한 관계에 놓여있다.

ⓔ 교육이 농부들의 혁신과정에 참여하는 역량을 향상시킨다는 것을 인식함으로써 교육자의 역할을 강조하였다.

ⓜ 농업지식정보체계는 지식의 생산과 전파에 관심을 두고 있다.

ⓗ 농업지식정보체계는 농업혁신체계의 하부시스템으로 볼 수 있다.

ⓢ 농업인들의 요구를 반영하고 참여를 유도하는 요구지향적인 시스템이다.

ⓞ 세계식량기구와 경제협력개발기구의 농업지식정보체계는 연구와 지도 간의 연계가 쉽지 않다.

ⓩ 정보 전달의 중요성을 강조하면서, 농촌 환경에서 행위자 및 과정에만 제한되고, 투입과 산출 시장, 민간부문, 촉진적 정책 환경, 다른 산업부문의 역할에 대한 연구는 부족하다는 한계를 가지고 있다.

④ 유엔식량농업기구와 세계은행에서 제시한 AKIS/RD 전략적 비전과 지도원리 전략

    ㉠ 농업지식정보체계는 재정적 · 사회적 · 기술적으로 지속 가능하다.

    ㉡ 농업지식정보체계는 지식과 기술의 창출과 공유, 흡수에 적절하고 효과적인 과정이다.

    ㉢ 농업인, 교육, 연구와 지도 간의 접촉(Interface)이고, 통합(Integration)이다.

    ㉣ 시스템의 구성요소들은 각자의 기능에 대한 책임을 져야 한다.

(4) 농업혁신체계(AIS)

① 개념

    ㉠ 농업혁신체계에서의 혁신체계는 가치사슬을 따라 등장하는 연구와 보급, 민간부문, 자원, 행위자들 사이의 상호작용 등에 대해 광범위한 유형의 관계로 이루어짐에 따라 기술적 · 사회적 · 정치적 환경에 산업적 관점에서의 역량강화를 제공한다.

    ㉡ 농업혁신체계에서 행위자는 국립농업과학 연구기관, 농과대학 및 기관, 지도기관 및 농가, 농산물원료제공자, 가공업체, 수출회사, 비정부기구(NGO), 미디어 등 공공 · 민간 영역의 모든 농관련 주체이다.

② 특징

    ㉠ 농업혁신체계는 지식의 생산, 전파, 적용에 초점을 둔다.

    ㉡ 지도기관은 농업혁신체계에서 촉진, 조정, 지원 등 중요한 기능을 수행한다.

    ㉢ 농업혁신체계에서 정책은 요소통합과 연계틀을 마련하는 역할을 한다.

    ㉣ 농업혁신체계에서는 혁신의 중심점이 현장에서의 학습과정에서 더 많이 일어난다.

    ㉤ 혁신체계가 다른 체계보다 복잡하고 어려우며 실험을 하거나 현장 밖에서 혁신을 미세하게 조정하기 어렵다.

    ㉥ 국가농업연구체계에서는 시장과의 결합력이 미약하다.

    ㉦ 다양한 이해관계자들을 고려하게 되면 농업지식정보체계는 농업혁신체계의 하부시스템으로 볼 수도 있다.

(5) 농업지식혁신체계(AKIS)

① 개념

    ㉠ 농업지식혁신체계(Agricultural Knowledge and Innovation System)는 농업발전 촉진을 위한 농업 지식 및 혁신전파와 관련된 주체들의 참여형 농업정책에 의해 생겨났다.

    ㉡ 농업혁신체계(AIS)의 하부시스템으로 볼 수도 있다.

    ㉢ 농업분야에서 의사결정 · 문제해결 · 혁신을 지원하기 위해 시너지를 창출하면서 지식과 정보의 확산, 활용, 복원, 저장, 전달, 변화, 생성에 관여하는 조직 및 종사자들 간 상호작용 및 연계를 뜻한다.

② 특징
　　㉠ 수요자 참여에 의한 연구개발(R&D)과 지식공유 방식, 이를 뒷받침하는 네트워킹 체제를 갖추었다.
　　㉡ 기존 '지도사업' 개념과 다른 협력·공유 사업모델로서, 산학연협력체제·혁신체제(Innovation System)·클러스터(Cluster) 등이 주 모델로 활용되고 있다.
③ AKIS 4대 구성요소(국가별 사례)
　　㉠ 연구(Research) 분야
　　　•핀란드, 과학기술 및 혁신전략센터(SCSTI ; Strategic Centers for Science and Technology and Innovation)
　　　　다수의 주체가 지분을 소유한 유한회사로서 혁신 프로세스를 가속화하기 위해 민·관이 파트너십을 구축하여 가장 필수적이고 미래 분야인 에너지, 환경, 보건, 참살이 등에서 장기적으로 협력하고 있다.
　　　•프랑스, 응용 농업연구네트워크(NARA ; Network for Applicative Research in Agriculture)
　　　　－농민이 설립·운영하고 농업 R&D 기관이 참여하는 형태로 응용연구, 실험, 기술지원, 전문성, 교육, 보급전문기관의 성격을 가진다.
　　　　－연구결과를 지역 상황에 맞게 수정함으로써 농업인 기대를 충족시키는 연구 프로젝트를 운영하고 있다.
　　　　－분야별 특화된 응용과학자로 구성되고, 농업 생산지 인근에 위치하고 있다.
　　　　－농업 R&D 기관은 과학위원회의 지원을 받으며, 프랑스 농업부의 감독 하에 공적 자금 지원을 받는다.
　　㉡ 농촌지도 분야
　　　•덴마크, 농업자문기구(DAAS ; Danish Agricultural Advisory Service)
　　　　－DAAS는 영농단체연합회 소속 농업인이 소유·운영하면서 농업의 모든 문제와 관련된 운영기술(예 농업회계, 생산 및 농장 운영)을 농민에게 자문한다.
　　　　－DAAS는 덴마크 내 1개 국립지식센터와 31개 지역지원센터를 통해 농업연구와 현장농업을 연계하여 새 기술이 농장 및 관련 분야에 빨리 정착할 수 있도록 지원하고 있다.
　　㉢ 농업교육(Agricultural Education) 분야
　　　•프랑스의 AKIS와 연계한 중등농업교육학교(Place of Secondary Agriculture Education in the Akis) : 프랑스 농업 혁신에 기여하고 있는 AKIS 중등농업교육학교는 연구센터, 기술보급 서비스, 관련된 네트워크 및 민간기업과의 파트너십을 통해 혁신 및 개발 프로젝트에 참여하고 있다.
　　㉣ 지원시스템(Support System) 분야
　　　•EU 농업회의소 플랫폼(PCA ; Platform of Chamber of Agriculture)
　　　　PCA는 유럽 14개국에서 활동하며 150개의 독립 농업회의소로 구성되어 있다. 직원 수는 약 15,000명 정도이며, 500만 명 이상의 농업인, 지방자치단체, 응용연구기관 및 농촌기업에게 보급 및 자문 서비스를 제공하고 있다.

국가농업연구체계(NARS), 농업지식정보체계(AKIS), 농업혁신체계(AIS)의 특징

• 국가농업연구체계(NARS), 농업지식정보체계(AKIS), 농업혁신체계(AIS)는 각각 장단점이 있으며 서로 연계되고 누적되는 개념이다(World Bank).

• 국가농업연구체계는 지식 생산에 초점을, 농업지식정보체계는 지식의 생산·전파에 관심을, 농업혁신체계는 지식의 생산·전파·적용에 초점을 두고 있다.

구 분	국가농업연구체계 (NARS)	농업지식정보체계 (AKIS)	농업혁신체계 (AIS)
목 적	농업연구, 기술개발, 기술이전을 위한 기획역량	농업·농촌부문 종사자 대상의 지식 전달과 소통	농업생산 및 마케팅 체제 전반의 혁신 능력 강화
행위자	국립농업연구기관, 농과대학 및 기관, 지도기관, 농가	국립농업 연구기관, 농과대학 및 기관, 지도기관, 농가, NGO, 산업체	공공·민간 영역의 모든 농관련 주체
결 과	기술개발, 기술이전	기술적용, 농업생산 혁신	생산, 마케팅, 정책, 산업체 부분에서 기술 및 구조혁신의 결합
운영원리	과학을 기술개발에 이용	지식의 축적과 접근	사회·경제 변화에 지식을 활용
혁신 메커니즘	기술이전	지식정보 상호 학습	상호작용을 통한 학습
시장과 결합	미약함	낮 음	높 음
정책의 역할	자원배분, 우선순위 책정	연계틀 마련	요소통합과 연계틀 마련
필요역량	인프라, 인적자원개발	농업부문 행위자 간 소통 강화	소통강화, 상호작용 및 학습, 혁신을 위한 조직구조 마련 환경 조성

최근 새로운 농촌지도 목적

• 농업지식정보체계(AKIS/RD)에서는 농촌지도의 기능·영역을 확대 해석하고 있다.

• 기존 농촌지도의 목적 : 농업인의 생산성 향상과 수익 증대를 위한 정보전달 과정이다.

• 광의의 목적 : 농촌지도의 목적은 농업생산 관련지식을 포함하여 신용, 공급, 판매, 시장정보 등과 같은 농업발전의 전반적인 영역으로의 확대이다.

• 최광의의 목적 : 농촌지도는 농업과 관련된 비형식적 평생교육을 제공하는 기능으로서 농업인·배우자, 청소년·지역사회·도시화훼업자 등을 포함한 다양한 계층을 학습대상으로 하고 있으며, 궁극적으로는 농업개발, 지역사회자원개발, 단결심 고취, 협동조직 개발 등과 같은 다양한 목표를 추구하는 데 있다.

농업지식정보체계(AKIS/RD)에 대한 설명으로 옳지 않은 것은?

① 지도는 농업관련 직업 및 고등교육(대학) 시스템과 직접 연계되어 있다.

② 농업인들의 요구를 반영하고 참여를 유도하는 요구지향적인 시스템이다.

③ 농촌지도를 기능 · 목적적 차원의 관점에서 정의하였다.

④ 농업관련 지식 · 기술 · 정보를 새로이 창출하고 공유하며, 효과적으로 활용할 수 있다.

해설 농촌지도를 일련의 체제적 관점에서 정의한다. 이유는 농촌지도가 농업연구와 농업교육을 포함하는 광범위한 지식체계라는 테두리 안에서 기능을 발휘하고 있기 때문이다.

정답 ③

농촌지도의 역사 및 관련 학문

|01| 근대 농촌지도의 기원

(1) 농업교육을 기원으로 보는 관점

① 농촌지도의 기원을 유럽의 르네상스 시기로 본다.

② 르네상스 이전 : 주지주의 학문에 대한 관심 때문에 농업 같은 실용 중심의 학문에 대한 관심이 부족하였다.

③ 르네상스 이후

  ㉠ 르네상스가 도래하면서 인간의 현실문제에 관한 과학적 접근을 시도하면서 농업 같은 실용주의 교육에 대한 관심이 높아졌다.

  ㉡ 16~17세기의 라블레(Rabelais), 루소(Rousseau), 페스탈로치(Pestalozzi) 등 많은 학자들이 교육적인 관점에서 자연과 노동의 중요성을 강조, 실제로 실험학교를 통해 농업교육의 주요성을 강조하였다.

  ㉢ 농업교육의 강조를 통해 1779년 헝가리 자바에서 최초 농업학교가 설립되었다.

  ㉣ 1797년 케스트헤이(Keszthely)에서 조지콘 아카데미(Georgicon Academy)가 설립되었다(유럽 농업대학의 모델).

(2) 농업협회를 기원으로 보는 관점

① 농촌지도 기원을 유럽·북미의 농촌지도사업으로 본다.

  ㉠ 유럽 : 1723년 스코틀랜드에서 조직된 'The Society of Improvers in the Knowledge of Agriculture'가 농업협회의 최초 형태이다.

  ㉡ 미국 : 1744년 프랭클린(Frankiln)의 지도하에 결성된 'The American Philosophical Society'와 1785년 결성된 'The Philadelphia Society for Promoting Agriculture'에 의해 농촌지도 관련 사업이 추진되었다.

② 농업협회의 전개

  ㉠ 초기의 농업협회는 농업에 관련된 사람들이 모여서 서로 정보를 교환하고 협력하기 위한 목적으로 설립되었다.

  ㉡ 농업협회가 점차 발전함에 따라 지역조직까지 확대되고, 농업관계 정보를 활자화하여 비회원에게까지 전파하였다.

ⓒ 대학교수를 초청하여 강의를 듣거나 품평회를 주관하였다.

　　　예 1818년 Brighton에서 메사추세츠협회(Massachusetts Society)의 품평회

③ 농업협회의 활동 특성

ⓐ 미국 농업발전을 위한 후원단체의 활동으로 연방정부에 농무성과 농업을 가르칠 주립대학 설립의 필요성을 환기시켰다.

ⓑ 1790년 연방단위에서 처음으로 농업 분야의 업무를 담당하기 위한 사무소가 설치 · 운영되었다.

ⓒ 1862년 링컨 대통령 시기에 미 농무부가 설립되었다.

|02| 세계 농촌지도의 발달

(1) 세계농촌지도의 공통적인 변화 동향[리베라(Rivera), 1992]

시 기	19세기 후반	2차 대전~1980년대	1980년대 이후
흐 름	소외계층에 대한 사회적 관심	농업을 통한 산업발전의 기반 확보	농촌지도사업의 다양화
목 적	소외된 계층에게 새로운 기회 제공	식량증산을 통한 국부 창출	다양한 농업 · 농촌 · 농업인 문제 해결
주요 활동	귀족과 부유층 자제들을 중심으로 대학 주변의 소외된 주민에게 읽고 쓰는 것과 생활을 영위하는데 필요한 기술을 교육함	• 흉작으로 농촌경제가 파탄에 이르자 농업인을 교육하여 농업을 개량하기 위한 활동 착수 • 2차 대전 후 많은 국가가 자국의 부족한 식량을 지급하고 수입 식량을 대체하기 위하여 식량 증산에 필요한 생산기술을 보급	• 국토의 균형발전을 위한 지역개발 사업 • 농업인의 보건, 복지환경 및 농촌 생활환경사업 • 소득개발을 중시하여 종래의 일반적 기술보급에서 전문화된 컨설팅 사업으로 변화

주요 특징	소외된 자에 대한 관심과 이들의 지위 향상을 위한 계몽활동 중심	농업이 국민경제 내에서 먹거리, 유기원료를 공급하는 산업의 역할을 제대로 수행하는 데 초점	• 일부 국가는 농촌문제에 관심을 가지면서 지도사업의 범위 확대 • 일부 국가는 농업기술에 한정하여 지도사업의 효율화 방안 모색

(2) 세계의 농촌지도 발달(페더, 윌렛 & 지프, 2002)

① 초기 식민지시대

㉠ 초기 식민지시대 개발도상국의 농촌지도사업 동향은 코모디티 프로그램이 강조되었다.

> **🔍참고**
>
> **코모디티 프로그램(Commodity Program)**
> 농촌에 거주하는 사람에게 직접 생필품을 지원하고 원조하는 형태의 사업, 후진국을 중심으로 현재에도 존재한다.

㉡ 농촌지도사업은 다목적 농촌개발의 성격을 가졌다.

㉢ 식민지 권력층이 농촌전문가를 파견하여 건강·보건, 세금징수, 인구조사 등의 역할을 수행하였다.

② 1950년대

㉠ 국가 차원에서 농촌지도가 제도화되고 중단기 발전계획이 수립되어 추진되었다.

㉡ 위계적이고 독려식 과정으로 기술보급이 이루어지는 전달체계였다.

㉢ 대학체제가 존재하지 않거나 취약했기 때문에 대학보다 주로 행정당국의 주관에 의해 추진되었고, 연구기관과의 연계도 미흡하였다.

㉣ 주로 선진국 농업기술을 후진국·개발도상국에 이전하는 확산모델이 적용되기 시작했다.

③ 1960년대

㉠ 개별 농가에 대한 관심보다는 농촌지역을 하나의 사업단위로 생각하는 지역사회개발에 초점을 맞추었다.

㉡ 선진농업기술의 이전이 지속되었다.

㉢ 지도사와 농업인 사이의 대인커뮤니케이션이 중요한 방법으로 활용되었다.

㉣ 농산물을 대량으로 생산하려는 녹색혁명이 시작되었다.

④ 1970년대

㉠ 1960년대 중반부터 공공부문이 확대되면서 식량자급을 위한 농업 기술에 대한 지도와 자문이 더 체계적으로 진행되었다.

㉡ 농촌지도를 전담하는 기관이 제도적으로 설치·운영되기 시작하였다.

㉢ 농촌지도기관이 새롭게 조직 또는 개편되었고, 특징은 통합농촌개발의 성격이었다.

㉣ 농촌지도방법으로 T&V 시스템이 등장하였고, 농촌지도의 전파 모델을 통해 기술권리 획득 모델이 도입되었다.

㉤ 농가 수준에서 해결하기 어려운 문제를 해결할 수 있는 통합적 농촌지도 전략에도 불구하고 농가들이 기술을 수용하지 않는 경향도 나타났다.

⑤ 1980년대

    ㉠ 전환기의 시기로, 참여접근법이 급속히 강조되었다.

    ㉡ 여성의 생산성 증대와 생태계 보전에 대한 관심이 부각되었다.

⑥ 1990년대

    ㉠ 새로운 접근법이 시도되는 전환기이다.

    ㉡ 공공부문에서 재정집행과 관련하여 민주화가 실현되었다.

    ㉢ 방법론적으로 연구자와 농민 사이에 직접적 네트워킹이 강조되었다.

    ㉣ 농촌지도의 재정에 대한 지속가능한 접근은 융통성과 다면적 파트너를 포함시키게 되었다.

Level UP 이론을 확인하는 문제

농촌지도사업의 세계적 흐름에 대한 설명으로 가장 옳은 것은? 20 지도사 〔기출(변형)〕

① 1950년대 농촌지도사업은 여성의 생산성 증대와 생태계 보전에 대한 관심이 부각되었다.

② 1960년대 농촌지도사업은 개별 농가에 대한 관심보다는 농촌지역을 하나의 사업단위로 생각하는 지역사회개발에 초점을 맞추었다.

③ 1970년대 농촌지도사업은 국가 차원에서 농촌지도가 제도화되고 중·단기 발전계획이 수립되어 추진되었다.

④ 1980년대 농촌지도사업은 지도사와 농업인 사이의 대인커뮤니케이션이 중요한 방법으로 활용되었다.

해설 ① 1980년대에 대한 내용이다.
    ③ 1950년대에 대한 내용이다.
    ④ 1960년대에 대한 내용이다.

정답 ②

|03| 농촌사회교육 및 지역사회개발

(1) 농촌사회교육

① 세계 농촌지도는 가장 크고 체계화된 사회교육으로, 농촌지도를 농촌사회교육과 동일하게 보았다.

② 농촌지도와 농촌사회교육은 대상 면에서 차이가 없으나 내용 면에서 차이가 있다.

㉠ 농촌지도 : 새로운 농업기술 보급, 생활개선 지도, 농촌청소년 교육에 초점을 둔다.

㉡ 농촌사회교육 : 민주화 · 산업화 현대사회 발전으로 농촌지도(권위적, 비민주적)에서 농촌사회교육으로 범위가 발전 · 확장되었다.

(2) 지역사회개발

① 농촌지도 발전 추이

㉠ 농촌지도 → 농촌사회교육 → 지역사회개발로 발전하고 있다.

㉡ 1948년 UN이 지역사회개발을 세계 각국 정책의 하나로 채택할 것을 권장하여 농촌지도사업에서 이를 반영하였다.

㉢ 1958년 미국 농촌지도사업에서 처음 지역사회개발(Community Improvement)이 농촌지도사업의 중점 사업으로 공식 인정받았다.

② 농촌지도와 지역사회개발의 차이

농촌지도사업	지역사회개발
농업과 생활개선에만 중점을 두었다.	지역주민의 건강, 교육, 교통 문제 등 지역사회의 다양한 문제를 다루었다.
• 개개 농민의 기술 변화에 역점을 두었다. • 농촌지도에서 다루는 집단 활동은 개개인에게 영향력을 미치기 위한 부차적인 수단이었다.	개개인 또는 개인의 행동보다 사회집단을 더 강조했다.

③ 지역사회개발의에 대한 학자들의 견해 변화

㉠ 스미스와 윌슨(Smith & Wilson)

• 농촌지도와 지역사회개발의 관계를 이상적으로 보며 지역사회개발은 지역사회에 사는 모든 주민이 참여할 수 있는 것이어야 한다.

• 기존 농촌지도로 효과를 거두기 힘들었던 지역사회의 개인과 집단을 지역개발사업에 참여시키도록 하였다.

• 지역사회개발의 지도력은 지도원이 보다 지역사회 주민 편에서 활동할 것을 요구하며, 지역사회개발이 농촌지도를 민주화하는 방향이 됨을 지적하였다.

㉡ 피퍼와 리스트(Phifer & List) : 농촌지도와 지역사회개발의 긴밀한 관계 또는 농촌지도의 새로운 방향으로서의 지역사회개발의 위상을 강조하였다.

㉢ 로버츠(Roberts) : 지역사회개발에 대한 사회교육적 접근을 체계화하면서 사회교육자의 지역사회개발에 대한 관심을 환기시켰다.

|04| 농촌지도학·농촌사회교육·지역사회개발의 비교

(1) 공통점

① 일정한 지역의 성인 남녀를 위한 비형식적 사회교육에 역점을 두고 있다.

② 세 분야 모두 농촌지역사회에 더 큰 비중을 두고 있다.

③ 세 분야의 연구 과정이나 실제 사업수행에서 모두 대상자들의 참여를 강조한다.

④ 어떤 학문적 계보를 가지고 발전된 것이 아니라 다학문적 또는 종합학문적 접근의 특성을 갖는다.

(2) 차이점

① 주요관련 학문분야

　㉠ 농촌지도는 농업기술과 생활과학이 강조된다.

　㉡ 농촌사회교육은 농촌지역에서 전개되는 사회교육을 넓게 다룬다.

　㉢ 지역사회개발에서는 농업기술, 사회과학 + 교육학, 사회학, 사회복지학, 경제학, 행정학, 보건학, 커뮤니케이션학, 지리학토목공학, 조경학 등이 긴밀한 관계를 가진다.

② 주민접근 전략

　㉠ 농촌지도는 농장 및 가정방문과 같은 개인접촉을 사용한다.

　㉡ 농촌사회교육은 개인, 때와 장소에 따라 집단 및 대중접촉을 융통성 있게 사용한다.

　㉢ 지역사회개발은 주로 집단적 접촉이나 조직적 접근방법을 더 많이 활용한다.

> **참고**
>
> 농촌지도가 집단적 접근 · 대중 홍보 방법을 전혀 쓰지 않는 것은 아니며, 지역사회개발도 집단적 결정 전에 설득을 위한 개인적 접촉이 중시되기도 한다.

③ 대상을 보는 시각

　㉠ 농촌지도 대상의 범위는 농민, 농가주부, 농촌청소년이다.

　㉡ 농촌사회교육의 대상은 농민, 농가주부, 농촌청소년이다.

　㉢ 지역사회개발은 지역사회 및 사업추진체로서의 주민으로 대상의 범위가 도시까지 확장되었다.

④ 전문인력

　㉠ 농촌지도에서는 지도 전문인력을 지도사 · 지도요원이라 호칭한다.

　㉡ 농촌사회교육에서는 담당자를 교사라고도 하지만 학습도우미 · 촉진자라고 호칭하며, 민주적 학습 촉진자의 역할을 강조한다.

　㉢ 지역사회개발에서는 전문요원을 지역사회개발요원, 사업조정관이라 호칭한다.

농촌지도, 농촌사회교육, 지역사회개발 비교

구 분	농촌지도	농촌사회교육	지역사회개발
주요 관련학문	농업기술, 생활과학	사회교육학	교육학, 사회학, 사회복지학, 경제학, 행정학, 보건학 등
주민 접근전략	농장 및 가정 방문 등의 개인접촉	개인, 집단, 대중접촉의 혼합	주로 집단 및 조직 접근
교육대상	농민, 농가주부, 농촌청소년	농민, 농가주부, 농촌청소년	지역사회 및 사업추진제로서의 주민
전문요원	지도사, 지도요원	학습도우미, 촉진자, 교사	지역사회개발요원, 사업조정관
대상의 범위	농촌, 농업, 농민	농촌, 농업, 농민	도시까지 확장

Level UP **이론을 확인하는 문제**

농촌지도의 개념과 접근방법을 설명한 것으로 가장 적절한 것은? 14 지도사 기출(변형)

① 농촌발전을 위해 현재지향적인 사업에 전력을 기울이는 행정적 접근방법이다.

② 농촌주민들이 스스로 농촌을 발전시켜 나갈 수 있도록 능력을 배양하는 사회교육적 접근방법이다.

③ 농촌의 경제발전을 위해 농업발전과 농외소득 증대에 주안을 두는 경제적 접근방법이다.

④ 농촌의 빈곤문제를 해결하기 위한 사회복지적 접근방법이다.

해설 농촌지도요원이 농촌지도 대상을 일방적으로 지도하는 과정이 아니라, 농촌지도 대상자가 자신의 직업이나 생활에서 자신의 문제를 스스로 인식하고 주도적으로 해결하도록 동기부여하고 필요한 지식·기술·정보 등을 제공하여 스스로 합리적 의사결정을 할 수 있도록 도와주고 자문하고 교육하는 활동이다.

정답 ②

Level UP **이론을 확인하는 문제**

농촌지도, 농촌사회교육, 지역사회개발의 공통점으로 옳지 않은 것은?

① 일정한 지역의 성인 남녀를 위한 형식적 사회교육에 역점을 둔다.

② 연구 과정이나 실제 사업수행에서 대상자의 참여를 무엇보다 강조한다.

③ 농촌지역사회에 더 큰 비중을 둔다.

④ 어떤 학문적 계보를 가지고 발전된 것이 아니라 간학문적·다학문적 접근의 특성을 갖는다.

해설 일정한 지역의 성인 남녀를 위한 비형식적 사회교육에 역점을 둔다.

정답 ①

|05| 농촌사회의 구조와 문화

(1) 농촌지도요원이 고려해야 할 농촌사회의 구조적 요인

① 사회구분단(Social Divisions)

    ㉠ 농촌주민을 집단이나 사회로 구분하는 요인에는 연령, 가족, 촌락, 계층, 행정, 인구, 교육, 종교, 상업, 경제 수준 등이 있다.

    ㉡ 구분요인에 따른 농촌주민을 태도, 욕구, 가치관, 문화, 생활방식 등의 상대적 차이가 있는 집단으로 구분한다.

    ㉢ 지도요원의 역할
- 농업인 또는 농가경영체(집단)의 상대적 역할과 특성 차이를 이해해야 한다.
- 특성의 차이가 농업 · 농촌의 변화와 혁신사항의 수용에 어떠한 영향이 있는지, 농촌개발에 효과적으로 이용할 수 있는지를 고려해야 한다.

② 농촌사회집단

    ㉠ 농촌사회는 공식적 · 비공식적, 영속적 · 일시적, 자생적 · 비자생적 등 다양한 분류에 따른 크고 작은 집단이 있다.

    ㉡ 집단구성원 간 사회적 유대와 협동생활을 유지하게 되며, 집단규범과 가치 기준이 있다.

    ㉢ 지도요원의 역할 : 사회집단들의 규범과 가치, 주요 관심사 등을 파악하여 지도대상 집단으로 적절히 활용해야 한다.

③ 여론지도자

    ㉠ 어느 사회나 사회구성원의 행동 · 태도 · 의사결정에 영향을 미치고 존경받는 공식적 · 비공식적 여론지도자가 있다.

    ㉡ 지역여론지도자는 대면적 의사전달망을 통해 지도력을 발휘하며, 그 과정에서 혁신의사 전파를 촉진하거나 저해할 수도 있다.

    ㉢ 지도요원의 역할 : 여론지도자가 어떠한 역할을 수행하고 있는지를 파악하고, 지도사업에 그들의 도움을 받을 수 있는 방법을 연구해야 한다.

(2) 지역사회의 문화적 요소

① 영농방식

    ㉠ 영농은 농업인의 생활약식 및 생활수단과 연결되어 있다.

    ㉡ 영농형태와 영농방식은 그 사회의 다양한 생활수준, 토지소유와 활용방식, 노동 · 자본 · 기술 투입방식 등과 밀접하다.

    ㉢ 농업인 또는 농가경영체의 노동구조와 생활양식은 타 산업종사자에 비해 현장과 직간접적으로 연결되어 있다.

    ㉣ 지도요원 : 영농의 변화나 혁신사항을 소개할 경우 영농방식과 관계된 점을 고려해야 한다.

② 토지소유형태

　　㉠ 토지소유 정도와 소유방식(자작농, 소작농)이 농촌의 인간관계 형식 및 농촌사회 구조의 성격을 규정하는 데 영향을 준다.

　　㉡ 지도요원 : 농민의 소유형태에 따라 수용 가능한 적정기술과 혁신사항을 전달해야 한다.

③ 사회의식

　　㉠ 사회의식은 그 사회가 갖고 있는 문화의 핵심 단면을 나타내는 의식이다.

　　㉡ 사회의식에는 종교, 축제, 추수감사제, 기우제, 결혼식, 장례식, 회갑잔치 등이 있다.

　　㉢ 사회의식은 농촌사회에 큰 영향을 미쳤으나 최근 농촌사회에 급속한 변화와 전통 문화의 해체 성향이 있다.

　　㉣ 지도요원 : 사회의식에 참여하여 그 지역사회의 문화와 관습을 이해하고, 대화를 통하여 농촌주민의 문제인식과 상호신뢰를 형성해야 한다.

④ 전통적 의사전달방법

　　㉠ 농촌사회는 가무, 연극, 지역속담, 종교모임, 사랑방모임, 우물가모임, 계모임 등을 통해 정보를 전파하고, 관념·의식을 공유하는 의사전달 방법을 가진다.

　　㉡ 지도요원

　　　　• 전통적 의사전달 활동에 참여하여 지역사회 주민의 공동감정, 사고방식, 영농 태도 등을 파악해야 한다.

　　　　• 전통적 의사전달수단을 통하여 혁신의사를 효과적으로 보급·전파할 수 있어야 한다.

PLUS ONE

농촌사회변화의 장애요인

- 정의적 가치평가기준
- 공무원에 대한 태도
- 전통과 권위주의
- 사회적 책임
- 농촌사회구조
- 커뮤니케이션

Level UP 이론을 확인하는 문제

농촌지도요원이 고려해야 할 농촌사회의 구조적 요인은 무엇인가?　　　　　　18 경남 기출

① 농촌사회집단　　　　　　　　　　② 영농상태

③ 토지소유형태　　　　　　　　　　④ 전통적 의사전달방법

해설 **농촌사회의 구조적 요인**

- 사회구분단
- 농촌사회집단
- 여론지도자

정답 ①

안심Touch

|06| 농촌지도 환경의 변화

(1) 농촌인구구조의 변화(2011년 통계)

① 고령화에 따른 농업 포기, 전업 등으로 전반적으로 계속해서 감소하고 있다.

② 도시 인구는 연평균 0.9%의 증가율로 꾸준히 증가하고 있다.

③ 최근에는 농촌인구의 감소 폭이 둔화되고 있으며, 출산력의 저하로 유소년 인구가 감소하고 있다.

(2) 농업생산 농가구조의 변화

① 2011년 농가는 주로 2인 가구이고 평균 가구원수는 2.55명이었다.

② 경지면적은 연평균 1.5ha 내외로 완만하게 감소해 왔으며 앞으로도 같은 추세일 것으로 전망된다.

③ 경지규모는 0.5ha 미만과 3.0ha 이상 농가가 증가하여 경지의 규모화가 진행되고 있다고 볼 수 있다.

④ 농업법인 또는 회사법인이 운영되고 있어 고수익 경영인도 있다. 이는 농업 인력도 경영인, 기술자, 노동자층으로 각 집단에 적절한 형태의 인력교육이 필요하다는 것을 말한다.

⑤ 영세농가에 대해서는 농가에 따라 다른 지원이 필요하다.

(3) 농가경제의 변화

① 농가소득은 농촌지역 경제의 실태를 보여주는 대표적인 주요 지표이다.

② 2011년 전체 농가의 약 54%가 전업농가, 약 46%가 겸업농가로 나타났다. 이는 겸업농가의 꾸준한 증가로 농가경제활동의 다각화가 진행되고 있음을 보여준다.

③ 농가소득은 전반적으로 증가추세를 보였다. 1991년 이후 농외소득이 빠르게 증가하여 2007년부터는 농외소득이 농가소득을 앞질렀다.

④ 농업생산액은 완만하게 증가할 것으로 전망하였으나 농업부가가치는 감소세로 전망된다.

⑤ 농가소득은 꾸준히 증가할 것으로 전망되나 농업소득은 감소할 것으로 본다. 이는 농업소득의 증가에 한계가 있으므로 다양한 정책적 접근이 필요하다는 것을 말한다.

⑥ 농외소득이 빠른 속도로 증가할 것으로 전망된다.

(4) 농촌의 다문화

① 도시 및 농촌지역거주 다문화 가구의 비율은 2.2% 정도로 나타났다.

② 읍 지역보다 면 지역의 다문화 가구의 비율이 높았다.

③ 도시지역에 비해 농촌지역의 1인 가구 수의 비율이 낮다. 이는 농촌지역의 다문화가구는 결혼이민을 전제로 성립한다는 것을 알 수 있다.

신기술의 발전 및 정보화가 농업·농촌에 미치는 영향

메가트렌드	농업·농촌에 미치는 영향
신기술의 발전 및 정보화	• 지역공동체의 약화 및 사이버 공동체의 발달 • 유비쿼터스 시대 도래 • 농촌복지 수준의 향상

농업·농촌메가트렌드와 파급 영향

메가트렌드	전망과 특징	농업·농촌의 파급 영향
고령화 사회 (장수 시대)	• 저출산, 인구증가율 둔화, 평균수명 연장 • 2026년 초고령사회 진입 • 건강, 장수에 대한 니즈 • 노인복지 수요 급증	• 농업생산력의 증가세 둔화 • 농촌사회의 활력 저하 및 지역경제 위축 • 고령친화 실버농업의 부상 • 청장년 전업농이 주력 형성
글로벌 경제 (무한경쟁 시대)	• FTA 진전, 동북아경제 블록화, 아시아연합 경제권 등으로 발전 • 미국 중심의 세계화 탈피, 전 지구적 시장경제 출현 • 2030년경부터 경제국경 소멸	• 시장질서의 국제규범 재편 • 경쟁력 있는 고부가가치 농업으로 구조 조정 • 농업·농촌의 양극화 확대 • 농산물 수입증가, 수출시장 확대
기후변화와 환경 중시 (녹색산업 시대)	• 지구온난화로 2050년 기온 2℃ 상승, 강수량 8% 가량 증가 • 화석연료 고갈에 따라 신재생에너지 사용 확대 • 세계적인 물부족 현상	• 한반도 아열대화로 인한 식생변화, 열대과일 재배 • 농산물 생산 감소와 품질 저하 • 대체에너지용 유지작물, 미세조류(해수농업) 등 확산 • 지속가능한 환경농업 발전
과학기술발전 (융복합기술 시대)	• INBEC 기술의 보편화, 융합화 • 유비쿼터스 시대 도래 • 로봇 사용화로 2025년 노동시장 50% 대체 • 우주시대 본격화, 원격탐사기술의 농업분야 활용	• 첨단기술 수용의 격차 확대 • 기계화·자동화의 정밀농업 발전, 우주농업, 원격 탐사 기술 등 • 농산물 상품화, 유통체계 발전 • U헬스 시스템 등으로 의료복지서비스 향상
새로운 가치지향 (문화창조 시대)	• 경제성장에서 탈피, 삶의 질 중시 • 개성, 집단지성 • 지식창조사회 • 여가 및 문화 가치 증대	• 식품안전성, 맛과 영양 중시 • 농촌어메니티 활성화, 농촌관광 산업화 • 귀농·귀촌 인구 증가 • 휴양공간, 전원생활 수요 증가

농촌지도환경의 변화에 관한 설명 중 옳지 않은 것은?

① 우리나라의 농가호수는 지난 40년간 절반 수준으로 감소하였다.

② 경지면적은 서서히 감소하고 있다.

③ 농업생산액은 완만하게 증가하고 있다.

④ 농업부가가치와 농외소득이 증가할 것이다.

해설 농업부가가치는 감소할 것으로 전망하고 있다.

정답 ④

농촌지도접근법

|01| 농촌지도접근법의 개요

(1) 개념 및 특징

① 개념
  ㉠ 특정지역에서 농촌지도사업이 효과적으로 작동될 수 있도록 조직화된 전략과 방법의 조화이다(협의).
  ㉡ 농촌지도사업의 활동유형으로 이념, 조직의 구조와 지도력, 자원 프로그램, 타 기관과의 연계 등이 종합적으로 반영된 것이다(광의).
    • 지도방법 : 성인교육의 절차를 다룸
    • 지도내용 : 농업 · 농촌과 관련된 내용을 다룸
    • 지도목적 : 생산성 증대, 의식 개선 등을 통한 농촌 주민 삶의 질 개선

② 특징
  ㉠ 대부분의 나라에서 그 나라 실정에 맞는 지도사업이 수행되었다.
  ㉡ 제2차 세계대전 이후 미국의 영향력으로 미국식 농촌지도방법이 각국 농촌 지도 발달에 큰 영향을 끼쳤다.
  ㉢ 현재는 미국식 농촌지도와 그 나라 지도방식이 상호작용하여 독특한 경험과 사회구조에 적응된 여러 형태의 농촌지도가 전개되고 있다.
  ㉣ 최상의 접근방법은 존재하지 않으며, 단순 기술이전에서 종합적 · 포괄적 농촌지도가 이루어지고 있다.
  ㉤ 농촌지도접근법은 국가중심적이고 하향식(Top-down)이며, 주민 참여가 많아지고 의견이 반영되고 있다.

(2) 농촌지도접근법의 분류

① 네갈(Negal, 1997)의 접근법(일반적 고객 접근, 선택적 고객 접근)

일반적 고객 접근	선택적 고객 접근
• 정부 주도의 일반적 지도 • 훈련 · 방문 지도접근 • 종합적 사업 접근 • 대학 중심의 지도사업 • 농촌개발사업	• 상품 지향적 지도사업 • 상업서비스로서의 지도사업 • 고객 중심 및 고객이 통제하는 지도사업

② 미국식 농촌지도접근법(Seevers, 1997)

　　㉠ 개도국에서 주로 사용할 수 있는 농촌지도접근법이다.

　　　　• 훈련 · 방문 지도접근

　　　　• 프로젝트 접근

　　　　• 농민우선주의 접근

　　　　• 영농체계연구 지도접근

③ 국내 농촌지도접근법

　　㉠ 전통적 기존 접근법 : 전통적 농촌지도접근법, 종합농촌개발접근법, 협동자조접근법

　　㉡ 새로운 접근법 : 훈련 · 방문지도접근, 영농체계연구 지도접근, 농민우선주의 지도접근

(3) Alex, Zip and Byerlee(2002)의 농촌지도접근법

① **국가농촌지도접근** : 공공영역 주도로 현장의 농업인에게 무상으로 자문을 제공하는 표준형 접근방식

　　㉠ 일반적 농촌지도 : 1980년 이전까지 지배적으로 이루어지던 전통적인 농촌지도의 유형

　　㉡ 훈련방문지도 : 비효율적이던 일반적 농촌지도의 개선방안으로 1970년대 후반에 나타남

　　㉢ 전략적 지도 캠페인 : 국가농촌지도사업에 사람들의 참여를 결합시키는 방법으로 FAO에서 개발함

　　㉣ 교육기관에 의한 지도 : 교육기관, 주로 농과대학이 국가농촌지도를 수행함

　　㉤ 공공기관 계약 지도 : 정부와 계약한 민간회사 또는 비정부조직(NGO)이 지도사업 수행

② **생산자주도 농촌지도** : 지도과정에 지식과 자원을 생산하도록 농업인을 관여시킴

　　㉠ 농촌활성화 : 하향식 패턴의 개발프로그램을 타파하기 위한 전략으로서 아프리카 프랑코폰에서 최초로 적용된 방식

　　㉡ 참여적 농촌지도 : 집단회의를 조성하고 요구와 우선순위를 구명하고, 지도활동을 계획하거나 생산체계를 개선하도록 고유 지식을 활용하는 농업인의 역량 제고

　　㉢ 영농체계개발지도 : 지도, 연구자와 지역 농업인 또는 농업인 단체 간의 파트너십 필요

　　㉣ 생산자조직 지도방식 : 전적으로 생산자들에 의해 계획되고 관리되는 방식

③ **목적집단 지도방식** : 주로 전문가, 고객, 지역 또는 시간에 초점을 두고 고비용을 회피하려는 지도접근방식

　　㉠ 특성화 지도방식 : 특정 생산물 또는 영농방식(관개, 비료, 산림관리 등)의 생산성 개선을 위한 노력에 초점을 둠

　　㉡ 프로젝트 지도방식 : 특정 기간 동안 한정된 장소에서 농촌지도 자원의 증가에 초점을 둠

　　㉢ 고객집단 지도방식 : 영세농, 여성, 소농 또는 소수인종과 같이 특정 유형의 농업인 집단에 초점을 둠

④ **상업화된 농촌지도** : 주로 농촌지도서비스의 상업화에 의존함

　　㉠ 비용분담 농촌지도 : 농업인에게 사업비 분담을 요구하는 농촌지도방식

　　㉡ 상업화된 농촌지도 자문서비스 : 무료 공공지도사업의 한계와 농업인이 신뢰할 수 있는 전문적인 서비스를 추구함에 따라 향후 더욱 보편화될 것임

ⓒ 농산업지도 : 농가의 생산과 관리를 지원하는 바람직한 농촌지도사업의 제공을 요구하거나 혜택을
받는 제품 구매자와 투입요소 제공자의 상업적 관심 지원

⑤ **매체를 통한 지도** : 일반 대중에게 지도기관 외 차원의 노력에 대한 지원 또는 정보서비스 제공

　　㉠ 대중매체를 통한 지도 : 대중에게 맞춤형 순수 정보서비스 제공

　　㉡ 대중매체를 활용한 지도 : 이슈에 대한 이해와 논의를 촉진하기 위해 대중매체 정보서비스와 현장의
지도요원 또는 자원자와의 연계

　　㉢ 의사소통기법 : 유선 또는 인터넷을 통해 농촌주민이 전문가 또는 전문적인 정보원과 접촉하게 함

(4) 농업연구 – 지도의 이론적 모형

① **전통적 기술보급 모형**

　　㉠ 혁신전파이론에 기반한 행위자 모형이다.

　　㉡ 농업연구사와 농촌지도사의 행동특성, 동기, 자질, 사기 등을 중심으로 설명하는 이론이다.

　　㉢ 관련 이론에는 훈련·방문(T&V), 농민우선이 있다.

＋ PLUS ONE

발전과정

T&V법 → 영농체계연구지도(FSR&E) → 농민우선 → 참여연구

　　㉣ 농업연구기관에서 개발한 신기술 이전을 위해 지도사업을 활용한다.

　　㉤ 기술보급은 일련의 방법이라기보다는 기술보급체계를 의미한다.

　　㉥ 농가를 농업연구기관에서 개발한 신기술의 수용자로만 여기는 개발 시각으로 인해 선형적이고 하향
식이라는 인식이 있다.

　　㉦ 우리나라 농촌지도사업은 농업기술보급모델에 기반한 지도사업을 수행해왔다.

　　㉧ 농촌지도사업은 시험연구 결과(자연과학 지식)를 농업인 활용기술로 가공하여 부가가치를 높여주는
고도의 전문성과 창의성을 필요로 하는 활동이다.

　　㉨ 전통적인 기술보급모델은 농민이 수동적으로 연구사나 지도사의 기술을 수용하도록 하는 방법인데,
점점 농민이 수동적 역할에서 적극적 역할로 참여를 확대해 왔다.

② **시스템 모형(System Model)**

　　㉠ 조직 간의 연계, 정보 흐름도, 조직역할 업무 진단, 업무 분석, 연구지도 연계 등을 중심으로 설명하
는 이론이다.

　　㉡ 관련접근법은 영농체계연구지도, 농업지식체계, 투입산출 모형(미국 위스콘신 주립대학교에서 개
발)이 있다.

　　㉢ 행위자모형과 시스템모형이 복합 적용된 접근법에는 현장연구, 참여연구 등이 있다.

③ 참여연구 접근

    ㉠ 1975년 이후 성인교육 운동과 함께 1980년대 후반 농민우선과 Participatory Technology Development라는 개념으로 등장하였다.

    ㉡ 특징은 지속가능한 농업과 자연자원 개발을 위한 접근방법이다.

    ㉢ 참여연구는 연구 · 지도과정에 농민참여를 중시하는 데, 농업연구, 개발, 농촌지도과정에서 농민역할을 중요하게 고려하는 것이다.

    ㉣ FAO나 세계은행에서 농업연구와 지도를 개발하여 운용하였다.

    ㉤ 주로 농촌평가(신속한 농촌평가 · 참여적 농촌평가)를 위한 접근법으로 사용되었다.

        • 신속한 농촌평가보다 참여적 농촌평가방법이 더 발전되어 나타난 접근법이다.

        • 신속한 농촌평가법 : 여전히 상의하달식 접근법으로, 외부인의 관점에 중심을 둔다.

        • 참여적 농촌평가법 : 지역주민이 스스로 주체가 되어 평가하는 접근법이다.

(5) 농촌 지도체계의 유형

① 농민조합기구형

    ㉠ 농업연구와 농촌지도가 농민 필요에 의해 자연 발생적으로 태동한 형태이다.

    ㉡ 영국, 프랑스, 독일, 덴마크 등이 있다.

    ㉢ 서구의 농민조합이 전문지도원을 채용하여 새로운 농업기술에 대해 지도하는 형태이다.

② 학교외연교육형

    ㉠ 학교교육 기능이 먼저 발전된 일부 선진국 유형이다.

    ㉡ 미국, 스위스가 대표적이다.

    ㉢ 농업연구를 하는 농과대학이 농촌지도를 농과대학의 외연기능으로 수행하는 형태이다.

③ 민간주도형

    ㉠ 농촌지도 비용의 수혜자 부담 정책의 도입에 따라 지도사업이 민영화된 경우이다.

    ㉡ 과거 국가주도 · 정부조직 형태에서 현재는 민영화를 통해 시장지향적 컨설팅 및 수요자 중심의 농촌지도가 이루어지는 형태이다.

    ㉢ 영국, 네덜란드, 뉴질랜드 등이 해당한다.

④ 정부조직형

    ㉠ 제2차 세계대전 후 미국 영향을 받아 도입한 것으로 정부의 국가적 식량문제 해결을 최우선 과제로 삼았으며, 최근 농촌개발에 초점을 두고 있다.

    ㉡ 농림부 하부조직형과 외청조직형, 정부 각 부처 분산조직형, 국가계선조직형, 지방정부조직형 등이 있다.

    ㉢ 정부조직형 국가는 주로 농업후진국이며, 공급자 중심의 일방적 하향식 관료구조이다.

    ㉣ 한국, 일본, 태국 등이 해당한다.

    ㉤ 우리나라 농식품부 하부조직이 점차 지방정부조직형으로 전환되었다.

ⓗ 시대변화에 따른 여러 시스템적 문제들에 농업연구와 지도체계가 농민조합기구형과 학교외연교육형의 농업연구와 지도체계는 잘 적응하고 있으나, 정부조직형은 적응하지 못하고 있다.

ⓢ 정부조직형이 시대변화에 적응하지 못하는 이유
- 주로 후진국이었으며, 체계의 문제점이 많은 모형을 채택하고 있기 때문
- 정부조직형은 낮은 기술수준의 농가에게 보편적으로 검정된 기술을 대량 보급할 때는 유리하나, 수요자 요구를 받아들이거나 현장에서 적시에 사용가능한 다변화된 기술을 개발하는 데는 한계가 있기 때문
- 정부조직형은 농과대학이 농촌지도와 상호 연결되는 기능이 부족하고, 선진농가의 요구를 받아들이는 기능이 약하기 때문

PLUS ONE

농촌지도조직의 정부조직형
- 농업행정기관주도형
  - 중앙단위에 농림축산식품부 외청으로 농촌진흥청을 두고 농업연구와 농촌지도사업 전개
  - 도·시군 단위에서 농업행정과 협동적 관계 유지
- 정부기관통합형
  - 농촌개발과 관련된 각종 정부부처가 협동과 조정을 통하여 농촌개발에 관여할 수 있도록 하나의 상설위원회 설치
  - 위원회에서 농촌지도를 포함한 지역사회종합발전과 관련된 모든 업무를 담당하고 있는 조직형
  - 중앙 단위에 국가발전위원회(위원장은 수상), 하부수준에서 각 단위의 개발위원회(위원장은 기관장) 설치

농촌지도체계

구 분	특 징	비 고
농민조합 기구형	• 농민의 필요에 의해 자연발생적으로 태동한 기구형 • 농민조직이 전문지도원을 채용하여 지도	덴마크, 프랑스, 독일, 영국 등
학교외연 교육형	• 학교교육 기능이 먼저 발전된 일부 선진국 유형 교육형 • 농업발전을 위한 사회교육적 기능 강조	미국, 스위스 등
민간 주도형	• 농촌지도 비용의 수혜자 부담정책 도입 • 지도사업 민영화 • 시장지향적 컨설팅 및 수요자 중심의 농촌지도	영국, 네덜란드, 뉴질랜드 등
정부 조직형	• 정부주도의 식량자급, 농촌개발 목적에서 출발 • 농림부 하부조직형과 외청조직형으로 구분	한국, 일본, 태국 등

농촌지도조직 유형의 장단점

농업행정 주도형	장점	• 명령의 통일을 이룰 수 있음 • 기관통합형보다 조직적 · 능률적이며 책임 있게 일할 수 있음 • 기관통합형에 비하여 행정의 책임소재가 분명하므로 농민의 의견과 필요에 좀 더 민감할 수 있음
	단점	• 사업이 자의적으로 수행될 가능성이 있음 • 농촌개발과 직접적으로 관련된 다른 부처와 조정이 어려움
정부기관 통합형	장점	• 모든 결정이 여러 사람의 견해와 경험을 토대로 이루어짐 • 위원회제는 의사결정이 집단적으로 행해지므로 모든 자의적 · 조변석개적 행동을 방지할 수 있음 • 각 참여자에게 자유로이 의견을 교환하게 함으로써 창의적 결정이 이루어짐
	단점	• 의사결정이 신속하지 못하여 시간과 경비 낭비가 많음 • 위원회에서 각 부처 간 의견이 대립되는 경우 합리적 문제해결에 도달할 가능성이 낮음
대학 주도형	장점	• 혁신기술과 정보의 소유가 신속함 • 교육적 성격이 강화되어 행정적 성격이 완전히 배제되므로 선진사회에 적당한 조직유형
	단점	• 지도내용에 있어서 실용성이 결여될 가능성이 있음 • 지도대상자에게 모든 의사결정을 맡기므로 지도 효과가 늦게 나타남
농민 조직체 주도형	장점	민주적 이상에 적합한 형태
	단점	• 사업이 농민의 필요와 문제에 중심을 두기 때문에 계획된 사업이 일관성이 없고 산만하며 평면적이고 깊이가 없음 • 조직의 혁신기술과 정보의 소유가 늦고 사업계획 자체가 농업생산부분에 치중되는 경향이 있어 사회경제적 요인과 농업경제부문의 문제점을 반영하지 못함

Level UP 이론을 확인하는 문제

Alex, Zip and Byerlee의 농촌지도 접근방법 중 목적집단 지도방식이 아닌 것은? 17 지도사 기출(변형)

① 특성화 지도방식
② 프로젝트 지도방식
③ 대중매체를 통한 지도
④ 고객집단 지도방식

해설 목적집단 지도방식은 주로 전문가, 고객, 지역 또는 시간에 초점을 두고 고비용을 회피하려는 지도접근방식이다.
• 특성화 지도방식 : 특정 생산물 또는 영농방식(관개, 비료, 산림관리 등)의 생산성 개선을 위한 노력에 초점을 둠
• 프로젝트 지도방식 : 특정 기간 동안 한정된 장소에서 농촌지도 자원의 증가에 초점을 둠
• 고객집단 지도방식 : 영세농, 여성, 소농 또는 소수인종과 같이 특정 유형의 농업인 집단에 초점을 둠

정답 ③

국가별 농촌지도 유형으로 옳게 짝지어지지 않은 것은?

20 지도사 <기출(변형)>

① 농민조합기구형 – 덴마크

② 학교외연교육형 – 스위스

③ 민간주도형 – 뉴질랜드

④ 정부조직형 – 대만

해설 **농촌지도체계 유형별 국가**

농민조합기구형	덴마크, 프랑스, 대만 등
학교외연교육형	미국, 스위스 등
민간주도형	영국, 네덜란드, 뉴질랜드 등
정부조직형	한국, 일본, 태국 등

정답 ④

우리나라의 농업행정주도형의 단점은 무엇인가?

17 지도사 <기출(변형)>

① 의사결정이 신속하지 못하여 시간과 경비 낭비가 많다.

② 사업이 자의적으로 수행될 가능성이 있다.

③ 지도대상자에게 모든 의사결정을 맡기므로 지도 효과가 늦게 나타난다.

④ 지도내용에 있어서 실용성이 결여될 가능성이 있다.

해설 ①은 정부기관통합형의 단점, ③ · ④는 대학주도형의 단점이다.

농업행정주도형 조직의 장단점

장 점	• 기관통합형에 비하여 행정의 책임소재가 분명하므로 농민의 의견과 필요에 좀 더 민감할 수 있다. • 명령의 통일을 이룰 수 있다. • 기관통합형보다 조직적 · 능률적이며 책임있게 일할 수 있다.
단 점	• 사업이 자의적으로 수행될 가능성이 있다. • 농촌개발과 직접적으로 관련하는 다른 부처와 조정이 어렵다.

정답 ②

안심Touch

농업연구-지도의 이론적 모형 중 기술보급 모형에 대한 설명으로 옳지 않은 것은?

① 혁신전파이론에 기반한 행위자 모형이다.

② 농가를 농업연구기관에서 개발한 신기술의 수용자로만 여기는 개발 시각으로 인해 선형적이고 하향식 방식이라는 인식이 있다.

③ 기술보급은 일련의 방법이라기보다 기술보급 체계도를 의미한다.

④ 영농체계연구지도, 농민우선이 관련 이론이다.

해설 관련 이론에는 훈련·방문(T&V), 농민우선이 있다.

정답 ④

|02| 주요 농촌지도 접근법

(1) 전통(일반)적 농촌지도 접근

① 개 념

ㄱ 일반농촌지도 접근은 전통적 농촌지도 접근법(최민호), 정부주도의 일반적 지도(네갈)와 같은 접근법이다.

ㄴ 사회를 균형론적 관점에서 바라보고 있다.

ㄷ 농촌사회의 발전이 늦은 이유가 교육이나 기술이 도시에 비해 상대적으로 부족하기 때문이므로, 농업인에게 기술보급 및 교육을 제공하면 농업인의 삶이 개선될 것이라는 견해이다.

ㄹ 세계의 각 국가(특히 중남미와 아시아)에서 채택했으며, 일반적으로 가장 고전적인 농촌지도 시스템으로 평가받고 있다.

ㅁ 영농기술의 보급·전파를 통해 생산성을 향상시켜 농가소득 증진에 목적을 둔다.

ㅂ 농업행정부처를 상위기관으로 하여 일선에 하위기관들이 위계적으로 설치 운영된다.

② 특 징

ㄱ 지도사업 전체 기획을 정부에서 통제한다.

ㄴ 중앙에서 농업인에게 일방적으로 정보를 전달하는 하향식으로 운영된다.

ㄷ 지도대상은 농촌 거주 모든 주민이다.

ㄹ 지도사업이 지방행정구역에 임용된 현장지도요원에 의해 수행된다.

③ 장 점
　　㉠ 중앙행정기관이 주도하고 지역의 하부 기관이 참여하기 때문에 농업정책을 지역단위 농촌까지 전달하기 용이하다.
　　㉡ 국가 전역을 상대로 정책을 펼칠 수 있으며, 농촌지도사업의 일관성 유지가 가능하다.
　　㉢ 중앙정부의 통제가 용이하고, 중앙정부가 농업인에게 필요한 정보를 신속하게 전달할 수 있다.
④ 단 점
　　㉠ 쌍방적 정보흐름이 결여된다. 즉, 농업인 또는 지역특성(관심, 문제, 요구 등)이 중앙에 전달되지 않으며, 지역 특성을 반영한 지도사업을 실행하기 어렵다.
　　㉡ 지도요원은 현장 상황에 적합하지 않은 중앙 실천사항을 받아들이도록 독려할 수 있다.
　　㉢ 지도요원은 대규모 농업이나 부유한 농업인을 대상으로 지도사업을 수행한다.
　　㉣ 지도요원의 수가 많아 비용(급여지급)이 많이 들고, 비효율적이다.

(2) 농촌종합개발 접근

① 개 념
　　㉠ 사회를 균형적 관점에서 파악(기능론)하고 있다.
　　㉡ 여러 가지 이념과 교육방법을 상호 절충하여, 농촌개발에 필요한 여러 가지 기본 요소들을 단일 '농촌개발경영체제' 아래 통합한다.
　　㉢ 농민들로 하여금 개발과정에 널리 참여하고 협동하도록 조장하는 접근법이다.
　　㉣ 농촌개발은 농촌개발에 관여하는 모든 기능이나 기관의 상호협동에 의해서만 일어날 수 있다고 본다.
② 지도목적
　　㉠ 농업개발에 필요한 지식 · 교육뿐만 아니라 운송, 신용, 영농자재 구입, 영농구조 개선 등을 균형 있게 조달할 수 있는 제도나 하부구조 설립이 주목적이다.
　　㉡ 농촌의 경제적 발전은 물론 적극적으로 사회 · 문화적 발전을 기대한다.
③ 지도대상
　　㉠ 농촌 거주 모든 남녀노소이다.
　　㉡ 지역실정에 따라 농업 분야뿐만 아니라 건강, 사회복지 문화적 활동 등 다양하고 광범위한 내용을 다룬다.
④ 특 징
　　㉠ 정부의 어느 한 부처 소관으로 이루어지기보다 특정 지역단위로 하나의 종합적 개발센터를 설립해 전개한다.
　　㉡ 지도요원은 변화촉진자로서의 역할뿐만 아니라 조정자로서 기능을 더 수행한다.
　　㉢ 교육 · 기술이 단독으로 농민에게 소개되어서는 아무 효과가 없다고 본다.

(3) 협동자조 접근

① 개 념

ⓐ 사회를 갈등 측면에서 파악한다.

ⓑ 농촌 개발을 위한 농촌지도는 갈등상태에서 불이익을 당하는 농촌이나 소농의 이익을 위해 전개되어야 한다고 주장한다.

ⓒ 패배주의에 젖어 있는 농민이 조직체를 결성하고 상호협동하며 스스로 권익을 옹호하면서 농촌개발을 전개해야 한다고 주장한다.

ⓓ 경제적인 양적 발전보다 인간적 측면의 질적 발전을 더 강조한다.

② 궁극적 목적

ⓐ 주로 교육적 수단을 통해 전통적 농촌의식을 개발하여 사회 빈곤층인 농민에게 생의 의욕 · 자신감을 고취시킨다.

ⓑ 자유스러운 삶을 추구할 수 있는 능력을 개발 · 함양함으로써 농촌의 경제 · 문화 · 사회적 발전을 추구한다.

③ 지도대상

ⓐ 원칙은 모든 농촌주민이다.

ⓑ 특히 빈곤한 비편익 계층인 소농 · 소외당하는 여성 · 청소년들에 대한 지도를 더 강조한다.

④ 교육내용

ⓐ 경제 · 사회 · 문화적 측면 전반을 다룬다.

ⓑ 특히 학습단체를 형성하거나 방송망을 활용하여 교육활동을 전개한다.

ⓒ 주민 의식개발을 위하여 문맹퇴치 교육, 드라마 · 민속음악 · 체육사업 등을 통한 문해력의 향상, 가난 · 질병 · 무기력 등의 퇴치를 통한 삶의 기초능력 배양, 자조적 협동의식과 참여의식 개발을 위한 교육활동을 전개한다.

ⓓ 교육활동은 주민참여에 의한 상향식 계획수립에 따른다.

⑤ **농촌지도요원** : 설득자로서의 역할보다 농촌주민을 위한 상호협조자 또는 상담자로서의 기능을 가진 교육자로서 그들의 의식화를 촉진시키는 역할을 수행한다.

일반적 농촌지도 접근, 종합농촌개발 접근, 협동자조 접근의 비교

구 분	일반적 농촌지도 접근	종합농촌개발 접근	협동자조 접근
배 경	• 사회는 균형에 바탕 • 농업인에게 기술이나 교육을 전달하면 농업은 개선 가능함	• 사회는 균형에 바탕 • 농촌개발은 농촌개발에 관여하는 모든 기능이나 기관의 상호 협동에 의해서만 가능함	• 사회를 갈등적 측면에서 파악 • 농촌지도는 불이익을 받는 농촌이나 소농의 이익을 반영해 주어야 함
목 적	생산성 향상을 통한 농가소득 증진	농업개발에 필요한 지식·교육뿐만 아니라 운송, 신용, 영농자재 구입, 영농구조개선 등을 균형있게 조달할 수 있는 제도와 하부구조 설립	교육적 수단을 통해 전통적 농촌의식을 개발하여 사회 빈곤층인 농민에게 생의 의욕과 자신감을 고취시킴
교육 방법	주로 전시를 통해 생산기술을 교육(하향식)	농업을 포함한 다양한 내용을 다양한 방법으로 교육	농촌사회 전반의 경제·사회·문화적 측면을 학습단체나 방송망을 활용하여 교육(상향식)
지도자 역할	교육자적 변화촉진자·설득자·독려자	변화촉진자·조정자	상호협조자적·상담자적 교육자
장 점	• 농촌지도를 교육적 사업으로 확립 • 정책을 농촌에 전달하기 용이	• 농촌개발을 광의적으로 이해 • 경제적 발전 중심의 사고에서 탈피	새로운 시각 제시
단 점	• 농촌개발에 대한 협의적 이해 • 쌍방적 정보흐름의 결여	방법론적 문제 제시 부족	자체적 노력에 너무 크게 의존

Level UP 이론을 확인하는 문제

일반농촌지도 접근법에 대한 설명으로 옳지 않은 것은?   18 경북 기출(변형)

① 중앙에서 농업인에게 일방적으로 정보를 전달하는 하향식으로 운영된다.

② 지도사업이 지방행정구역에 임용된 현장지도요원에 의해 수행된다.

③ 비용이 적게 들고 효율적이다.

④ 지도요원은 현장 상황에 적합하지 않은 중앙 실천사항을 받아들이도록 독려할 수 있다.

해설 일반농촌지도 접근법은 비용이 많이 들고, 비효율적이다.

정답 ③

Level UP 이론을 확인하는 문제

전통적 농촌지도 접근방법에 대한 설명으로 옳지 않은 것은?

07 대전 기출

① 영농기술의 보급과 전파를 통해 생산성을 향상시켜 농가소득 증진에 목적을 둔다.
② 이 접근법은 사회의 불균형에 그 바탕을 두고 있다.
③ 특히 중남미와 아시아에서 채택했으며, 일반적으로 가장 고전적인 농촌지도 시스템으로 평가받고 있다.
④ 농업행정부처를 상위기관으로 하여 일선 하위기관들이 위계적으로 설치 운영된다.

해설 전통(일반)적 농촌지도 접근은 사회의 균형에 그 바탕을 두고 있으며, 농촌사회가 발전이 늦은 이유는 교육이나 기술의 부족 때문이라고 믿고 있다.

정답 ②

Level UP 이론을 확인하는 문제

다음 보기에서 설명하는 농촌지도 접근법은?

20 지도사 기출(변형)

• 사회를 갈등 측면에서 파악한다.
• 경제적인 양적 발전보다 인간적 측면의 질적 발전을 더 강조한다.
• 빈곤한 계층인 소농 · 소외당하는 여성 · 청소년에 대한 지도를 더 강조한다.

① 협동자조 접근　　　　　　② 농촌종합개발 접근
③ 일반농촌지도 접근　　　　④ 비용분담 접근

해설 **협동자조 접근의 개념**
• 사회를 갈등 측면에서 파악한다.
• 농촌 개발을 위한 농촌지도는 갈등상태에서 불이익을 당하는 농촌이나 소농의 이익을 위해 전개되어야 한다고 주장한다.
• 패배주의에 젖어 있는 농민이 조직체를 결성하고 상호협동하며 스스로 권익을 옹호하면서 농촌개발을 전개해야 한다고 주장한다.
• 경제적인 양적 발전보다 인간적 측면의 질적 발전을 더 강조한다.

정답 ①

44 PART 01 | 농촌지도의 기초

|03| 새로운 농촌지도 접근법

(1) 교육기관 접근(Educational Institution Approach)

① 개 념

    ㉠ 교육기관접근 또는 대학중심 지도체계는 교육기관 중심으로 농촌지도를 실시한다.

    ㉡ 농업학교와 대학이 가진 기술을 농업인이 배울 수 있도록 한다.

    ㉢ 미국 주립대학 기반의 농촌지도가 대표적이다.

        • 미국 농촌지도는 USDA와 각 주정부, 주립대학 및 군(County)의 센터 간의 협력으로 이루어진다.

        • 지도사업 목표가 실습교육 → 기술전이 → 인적자원개발로 바뀌었다.

    ㉣ 대학이 농촌지도사업의 주된 책임기관은 아니지만, 부수적 활동을 통해 지도사업의 주된 역할을 수행하는 형태이다.

    ㉤ 프로그램의 기획은 대부분 교육기관에서 하나, 일부는 농업인이 기획과정에 참여하기도 한다.

    ㉥ 무형식교육(Informal Education) 형태로 집단 · 개인에게 다양한 방법으로 지도한다.

    ㉦ 농업인수 · 농촌지도활동 참여율이 성공 여부를 결정한다.

② 목적 : 농업인은 과학적 지식을 배울 수 있고, 교수와 학생들은 농업현실을 파악할 수 있도록 한다.

③ 장 점

    ㉠ 연방정부는 별도의 행정체계와 비용을 들이지 않고 전문가를 확보할 수 있다.

    ㉡ 학교는 연구와 관련된 현장을 경험할 수 있다.

    ㉢ 전문적 학자와 현장 지도요원이 접촉할 수 있다.

    ㉣ 전문가 확보 비용을 줄일 수 있다.

    ㉤ 학교는 시험장으로서 현장을 확보할 수 있다.

④ 단 점

    ㉠ 대학 교수가 농촌지도를 담당할 경우 농촌지도가 지나치게 학술적으로 흘러서 농민 입장에서 실용적이지 못할 수도 있다.

    ㉡ 농촌지도사업에 대한 농업행정 부서와 교육기관 간의 경쟁적인 분위기를 조성할 수 있다.

(2) 훈련 · 방문지도 접근(T&V ; Training & Visit Extension)

① 개 념

    ㉠ 1970년대 초반 아시아 지역에서 시작된 훈련 · 방문지도 접근은 세계은행(World Bank)에서 개발하고 지원하여 아시아, 아프리카, 중남미 등의 50여국에서 채택하였다.

    ㉡ 주로 소농 구조하의 저소득, 저기술 농가의 기술정보 부족을 지도사의 정기적 방문과 훈련을 통해 개별 농가의 생산성과 소득을 증가시켜 전체 식량증산을 추구하는 것이다.

    ㉢ T&V는 새로운 형태의 농촌지도사업이 아니라 전통 지도체제의 단점인 조직상의 문제점을 보완하여 효율성을 높이는 접근법이다.

ⓔ T&V는 몇 단계의 위계 조직구조를 갖고 있으며, 주요 작목의 농가나 단체에 전문가(연구자)가 2주에 한번 정도 방문하여 정기적으로 상호작용하는 것이다.

ⓜ T&V는 연구, 지도, 농민 사이에 조직적이고 정형화된 연계체제를 구축하고 있다.

ⓗ 과제별 전문지도사는 지도사업의 각 단계에 배치되어 일반지도사 · 주재지도사의 고정된 훈련프로그램을 담당하고, 주재지도사는 고정된 방문 프로그램에 의해 담당 농가를 방문한다.

② 성 격

ⓐ 지도요원의 전문성
- 농가소득을 제고할 수 있는 지도는 전문성에 따라 사업의 성패가 좌우된다고 본다.
- 지도사는 관련분야의 지식을 끊임없이 습득 · 연구하고 전문기술을 숙지하는 훈련을 받아야 한다.

ⓑ 농촌지도의 단일지휘체계
- 지도사업은 기술과 행정이라는 양면에서 통일된 지휘계통을 유지해야 한다.
- 지도사업 유관기관(학교, 연구기관, 농민단체, 지방행정관서 등)과는 지속적 협력을 유지하고 사업 자체의 관리 · 통제는 지도사업 담당기관에서 일관성 있게 관리해야 한다.

ⓒ 현장 위주의 농촌지도
- 모든 연구 · 지도요원이 정기적으로 현장 농민과 접촉해야 한다.
- 지도요원은 농가현장의 조건과 환경을 파악하기 위해, 농민 의견을 충분히 청취해야 한다.

ⓓ 지도요원의 지속적 훈련
- 규칙적 · 지속적 훈련으로 지도요원의 기술 · 지식을 최신화해야 한다.
- 농가의 특정과제에 대한 해결책을 토론 · 제시할 수 있어야 한다.

ⓔ 연구와의 연계
- 지도사 · 연구사는 정기적 워크숍과 현장방문을 통해 현장 환경과 과제를 인식해야 한다.
- 연구요원은 현장 과제의 적절한 해결책을 개발하고, 이를 지도요원이 농가에 제시해야 한다.

ⓗ 집중성 : 지도요원은 오직 지도사업에서만 전념하여야 농가 생산 · 소득을 제고할 수 있다.

ⓢ 시의성 : 지도요원의 농가방문 · 지도, 지도요원의 교육훈련 등이 시의 적절히 이루어져야 효율적 자원사용과 지도가 이루어진다.

③ 장 점

ⓐ 지도사의 기술 · 경영훈련을 지역농가 방문을 통하여 훈련 · 지도가 효율적으로 연계된다.

ⓑ 지도기관과 지도요원의 직접 연결로 조직구성이 일원화되어, 기술지원과 조정이 용이하고 사업 중복성을 피해 효율성이 높아진다.

ⓒ 지도사는 교육에 초점이 맞추어져 일선지도사는 교육 · 정보전달 기능만 수행할 수 있다.

ⓓ 과제별 전문지도사를 통해 연구기관, 지도기관, 농가 사이의 기술정보 전달을 유지하고 농가의 문제점이 신속하게 지도 · 연구기관에 피드백될 수 있다.

ⓔ 지도사가 담당할 지도영역에 대한 책임 한계를 분명히 하여 지도사와 지도사업에 대한 지역사회의 신뢰가 제고될 수 있다.

④ 단 점

    ㉠ 하향식 지도로 사업기획단계에 개별농가의 참여가 배제된다.

    ㉡ 사업의 계획과 진행에 시간적 여유가 없다.

    ㉢ 지나치게 많은 수의 인적자원이 필요하다.

    ㉣ 대중전달매체의 효과적 이용을 배제한다.

    ㉤ 지도기관이 권위적으로 운영될 가능성이 있다.

    ㉥ 정보전달 과정에서 왜곡되거나 부적절한 정보가 수집될 수 있고 정보전달 속도가 느릴 때 문제가 야기된다.

(3) 영농체계 연구지도 접근(FSR&E ; Farming Systems Research and Extension)

① 개 념

    한 농가의 여러 영농과제보다는 개별농가 전체의 물리적 · 생물적 · 사회경제적 조건과 목표 · 특성 · 자원 · 생산 및 경영활동을 종합적 체제로 보고, 연구 · 지도함으로써 정책개선 · 생산지원 · 농가 복리증진 · 생산성 제고 등을 이루려는 사업체계이다.

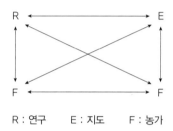

R : 연구   E : 지도   F : 농가

② 성 격

    ㉠ 전통 연구지도체계가 연구-지도-농민의 선형구조를 보이는 반면, FSR&E는 지식망(Network) 구조를 보인다.

    ㉡ 지도사업의 주체와 객체가 같은 영역에서 구성원 간 상호작용이 쉽고, 사업목적이 일치되어 사업조정이 용이하다.

    ㉢ 소규모 농가(소농) 위주로 사업이 시작되어 연구하고 평가받는다.

    ㉣ 학문적 연구보다 직접적 문제해결에 초점을 맞춘다.

    ㉤ 한 농가의 총체적 문제들을 파악하고 그 결과의 수용가능성을 평가한다.

    ㉥ 분야 간 연계와 상호작용이 잘 이루어져야 하며 자연과학의 실증적 지식과 사회과학의 가치판단까지 포함하는 종합적 지식이 필요하다.

    ㉦ 사적인 농가의 연구 · 지도에서 시작하는 공공프로그램이지만 그 결과는 농가뿐 아니라 사회에 대한 수용성도 고려해야 한다.

ⓞ 전통적인 전공분야별 연구나 지도를 대체하는 것이 아니라 이를 좀 더 보완하여 종합적인 차원에서 승화한다.

ⓩ FSR&E 수행단계 : 대상농가 및 지역선정 → 과제 파악 및 기초자료 분석 → 현장연구계획 → 현장 연구 및 분석 → 시험 및 평가 → 결과 보급 및 지도

③ 장 점

㉠ 농가의 현장 연구를 통하여 농가 중심의 기술개발과 수용을 가속한다.

㉡ 농민과 연구·지도와의 상호연계를 증진시켜 직접적인 과제해결에 도움을 준다.

㉢ 연구·지도 대상 간의 목적이 일치하며, 사업의 효율성을 증진시킬 수 있다.

㉣ 특정영농체계에 대한 전체적 접근을 통하여 전문성을 확보할 수 있다.

④ 단 점

㉠ 다학문적 접근을 추구하고 있어 FSR&E팀의 목표와 전략 결정과정에서 학문 분야 간 다양한 견해가 나타날 수 있어 조정에 많은 시간과 노력이 필요하다.

㉡ 정부나 유관기관의 사업에 대한 이해가 다르지 않을 경우 연구사나 지도사가 과다한 업무로 사업을 수행하는 데 어려움이 있다.

㉢ 특정작목이나 영농체계에 대한 전문적 팀 접근으로 영농체계의 목표나 환경변화가 잦은 경우 사업 자체가 재구성되어 지속성이 낮고 비경제적이다.

㉣ 연구, 지도, 수용까지 시간이 오래 걸려 당면문제해결에 시의적절하게 대응하지 못한다.

(4) 농민우선주의 지도접근(FF ; Farmer First Approach)

① 개 념

㉠ 기존 기술전달형 연구지도 사업이 관료적·중앙집중적 방법으로 진행되었기 때문에 제3세계 영세농 가의 다양한 요구를 수용하지 못하였다.

㉡ 이러한 단점을 개선하기 위하여 농가를 연구지도 사업에 직접 참여하도록 하였다.

② 특 징

㉠ 농민이 새로운 기술을 배우고 농장에 적용하는 능력을 배양하는 것이 목적이다.

㉡ 원칙·방법을 농민 스스로 선택해서 배우도록 한다.

㉢ 모든 사업 수행과정에 농가가 주체가 된다.

㉣ 지도·연구기관은 농가의 사업수행을 장려·지원하며, 서비스를 제공하고 조력자로서의 역할을 담 당한다.

㉤ 연구과제 선정은 기술보급형이 학자·지도사·정부관료 등에 의해 수행되지만, 농민우선형은 농민 스스로 우선과제를 선정하고 유관기관은 단순히 조력자 역할만 수행한다.

㉥ 기술개발의 거점은 연구실·시험장이라기보다 농가의 현장이 된다.

전통적 기술전달형 vs 농민우선주의 접근

구 분	기술전달형	농민우선형
주 목적	기술전달	기술취득능력개발
과제분석	연구, 지도, 행정	농 민
R&D 거점	연구실, 시험장	현 장
지도 내용	실행사항	원칙, 방법
지도 방법	독 려	선 택

③ 농민우선주의 지도사업의 단계 : 분석, 선별, 실험
  ㉠ 분석 단계
    • 농가 : 분석의 모든 과정에서 농가가 주체가 되고 농가목표나 우선순위가 먼저 고려된다.
    • 유관기관 : 농민의 분석활동을 촉진, 격려, 자문활동을 하는 역할을 한다.
  ㉡ 선별 단계
    • 농가 : 과제해결에 필요한 정보 · 재료를 선택한다.
    • 유관기관 : 농가가 선별한 여러 가지 재료 · 종자 · 품종 · 비료 · 기술 · 방법 · 지식을 조사하고 공급하며, 실험장 · 선진농가 견학 등의 기회를 마련하여 농가 선별과정을 촉진한다.
  ㉢ 실험 단계
    • 농가 : 실험설계와 관리 · 개선 · 평가의 모든 단계에 주체적으로 참여한다.
    • 유관기관 : 실험을 지원하고 농가의 자문에 응하며, 농가 실험에 사용하게 될 재료와 방법을 제공한다.

농민우선주의 사업수행 단계

구 분	농가 활동	지도기관의 역할
분 석	주체, 목표	촉진, 격려, 자문
선 별	선 택	조사, 공급, 견학기획
실 험	실험설계	지원, 자문, 물자와 방법 제공

④ 장 점
  ㉠ 농업 형태가 복잡 · 위험한 후진농가에 적응하기 용이하다.
  ㉡ 사업 전 과정이 현장에서 이루어져 현장 적응력이 높다.
  ㉢ 기술개발의 전 과정이 농민 주도로 이루어져서 외부 조력이 부족해도 지속성이 높다.

⑤ 단 점

    ㉠ 사업수행이 전적으로 농민에 의해 이루어지기 때문에 농민의 사업수행능력이 낮으면 사업의 효율성이 낮다.

    ㉡ 전통 연구기관의 역할에 비추어 제도적 변화가 있어야 가능하다.

    ㉢ 사업수행에 시간과 노력이 많이 요구된다.

(5) 농민학교(FFS ; Farmer Field School)

① 개념 : 1980년대 후반 FAO에서 개발하여 동아시아의 벼 병해충종합관리법(IPM ; Integrated Pest Management) 확산을 위해 소개하면서 아시아, 아프리카, 라틴아메리카 등지로 확대되었다.

② 특 징

    ㉠ 농민학교는 비형식적 성인교육(가장 큰 특징)에 기반한 집단자문 과정으로서 현장 관찰 및 장기간 연구조사와 다양한 활동에 관심을 가진다.

    ㉡ 농민학교는 지역 영농체계의 주요 특성에 관한 기술적 전문성을 갖도록 농민을 임파워먼트(Empowerment)하는 것을 목표로 한다.

    ㉢ 농민학교는 농민이 분석적 능력 · 비판적 사고능력 · 창조성을 개발하고, 더 나은 의사결정을 하도록 학습하는 데 도움을 주는 교육훈련 프로그램으로 참여기법을 활용한다.

(6) 전문상품중심 접근

① 개 념

    ㉠ 특정상품의 생산성을 증대하기 위해서는 집중적인 노력이 필요하다.

    ㉡ 연구, 투입물, 산출, 마케팅, 신용 등의 기능을 복합적으로 지도하는 것이 효과적이라고 본다.

    ㉢ 해당상품 생산농가의 조합에 의해 농촌지도가 이루어지며, 조합원을 교육시키는 것이 주요 활동이다.

    ㉣ 수출작물(커피, 설탕, 담배, 목화, 고무 등), 가축, 우유, 수리 · 개선 등에 주로 적용된다.

② 특 징

    ㉠ 사업기획은 품목조직이 담당한다.

    ㉡ 품목조직의 농촌지도요원이 고도로 전문화된 지도사업을 수행하기도 한다.

    ㉢ 농촌지도는 주로 말(언어)이나 개별농장 방문을 통해서 이루어지며, 인쇄물이 제공되기도 하지만 비중이 낮은 편이다.

③ 장 점

    ㉠ 생산문제에 적절한 지도가 이루어지고 농촌지도 활동이 효율적 · 효과적이다.

    ㉡ 지도가 1가지 작물에 집중되기 때문에 평가 · 점검하기 쉽고, 비용 면에서도 효과적이다.

    ㉢ 좁은 범위에 초점이 맞추어지기 때문에 밀착된 경영과 감독이 가능하며, 소수정예화가 가능하다.

    ㉣ 연구 · 마케팅 인력의 협력이 이루어져 지도가 적절한 시기 · 방법으로 생산자에게 전달된다.

④ 단 점

    ㉠ 농업인의 관심사가 작목생산조직보다 후순위로 밀릴 수 있다.

ⓛ 농업 이외의 다른 측면의 농촌지도서비스가 제공되지 않을 수 있다.

ⓒ 특정작물이 더 이상 이익이 되지 않는데 품목조합이 그 작물만 고집할 때 문제가 발생할 수 있다.

(7) 프로젝트 접근법(Project Approach)

① 개 념

ⓞ 상대적으로 짧은 기간에 성취 가능한 것을 프로젝트로 수행하는 방법이다.

ⓛ 외부 자금이 제공되기 때문에 기증 기관이 프로그램을 기획한다.

ⓒ 효과적 사업(활동)은 외부 재정적 지원이 없더라도 지속할 수 있다는 가정이다.

ⓔ 전시(모범)가 프로젝트 접근법의 목적이며, 농촌지도방법의 시험과 대규모 농촌지도사업의 일부로 수행되기도 한다.

② 장 점

ⓞ 성공여부 측정은 프로젝트 기간 동안의 단기간 변화를 대상으로 한다.

ⓛ 효과를 빨리 달성하고 측정할 수 있다.

ⓒ 신규로 적용하고 싶은 방법 · 기술을 시험할 수 있다.

ⓔ 특정과제에 대해 집중 적용할 수 있다.

③ 단 점

ⓞ 정해진 기간 내 변화가 없으면 성공 여부는 측정되지 않는다.

ⓛ 사업기간이 짧고 비용이 많이 든다.

ⓒ 프로젝트가 제시한 아이디어가 신속하고 광범위하게 적용되지 않을 수 있다.

(8) 비용분담 접근(The Cost Sharing Approach)

① 개 념

ⓞ 농촌지도사업에 소요되는 비용을 국가, 지방, 농업인이 분담하는 방식이다.

ⓛ 수혜자가 비용 일부를 부담하는 것이 목표 성취에 유리하다고 가정한다.

ⓒ 지도사업이 대상자에게 보다 나은 서비스를 제공하기 위해 내 · 외부가 비용을 공동 부담해야 한다.

ⓔ 농업인은 부담으로 인해 스스로 농업생산성을 높여야 한다는 의식을 갖게 되고, 지방정부는 농촌지도자금 확보의 당위성을 갖게 된다.

ⓜ 목적은 농업인 스스로 필요한 것을 배우도록 돕는 것이며, 이것은 농업인이 비용분담을 해야 하는 근거가 된다.

ⓗ 지역주민은 기획 과정에 강한 목소리를 낼 수 있고, 자신의 욕구가 충족되지 않으면 비용을 분담하지 않을 수도 있다.

② 장 점

ⓞ 비용분담 접근이 지속되면 지도사업의 내용과 방법이 고객에게 적절하기 때문에 지역주민의 만족도가 높아진다.

ⓛ 지도인력 선정에서 지역주민이 영향력을 행사할 수 있고, 중앙정부는 비용을 절감할 수 있다.

③ 단 점
  ㉠ 중앙정부의 통제가 어렵다.
  ㉡ 참여접근 보고서 작성, 재정관리, 행정관리 등이 복잡해서 이익보다 손해가 커질 수 있다.

(9) 상업적 서비스로서의 농촌지도(Extension As Commercial Service)

① 개 념
  ㉠ 농촌지도의 민영화, 농업을 산업화한 형태이다.
  ㉡ 공급회사의 판매전략 또는 농업생산자가 요구하는 전문화된 상담 서비스로서, 조직이나 개인 목표
    는 이익 창출이고, 고객만족도이다.
  ㉢ 지도 고객도 이익 중심적이며, 이들 목적은 구입한 투입이나 계약한 전문가를 적절하게 활용하는 것
    이다.
  ㉣ 상업적 · 공공적 요소를 혼합한 접근방식은 독일의 일부 주에서 시행하였다.

② 특징(비용부담의 문제)
  ㉠ 상업적 농촌지도의 등장은 누가 농촌지도의 비용을 감당할 것인가에 대한 문제를 야기시켰다.
  ㉡ 점차 예산이 부족해지면서 농촌지도가 공공무료서비스라는 생각이 힘들어지자, 참여자들이 실제로
    자문료를 내야 한다고 주장하였다.
  ㉢ 상업적 공급자의 경우 농촌지도비용을 연구나 홍보비처럼 상품가격에 포함시킨다.
  ㉣ 개인 자문은 대규모 또는 특별한 생산자에게 지원할 수 있다.

③ 한 계
  ㉠ 민영화와 비용공동부담은 더 나은 효과성이나 능률을 갖게 했지만 대부분 재정적 압박에서 비롯된
    것이다.
  ㉡ 개인은 공공보다 합당한 수익에만 관심을 갖고, 공익적 정보제공은 공공영역의 책임으로 남을 것이다.

Level UP 이론을 확인하는 문제

농촌지도 접근방법 중 T&V의 단점으로 옳지 않은 것은?   17 지도사 기출(변형)

① 하향식 지도로 사업기획단계에 개별농가의 참여가 배제된다.
② 지나치게 많은 수의 인적자원이 필요하다.
③ 사업의 계획과 진행에 시간적 여유가 없다.
④ 지도사가 담당할 지도영역에 대한 책임 한계가 분명하지 않다.

해설 지도사가 담당할 지도영역에 대한 책임 한계를 분명히 하여 지도사와 지도사업에 대한 지역사회의 신뢰가
제고될 수 있다.

정답 ④

전통 연구지도체계가 연구–지도–농민의 선형구조를 보이지만 지식망(Network) 구조를 보이는 농촌지도의 접근방법은?

17 지도사 기출(변형)

① 농민우선주의 접근   ② 농촌종합개발 접근

③ 영농체계 연구지도 접근   ④ 협동자조 접근

해설 **영농체계 연구지도 접근**
- 한 농가의 여러 영농과제보다는 개별농가 전체의 물리적·생물적·사회경제적 조건과 목표·특성·자원·생산활동·경영활동을 종합적 체제로 보고, 연구·지도함으로써 정책개선·생산지원·농가 복리증진·생산성을 제고하는 사업체계이다.
- 전통 연구지도체계가 연구–지도–농민의 선형구조를 보이지만, 영농체계 연구지도 접근은 지식망 구조를 보이고, 지도사업의 주체와 객체가 같은 영역에서 구성원 간 상호작용이 쉽고, 사업목적이 일치되어 사업조정이 용이하다.
- 소규모 농가 위주로 사업이 시작되어 연구하고 평가받는다.
- 학문적 연구보다 직접적 문제해결에 초점을 맞추며, 한 농가의 총체적 문제들을 파악하고 그 결과의 수용 가능성을 평가한다.

정답 ③

농민우선주의에 대한 내용으로 옳지 않은 것은?

18 경남 기출

① 농민우선형은 기술보급을 목적으로 한다.
② 농민우선형의 개발은 현장에서 한다.
③ 기술전달형의 지도내용은 실행사항이다.
④ 기술전달형의 지도방법은 독려이다.

해설 농민이 새로운 기술을 배우고 농장에 적용하는 능력을 배양하는 것이 목적이다.

정답 ①

|04| 농촌주민참여와 농촌지도

(1) 사회참여의 의의

① 정 의

ㄱ 사회참여란 개인이 사회적 활동의 하나로서 어떤 단체나 조직체에 단순한 개입이나 참석보다도 더욱 적극적이고 능동적으로 개입하는 활동이다.

ㄴ 개인적 욕구충족을 위하여 사회규범에 따라 물리적·공간적 차원보다 더 높은 차원의 역동적인 사회적 상호작용을 바탕으로 심리적·물질적으로 개입하고 관여하는 것이다.

② 코헨(Cohen)과 요프(Uphoff)의 사회참여의 종류

ㄱ 의사결정 참여

- 개인이나 주민이 그에게 관련되는 모든 사업의 계획이나 방향결정에 있어서 직접 혹은 간접으로 참여하는 것이다.
- 사회참여에 있어서 기초적이며 핵심적인 형태로, 농촌지도계획의 참여가 의사결정 참여에 해당한다.
- 정치와 교육에서 강조되는 과정이다. 개인의 의사결정에 직접 참여할 때에는 직접참여라 하며, 참가자에게 자신의 의사나 권리를 위임할 때에는 간접적 참여라 한다.

ㄴ 수행 참여

- 어떤 사업이 수행될 때 개인이 그것에 필요한 자원을 제공한다든가 혹은 그가 그 사업이 효과적으로 수행되도록 직접적으로 도와주는 행동적 참여를 의미한다.
- 농촌지도의 실천에서 민간농촌지도자의 전시포 운영, 자원지도자의 청소년지도 등이 이에 속한다.

ㄷ 혜택 참여

- 어떤 사업이나 활동의 결과로써 이루어진 성과에 대한 혜택을 개인이나 주민이 받는 것을 말한다.
- 물질적 이익의 경제적 혜택, 교육과 훈련, 공공봉사 등의 사회적 혜택, 존경심, 사회적 안정감 등의 개인적 혜택이 있다.

ㄹ 평가 참여

- 어떤 사업이나 활동에 대한 평가활동에 개인이나 주민이 직접·간접으로 참여하는 것을 의미할 때에는 직접참여라 한다.
- 여론형성에 영향을 주거나 직접참여자에게 의견이나 정보제공 등을 할 때에는 간접참여라 한다.

> **참고**
>
> 사회참여는 의사결정, 수행, 혜택, 평가의 순서로 단계적으로 나타나므로 상호역동적으로 영향을 미칠 뿐만 아니라 순환의 효과가 수반된다.

(2) 주민참여의 필요성

① 농촌주민을 지도계획에 참여시킬 때의 효과(Kelsey와 Hearne)

    ㉠ 농촌주민들의 의견과 필요가 반영된다.

    ㉡ 농촌주민의 좋은 착상이나 지도력을 활용할 수 있다.

    ㉢ 농촌지도에 대한 농촌주민의 지원을 확보할 수 있다.

    ㉣ 농촌주민들이 농촌지도를 자신의 사업으로 생각하게 된다.

    ㉤ 농촌주민들이 농촌지도를 더욱 가치 있게 생각한다.

    ㉥ 농촌주민들이 참여하여 토의하다 보면 많은 학습을 할 수 있다.

② 자발적 농촌지도 vs 규준적 농촌지도(Heck, 1967)

자발적 농촌지도	규준적 농촌지도
농촌주민의 참여가 활발할 때	**참여가 활발하지 못할 때**
• 조직의 구성은 내부기관이나 정부에 의한 것일지라도 운영은 농민들을 중심으로 한다. • 가난한 다수농민을 중심으로 운영되며, 의사 결정도 일방적인 지시로서가 아니라 대면적인 의사소통에 의하여 이루어진다. • 발전의 이익 역시 공평히 분배된다. • 조직의 분위기는 비공식적이며 쌍방적이다. • 조직의 목적과 활동에 보다 많은 유연성이 있다.	• 대부분 외부기관이나 정부에 의하여 조직 · 운영된다. • 권위적이고 지시적인 상의하달식이다. • 소수의 농촌 엘리트 중심으로 운영된다. • 발전의 이익 역시 그런 소수에게 돌아간다. • 조직의 분위기도 공식적이며 일방적인 지시가 성행한다. • 조직의 운영이나 원리 등은 농촌주민의 필요에 의한 것이 아니라 외생적이다.

(3) 농촌주민참여의 장애

① 주민참여를 방해하는 농촌지도 구조(Hollnsteiner)

    ㉠ 농촌지역사회 내의 소수 엘리트를 중심으로 사업을 진행하였다.

    ㉡ 현존 권력구조가 민주주의 체제로 변화되었다는 것에 관심을 기울이지 않았다.

    ㉢ 조화관을 중심으로 농촌사회를 판단하였으므로 농촌사회의 개인이나 계측, 그리고 이익집단들 사이에는 긴장과 갈등이 있다는 사실을 경시하였다.

    ㉣ 농촌주민의 능력을 경시하였기 때문에 상의 하달식의 권위적이고 일방적인 노력이 최선인 것으로 인식하였다.

    ㉤ 농촌지도요원들은 교육받은 사람들이기에 지역의 주민들과 위화감이 조성되었다.

② 주민참여를 가로막는 사회 · 경제적 요인(Swanson)

    ㉠ 시각적 · 공간적 제약을 많이 받는다.

    ㉡ 참여의 가치 및 중요성을 인지하지 못한다.

    ㉢ 지역의 계급의식이나 계층구조가 참여를 방해한다.

    ㉣ 농촌주민의 회합 시 적당한 사회자가 없어 곧 싫증을 낸다.

    ㉤ 과거에는 발전의 이익이 소수에게만 국한되었기 때문에 관심을 갖지 않았다.

    ㉥ 과거에는 소수 엘리트 중심으로 운영되었기에 참여를 두려워하거나 참여의 정보를 갖지 못하는 경우가 많았다.

ⓐ 농촌지도사가 참여의 필요성을 느끼지 못하므로 적극 참여의 권유를 받지 못한다.

ⓞ 지도력 배양에만 중점을 두었기 때문에 시민성 훈련이 되지 않아 계속 참여의 흥미를 상실한다.

(4) 농촌지도 위원회

① 위원회의 필요성

㉠ 농촌주민참여의 가장 이상적인 형태는 모든 농촌주민이 직접 참여하는 방식이지만, 시간적 · 공개적 여건이 마련되지 않고, 모든 주민이 참여할 경우 시간 · 노력이 더욱 소모되며, 의사결정을 하기가 어렵다.

㉡ 선진국에서는 오래전부터 주민의 대표자로 구성된 위원회를 구성하여 농촌지도에 참여하도록 하는 농촌지도 위원회를 두었다.

② 위원회의 기능

㉠ 자문 : 계획 위원들이 지도사업의 전반적 사항을 지도사에게 자문해야 한다.

㉡ 의사결정 : 계획위원이 계획내용의 결정에 참여해야 한다.

㉢ 전달 : 계획위원이 지역사회의 모든 정보를 계획위원회에 알리고, 위원회의 토의 · 결정사항을 지역주민에게 전달해야 한다.

㉣ 홍보 : 위원이 주민, 지역유지, 관계기관, 지역사회조직체 등에 홍보하여 지도사업에 참여하고 지원하도록 해야 한다.

㉤ 승인 : 계획위원회가 지도계획을 승인하여 공식적으로 그 타당성을 인정하여 재가하는 것을 의미한다.

㉥ 실행 : 위원들은 필요시 지도대상자 모집, 전시, 직접지도도 하여야 한다.

③ 위원회의 조직형태

㉠ 지역실정과 참여자 수에 따라서, 10명 내외이면 하나의 위원회를 두고, 20명 내외일 때는 분과위원회로 나누어 운영한다.

㉡ 분과위원회는 작목(과제)별 위원회로 구분하거나, 과정별 위원회(지도계획 분과위, 지도실천 분과위, 지도평가 분과위)로 구분한다.

④ 위원의 선발

㉠ 계획위원회나 평가위원회는 주민대표와 농촌관련단체 대표가 위원으로 참여한다.

㉡ 선발위원회(농촌지도요원, 신망과 능력을 갖춘 주민대표 2~3명으로 구성)에서 위원회 위원을 선발한다.

㉢ 위원회 위원의 자격요건

• 지도력과 과거의 유사활동 경험

• 지역의 분산

• 교육이나 사회경제적 지위의 분산

• 농촌지도사업이나 농촌개발에 대한 열성

• 이익집단이나 작목별 분산

• 충분한 시간을 제공할 수 있는 사람

- 관점이나 의견의 피력에 능동적인 사람
- 책임감이 있으며 의사결정에 승복할 수 있는 사람

|05| 사업적 성격의 농촌지도

(1) 농촌지도사업(Agricultural Advisory Service)

① 개 념

㉠ 농촌지도사업은 농촌지도에서 발전된 형태로서 공공연구기관의 새 지식과 기술을 농업인에게 보급하고자 계획된 사업이다.

㉡ 개발도상국에서 농촌지도사업은 전체적·기능적 역할을 확대하고 있으며, 농촌지도요원은 단순 정보전달자가 아니라 조언자, 촉진자, 지식전달자로서의 역할을 수행한다.

㉢ 오늘날 농촌지도사업

- 농업인을 교육시키고 메시지를 전달하는 수준을 넘어 농업인이 집합적으로 조직화되어 활동할 수 있도록, 유통·가공 관련 이슈를 주도하며, 지역 내 기관·관계자와 협력적 관계를 맺을 수 있도록 도움을 주는 것이다.

- 농업인을 단순한 기술수용자라기보다 기술개발 과정에서의 파트너로 본다.
- 지도사업 제공 기관도 공공기관뿐만 아니라 NGO(Non-Governmental Organization)와 민간부분까지 확대되었다.
- 농산물 생산에 관계된 사람들이 삶의 질을 개선할 수 있도록 문제를 해결하고, 정보·기술을 확보하는 데 조력하며 지원하는 기관의 전체적 기능이다.

(2) 다원적 농촌지도사업

① 개념
- ㉠ 농촌지도사업을 협치구조 하에서 수행하고 비용을 지불하기 위한 제도의 선택 다양성이다.
- ㉡ 예산·인력 부족과 같은 제약요인을 극복할 수 있을 뿐만 아니라 특정 지역 또는 전문 영역에 필요한 맞춤형 서비스를 위한 전략을 제공할 수 있다.
- ㉢ 관계자들의 참여를 최대한 유도할 수 있다.
- ㉣ 다원적 지도체계에서 정부는 지도사업에 관계되는 이해당사자들(예 농민단체, 민간회사, NGO 등)을 위한 촉진자 역할을 수행해야 한다.

② 수요자 지향(Demand-Driven) 농촌지도사업
- ㉠ 최근 수요자 지향 농촌지도사업이 지도사업의 개혁으로 부각되고 있다.
- ㉡ 수요자는 서비스를 받기 위해 시간·비용과 같은 자원을 투자하여 그들의 요구·필요·가치를 채우는 것이라고 정의하고 있다.
- ㉢ 수요자 지향 서비스는 사용자에 대한 서비스 제공자의 책임과, 자유롭게 서비스 제공자를 선택할 수 있는 능력에 따라 구분된다.
- ㉣ 농업인은 새 기술에 대한 인식이 낮아서 수요자 지향 서비스에 대한 관심이 저조하다.
- ㉤ 지도사업의 제공자 및 비용분담 구조에 따른 구분(공공부문, 민간부문, 제3부문으로 구분)

비용부담자 사업제공자		공공	민간		제3자	
			농업인	민간회사	NGOs	FBOs
공공(정부)		공공지도사업 (지방화)	수혜자가 비용을 부담하는 공공지도사업	공공부문과 계약한 민간회사	공공부문과 계약한 NGOs	공공부문과 계약한FBOs
민간(회사)		공적예산으로 민간사업자와 계약	수혜자가 비용을 부담하고 민간 회사가 수행	민간회사가 자사제품의 마케팅 정보 제공	민간부분과 계약한 NGOs	민간부문과 계약한 FBOs
제3자	NGOs	공적예산으로 NGO와 계약	농업인이 비용을 부담하고 NGO가 지도사 고용	민간회사가 지도사업을 수행 할 NGO와 계약	NGOs가 자체직 원을 고용하여 무료사업 제공	-
	FBOs	공적예산으로 FBO와 계약	농업인이 비용을 부담하고 FBO가 지도사 고용	-	FBO에 고용된 직원의 비용을 NGO가 부담	FBOs가 자체직원을 고용 하여 회원에게 사업 제공

NGO

- NGO는 시민들의 자발적이고 능동적인 참여로 자원봉사주의에 입각한다.
- 공익추구를 목적으로 하는 비영리민간단체(NPO ; Non-Profit Org.)를 의미한다.
- 제3섹터, 비영리기구(Non-Profit Org. ; NPO), 비정부기구(Non-Governmental Org. ; NGO), 시민사회단체(Civil Society Org, ; CSO) 등 나라마다 다양한 용어를 사용한다.
- NGO의 개념적 속성은 제3영역의 조직, 자발적 조직, 비영리적 조직, 자치적 조직, 지속적 · 공식적 조직, 비종교적 조직, 비정치적 조직이라는 점(L.M.Salamon)이며, 사적 영역(공간)에서 공익적 기능을 수행하는 사적인 공식 조직이다.

공식적 조직

- 어느 정도 지속성을 지닌 조직을 의미한다.
- 정기적 회의활동, 사업계획을 갖고 정관 혹은 회칙을 갖춘 조직들이다.
- 1945년 이후 UN 헌장에서도 NGO를 공식적인 협의대상기구로 인정하였다.

(3) 농촌지도사업의 유형

① 일반적 공공서비스의 개념

ㄱ 사회공동체의 편익을 위하여 제공되는 재화와 용역이다.

ㄴ 사회공공이 이용할 수 있게 제공되는 서비스이다.

ㄷ 공공기관과 민간부문에서 제공되는 비경합성과 비배제성을 지닌 서비스이다.

ㄹ 공공서비스는 공공기관이 시민(국민)들의 공적인 수요를 충족시키기 위해 생산, 공급하는 서비스이며 공공기관이 국민에게 공급하는 유 · 무형의 생산물이다.

참고

농촌지도사업은 농업인과 소비자 등 공공이익을 위해 추진되기 때문에 공공서비스에 해당된다.

② 공공서비스의 특징

ㄱ 비경합성 : 공공서비스는 여러 명이 공동으로 소비할 때 한 사람의 소비가 다른 사람의 소비량을 감소시키지 않는 것

ㄴ 비배제성 : 서비스에서 얻어지는 효용이 어느 특정인에게만 한정되지 않는 것

ㄷ 큰 외부효과 : 외부효과란 하나의 서비스 공급이 그로 인해 막대한 파급효과를 불러오는 것

ㄹ 많은 무임승차자 : 공공서비스는 누구나 집단적으로 소비할 수 있으므로 그 서비스에 소요되는 비용을 부담하지 않고 서비스 혜택을 받는 것

③ 배제성 · 경합성 정도에 따른 농업정보기술 유형

		경합성(Rivalry)	
		저(Low)	고(High)
배제성 (Excludability)	저 (Low)	공공재(Public Goods) 시간과 무관한 제품, 광범위한 적용의 마케팅 및 경영정보	공유재(Common Pool Goods) • 지역에서 활용가능한 자원 또는 투입요소로 표현되는 정보 • 조직개발에 관한 정보
	고 (High)	요금재(Toll Goods) 시간에 민감한 제품, 마케팅 및 경영정보	민간재(Private Goods) • 고객에 맞춘 정보 또는 조언 • 상업화 가능한 투입요소로 표현되는 정보

㉠ 공공재 : 시간과 무관한 제품, 광범위한 적용의 마케팅 및 경영정보(저 배제성, 저 경합성)

㉡ 요금재 : 시간에 민감한 제품, 마케팅 및 경영정보(고 배제성, 저 경합성)

㉢ 공유재 : 지역에서 활용가능한 자원 또는 투입요소로 표현되는 정보, 조직개발에 관한 정보(저 배제성, 고 경합성)

㉣ 민간재 : 고객에 맞춘 정보 또는 조언, 상업화 가능한 투입요소로 표현되는 정보(고 배제성, 고 경합성)

④ 편익의 귀속성과 시민편의에 따른 구분

㉠ 공공서비스 편익의 귀속에 따른 구분
- 공익적 서비스 : 시민 전체에 귀속됨
- 사익적 서비스 : 개인에게 귀속됨

㉡ 시민생활에 꼭 필요한 필수적 서비스, 선택적 서비스로 구분

		편익의 귀속성	
		공익적	사익적
시민생활 편의	필수적	공익적 · 필수적	사익적 · 필수적
	선택적	공익적 · 선택적	사익적 · 선택적

- 공익적 · 필수적 서비스 : 공익성이 높고 시민생활을 영위하는 데 기초적 · 필수적 서비스 분야
- 사익적 · 필수적 서비스 : 사익성이 높지만 주민생활에 기초적 · 필수적 서비스 분야
- 공익적 · 선택적 서비스 : 공익성이 높지만 주민생활을 영위하는 데 2차적 이상의 선택적 서비스 분야. 편익이 특정지역에 귀속되는 경우가 많으며, 납세자 이익 원칙이 적용됨
  예 시민회관, 노인정 운영 등
- 사익적 · 선택적 서비스 : 사익성이 높고 주민생활의 영위에서 2차적 이상의 선택적 서비스 분야

⑤ 지도사업의 추진 주체와 편익에 따른 구분(국가주도, 민간주도)

㉠ 국가주도 지도사업(중앙지권화와 지방화로 구분)
- 중앙집권화 : 태국(태국농업지도청), 베트남(농수산지도센터), 중국(농업기술지도센터) 등
- 지방화 : 한국(농촌진흥청 ; RDA), 미국(NIFA), 필리핀(NESAF) 등

㉡ 민간주도 지도사업(민간화, 상업화)
- 민간화 : 민간회사, 협의기구, 협동조합 등에서 지도사업을 수행

- 상업화 : 개인컨설팅(예 독일 작센 – 안할트)과 정부(국가/지방) 사업 중 특정 서비스만 수익자가 부담하는 경우

PLUS ONE

공공부문 민간화의 폐단
- 책임성의 저하
- 도덕적 해이(역대리인 이론) : 정보격차로 인한 대리손실문제
- 형평성의 저해
- 안정성의 저해
- 서비스 제공 비용(공공요금)이 정부에 의한 공급 때보다 상승할 우려

(4) 공공농촌지도사업의 역할

① 공공지도사업 수행에 있어 중요한 것은 지역주민을 개발하고, 지역조직을 구성하며, 지역개발을 촉진하는 것이다.

② 세계은행(World Bank)의 농업개혁 목표
　㉠ 시장접근을 개선하고 효율적인 가치사슬(Value Chain)을 만든다.
　㉡ 소규모 농가의 경쟁력을 강화하고 시장진입을 촉진한다.
　㉢ 생계 영농이나 낮은 기술 수준의 직업에 종사하는 농촌주민의 생활을 개선한다.
　㉣ 농촌에서 농업과 농업 외 분야의 고용을 촉진하고 기술을 향상시킨다.

③ 우리나라 농촌진흥청의 농촌지도사업
　㉠ 정의 : 농촌지도사업이란 연구개발 성과의 보급과 농업경영체의 경영혁신을 통하여 농업의 경쟁력을 높이고 농촌자원을 효율적으로 활용하는 사업으로서 다음의 업무를 수행하는 사업을 말한다(농촌진흥법 제2조).
　　• 연구개발 성과의 보급
　　• 농업경영체의 경영 진단 및 지원
　　• 농촌자원의 소득화 및 생활 개선 지원
　　• 농업후계인력, 농촌지도자 및 농업인 조직의 육성
　　• 농작물 병해충의 과학적인 예찰, 방제정보의 확산 및 기상재해에 대비한 기술지도
　　• 가축질병 예방을 위한 방역 기술지도
　　• 그 밖에 농촌지도에 관하여 대통령령으로 정하는 업무

ⓛ 농촌지도사업의 주요 기능과 역할
- 양질의 안전한 국민식품 생산 공급을 위한 기술의 보급
- 농업생산성 향상과 농업경영의 합리화를 위한 기술의 보급
- 지속적 농업의 실현을 위한 환경보전농업 기술의 보급
- 지식 · 정보화 시대에 부응한 농업 · 생활정보의 체계적 제공
- 지역농업 특성화를 위한 기술지원

④ 소규모 농가의 가치사슬로의 참여 조건
ⓝ 계약영농
- 장점 : 농업인의 시장출하가 보장되고 가격에 대한 불안정성을 줄이며, 투입재(종자, 비료 등)의 제공 등
- 단점 : 계약자 중 한쪽의 계약 파기, 회사에서 계약가격에 구매를 거절하거나, 생산물의 품질 저하 등

ⓛ 생산자 조합(시장에 농업인을 연결시키는 핵심 전략)
- 장점 : 관리, 이윤분배, 소유권에 농업인의 참여로 인해 생산성 향상 효과가 있으며, 조합이 더 나은 가격을 받기 위해 계약구매자와 함께 일할 수도 있고, 조합이 계약영농을 통해 위험성을 경감시킬 수도 있다.
- 단점 : 관리 역량이 부족하고 때로 회원들 간 단합이 어렵다.

(5) 농촌지도사업의 민영화와 패러다임 변화

① 지도사업의 민영화 배경
ⓝ 공공지도기관의 관료주의 극복과 효율화를 위해 수요지향적 지도사업모델이 추진되었다.
ⓛ 지도사업 개혁에 대해 효율성보다 효과성을 새롭게 평가해야 할 필요성이 제기되었다.

② 농촌지도환경 변화의 특징
ⓝ 농촌지도, 연구, 교육, 직업훈련, 자문서비스는 현재의 농업인 요구를 고려해야 하며, 미래의 요구도 예측해야 한다.
ⓛ 농업인 요구를 적절한 시점에 충족시키기 위해 농촌지도사업이 농업인의 참여하에 운영되어야 한다.
ⓔ 시장의 신호 이해, 생산물 선택, 생산과정상 혁신사항 적용, 생산의 합리화, 새로운 투자를 위해서 농업인은 더 많은 정보를 필요로 하므로, 이러한 정보가 수집 · 선택 · 정교화되어야 하며 유용하게 활용되어야 한다.
ⓔ 선진전문농가는 소규모 가족농과 전혀 다른 목표를 가지고 있다. 덴마크나 네덜란드 등 일부 국가만 다른 직업훈련과 지도서비스를 제공하고 있다.

③ 공공농촌지도사업의 패러다임 변화
ⓝ 공공농촌지도사업은 생산물 혁신보다 과정 혁신에 우선순위를 두어 소규모 농가의 소득을 증진시킬 수 있도록 도와야 한다.
ⓛ 민간 분야는 생산물 혁신에 중점을 두고, 공공지도사업은 과정 혁신에 초점을 맞춰 농촌지도 요원이 촉진자 · 지식중개자로서 활동해야 한다.

ⓒ 소규모 농가를 위한 과정 혁신은 대부분 지역에 특화된다.

ⓔ 혁신적 농업인은 과정 혁신에 있어서 핵심 역할을 한다.

ⓜ 공공농촌지도사업은 자연자원관리의 실행에 더 높은 순위를 두어야 한다.

ⓗ 패러다임 변화를 위해 공공농촌지도사업은 보다 지방자율 추진(분권화), 농업인 참여 확대, 시장주도적으로 변화해야 한다.

Level UP 이론을 확인하는 문제

다음 농업정보기술의 유형 중 공공재에 대한 설명은? 17 충남 **기출**

① 고객에 맞춘 정보 또는 조언

② 지역에서 활용가능한 자원 또는 투입요소로 표현되는 정보

③ 시간과 무관한 제품, 광범위한 적용의 마케팅 및 경영정보

④ 상업화 가능한 투입요소로 표현되는 정보

> **해설** ①, ④는 민간재, ②는 공유재의 특징을 설명한 것이다.
>
> **정답** ③

Level UP 이론을 확인하는 문제

농촌진흥법에 규정하고 있는 농촌지도사업에 해당하지 않는 것은? 17 지도사 **기출(변형)**

① 연구개발 성과의 보급

② 농업인, 청소년 및 이와 관련된 단체의 구성원에 대한 교육훈련

③ 농업후계인력, 농촌지도자 및 농업인 조직의 육성

④ 농촌자원의 소득화 및 생활 개선 지원

> **해설** "농촌지도사업"이란 연구개발 성과의 보급과 농업경영체의 경영혁신을 통하여 농업의 경쟁력을 높이고 농촌자원을 효율적으로 활용하는 사업으로서 다음 각 목의 업무를 수행하는 사업을 말한다(농촌진흥법 제2조).
> * 연구개발 성과의 보급(①)
> * 농업경영체의 경영 진단 및 지원
> * 농촌자원의 소득화 및 생활 개선 지원(④)
> * 농업후계인력, 농촌지도자 및 농업인 조직의 육성(③)
> * 농작물 병해충의 과학적인 예찰, 방제정보의 확산 및 기상재해에 대비한 기술지도
> * 가축질병 예방을 위한 방역 기술지도
> * 그 밖에 농촌지도에 관하여 대통령령으로 정하는 업무
>
> **정답** ②

안심Touch

농촌진흥청의 농촌지도사업 주요 역할과 기능으로 옳지 않은 것은? 17 충남 기출

① 신성장동력을 위한 작물을 발견한다.

② 농업 생산성 향상과 농업경영의 합리화를 위한 기술을 보급한다.

③ 지식 · 정보화 시대에 부응한 농업 · 생활정보를 체계적으로 제공한다.

④ 양질의 안전한 국민식품 생산공급을 위한 기술을 보급한다.

해설 **농촌진흥청의 농촌지도사업의 주요 기능과 역할**

- 양질의 안전한 국민식품 생산 공급을 위한 기술보급
- 농업생산성 향상과 농업경영의 합리화를 위한 기술보급
- 지속적 농업의 실현을 위한 환경보전농업 기술보급
- 지역농업 특성화를 위한 기술지원
- 지식 · 정보화 시대에 부응한 농업 생활정보의 체계적 제공

정답 ①

적중예상문제

01

세계 각국의 농촌지도 의미가 바르지 않은 것은?

① 자문활동 – 미국
② 농업개량보급사업 – 일본
③ 추광사업 – 중국
④ 농촌지도사업 – 우리나라

해설
- 협동확장체계 : 미국
- 자문활동 : 영국, 독일, 스웨덴, 덴마크, 세계농업기구(FAO), 세계은행

02

농촌지도의 개념에 대한 설명으로 옳지 않은 것은?

① 19세기 후반 영국의 케임브리지와 옥스퍼드 대학에서 일반시민을 대상으로 개설된 대학확장교육에서 농촌지도의 어원이 출발하였다.
② 미국은 협동확장체계를 농촌지도 의미로 사용하여 공적재원으로 USDA–주립대학교–지역행정조직의 교육 · 연구를 연계시킨 형식적 교육활동의 의미로 사용하였다.
③ 최근 FAO · World Bank는 농촌지도를 농업지식정보체계(AKIS/RD)라고 정의한다.
④ OECD는 농업지식체계(AKS)라고 정의한다.

해설 ② 미국은 협동확장체계를 농촌지도 의미로 사용하여 공적재원으로 USDA–주립대학교–지역행정조직의 교육 · 연구를 연계시킨 비형식적 교육활동의 의미로 사용하였다.
① 확장(Extention)이라는 용어는 1873년 영국 케임브리지(Cambridge) 대학에서 일반시민에게 제공하였던 교육혁신을 소개하면서 처음 사용했다.
③, ④ 최근 FAO · World Bank는 농촌지도가 농업연구 · 교육을 포함하는 광범위 지식체계로 보고 일련의 시스템적 시각에서 농업지식정보체계(AKIS/RD)라고 정의하였다. OECD는 농업지식체계(AKS)라고 정의하였다.

03

농촌지도를 영어로 협동확장활동이라고 하는데 '확장'을 가장 먼저 사용한 나라는?

① 덴마크
② 독 일
③ 영 국
④ 미 국

해설 확장(Extention)이라는 용어는 1873년 영국케임브리지(Cambridge) 대학에서 일반시민에게 제공하였던 교육혁신을 소개하면서 처음 사용하였다. 교육확장 활동은 미국에 전파되어 미국 주립대학 단위로 주로 농민을 대상으로 실시되었다.

04

다음 중 농촌지도의 의미가 교육, 훈련, 컨설팅으로 사용되는 것이 아닌 것은?

① 스페인 – Capacitaction,
　　오스트리아 – Forderung
② 인도네시아 – Torch,
　　말레이시아 – Perkembangan
③ 독일 · 네덜란드 – 불 밝힘 운동
④ 중국 – 추광사업, 한국 – 농촌지도사업

해설　④ 중국 – 추광사업, 한국 – 농촌지도사업은 확장 및 자문활동의 의미로 사용된다.

05

다음 중 현재 각국의 농촌지도사업 명칭의 연결이 옳지 않은 것은?

① 한국 – 농촌지도사업
② 일본 – 농업개량보급사업
③ 중국 – 추광사업
④ 미국 – 협동지도사업

해설　② 최근 일본의 농업개량보급사업은 협동농업기술 보급사업으로 개칭되었다.

06

농촌지도에 대한 학자들의 일반적 정의 중 옳지 않은 것은?

① 마운더(Maunder) : 농촌에 사는 사람들을 가르치는 활동을 통해 삶의 질을 높이는 활동
② 페더(Feder) : 농업인이 가지고 있는 문제를 분석하고 확인하도록 도와주는 활동
③ 모셔(Mosher) : 농업인들에게 지식과 기술을 제공하고 이를 통해 농업생산성과 물리적인 삶의 질을 향상시키는 활동
④ 스완슨(Swanson) : 서비스나 시스템을 제공하여 농업기술이나 방법을 향상시키고 생산성, 소득, 삶의 질을 향상시키는 활동

해설　②는 애덤스의 정의이다.

07

에드가(Edgar)는 농촌지도를 하나의 '사회교육체계'라고 정의하면서 3가지 측면에서 정의하고 있다. 이에 해당하지 않는 것은?

① 인류를 가르치는 사업
② 인류를 돕는 사업
③ 혁신을 실천하도록 격려하는 사업
④ 지역사회개발사업

해설　에드가(Edgar)의 3가지 측면에서의 정의
　　• 인류를 가르치는 사업
　　• 인류를 돕는 사업
　　• 혁신을 실천하도록 격려하는 사업

08

반덴반과 호킨스가 주장한 농촌지도사업의 목적이 아닌 것은?

① 자 문
② 교 육
③ 자 극
④ 연 구

해설 반덴반과 호킨스의 농촌지도 목적
　　　이전, 자문, 교육, 조력, 자극

09

페더가 제시한 기능으로서의 농촌지도에 대한 설명으로 옳지 않은 것은?

① 지속가능한 농산물의 생산, 가공, 유통을 위해 다양한 방향에서 관련 기술을 보급한다.
② 농장, 농촌집단, 지역사회를 동원하고 조직한다.
③ 기술을 보급하고, 인적, 물적 자원을 동원하며, 교육하고 있는 공공기관과 민간기관을 모두 포함한다.
④ 교육을 통해 잠재역량과 인적자원을 개발하고 개인과 지역의 역량을 향상시킨다.

해설 ③은 체계로서의 농촌지도에 해당한다.

10

Coombs와 Ahmed가 분류한 농업발전을 위한 교육내용과 거리가 먼 것은?

① 교양교육
② 일반기초교육
③ 지역사회 개선교육
④ 가정생활 개선교육

해설 Coombs와 Ahmed가 분류한 농업발전을 위한 교육사업
　　　• 일반기초교육
　　　• 직업교육
　　　• 가정생활 개선교육
　　　• 지역사회 개선교육

11

학교교육과 사회교육에 대한 설명으로 옳지 않은 것은?

17 지도사 기출(변형)

① 학교교육의 교육내용은 이론적, 추상적, 학문적이나, 사회교육은 기능적, 실용적이다.
② 학교교육의 교육기능은 일반화된 지식을 강조하나, 사회교육은 가변적 지식을 강조한다.
③ 학교교육의 교육목표는 현재지향적이나, 사회교육은 미래지향적이다.
④ 학교교육의 교육보상은 연기된 보상이나, 사회교육은 직접적 보상이다.

해설 **학교교육과 사회교육**

구 분	학교교육(형식교육)	사회교육(농촌지도)
교육 구조	조직화와 구조화가 높음	조직화와 구조화가 낮음
교육 내용	이론적, 추상적, 학문적	기능적, 실용적
교육 기간	장기간 이수	단기간 이수
교육 보상	연기된 보상	직접적 보상
교육 장소	장소 제한이 많음	장소의 공간적 제한이 적음
교육 방법	교사 중심	학습자 중심
학습자	학습자 연령의 제한	학습자 연령의 무제한
교 사	자격증 필요	다양한 교육배경
졸 업	졸업이 사회적 성취 좌우	사회적 성취와 관련 적음
교육 기능	일반화된 지식 강조	가변적 지식 강조
교육 목표	미래지향적	현재지향적

12

다음 농촌사회교육을 기술한 내용 중 적절하지 못한 것은?

14 지도사 기출(변형)

① 교육의 내용은 정신교육이어야 한다.
② 자율성에 바탕을 두어야 한다.
③ 사회적인 참여의식 교육이 포함되어야 한다.
④ 농민적 시각에서 이루어져야 한다.

해설 사회교육의 내용은 기능적, 실용적이다.

13

클라크의 종합농촌개발의 기본 요구조건으로 옳지 않은 것은?

① 개발활동과 의사결정과정에서의 농민참여 유도
② 이익의 공정분배 도모
③ 농민 의사결정능력의 향상 및 평가
④ 지역자원의 합리적 관리

해설 **클라크의 종합농촌개발의 기본 요구조건**
- 개발활동과 의사결정과정에서의 농민참여 유도
- 이익의 공정분배 도모
- 농촌의 빈곤층에 대한 취업알선 기회 부여
- 지역자원의 합리적 관리

14

다음 미국농무성 보고서의 농촌지도에 대한 설명으로 옳지 않은 것은?

① 농촌지도는 교육적 사업의 하나이다.
② 농촌지도는 형식적 교육으로 일정 연령의 사람을 위한 사업이다.
③ 주민 스스로 자기 자신을 위해 의사결정을 할 수 있도록 사실적 정보를 객관적으로 제시하고 분석한다.
④ 목적에 있어서 지역단위 간, 지도영역 간, 지도대상 간 균형적 발전을 도모해야 한다.

해설 ② 농촌지도는 비형식적 · 비학점제의 교육이며, 모든 연령의 사람을 위한 사업이다.

15

농촌지도사업이 지향하는 이념 중 합의수준의 농촌지도 이념에 대한 설명으로 거리가 먼 것은?

20 지도사 기출(변형)

① 세계와 인류의 발전
② 농업과 농촌발전을 통한 국가발전
③ 농촌주민과 함께 인간 개개인의 발전과 행복 추구
④ 국가의 산업 발전과 복지증진

해설 합의수준의 농촌지도 이념은 세계와 인류의 발전과 농업 및 농촌발전을 통한 국가발전을 지향하고, 농촌주민과 함께 인간 개개인의 발전과 행복을 추구한다.

16

다음 보기와 같은 농촌지도의 성격은?

- 농촌지도는 지도대상자를 위한 사업이다.
- 농촌지도는 농촌주민의 소득증대와 복지향상을 위해서 전개되어야 한다.

① 민주적 성격
② 사회적 성격
③ 집중적 성격
④ 교육적 성격

해설 민주적 성격
- 의사결정은 지도대상자(농촌주민)에게 달려있고, 그 결과의 책임도 지도대상자에게 있다.
- 계획, 실천, 평가에 지도대상자의 참여를 전제로 한다.
- 농촌지도는 지도대상자를 위한 사업이다.
- 농촌지도는 농촌주민의 소득증대와 복지향상을 위해서 전개되어야 한다.

17

농촌지도의 교육적 성격에서 가장 경계하여야 할 현실적인 문제는?

① 사회교육적 특성의 의미
② 행정독려적 성격
③ 농민 스스로의 의사결정
④ 객체의 자발성과 자원성

해설 객체지향적 교육이므로 객체의 자발성과 자원성이 더욱 강조된다. 따라서 행정독려적 성격을 가장 경계해야 한다.

18

농촌지도의 균형적 성격은 3가지로 나눌 수 있다. 다음 중 포함되지 않는 것은?

① 지역단위 간의 균형
② 지도영역 간의 균형
③ 지도대상 간의 균형
④ 지도자 간의 균형

해설 **농촌지도의 균형적 성격**
- 지역단위 간의 균형 : 국가, 지역사회, 개인 간의 상호보완적 관계
- 지도영역 간의 균형 : 농업발전, 환경보존, 관광개발, 가정생활개선 등 균형발전을 도모하여야 삶의 질 향상
- 지도대상 간의 균형 : 지도대상인 농촌주민, 도시주민, 남자와 여자, 어린이, 청소년, 성인, 노인, 장애인 등을 균형적으로 다루어야 함

19

다음 농촌지도의 성격 중 농촌개발기관들과 수평적 혹은 상하로 유기적 관계를 유지하여야 효과적으로 그 목적에 도달할 수 있다는 성격은 무엇인가?

97, 11 경기 기출

① 민주적 성격
② 균형적 성격
③ 협동적 성격
④ 교육적 성격

해설 농촌개발기관들, 즉 농촌행정기관, 농업계 학교, 농업계 협동조합, 농어촌진흥공사, 농어촌유통공사, 각종 농민단체 등의 기관과 단체가 적극적으로 협동하여야 농촌지도는 물론 농업 및 농촌의 발전이 이루어진다.

20

농촌지도의 성격으로 옳지 않은 것은?   97 경기 기출

① 국가시책 달성을 위한 교량역할
② 민주적인 사회교육
③ 통일적이고 전체적인 사업추진
④ 지도사와 농민, 농민상호 간의 협동사업

해설 농촌지도는 국가발전도 위해야 하나 우선적으로 개개인 농촌주민의 복지를 첫 번째 목표로 하는 데 이념을 두어야 한다. 따라서 농촌주민 개개인의 발전을 통한 농촌지역사회발전을 추구하고 농촌지역사회 발전을 통해서 국가발전을 도모하는 사업이다.

21

다음 농촌지도의 일반적인 목적이 아닌 것은?

① 농업기계화와 협동 영농에 대한 능력의 배양
② 농업생산을 증대할 수 있는 능력 배양
③ 향토발전에 공헌할 수 있는 자세 확립
④ 인생의 가치인식

해설 **농촌지도의 일반적 목적**
- 합리적 영농을 통해 농업생산을 증대할 수 있는 자질을 길러준다.(②)
- 효율적 시장유통을 통하여 소득증대를 도모할 수 있는 자세와 능력을 키워준다.
- 지역실정에 맞는 작목을 복합영농할 수 있는 능력을 개발시킨다.
- 농업기계화와 협동 영농에 대한 능력을 배양한다.(①)
- 가정생활을 행복하게 영위할 수 있는 자질을 배양한다.
- 건전한 시민성과 합리성을 기르고, 복지증진을 위한 협동능력을 길러준다.
- 애향정신, 개발의욕 증진 등 스스로 향토발전에 공헌할 수 있는 자세를 확립하도록 한다.(③)
- 자연자원 보호와 개발·활용하는 데 필요한 자세와 능력을 배양한다.
- 국제사회에 대한 안목증대와 인류발전에 대한 책임의식을 고양시킨다.

22

다음 중 농촌지도사업의 목표로 적합하지 않은 항목은?

97 강원 기출

① 학교교육
② 합리적 생각
③ 진취적 태도
④ 실천하는 농민 양성

해설 농촌지도는 농촌주민들이 일상적인 농업경영, 가정생활 그리고 기타의 농촌생활에 과학적인 지식을 적용하도록 촉진하는 교실 외 교육이다.

23

다음 중 현대산업사회의 특성에 따른 농촌지도의 필요성으로 옳은 것은?

① 신속한 사회변화
② 자연자원의 효율적 이용
③ 농촌가정생활의 합리적 운영
④ 농촌과 도시의 균형적 발전

해설 **농촌지도의 필요성**
- 현대산업사회적 특성에서 농촌지도의 필요성 : 과학의 발달, 신속한 사회변화, 산업의 전문화, 지식수준의 향상
- 국가발전적 측면에서 농촌지도의 필요성 : 식량생산, 도시와 농촌 간 균형적 발전, 농촌청소년지도, 농촌주민의 현대적 시민자질, 농촌가정생활의 합리적 운영

24

다음 중 현대산업사회의 특성과 국가발전적 측면에서 농촌지도의 필요성이 아닌 것은?

11 경기 기출

① 과학의 발달
② 도시와 농촌 간 균형적 발전
③ 지식수준의 향상
④ 자연자원보존

해설 ① · ③ 현대산업사회적 필요성
② 국가발전적 필요성

25

'밀러'의 분류에 의한 농촌지도의 영역이 아닌 것은?

97 강원 기출

① 사회경제적 지도
② 주관적 의사결정력 배양
③ 국제농촌지도사업
④ 공공사업교육

해설 **밀러(Miller)의 농촌지도 영역**
- 농업생산의 효율화
- 가정생활 개선
- 사회경제적 지도(①)
- 지도력 배양
- 국제농촌지도사업(③)
- 자연자원 및 환경자원의 보존과 이용
- 청소년 지도
- 경영관리의 능력(의사결정력) 배양
- 지역사회개발
- 농산물 시장유통 및 이용의 효율화
- 공공사업교육(④)
- 소비자 교육

26

농업인을 체계의 중심으로 두면서 연구, 지도, 교육 간의 연계를 강조하는 농업지식정보체계(AKIS)가 대두된 시기는?

① 1960년대
② 1970년대
③ 1980년대
④ 1990년대

> **해설** 농업지식체계(AKS)
> • 1950~1960년대 : 국가농업연구기관(NARI)
> • 1970년대 : 국가농업연구체계(NARS), 국가농촌지도체계(NAES), 국가농업교육훈련체계(NAETS)
> • 1980년대 : 농업지식정보체계(AKIS)
> • 2000년대 : 농업혁신체계(AIS)

27

농업지식정보체계에 대한 설명으로 옳지 않은 것은?

① 농업연구, 농촌지도, 교육의 3요소로 구성되어 있다.
② 관련된 모든 행위자가 농업인 또는 농촌지역 행위주체와 하향식 관계를 맺는다.
③ 농촌지도란 시스템에 관련된 현장 관찰자들에게 피드백을 해주는 역할이다.
④ 농업인의 요구를 반영한 프로그램에 참여하도록 동기를 부여하는 요구지향적인 시스템이다.

> **해설** ② 관련 모든 행위자가 농업인 또는 농촌지역 행위주체와 관계를 맺으며, 관계 양상이 쌍방향으로 표시된다. 즉, 하향식 접근법이 아니다.

28

농업지식혁신체계(AKIS)의 구성요소에 대한 각 국가의 사례 연결로 옳지 않은 것은?

① 지도 – 덴마크의 농업자문기구(DAAS)
② 교육 – 프랑스의 AKIS와 연계한 중등농업교육학교
③ 연구 – 프랑스의 응용 농업연구네트워크(NARA)
④ 지원 – 핀란드의 과학기술 및 혁신전략센터(SCSTI)

> **해설** 농업지식혁신체계(AKIS)의 구성요소에 대한 각 국가의 사례
> • 연구(Research) 분야 : 핀란드 과학기술 및 혁신전략센터(SCSTI), 프랑스 응용 농업연구네트워크(NARA)
> • 농촌지도 분야 : 덴마크 농업자문기구(DAAS)
> • 농업교육(Agricultural Education) 분야 : 프랑스의 Akis와 연계한 중등농업교육학교
> • 지원시스템(Support System) 분야 : EU 농업회의소 플랫폼(PCA)

29

농업지식정보체계, 국가농업연구체계, 농업혁신체계의 특징으로 옳지 않은 것은?

① 농업지식정보체계는 농업혁신체계의 하부시스템으로 볼 수도 있다.
② 농업지식정보체계는 지식의 생산에 관심을 두고 있다
③ 국가농업연구체계에서 농업은 공공부문의 농업연구, 훈련, 그리고 지도를 담당하는 조직들에 의존하는 특성을 가지고 있다.
④ 농업혁신체계에서는 혁신의 중심점이 현장에서의 학습과정에서 더 많이 일어난다.

> **해설** 국가농업연구체계는 지식 생산에 초점을, 농업지식정보체계는 지식의 생산과 전파에 관심을, 농업혁신체계는 지식의 생산, 전파, 적용에 초점을 둔다.

01

다음 중 근대의 농업협회에 대한 설명으로 옳지 않은 것은?

① 초기의 농업협회는 농업에 관련된 사람들이 모여서 강의를 듣거나 품평회를 목적으로 설립되었다.

② 미국 농업발전을 위한 후원단체의 활동으로 연방정부에 농무성과 농업을 가르칠 주립대학 설립의 필요성을 환기시켰다.

③ 점차 지역조직까지 확대되고, 농업관계 정보를 활자화하여 비회원에게까지 전파하였다.

④ 1862년 링컨 대통령 시기에 미 농무부가 설립되었다.

해설 초기의 농업협회는 농업에 관련된 사람들이 모여서 서로 정보를 교환하고 협력하기 위한 목적으로 설립되었다.

02

Feder, Willet & Zijp가 제시한 농촌지도의 세계적 흐름에 대한 설명으로 옳지 않은 것은?

① 1950년대에는 대학보다 주로 행정당국의 주관에 의해 농촌지도사업이 추진되었다.

② 1960년대에는 선진농업기술의 이전을 위한 개별 농가에 대한 관심에 초점을 맞추었다.

③ 1970년대에는 농촌지도를 전담하는 기관이 제도적으로 설치·운영되기 시작하였다.

④ 1980년대에는 전환기의 시기로, 참여접근법이 급속히 강조되었다.

해설 ② 1960년대에는 개별 농가에 대한 관심보다는 농촌지역을 하나의 사업단위로 생각하는 지역사회 개발에 초점을 맞추었다.

03

페더, 윌렛 & 지프의 세계농촌지도 흐름에서 1970년대의 농촌지도와 관련한 내용이 아닌 것은?

① 농촌지도를 전담하는 기관이 제도적으로 설치·운영되기 시작된다.

② 참여접근법이 급속히 강조되었고, 농촌지도방법으로 T&V 시스템이 등장하였다.

③ 농가 수준에서 해결하기 어려운 문제를 해결할 수 있는 통합적 농촌지도 전략에도 불구하고 농가들이 기술을 수용하지 않는 경향도 나타난다.

④ 1960년대 중반부터 공공부문이 확대되면서 식량자급을 위한 농업의 기술적 문제에 대한 지도와 자문이 더 체계적으로 진행되었다.

해설 농촌지도방법으로 T&V 시스템이 등장한 것은 1970년대가 맞지만, 참여접근법이 급속히 강조된 것은 1980년대이다.

04

농촌지도의 세계적 흐름에 대한 설명으로 옳지 않은 것은?

① 초기식민지시대에 농촌지도사업의 동향은 Commodity Program이 강조되었다.
② 1950년대에 추진된 농촌지도사업은 국가차원에서 농촌지도가 제도화되었다.
③ 1960년대에는 지도사와 농업인 사이의 대인커뮤니케이션이 중요한 방법으로 활용되었다.
④ 1970년대 방법론적으로 연구자와 농민 사이에 직접적 네트워킹이 강조되었다.

해설 ④는 1990년대의 흐름이다.

05

주민접근 전략 측면에서 농촌지도, 농촌사회교육, 지역사회개발 비교 중 옳지 않은 것은?

① 농촌지도는 농장 및 가정 방문과 같은 개인적 접촉을 주로 활용한다.
② 지역사회개발은 개인적 접촉이 아닌 집단접근과 조직적 접근만을 위주로 운영하였다.
③ 농촌사회교육은 때와 장소에 따라 개인적 · 집단적 · 대중적 접촉을 탄력적으로 적용한다.
④ 지역사회개발은 지역사회개발위원회와 조직운영같이 주로 집단적 접촉이나 조직적 접근방법을 더 많이 활용한다.

해설 농촌지도가 집단적 접근 및 대중 홍보 방법을 전혀 쓰지 않는 것은 아니며, 지역사회개발도 집단적 결정 전에 설득을 위한 개인적 접촉이 중시되기도 한다.

06

농촌지도학, 농촌사회교육, 지역사회개발의 공통점으로 옳지 않은 것은?

① 모든 지역의 성인 남녀를 위한 비형식적 사회교육에 역점을 둔다.
② 농촌지역에 큰 비중을 둔다.
③ 연구과정이나 사업수행에서 대상자들의 참여를 강조한다.
④ 다학문적 접근의 특성을 가진다.

해설 ① 모든 지역이 아니라 일정한 지역의 성인 남녀를 위한 비정규적 사회교육에 역점을 두고 있다.

07

농촌지도, 농촌사회교육 및 지역사회개발의 차이점으로 옳지 않은 것은?

① 주민접근 전략으로 방문, 개인, 집단 및 대중접촉의 혼합, 집단 및 조직 접근 등이 있다.
② 농촌지도의 대상은 농민, 농가주부, 농촌청소년이다.
③ 농촌사회교육의 대상은 농민, 농가주부, 농촌청소년이다.
④ 지역사회개발의 대상은 농촌, 농업, 농민까지 확장되었다.

해설 ④ 지역사회개발은 지역사회 및 사업추진체로서의 주민으로 대상의 범위가 도시까지 확장되었다.

08

농촌지도, 농촌사회교육, 지역사회개발의 차이점에 대한 설명으로 옳지 않은 것은?

① 농촌지도는 농업기술과 생활과학이 강조된다.
② 지역사회개발은 주로 집단적 접촉이나 조직적 접근방법을 더 많이 활용한다.
③ 지역사회개발은 농촌지역에서 전개되는 사회교육을 넓게 다룬다.
④ 농촌사회교육은 개인, 집단 및 대중접촉을 때와 장소에 따라 융통성 있게 사용한다.

해설 ③ 농촌지역에서 전개되는 사회교육을 넓게 다루는 것은 농촌사회교육이다.

09

농촌지도요원들이 농촌지도와 관련하여 기본적으로 알고 있어야만 하는 지역사회의 문화요소가 아닌 것은? 17 충남 기출

① 영농형태
② 토지소유방식
③ 국가형태
④ 전통적 의사전달방법

해설 지역사회의 문화적 요소
  • 영농방식
  • 토지소유형태
  • 사회의식
  • 전통적 의사전달방법

10

농촌사회변화의 장애요인으로 옳지 않은 것은?

① 전통과 합리주의
② 공무원에 대한 태도
③ 농촌사회구조
④ 사회적 책임

해설 농촌사회변화의 장애요인
  • 정의적 가치평가기준
  • 사회적 책임
  • 공무원에 대한 태도
  • 농촌사회구조
  • 전통과 권위주의
  • 커뮤니케이션

11

농촌환경에 대한 설명으로 옳지 않은 것은?

① 인구감소와 더불어 고령화 현상이 심각하다.
② 농가경지규모가 확대되어 5ha 이상의 농가들이 3%를 차지하고 있다.
③ 겸업농가가 꾸준히 증가하여 농업소득이 오를 것으로 전망된다.
④ 내국인과 결혼하지 않은 외국인노동자가 농어촌지역의 일반가정에서 동거인으로 거주하는 경우가 많다

해설 ③ 농가소득은 농외소득으로 인해 증가되었으며, 농업소득은 오히려 감소하였다.

12

우리 사회의 메가트렌드 중 신기술의 발전 및 정보화가 농업·농촌에 미치는 영향으로 옳은 것은?

17 충남 기출

① 자원순환형 농업의 발달
② 지역공동체의 약화 및 사이버 공동체의 발달
③ 바이오매스 등 신농업 출현
④ 전국 반나절 생활권 형성

해설 **메가트렌드**

메가트렌드	농업·농촌에 미치는 영향
신기술의 발전 및 정보화	• 지역공동체의 약화 및 사이버 공동체의 발달 • 유비쿼터스 시대 도래 • 농촌복지 수준의 향상

13

신기술의 발전 및 정보화가 농업·농촌에 미치는 영향이 아닌 것은?

① 지역공동체의 약화 및 사이버 공동체의 발달
② 유비쿼터스 시대 도래
③ 농촌복지 수준의 향상
④ 친환경농업의 확대

해설 **메가트렌드가 농업·농촌에 미치는 영향**
• 지역공동체의 약화 및 사이버 공동체의 발달
• 유비쿼터스 시대 도래
• 농촌복지 수준의 향상

새로운 가치 지향(문화창조시대)
• 농촌 어메니티를 활용한 지역개발활동 활성화
• 귀농, 귀촌 인구의 증가
• 친환경농업의 확대

01

농촌지도접근법의 설명으로 옳지 않은 것은?

① 대부분 나라에서 그 나라 실정에 맞는 지도사업이 수행되었다.
② 제2차 세계대전 이후 미국의 영향력으로 미국식 농촌지도방법이 각국 농촌 지도 발달에 큰 영향을 끼쳤다.
③ 최상의 접근방법은 존재하지 않으며, 단순 기술이전에서 종합적 · 포괄적 농촌지도가 이루어지고 있다.
④ 농촌지도 접근법은 농가중심적이며 상향식에서 주민 참여가 많아지고 의견이 반영되고 있다.

해설 ④ 농촌지도 접근법은 국가중심적이고 하향식이며 주민 참여가 많아지고 의견이 반영되고 있다.

02

네갈의 접근법 중 선택적 고객 접근에 해당하지 않는 것은?

① 상품 지향적 지도사업
② 상업서비스로서의 지도사업
③ 고객 중심 및 고객이 통제하는 지도사업
④ 대학 중심의 지도사업

해설 네갈(Negal, 1997)의 접근법(일반적 고객 접근, 선택적 고객 접근)

일반적 고객 접근	선택적 고객 접근
• 정부 주도의 일반적 지도 • 훈련 · 방문 지도접근 • 종합적 사업 접근 • 대학 중심의 지도사업 • 농촌개발사업	• 상품 지향적 지도사업 • 상업서비스로서의 지도사업 • 고객 중심 및 고객이 통제하는 지도사업

03

개발도상국에서 주로 사용할 수 있는 농촌지도 접근법과 거리가 먼 것은?

① 정부 주도의 일반적 지도
② 프로젝트 접근
③ 농민우선주의 접근
④ 영농체계연구지도 접근

해설 개도국에서 주로 사용할 수 있는 미국식 농촌지도 접근법(Seevers)
• 훈련 · 방문지도 접근
• 프로젝트 접근
• 농민우선주의 접근
• 영농체계연구지도 접근

04

다음 중 선진농업일수록 지향해야 할 농촌지도의 방향은? 06 대구 기출

① 정부기관 통합형
② 농업행정기관 주도형
③ 농민조직 주도형
④ 종합농촌개발

해설 농촌지도 접근법은 선진국일수록 농민조직주도형이며 주민참여의 상향식(Bottom-up)이 많아지고 의견이 반영되고 있다.

05

Alex, Zip and Byerlee의 농촌지도 접근방법 중 생산자주도 농촌지도에 속하지 않는 것은?

20 지도사 기출(변형)

① 훈련방문 지도　　② 농촌활성화
③ 참여적 농촌지도　④ 영농체계개발지도

해설　Alex, Zip and Byerlee의 농촌지도 접근법
- 생산자주도 농촌지도 : 생산자조직 지도방식, 농촌활성화, 참여적 농촌지도, 영농체계개발 지도
- 국가농촌지도 접근 : 일반적 농촌지도, 훈련방문 지도, 전략적 지도 캠페인, 교육기관에 의한 지도, 공공기관 계약 지도
- 목적집단 지도방식 : 특성화 지도방식, 프로젝트 지도방식, 고객집단 지도방식
- 상업화된 농촌지도 : 비용분담 농촌지도, 상업화된 농촌지도 자문서비스, 농산업지도
- 매체를 통한 지도 : 대중매체를 통한 지도, 대중매체를 활용한 지도, 의사소통기법

06

농업연구-지도의 이론적 모형 중 기술보급 모형에 대한 설명으로 옳지 않은 것은?

① 우리나라 농촌지도사업은 농업기술보급모델에 기반한 지도사업을 수행한다.
② 농업연구사와 농촌지도사의 행동 특성, 동기, 자질, 사기 등을 중심으로 설명하는 이론이다.
③ 농업연구기관에서 개발한 신기술 이전을 위해 지도사업을 활용한다.
④ 농촌지도사업은 농업연구, 개발, 농촌지도과정에서 고도의 전문성·창의성이 필요하지 않다.

해설　④ 농촌지도사업은 시험연구 결과를 농업인 활용기술로 가공하여 부가가치를 높여주는 고도의 전문성·창의성이 필요한 활동이다.

07

농업연구지도의 이론적 모형 중 지속가능한 농업과 자연자원 개발을 위한 접근방법은?

① 시스템 모형
② 참여연구 접근
③ 기술보급 모형
④ 투입산출 모형

해설　참여연구 접근
- 1975년 이후 성인교육 운동과 함께 1980년대 후반 '농민우선'과 'Participatory Technology Development'라는 개념으로 등장하였다.
- 특징은 지속가능한 농업과 자연자원 개발을 위한 접근방법이다.
- 참여연구는 연구·지도과정에 농민참여를 중시하는데, 농업연구, 개발, 농촌지도과정에서 농민 역할을 중요하게 고려하는 것이다.

08

농촌지도체계의 유형 중 농민조합기구형의 설명으로 옳지 않은 것은?

① 농업연구와 농촌지도가 농민 필요에 의해 자연발생적으로 태동한 형태이다.
② 미국, 스위스가 대표적이다.
③ 서구의 농민조합이 전문지원을 채용하여 새로운 농업기술에 대해 지도하는 형태이다.
④ 대만과 일본의 농회 지도 기능도 이와 유사한 유형에 속한다.

해설　② 영국, 프랑스, 독일, 덴마크 등이 있다.

09

다음 보기 중 협동조합에 의해 농촌지도를 실시하는 나라들로 묶인 것은? 19 경북 <기출>

ㄱ. 네덜란드	ㄴ. 덴마크
ㄷ. 대 만	ㄹ. 프랑스

① ㄱ, ㄴ
② ㄱ, ㄴ, ㄹ
③ ㄱ, ㄴ, ㄷ
④ ㄴ, ㄷ, ㄹ

해설 서구의 농민조합이 전문지도원을 채용하여 새로운 농업기술에 대해 지도하는 형태로 덴마크, 프랑스, 대만 등이 있다.

10

농촌지도의 유형이 바르게 짝지어지지 않은 것은? 18 경남 <기출>

① 대학주도형 – 덴마크
② 농업행정주도형 – 일본
③ 정부통합형 – 인도
④ 농민주도형 – 대만

해설 ① 덴마크는 농민조직주도형이다.

11

세계적으로 가장 보편적인 농촌지도 접근법이라 평가받는 것은? 98 경북 <기출>

① 전통적 농촌지도 접근법
② 정의적 사고를 통한 접근법
③ 협동·자조 접근법
④ 종합농촌개발 접근법

해설 전통적 농촌지도 접근법은 세계의 각 국가(특히 중남미와 아시아)에서 채택했으며, 일반적으로 가장 고전적인 농촌지도 시스템으로 평가받고 있다.

12

협동자조적 접근법에 대한 설명으로 옳지 않은 것은? 17 지도사 <기출(변형)>

① 사회를 갈등 측면에서 파악한다.
② 경제적인 양적 발전보다 인간적 측면의 질적 발전을 더 강조한다.
③ 원칙은 모든 농촌주민이다.
④ 농민들로 하여금 개발과정에 널리 참여하고 협동하도록 조장하는 접근법이다.

해설 ④ 농촌종합개발 접근법에 대한 설명이다.
농촌종합개발 접근법
• 사회를 균형적 관점에서 파악하고 있다.
• 농민들로 하여금 개발과정에 널리 참여하고 협동하도록 조장하는 접근법이다.
• 농촌의 경제적 발전은 물론 적극적으로 사회·문화적 발전을 기대한다.
• 농촌 거주 모든 남녀노소를 대상으로 한다.
• 정부의 어느 한 부처 소관으로 이루어지기보다 특정 지역단위로 하나의 종합적 개발센터를 설립해 전개한다.

안심Touch

13

국내에서 농촌지도 접근방법 중 새로운 농촌지도 접근방법에 해당하는 것은?

① 훈련 · 방문 지도접근
② 일반 농촌지도 접근법
③ 종합농촌개발 접근법
④ 협동자조 접근법

> **해설**
> • 국내 농촌지도 접근법 중 기본 접근법에는 전통적 농촌지도 접근법, 농촌종합개발 접근법, 협동자조 접근법이 있다.
> • 새로운 농촌지도 접근방법 : 훈련 · 방문 지도접근, 영농체계연구 지도접근, 교육기관 접근, 농민우선주의 지도접근, 농민학교, 프로젝트 접근법, 전문상품중심 접근, 비용분담 접근, 상업적 서비스로서의 농촌지도 등이 있다.

14

농촌지도 접근방법 중 교육기관 중심 접근법의 장단점에 대한 설명으로 옳지 않은 것은?

① 전문적인 학자와 현장 농촌지도요원이 접촉할 수 있다.
② 학교는 연구와 관련된 현장을 경험할 수 있다.
③ 농촌지도가 지나치게 학술적으로 이루어질 수 있다.
④ 고도로 훈련된 전문가를 확보하는 데에 비용이 많이 든다.

> **해설** ④ 별도의 행정체계와 비용을 들이지 않고 전문가를 확보할 수 있다.

15

훈련 · 방문지도체계(T&V)의 특징에 해당하지 않는 것은?

① 지도사는 관련분야의 지식을 끊임없이 습득하고 연구하며 전문기술을 숙지하는 훈련을 받아야 한다.
② 사업 자체의 관리 · 통제는 유관기관에서 일관성 있게 관리해야 한다.
③ 모든 연구 · 지도요원이 정기적으로 현장 농민과 접촉해야 한다.
④ 지도사 · 연구사는 정기적 워크숍과 현장방문을 통해 현장 환경과 과제를 인식해야 한다.

> **해설** **농촌지도의 단일지휘체계**
> • 지도사업은 기술과 행정이라는 양면에서 통일된 지휘계통을 유지해야 한다.
> • 지도사업 유관기관(학교, 연구기관, 농민단체, 지방행정관서 등)과는 지속적으로 협력을 유지하고 사업 자체의 관리 · 통제는 지도사업 담당기관에서 일관성 있게 관리해야 한다.

16

훈련 · 방문지도 접근법의 설명으로 옳지 않은 것은?

① T&V는 새로운 형태의 농촌지도사업이 아니라 전통 지도체제의 단점인 조직상의 문제점을 보완하여 효율성을 높이는 접근법이다.
② 1970년대 초반 아시아 지역에서 시작된 T&V 접근은 전체 식량증산을 도모한다.
③ 사업의 계획 및 진행이 시의적절하게 이루어지며, 시간적 유연성이 있다.
④ T&V는 연구 ↔ 지도 ↔ 농민 사이에 조직적 · 정형화된 연계체제를 구축하고 있다.

> **해설** **T&V의 특징**
> 지도요원의 농가 방문 · 지도, 지도요원의 교육훈련 등이 시의적절하게 이루어져야 효율적 자원사용과 지도가 이루어진다. 사업의 계획 및 진행에 시간적 유연성이 없다.

17

농촌지도 접근방법 중 훈련 · 방문지도 접근의 장점이 아닌 것은?

① 기술지원과 조정이 용이하고 사업 중복성을 피해 효율성이 높아진다.
② 농촌지도사는 교육과 정보전달 기능만 수행한다.
③ 농가의 문제점이 신속하게 지도 · 연구기관에 피드백될 수 있다.
④ 상향식 지도로 사업기획단계에 개별농가의 참여가 독려된다.

> **해설** ④ 하향식 지도로 사업기획단계에 개별농가의 참여가 배제된다.

18

농촌지도 접근방법 중 영농체계연구지도 접근법에 대한 설명으로 옳지 않은 것은? 17 지도사 **기출**

① 대농 위주로 사업이 시작되어 연구하고 평가받는다.
② 지식망형 구조를 보이고 있으며 지도사업구성원 간의 상호작용이 쉽고 사업의 조정이 비교적 쉬운 농촌지도의 접근방법이다.
③ 특정영농체계에 대한 전체적인 접근을 통하여 전문성을 확보할 수 있다.
④ 한 농가의 총체적 문제들을 파악하고 그 결과의 수용가능성을 평가한다.

> **해설** ① 영농체계연구지도 접근은 소규모 농가(소농) 위주로 사업이 시작되어 연구하고 평가받는다. 학문적 연구보다 직접적 문제해결에 초점을 맞추며, 한 농가의 총체적 문제들을 파악하고 그 결과의 수용가능성을 평가한다.

19

농촌지도 접근방법 중 영농체계연구 지도접근의 단점에 해당하지 않은 것은?

① 학문 분야 간 다양한 견해가 나타날 수 있어 조정에 많은 시간과 노력이 필요하다.
② 연구사나 지도사가 과다한 업무로 사업을 수행하는 데 어려움이 있다.
③ 영농체계의 목표나 환경변화가 잦은 경우 사업 자체가 재구성되어 지속성이 낮고 비경제적이다.
④ 개발된 기술의 현장 적응력이 높고 외부의 조력이 부족한 경우에도 지속성이 높다.

> **해설** ④는 농민우선주의 지도접근의 장점에 해당한다. 영농체계 연구지도 접근은 연구, 지도, 수용까지 시간이 오래 걸려 당면문제해결에 시의적절하게 대응하지 못한다.

20

영농체계연구 순서가 바르게 나열된 것을 고르시오.

18 경남 기출

① 대상농가 및 지역선정 – 과제파악 및 기초자료
   분석 – 현장연구계획 – 연구분석
② 과제파악 및 기초자료 분석 – 대상농가 및 지역
   선정 – 현장연구계획 – 연구분석
② 과제파악 및 기초자료 분석 – 대상농가 및 지역
   선정 – 연구분석 현장 – 연구계획
③ 대상농가 및 지역선정 – 과제파악 및 기초자료
   분석 – 연구분석 현장 – 연구계획

> **해설** FSR&E 수행단계
> 대상농가 및 지역선정 → 과제파악 및 기초자료 분
> 석 → 현장연구계획 → 현장연구 및 분석 → 시험
> 및 평가 → 결과 보급 및 지도

21

전통적 기술전달형과 농민우선주의의 비교에 대한
설명으로 옳지 않은 것은?

18 경북 기출(변형)

① 농민우선형의 지도 내용은 실행사항을 강조한다.
② 전통적 기술전달형의 주 목적은 기술전달이다.
③ 전통적 기술전달형의 과제분석은 연구, 지도,
   행정을, 농민우선형은 농민을 분석한다.
④ 농민우선형의 기술개발의 거점은 연구실 · 시험
   장이라기보다 농가의 현장이 된다.

> **해설** 기술전달형과 농민우선형의 비교
>
> | 구 분 | 기술전달형 | 농민우선형 |
> |---|---|---|
> | 주 목적 | 기술전달 | 기술취득능력 개발 |
> | 과제 분석 | 연구, 지도, 행정 | 농 민 |
> | R&D 분석 | 연구실, 시험장 | 현 장 |
> | 지도 내용 | 실행사항 | 원칙, 방법 |
> | 지도 방법 | 독 려 | 선 택 |

22

농민우선주의 지도사업 분석단계에서 지도기관의
역할이 아닌 것은?

① 지 원
② 자 문
③ 격 려
④ 조 사

> **해설** 농민우선주의 사업수행 단계
>
> | 구 분 | 농가 활동 | 지도기관의 역할 |
> |---|---|---|
> | 분 석 | 주체, 목표 | 촉진, 격려, 자문 |
> | 선 별 | 선 택 | 조사, 공급, 견학기획 |
> | 실 험 | 실험설계 | 지원, 자문, 물자와 방법 제공 |

23

농촌지도 접근법 중 농민학교에 대한 설명으로 옳
지 않은 것은?

① 1980년대 후반 FAO에서 개발하여 동아시아의
   벼 병해충종합관리법 확산을 위해 소개되었다.
② 지역 영농체계의 주요 특성에 관한 기술적 전문
   성을 갖도록 농민을 임파워먼트하는 것을 목표
   로 한다.
③ 형식적 성인교육에 기반한 집단자문 과정으로
   서 현장 관찰 등 다양한 활동에 관심을 가진다.
④ 농민이 분석적 능력 · 비판적 사고능력 · 창조성
   을 개발하고, 더 나은 의사결정을 하도록 학습
   하는 데 도움을 주는 교육훈련 프로그램으로 참
   여기법을 활용한다.

> **해설** ③ 농민학교는 비형식적 성인교육(가장 큰 특징)에
> 기반한 집단자문 과정으로서 현장 관찰 및 장기
> 간 연구조사와 다양한 활동에 관심을 가진다.

24

전문상품중심 접근법의 특징으로 옳지 않은 것은?

① 사업기획은 품목조직이 담당한다.
② 농촌지도는 주로 말이나 개별농장 방문을 통해 이루어진다.
③ 농촌지도요원이 전문화된 지도사업을 수행하기도 한다.
④ 인쇄물이 제공되는 비중이 높다.

해설 ④ 인쇄물이 제공되기도 하지만 비중이 낮은 편이다.

25

농촌지도 접근방법 중 프로젝트 접근법에 대한 설명으로 옳지 않은 것은?

① 상대적으로 짧은 기간에 성취 가능한 것을 프로젝트로 수행하는 방법이다.
② 농업인이 직접 프로그램을 기획한다.
③ 효과적 사업(활동)은 외부 재정적 지원이 없더라도 지속할 수 있다는 가정이다.
④ 전시(모범)가 프로젝트 접근법의 목적이다.

해설 ② 외부 자금이 제공되기 때문에 기증 기관이 프로그램을 기획한다.

26

농촌지도 접근방법 중 비용분담 접근에 대한 개념으로 옳지 않은 것은?

① 중앙정부의 통제가 쉽다.
② 농업인 스스로 필요한 것을 배우도록 돕는 것이 목적이다.
③ 농촌지도사업에 소요되는 비용을 국가, 지방, 농업인이 분담하는 방식이다.
④ 수혜자가 비용 일부를 부담하는 것이 목표 성취에 유리하다고 가정한다.

해설 ① 중앙정부의 통제가 어렵다.
　　비용분담 접근의 단점
　　• 중앙정부의 통제가 어렵다.
　　• 참여접근 보고서 작성, 재정관리, 행정관리 등이 복잡해서 이익보다 손해가 커질 수 있다.

27

농촌지도 접근방법 중 상업적 서비스로서의 농촌지도에 대한 설명으로 옳지 않은 것은?

① 지도 고객도 이익 중심적이며, 이들의 목적은 구입한 투입이나 계약한 전문가를 적절하게 활용하는 것이다.
② 농업생산자가 요구하는 전문화된 상담 서비스로서, 조직이나 개인 목표는 생산성 향상이다.
③ 상업적·공공적 요소를 혼합한 접근방식은 독일의 일부 주에서 시행하였다.
④ 농촌지도의 민영화, 농업을 산업화한 형태이다.

해설 공급회사의 판매전략 또는 농업생산자가 요구하는 전문화된 상담 서비스로서, 조직이나 개인 목표는 이익 창출이고, 고객만족도이다.

28

배제성 · 경합성 정도에 따른 농업정보기술 유형으로 옳지 않은 것은?

① 공유재는 저 배제성, 고 경합성이다.
② 민간재는 고 배제성, 고 경합성이다.
③ 요금재는 고 배제성, 저 경합성이다.
④ 공공재는 고 배제성, 고 경합성이다.

해설 ④ 공공재는 저 배제성, 저 경합성이다.

29

공공서비스의 특징 중 서비스에서 얻어지는 효용이 어느 특정인에게만 한정되지 않는 것을 무엇이라 하는가?

① 비경합성
② 비배제성
③ 큰 외부효과
④ 많은 무임승차자

해설 공공서비스의 특징
- 비경합성 : 여러 명이 공동으로 소비할 때 한 사람의 소비가 다른 사람의 소비량을 감소시키지 않는 것
- 큰 외부효과 : 하나의 서비스 공급이 그로 인해 막대한 다른 파급효과를 불러오는 것
- 많은 무임승차자 : 공공서비스는 누구나 집단적으로 소비할 수 있으므로 그 비용을 부담하지 않고 서비스 혜택을 누린다.

30

농업정보기술의 유형으로 옳지 않은 것은?

① 요금재는 시간에 민감한 제품, 마케팅 및 경영정보이다.
② 공공재는 지역에서 활용가능한 자원이거나 투입요소로 표현되는 정보이다.
③ 공유재는 조직개발에 관한 정보이다.
④ 민간재는 고객에 맞춘 정보이거나 조언이다.

해설 공공서비스의 유형
- 공공재 : 시간과 무관한 제품, 광범위한 적용의 마케팅 및 경영정보
- 요금재 : 시간에 민감한 제품, 마케팅 및 경영정보
- 공유재 : 지역에서 활용 가능한 자원 또는 투입요소로 표현되는 정보, 조직개발에 관한 정보
- 민간재 : 고객에 맞춘 정보 또는 조언, 상업화 가능한 투입요소로 표현되는 정보

31

공공서비스의 편익의 귀속에 따라 시민 전체에 귀속되는 공익적 서비스, 개인에게 귀속되는 사익적 서비스, 시민생활에 꼭 필요한 필수적 서비스, 선택적 서비스로 구분된다. 이에 대한 설명으로 옳지 않은 것은?

① 공익적 · 필수적 서비스는 공익성이 높고 시민생활을 영위하는 데 기초적 · 필수적 서비스 분야이다.
② 사익적 · 필수적 서비스는 사익성이 높지만 주민생활에 기초적 · 필수적 서비스 분야이다.
③ 공익적 · 선택적 서비스는 공익성과 사익성이 높고 주민생활을 영위하는 데 2차적 이상의 선택적 서비스 분야이다.
④ 사익적 · 선택적 서비스는 사익성이 높고 주민생활의 영위에서 2차적 이상의 선택적 서비스 분야이다.

해설 ③ 공익적 · 선택적 서비스 : 공익성이 높지만 주민생활을 영위하는 데 2차적 이상의 선택적 서비스 분야. 편익이 특정지역에 귀속되는 경우가 많으며, 납세자 이익 원칙이 적용됨
예 시민회관, 노인정 운영 등

32

지도사업의 추진 주체와 편익에 따른 구분으로 국가주도, 민간주도가 있다. 다음 설명 중 옳지 않은 것은?

① 중앙집권화 지도사업은 태국, 베트남, 중국 등에서 실시하고 있다.
② 지방화 지도사업은 한국, 미국, 필리핀 등에서 실시하고 있다.
③ 민간주도 지도사업은 민간회사, 시민사회단체, 비영리기구 등에서 수행한다.
④ 상업화는 개인컨설팅과 정부(국가, 지방) 사업 중 특정 서비스만 수익자가 부담하는 경우이다.

해설 민간주도 지도사업(민간화, 상업화)
• 민간화는 민간회사, 협의기구, 협동조합 등에서 지도사업을 수행한다.
  – 민간회사 : 네덜란드(DLV), 스위스(Agrideia), 영국(ADAS)
  – 협의기구 : 프랑스(농업회의소), 독일의 니더작센(Niedersachsen) 등 3개 주
  – 협동조합 : 덴마크, 대만(농회) 등
• 상업화는 개인컨설팅(예 독일 작센–안할트)과 정부(국가/지방) 사업 중 특정 서비스만 수익자가 부담하는 경우이다.

33

대만의 농회와 비슷한 우리나라의 조직체는?

① 농촌진흥청
② 농림수산식품부
③ 농과대학
④ 농 협

> 해설 대만과 일본의 농회 지도기능은 우리나라의 농민조합기구형(농협)과 유사한 유형에 속한다.

34

공공농촌지도사업의 패러다임 변화에 대한 설명으로 옳지 않은 것은?

① 공공농촌지도사업은 과정 혁신보다 생산물 혁신에 우선순위를 두어 소규모 농가의 소득을 증진시킬 수 있도록 도와야 한다.
② 민간 분야는 생산물 혁신에, 공공지도사업은 과정 혁신에 초점을 맞춰 농촌지도 요원이 촉진자·지식중개자로서 활동해야 한다.
③ 혁신적 농업인은 과정 혁신에 있어서 핵심 역할을 하게 된다.
④ 공공농촌지도사업은 자연자원관리의 실행에 더 높은 순위를 두어야 한다.

> 해설 ① 공공농촌지도사업은 생산물 혁신보다 과정 혁신에 우선순위를 두어 소규모 농가의 소득을 증진시킬 수 있도록 도와야 한다. 소규모 농가를 위한 과정 혁신은 대부분 지역에 특화된다.

35

사업적 성격의 농촌지도사업에 대한 설명이 옳지 않은 것은?

① 농업인을 단순한 기술수용자라기보다 기술개발 과정에서의 파트너로 본다.
② 지도사업 제공 기관도 공공기관뿐만 아니라 NGO와 민간부문까지 확대된다.
③ 농촌지도요원은 지식전달자라기보다 정보전달자의 역할을 수행한다.
④ 공공연구기관의 새 지식·기술을 농업인에게 보급하고자 계획된 사업이다.

> 해설 ③ 농촌지도요원은 정보전달자보다 조언자, 촉진자, 지식전달자로서의 역할을 수행한다.

PART 02

농촌지도의 이론적 배경

성인학습이론

|01| 교수학습의 개념

(1) 교 수

① 교육목표를 향한 교육자의 활동이다.
② 교육자가 지식과 정보를 제공함으로써 교육대상자의 행동을 변화시키는 것이다.
③ 교육대상자 스스로 책, 유인물, 사회현상에서 필요한 정보를 얻어내도록 도와주는 과정이다.
④ 스스로 그들의 미래를 설계하고 성취하는 데 필요한 학습을 하도록 도와주는 과정이다.
⑤ 교육자와 피교육자 간 친교관계(유기적인 인간관계)가 조성되는 과정이다.

(2) 학 습

① 교육목표를 향한 교육대상자의 활동이다.
② 교육대상자 스스로 훌륭한 지식, 태도, 기술 등을 가지기 위하여 의도적으로 활동하는 과정이다.
③ 교육대상자 스스로 책, 유인물 등을 통해서 연구할 때, 어떤 사물과 현상을 관찰할 때, 어떤 특정사항을 경험할 때 이루어진다.
④ 학습활동 자체에도 관심을 가짐과 동시에, 결과적으로 행동적 변화가 초래되도록 하는 과정이다.
⑤ 학습자 스스로의 의사결정과정이며 선택과정이다.
⑥ 학습자의 이전 경험과 새로운 경험을 결부시키고 통합하는 과정이다(Bender).

> **PLUS ONE**
>
> **교수와 학습의 비교**
> • 교수는 교사 중심이고, 학습은 피교육자 중심으로 교사가 안내자, 조력자 역할을 한다.
> • 교수는 일정한 목표가 있지만, 학습은 목표가 있을 수도 있고 없을 수도 있다.
> • 교수는 독립변수인 데 반해, 학습은 교사가 제시한 교과범위 내에서 일어나는 종속변수이다.
> • 교수는 교사가 가르치는 내용은 일의적(一義的)이지만, 학습은 다의적(多義的)이다.
> • 교수는 학습의 문제점을 찾아 지도하는 처방적 행동이지만, 학습은 교육대상자 행동의 결과를 그대로 기술하는 기술적 입장이다.
> • 교수 연구의 대상은 교실 사태이지만, 학습의 연구는 동물을 대상으로 실험실 또는 단순화된 수업장면을 대상으로 한다.

(3) 훈련과 교육의 개념

훈 련	교 육
• 모방적인 반응의 과정 • 연습 · 모방적 행동 · 기억 · 즉각적 결과 사용방법 등을 위한 단순화 과정	• 창조적인 상호작용 • 비판적인 자기평가가 강조되며, 새로운 경험과의 창조적인 통합과 스스로의 선택과정이 주어지는 심오한 과정

|02| 학습이론

(1) 연합이론 : 학습을 자극과 반응의 연합으로 보는 입장

① 시행착오설(Thorndike, 1899)

㉠ 손다이크는 동물의 지능연구에서 상자 속의 고양이가 판자 위에 올라가면 상자 문이 열리도록 하여 고양이가 상자 밖으로 나오도록 노력하는 과정을 실험하였다.

㉡ 자극과 반응의 결합이 유기체에 만족을 줄 때는 강화되며, 불만족을 줄 때는 약화된다는 이론이다.

㉢ 학습을 시행착오의 과정으로 보고, 일련의 자극과 반응의 결합 또는 연결로 보았다.

② 조건반사설(고전적 조건화 이론, Pavlov 이론)

㉠ 개에게 먹이를 주는 사람의 발소리만 들어도 타액(침)의 분비를 유도해내는 과정을 설명하였다.

㉡ 조건화된 자극이 조건화된 반응을 이끌어내는 과정이다(자극−반응 실험).

③ 조작적 조건형성설(Skinner 강화이론, 1953)

㉠ 상자 속의 쥐에 대한 실험에서 지렛대를 누를 때마다 먹이가 떨어지게 한 결과 그 먹이가 쥐로 하여금 지렛대를 누르는 행동을 유발하여 강화한다는 이론이다.

㉡ 어떤 조작적 · 유의적 자극을 주면 동물은 자발적으로 반응을 조건 형성시킨다는 이론이다.

(2) 인지이론 : 학습을 인지구조의 획득 및 변화로 설명하는 입장

① 통찰설(W. Kohler)

㉠ 독일의 W. Kohler가 주장한 학습이론으로 아프리카 유인원에 대한 실험에서 유인원이 바나나를 따기 위해서 상자를 겹쳐 쌓아놓고 그 위에 올라가는 것을 보았다.

㉡ 유인원이 바나나와 상자를 상호 연관시켜 문제를 해결하였는데, 이것은 지각의 재조직화를 이루어 문제를 해결할 수 있도록 통찰한 것이다.

㉢ 시행착오나 과거의 경험으로 문제를 해결하는 것이 아니라, 그가 처한 상황을 진단하고 적절한 방법을 강구하여 문제를 해결한 한다는 이론이다.

ⓔ Köhler(쾰러)는 침팬지를 대상으로 한 실험에서 다음과 같은 결론을 내렸다.

- 문제해결은 단순한 과거 경험의 집적이 아니고 그의 경험적 사실을 재구성하는 구조변화의 과정이다.
- 통찰력은 탐색적인 과정을 통해서 이루어지는데, 그 탐색은 단순한 우연만을 위주로 하는 시행착오와는 다르다.
- 통찰은 실험장면에 의해 좌우되는데, 장면 전체가 잘 내다보이면 그 해결이 용이하다.
- 통찰에 의한 학습은 종류에 따라 차이가 있으며, 개체에 따라서도 차이가 있다.

> **참고**
>
> 통찰이란 상황을 구성하는 요소 간의 관계를 파악하는 것이라 하였다. 따라서 학습이란 학습자의 통찰과정을 통한 인지구조의 변화라고 볼 수 있다.

② 정보처리설

ⓐ 인간의 학습과정을 컴퓨터의 정보처리과정으로 이해하고 분석하는 이론이다.

ⓑ 주어진 자극이나 정보를 변형·계산·비교평가·결정하는 시뮬레이션의 과정을 통해 학습한다.

ⓒ 정보처리적 접근에 의하면 기억이란 감각기관에 유입된 정보를 기호화하고, 이를 저장하며, 반응을 위해 인출하는 일련의 과정으로 이해할 수 있다.

ⓓ 기억체제를 감각기억장치, 단기기억장치, 장기기억장치로 구분하고 있다.

기억구조의 비교

특 징	감각기억	단기기억	장기기억
정보의 투입	외부자극	주 의	시 연
정보의 유지	불가능	계속적 주의, 시연	반복, 조직화
정보의 형태	실재의 복사	음운적 (시각과 의미에 의하기도 함)	대개 의미에 의해 (청각과 시각적이기도 함)
용 량	큼	작 음	한계가 알려지지 않음
정보 상실	사라짐	대 치 (사라짐이 가능함)	상실이 거의 없음 (간섭에 의한 접근의 실패)
흔적 지속	2, 3초	30초까지	몇 분에서 수년간
인 출	정보 판독	거의 자동적 (의식 속의 항목들 일시적/음운적 단서)	인출단서 (탐색 처리가 가능함)

주요 학습이론의 관심사와 주장

학습이론	관심사 및 주장
통찰이론	• 학습자는 문제해결에 대한 모든 요소를 생각해 보고 문제가 해결될 때까지 여러 가지 방법을 생각하게 된다. • 이 과정에서 학습자는 문제해결에 대한 통찰력을 얻는다. • 학습자는 문제사태를 이해하고 그것을 분석하여 전체적으로 인지함으로써 주어진 문제사태를 목표달성을 위한 행동과 결부시켜서 재구성 또는 재구조화하여 결과적으로 인지구조를 변화시키게 된다. • 통찰이란 상황을 구성하는 요소 간의 관계를 파악하는 것이다.
사회학습이론	• S-R 이론과 인지이론은 인간학습의 일면만을 강조하는 편견적인 면이 있다. • 따라서 두 이론의 절충적 입장에서 학습을 설명한다. • 관찰과 모방에 의한 행동변화를 의미한다. • 반드시 직접적인 강화나 벌이 없어도 단순히 다른 사람의 행동을 관찰함으로써 학습할 수 있다.
정보처리이론	• 인간의 인지작용(학습)을 컴퓨터의 기능에 유추하여 재조명하려는 입장이다. • 통상적으로 인지론자들은 인간의 학습을 내적 조직과 관련시키면서 학습해야 할 과제와 거기에 관련되어 있는 인지적 구조에 관심을 갖는다.

통찰이론과 사회학습이론의 차이점

• 통찰이론은 사고나 문제해결과 같은 고등정신 기능에 관한 학습, 즉 인간의 인지구조 변화와 관련된 학습을 설명하는 일면만을 강조하는 편견적인 면이 있다.
• 사회학습이론은 S-R 이론과 인지이론의 절충적 입장에서 조건형성과 인지이론을 통합하여 학습을 설명하고 있다.

Level UP 이론을 확인하는 문제

다음 중 이론과 학자가 연결되어 있는 것으로 옳지 않은 것은?

19 경북 기출

① 조건반사 – Pavlov
② 통찰설 – Köhler
③ 시행착오설 – Jacobsen
④ 조작적 조건형성 – Skinner

해설 시행착오설 – 손다이크(Thorndike)

학습이론 중 연합이론에는 '조건반사설/조작적 조건형성설/시행착오설'의 3가지가 있고, 인지이론에는 '쾰러의 통찰설/정보처리설'의 2가지가 있다.

정답 ③

|03| 학습원리

(1) 자콥슨(Jacobsen)이 제시한 학습원리

① 자콥슨은 학습자의 행동변화에 중점을 두어, 학습으로 인해 초래된 학습 성과의 유형에 따라 학습원리를 진술하였다.

② 학습 성과를 기본적으로 **지식, 기능, 태도**의 세 영역으로 구분하여 상대적으로 보아 영역별로 더욱 효과가 있는 학습원리를 제시하고 있다.

　㉠ 지 식

　　• 개인의 5관(시각·청각·촉각·후각·미각)을 통하여 지각된 모든 정보, 지식의 학습은 지각이론에 의하여 가장 적절히 설명될 수 있다.

　　• 특히 자신에게 중요하다고 생각되는 것만 선택적으로 지각하고 기억하는 경향이 있다.

　㉡ 기 능

　　• 개인이 신속하고 숙련되게 실행할 수 있는 행동 또는 활동으로, 기능의 습득은 그에 대한 행동의 반복을 필요로 한다.

　　• 기능의 학습을 설명하기 위해서는 반복적 행동의 역동적 과정과 원인을 설명하는 강화이론이 적절하다.

　　• 강화이론에 의하면 정적(正的) 보상 또는 쾌감을 받았던 일은 반복 강화되고, 부적(負的) 보상 또는 불쾌감을 받았던 일은 억제 약화되는 경향이 있으므로 이러한 보상원리를 적절히 활용하면 기능을 효과적으로 습득할 수 있다.

> **🔍참고**
>
> • 정적(正的) 상관 : 한 쪽이 증가하면 다른 쪽도 증가하는 관계
> • 부적(負的) 상관 : 한 쪽이 증가하면 다른 쪽은 감소하는 관계

　㉢ 태 도

　　• 물리적·심리적·사회적 환경에 대한 개인의 습관적 사고유형으로 정의될 수 있다.

　　• 태도는 지식·신념·정서·평가의 요소로 복합되어 있다.

　　• 습관화된 태도는 개인으로 하여금 주위환경의 여러 상황에 대하여 기존의 일반화된 반응경향을 보이도록 개인의 행동을 선행 경향화한다.

　　• 이러한 태도의 형성과 변화는 인지균형이론에 의하여 설명될 수 있다.

> **🔍참고**
>
> **인지균형이론**
> 개인이 사회문화적 성장과 생활 속에서 형성된 기존의 태도가 새로운 경험과 서로 모순되지 않고 균형상태를 유지하거나 회복하려는 과정을 통하여 새롭게 태도가 형성되고 변화된다.

(2) 농촌지도에서 고려되어야 할 학습원리(Bender)

① 관심의 원리

ㄱ 피교육자가 학습내용에 대하여 관심과 흥미를 가질 때 학습효과가 증진된다.

ㄴ 학습 시 피교육자로 하여금 지도내용에 대하여 관심을 갖도록 동기를 부여하여야 한다.

② 필요충족의 원리

ㄱ 피교육자는 필요나 문제가 학습을 통하여 해결·충족되고 있다고 생각할 때 학습효과가 증진된다.

ㄴ 성인들은 그들이 어떤 필요나 문제를 자각하였을 때 교육에 참가한다.

③ 사고의 원리

ㄱ 학습 시 학습자가 스스로 학습내용을 사고하고, 주어진 자극을 평가하고 검토하여 보는 기회가 주어질 때 학습효과는 증대된다.

ㄴ 일방적으로 설명을 듣게 하는 것보다 학습자 스스로 과거의 경험을 되살리고 그가 알려고 하는 것과 학습하고 있는 것과의 관계를 확인하게 하며, 학습 시 스스로 문제를 해결해보도록 가끔 질문하여 그들의 사고력을 자극해 주면 학습효과가 높아진다.

④ 참여의 원리

ㄱ 학습이란 학습자 자신의 자기활동 과정이다.

ㄴ 학습자가 학습에 능동적으로 참여하면 그만큼 많은 학습을 얻게 된다.

ㄷ 농민을 가르칠 때 지도사가 혼자 이야기하는 것보다 토의를 하거나 실습을 함께 실시하는 것이 효과적이다.

⑤ 강화의 원리

ㄱ 강화란 어떤 행동에 대하여 보상을 주는 것을 말한다.

ㄴ 학습자가 학습도중에 자신의 의견을 이야기 할 때 "매우 좋은 말씀입니다." 또는 "훌륭한 답변입니다." 등으로 학습자에게 칭찬을 하여 스스로 만족감을 가지게 만드는 것이 필요하다.

Level UP 이론을 확인하는 문제

다음에 해당하는 태도이론은 어느 것인가?

09 경기 기출

> 인간은 이성적 동물로서 사회현실에 대한 모순적인 인지를 회피하려는 경향이 있다고 보는 심리학적 이론

① 인지균형이론   ② 강화이론

③ 부조화이론   ④ 자기지각이론

해설 인지균형이론은 개인이 사회문화적 성장과 생활 속에서 형성된 기존의 태도가 새로운 경험과 서로 모순되지 않고 균형상태를 유지하거나 회복하려는 과정을 통하여 새롭게 태도가 형성되고 변화된다.

정답 ①

|04| 교수학습의 기능

(1) 구조기능론적 기능

① 사회는 사회의 개개 구성요소들이 상호의존을 통하여 균형적 상태를 유지하고 있을 때 가장 바람직하다.

② 구조기능론적 입장에서의 사회교육은 현대의 급격한 사회변동에 대처하기 위해 사회구성원의 재사회화, 재사회적응능력의 신장 등의 기능을 주로 담당해야 한다고 주장한다.

③ 사회교육은 모든 시민이 평생학습을 통하여 변화하는 사회를 이해하고 민주시민으로서의 자질을 함양시키는 데 필요하다.

(2) 갈등론적 기능

① Karl Marx

    ㉠ 갈등론적 사회변동을 이론적 체계로 확립하였다.

    ㉡ 사회변동은 혁명의 형태로 나타나며, 계급투쟁은 바로 경제적인 계급 사이의 갈등에서 비롯된다고 주장하였다.

② Coser

    ㉠ 갈등은 사회구조에서 상호관계를 분리시키는 요인을 제거하며 구조관계를 재통합시킨다.

    ㉡ 갈등은 사회의 긴장을 해소시키고 사회체제의 파괴보다는 안정을 조성하는 하나의 과정이며, 역할분할 및 사회화에 긍정적인 기능을 수행한다고 하였다.

③ Illich

    ㉠ 가난한 자가 교육을 받으면 심리적, 물리적 무력감을 주입받게 되는 결과를 초래한다고 하였다.

    ㉡ 사회교육은 기존사회가 지니고 있는 구조적 모순을 제거하는 기능을 가져야 하므로, 소극적이고 순종적이던 인간을 적극적 · 창의적으로 개조하는 일이라고 주장하였다.

|05| 성인학습이론

(1) 성인학습자에서 성인

① 자기관리를 통해 자신의 생활에 책임을 질 수 있는 만 18세 이상의 사람
② 사회적 차원에서 사회적 역할 수용과 책임 수행 능력을 갖춘 사람
③ 조직적인 차원에서 가치를 창출하는 생산적인 기능을 수행하는 사람
④ 성인교육을 제대로 하기 위해서는 그 대상인 성인학습자에 대한 이해가 필수적
⑤ 성인의 특성을 무시하고 아동과 성인을 하나의 학습이론으로 설명하기는 어려움

(2) 성인학습이론에서 성인의 특성

① 성인들은 풍부하고 다양한 경험을 가지고 있다.
② 배운 것을 현업에 돌아가서 곧 활용하기를 원한다.
③ 기분에 따라 학습효과가 좌우된다.
④ 자신이 배울 필요가 있다고 생각하는 것을 학습한다(자발성).
⑤ 성인들은 자기주도적으로 학습하고자 한다.
⑥ 성인들은 무엇인가를 왜 배워야 하는지에 대해 알고자 하는 욕구를 가지고 있다.
⑦ 더 많은 직무 관련 경험을 학습 상황에 적용한다.
⑧ 성인들은 과제중심적(문제중심적)으로 학습하고자 한다.
⑨ 성인들은 학습하려는 강한 내ㆍ외적 동기를 가지고 있다.

(3) 성인학습의 원리

① 자발적인 학습참여의 원리
② 자기주도성의 원리
③ 현실성과 실제지향성의 원리
④ 상호학습의 원리
⑤ 탈정형의 원리
⑥ 다양성과 이질성의 원리
⑦ 과정중심의 원리
⑧ 참여와 공존의 원리
⑨ 경험중심의 원리
⑩ 유희의 원리

(3) 성인학습의 교수방향

① 학습에 대한 강화는 정적 강화가 더 효과적
② 내재적 동기부여와 능동적 참여 분위기 조성
③ 교육의 출발점을 다양하게 제시
④ 환경의 극대화를 위해 정보를 조직적으로 제시
⑤ 환경요인 고려
⑥ 의미 있는 학습과제 제시
⑦ 체계적인 반복 필요

(4) 성인의 독특한 교육적 특성(Mayer & Bender)

① 성인은 다양한 학습방법 중 시각적 방법 또는 상호작용을 통한 학습을 선호한다.
② 성인은 자신의 삶의 전환기를 극복하기 위한 학습을 원하고, 극복에 도움이 되는 학습에 적극 참여한다.
③ 성인은 자신의 요구를 평가하고, 학습활동을 계획하며, 학습목표를 설정하고, 자신의 학습을 평가하는 데 적극 참여한다.
④ 성인은 직접적 유용성이 있는 내용에 더 많은 관심을 가지고, 배운 것을 직접 적용하기를 원한다.
⑤ 성인은 학생들보다 개인차가 심하기 때문에 개인차를 고려한 교육이 필요하다.
⑥ 성인은 다양한 경험들이 있어서 그들의 관심영역을 넓히고, 이성과 판단력을 강화시키며, 문제해결자로서의 능력을 배양시킨다.
⑦ 성인은 직업적 성취, 개인적 성취, 자아실현 욕구가 강해서 학습의 동기화가 잘 된다.
⑧ 성인은 시간적 제약 속에서 다양한 역할과 책임 등을 수행해야 한다.
⑨ 성인은 대부분 오랜 기간 학습과 단절되었기 때문에 수업에 불안감을 보이고, 일부는 선입관 때문에 새로운 학습을 어렵게 한다. 그러나 건강하고 동기화만 된다면 학습 욕구가 생긴다.

Level UP 이론을 확인하는 문제

> **성인학습의 교수방향에 대한 설명으로 옳지 않은 것은?** 20 지도사 <기출(변형)>
>
> ① 체계적인 반복이 필요하다.
> ② 의미 있는 학습과제를 제시한다.
> ③ 내재적 동기부여와 수동적 참여 분위기를 조성한다.
> ④ 학습에 대한 강화는 부적 강화 보다 정적 강화가 더 효과적이다.
>
> [해설] ③ 내재적 동기부여와 능동적 참여 분위기를 조성한다.
> [정답] ③

|06| 사회학습이론

(1) 반두라(Bandura)의 사회학습이론

① 반두라는 조건형성과 인지이론을 통합하여 사회학습이론을 제안하였다.

② 일상적인 상황에서 학습하는 현상을 설명하였다. 즉, 주변 사람 또는 어떤 상황 속에서 일어나는 사례로부터 태도를 모방하는 것이 어떠한 과정을 통해 학습되는지에 초점을 두고 있다.

③ 사회학습이론은 관찰과 모방에 의한 행동변화를 의미한다.

④ 인간은 훌륭하고 지식이 많다고 생각되는 타인·모델을 관찰하면서 학습하게 된다.

⑤ 강화되거나 보상받은 행동은 반복하며 보상받은 모델의 행동이나, 기술은 관찰자에 의해 채택된다.

⑥ 반드시 직접적인 강화나 벌이 없어도 단순히 다른 사람의 행동을 관찰함으로써 학습할 수 있다.

⑦ 관찰학습의 과정을 주의집중, 파지, 재생, 동기화의 4단계로 구분하였다.

(2) 학습이론에 따른 새로운 행동이나 기술의 학습

① 직접 행동·기술을 사용한 결과를 경험하면서 학습한다.

② 타인을 관찰하고 그들 행동의 결과를 보는 과정을 통해서 학습한다.

③ 학습은 개인의 자기효능감에 의해 영향을 받는다.

> 📋🔍 **참고** •
>
> 자기효능감은 언어적 설득, 생리적/정서적 각성, 다른 모델의 관찰, 과거의 성취 등 여러 방법을 사용하여 증가시킬 수 있다.

(3) 사회학습이론에 따른 인지적 과정(학습) 4단계

주의집중과정 → 파지과정 → 운동재생산 과정 → 동기화 과정

① 주의집중과정

㉠ 학습자는 모델을 관찰할 수 있는 물리적 역량(감각적 능력)을 가지고 있어야 한다.

㉡ 모델의 행동에 주의를 기울이는 것이 중요하다.

㉢ 모델에 대한 주의집중을 끌어내는 가장 중요한 요인은 모델과 관찰자 간의 유사성의 정도이다.

㉣ 관찰하려는 모델이 연령이나 성별에서 자신과 비슷할 때, 또는 매력적이거나 존경을 받거나 지위가 높고 유능할 때 특히 주의집중을 받는다.

㉤ 학습자의 주의집중과정에 영향을 주는 요인
- 관찰자의 흥미, 관찰자의 동질성
- 개인적인 과거의 경험 등 관찰자의 특징

- 모델 자체의 매력 등과 관련한 모델의 특징
- 자신에게 이익이 되는지의 여부에 관련된 모델 자극의 특성
- 좋아하거나 자주 접하는 집단 구성원의 행동을 더 많이 관찰하고 모방하는 것과 관련한 교제 유형

② 파지과정(기억과정)
　⊙ 관찰자는 모델을 관찰한 후 일정 시간이 지난 후에 행동을 모방하기 때문에 모델의 행동을 시각적 또는 언어적인 형태의 상징적인 부호로 저장한다.
　ⓒ 만일 관찰자가 모델이 행한 것을 기억할 수 없다면 모델의 행동을 관찰해서 크게 영향을 받을 수 없을 뿐만 아니라 어떠한 지속적인 행동도 나타낼 수 없을 것이다.
　ⓒ 파지과정에서 중요한 것은 시연으로 내적 시연과 외적 시연이 있으며, 학습자는 내적 시연을 한 뒤 외적 시연에 들어가면 보다 잘 할 수 있다.
　　- 내적시연 : 개인이 행동하는 것을 마음속으로 상상해보는 것
　　- 외적시연 : 실제로 행동을 나타내 보는 것

③ 운동재생산 과정
　⊙ 모델이 받았던 것과 동일한 강화를 받게 되는지 확인하기 위해 학습자가 관찰한 행동을 시도하는 것이다.
　ⓒ 모방하려고 하는 행동은 잘 기억하고, 그것을 실제 실행에 옮겨봄으로써 학습의 효과를 높일 수 있다.
　ⓒ 재생산 능력은 학습자가 행동·기술을 회상해낼 수 있는 정도에 따라 결정된다.
　ⓒ 학습자는 행동을 수행하거나 기술을 재연할 수 있는 물리적 역량이 있어야 한다.
　ⓒ 학습자가 행동의 정확한 표현을 위해 운동 기능을 갖추어야 하며 개개인의 발달 수준에 의해 영향을 받는다.
　ⓗ 관찰자가 새로 획득한 행동을 실제 행동으로 재연하는 과정에서 관찰자의 기억 속에 담긴 심상이나 언어적 부호들이 중요한 기능을 발휘한다.
　ⓢ 관찰한 행동은 많은 연습을 통하여야만 잘 재생될 수 있고, 자신의 행동을 관찰하고 자신의 행동과 기억하고 있는 모델의 행동을 비교하면서 계속 자기의 행동을 수정하여 모델의 행동을 재생할 수 있게 해주는 교정적 피드백이 필요하다.

④ 동기화 과정
　⊙ 개인의 재생산 능력(모델의 행동을 습득하고, 기억하고, 능숙하게 수행할 수 있는 능력)이 아무리 뛰어나도 충분한 유인가치 및 동기가 없으면 행동을 수행하지 않는다.
　ⓒ 관찰을 통해서 학습된 행동은 그 행동이 강화를 받을 때에만 지속적으로 일어날 것이다. 즉, 학습자는 긍정적 결과를 유도하는 모델 행동을 더욱 선호하게 되며, 사회학습이론은 강화된 행동이 계속 반복될 것이다(반두라).
　ⓒ 직접 강화, 대리 강화, 자기 강화 등의 강화 가능성에 따라 실제 수행 여부가 좌우된다.
　ⓒ 행동모델링 교육훈련, 멀티미디어 교육훈련 프로그램 등은 사회학습이론에 의해 영향 받은 훈련방법에 해당한다.

사회학습이론에 따른 인지적 과정으로 옳은 것은?   17, 20 지도사 `기출(변형)`

① 인지 → 관심 → 평가 → 시행 → 수용

② 신념변수 → 개인태도 → 이용의도 → 실제이용

③ 지식 → 설득 → 결정 → 실행 → 확인

④ 주의집중 → 파지 → 운동재생산 → 동기화

해설 **혁신전파의 주요과정**

혁신–의사결정과정	인지 → 관심 → 평가 → 시행 → 수용
기술수용모형의 과정	신념변수 → 개인태도 → 이용의도 → 이용행동 결정
혁신–의사결정 모델의 새 기능	지식 → 설득 → 의사결정 → 실행 → 확인
사회학습이론에 따른 인지적 과정	주의집중과정 → 파지과정 → 운동재생산 과정 → 동기화 과정

정답 ④

|07| 학습전이이론

(1) 개념

① 교육훈련 프로그램 참여자가 그들이 학습한 것을 효과적으로 적용하는 것이다.

② 교육을 통해서 습득한 지식, 기술, 태도를 실제 직무에 효과적으로 적용하는 과정이다.

③ 학습전이가 조직의 교육훈련에 대한 유효성의 중요한 잣대이기 때문에 교육훈련의 유효성을 제고하기 위하여 어떻게 학습전이를 제고할 것인가가 매우 중요하다.

④ 학습자가 학습한 것을 업무상황에 적용할 수 있도록 강화해주는 상사의 지원이 필요하다.

⑤ 제재가 아닌 지원의 수준이 높을수록 학습전이가 일어날 가능성이 높다.

⑥ 동료의 지원은 긍정적인 학습전이를 일으킨다.

(2) 학자들의 정의

① 탄넨바움과 유키(Tannenbaum & Yuki), 웩슬리와 레이섬(Wexley & Latham)

㉠ 교육훈련 전이란 피훈련자가 교육훈련을 통해 습득한 지식, 기술, 태도 등을 직무 상황에서 효과적으로 적용하는 정도를 의미한다.

ⓛ 교육훈련의 전이 정도가 높을수록 조직은 실제로 교육훈련을 통해서 의도했던 효과를 기대할 수 있다.

ⓒ 교육훈련의 전이 정도가 낮은 경우 조직은 실제 직무현장에서 교육훈련의 효과를 얻기가 어렵다.

② 볼드윈과 포드(Baldwin & Ford)

ⓐ 교육훈련의 전이란 피훈련자가 교육훈련에서 학습한 지식, 기술 등을 자신의 업무에 적용하고 활용하는 것이다.

ⓛ 전이를 훈련된 기술과 행동이 직무 상황에서 적용되는 정도인 일반화와, 훈련된 기술과 행동이 직무에서 계속 사용되는 기간을 의미하는 유지로 구분할 것을 강조하였다.

③ 로빈슨(Robinson) : 훈련 프로그램 중 획득한 지식, 기술, 태도를 현장에 적용하는 것이다.

(3) 학습전이에 대한 영향 요인

① 상사 관련 변인, 동료 관련 변인, 조직의 변화 가능성, 기대되는 성과(보상) 관련 변인이 있다.

② 상사의 지원

ⓐ 학습자가 학습한 것을 업무 상황에 적용할 수 있도록 지원해주고 강화해 주는 정도를 인식하는 정도이다.

ⓛ 홀튼 · 에노스(Holton, Enos)는 상사의 지원 또는 동료의 지원과 상사의 제재 및 동료의 제재를 구분하였다.

ⓒ 노에(Noe)

> 지원활동(직접 훈련가로서 참여하여 가르치는 것, Teaching In Program) > 실습기회의 제공 > 강화 > 상사의 참가(Participation) > 격려(Encouragement) > 교육훈련 참여 허락(Acceptance)

• 상사의 지원을 낮은 수준에서부터 높은 수준으로 구분하였다.

• 지원 수준이 높을수록 학습전이가 일어날 가능성이 높다.

③ 상사의 제재

ⓐ 교육받은 것을 업무에 적용하려고 할 때 상사가 부정적인 반응을 보이는 것이다.

ⓛ 개인이 교육받은 것을 업무에 적용하는 것에 상사가 무관심하거나 부정적인 피드백을 주거나 어떠한 피드백도 주지 않는 것이 포함된다.

> 🔍**참고**
>
> 상사의 제재가 학습전이에 유의미한 영향력을 미치지 못한다는 연구결과가 주된 것이었지만, 최근 유의미한 관계를 보인다는 결과도 있다.

④ 동료의 지원

　㉠ 개인이 교육받은 것을 업무 상황에 적용하는 데 있어 주위 동료가 지원해 주고 강화해 주는 정도를 뜻한다.

　㉡ 교육받은 것을 업무에 적용하는 정도는 주위 동료들이 목표를 설정하고 지원하며 긍정적 피드백을 주고, 교육 상황과 비슷한 상황을 제공해 주는 정도이다.

　㉢ 학습전이는 학습자 간 지원 네트워크를 구성함으로써 강화될 수 있다. 지원 네트워크는 학습자들의 면대면 미팅, 전자메일을 통한 의사소통이 포함되며, 이를 통하여 학습전이의 성공 경험을 공유한다.
　　ⓔ 교육내용을 구성하는 데 필요한 자원을 어떻게 구했는지, 교육내용의 활용을 방해하는 근무환경에 어떻게 대처할 수 있는지 등을 공유

⑤ 동료의 제재

　자신이 교육받은 것을 업무에 적용할 때, 동료들이 부정적인 반응을 보이는 정도에 대한 인식을 뜻한다.

⑥ 조직의 변화 가능성

　㉠ 새로운 기술을 업무 상황에 사용하는 것에 대한 조직의 반응이나 규범을 개인이 지각하는 정도

　㉡ 개인이 교육을 통해 습득한 새로운 지식이나 기술을 사용하는 것에 대해 조직이 지원하고 격려하는 풍토인지를 측정하는 것

　㉢ 변화 가능성
　　• 새로운 변화에 대한 조직구성원의 태도와 조직의 목적과 가치가 새로운 변화를 수용하고 지원하는지에 대한 교육참가자의 인식으로 구성
　　• 조직구성원이 직무수행방식을 기존의 것만 고수하고 새로운 방식에 거부감을 갖는 경우 그 조직의 변화 가능성은 매우 낮음
　　• 새로운 도전과 시도에 대해 조직이 긍정적일 것이라고 인식하게 되면, 교육 참가자는 교육 받은 내용을 직무에 적용하는 행동에 제약을 적게 받음
　　• 변화 가능성에는 교육에서 배운 기술을 조직에 사용할 때 조직이 지원하는 정도가 포함됨

⑦ 조직보상

　㉠ 홀튼(Holton) : 조직보상은 교육을 통해 습득한 기술을 업무에 적용했을 때 개인이 거둔 긍정적 성과와 부정적 성과로 구분한다.
　　• 긍정적 성과 : 승진 · 보너스 · 임금 상승 등
　　• 부정적 성과 : 징계 · 벌점 · 승진의 방해 등

　㉡ 조직보상은 외적 강화와 내적 강화로 구분하기도 한다.
　　• 외적 강화 : 학습자가 교육에서 얻은 기술과 행위를 사용하는 것에 대해 임금인상 등 외부에서 보상을 받는 것
　　• 내적 강화 : 학습전이에 대하여 내부적 인정이나 높은 평가 등 내부에서의 보상

　㉢ 에노스(Enos) : 보상의 종류를 언어적 보상(Verbal Rewards)과 금전적 보상(Monetary Rewards)으로 구분하였다.

학습전이이론에 대한 설명 중 옳지 않은 것은?

① 교육을 통한 지식, 기술, 태도를 실제 직무에 적용하는 과정을 말한다.

② 학습자가 학습한 것을 업무 상황에 적용할 수 있도록 강화해주는 상사의 지원이 필요하다.

③ 상사의 제재는 학습전이가 일어날 가능성을 높인다.

④ 동료의 지원은 긍정적인 학습전이를 일으킨다.

[해설] 제재가 아닌 지원의 수준이 높을수록 학습전이가 일어날 가능성이 높다.

[정답] ③

성인교육에서의 교수학습전략과 교수방법

|01| 성인교육에서 주요 교수학습전략

(1) 문제중심학습(PBL ; Problem Based Learning)

① 문제중심학습의 개념

ㄱ 강의법을 지양하고, 문제를 제시하여 그것의 해결을 통해 학습이 이루어진다.

ㄴ 학습자들이 당면하고 있거나 당면하게 될 수 있는 실제적인 문제를 해결해 나가는 과정과 결과를 통해 자기주도적으로 학습하는 학습모형이다.

ㄷ 교수중심에서 학습자 중심으로의 변화를 특징으로 하는 교육환경을 의미한다.

ㄹ 문제중심학습에서는 학생들의 선행지식을 토대로 문제를 선정하여 주제들이나 교과들의 통합적 관점에서 그 해결에 대한 접근을 취한다.

ㅁ PBL은 문제(Problem)가 학습자의 적극적 참여와 지식구성 과정을 촉진할 수 있다는 관점을 기초로 하여 문제를 중심으로 이루어지는 교육 프로그램의 구체적 모형을 제공한다.

ㅂ PBL은 의과대학에서 주로 사용되는 교수방법으로, 교육환경의 부실성, 비현실성 등의 문제에 대한 대안적 해결방안으로 제시된 학습방법이다.

② PBL의 교수 · 학습 환경의 특징

ㄱ PBL은 관련분야에 실재하는 복잡하고 비구조화된 문제들로부터 시작한다.

ㄴ PBL은 '교수(Teaching)'에서 '학습(Learning)'으로의 전환이라는 대전제에서 출발한다.

ㄷ PBL은 자기주도적 학습과 협동학습을 강조한다.

ㄹ PBL에서는 평가의 영역에 있어서도 학습자 중심이 된다.

ㅁ 정보공유를 촉진시키며, 개인의 지식구성을 활성화한다.

③ 문제중심학습(PBL) 구성

> 문제 제기 단계 → 문제 재확인 단계 → 발표 단계 → 문제 결론 단계

ㄱ 문제 제기 단계

• 문제를 확인하고 가능한 해결안을 찾기 위한 첫 번째 시도를 하는 단계이다.

• 실제 문제가 주어지고 문제 원인과 해결책을 제시하는 과정이다.

• 학습자는 강사, 조교, 다양한 자료의 도움을 받으며, 공통 학습 및 개별 학습을 병행하여 진행한다.

• 문제 제기의 4가지 관점 : 문제 해결 활동과 학습 활동을 전체적으로 안내하는 역할을 한다.

- 생각 : 문제의 원인, 결과, 가능한 해결안에 관한 학생의 추측을 포함
- 사실 : 질문을 통하여 수집한 정보로서 가설 설정에 중요
- 학습과제 : 문제를 해결하기 위해 학생이 이해할 필요가 있는 부분
- 향후 계획 : 문제를 해결하기 위해 학생들이 해야 하는 일

ⓒ 문제 재확인 단계
- 문제 제기 단계에서 확인된 자료를 중심으로 문제에 대한 재평가를 실시한다.
- 문제 제기 단계에서 확인된 생각, 사실, 학습과제, 향후 계획의 사항을 재조정함으로써 문제에 대한 최적의 진단과 해결안을 도출할 수 있게 한다.

ⓒ 발표 단계
공동 학습 및 최종 결론을 전체 학습자 앞에서 발표함으로써 상대방의 대안 아이디어와 자기의 것을 비교하는 단계이다.

ⓔ 문제 결론 단계
학습자들이 자신의 학습 결과를 정리하며 자신의 수행에 대한 평가를 스스로 실시하는 단계이다.

(2) 액션러닝(AL ; Action Leaning)

① 개 념
ⓐ 액션러닝을 최초 사용한 사람은 영국 케임브리지 대학의 심리학자 레그 레반스(Reg Revans)이다.
ⓑ 교육 참가자들이 소집단을 구성하여 조직, 그룹, 개인이 직면하고 있는 실패의 위험을 갖는 실제 과제(Real Problem With Real Risk)를 정해진 시점까지 해결하는 동시에, 과제해결과정에 대한 성찰을 통해 학습하도록 지원하는 교육방식이다.
ⓒ 집단구성원 개개인의 목적과 조직 전체의 요구를 동시에 충족시킬 수 있는 학습형태이다.
ⓔ 액션러닝은 적절한 답변보다 적절한 질문에 더 큰 비중을 둔다.
ⓜ 액션러닝 그룹은 아이디어만 제안하는 그룹이 아니라, 직접 실행하는 그룹이어야 한다.
ⓗ 액션러닝은 즉각적·단기적 이익을 얻는 것이 목적이 아니라, 학습한 내용을 전 조직과 개인의 삶에 적용하는 것이다.
ⓢ 액션러닝의 문제는 기술적인 문제가 아닌 조직적인 특성과 관련된 문제이다.

PLUS ONE

다양한 학자들의 정의
- Inglis(1994) : 문제에 대한 해결책을 마련하기 위해 구성원이 함께 모여 개인과 조직의 개발을 함께 도모하는 과정
- McGill and Beaty(1995) : 목표의식을 가지고 동료구성원의 지원을 토대로 이루어지는 학습과 성찰의 지속적인 과정
- Burke(1997) : 조직 내 시시각각 발생하는 실무적 문제를 해결하는 데 있어서 개인학습의 원리를 동원하여 문제 해결을 보다 효과적으로 협동작업을 통해 추진함으로써 조직의 학습과정을 획기적으로 개선하는 것 즉, 학습을 학습하는 것을 말한다.
- Marquardt(1999) : 소규모로 구성된 한 집단이 기업이 직면하고 있는 실질적인 문제를 해결하는 과정에서 학습이 이루어지며 그 학습을 통해 각 그룹 구성원은 물론 조직, 전체에 혜택이 돌아가도록 하는 일련의 과정이자 효과적인 프로그램으로 정의하고 있다.

② 액션러닝 구성요소(Marquardt, 6가지)

문제　그룹(집단)　질의 및 성찰　실행의지　학습의지　촉진자

㉠ 문 제
- 실질적이고 반드시 해결해야만 하는 문제로 조직 이익과 직결되며, 실현가능해야 한다.
- 참가자 집단의 능력과 권한 범위 내의 문제로 참가자들이 진정으로 관심을 가져야 한다.
- 조직 내 여러 부서와 관련되어 있는 복잡한 문제로, 참가자들이 다양한 아이디어 해결방안의 제시가 가능해야 한다.
- 학습의 기회를 제공하여야 하며 조직의 다른 부문에도 적용 가능해야 한다.
- 외부 전문가의 표준화된 해결방식으로 해결되기 어려운 과제로, 의사결정이 아직 내려지지 않은 문제이어야 한다.
- 본질에 있어서 기술적이기보다는 조직적인 특성과 관련된 문제이어야 한다.

㉡ 그룹(액션러닝의 주체)
- 과제와 과제해결에 대한 창의적 접근이 가능하도록 다양한 시각과 경험을 가진 참가자들로 학습팀을 구성하는 것이 바람직하다.
- 문제에 대해 진정한 관심과 지식이 있고, 그룹의 결정사항을 실행할 권한이 있는 사람 등으로 구성한다.
- 조직구성원은 편안한 문제제기, 타인에 대한 존중과 지원, 스스로 학습하고 타인의 학습을 도우려는 자세 등 다양성을 갖는 구성이 되어야 한다.
- 외부전문가를 활용할 경우 구성원이 의존하려는 경향을 유의해야 한다.
- 조직의 난제를 해결하는 가장 큰 장애는 구태의연한 시각과 방법이다.

㉢ 질의 및 성찰(액션러닝에서 가장 중요한 요소)
- 질 의
  - 질문은 학습대상자가 스스로 직접적인 경험을 통해서 진정으로 원하는 그 무엇을 얻고자 하는 과정이다.
  - 적절한 질문은 현재 가지고 있는 기본적인 가정을 흔들어 놓음으로써, 새로운 연결 관계를 형성해 준다.
  - 액션러닝은 적절한 답변보다 적절한 질문에 더 큰 비중을 둔다.
  - 책·강의 등 기존 프로그램화된 지식에 의존하는 대신, 질문을 통해 새로운 지식이 필요한 분야가 무엇인지를 확인하고, 지식을 재조직할 수 있는 계기가 된다.
- 성 찰
  - 질의(문제 제기)와 이에 대한 반복적 성찰 과정이다.
  - 참가자는 행동, 실험, 경험에 대한 성찰을 통해 경험의 결과나 파급효과를 고찰한다.
  - 성찰은 새로운 방법을 적극 숙고하게 되고, 다른 상황에서 얻은 지식을 활용할 수 있게 된다.

ㄹ 실행의지

- 실행 없는 학습은 불가능하다. 즉, 액션러닝 그룹은 아이디어 제안뿐만 아니라, 직접 실행하는 그룹이어야 한다.
- 학습결과로 도출될 문제해결 대안에 대한 실행의지와 다양한 방법을 통하여 이를 참가자들에게 주지시킨다.
- 다른 사람이 실행하게 될 보고서·제안서를 작성하는 일은 구성원의 의지, 효율성, 학습의 저하 등을 가져올 수 있다.

ㅁ 학습의지

- 학습과 행동이 똑같은 비중을 차지한다. 즉, 프로그램 참가자에 대한 평가기준에 학습내용의 충실성을 포함시키는 등의 다양한 방법을 통하여 참가자들이 문제해결에만 지나치게 집착하지 않고 학습에도 동일한 비율로 전념할 수 있는 여건을 조성한다.
- 액션러닝은 문제해결을 통해 즉각적·단기적 이익보다는 학습한 내용을 전 조직과 개인의 삶에 적용하는 것에 의미를 두어야 한다.
- 참가자의 시급한 프로젝트의 해결보다는 과제의 원인을 찾는 것이 우선임을 알려서 개인 팀, 조직의 지식과 역량을 강화해 나가야 한다.

ㅂ 촉진자(Facilitator)

- 학습 팀에서 다루는 토의주제에 대해서는 중립을 취하며, 의사결정을 할 수 있는 공식적인 역할이 부여되지 않은 조직 내부 또는 외부의 프로세스 전문가이다.
- 촉진자는 구성원이 지속적으로 학습하고 자신감을 기르며 새로운 아이디어를 발전시킬 수 있도록 환경을 조성해야 한다.
- 과제 해결의 전 과정에 대해서 질문, 피드백 그리고 성찰을 실시하여 과제의 내용과 과제 해결과정 측면을 학습하도록 도와주는 역할을 해야 한다.
- 촉진자는 참가자의 상호작용 및 다양한 행동을 성찰하도록 요청할 수 있으며, 문제해결 과정에 개입하기도 하고, 구성원이 학습한 것을 성찰하도록 시간을 조정하기도 한다.

③ 액션러닝 프로세스

분석과 여건 조성, 개발, 운영, 평가와 사후관리의 4단계로 구분하며, 다시 각 단계의 하위 단계로 10단계의 프로세스로 구성된다.

ㄱ 요구분석 단계(1단계)

- 프로그램의 실시목적 즉, 프로그램을 통해 얻고자 하는 결과를 구체화하는 단계이다.
- 조직 또는 팀의 잠재요구를 발견하고 정의하는 작업, 교육 대상 집단의 특성을 분석하고 기업 특유의 액션러닝 프로그램의 핵심성공요인을 탐색하는 작업 등이 이루어진다.

ㄴ 성공여건을 조성하는 단계(2단계)

- 조직 최고경영층에게 액션러닝의 개념과 운영 프로세스 관련 설명회를 실시한다.
- 스폰서의 확보와 지지 및 과제선정 위원회를 구성하고 과제선정 절차를 확립한다.
- 과제선정 절차를 확립한 후 과제해결을 통해 얻고자 하는 결과를 정의하고 교육 참가자를 선발한다.

ⓒ 액션러닝 프로그램 전체를 설계하는 단계(3단계)

ⓔ 집합교육 프로그램을 개발하는 단계(4단계)

- 액션러닝 관련 모듈(프로그램의 개별 요소)을 개발하고 액션러닝과 각 모듈 간의 관계를 명확히 정리한다.
- 필요시 사내 강사 양성과정을 추가로 개발하고 운영할 수 있다.

ⓜ 액션러닝 워크북을 개발하는 단계(5단계)

- 워크북에는 주로 액션러닝 운영 프로세스와 과제선정 기준 및 절차, 학습팀 미팅 운영방법 및 운영양식, 학습팀 운영원칙, 과제 제출 방법 및 양식, 학습과제의 평가 기준 및 방법 등의 내용을 제시한다.

ⓗ 가상공동체(Cyber Community)를 개발하는 단계(6단계)

- 참가자 간의 의사소통 및 정보교류, 운영팀과 참가자, 스폰서와 촉진자 간의 의사소통 기능을 한다.
- 조직 내 액션러닝 지원 분위기를 형성한다.

ⓢ 촉진자 양성과정(7단계)

ⓞ 운영 단계(8단계)

- 과제선정 위원회, 집합교육, 학습팀 미팅, 가상공동체, 촉진자 양성 및 촉진자 그룹 등 크게 5가지 영역에서 이루어진다.

ⓩ 결과 발표, 평가 및 평가결과 활용 단계(9단계)

- 학습 결과 발표회를 실시할 때에는 액션러닝 결과를 발표하며, 이것은 그간의 노고를 치하하기 위한 것이다.
- 인사반영 등의 목적에 필요한 경우, 평가회 외의 학습결과 평가를 위한 워크숍(Workshop)을 실시할 수 있다.

ⓩ 사후관리 단계(10단계)

- 액션러닝 프로그램에 참가했던 참가자 사후관리(Follow-up)
- 참가자들이 학습결과에 대하여 자신의 업무나 개인 측면에서 활용했는지의 여부 확인
- 참가자 외의 스폰서를 대상으로 액션러닝 프로그램을 통한 과제실행 계획 및 문제해결 결과의 지속적 추진 여부 및 성과 확인

액션러닝 프로세스의 하위 단계 10단계

1. 요구분석 단계
2. 성공여건을 조성하는 단계
3. 액션러닝 프로그램 전체를 설계하는 단계
4. 집합교육 프로그램을 개발하는 단계
5. 액션러닝 워크북을 개발하는 단계
6. 가상공동체를 개발하는 단계
7. 촉진자 양성 과정
8. 운영 단계
9. 결과 발표, 평가 및 평가결과 활용 단계
10. 사후관리 단계

다음 중 액션러닝 개발단계의 프로세스로 옳은 것은? 17 지도사 기출(변형)

① 전체설계 → 액션러닝 워크북 → 촉진자 양성과정 → 가상공동체 → 집합교육 프로그램

② 전체설계 → 집합교육 프로그램 → 액션러닝 워크북 → 가상공동체 → 촉진자 양성과정

③ 액션러닝 워크북 → 전체설계 → 촉진자 양성과정 → 가상공동체 → 집합교육 프로그램

④ 액션러닝 워크북 → 집합교육 프로그램 → 전체설계 → 가상공동체 → 촉진자 양성과정

해설 **액션러닝 프로세스의 하위 단계 10단계**
- 요구분석 단계
- 성공여건을 조성하는 단계
- 액션러닝 프로그램 전체를 설계하는 단계
- 집합교육 프로그램을 개발하는 단계
- 액션러닝 워크북을 개발하는 단계
- 가상공동체를 개발하는 단계
- 촉진자 양성 과정
- 운영단계
- 결과 발표, 평가 및 평가결과 활용 단계
- 사후관리 단계

정답 ②

|02| 성인교육에서 주요 교수학습방법

(1) 강 의

① 개 념

㉠ 가장 오래된 전통적 교수방법으로 언어를 통한 교사의 설명중심 학습방법이다.

㉡ 교수자의 지식과 정보, 기술이나 기능, 철학과 신념 등을 자세하고 체계적으로 설명하여 학습자를 이해 및 공감시킴으로써 교수자의 견해를 받아들이게 하는 방법이다.

② 강의법 사용

㉠ 강사가 짧은 시간 내에 많은 양의 정보를 제공하고 학습시키고자 할 때

㉡ 지식의 전수가 주된 교육목적일 때

㉢ 사실의 전달이나 이해하기 어려운 내용의 설명이 필요할 때

㉣ 전반적인 정보 및 학습 방법을 제시할 때

㉤ 학습자의 인원이 다른 기법을 사용하기에 다소 많을 때

③ 장 점

㉠ 교수자 1인이 많은 학습자에게 강의할 수 있다.

㉡ 짧은 시간에 많은 내용을 전달함으로써 시간과 비용의 절약이 가능하여 경제적이다.

㉢ 새로운 지식 전달 및 수업의 첫머리에 수업을 안내하거나 개요를 설명할 수 있으며, 수업의 끝부분에 수업내용을 요약하고 강조할 때 유용하다.

④ 단 점

㉠ 교사중심이어서 학습자의 자발성과 창의성 저해 우려 및 적극적 참여 기회가 적다.

㉡ 교수자가 학습자 개인별 차이를 고려하기 어렵고, 학습자가 흥미를 잃을 가능성이 있다.

㉢ 교수자 능력이 모자라거나 수업준비가 철저하지 않을 경우 비효과적이다.

⑤ 유의 사항

㉠ 강사는 학습자를 파악하고 학습자를 주의 집중시키기 위한 다양한 방법이 필요하다.

㉡ 강사는 세부적인 내용으로 들어가기 전에 학습내용이나 시간 등의 교육에 대한 전반적인 조망을 제시해 주어야 한다.

㉢ 교수자는 자신감, 의욕, 열정이 있어야 하고, 의사전달을 명확히 해야 한다.

㉣ 강의는 어려운 것보다 쉬운 것부터 시작하는 것이 좋다.

(2) 토 의

① 개 념

㉠ 자유로운 토론을 통하여 문제해결에 협력하며 집단적 사고를 통하여 집단적 결론에 도달하도록 하는 학습이다.

㉡ 집단 구성원이 구두로 서로 의견을 발표함으로써 각 개인이 해결할 수 없는 문제를 공동의 집단사고로 해결하려는 방법이다.

ⓒ 토의는 학습자들에게 명확한 설명, 피드백, 관점을 공유할 기회를 제공함으로써 일방적인 강의법의 한계를 극복할 수 있고, 간단한 정보나 지식의 습득보다는 고차원적인 인지능력의 함양에 더 적합한 방법이 특징이다.

ⓔ 그룹토의, 강의식 포럼, 심포지엄, 패널, 토론, 대화, 버즈 그룹 등이 있다.

② 토의 유형

ⓐ 포럼(Forum, 공개토의)
- 1~3인 정도의 전문가나 자원인사가 10~20분간 공개적인 연설을 한 후, 이를 중심으로 질의 응답하는 방식이다.
- 포럼의 사회자는 전문가의 발언시간과 순서, 횟수를 조정하고 일반 참여자의 질문과 전문가를 연결시켜 토의 진행을 활발하게 만든다.
- 심포지엄이 전문가의 다양한 의견을 공개적으로 발표하는 데 비중을 둔다면, 포럼은 각자 다른 입장의 전문가가 공개적으로 자신의 의견을 옹호하고 상대의 의견을 비판하면서 논박하는 데 비중을 둔다.

ⓑ 심포지엄(Symposium, 단상토론)
- 특정 주제에 대해 2명 이상의 사람들이 서로 다른 시각으로 짤막한 발표를 하고 난 뒤 사회자의 진행으로 질문과 답변을 하는 방식으로 진행된다.
- 하나의 논제를 여러 측면으로 나누어 각 측면의 전문가들이 각자의 관점에서 의견을 발표하는 방식이다.
- 특정한 결론을 이끌어내기 위한 것이 아니라 하나의 주제에 대하여 다양한 생각을 말할 때 적절한 토의 방식이며, 주로 학술 토론에서 많이 쓰인다.
- 사회자의 역할이 중요하며, 토의자 상호 간의 의견 교환이 거의 없다.
- 특정 주제에 대해 다각적이고 종합적인 분석이 가능하다는 장점이 있으나, 집단 강연식으로 흐르게 되는 경우도 있다.
- 심포지엄은 강단식 토의법으로 그 특성상 학회 등에서 많이 쓰이고 사회자, 강사, 청중 등으로 구성된다.
- 집단 토론 회의, 학술 토론회의, 연구 발표회 등으로 표현되기도 한다.

ⓒ 패널(Panel, 배심토의)
- 하나의 문제에 대하여 개인이나 단체의 입장이 각각 다를 때 그 각각을 대표할 수 있는 전문가나 권위자가 배심원으로 나와서 각자 자신의 입장에서 의견을 이야기하는 것이다.
- 각 의견의 대표자가 먼저 토의를 하고, 이후 사회자의 유도에 따라 청중이 참여하는 방식으로 개별적인 발표를 거치지 않고 직접 상호 간의 토의에 들어간다.
- 패널 토의는 심포지엄과 유사한 형식으로 진행되는데, 심포지엄은 발표자와 사회자 사이에서만 상호작용이 일어난다.
- 이 토의는 의견을 조정하는 수단으로 자주 쓰이며 정치적, 사회적, 시사적 문제를 주로 다룬다.

  ⓔ 원탁토의(Round Table Discussion)
- 10명 내외의 사람들이 공동의 관심사를 가지고 서로 동등한 위치에서 자유롭게 의견을 나누는 토의 방식이다.
- 일상적인 것에서부터 사회적인 문제에 이르기까지 모두가 원탁 토의의 주제가 될 수 있고 주로 비공식적인 회의에서 많이 쓰인다.
- 특별한 규칙을 정하지 않고 사회자도 따로 정하지 않는 것이 일반적이다.

  ⓜ 버즈그룹(Buzz Group)
- 큰 집단을 5~10여 명의 소집단으로 나누어 주제를 토의하고, 나중에 큰 집단으로 모여 결과를 보고하는 방식의 토의법이다.
- 타인의 의견을 존중하고, 협력하는 태도와 실천력을 기를 수 있다.
- 스스로 사고하는 능력과 의사표현력을 길러준다.
- 민주적 태도와 가치관을 육성할 수 있다.

(3) 사례연구

 ① 개 념
  ㉠ 사례연구법은 1871년 하버드대 Christopher Columbus Langdell 교수가 창안하였다.
  ㉡ 특정한 한 대상(개인, 프로그램, 기관 또는 단체, 어떤 사건)에 대해 조사 의뢰자가 당면하고 있는 상황과 유사한 사례를 찾아내어 철저하고 깊이 있게 총체적으로 분석하는 연구를 말한다.
  ㉢ 한 사례에 대한 깊이 있는 분석을 통해 같은 상황 속에 있는 다른 사례들을 이해하고 도움이 될 수 있는 방법을 찾을 수 있다.
  ㉣ 사례연구는 어떤 현상에 대한 자세한 기술과 가능한 모든 설명 및 평가를 목적으로 한다.

> **사례연구 – 사례 제작 절차**
> 교육대상자 선정 → 학습목표 선정 → 사례 제작 → Pilot Test → 수정 및 보완 → 학습자에게 적용

 ② 장 점
  ㉠ 다양한 자료출처를 통해 현상을 연구하므로 보다 풍부하고 의미 있는 정보를 제공할 수 있다.
  ㉡ 탐색적, 설명적, 기술적, 평가적 연구유형과 같이 다양한 목적의 연구가 가능하여 교육 분야와 같은 연구에 적절한 연구 · 설계를 제공해 준다.
  ㉢ 현상과 맥락을 통합적으로 이해함으로써 생태학적인 접근을 가능하게 한다.

 ③ 단 점
  ㉠ 특정 사례에 관한 연구이므로 연구결과를 일반화시키기 어렵다.
  ㉡ 현실문제에 대한 구체적인 처방책을 제공하기 어렵다.
  ㉢ 사례연구 결과의 타당도와 신뢰도를 점검하는 것에 소홀할 수 있다.
  ㉣ 많은 양의 자료수집에 따른 경비와 시간이 소모될 수 있다.
  ㉤ 사례연구를 수행하기 위해서는 전문적인 식견과 경험, 통찰력이 필요하다.

(4) 경영자 코칭(Executive Coaching)

① 개념

　㉠ 경영자의 자아인식, 학습, 행동변화를 돕고, 궁극적으로 개인과 조직의 성공과 성과 향상을 위해 전문코치와 경영자 간의 일대일 관계를 지속하는 과정이다. 코칭을 받는 리더는 상위계층 경영자이기 때문에 임원 코칭이라 불린다.

　㉡ 코치(코칭을 제공하는 사람)는 카운슬링 중심의 접근방법과 컨설팅 중심의 접근방법으로 구분된다.

　㉢ 코치는 내부 컨설턴트 또는 외부 전문가일 수도 있다.

② 주요목적

　㉠ 관련 기술의 학습을 촉진한다.

　㉡ 코치는 전면적인 변화를 실행하고, 구체적인 도전과제(예 까다로운 상사에 대처하며 서로 다른 문화권에서 온 사람들과 일하는 것)를 처리하는 방법에 대해 조언을 해준다.

　㉢ 코치를 활용하면 쟁점문제를 토의할 기회와 쟁점을 이해하여 유익하고 객관적인 피드백과 대안을 제공할 수 있으며, 완전한 비밀을 유지할 수 있는 사람과 함께 아이디어를 시도해 볼 수 있는 기회를 가진다.

　㉣ 코치가 강화해 줄 수 있는 행동과 기술 유형 : 경청, 의사소통, 영향력 행사, 관계 구축, 갈등처리, 팀빌딩, 변화의 착수, 회의 진행, 부하 개발 등이 있다.

③ **장점** : 공식적 훈련에 비해 편이성, 비밀유지, 유연성, 개인에 대한 배려 등

④ **약점**

　㉠ 일대일 코칭의 비용이 높다. 이는 주로 경영자에게만 코칭을 사용하는 이유가 된다.

　㉡ 유능한 코치가 부족하다. 경영자와 좋은 업무관계를 유지하면서 객관성과 전문성을 유지할 수 있는 코치를 찾는 것이 중요하다.

　㉢ 잠재적 문제점을 피하기 위해서 조직은 경영자 코치의 선택과 이용에 관해 분명한 지침을 정해야 한다.

(5) 게임법

① 개념

　㉠ 게임의 속성을 이용한 방법으로, 문제해결 및 의사결정 능력을 향상시키기 위한 교수 방법이다.

　㉡ 학습자가 흥미로운 환경을 제공받고 그 안에서 정해진 규칙에 따라 열심히 노력하면 목적에 달성할 수 있는 경쟁적이고 도전적 요소를 첨가한 학습 환경이다.

　㉢ 학습자 개개인에게 팀이 제시한 목표를 달성할 수 있도록 구성원 상호 간 혹은 자신이 접하는 환경에 대해서 어떤 태도를 가져야 할 것인가를 통찰해 볼 수 있도록 하기 위한 방법이다.

　㉣ 강의실에서 모의 실행기법으로 이루어지지만 실제생활에서 야기되고 있는 실제여건을 반영할 수 있어야 한다.

② 장점

　　㉠ 체험적 학습으로 참여자에게 현실감을 심어줄 수 있다.

　　㉡ 학습 참여자 전원이 게임에 참가하므로 동료 간 상호학습이 이루어진다.

　　㉢ 빠른 학습속도로 참여자의 순발력을 개발하는 데 도움이 되며, 학습자의 몰입을 유도할 수 있다.

③ 단점

　　㉠ 학습목표를 상실하고 과열한 경쟁심만 유발시킬 가능성이 있다.

　　㉡ 지나치게 흥미만 강조하게 되어 학습목표를 상실할 수 있다.

　　㉢ 게임 자체의 설계가 잘못되어 학습활동의 목적과 결부되지 않을 수 있다.

　　㉣ 일반 강의식 수업보다 학습시간이 많이 소요된다.

(6) 역할연기(Role Playing)

① 개념

　　㉠ 1900년대 초 미국 정신과 의사들이 환자들의 정신건강 회복을 위해 이용한 방법이다.

　　㉡ 2인 혹은 그 이상의 교육생들에게 배정된 역할을 연기하도록 하는 방법이다.

　　㉢ 주제에 대한 탐구를 목적으로 한다. 즉, 학습자의 감정에 대한 탐구, 학습자의 태도 · 가치 · 인식에 대한 통찰력 획득, 문제해결 스킬과 태도의 개발, 다양한 방식을 통한 주제에 대한 탐구이다.

② 역할연기 절차

> 그룹 준비시키기 – 참가자 선정하기 – 무대 준비하기 – 관찰자 준비시키기 – 역할 연기하기 – 토론 및 평가

　　㉠ 그룹 준비시키기 : 문제의 규명 및 소개하고 명확하게 하여 문제 상황을 해석하고 이슈를 탐구하며, 역할연기에 대해 설명한다.

　　㉡ 참가자 선정하기 : 역할을 분석하고 역할 연기자를 선정한다.

　　㉢ 무대 준비하기 : 연기 동선 준비 및 역할을 재진술하고, 문제 상황을 이해한다.

　　㉣ 관찰자 준비시키기 : 관찰 포인트를 결정하고, 각 관찰자별 관찰 과업을 할당한다.

　　㉤ 역할 연기하기 : 본격적인 역할연기 및 이를 유지한다.

　　㉥ 토론 및 평가 : 역할연기 중 잠깐의 휴식을 가지는데, 이때 역할연기 활동에 대해 리뷰하고 중요한 초점에 대해 논의하며 다음 연기의 개발에 대해 논의하고 평가하는 활동을 한다.

　　㉦ 수정역할 연기와 2차 논의 및 평가 : 다시 수정된 역할을 연기하고, 역할연기가 모두 끝난 다음 역할 연기 활동에 대한 2차 논의 및 평가를 한다.

　　㉧ 경험 공유 및 일반화 : 문제 상황과 실제 경험 및 현재 상황을 연계하고 행동의 일반적 원칙을 탐구하는 경험 공유 및 일반화 단계를 거쳐 역할연기 활동을 종료한다.

③ 역할 연기의 효과

　　㉠ 역할극은 구체적인 문제 상황을 실제로 경험해 볼 수 있는 기회를 마련해 준다.

　　㉡ 학습자 스스로가 지닌 가치나 의견을 좀 더 분명히 깨닫게 한다.

　　㉢ 사람들이 어떻게 타인의 행동에 영향을 미치는가를 더 잘 이해할 수 있도록 도움을 준다.

(7) 인바스켓 기법(In-Basket Method)

① 개 념
  ⊙ 교수학습전략의 방법으로 교육훈련 상황을 실제 상황과 비슷하게 설정하는 것이다.
  ⓒ 주로 문제해결 능력이나 계획 능력을 향상시키는 교수방법이다.

② 인바스켓 기법에 의해 개발되는 능력
  ⊙ 우선순위를 정하고 사안 간의 관련성 파악
  ⓒ 추가적 정보요구 등에 관한 상황판단 능력
  ⓒ 보고서 작성 기법
  ② 회의 개최계획
  ⓜ 의사결정과 대안모색에 관한 자율성

(8) 야외훈련(Outdoor Education)

① 의미 : 학습자들이 직접 신체적 체험을 함으로써 학습자들 간의 공동체 의식과 성취 의식을 기를 수 있는 교수기법이다.

② 장점 : 의사소통이나 신뢰 및 인식을 강화하기 위한 자극적인 기회를 제공한다.

③ 단 점
  ⊙ 학습자들이 직접 야외 활동을 하는 것으로 돌발 상황이 발생할 가능성이 있어서, 학습자나 교수자가 부상을 입는 경우가 발생할 수 있다.
  ⓒ 대인관계기술이나 정서적 측면의 교육적 효과를 목적으로 하기 때문에 그 결과가 비가시적이다.

> **참고**
>
> 야외훈련은 지식 · 기술 · 정보 등을 직접 학습자에게 전달하지 않는다.

  ⓒ 야외훈련이 그 효과에 비해 많은 비용과 시간을 소모하기 때문에 비효율적이라고 주장하는 사람도 있다.

(9) 행동모델링

① 개 념
  ⊙ Bandura의 사회학습이론에 기초를 두고, 많은 행동패턴은 다른 사람의 행동으로부터 학습된다고 전제한다.
  ⓒ 사회학습이론의 두 유형
    • 모방학습 : 인간이 연상적인 환경과의 관계에서 의도적 · 무의식중에 새로운 것을 모방하는 과정을 통해서 학습한다.
    • 관찰학습 : 대부분 인간의 행동이 타인을 관찰하고 그를 본보기로 삼아 행동을 수행함으로써 학습된다.

ⓒ 직접강화·대리강화·자기강화 등의 강화 가능성에 따라 실제 수행여부가 좌우되는 인지적 학습과
정 요소이다.

② 행동모델링 기법을 통한 학습의 구성요소

㉠ 모델의 행동 : 학습자에게 정보를 전달하는 것으로, 살아있는 모델, 상징적인 모델, 언어적 설명·
교수 등이 포함된다.

㉡ 행동의 결과에 따른 강화 : 학습과정을 촉진하는 역할을 한다(학습을 일으키기 위한 필요조건은 아
님).

㉢ 학습자의 인지적 과정 : 학습자의 행동이 강화 연습에 의해 조성되기보다는 인지적인 과정에 의해
안내받는 것임을 의미한다.

③ 행동모델링에 의한 학습 과정

주의집중과정 → 파지과정 → 운동재생산 과정 → 동기화 과정

㉠ 주의집중과정 : 학습자는 모델의 특징 및 행동의 기능적 가치에 주의를 기울인다.

㉡ 파지과정 : 학습자는 일정 시간이 경과한 후 모방하기 위해서 모델의 행동을 기억장치에 저장하게
되는데, 이때 저장을 용이하게 하기 위해 상상 등을 통한 내적 시연과 직접 해보는 외적 시연 방법
을 활용한다.

㉢ 운동재생산 과정 : 학습자가 관찰한 행동을 정확하게 표현하는 과정이다.

㉣ 동기화 과정 : 학습자로 하여금 행동을 수행하도록 하기 위해 충분한 유인과 동기가 필요하다.

Level UP 이론을 확인하는 문제

액션러닝에 대한 설명으로 옳지 않은 것은?

18 경북 기출(변형)

① 액션러닝을 최초로 사용한 사람은 영국 케임브리지 대학의 심리학자 레그 레반스(Reg Revans)
이다.

② 액션러닝 그룹은 직접 실행하는 그룹이 아니라, 아이디어만 제안하는 그룹이어야 한다.

③ 액션러닝의 문제는 기술적인 문제가 아닌 조직적인 특성과 관련된 문제이다.

④ 액션러닝은 즉각적·단기적 이익을 얻는 것이 목적이 아니라, 학습한 내용을 전 조직과 개인의
삶에 적용하는 것이다.

해설 액션러닝 그룹은 아이디어만 제안하는 그룹이 아니라, 직접 실행하는 그룹이어야 한다.

정답 ②

혁신전파이론

|01| 혁신의 개념 및 특성

(1) 개 념

① 슘페터(Shumpeter)로부터 연유된 용어이다. 슘페터는 기업가의 창조적 활동에 의한 혁신적 생산방법 또는 생산수단의 새로운 결합을 기술혁신이라 정의하였다.

② Jewkes는 혁신과정으로서 과학, 발명, 개발의 세 단계를 들고, 기술혁신이라는 3가지 현상의 복합적 생성물이라고 정의한다.

③ Rosers는 혁신의 정의를 개인에 의하여 새로운 것이라고 지각된 착상, 생산물, 실천사항이라고 했다.

④ 혁신은 혁신 그 자체로 가치가 있는 것이 아니라, 다른 사회문화적 체계로 전파됨으로써 그 가치가 생기는 것이다.

⑤ 혁신의사결정은 개인의 심리적 과정이다.

ㄱ 사회 · 문화적 배경 : 사회 · 문화적 조건에 대한 관심을 갖는 것이다.

ㄴ 개인적 배경 : 새로운 혁신사항을 구상하는 것은 결국 개인이기에 어떤 동기에서 사람들이 새로운 것을 창안하느냐를 알아보는 것이다.

(2) 혁신전파이론의 특징

① 혁신이란 개인 혹은 조직 등의 수용 단위에서 새롭게 지각된 아이디어, 실체, 객체이다.

② 혁신에 있어 새로움이란 지식, 설득, 수용여부의 결정과 같은 의미이다.

③ 시간은 혁신-의사결정과정, 혁신성, 혁신의 수용률과 깊은 관계가 있다.

④ 사회체계의 구조는 혁신의 전파를 촉진하기도 하고 방해하기도 한다.

⑤ 전파란 혁신사회체계 내에 있는 의사결정자들 사이에서 시간의 흐름과 함께 여러 경로를 통해서 전달되는 과정이다.

(3) 혁신발생에 영향을 주는 사회문화적 조건(Barnett)

① 아이디어의 축적 : 한 사회가 가지고 있는 문화적 유산의 양과 질에 맞는 수준에서 혁신이 결정된다.

② 권위주의 : 사회적으로 권위주의나 보수주의가 팽배할수록 혁신의 발생 가능성이 줄어든다.

③ 공동노력 : 여러 개인이 협동하면서 새로운 것을 탐구할 때 새로운 사업이 개발될 가능성이 크다.

④ 경쟁 : 경쟁적 분위기는 인간의 욕망을 자극하여 혁신을 가능하게 한다.

⑤ **아이디어의 집중** : 아이디어의 축적은 혁신발생의 최소한의 조건일 뿐이다. 사회적 정보도 서로 분산되지 않게 재결합하고 수정하여야만 혁신이 쉽게 발생한다.

⑥ **이질적 요소 간의 접합** : 서로 다른 가치관, 사물, 관습들이 접촉하게 되면 질적으로 전혀 새로운 것이 나타날 가능성이 크다.

⑦ **변동의 기대** : 새로운 것, 즉 혁신을 기대하는 분위기 속에서는 혁신이 일어날 가능성이 크다.

⑧ **기존가치의 변혁** : 종래의 사회적 위치나 규범, 가치관 등의 변혁이 일어날수록 혁신의 가능성이 크다.

(4) 혁신을 창조하는 사람들의 특성

① **명예욕** : 비범한 인간이 되고 싶다는 욕망, 새로운 아이디어에 대한 독점욕, 타인의 모방대상이 되고 싶은 욕망 등이 혁신자에게서 나타난다.

② **긴장해소의 욕구** : 사람은 내외의 여러 가지 끊임없는 자극과 충동에 대하여 반응하고 적응하는데, 이런 반응과 적응의 과정 중에 혁신이 발생한다.

③ **자아규정의 욕구** : 자아규정이란 자기를 하나의 지속적이며 통합된 실체로 유지하려는 욕구인데, 이 욕구가 강할수록 새로운 사항을 많이 창출한다.

④ **창작욕구** : 새로운 것을 만들어 내는 행위 그 자체, 즉 창작욕구가 강한 사람일수록 혁신창출의 가능성이 높다.

⑤ **기피의 욕구** : 주어진 생활양식에 불만을 품는 사람일수록 현실조건의 변경으로써 새로운 사항을 창출하고자 한다.

⑥ **보상적 욕구** : 원래 목적하던 바를 실패하여 욕구좌절을 당했을 때 그 보상작용의 형태에는 여러 가지가 있는데, 혁신과 관련되는 반응형식에는 우회·공격과 새로운 욕구 등이 있다.

Level UP 이론을 확인하는 문제

혁신을 창조하는 사람들의 특성으로 옳지 않은 것은?　　　　　　　　　　　　20 지도사 〔기출(변형)〕

① 창작욕구　　　　　　　　　　　　② 소유욕

③ 기피의 욕구　　　　　　　　　　　④ 자아규정의 욕구

> 해설　혁신을 창조하는 사람들의 특성은 명예욕, 창작욕구, 기피의 욕구, 보상적 욕구, 자아규정의 욕구, 긴장해소의 욕구을 말한다.
>
> 정답　②

|02| 혁신의 전파 및 결정요인

(1) 혁신전파의 4요소

① 혁신

    ㉠ 로저스(Rogers)는 '개인 혹은 조직 등의 수용 단위에서 새롭게 지각된 아이디어(Idea), 실체(Practice), 객체(Object)'라고 하였다.

    ㉡ 새로움이란 반드시 새로운 지식을 의미하는 것은 아니며, 지식, 설득 또는 수용 여부의 결정과 같은 용어로 표현될 수 있다. 예를 들어 어떤 아이디어가 개인에게 새롭다고 느껴지면 그 아이디어는 혁신에 해당된다.

    ㉢ 모든 혁신의 수용·전파가 반드시 바람직한 것만은 아니다.

    ㉣ 혁신전파이론에서 언급되는 새로운 아이디어는 기술적 혁신에 해당한다.

    ㉤ 기술이란 원인-결과의 관계상 내재된 불확실성을 줄이려는 도구적 행위의 디자인이다.

    ㉥ 기술의 구성요소는 기술을 구체화하는 도구로 구성된 하드웨어 측면과 도구를 위한 지식으로 구성된 소프트웨어 측면이 있다.

> **참고**
>
> 전파란 하나의 혁신이 시간을 두고 사회체계의 구성원 사이에서 특정 채널을 통해 커뮤니케이션이 이루어지는 과정이다.

② 시간 : 시간은 혁신성, 혁신의 수용률, 혁신-의사결정과정과 관계가 깊다.

    ㉠ 혁신성

        • 개인이나 다른 채택단위(의사결정단위)가 사회체계 내의 다른 사람보다 새로운 아이디어를 채택함에 있어 상대적으로 신속한 정도를 의미한다.

        • 혁신성에 근거하여 사회체제의 구성원을 5가지 유형으로 수형자(혁신자, 조기수용자, 조기다수자, 후기다수자, 지체자)로 구분한다.

    ㉡ 혁신의 수용률 : 혁신이 사회체계 구성원에 의해 채택되는 데 걸리는 상대적 속도이다.

    ㉢ 혁신-의사결정과정

        • 개인 또는 다른 의사결정 단위가 혁신을 처음 알게 된 후부터 개혁에 대한 태도 형성, 채택 여부 결정, 새로운 아이디어의 실행과 이용, 그러한 결정에 대한 확산에 이르기까지의 과정이다.

        • 개인은 혁신의 기대된 결과에서의 불확실성을 줄이기 위해 혁신결정과정의 각 단계에서 정보를 추구한다.

        • 결정 단계는 혁신의 채택 또는 거부를 선택한다.

③ 사회체계
  ㉠ 개념
    • 공동의 목표달성을 위해 함께 문제해결에 관여하는 상호 연결된 단위들의 집합이다.
    • 사회체계는 체계 내 단위들의 정형화된 배치이고, 사회체계 내 인간 행동에 안정성과 규칙성을 부여해 준다.
    • 혁신의 전파를 촉진 또는 방해하기도 하는 것은 사회체계의 사회구조나 커뮤니케이션 구조이다.
  ㉡ 여론지도력
    • 개념 : 한 개인이 원하는 방향으로 다른 사람의 태도나 행동에 공식적으로 영향력을 행사할 수 있는 정도이다.
    • 변화주도자 : 변화주도체가 원하는 방향으로 혁신대상자들이 혁신을 결정하도록 영향을 주려는 사람이다.
    • 보조수행원 : 잠재적 혁신 수용자의 결정에 영향을 주기 위해 그들과 잦은 접촉을 한다.
  ㉢ 혁신 결정의 형태
    • 선택적 혁신 결정 : 사회체계 내의 다른 사람들의 결정과는 관계없이 개인에 의해 혁신의 채택이나 거부를 선택하는 것
    • 집합적 혁신 결정 : 사회체계 구성원의 합의에 의해 혁신의 채택이나 거부가 선택되는 것
    • 권위에 의한 혁신 결정 : 사회체계에서 권력이나 지위, 기술적 능력을 가진 비교적 소수의 개인들에 의해 혁신의 채택이나 거부가 선택되는 것
    • 부수적 혁신 결정 : 혁신 결정의 세 형태 중 둘 이상의 연쇄적 혼합인 결정, 이는 혁신에 대한 최초의 결정이 내려진 뒤에 혁신의 채택이나 거부가 선택되는 것
④ 커뮤니케이션 채널
  ㉠ 개념
    • 혁신 메시지를 한 개인에게서 다른 개인으로 전해 주는 수단이다.
    • 매스미디어 채널은 혁신의 존재를 알리는 데 효과적이다.
    • 대인 채널은 새로운 아이디어에 대한 태도를 형성하거나 변화시키고, 채택 여부 결정에 영향을 미치는 데 효과적이다.
    • 대부분 개인은 전문가의 과학적 연구결과에 의한 혁신 평가보다 이미 혁신을 수용했던 지인들의 주관적인 평가를 통해 혁신을 평가한다.
  ㉡ 커뮤니케이션의 이질성
    • 상호작용하는 둘 이상의 사람들이 신념, 교육수준, 사회경제적 지위 등의 속성에 있어서 차이가 나는 정도를 말한다.
    • 혁신에서 보다 효과적인 커뮤니케이션은 동질적인 사람 사이에서 발생하고, 이질성은 커뮤니케이션의 장애물이 되기도 한다.

(2) 혁신성 결정요인

> **혁신성 결정변수 요약**
> • 사회 경제적 특성 : 교육수준, 사회지위, 연령 등(연령은 특성에는 포함되나 관련이 적어 비교적 무관함)
> • 개인적 기질 : 감정이입, 합리성, 변화에 대한 태도 등
> • 의사소통행위 : 사회참여 정도, 리더십 등

① 사회경제적 특성
  ㉠ 사회경제적 변수 : 연령, 교육수준, 사회지위 등(연령은 특성에는 포함되나 관련이 적어 비교적 무관함)
  ㉡ 조기수용자는 후기수용자보다
    • 공식적 교육을 더 많이 받았고, 더 지적이며, 사회적 지위가 높다.
    • 높은 신분으로의 사회적 이동 정도가 크며, 대규모의 단위(농장, 회사, 학교 등)에 소속되어 있다.

② 개인적 기질
  ㉠ 개인적 기질 변수 : 감정이입(Empathy), 합리성(Rationality), 변화에 대한 태도 등
  ㉡ 조기수용자는 후기수용자보다
    • 공감력과 추상적 개념을 다루는 능력이 탁월하다.
    • 더 합리적이고, 지성적이며, 덜 독단적이다.
    • 변화에 대해 우호적이고, 불확실성과 위험을 다루는 능력이 더 많다.
    • 과학에 대해 우호적인 태도를 가지고, 덜 운명론적이다.
    • 자아효능감도 크고, 공식교육, 높은 신분의 직업 등에 대한 높은 열망을 가진다.

③ 의사소통행위
  ㉠ 의사소통 행위 변수 : 사회참여 정도, 리더십 등
  ㉡ 조기수용자는 후기수용자보다
    • 사회참여의 정도가 더 높고, 범지역적이며, 여론지도력 정도가 더 높다.
    • 사회체계의 대인 네트워크에서 상호 연결된 정도가 더 크다.
    • 변화 촉진자와 더 많은 접촉을 가지고, 대중 매체에 더 많이 노출된다.
    • 정보탐색이 더 활발하고, 혁신에 대해 더 많은 지식을 가지고 있다.

다음 중 수용자의 감정이입, 합리성, 변화에 대한 태도 등의 성격에 해당하는 혁신성 결정변수는?

① 사회, 경제적 특성   ② 의사소통행위

③ 개인적 기질   ④ 교육, 문화적 특성

해설 **혁신성 결정변수**
- 사회 경제적 특성 : 교육수준, 사회지위, 연령 등(연령은 혁신성과 무관)
- 개인적 기질 : 감정이입, 합리성, 변화에 대한 태도 등
- 의사소통행위 : 사회참여 정도, 리더십 등

정답 ③

|03| 혁신-의사결정과정

(1) 로저스의 혁신-의사결정과정

① 인지단계 (Awareness Stage)
  ⊙ 전달사항에 대하여 수신자가 의식을 하는 단계
  ⓒ 혁신 사항에 대하여 지식기능을 하는 단계
② 관심단계(Interest Stage)
  ⊙ 전달사항에 관심과 흥미를 가져 그것에 대하여 관심을 가지고 알아보는 단계
  ⓒ 신품종 또는 새로이 개발된 기술 등 혁신사항에 대하여 수신자로 하여금 심리적 충동이 발동되게 설득기능을 하는 단계
  ⓒ 성공사례나 선진지 견학 등을 시키는 것
③ 평가단계(Evaluation Stage)
  ⊙ 전달사항의 특성과 장단점을 조사하고 자기 자신의 여러 가지 사정과 결부시켜 전달된 사항을 받아들일까(수용) 혹은 거절할까(배척)를 결정하고 선택하는 사고의 마지막 단계
  ⓒ 의사결정기능(Decision Function) 단계
④ 시행단계(Trial Stage)
  ⊙ 마음으로 결정한 사항을 실제의 행동으로 시험적으로 소규모로 실천해보는 단계
  ⓒ 실제상황에서 실행 결과 예상 밖의 결과로 배척하는 경우도 있음
⑤ 수용단계(Adoption Stage)
  ⊙ 시행의 결과가 만족스러울 때 전달사항 혹은 의사결정사항을 본격적으로 받아들이고 적용하는 단계

ⓛ 농민의 새로운 기술을 받아들이는 기술수용의 단계

> 인지 → 관심 → 평가 → 시행 → 수용

- 인지단계 : 수신자가 의식을 하는 단계
- 관심단계 : 설득기능을 하는 단계(성공사례나 선진지 견학 등을 시키는 것)
- 평가단계 : 의사결정의 기능
- 시행단계 : 실제의 행동으로 소규모로 실천
- 수용단계 : 적응단계

(2) 혁신-의사결정 과정상 문제점(Rogers & Shoemaker)

① 혁신전파의 결과는 수용이나 기각으로 끝날 수도 있는데, 종래의 이론은 언제나 수용으로 끝나게 되어 있다.

② 종래의 혁신전파과정은 5단계로 되어 있으나, 실제는 혁신전파과정 중 시행 단계는 거치지 않는 경우가 많으며, 평가는 전파의 한 단계가 아니라 모든 단계에서 이루어지고 있다.

③ 혁신전파과정이 수용이나 기각으로 끝나는 경우에도, 수용자나 기각자는 새로운 정보를 갖게 됨에 따라 그들이 수용이나 기각했던 사실을 의심하거나 더 강한 확신을 하게 된다.

(3) 혁신-의사결정모델의 새 기능(Rosers & Shoemaker)

Rosers		Rosers & Shoemaker
• 인지 : 의식 • 관심 : 흥미 • 평가 : 의사결정 • 시행 : 실천 • 수용 : 적용	비 판 →	• 지식기능(Knowledge Function) : 인지, 방법, 원리(인지점) • 설득기능(Persuasion Function) : 심중 태도형성(심리적) • 의사결정기능(Decision Function) : 수용/거부 • 실행기능(Implementation Function) : 외적 행동, 재발명 • 확인기능(Confirmation Function) : 불연속

① 지식기능

ㄱ 개인은 혁신의 존재를 알게 되고, 어떻게 이루어지며 어떻게 작용하는지를 이해함에 따라 혁신에 대한 지식을 얻는다.

ㄴ 수용자는 혁신을 인지하고 지식을 갖게 되는 과정에서 비교적 수동적이다.

ㄷ 선택적 노출과 선택적 지각의 경향은 혁신에 대한 요구(Needs)가 혁신을 인지(Perception)한 후 그에 대한 지식(Knowledge)을 획득하게 한다.

ㄹ 사람은 새로운 것에 접촉하더라도 선택적 노출과 선택적 지각 경향이 있기 때문에 그 존재 자체를 인식하지 못할 수도 있다.

　　ⓜ 혁신에 관한 지식 3가지 유형
　　　　• 인지지식 : 보통 혁신을 인지함과 동시에 혁신에 대한 물음을 갖게 되며, 수용자는 혁신이 작용하는 기제 및 원리 등에 관한 지식을 추구하려는 경향이 있다.
　　　　• 방법지식 : 혁신을 적절하게 사용하기 위한 정보를 말한다. 어떻게 작용하는가에 관련된 기능적 원리와 관련된 정보를 의미한다.
　　　　• 원리지식 : 혁신이 어떻게 작용하는가에 관련된 기능적 원리와 관련된 정보를 의미한다.
　　　　　예 농민에게 신품종 비료를 수용하게 하기 위해 어느 정도 생물학 지식을 주입해야 함
　　ⓗ 지식 수용 여부
　　　　• 혁신을 일찍 인지한 사람은 교육 수준 및 사회적 지위가 높아 대체로 혁신자·조기수용자와 비슷한 특징을 갖지만, 그들이 더 빨리 수용하는 것은 아니다.
　　　　• 혁신에 대해 아는 것과 수용하는 것은 별개의 문제이다.
　　　　• 수용자가 혁신을 자기 상황과 관련이 없다고 느끼는 경우 단지 지식 상태로 머물거나 수용하지 않는다.
　　　　• 혁신에 대한 지식과 결정 기능 사이에는 혁신에 대한 태도가 개입한다.

② 설득 기능
　　㉠ 설득은 개인 또는 의사결정단위가 혁신사항에 대한 수용과 호의적 또는 비호의적 태도를 형성할 때 일어난다.
　　㉡ 지식단계에서 정신적 활동이 주로 인지적(지식습득)이라면, 설득단계는 정서적(혹은 감정적) 사고과정이다.
　　㉢ 설득단계는 혁신에 대한 일반적 지각이 형성되고 발전되기 때문에 선택적 지각(상대적 이점, 호환성, 복잡성)의 문제가 태도를 결정짓는 데 매우 중요하다.
　　㉣ 혁신의 불확실성 즉, 수용자는 혁신이 어떻게 작용하는지 확신이 없으므로 자신의 선택이 동료 집단의 의견과 동일한지 확인받고 싶어 한다(강화).
　　㉤ 혁신에 대한 태도를 갖고 있어도 수용자는 수용이나 거부 같은 행위에 변화가 일어난다.

③ 의사결정기능(Plan)
　　㉠ 결정단계에서는 수용자가 혁신에 대하여 수용 또는 거부를 선택하는 행위가 일어난다.
　　㉡ 혁신의 불확실성을 극복하는 방법이다.
　　　　• 부분적으로 새 아이디어를 시험해보는 것이 수용하는 속도가 빠르다.
　　　　• 변화주도자(Change Agents, 변화촉진자)와 여론지도자(Opinion Leader)가 새 아이디어를 지지함으로써 혁신-의사결정을 촉진하기도 한다.

④ 실행 기능(Do)

　㉠ 실행의 개념

　　• 수용자가 혁신을 사용하는 것이다.

　　• 실행은 새 아이디어를 실생활에 적용하는 외적인 행동이 변화하는 것을 의미한다.

　　• 실행단계에서도 존재하는 결과에 대한 불확실성을 줄이기 위해 수용자는 능동적으로 정보를 추구하게 되며, 수용자가 혁신을 실행하려 할 때 변화주도자는 기술적 보조 역할을 수행하기도 한다.

　　• 혁신이 자신의 상황에 적용될 때 새 의미를 부여하며 혁신의 수용과 전파과정에 활발히 참여하게 된다.

　㉡ 재발명(Reinvention)

　　• 재발명이란 혁신을 수용하고 실행하는 과정에서 수용자에 의해 본래의 혁신이 변화되거나 수정되는 정도를 의미한다.

　　• 대부분 재발명은 혁신-의사결정과정의 실행단계에서 발생한다.

> **🔍 참고**
>
> **발명(Invention)과 혁신(Innovation)의 구분**
> 발명은 새로운 것이 발견되거나 만들어지는 과정이고, 혁신 수용은 모든 가능한 행위의 맥락에서 혁신을 완전히 이용하겠다는 결정이다.

　　• 재발명 정도가 높을수록 그 혁신의 수용률이 높아지고, 지속될 가능성이 높아진다.

　㉢ 재발명이 일어나는 경우(로저스)

　　• 이해하기 다소 복잡하고 어려운 혁신일 때

　　• 수용자가 변화주도자나 이전수용자와 직접적으로 접촉하지 않았거나 수용자가 혁신에 대해 자세히 알 수 없을 때

　　• 컴퓨터나 인터넷과 같이 보편적인 개념이거나 다양한 애플리케이션을 제공하는 혁신일 때

　　• 사용자의 다양한 문제를 해결하기 위해 혁신이 실행될 때

　　• 혁신에 대한 소유권을 가지고 있다는 긍지나 자신감이 있을 때

　　• 변화주도자가 혁신대상자들로 하여금 혁신을 수정, 개선하도록 영향을 미칠 때

　　• 혁신을 수용하는 조직의 구조에 맞게 혁신을 조정할 때

　　• 후기수용자는 조기수용자의 시행착오 및 오류 등을 경험했기 때문에 재발명은 혁신전파 후기에 자주 일어난다.

⑤ 확인 기능(See)

　㉠ 수용자는 혁신-의사결정 이후 결정에 대한 강화를 통하여 자신의 결정을 스스로 확인할 수 있다.

　㉡ 혁신의 불연속(Discontinuance)이란 수용한 혁신을 중단하는 것이다.

　　• 대체(Replacement) : 현재의 혁신을 대신하는 더 좋은 혁신을 수용하기 위해 기존의 혁신을 중단하는 것이다.

　　• 불만족(Disenchantment) : 혁신 성과에 대해 만족하지 못함으로써 혁신을 거부하기로 결정하는 것이다.

ⓒ 혁신 불연속의 이유

- 새 아이디어가 실행단계에 있는 수용자에게 있어 충분히 관례화되지 않았기 때문이다.
- 개인 신념이나 과거 경험에 비추어 적합하지 않은 혁신은 비교적 중단되기 쉽다.

ⓔ 혁신-의사결정과정의 단계

- 혁신-의사결정 초기 3단계(지식 → 설득 → 결정) 과정이 반드시 순차적으로 발생하는 것은 아니다.
- 지식 → 설득 → 결정의 순서는 수용자의 사회문화적 환경과 밀접한 관련이 있다.
- 집단주의 문화(한국 · 중국 · 인도네시아 등)에서는 혁신을 수용하는 과정에서 집단의 압력이 작용하는 경우 혁신 의사결정이 '지식 → 결정 → 설득' 순서로 결정된다. 그러나 개인주의 문화에서는 개인의 자유와 상반되기 때문에 찾아보기 어렵다.

> **참고**
>
> 개인주의 문화는 개인 목표가 집단보다 우선시되는 반면, 집단주의 문화는 집단 목표가 개인보다 우위에 있다.

- 지식단계와 결정단계는 가장 명백히 존재하는 단계이지만, 설득단계는 비교적 모호하다.

PLUS ONE

혁신 수용곡선(Ryan & Gross(라이언과 그로스), 1950)
- 목적 : 육종된 옥수수를 수용한 농민의 수를 분석하여 S형 확산곡선을 시험하였다.
- 방법 : 혁신수용 속도가 누적 정규곡선을 기준으로 얼마나 이탈하는지 알아보기 위해 카이스퀘어 검증(Chi-square Goodness-of-fit Test)을 사용하였다.
- 분 석
  - 전파과정의 초기에는 새로운 아이디어에 대해 강한 저항감이 작용했으나, 채택자의 수가 임계점에 이르면 저항감은 사라졌다.
  - 시간에 따른 수용 속도는 일반적으로 정규 S형 곡선을 이루며, 수요자 분포는 종형 곡선을 따르고 정규분포에 가까워졌다.
- 결론 : S형 분포곡선이 필히 정규분포를 띠게 됨에 따라 수용자 범주를 효율적으로 분류할 수 있었다.

Lionberger(1960) 연구
- 똑같은 유형의 데이터로 축적 그래프를 그렸는 데 S곡선이나 성장곡선을 나타냈다.
- 두 곡선은 처음 혁신기술을 수용하는 소수 농민이 있고, 그 후 대다수 농민이 새 기술을 수용하는 것을 보여주었다.

Rosers & Shoemaker가 주장한 혁신-의사결정모델의 새 기능을 순서대로 나열한 것은?

17 지도사 기출(변형)

① 지식기능 → 설득기능 → 의사결정기능 → 실행기능
② 의사결정기능 → 지식기능 → 설득기능 → 확인기능
③ 설득기능 → 지식기능 → 의사결정기능 → 확인기능
④ 확인기능 → 지식기능 → 설득기능 → 의사결정기능

해설 혁신-의사결정모델의 새 기능(Rosers & Shoemaker)
• 지식기능 : 인지, 방법, 원리
• 설득기능 : 심중 태도 형성(심리적)
• 의사결정기능 : 수용/거부
• 실행기능 : 재발명, 외적 행동
• 확인기능 : 불연속

정답 ①

|04| 사회체제 구성원(혁신자의 범주)

(1) 혁신자(모험심이 강함)

① 특 징

㉠ 혁신사항을 인지하면 바로 수용하는 사람으로 성급하고 무모할 정도로 모험심이 강하다.

㉡ 새 아이디어에 과도한 흥미를 가짐에 따라 범지역적인 사회관계로 이끄는 경향이 있다.

㉢ 혁신자 계층은 지역사회에서 생활수준과 교육수준이 높고 비교적 혁신성은 크나 신중성이 부족하여 실패를 많이 한다.

㉣ 혁신자는 새로운 아이디어가 반드시 성공적일 수 없다는 사실을 기꺼이 받아들여야 하며 때로는 실패도 감내해야 한다.

㉤ 혁신자는 새로운 아이디어가 체계로 흘러가는 문지기 역할을 수행한다.

㉥ 혁신자가 구성원에 의해서 존경받지는 않지만 전파 과정에서 매우 중요한 역할을 한다.

㉦ 외부에서 혁신을 들여와 사회체계에서 새 아이디어가 확산되는 역할을 수행한다.

② 혁신자의 필수 전제조건

    ㉠ 재정적으로 넉넉해야 혁신 수용에 따르는 손실의 부담을 감할 수 있다.

    ㉡ 복잡한 기술·지식을 이해하고 적용하는 능력이 필요하다.

    ㉢ 수용할 당시 불확실성에 대해 어느 정도 대처할 수 있어야 한다.

(2) 조기수용자(존경받음)

① 조기수용자는 혁신자보다 사회체계에서 더 통합적인 부분을 담당한다.

② 혁신자가 범지역적·국제적 움직임을 가진 반면 조기수용자는 지역적 성격을 가진다.

③ 인지된 혁신사항의 가치를 비교적 일찍 인정하고 틀림없다고 확인할 때는 바로 수용하는 사람들이다.

④ 일반적으로 젊고 교육정도가 높으며, 활동적이고 독서를 많이 하는 사람들이다.

⑤ 농촌지도사업에서 여론지도자로 가장 잘 활용할 수 있는 수용자 집단이다.

⑥ 조기수용자는 상대적으로 긍정적인 변화성향을 소지하고 있다.

⑦ 수용자 중 존경받는 범주이며, 혁신적인 정보추구가 상대적으로 많다.

⑧ 조기수용자는 혁신이 사회체계로 전파될 때 임계점을 형성시킨다.

⑨ 사회체계 다른 구성원들에게 역할모델이 되는 수용자이다.

(3) 조기다수자(신중함)

① 혁신사항을 신중하게 검토하고 관찰하여 조기수용자 다음으로 비교적 일찍 수용한다.

② 상대적으로 나이가 많은 편이고 경제적으로 상층~중층이 많으며, 지역사회의 유지들이 이에 속한다.

③ 혁신전파가 사회체계의 평균에 도달하기 직전까지 혁신을 수용한다.

④ 수용자 중 구성원이 가장 많으며, 전체 구성원의 1/3 정도를 차지한다.

⑤ 동료와 자주 상호작용하나 체계 내에서 여론지도자로 활동하는 경우는 많지 않다.

⑥ 혁신결정 시기는 혁신자와 조기수용자보다 오래 걸린다.

⑦ 새 아이디어를 완전히 수용하기 전에 어느 정도 더 생각하며, 혁신 수용에 의도적으로 신중한 태도를 취한다.

(4) 후기다수자(회의적)

① 혁신을 수용하기 위해서는 동료의 압력이 필요한 수용자이다.

② 혁신전파가 그 사회체계의 평균점에 도달한 직후 수용하는 성향이 있다.

③ 경제적 여유가 적거나 혁신의 위험을 불식시킬 정신적·물질적 자원이 넉넉하지 못하다.

④ 혁신에 매우 보수적·회의적이고 조심스러운 태도로 접근하며 다른 사람들이 이미 혁신을 수용하고 나서야 수용한다.

⑤ 혁신을 자발적으로 수용하기 위해서는 혁신이 안전하다고 느끼고, 사회적 규범이 긍정적인 평가를 해주어야 한다.

(5) 지체자(전통적)

① 지체자는 혁신을 가장 늦게 수용하는 계층으로 여론 지도력이 매우 낮다.

② 가장 보수적이고 지역 중심적이며 대부분 사회적 네트워크에서 고립되어 있다.

③ 행위적 결정을 할 때 보통 과거에 의존하며 이전에 무엇을 행했느냐가 중요하다.

④ 주로 전통적 가치를 가지고 있는 구성원과 상호작용을 한다.

⑤ 혁신과 혁신주도체를 의심하거나 부정적으로 평가하므로 혁신결정과정이 상대적으로 오래 걸린다.

⑥ 새 아이디어를 인지하고 지식으로 축적하며, 이를 채택·사용하기 전까지 긴 시간이 필요하다.

⑦ 지체자는 경제적으로 불안정하기 때문에 혁신을 권유하는 것이 조심스럽다.

⑧ 지체자는 새 아이디어를 수용하기 위해 불확실성이 완전히 제거되어야 하기 때문에 혁신에 대해 저항하는 것은 일반적이다.

Level UP 이론을 확인하는 문제

혁신을 수용하기 위해서 동료의 압력이 필요한 수용자는?　　　　　17 충남 기출

① 혁신자　　　　　　　　　　　　② 조기수용자

③ 조기다수자　　　　　　　　　　④ 후기다수자

해설 후기다수자(회의적)
- 혁신을 수용하기 위해서는 동료의 압력이 필요한 수용자이다.
- 혁신전파가 그 사회체계의 평균점에 도달한 직후 수용하는 성향이 있다.
- 경제적 여유가 적거나 혁신의 위험을 불식시킬 정신적·물질적 자원이 넉넉하지 못하다.
- 혁신에 매우 보수적·회의적이고 조심스러운 태도로 접근하고 다른 사람들이 이미 혁신을 수용하고 나서야 수용한다.
- 혁신을 자발적으로 수용하기 위해서는 혁신이 안전하다고 느끼고, 사회적 규범이 긍정적 평가를 해주어야 한다.

정답 ④

|05| 혁신수용률에 영향을 미치는 요인

수용률 결정변수(독립변수)		종속변수
① 인지된 혁신의 속성 　상대적 이점, 호환성, 복잡성, 시행가능성, 관찰가능성	＼	
② 혁신결정의 유형 : 개인, 집단, 권위	→	혁신수용률
③ 의사소통 채널 　예 매스미디어, 대인접촉	→	
④ 사회시스템의 속성 　예 규범, 관계망	／	
⑤ 변화촉진자의 홍보효과 정도	／	

(1) 인지된 혁신의 속성

로저스는 혁신의 수용에 영향을 미치는 속성을 상대적 이점, 호환성, 복잡성, 시행가능성, 관찰가능성의 5가지로 분류하였다.

① 상대적 이점(Relative Advantage)
　㉠ 개념 : 혁신이 기존 아이디어보다 얼마나 더 좋은가를 수용자가 느끼는 정도이다.
　㉡ 상대적 이점과 수용률은 정(+)적인 관계이다.
　㉢ 상대적 이점의 정도는 경제적 측면, 사회적 위신, 편리성, 만족 등이 중요한 요인이다.
　㉣ 혁신이 객관적 이익을 주는 것보다는 수용자가 혁신을 이롭다고 인식하는 것이 중요하다.

② 적합성(Compatibility)
　㉠ 개념 : 혁신이 잠재적 수용자가 갖고 있는 기존의 가치관, 과거의 경험, 욕구에 부합하는 것으로 인지되는 정도를 의미한다.
　㉡ 혁신의 호환성은 수용률과 정(+)적인 관계이다.
　㉢ 기존 사회체계의 가치나 규범에 부합하는 아이디어는 빠르게 채택되고, 부합하지 않는 개혁은 느리게 채택된다.
　㉣ 기존의 가치나 규범에 맞지 않는 개혁이 채택되기 위해서는 새 가치체계의 채택이 선행되어야 한다.

③ 복잡성(Complexity)
　㉠ 개념 : 혁신을 이해하거나 사용하기에 어렵다고 인지되는 정도를 의미한다.
　㉡ 혁신의 복잡성은 수용률과 부(−)적인 관계이다.
　㉢ 이해하기 어려운 혁신은 채택 속도가 느려지고, 이해가 쉬운 혁신은 더 빠르게 채택된다.

④ 시행가능성(Trial Ability)
　㉠ 개념 : 수용자가 혁신을 한정된 범위 내에서 시험해볼 수 있는 정도를 말한다.
　㉡ 혁신 시행가능성은 수용률과 정(+)적인 관계이다.
　㉢ 시험 가능한 혁신은 불확실성을 줄여주기 때문에 불가능한 혁신보다 대체로 더 빨리 채택된다.

⑤ 관찰가능성(Observability)

　　㉠ 개념 : 혁신의 결과가 타인에게 보일 수 있는 정도를 의미한다.

　　㉡ 혁신 관찰가능성은 수용률과 정(+)적인 관계이다.

　　㉢ 혁신의 결과가 눈으로 보기 쉬울수록 혁신을 수용할 가능성이 높아진다.

(2) 혁신결정의 유형

① 일반적으로 집단보다 개인단위로 의사결정이 이루어질 때 수용률이 높다.

② 의사결정 참여자 수가 적을수록 수용률은 높다.

> **참고**
>
> 수용률
> - 수용률이란 사회시스템 내 개인들에 의해 혁신이 수용되는 상대적 속도이다.
> - 수용률은 일정기간에 얼마나 많은 개인이 혁신을 선택하였는가로 측정된다.
> - 수용률이 높을수록 S자형의 누적수용률은 더 가파르게 나타난다.
> - 수용률 속도와 최종 수용률의 차이는 혁신의 종류에 따라 다르다.
> - 혁신을 갖고 있는 단체의 특성이 수용률 변량의 49~87%를 좌우한다.

(3) 의사소통 채널

① 혁신기술은 의사소통 경로를 통해 잠재적 수용자에게 확산된다.

> **참고**
>
> 의사소통 경로
> 한 개인이 다른 개인에게 메시지를 주고받기 위한 수단

② 혁신기술을 알리는 데는 대중매체가 효과적이고, 혁신기술을 설득하는 데는 대면접촉이 효과적이다.

③ 사람들은 전문가 의견이나 과학적 연구결과보다는 혁신기술을 수용한 주위 사람들의 주관적 의견에 더 영향을 받는다.

④ 상호작용하는 사람들의 교육수준·사회적 지위·신념 등이 동질적일수록 커뮤니케이션이 더 효과적이다.

(4) 사회시스템의 속성

① 사회시스템이란 공통 목표를 달성하기 위하여 공동으로 문제해결에 참여하는 상호 관련된 의사결정단위의 집합이다.

② 사회시스템은 혁신기술의 확산을 촉진 또는 방해하기도 한다.

(5) 변화촉진자의 홍보효과 정도

① 변화촉진자는 혁신수용률이 높아지도록 노력하나, 변화촉진자의 노력과 수용률은 선형적 관계가 아니다.

② 변화촉진자의 노력은 여론지도자가 수용하는 초기단계에 가장 효과가 크다. 그러나 수용자가 증가하여 임계량을 넘어서면 변화촉진자의 노력은 큰 의미가 없다.

|06| 혁신전파이론의 비판·대안

(1) 친혁신적 편향(Pro-innovation Bias)

① 개념

    ㉠ 혁신은 사회체계의 모든 사람에게 전파·수용되어야 한다.

    ㉡ 혁신의 전파는 더욱 빠르게 일어나야 하고, 혁신은 재발명되거나 거부되면 안 된다는 의미이다.

② 친혁신적 편향을 극복하기 위한 대안(로저스)

    ㉠ 혁신이 어떻게 전파되었는지에 대해 사후 자료수집에 대한 대안적 접근방법이 검토되어야 한다.

    ㉡ 학자들은 연구대상이 되는 혁신이 어떻게 선정되는가에 보다 신중해져야 한다.

    ㉢ 연구자는 개인의 인식과 상황을 충분히 이해할 수 있다면 혁신의 거부·중단·재발명이 빈번하게 발생한다는 점과, 그러한 행동이 개인관점에서 볼 때 합리적이라는 점을 인정해야 한다.

    ㉣ 연구자는 혁신이 전파되는 폭넓은 맥락에 대해 연구해야 한다.

    ㉤ 혁신을 수용하게 되는 동기에 대한 이해를 높여야 한다.

(2) 개인 책임 편향(Individual Blame Bias)

① 개념

    ㉠ 편향에는 혁신주체의 편향, 개인 책임 편향, 체계 책임 등이 있다.

    ㉡ 개인 책임 편향이 늘 부적절한 것은 아니지만 혁신이 전파되는 행위를 설명하기에는 부족하다.

② 혁신주도자가 혁신을 수용하지 않는 이유를 개인 책임으로 돌리는 이유

    ㉠ 연구후원자가 개인 책임 편향을 가진 혁신주도체이면 연구자는 개인 책임적 태도를 받아들이기 때문이다.

    ㉡ 연구자가 체계 책임 요인을 변화시키는 것은 어려우나, 개인 책임 변인은 변화시키기 쉽다고 생각하기 때문이다.

    ㉢ 연구대상으로서 체계보다 개인이 접근하기 용이하고, 대부분 연구자는 분석단위를 개인에 초점을 맞추고 있기 때문이다.

③ 개인 책임 편향 극복 방안

    ㉠ 연구 분석단위를 개인으로만 한정하지 말고 다른 대안을 강구해야 한다.

⒫ 연구자는 탐색 자료가 수집될 때까지는 사회문제 원인에 대해 열린 마음을 유지하고, 개인 책임 편향을 보이는 혁신주도자의 정의를 받아들이는 데 신중해야 한다.

⒬ 문제 개선을 희망하는 혁신주도자들보다 잠재적 수용자 · 거부자를 포함한 모든 참가자가 혁신의 전파문제의 정의에 포함되어야 한다.

⒭ 개인에게 한정된 변인뿐만 아니라 사회구조, 커뮤니케이션 구조와 연관된 변인이 혁신전파연구에 포함되어야 한다.

(3) 혁신전파과정에서 회상의 문제

① 혁신전파연구에서 시간은 중요한 변수인데, 응답자가 혁신을 수용하기로 결정한 시점에 대한 자료를 얻는 것이 어렵다.

② 자신이 경험한 과거 혁신 경험을 재구성하기 위해 과거를 회상할 때 그 정확성 정도는 개인차에 따라 달라진다(회상의 부정확성).

③ 혁신전파연구 시 연속적 흐름의 추적이 아닌 설문조사를 하는 횡단적 자료에 대한 상관관계 분석으로 이루어진다.

Ⓐ 설문조사방법은 지난 과정을 포함시키지 못한다.

Ⓑ 특정 시점에 대한 자료를 수집할 경우 시간 같은 중요 변인을 응답자의 회상에 의존하여 측정하게 된다.

④ 1번으로 이루어지는 설문조사는 시간적 순서나 인과성 문제를 설명해 주지 못하고, 설문조사 자료의 상관관계 분석은 변인들 간 인과성 문제를 회피하거나 무시하였다.

> **➕ PLUS ONE**
>
> 시간 차원에 대한 자료수집을 하기 위한 대안적 연구설계(해결책)
>
> 현장실험, 종단적 패널연구, 기록문서의 이용, 혁신-의사결정과정에 대한 다양한 응답자에게서 수집된 자료를 이용한 사례연구 등이 있다.

(4) 형평성 문제

① 문제 제기

Ⓐ 혁신전파연구는 미국에서 시작되어 1960년대 이후 전 세계적으로 확대되었고, 특히 개발도상국에서 적극 도입하였다.

Ⓑ 혁신전파연구는 혁신을 통한 사회경제적 이익이 사회체계의 개인 간 분배가 어떻게 되는지에 관한 문제를 다루지 못했다.

Ⓒ 미국에서 발전한 혁신전파이론이 사회문화적으로 다른 개발도상국의 상황에 적용될 수 있는가 하는 적합성에 관한 문제가 발생하였다.

② 개발도상국에서 혁신전파의 문제

  ⊙ 개발도상국에서는 권력, 정보, 경제적 부가 소수에게 집중되어 있다.

  ⓒ 개발도상국은 사회구조가 개인의 기술혁신 결정에 큰 영향을 미친다.

  • 개발기관은 혁신적이고, 부유하고, 교육수준이 높고, 정보추구형 대상자에게 지원을 제공하는 경향이 있다.

  • 개발기관이 모든 대상자와 접촉하기 어렵기 때문에 개발기관과 가장 동질적으로 반응하는 혁신대상자에게 집중한다.

  • 진보적 농업인은 적극적으로 새 아이디어를 수용하고, 경제적 수단을 가지고 있다. 또 쉬운 신용확보와 대규모 농장 소유 등으로 인하여 전체 농업 생산에 직접적으로 미치는 효과가 크다.

③ 혁신수용의 결과적 측면

  ⊙ 혁신전파 결과가 매우 중요함에도 혁신기관·연구자는 큰 관심을 갖지 않았다.

  ⓒ 혁신주도기관은 혁신 결과가 항상 긍정적일 것이라 가정하며 사람들에게 수용하도록 강조하는 경향이 있었다.

  ⓒ 연구자의 설문조사 방식도 혁신 결과를 연구하기에 적당하지 않았다.

  ⓔ 혁신 결과를 양적으로 측정하기 어렵다.

> **혁신의 본질적 3요소**
> • 혁신 결과는 다양한 양상이 공존하며, 혁신의 본질적 3요소로 설명할 수 있다.
>   – 형태(Form) : 직접적으로 관찰 가능한 혁신의 외양과 내용
>   – 기능(Function) : 혁신이 사회구성원의 삶의 방식에 기여하는 양상
>   – 의미(Meaning) : 사회구성원이 혁신에 대해 가지는 주관적·무조건적인 인식의 차원
> • 혁신주체는 혁신대상자에게 혁신의 형태·기능은 쉽게 설명하지만, 의미의 문제를 명확히 해결해주기 어렵다.

④ 혁신전파 결과 사회경제적 격차가 커지는 구조적 이유 및 대응전략

  ⊙ 상위계층이 하위계층보다 혁신의 존재에 대한 인식이 빠르고 관련 정보에 접근할 수 있는 기회가 더 많다.

> **대응전략**
> • 사회전체에 도달할 수 있게 풍부한 정보를 제공해야 하고, 사회경제적 지위가 높은 수용자에게만 더 많은 이익이 돌아가는 일이 없도록 한다.
> • 혁신을 위한 메시지를 사회경제적 지위가 낮은 수용자의 교육수준, 믿음, 의사소통 습관에 맞게 고안해야 한다.
> • 사회적 하위계층에 도달하는 커뮤니케이션 채널을 적극 활용한다.
> • 사회적 하위층은 혁신에 대해 지각하고 이를 사회적으로 논의할 수 있는 작은 집단들로 조직되어야 한다.
> • 혁신주도자는 후기다수자 및 지체자 등의 집단들에 대한 접촉을 늘려야 한다.

ⓒ 상위계층은 혁신에 대해 주위사람들이 평가하는 정보를 듣거나 수집할 수 있는 기회가 더 많다.

> **대응전략**
> • 혁신주도체는 혜택 받지 못하는 여론지도자들과 집중적으로 접촉할 필요가 있다.
> • 혁신주도자의 보조수행원을 하위계층에서 선출하여 높은 동질성을 통해 그들과 접촉할 수 있도록 해야 한다.
> • 하위계층이 혁신에 대한 결정을 내리고 결정에 대한 사회적 강화를 받을 수 있도록 일정한 조직이나 집단을 형성할 필요가 있다.

ⓒ 상위계층은 하위 계층보다 혁신을 수용하는 데 소요되는 여유자본이 더 많다.

> **대응전략**
> • 하위층에 적합한 혁신의 추진과 고비용의 혁신을 수용하는 데 자원적 도움을 줄 수 있는 사회적 조직이 형성되어야 한다.
> • 혁신전파 프로그램을 기획하고 실행하는 데 하위계층이 참여할 수 있는 수단이 마련되어야 한다.
> • 특별히 하위 계층과 협업할 수 있는 전파기관이 만들어져야 한다.

(5) 우리나라 농촌지도에서 혁신이론의 함의

① 혁신이론의 한계

㉠ 지도사업은 매년 변화하고 있고, 지도사업에 대한 연구는 축소되고 있으며, 많은 국가의 지역사회 공동체 단위에서 농촌지도소나 농업기술센터가 감소하고 있다.

㉡ 지역사회개발 프로그램이 없는 상태로 농촌지도사업이 진행되고 있고, 지도사업이 농촌사회 변화에 어떤 영향을 주는지에 대한 연구가 부족하다.

② 혁신전파이론이 발전하기 위한 고려사항

㉠ 부유하고 혁신적인 농민보다 조금 소외된 농민에게 초점을 맞추어야 한다.

㉡ '지도사업의 대상(농민·농촌지역사회·소비자)이 누구인가, 지도사업 노력의 성과는 무엇인가'라는 질문에 대한 성찰이 필요하다.

㉢ 지도사업 방법이 어떤 농민의 성공에 도움을 줄 수 있는지, 어느 농민의 성공을 배제시키는지 인지하고 혁신전파이론을 변화시켜 나가야 한다.

㉣ 농촌지도요원은 지도사업을 연구하는 사회과학자들이 자신과 반대논리를 가진 사람으로 인식하므로, 사회과학자의 비판은 지도요원에게 인지되지 못한다. 이를 개선하기 위한 대안이 필요하다.

㉤ 혁신전파이론의 가장 부정적 결과는 농가에게 경제적 불평등을 조장하므로, 이러한 불평등을 시정해야 한다.

의사전달

- 의사전달 요소
  - 의사전달자 : 의사전달의 주도자. 전달자는 전달사항을 보내려는 뚜렷한 목적의식을 갖고 있어야 함
  - 전달사항 : 전달자가 수신자에게 전하려는 생각, 지식, 태도 등
  - 전달방법 : 전달사항이 수신자에게로 전달되는 매개체
  - 전달경로 : TV, 라디오, 신문, 그림 등
- 수용에 영향을 주는 요인 : 혁신의 특성, 혁신과정 요인, 사회구조적 요인, 지역사회의 특성, 외부 지원 등
- 수신자의 행동 : 계속적 수용, 중절, 계속적 비판, 뒤늦게 수용

혁신주도체의 혁신 목표

- 역동적 균형 : 혁신으로 인한 변화에 대해 사회체계가 감당할 수 있는 상태
- 안정적 균형 상태 : 혁신이 도입된 사회체계의 구조 · 기능에 거의 변화가 없는 상태
- 불균형 : 혁신으로 인한 변화가 사회체계에 적응을 할 수 없거나 변화의 속도를 따라갈 수 없는 경우

Level UP 이론을 확인하는 문제

혁신의 본질적 요소에 해당하지 않는 것은?   17 지도사 기출(변형)

① 형 태　　　　　　　　② 기 능
③ 의 미　　　　　　　　④ 태 도

해설　**혁신의 본질적 3요소**
- 형태(Form) : 직접적으로 관찰 가능한 혁신의 외양과 내용
- 기능(Function) : 혁신이 사회구성원의 삶의 방식에 기여하는 양상
- 의미(Meaning) : 사회구성원이 혁신에 대해 가지는 주관적 · 무조건적인 인식의 차원

정답　④

기술수용모형

|01| 기술수용모형의 개념

(1) 합리적 행동이론과 기술수용모형

① 합리적 행동이론(TRA ; Theory of Reasoned Action)

ㄱ 인간의 일반적인 행동을 설명한 것이다.

ㄴ TRA에서 인간의 행동은 실제로 행동할 것인지의 의도에 따라 결정된다.

ㄷ 행동의 의도는 행동에 대한 태도와 주관적 규범에 영향을 받는다.

- 태도 : 행동의 결과가 긍정적인 것인지 부정적인 것인지에 대한 믿음
- 주관적 규범 : 다른 사람들의 자신의 행동을 어떻게 생각할 것인지에 대한 믿음

② 기술수용모형(TAM ; Technology Acceptance Model)

ㄱ 정보기술 즉, 컴퓨터와 같은 혁신기술의 수용행동을 설명한 것이다.

ㄴ TAM은 혁신기술인 컴퓨터 수용에 대한 사용자의 행동을 설명하는 모형으로 데이비스(Davis, 1989)가 처음 개발하였다.

ㄷ TAM은 개인의 정보기술 수용에 영향을 미치는 중요 요인으로, 신념 변수인 지각된 유용성 · 지각된 용이성을 설정하고 있다.

- 외부 변수는 지각된 유용성 · 지각된 용이성에 영향을 미친다.
- 지각된 유용성 · 지각된 용이성은 정보기술수용에 대한 개인 태도에 영향을 미친다.
- 그 태도는 이용의도에 영향을 미친다.
- 이용의도는 최종적으로 이용행동을 결정하게 된다.

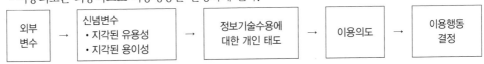

(2) 농업인이 신기술 수용에 적극적이지 않은 이유

① 신기술 수용에 소극적인 이유

ㄱ 신기술은 부자에게만 유리하고 식품안전에 불리한 도구라는 인식 때문이다.

ㄴ 소규모 자작농은 전통적으로 위험을 감수하지 않는다.

식품안전에 대하여 이해관계자에게 널리 수용되기 위한 조건

- 기술 도입 과정을 더 조심스럽게 다루어야 한다.
- 특정 환경의 요구 조건에 적합해야 한다.
- 별다른 노력 없이 쉽게 활용될 수 있어야 한다.
- 사용자의 이해와 활용이 쉽게 이루어질 수 있어야 한다.
- 신기술은 각 지역사회 및 현재의 농업 관행에 사회경제적 근간을 적극 포용함으로써 즉각적인 기술 활용의 이점이 있어야 한다.

② 신기술 수용에 영향을 미치는 요인

  ㉠ 농민 개개인의 성별·연령·교육 수준과 함께 경작 규모, 정보에 대한 접근성, 토지 소유 유무, 농업 외 소득, 기반시설 유무 등이 있다.

  ㉡ 농가의 규모가 크고, 농민의 자신감이 클수록 신기술을 채택할 가능성이 높다.

  ㉢ 농업 및 농업 이외 소득이 높을수록, 농민 자신이 최신 정보를 많이 갖고 있을수록 신기술에 대한 거부감이 낮다.

③ 신기술 도입을 위한 핵심쟁점

  ㉠ 소규모 단위로 농민의 단체행동을 권장한다.

  ㉡ 농촌은 능력·교육·재정적 자원이 부족하고, 기술발전 정보를 입수해도 이해하기 어렵기 때문에 기술발전을 따라가기 어렵다.

  ㉢ 소규모 농가의 경우 위험에 취약하고 가용자원이 충분치 못하며, 파편화되어 있기 때문에 신기술 수용 시 기술적 보조가 필요하다.

대규모 농가는 신기술 적용에 적합하고, 위험을 감수하는 사람들에 의해 쉽게 수용된다는 인식이 강하다.

  ㉣ 대규모 상업적 영농업체는 민간부문 서비스를 충분히 활용하지만, 소규모 농가는 신기술 도입단계부터 지속적으로 지원해주어야 한다.

  ㉤ 신기술이 상업적 존속 가능성을 가지고 있어야 한다.

  ㉥ 농업기술전문가와 정책입안자는 신기술의 배포 및 적용에 필요한 방안을 준비하는 핵심역할을 하며, 신기술을 노출시켜 신기술 수용비율을 높여야 한다.

  ㉦ 신기술 적합성을 전면적으로 탐색하는 일은 적다.

  ㉧ 농업 분야는 성적 편견을 고착시키는 현상이 나타난다.

  - 여성은 소규모 식품산업 분야에 집중되어 있다.
  - 신기술이 성차별 완화에 기여하기 위해 여성 농민도 신기술을 쉽게 수용할 수 있도록 노력해야 한다.
  - 이 부분에서 기획, 현장화 및 R&D(연구개발) 역할이 필요하다.

|02| 기술수용모형 과정

(1) 신념변수

① Davis는 컴퓨터 수용행위에 관련되는 지각된 용이성, 지각된 유용성의 특별한 신념으로 연구를 수행했다.

② 지각된 용이성은 예측과정을, 지각된 유용성은 예측결과를 중시한다.

③ 이용의 초기단계에서 지각된 용이성의 효과는 주로 직접적이다.

④ 지각된 유용성은 특정 시스템을 사용하는 것이 업무수행을 향상시켜 줄 것이라고 개인이 믿는 정도를 말한다.

⑤ 지각된 유용성은 새로운 농업기술의 수용을 통해 얻게 되는 것에 관한 것이다.

PLUS ONE

지각된 용이성 vs 지각된 유용성 비교

지각된 용이성 (PE ; Perceived Ease of use)	지각된 유용성 (PU ; Perceived Usefulness)
특정 시스템을 사용하는 것이 힘들지 않을 것이라고 개인이 믿는 정도	특정 시스템을 사용하는 것이 업무수행을 향상시켜줄 것이라고 개인이 믿는 정도
예측 과정	예측 결과
새로운 농업기술을 수용하는 과정	새로운 농업기술의 수용을 통해 얻게 되는 것에 관한 것
이용의 초기단계에서 지각된 용이성의 효과는 주로 직접적	지각된 유용성을 통하여 간접적이며 약한 효과를 가져옴

(2) 태도(A ; Attitude)

① 기술수용모형의 태도 : 어떠한 개념에 대해 좋아하거나 싫어하는 개인의 일반적 감정이다.

② 지각된 유용성·용이성에 영향을 받는 태도

   ㉠ 자신에게 유용하여 그것을 이용하는 것이 효율적이라는 신념이 들면 태도와 행동에 영향을 미친다.

   ㉡ 개인의 태도는 어떠한 행동에 대한 개인의 신념과 감정을 나타낸다.

   ㉢ 태도는 이용을 직접 결정하지는 않으나, 이용을 결정하기 전에 행하게 되는 이용의도에 영향을 준다.

(3) 이용의도(BI ; Behavior Intention)

① 이용의도는 이용의 가장 즉각적인 결정요소이다.

② 인간의 모든 이용은 일차적으로 의도를 가지고 있다.

③ 이용을 하기 위해서는 먼저 의도를 가져야 한다.

④ 계획을 바꿀 정도로 큰 변화요인이 아니라면, 의도는 이용행동을 가장 잘 예측한다.

(4) 확장된 기술수용모형

① 기술수용모형을 확장한 것

   ⊙ 기술수용모형의 핵심독립변수인 유용성·용이성, 종속변수인 이용의도는 그대로 포함하며, 외부변수를 구체적으로 삽입하거나 새로운 측정변수를 추가하여 확장한다.

   ⊙ 기술수용에 대한 사람들의 이용의도는 지각된 유용성·용이성에 의해 결정되고, 외부변수들의 영향은 지각된 유용성·용이성에 의해 매개된다.

   ⊙ 합리적 행위이론의 주관적 규범과 자발성을 추가하고, 지각된 유용성에 선행하는 요인으로서 이미지, 결과 실연성 등을 포함한다.

   ⊙ 사회적 영향 프로세스(주관적 규범, 자발성, 이미지)와 인지적 도구 프로세스(직무관련성, 결과품질, 결과 실연성, 지각된 용이성)가 지각된 유용성에 영향을 미친다.

> **PLUS ONE**
>
> **확장된 기술수용모형에서 지각된 유용성에 영향을 주는 변수**
> - 사회적 영향 프로세스 : 자발성, 주관적 규범, 이미지
> - 인지적 도구 프로세스 : 지각된 용이성, 직무관련성, 결과품질, 결과 실연성

② 확장된 기술수용모형에서 기술 이용

   ⊙ 사용자가 자발적으로 이용하는 것을 원칙으로 하고 있어 사용자는 내부화로 인해 기술의 유용성을 지각할 수 있다.

   ⊙ 사회적 영향(촉진 및 지원)을 통해 사용자는 기술이용이 유용하다고 지각할 수 있다.

혁신전파이론 vs 기술수용모형의 비교

구 분	혁신전파이론	기술수용모형
차이점	• 혁신에 대한 호의적 · 비호의적 태도형성을 설명하지만 어떻게 이 태도가 실제 혁신기술의 수용 · 거부로 발전하는가에 대해 설명하지 못함 • 혁신전파이론이 직접적 관계와 주 영향에 대해서만 초점을 맞추고 있다는 비판	'신념 → 태도 → 이용의도 → 이용'이라는 인간관계에 관한 이론적 연결고리를 비교적 명확히 제시
공통점	• 혁신전파모형 · 기술수용모형 모두 다양하고 광범위한 기술수용을 설명 · 예측하는 모델 • 여러 연구에서 상호 보완관계에 있음 • 혁신전파이론과 기술수용모형은 다른 학문적 근원에서 출발했음에도 불구하고 상당히 유사	

혁신전파의 주요과정

혁신–의사결정과정	인지 → 관심 → 평가 → 시행 → 수용
혁신–의사결정 모델의 새 기능	지식 → 설득 → 의사결정 → 실행 → 확인
사회학습이론에 따른 인지적 과정	주의집중과정 → 파지과정 → 운동재생산 과정 → 동기화 과정
기술수용모형의 과정	신념변수 → 개인태도 → 이용의도 → 이용행동 결정

의사전달에서 수용에 영향을 끼치는 요인

• 혁신 사항의 특성
• 사회구조적 요인
• 지역 사회의 특성
• 혁신과정 요인
• 외부 지원 등

확장된 기술수용모형에서 사회적 영향 프로세스에 해당하지 않는 것은? 17 지도사 〈기출(변형)〉

① 자발성

② 지각된 용이성

③ 주관적 규범

④ 이미지

해설 **지각된 유용성에 영향을 주는 변수**
- 사회적 영향 프로세스 : 자발성, 주관적 규범, 이미지
- 인지적 도구 프로세스 : 지각된 용이성, 직무관련성, 결과품질, 결과 실연성

정답 ②

기술수용모형에서 신념변수의 비교로 옳지 않은 것은? 18 경북 〈기출(변형)〉

① 지각된 용이성은 새로운 농업기술의 수용을 통해 얻게 되는 것에 관한 것이다.

② 이용의 초기단계에서 지각된 유용성의 효과는 간접적이며 약한 효과를 가져온다.

③ 지각된 용이성은 특정 시스템을 사용하는 것이 힘들지 않을 것이라고 개인이 믿는 정도이다.

④ 지각된 용이성은 예측 과정을, 지각된 유용성은 예측 결과를 중시한다.

해설 **지각된 용이성과 지각된 유용성**

지각된 용이성	지각된 유용성
특정 시스템을 사용하는 것이 힘들지 않을 것이라고 개인이 믿는 정도	특정 시스템을 사용하는 것이 업무수행을 향상시켜줄 것이라고 개인이 믿는 정도
예측 과정	예측 결과
새로운 농업기술을 수용하는 과정	새로운 농업기술의 수용을 통해 얻게 되는 것에 관한 것
이용의 초기단계에서 지각된 용이성의 효과는 주로 직접적	이용의 초기단계에서 지각된 유용성을 통하여 간접적이며 약한 효과를 가져옴

정답 ①

적중예상문제

01

농촌지도에 있어서 고려되어야 할 학습원리가 아닌 것은?   11 경기 기출

① 관심의 원리
② 필요충족의 원리
③ 강화의 원리
④ 보상의 원리

해설 **농촌지도에서 고려되어야 할 학습원리(Bender)**
관심의 원리, 강화의 원리, 필요충족의 원리, 사고의 원리, 참여의 원리

02

다음 중 학습의 원리가 아닌 것은?   17 충남 기출

① 관심의 원리
② 강화의 원리
③ 필요충족의 원리
④ 시행착오의 원리

해설 시행착오의 원리는 학습을 자극과 반응의 연합으로 보는 학습이론이다.

03

어떤 행동에 대한 보상을 해 준다는 것은?

① 실천의 원리
② 강화의 원리
③ 사고의 원리
④ 동기의 원리

해설 **강화의 원리**
• 강화란 어떤 행동에 대하여 보상을 주는 것을 말한다.
• 학습자가 학습도중에 자신의 의견을 이야기 할 때 "매우 좋은 말씀입니다." 또는 "훌륭한 답변입니다." 등으로 학습자에게 칭찬과 인정감을 주어 스스로 만족감을 가지게 만드는 것이 필요하다.

04

농민을 가르칠 때 지도사가 혼자 이야기하는 것보다 토의를 하거나 실습을 함께 실시하는 것이 효과적이다. 이는 다음 중 어느 원리에 속하는가?

① 사고의 원리
② 강화의 원리
③ 연관의 원리
④ 참여의 원리

해설 **참여의 원리**
• 학습이란 학습자 자신의 자기활동 과정이다.
• 학습자가 학습에 능동적으로 많이 참여하면 그만큼 많은 학습을 얻게 된다.

05

다음 중 가정, 직장, 사회생활과 연관된 내용일 때 학습효과가 높은 것은? 19 경북 기출(변형)

① 자발적 학습의 원리
② 자기주도적 학습의 원리
③ 현실성의 원리
④ 참여교육의 원리

> 해설 현실성의 원리
> 교육이 실제 생활과 밀접한 관계에서 이루어져야 한다는 뜻으로, 가정, 식장 및 사회생활과 연관된 내용일 때 학습효과가 높다.

06

성인학습자의 특성으로 옳지 않은 것은?

① 성인은 타인주도적인 성향을 가지고 있다.
② 성인은 자기들이 무언가를 왜 학습하는지 알고 싶어 한다.
③ 성인은 학습하기 위해 문제중심 접근방식으로 학습 경험에 임한다.
④ 성인은 내·외부의 동기인자들에 의해 학습 동기화가 이루어진다.

> 해설 성인학습의 특징
> • 성인들은 자기주도적으로 학습하고자 한다.
> • 성인들은 무엇인가를 왜 배워야 하는지에 대해 알고자 하는 욕구를 가지고 있다.
> • 성인들은 과제중심적(문제중심적)으로 학습하고자 한다.
> • 성인들은 학습하려는 강한 내·외적 동기를 가지고 있다.
> • 성인들은 많은 다양한 경험을 가지고 있다.

07

성인학습이론 중 성인의 특성으로 옳지 않은 것은?

① 배운 것을 현업에 돌아가서 곧 활용하기를 원한다.
② 기분에 따라 학습효과가 좌우된다.
③ 결과중심 접근방식으로 학습하고자 한다.
④ 자신이 배울 필요가 있다고 생각하는 것을 학습한다.

> 해설 ③ 성인들은 과제중심적(문제중심적)으로 학습하고자 한다.

08

성인학습의 교수방향으로 옳지 않은 방법은?

① 학습에 대한 강화는 동적 강화가 더 효과적이다.
② 내재적 동기부여와 능동적 참여 분위기를 조성한다.
③ 환경의 극대화를 위해 정보를 조직적으로 제시한다.
④ 교육의 출발점을 다양하게 제시한다.

> 해설 ① 학습에 대한 강화는 정적 강화가 더 효과적이다.

09

성인학습의 원리에 대한 설명으로 옳지 않은 것은?

① 자발적 학습의 원리는 성인의 '자아개념의 변화' 로부터 도출되는 원리이다.
② 자기 주도적 학습의 원리는 경험의 역할이 강조 되는 것으로부터 도출되는 원리이다.
③ 상호학습의 원리는 학습자가 전원 동일한 입장 에서 상호 학습하는 경우도 있다.
④ 생활적응의 원리는 성인의 학습활동이 아동 교 육의 문제를 중심으로 전개된다는 것으로부터 도출된다.

> **해설** 성인발달특성에서 '학습의 준비도'와 관련하여 나타 나는 것으로서 성인의 학습활동이 아동 교육과 달 리 실제 생활상에 당면하는 문제를 중심으로 전개 된다는 것으로부터 도출된다.

10

사회학습이론에 대한 설명으로 옳지 않은 것은?

① 학습자들은 모델을 관찰할 수 있는 물리적 역량 을 가지고 있어야 한다.
② 타인의 행동을 관찰하고 모방하는 데서 오는 행 동변화를 강조한다.
③ 관찰학습, 모방학습, 인지적 행동주의 학습이라 고도 한다.
④ 영화, TV, 소설 등의 관찰은 모방학습이 이루어 지나, 가정에서 부모의 행동은 관찰학습이 이루 어지지 않는다.

> **해설** 가정에서 부모의 행동에 대한 관찰학습이 이루어진 다. 특히, 가정폭력 등은 자녀가 폭력적인 장면을 관찰하고, 모방학습이 되어 훗날에 폭력적인 행동 을 하게 될 수 있다.

11

사회학습이론의 설명으로 옳지 않은 것은?

① 사회학습이론에 따르면, 개인을 모방을 하지 않 고도 다른 사람을 관찰함으로써 학습이 이루어 지며, 이러한 관찰은 사회적 맥락에서 일어난다 는 점을 강조한다.
② 사회학습이론은 사회적 상황과 모델링의 과정 을 부각시켰다는 점에서 높게 평가된다.
③ 간접적 혹은 대리경험으로는 행동에 영향을 받 지 않는다.
④ 성인학습상황에서 유용한 개념들은 자기효능 감, 통제위치 등이 있다.

> **해설** 영화, TV, 소설 등에서도 관찰을 통해 모방학습이 이루어지고, 간접적 혹은 대리경험으로도 행동에 영향을 받는다.

안심Touch

12

사회학습이론에서 직접강화, 대리강화, 자기 강화 등의 강화 가능성에 따라 실제 수행여부가 좌우되는 인지적 학습과정 요소는?

① 주의집중과정
② 파지과정
③ 운동재생산 과정
④ 동기화 과정

해설 **동기화 과정**
- 개인의 재생산 능력이 아무리 뛰어나도 충분한 유인가치·동기 없이는 행동을 수행하지 않음 → 학습자는 긍정적 결과를 유도하는 모델 행동을 더욱 선호하게 되며, 사회학습이론은 강화된 행동이 계속 반복될 것이라고 강조(반두라)
- 직접 강화, 대리 강화, 자기 강화 등의 강화 가능성에 따라 실제 수행 여부가 좌우됨
- 행동모델링 교육훈련, 멀티미디어 교육훈련 프로그램 등은 사회학습이론에 의해 영향 받은 훈련 방법에 해당

13

Noe가 제시하는 학습전이를 촉진하는 상사의 지원활동에서 가장 높은 수준은?

① 실습기회의 제공
② 격 려
③ 강 화
④ 지원활동

해설 **Noe가 제시하는 학습전이를 촉진하는 상사의 지원활동**
지원활동(직접 훈련가로서 참여하여 가르치는 것, Teaching In Program) > 실습기회의 제공 > 강화 > 상사의 참가(Participation) > 격려(Encouragement) > 교육훈련 참여 허락(Acceptance)

01

문제중심학습에 대한 설명으로 옳지 않은 것은?

① 모든 학습은 성찰로부터 시작된다.
② 집단 활동을 중심으로 진행된다.
③ 공동학습과정에 대한 적극적 참여가 요구된다.
④ 학습효과 측면에서 전통적 수업보다 유리하다.

> **해설** ① 문제중심학습은 문제에 대한 인식으로부터 시작된다.

02

다음 문제중심학습(PBL) 구성을 순서대로 나타낸 것은?

㉠ 문제 결론 단계	㉡ 문제 재확인 단계
㉢ 발표 단계	㉣ 문제 제기 단계

① ㉣ → ㉡ → ㉢ → ㉠
② ㉣ → ㉢ → ㉡ → ㉠
③ ㉢ → ㉣ → ㉡ → ㉠
④ ㉢ → ㉡ → ㉣ → ㉠

> **해설** **문제 중심 학습(PBL) 구성**
> 문제 제기 단계 → 문제 재확인 단계 → 발표 단계 → 문제 결론 단계

03

액션러닝의 특징으로 옳지 않은 것은?

① 조직이 앞으로 예상되는 과제를 발굴하고 해결해가는 과정이다.
② 팀으로 활동을 하여 팀 시너지를 이룬다.
③ 질문과 성찰을 통해 변화를 추구한다.
④ 러닝코치와 함께 학습과 변화를 추구한다.

> **해설** ① 조직이 당면하고 있는 실제 과제를 발굴하고 해결해가는 과정이다.

04

소규모로 구성된 한 집단이 조직, 그룹, 또는 개인이 직면하고 있는 실질적인 문제와 원인을 규명하고 이를 해결하기 위한 방법을 모색하는 과정에 대한 성찰을 통한 학습은?

① 문제중심학습
② 액션러닝
③ 강 의
④ 토 의

> **해설** 액션러닝이란 소규모로 구성된 한 집단이 기업이 직면하고 있는 실질적인 문제를 해결하는 과정에서 학습이 이루어지며, 그 학습을 통해 각 그룹 구성원은 물론 조직 전체에 혜택이 돌아가도록 하는 일련의 과정이자 효과적인 프로그램이다.

05

다음 액션러닝 구성요소 중 문제에 대한 설명으로 옳지 않은 것은?

① 해결해야 할 문제로서 조직 이익과 직결되는 실제 문제여야 하며, 실현가능한 것이어야 한다.
② 조직적인 특성과 관련된 문제보다는 기술문제이어야 한다.
③ 조직 내 여러 부서와 관련되어 있는 복잡한 문제로, 참가자들이 다양한 아이디어 해결방안의 제시가 가능해야 한다.
④ 학습의 기회를 제공하여야 하며 조직의 다른 부문에도 적용 가능해야 한다.

해설 ② 본질에 있어서 기술적이기보다는 조직적인 특성과 관련된 문제이어야 한다.

06

다음 액션러닝 구성요소 중 학습의지에 대한 설명으로 옳지 않은 것은?

① 학습한 내용을 전 조직과 개인의 삶에 적용하는 것에 의의를 둔다.
② 과제 원인을 찾는 것이 우선임을 알려서 개인, 팀, 조직의 지식과 역량을 강화해 나가야 한다.
③ 학습과 행동이 똑같은 비중을 차지한다.
④ 참가자의 시급한 프로젝트의 해결이 우선임을 알려야 한다.

해설 ④ 참가자의 시급한 프로젝트의 해결보다는 과제 원인을 찾는 것이 우선임을 알려서 개인, 팀, 조직의 지식과 역량을 강화해 나가야 한다.

07

액션러닝 구성요소로 옳은 것은?

① 문제, 그룹(집단), 질의 및 성찰, 실행의지, 학습의지, 촉진자
② 문제, 가상공동체, 질의 및 성찰, 실행의지, 학습의지, 촉진자
③ 문제, 그룹(집단), 질의 및 성찰, 실행의지, 학습의지, 운영자
④ 문제, 그룹(집단), 질의 및 성찰, 실행의지, 학습의지, 평가

해설 Marquardt는 액션러닝 구성요소를 문제, 그룹(집단), 질의 및 성찰, 실행의지, 학습의지, 촉진자 등 6가지로 정의하였다.

08

액션러닝의 특징으로 옳지 않은 것은?

① 액션러닝은 실시간 학습 경험을 제공한다.
② 액션러닝을 진행하면 학습자 개인의 학습역량은 신장되나 학습팀이 소속된 집단 전체의 역량에는 영향이 없다.
③ 액션러닝은 학습자의 자발적이고 민주적인 참여와 진행을 전제로 한다.
④ 팀 활동을 통해 서로 다른 경험과 학습을 수행하는 동료 팀원으로부터 다양한 관점을 공유함으로써 최적의 해결방안을 도출할 수 있다.

해설 ② 액션러닝을 진행하면 학습자 개인의 학습역량이 신장될 뿐만 아니라 학습팀, 나아가 학습팀이 소속된 집단 전체의 역량이 향상되는 특징이 있다.

09

액션러닝의 장점으로 옳지 않은 것은?

① 가장 큰 장점은 교육과 업무가 분리되지 않고 함께 이루어질 수 있다는 점이다.

② 액션러닝을 위해서는 업무 현장을 벗어날 필요가 없으며, 학습자가 교육과 실제와의 사이에서 괴리감을 덜 느끼게 된다.

③ 조직 입장에서는 난이도가 있는 조직의 현실적인 문제들을 해결하는 데 도움이 되어 경영상의 요구가 충족될 수 있다.

④ 액션러닝은 비용이 많이 소요되므로 개인 수준의 개발과 팀 수준의 개발을 동시에 할 수 없다.

> **해설** ④ 액션러닝을 통해 비교적 적은 비용으로 조직 구성원들을 개발할 수 있으며, 개인 수준의 개발과 팀 수준의 개발을 동시에 할 수 있다.

10

교수학습방법 중 강의에 대한 설명이 아닌 것은?

① 짧은 시간에 많은 내용을 전달함으로써 시간과 비용 면에서 경제적이다.

② 교수자와 학습자 간의 커뮤니케이션이 활발하게 이루어진다.

③ 교사 중심이다.

④ 학습자 개인별 차이를 고려하기 어렵고, 흥미를 잃을 가능성이 있다.

> **해설** ②는 토의에 대한 설명이다.

11

교수학습방법에 대한 설명 중 옳지 않은 것은?

① 강의 : 지식의 전수가 주된 교육목적일 때

② 심포지엄 : 특정 주제에 대해 2명 이상의 사람들이 서로 다른 시각으로 짤막한 발표를 하고 난 뒤 사회자의 진행으로 질문과 답변을 하는 방식

③ 사례연구 : 실제적인 상황을 이용하여 만든 사례를 통한 교수방법

④ 인바스켓 기법 : 큰 집단을 5~10여 명의 소집단으로 나누어 주제를 토의하고, 나중에 큰 집단으로 모여 결과를 보고하는 방식의 토의법

> **해설** ④ 버즈그룹(Buzz Group)에 대한 설명이다.
> **인바스켓 기법**
> 실제상황과 비슷하게 설정하여 문제해결능력이나 계획능력을 향상시키는 교수법

12

다음에 설명하는 교수학습방법은?　　　17 충남 기출

> 쟁점문제를 토의할 기회가 있다. 쟁점을 이해할 수 있고 유익하며 객관적인 피드백과 제안을 제공할 수 있으면서도 완전한 비밀을 유지할 수 있는 사람과 함께 아이디어를 시도해볼 수 있는 기회를 갖는다. 또한 이 방법은 공식적인 훈련에 비해 편이성, 비밀유지, 유연성, 개인에 대한 배려 등 여러 가지 장점을 가진다. 약점으로는 일대일 비용이 높다는 것이다.

① 야외훈련

② 경영자 코칭

③ 강 의

④ 게임법

> **해설** 설문은 경영자 코칭의 주요목적과 장단점에 해당한다.

13
교수학습방법에 대한 설명으로 옳지 않은 것은?

① 게임법은 문제해결 및 의사결정 능력을 향상시키기 위한 교수방법이다.
② 사례연구에서 사례 선정 시 제한된 시간 내에 마칠 수 있는 정도의 수준인지를 점검해야 한다.
③ 역할연기법은 반두라의 사회학습이론에 기초를 두고 있으며, 많은 행동 패턴은 다른 사람의 행동으로부터 학습된다고 전제한다.
④ 인바스켓 기법은 교육훈련 상황을 실제 상황과 비슷하게 설정하는 것으로, 주로 문제해결 능력이나 계획 능력을 향상시키는 교수방법이다.

> **해설** ③은 행동모델링에 대한 설명이다.
> **역할연기법**
> 2인 혹은 그 이상의 교육생들에게 배정된 역할을 연기하도록 하는 방법이다.

14
경영자 코칭의 내용으로 옳지 않은 것은?

① 일대일 코칭의 비용이 높다.
② 유능한 코치가 부족하다.
③ 코칭을 제공하는 사람은 외부전문가로만 이루어진다.
④ 공식적인 훈련에 비해 편이성, 비밀유지, 유연성 등에 대한 배려의 장점이 있다.

> **해설** ③ 코칭을 제공하는 사람(코치)은 내부 컨설턴트일 수도 있고 또는 외부 전문가일 수도 있다.

15
다음에 해당하는 교수학습방법은?

> • 우선순위를 정하고 사안 간의 관련성 파악
> • 추가적 정보요구 등에 관한 상황판단 능력
> • 보고서 작성 기법
> • 회의 개최계획
> • 의사결정과 대안모색에 관한 자율성

① 역할연기
② 인바스켓 기법
③ 사례연구
④ 게임법

> **해설** 위의 내용은 인바스켓 기법에 의해 개발되는 능력의 내용이다.

16
역할연기문제 설명 중 옳지 않은 것은? 18 경남 기출

① 주제에 대한 탐구를 목적으로 한다.
② 그룹 준비시키기 단계에서 역할을 분석하고 역할연기자를 선정한다.
③ 그룹 준비시키기 – 참가자 선정하기 – 무대 준비하기 – 관찰자 준비시키기 순으로 진행된다.
④ 2인 혹은 그 이상의 교육생들에게 배정된 역할을 연기하도록 하는 방법이다.

> **해설** ② 참가자 선정하기 단계에서 역할을 분석하고 역할연기자를 선정한다.

17

행동모델링에 대한 설명으로 옳지 않은 것은?

① 사회학습이론에 기초를 두고, 많은 행동패턴은 다른 사람의 행동으로부터 학습된다고 전제한다.
② 학습의 구성요소는 모델의 행동, 행동의 결과에 따른 강화, 학습자의 인지적 과정이다.
③ 학습과정은 주의집중과정 → 파지과정 → 운동재생산 과정 → 동기화 과정이다.
④ 파지과정에서 학습자는 모델의 특징 및 행동의 기능적 가치에 주의를 기울인다.

> **해설** ④ 파지과정에서 학습자는 일정 시간이 경과한 후 모방하기 위해서 모델의 행동을 기억장치에 저장하게 되는데, 이때 저장을 용이하게 하기 위해 상상 등을 통한 내적 시연과 직접 해보는 외적 시연 방법을 활용한다.

18

다음 학습원리 중 문제해결 능력과 계획 능력을 향상시키는 데 도움이 되는 것으로 옳은 것은?

19 경북 기출

① 역할연기
② 사례연구/게임법/시뮬레이션
③ 경영자코칭
④ 인바스켓

> **해설** **인바스켓 기법의 개념**
> • 교수학습전략의 방법으로 교육훈련 상황을 실제 상황과 비슷하게 설정하는 것이다.
> • 주로 문제해결 능력이나 계획 능력을 향상시키는 교수방법이다.

01

혁신에 대한 설명이 아닌 것은?

① '슘페터'로부터 연유된 용어이다.
② '슘페터'는 개인에 의하여 새로운 것이라고 지각된 아이디어, 실체, 객체가 혁신이라고 했다.
③ 혁신전파과정은 사회적과정이다.
④ 혁신의사결정은 개인의 심리적과정이다.

> **해설** ②는 '로저스'의 혁신의 정의이다. 슘페터(Shumpeter)는 기업가의 창조적 활동에 의한 혁신적 생산방법 또는 생산수단의 새로운 결합을 기술혁신이라 정의하였다.

02

Barnett가 제시한 혁신발생에 영향을 주는 사회문화적 조건이 아닌 것은?

① 아이디어의 집중
② 변동의 기대
③ 경 쟁
④ 보상적 욕구

> **해설** Barnett가 제시한 혁신발생에 영향을 주는 요인
> • 아이디어의 축적
> • 권위주의
> • 공동노력
> • 경 쟁
> • 아이디어의 집중
> • 이질적 요소 간의 접합
> • 변동의 기대
> • 기존가치의 변혁

03

혁신전파의 중요 요소에 포함되지 않는 것은?

① 혁 신
② 커뮤니케이션 채널
③ 사회체계
④ 사회경제적 특성

> **해설** 사회경제적 특성은 혁신성 결정요인에 해당된다.

04

혁신 결정의 형태에 속하지 않는 것은?

① 조직적 혁신 결정
② 선택적 혁신 결정
③ 부수적 혁신 결정
④ 권위에 의한 혁신 결정

> **해설** **혁신 결정의 형태**
> • 선택적 혁신 결정 : 사회체계 내의 다른 사람들의 결정과는 관계없이 개인에 의해 혁신의 채택이나 거부를 선택하는 것
> • 집합적 혁신 결정 : 사회체계의 구성원의 합의에 의해 혁신의 채택이나 거부가 선택되는 것
> • 권위에 의한 혁신 결정 : 사회체계에서 권력이나 지위, 기술적 능력을 가진 비교적 소수의 개인들에 의해 혁신의 채택이나 거부가 선택되는 것
> • 부수적 혁신 결정 : 혁신 결정의 세 형태 중 둘 이상의 연쇄적 혼합인 결정. 이는 혁신에 대한 최초의 결정이 내려진 뒤에 혁신의 채택이나 거부가 선택되는 것

05

혁신사항 수용과정의 올바른 순서는?

97 경기, 97 강원 기출

① 관심 – 인지 – 평가 – 시행 – 수용
② 시행 – 인지 – 관심 – 평가 – 수용
③ 시행 – 관심 – 인지 – 평가 – 수용
④ 인지 – 관심 – 평가 – 시행 – 수용

해설 **로저스의 혁신–의사결정과정**
　　인지 → 관심 → 평가 → 시행 → 수용

06

기술수용의 단계 중 수신자가 의식을 하는 단계는 어느 단계에 해당하는가?

① 인지단계
② 관심단계
③ 평가단계
④ 수용단계

해설 **농민의 새로운 기술을 받아들이는 기술수용의 단계**
　　• 인지단계 : 수신자가 의식을 하는 단계
　　• 관심단계 : 설득기능을 하는 단계(성공사례나 선진지 견학 등을 시키는 것)
　　• 평가단계 : 의사결정의 기능
　　• 시행단계 : 실제의 행동으로 소규모로 실천
　　• 수용단계 : 적용단계

07

인지된 혁신의 속성이 아닌 것은?　　17 충남 기출

① 호환성
② 복잡성
③ 시행가능성
④ 상대적 불리성

해설 **인지된 혁신의 속성**
　　호환성, 복잡성, 시행가능성, 상대적 이점, 관찰가능성

08

로저스가 말한 재발명이 일어나는 경우와 거리가 먼 것은?

① 재발명은 혁신전파의 초기에 더 자주 일어난다.
② 이해하기 어려운 혁신은 재발명되기 쉽다.
③ 보편적 개념이나 다양한 애플리케이션을 제공하는 혁신일수록 재발명되기 쉽다.
④ 혁신에 대한 소유권을 가지고 있다는 긍지나 자신감이 재발명의 요인이 된다.

해설 ① 후기수용자는 조기수용자의 시행착오 및 오류 등을 경험했기 때문에 재발명은 혁신전파 후기에 자주 일어난다.

09

로저스가 말한 재발명이 일어나는 경우와 거리가 먼 것은?

① 수용자가 변화주도자나 이전수용자와 직접적으로 접촉하였을 때
② 사용자의 다양한 문제를 해결하기 위해 혁신이 실행될 때
③ 변화주도자가 혁신대상자들로 하여금 혁신을 수정, 개선하도록 영향을 미칠 때
④ 혁신을 수용하는 조직의 구조에 맞게 혁신을 조정할 때

해설 ① 수용자가 변화주도자나 이전수용자와 직접적으로 접촉하지 않았거나 수용자가 혁신에 대해 자세히 알 수 없을 때 재발명되기 쉽다.

10

혁신자에 대한 설명 중 옳은 것을 모두 고르시오.

18 경남 기출

> ㉠ 12.5퍼센트를 차지한다.
> ㉡ 전파과정에서 중요한 역할을 한다.
> ㉢ 기술을 배울 수 있는 능력이 있어야 한다.
> ㉣ 불확실에 대처할 수 있게 재정이 넉넉해야 한다.

① ㉠ ㉡ ㉢
② ㉡ ㉢ ㉣
③ ㉠ ㉢ ㉣
④ ㉠ ㉡ ㉣

해설 **혁신자(모험심이 강함)의 특징**
• 혁신사항을 인지하면 바로 수용하는 사람으로 성급하고 무모할 정도로 모험심이 강하다.
• 혁신자 계층은 지역사회에서 생활수준과 교육수준이 높고 비교적 혁신성은 크나 신중성이 부족하여 실패를 많이 한다.
• 혁신자가 구성원에 의해서 존경받지는 않지만 전파 과정에서 매우 중요한 역할을 한다.
• 재정적으로 넉넉해야 혁신 수용에 따르는 손실의 부담을 감할 수 있다.
• 복잡한 기술·지식을 이해하고 적용하는 능력이 필요하다.
• 수용할 당시 불확실성에 대해 어느 정도 대처할 수 있어야 한다.

11

혁신의 의사결정과정 및 수용자 범위에 대한 설명으로 옳지 않은 것은?

20 지도사 기출(변형)

① 조기수용자는 혁신자보다 사회체계에서 더 통합적인 부분을 담당한다.
② 후기 다수자는 조기수용자보다 보수적인 태도를 보인다.
③ 평가단계는 의사결정의 기능을 하는 단계로 의사결정사항을 본격적으로 받아들이고 적용한다.
④ 시행단계는 마음으로 결정한 사항을 실제 행동으로 소규모로 실천해보는 단계이다.

해설 ③ 평가단계는 의사결정의 기능을 하는 단계는 맞지만 의사결정사항을 본격적으로 받아들이고 적용하는 단계는 수용단계이다.

12

혁신이론의 수용자 중 존경받는 범주는?

17 지도사 기출(변형)

① 혁신자
② 조기수용자
③ 조기다수자
④ 후기다수자

해설 조기수용자는 수용자 중 존경받는 범주이며, 혁신적인 정보추구가 상대적으로 많다.

13

다음 중 조기수용자의 특성으로 거리가 먼 것은?

97 강원 기출

① 조기수용자는 상대적으로 긍정적인 변화성향을 소지하고 있다.
② 문맹률이 상대적으로 높다.
③ 연령이 상대적으로 낮다.
④ 혁신적인 정보추구가 상대적으로 많다.

해설 일반적으로 젊고 교육정도가 높으며, 활동적이고 독서를 많이 하는 사람들이다.

14

다음 중 조기수용자에 관한 설명으로 옳지 않은 것은?

09 경기 기출

① 인지된 혁신사항의 가치를 비교적 일찍 인정하고 틀림없다고 확인할 때는 바로 수용하는 사람들이다.
② 농촌지도사업의 측면에서 볼 때 가장 설득하기 어려운 사람들이다.
③ 일반적으로 젊고 교육정도가 높으며, 활동적이고 독서를 많이 하는 사람들이다.
④ 조기수용자는 지역사회의 여론지도자로서 역할을 수행하는 사람들이 많다.

해설 ② 농촌지도사업의 측면에서 볼 때 가장 설득하기 쉬운 사람들이다.

15

혁신전파의 개인 책임 편향의 극복 방안으로 옳지 않은 것은?

① 연구 분석단위를 개인으로만 한정할 것이 아니라 다른 대안을 강구해야 한다.

② 연구자는 탐색 자료가 수집될 때까지는 사회문제 원인에 대해 열린 마음을 유지해야 한다.

③ 잠재적 수용자 · 거부자들보다 문제 개선을 갈구하는 혁신주도자 같은 사람을 포함한 모든 참가자가 혁신의 전파문제의 정의에 포함되어야 한다.

④ 개인에 국한된 변인뿐만 아니라 사회구조 · 커뮤니케이션 구조와 연관된 변인이 혁신전파연구에 포함되어야 한다.

> 해설 ③ 문제 개선을 갈구하는 혁신주도자와 같은 사람들보다 잠재적 수용자 · 거부자를 포함한 모든 참가자가 혁신 전파문제의 정의에 포함되어야 한다.

16

혁신주도자가 혁신을 수용하지 않는 이유를 개인책임에 돌리는 이유 중 옳지 않은 것은?

① 연구후원자가 개인 책임 편향을 가진 혁신주도체라면 연구자는 개인 책임적 태도를 받아들이기 때문이다.

② 대부분 연구자는 분석단위를 개인에 초점을 맞추고 있기 때문이다.

③ 연구대상으로서 체계보다 개인이 접근하기 용이하기 때문이다.

④ 연구자가 체계 책임 요인을 변화시키는 것은 쉽다고 생각하기 때문이다.

> 해설 ④ 연구자가 체계 책임 요인을 변화시키는 것은 어려운 반면 개인 책임 변인은 변화시키기 쉽다고 생각하기 때문이다.

17

혁신주도체의 혁신 목표에 대한 설명으로 옳지 않은 것은?

① 혁신주도체는 혁신전파로 인해 사회체계에 역동적 균형상태가 유지되기를 바란다.

② 안정적 균형상태란 혁신으로 인한 변화에 대해 사회체계가 감당할 수 있는 상태이다.

③ 불균형이란 혁신으로 인한 변화가 사회체계에 적응을 할 수 없거나 변화의 속도를 따라 갈 수 없는 경우이다.

④ 사회체계가 얻을 수 있는 이익을 제고하고, 구성원에게 이익이 균형 배분되기를 바란다.

> 해설 ②는 역동적 균형을 설명한 것이다.
> **안정적 균형**
> 혁신이 도입된 사회체계의 구조 · 기능에 거의 변화가 없는 상태

01

기술수용모형에 대한 설명으로 옳지 않은 것은?

① 기술도입을 위해서는 대규모 단위의 농민단체 행동을 권장한다.
② 기술수용모형은 데이비스가 처음 개발 및 공식화하였다.
③ 신념변수인 지각된 유용성과 용이성이 중요하다.
④ 신기술은 부자에게만 유리하고 식품안전에 불리한 도구라는 인식 때문에 신기술 수용에 소극적이다.

해설 ① 소규모 단위 농민의 단체행동을 권장한다.

02

기술수용모형(TAM)에 대한 설명으로 옳지 않은 것은?

① 혁신기술인 컴퓨터 수용에 대한 사용자의 행동을 설명하는 모형이다.
② 개인의 정보기술 수용에 영향을 미치는 지각된 유용성과 지각된 용이성을 설정하고 있다.
③ 외부변수 → 지각된 유용성·용이성 → 태도 → 이용의도 → 실제이용의 순이다.
④ 인간의 일반적인 행동을 설명했다.

해설 ④ 인간의 행동은 실제로 행동할 것인지의 의도에 따라 결정되며, 행동의 의도는 행동에 대한 태도와 주관적 규범에 영향을 받는다는 합리적 행동 이론이다.

03

기술수용모형의 과정에 대한 설명으로 옳은 것은?

① 인지 → 관심 → 평가 → 시행 → 수용
② 지식 → 설득 → 의사결정 → 실행 → 확인
③ 주의집중과정 → 파지과정 → 운동재생산 과정 → 동기화 과정
④ 신념변수 → 개인태도 → 이용의도 → 이용행동 결정

해설 • 기술수용모형의 과정 : 신념변수 → 개인태도 → 이용의도 → 이용행동 결정
• 혁신–의사결정과정 : 인지 → 관심 → 평가 → 시행 → 수용
• 혁신–의사결정 모델의 새 기능 : 지식 → 설득 → 의사결정 → 실행 → 확인
• 사회학습이론에 따른 인지적 과정 : 주의집중과정 → 파지과정 → 운동재생산 과정 → 동기화 과정

04

의사전달에서 수용에 영향을 끼치는 요인이 아닌 것은?

① 혁신 사항의 특성
② 사회구조적 요인
③ 전달자의 특성
④ 지역 사회의 특성

해설 **수용에 영향을 주는 요인**
• 혁신 사항의 특성
• 사회구조적 요인
• 지역 사회의 특성
• 혁신과정 요인
• 외부 지원 등

PART 03

농촌지도계획

합격의 공식 **시대에듀**

잠깐!

자격증 · 공무원 · 금융/보험 · 면허증 · 언어/외국어 · 검정고시/독학사 · 기업체/취업
이 시대의 모든 합격! 시대에듀에서 합격하세요!
www.youtube.com → 시대에듀 → 구독

농촌지도계획

|01| 농촌지도계획의 개념

(1) 농촌지도과정과 농촌지도계획

- 교육과정 : 교육목표설정, 학습경험, 교육평가
- 농촌지도과정 : 농촌지도계획, 농촌지도실천, 농촌지도평가
- 농촌지도계획 : 과제계획, 실천계획, 평가계획

① 농촌지도계획의 의미 : 농촌지도원, 농민대표, 관계기관 및 단체의 대표와 농업 전문가 등이 함께 모여 지역사회 내외의 현황을 분석하여 종합적인 지역사회 발전을 위한 장기적 농촌지도 목적을 설정하고 그것을 효과적으로 달성하기 위한 실행계획과 타당한 평가 및 수정계획을 수립하는 계속적이고 의도적인 의사결정과정이다.

② 농촌지도과정
  ㉠ 과제계획
    - 농촌지도를 어떠한 방향으로, 무엇을 전개할 것인가를 결정하는 과정이다.
    - 농촌지도의 목적을 설정하는 과정으로 가장 핵심이 되는 계획의 과정이다.
    - 이 부분의 계획을 농촌지도관계계획 혹은 설정이라고도 한다.
  ㉡ 실천계획
    - 지도목적을 달성하기 위한 실천을 계획하는 과정이다.
    - 어떠한 사업과 활동을 언제 · 어디서 · 누가 · 어떻게 할 것인가를 미리 결정하는 과정이다.
    - 이 부분의 계획을 실행계획이라고도 한다.
  ㉢ 평가계획
    - 평가를 계획하는 과정이다.
    - 농촌지도의 사업과 활동에 대한 평가를 언제 · 어디서 · 누가 · 어떻게 할 것인가를 미리 결정하는 과정이다.

③ 세분화한 농촌지도계획 과정
  ㉠ 지도계획위원회의 조직과 운영
  ㉡ 장기 지도계획 수립
  ㉢ 장기 지도계획서 작성

      ⓔ 연간활동계획 수립(실행계획 수립)

      ⓜ 지도 및 활동을 통한 계획의 실천

      ⓗ 성과의 평가와 실적발표 및 계획의 수정

④ 농촌지도계획의 절차

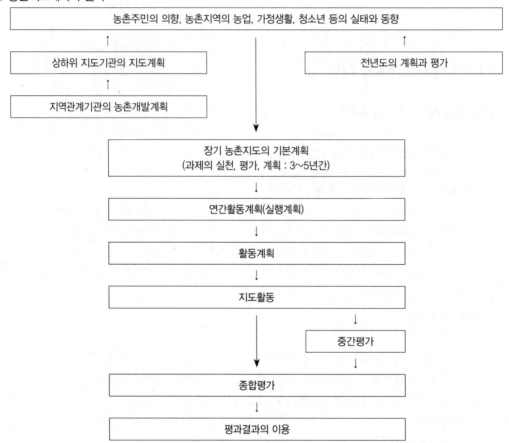

(2) 농촌지도계획의 성격

① Black(1968)의 개발계획의 성격(3가지) : 종합성, 일반성, 장기성

    ㉠ 종합성 : 물리적 개발뿐만 아니라 사회적·정신적 개발도 포함하여야 한다.

    ㉡ 일반성 : 개발계획은 더 나은 상태로 접근하기 위한 전반적인 의도의 표시에 불과하며, 개별적·구체적 확약이나 규칙은 아니다.

    ㉢ 장기성 : 개발계획은 1년 내에 실현할 수 있는 성질의 것이 아니라 5년, 10년 혹은 50년의 장래를 전망하여 설계한다.

② 기타 농촌지도계획의 성격 : 주민참여성, 연관성, 연속성, 계절성 등

　　㉠ 주민참여성 : 농촌지도계획에 지도대상자인 농촌주민들을 반드시 참여시켜 농촌지도요원, 관계기관 대표, 농업전문가 등과 함께 계획을 하여야 한다.

　　㉡ 연관성

　　　• 농촌지도계획에서 각 단계별로 상호연관성이 있어야 한다.

　　　• 지역 내의 관계기관 사업을 참작하여야 한다.

　　　• 상하기관의 지도사업들과 상호 연관시켜 계획을 수립하여야 한다.

　　　• 하나의 지역단위에서 독립적으로 사업계획을 수립할 수는 없으며, 시·군단위에서 사업계획을 수립하더라도 국가의 농업정책·지도사업의 목적 등을 고찰해야 한다.

　　　• 상부로부터 사업계획수립에 필요한 여러 가지 자원을 지원받지 않으면 안 된다.

　　㉢ 연속성

　　　• 농촌지도계획이 연도 간, 계획기간 중에 단절되는 것이 아니고 순환된다.

　　　• 평가는 평가하는 것으로 끝나는 것이 아니고 다음 단계의 계획에 반영되므로, 지난해 사업들은 올해 사업과 연속성이 있다.

　　㉣ 계절성 : 농촌지도의 계획은 농민들이 잘 참여할 수 있도록 하기 위해서 가장 바쁜 농번기를 피하여 교육시기와 기간을 고려하여야 한다.

(3) 농촌지도계획 방식의 발달

① Kelsey and Hearne(1967)의 미국 농촌지도계획의 수립방식

　　㉠ 주체 중심 사업계획 : 영농구조가 단순하고, 영농 소득이 생산에만 좌우되던 시대의 농촌 사회에서는 농촌지도사들이 쉽게 농민의 문제를 파악하고 일방적으로 농촌지도 계획을 수립할 수 있었다. 주체 중심 사업계획은 이러한 농촌지도계획을 말한다.

　　㉡ 객체 중심 사업계획 : 농촌사회가 발전함에 따라 작목과 농민들의 관심 및 욕구도 다양해져 농촌지도사가 일방적으로 농촌지도계획을 수립하지 않고 농민과 함께 계획하는 농촌지도계획을 말한다.

　　㉢ 사실 중심 사업계획

　　　• 사회가 더욱 발전하고 신속해짐에 따라 객체 중심 사업계획 수립도 여러 가지 모순과 부작용을 낳게 되었다.

　　　• 농민의 필요와 관심에 중심을 두었으므로 계획에 일관성이 없고, 그 지역사회에서 가장 중요한 사업에 대하여 집중적으로 자원과 노력을 투자할 수 없게 되었으며, 지역사회 밖의 사회경제적 변화에 신속하게 대처할 수 없게 되었다.

　　　• 지역사회 내는 물론이고 지역외적 사실과 농업외적 사실까지도 조사·분석하여 그것을 기초로 지도사, 농민대표, 관계기관대표 및 전문가가 함께 사업을 계획하는 농촌지도계획이다.

|02| 농촌지도계획 수립

(1) 농촌지도 사업계획 수립

① 농촌지도계획의 원리(최민호)
  ㉠ 충분한 자료와 설명이 있어야 한다.
  ㉡ 관계기관과 긴밀히 협동하여야 한다.
  ㉢ 농촌지역사회의 실정에 기초를 두어야 한다.
  ㉣ 주어진 자원의 한계 내에서 계획하여야 한다.
  ㉤ 농촌지도계획에는 농촌주민이 참여하여야 한다.
  ㉥ 사업계획은 사회변화에 따라 수정 · 보완되어야 한다.
  ㉦ 농촌지도계획은 영세민과 노약자의 보호에 관심을 두어야 한다.
  ㉧ 농촌지도사는 변화촉진자로서 그 지역사회의 관습과 문화적인 측면을 이해하고 있어야 한다.
  ㉨ 현재의 계획은 과거의 계획과 미래의 계획이 상호 연관되도록 작성하여야 한다.
  ㉩ 계획은 국가 – 시 · 도 – 시 · 군 – 읍 · 면의 각 단위에서 일관성이 유지되어야 한다.

② 농촌지도계획 수립
  ㉠ 농촌지도계획에는 3~5년간의 장기적인 안목에서 계획을 수립하는 농촌지도 기본계획이 있다.
  ㉡ 기본계획 안에 각 연도별로 수립해야 하는 연간계획 혹은 실행계획이 있으며, 최소 단위의 활동계획
    이 있다.
  ㉢ 실행계획(연간활동계획)
    • 장기 지도계획을 근간으로 그 해에 성취하여야 할 지도사항이 무엇인가를 확인하고, 실행계획을
      수립하여야 한다.
    • 지도과정별로 그 지역사회의 실정과 문제점을 간단히 기록한다.
    • 그 해 성취하여야 할 지도목표를 구체적으로 세분하여 설정한다.
    • 지도목표를 달성하기 위한 활동과제를 선정하여 활동과제별로 활동내용, 활동방법, 활동시기, 활
      동책임자 등에 대해 작성한다.
  ㉣ 활동계획
    • 실행계획을 근간으로 농촌지도사가 직접 농촌주민과 만나 지도할 하나하나의 계획을 수립해야 한다.
    • 활동계획 항목 : 활동과제명, 활동목표, 지역현황과 문제점, 도입과정(동기유발방법), 지도방법별
      지도내용, 책임지도사 및 조력자(자원지도자), 지도대상자, 지도장소 및 일시, 요약 및 평가, 교재
      및 교구 등이 있다.

> **참고**
>
> 농촌지도 사업계획 수립의 4단계 : 실태파악 – 계획수립 – 실행 – 평가

③ 지도사업계획 수립 시 고려사항

    ⊙ 기본사업에 대한 객관적 분석과 평가가 이루어져야 한다. 당초 사업이 농업인에게 효과가 있었는지 평가할 수 있는 측정도구를 개발 · 활용해야 한다.

    ⓒ 지도사업에 대한 장기전망을 마련하고 이것을 바탕으로 사업목적과 우선순위를 결정하여 예산을 확보할 수 있는 분야별 전문가들의 협의체를 적극 활용해야 한다.

    ⓒ 지도사업계획 수립을 위해서 농업인(지도고객) 요구를 정확히 파악해야 한다. 지역별로 농업인의 구체적인 요구를 사업계획 수립 시 반영해야 한다.

(2) 지도사업계획 수립 양상

① 우리나라 농촌지도사업은 중앙 단위의 농촌진흥청, 도 단위의 농업기술원, 시 · 군 단위의 농업기술센터에서 계획을 수립하여 사업을 추진하다가, 지방자치제 시행으로 1997년 이후 중앙과 지방 지도기관으로 이원화되었다.

② 이원화 이전 지도사업계획

    ⊙ 지도사업계획은 중앙에서 농촌지도사업 기본방향과 사업현황을 제시하는 농촌지도사업 기본지침을 수립하고, 도 농업기술원에서 기본지침을 바탕으로 도별 지도사업지침을 작성하면, 시 · 군 농업기술센터에서 지역특성에 맞게 농촌지도계획을 수립하여 시행하였다.

    ⓒ 기본지침을 바탕으로 수립되어야 한다.

    ⓒ 지도사업의 평가는 사업추진기관별로 다양하게 진행된다.

    ⓔ 지도사업은 정부예산과 밀접한 관계가 있다. 즉, 농업인이 요구하는 사업을 충족시킬 수 있어야 한다.

③ 이원화 이후 지도사업계획

    ⊙ 농촌지도기관은 국가단위의 농정(농업정책, 농촌정책)을 홍보 · 보급하는 수단이자, 지역단위 사업(프로그램)을 계획 · 실행해야 할 주체이다.

    ⓒ 과거의 중앙기관의 기본지침을 하급기관으로 하달하던 계획방식과 더불어 개별 지도기관단위의 사업 계획 · 시행이 가능해졌다.

    ⓒ 중앙 예산의 감소와 지자체 재정자립도 등 지도사업 예산확보의 어려움, 지자체 간 경쟁의 심화 등이 지도사업의 한계로 작용한다.

    ⓔ 사업예산의 확보와 지역단위 사업을 지도기관에서 계획 · 실행할 수 있는 역량 부족으로 지역실정에 맞는 지도사업의 전개에 난항을 겪고 있다.

다음 중 활동의 계획 수립 시 포함되어야 할 항목으로 거리가 먼 것은? 97 경남 기출

① 지도장소 및 일시 ② 활동목표
③ 지역현황과 문제점 ④ 지역발전방향

해설 농촌지도 사업계획 수립
활동계획의 항목 : 활동과제명, 활동목표, 지역현황과 문제점, 도입과정, 지도방법별 지도내용, 책임지도사
및 조력자, 지도대상자, 지도장소 및 일시, 요약 및 평가, 교재 및 교구(활동방법, 지역발전방향은 활동계획
수립 시 포함되지 않음)

정답 ④

|03| 농촌지도계획 절차

(1) 지역실정 조사 · 분석

① Kaufman과 English의 지역요구를 분석하는 방법

ㄱ Alpha 요구분석

• 지역실정의 분석에 대한 아무런 제약조건 없이 전면적인 개혁을 목적으로 실시된다.
• 농촌지도사업의 현행 정책이나 방법 등이 지역에서 필요로 하는 것과 일치하느냐의 여부를 아무
제약 없이 분석하여, 그에 따른 결과대로 새로이 계획을 수립하는 방법이다.
• 요구분석의 가장 기본적인 형태이며 가장 큰 변화를 초래할 수 있고, 위험부담이 높다.

참고

요구와 요구분석
• 요구(Needs) : 현재의 산출과 기대 산출 간의 격차
• 요구분석(Needs Assessment) : 현재의 산출과 기대 산출 간의 격차를 측정하여 우선순위별로 배열하고 그 격차
를 해소할 수 있는 방법을 모색하는 공식적인 과정

ㄴ Beta 요구분석

• 현행 지도사업은 그 수행상 큰 문제가 없다는 전제조건 하에서 단순히 현재상황과 바람직한 상황
만의 차이(필요격차)를 분석하는 방법이다.

- Alpha 요구분석만큼 큰 변화를 가져오지 않지만, 지도사업의 방법과 결과를 모두 개선한다는 측면에서 다른 요구분석보다는 범위가 넓다.

> **🔍참고**
>
> 필요격차(Need Gap) : 농촌지도계획에서 현재 주민의 지식, 기술, 태도의 정도와 목표하는 바람직한 수준의 지식, 기술, 태도의 정도 차이

ⓒ Gamma 요구분석
- Alpha와 Beta 분석을 한 결과 현재상황과 바람직한 상황에는 차이가 있음이 발견되었을 때, 지도사업목표의 우선순위를 결정하기 위하여 사용된다.
- 지도사업은 1가지 사업을 수행하는 것이 아니라 여러 사업을 수행하는 데, 어떤 사업에 우선순위를 두어야 하는가를 분석하는 것이다.

ⓔ Epsilon 요구분석
- Gamma 분석 결과, 사업별 목표에 대한 우선순위가 결정된 후 그 목표가 달성되었는지의 여부를 분석하는 방법이다.
- 총괄평가와 그 성질이 비슷하다.

ⓜ Zeta 요구분석
- 결과보다는 결과를 수행하기 위한 방법이나 과정이 제대로 이행되었는가를 분석하는 방법이다(과정평가와 비슷함).
- 사업 수행 도중 여러 차례 분석하여 사업의 궤도를 수정할 수 있다.

② 요구분석을 위하여 조사 · 정리해야 할 사항
  ㄱ 일반현황 : 지리, 기후, 역사 등
  ㄴ 인구 : 인구증감, 이동형태, 연령구조, 교육정도, 수입정도 등
  ㄷ 노동력 : 취업자의 남녀비율, 노동력의 질적 수준, 취업분야, 고용조건, 주 소득원, 훈련필요 및 시설 등
  ㄹ 가정생활 : 식생활, 주생활, 가족관계, 가정관리 등
  ㅁ 청소년 : 청소년 통계, 생활, 새마을청소년회 등
  ㅂ 사회집단 : 지역사회의 형식 · 비형식 집단들
  ㅅ 자연자원 : 공유지 · 사유지, 개간지, 간척지, 수자원, 산림자원, 지하자원, 관광자원 등
  ㅇ 영농현황
    - 경지 : 소유면적과 형태, 경지정리, 수리 · 배수실태, 토양조건 등
    - 농업생산 : 작목별 영농규모, 수량과 품질, 재배기술문제 등
    - 농업경영 : 농업자금, 농업노동, 경영방식, 협동조직, 영농소득 등
    - 농산물시장 유통가공 : 농산물 출하시기와 방법, 농자재구입, 가공실태 등
    - 농업기계 : 보유 수, 소유실태, 이용실태, 관리 · 기술적 문제 등

ⓩ 농외소득 : 지역사회의 상업·공업, 근교지역의 농외취업, 부업, 농외소득수준 등

ⓩ 지방행정 및 공공기관 : 지역주민의 행정적 의무 수행과 지방조직체로부터 공공봉사를 받는 데 있어서 개선해야 할 사항(세금, 의료보험, 법규, 개발정책 등에 대한 교육의 필요성에 관련된 자료)

(2) 지역사회문제 결정

① 문제점이란 현 상황과 바람직한 상황과의 차이 즉, 필요격차를 말한다.

② 문제점이란 개선을 가져오기 위하여 어떤 행동과 변화가 필요한 상태와 조건을 말한다.

③ 농촌지도과제(문제) 결정 시 고려해야 할 사항

  ㉠ 문제에 관계되는 농촌주민의 수

  ㉡ 문제에 의해 좌우되는 소득의 정도

  ㉢ 문제해결에 대한 주민의 관심도

  ㉣ 문제해결에 필요한 자원의 가용 여부

(3) 장기 농촌지도목표 설정

① 목표란 지역사회의 사회·경제적 발전에 있어서 존재하는 여러 문제를 지도사업을 통하여 해결할 수 있는 방향을 뜻한다.

② 스미스가 제시한 농촌지도 목표 설정 시 참고사항

  ㉠ 사회적 적절성의 기준 : 사회변화에 적용해야 한다.

  ㉡ 인간 기본욕구의 기준 : 기본욕구가 충족되어야 한다.

  ㉢ 민주적 이상의 기준 : 민주주의 이념을 실현해야 한다.

  ㉣ 일관성과 비모순의 기준 : 상호중립 또는 상합적이어야 한다.

  ㉤ 행동적 해석의 기준 : 실제 행동으로 나타나야 한다.

  ㉥ 가치와 가능성의 기준 : 성취가 가능한 목표를 설정해야 한다.

  ㉦ 포괄성과 종합성의 기준 : 인지적·정의적·심체적 영역을 동시에 발달시킬 수 있는 목표를 설정해야 한다.

(4) 실천계획 및 평가계획

① 실천계획 수립

  ㉠ 장기목표에서 설정한 도달수준과 양을 연도별로 계획해야 한다.

  ㉡ 연도별 목표를 달성하기 위해 지도방침과 전략 등을 세운다.

  ㉢ 농업관계기관과 어떻게 협동할 것인가를 계획한다.

② 평가계획 수립 : 평가를 언제, 어디서, 누가, 무엇을, 어떻게를 기준으로 할 것인가를 계획한다.

(5) 장기 지도계획서 작성

① 작성 이유

    ㉠ 지도 유관기관과 인사에게 지도가 어떤 방향으로, 왜, 어떻게 전개될 것인가를 알려준다.

    ㉡ 예산확보 등 대외홍보에 도움이 된다.

    ㉢ 예산 · 노력 · 시간낭비 · 시행착오를 줄인다.

    ㉣ 농촌지역사회 내 다른 기관과 협동하기 위한 지침을 제공한다.

    ㉤ 인사이동에 대비할 수 있다.

② 작성 내용

    ㉠ 사업계획위원회에 대한 상세한 설명과 사업계획의 주요작업

    ㉡ 지역실정

    ㉢ 주요사업영역과 주요과제

    ㉣ 장기사업목적과 사업실천계획

    ㉤ 사업평가와 수정계획

    ㉥ 부록 등

(6) 실 천

① **활동계획 작성** : 연간 활동계획서를 근간으로 실제 활동하는 데 도움이 될 수 있는 계획을 수립한다.

② 활동전개

(7) 결과평가

① **지도평가계획** : 평가를 어떻게, 누가, 언제, 어디서, 무엇을 기준으로 할 것인가를 계획하여 주는 것

② **지도평가** : 계획위원회가 설정한 장기지도목표가 얼마나 성공적으로 달성되었는가를 검토하는 것

③ **수정계획** : 장기계획이 성안된 후 새로운 사회변화와 연구결과, 시행착오에 대처하기 위하여 수정방침과 의도를 밝혀주는 것

④ 평가는 하나의 평가위원회를 조직하여 평가하는 것이 타당성과 객관성이 높음

> 🔍 **참고**
>
> 농촌지도계획 절차
> 지역실정 조사 · 분석 → 지역사회문제 결정 → 장기 농촌지도목표 설정 → 실천계획 및 평가계획 → 장기 지도계획서 작성 → 실천(활동계획) → 결과평가

농촌지도계획 과정 중 가장 먼저 해야 할 것은?   14, 17 지도사 **기출(변형)**

① 지역 사회 문제 결정

② 지역실정 조사 및 분석

③ 장기 농촌지도목표 설정

④ 실천계획 및 평가계획

해설 **농촌지도계획 절차**
지역실정 조사 및 분석 → 지역사회문제 결정 → 장기 농촌지도목표 설정 → 실천계획 및 평가계획 → 활동계획 수립 → 결과평가

정답 ②

전략적 기획

|01| 전략적 기획의 개념과 특성

(1) 기획의 개념

① 정의

  ㉠ 페이욜(Fayol) : 미래를 예측하고 그것에 대비하는 활동으로, 기대하는 목표, 준수해야 할 과정, 그 과정상 여러 단계 및 활용해야 하는 수단 등 운영에 대한 모든 계획을 포함한다.

  ㉡ 사이먼(Simon) : 미래를 위한 제안, 제안된 대안의 평가와 제안을 달성하는 방법과 관련된 행동이다.

  ㉢ 드로어(Dror) : 최적의 수단(방법)으로 목표를 달성하기 위하여 미래의 행위에 관한 일련의 결정을 내리는 과정이다.

  ㉣ 알렉산더(Alexander) : 인간 행위의 기본적인 행동이며 예시적이고 선택을 통한 미래 행동의 결정이다.

② 기획과 계획의 차이

기획(Planning)	계획(Plan)
미래의 활동을 예측하는 행위로 계획을 수립 · 작성 · 집행하는 과정	기획을 통해 산출되는 결과물
계속적 · 동적 · 절차적 개념	최종적 · 산출적 개념
절차와 과정을 의미	문서화된 활동목표와 수단을 의미

③ 기획과 정책의 차이

  ㉠ 정책(Policy)은 기획에 선행하는 기획을 위한 기본적인 프레임워크이다. 기획은 정책목표와 그것을 달성하기 위한 구체적 수단과 방법을 명시하고, 정책수행의 우선순위와 중점을 밝히며, 그 결과를 예측해주는 지적인 과정이다.

  ㉡ 정책은 기획에 선행하는 것이며, 계획은 정책의 구체화를 위한 수단으로서 기획의 결과이다.

(2) 전략적 기획(SP ; Strategic Planning)

① 정의 : 무엇을 왜 해야 하는지를 지시해주는 기본적 결정과 행동을 위한 통제된 노력으로 조직 전반에 걸친 일반적 지침을 제공하는 기획이다.

　⊙ 슈타이너(Steiner) : 기본적 조직 목표, 목적, 정책 등을 수립하고, 조직의 목표를 달성하기 위해 사용될 전략을 개발하는 체계적인 노력이다.

　ⓛ 올센과 에디(Olsen & Eadie) : 조직의 실제목표가 무엇이며 조직이 특정 업무수행을 왜 해야 하는지에 대한 결정과 행동을 산출해내는 훈련된 노력이다.

　ⓒ 브라이슨(Bryson) : 조직이 무엇이고, 무엇을 해야 하며, 왜 그것을 해야 하는지에 대한 기본적인 결정과 행동을 만들어내는 훈련된 노력이다.

　ⓔ 드러커(Drucker)

　　• 기업의 미래에 대한 최대한의 지식을 바탕으로 체계적으로 기업의 의사결정을 하고, 그 결정을 수행하려는 노력을 구체화하며, 피드백을 통해 기대치에 대한 결과를 측정하는 지속적 과정이다.

　　• 비즈니스 전략적 기획은 요령이 아니라 기교이며 예측하는 것이 아니다. 또한 미래의 의사결정을 다루는 것이 아니라 현재 결정의 장래성을 다루는 것이며 위험을 제거하려는 시도가 아니다.

② 전략적 기획의 기타 정의

구 분	정 의
Arizona 주	기관의 임무, 목적과 성과 측정을 정의함에 있어 고객, 이해관계자와 정책결정자뿐만 아니라 기관장의 전폭적 지지를 필요로 하는 참여 과정
Poister & Streib	조직의 전략적 의제를 발굴하기 위한 모든 주요한 활동, 기능 그리고 지시 등을 통합할 수 있는 집중적인 관리 과정
김신복	조직이 생존과 발전을 위하여 반드시 생각하고 수행해야 할 일들이 무엇인가를 찾아내는 데 활용될 수 있는 개념, 절차 및 도구

(3) 전통적 기획과 전략적 기획

① 전통적 기획

　⊙ 주어진 목표를 예산이나 사업으로 구체화하기 위해 활용하는 것이다.

　ⓛ 기존의 조직 역할에 초점을 둔다.

　ⓒ 과거에서 현재까지의 추세에 기초하여 가장 높은 미래를 가정하여 목표달성을 추구하는 경향이 강하기 때문에 장래의 환경 변화에 따른 대처능력이 부족하다.

　ⓔ 법규 및 기획부서의 지위 등에 따라 많은 제약을 받는다.

② 전략적 기획

　⊙ 전략적 이슈의 확인 및 해결을 위해 활용되는 것으로, 조직 내외 환경에 대한 평가를 통해 비전을 추구하면서 조직의 미래 모습을 구체적으로 제시한다.

　ⓛ 정책결정 측면에서 조직의 모든 실제적·잠재적 역할을 고려하게 되어 정치적 상황에 보다 탄력적으로 대응할 수 있다.

ⓒ 정책집행 측면에서 법령·지침의 제약을 상대적으로 덜 받아 재량의 범위가 넓고, 계획 내용에서도 주요 이해관계를 종합적으로 고려하기 때문에 실제적 유용성이 높다.

전통적 기획 vs 전략적 기획

구 분	전통적 기획	전략적 기획
사용목적	정책(목표)의 구체적 수단	관리도구
재량범위	최소화	최대화(복잡한 문제를 다루기 위해)
방향성	주로 물리적 개발, 토지 이용	기능을 위한 전략
포괄성	포괄적	선택적
형식성	획 일	다 양
목 표	전 제	전제되지 않음
방 법	추세연장법에 의한 미래예측에 기초	불연속성 전제
과 정	변경이 어려움	변경 수용

(4) 전략적 기획의 특성

① 특 징

ⓐ SP(전략적 기획)는 조직의 비전과 사명, 가치를 확인하고, 이를 수정·보완하는 과정을 중요시 한다. 조직의 존재이유를 부여하는 사명을 확인함으로써 조직이 경쟁하게 될 상황을 거시적으로 알 수 있고, 조직 내 발생하는 갈등을 완화하여 구성원에게 동기 부여를 한다.

ⓑ SP는 조직과 연관된 내·외적 환경 여건을 중요하게 여긴다. 조직 내부의 장점(S)과 단점(W)을 분석하고, 조직 내외의 기회(O)와 위협(T) 요인에 어떻게 대처하느냐에 초점을 둔다.

ⓒ SP는 조직이 직면한 전략적 이슈를 확인하고 해결하는 데 역점을 둔다. 전략적 이슈란 목표(What), 수단(How), 철학(Why), 위치(Where), 시기(When), 이해관계자집단(Who) 등에서의 갈등과 같은 문제를 효과적으로 해결하기 위해 불확실한 상황에 대비하는 것이다.

ⓓ SP는 정책형성과 정책집행을 연결하는 안전장치의 역할을 한다. 정책형성과 정책집행체계가 잘 되어 있어도, 정책 환경에 변화가 생기면 정책이 실패할 수 있기 때문에 이를 예방하기 위한 수단적 방안을 마련하는 것이다. 전략적 기획은 정책집행 측면에서 제약을 상대적으로 덜 받아 재량의 범위가 넓다.

ⓔ SP는 분석보다 종합(Synthesis)에 더 역점을 두어 모든 정보를 종합하는 역할을 한다. 전략적 기획가는 조직의 재량범위, 조직의 비전·사명을 명확히 확인하며, 조직의 강점·약점·기회·위협요인 등을 탐색하고 모든 정보를 종합한다.

② 장점

    ③ SP는 기본적으로 환경 변화에 대응하기 위한 기획이지만, 사후 상황 극복과 선도적 변화를 추구하도록 유도한다.

    ⓛ SP는 성과를 관리하는 데 있어 유용한 수단으로, 진단, 목표설정, 전략형성 과정이기 때문에 성과 지향적 관리에 있어 필수적이다. 성과 대상을 설정하고, 진행사항을 모니터링하기 위한 방법을 구체적으로 제시하며, 진행 중인 운영계획·자본계획·예산지침을 제공한다.

    ⓒ SP는 조직을 미래 지향적으로 전환시켜준다. 광범위한 정보수집, 다양한 대안탐색, 현재의 결정이 미래에 미치는 관련성을 강조한다.

    ⓔ SP는 고객의 지지 확보와 조직 내부의 커뮤니케이션을 강화한다. 기본적으로 고객 지향적 관리이기 때문에 기획과정 전반에 고객 요구와 기대를 반영하고, 목표의 명확화와 전략계획의 효율적 집행을 확보하기 위해 조직 내 커뮤니케이션을 강조한다.

(5) 전략적 기획의 한계

① 일반적 한계

    ③ SP의 비용이 편익보다 클 때 사용할 이유가 없다.

    ⓛ 조직의 지도자가 뛰어난 직관을 갖고 있는 경우 조직 전체가 참여하는 전략적 기획은 비효율적이다.

    ⓒ 조직의 의사결정과정이 지나치게 복잡한 경우 몸소 부딪치는 방식이 대안일 수 있다.

    ⓔ 위기에 처한 조직의 경우 전략적 기획을 위한 능력, 자원, 적극적 후원이 충분할 수 없기 때문에 SP는 옳은 선택이 아닐 수 있다.

② 민츠버그(Mintzberg)의 전략적 기획의 문제점

    ③ SP가 미래예측에 기반을 두고 있는 점이다. 미래예측은 현재 분석에 기초하는 데, 미래에 대한 불확실성이나 예측의 부정확성 등으로 사전에 특정 상황을 가정하고 계획을 수립한다는 것이 무의미할 수 있다.

    ⓛ SP가 수립되기 위해서는 조직관리자(기획가)가 일상 업무와 떨어져서 상황을 분석해야 하는데, 계획과 실천이 유기적으로 연계되기 어렵다.

    ⓒ 전략적 기획이 많은 경우 직관적이며, 공식화하기 어려운 내용을 담고 있어 반복되기 어렵다. 공식화가 안 된다면 조직에서 활용할 수 있는 도구로서 의미가 감소된다.

③ 올센과 에디(Olsen & Eadie)의 전략적 기획의 평가

　　㉠ 전략적 기획에 대한 설계가 지나치게 추상적이며, 사회적·정치적 역동성을 제대로 반영하지 못한다. 공공조직의 임무·목표의 구체화는 해당 조직의 생존을 위한 경쟁력을 강화시켜 줄 수 있다.

　　㉡ 전략적 기획의 단계별 과정이 너무 경직되어 있거나, 급속한 환경변화에 신속하게 대응하지 못하고 있다. 전략적 기획의 변화지향적인 속성을 단계별 과정에 적극 반영함으로써 경직성·대응성의 개선을 도모할 수 있다.

　　㉢ 전략적 기획 과정은 본래 취지와 달리, 관료제의 역기능과 유사하게 독창적·혁신적인 변화에 대해 저항·반발을 초래할 수 있다. SP모형이 현 상태 유지로 결정된다면, 변화 기회 자체를 상실하게 된다.

④ Bryson의 책무성 문제 비판

　　㉠ 전략적 기획의 전략이 정치인들에 의해서 통제를 받거나 정치적 의사결정에 의해서 침해를 받으면 결과에 대한 책무성은 정치인들이 져야 하지만 현실적으로는 책임을 지지 않는다.

　　㉡ 전략적 기획은 정치적 의사결정(정치인의 통제)에 의해 대체되면 안 되며, 오히려 정치적 의사결정의 미숙한 형태를 개선시켜야 한다.

⑤ 공공조직 목표에 대한 비판

　　㉠ 공공부문은 민간부문의 존재 이유(Mission)에 대한 정당성 측면에서 본질적으로 다르기 때문에 이윤추구를 목표로 할 수는 없다.

　　㉡ 공공 부문의 조직목표는 이윤추구보다 공익적 차원에서 사회적 책임성, 조직 생존의 장기전략 수립, 참여자 간 합의 도출 같은 목표가 제시되어야 한다.

　　㉢ 전략적 기획 과정에 대한 정보의 불충분·부적합성, 측정·평가에 대한 불만, 전문 관료의 비전문성, 공공관리자의 사적이익 반영(추구), 윤리의식 결여, 변화에 대한 도전 및 위험 회피, 시간적 제약 등의 난제들을 해결해야 한다.

⑥ 김신복의 공공조직 활용에의 제약

　　㉠ 공공부문(기관)의 특수성 때문에 전략적 기획이 민간기업처럼 활용되기 어렵다.

　　㉡ 의사결정을 할 때 견제와 균형의 원칙 때문에 기관장이 독자적으로 결정을 내릴 수 있는 범위가 제한된다.

　　㉢ 공공조직의 경우 전략의 효과성을 측정할 수 있는 성과지표가 없다.

　　㉣ 조직구조, 인사, 예산의 경직성은 조직 관리자가 전략을 성공적으로 집행하는 제약조건으로 작용한다.

(6) 전략적 기획(SP)과 전략적 관리(SM ; Strategic Management)

① 전략적 관리의 개념

　　㉠ 코틴(Koteen) : 장기적인 조직성과를 성취하기 위한 관리자의 의사결정과 행동이다.

　　㉡ 크로우와 보즈만(Crow & Bozeman) : 전략적 관리는 조직 목표를 달성하기 위한 조직관리의 개선 방식으로서, 조직내부의 기능 · 활동을 통합하고, 외부환경에 유연하게 대응하면서, 정책 · 사업 등에 대한 효율적 · 종합적 계획의 수행을 통해 조직관리 행태에 영향을 주려는 과정이다.

　　㉢ 전략적 기획을 전략적 관리의 기초로, 전략적 기획의 확장을 전략적 관리로 인식했다.

　　㉣ 전략적 관리는 조직의 모든 부서와 조직운영체계를 통하여 전략적 비전을 확산하는 것이다.

　　㉤ 전략적 관리는 전반적 관리업무와 기획기능의 결합이므로 전략적 기획보다 포괄적 수준이며 조직 환경과의 역동적 상호작용 및 분석을 중요시 한다.

> **PLUS ONE**
>
> 전략적 관리의 원칙(Bozeman & Straussman)
> ㉠ 장기적 관점
> ㉡ 조직 목적 및 목표와 계층 간의 융화
> ㉢ 전략적 관리와 기획은 상호작용적 개념
> ㉣ 환경에 대한 적응이 아닌 환경변화에 대한 예측과 대응적 관점
>
> ㉠, ㉡은 전략적 기획과 큰 차이가 없으나, 전략적 관리는 상대적으로 ㉢, ㉣을 강조하고, 정치적 권위를 전략적 공공관리 측면에서 중요 영향 변수로 인식한다.

② 특 징

　　㉠ 전략적 기획은 전략을 개발 · 수립하는 과정으로 전략관리의 핵심이다. 더욱 복잡해지는 행정환경 속에서 정부조직이 주어진 상황에 단순반응하기보다는 오히려 변화 자체를 추구하면서 사전에 대처해야 한다.

　　㉡ 전략적 기획이 적절한 전략 결정을 형성하는 것이라면, 전략적 관리는 기업의 전략적 산출물(새로운 시장 · 상품 · 기술의 생산)을 생산하는 것에 초점을 둔다.

　　㉢ 전략적 관리는 조직 부서별 전략적 기획을 단순 통합 수준이 아니라, 그 이상의 조직 전반에 대한 복합적 의미를 가진다.

　　㉣ 전략적 관리는 기업의 최종적 목표가 되며, 모든 조직운영(사업별 · 기능별 · 계층별) 및 전략적 결정을 연계한 운영체계의 발전을 목적으로 한다.

전략적 기획에 관한 설명 중 옳지 않은 것은?

17 충남, 20 지도사 **기출(변형)**

① 정책 결정의 측면에서 조직의 모든 실제적·잠재적 역할을 고려하게 되어 정치적 상황에 탄력적으로 대응할 수 있다.

② 과거에서 현재까지의 추세에 기초하여 가장 높은 미래를 가정하여 목표달성을 추구한다.

③ 정책 집행 측면에서는 법령이나 지침의 제약을 상대적으로 덜 받는다.

④ 조직 내외 환경에 대한 평가를 통해 비전을 추구하면서 조직의 미래 모습을 구체적으로 제시한다.

해설 ②는 전통적 기획의 설명이다.

전통적 기획과 전략적 기획

• 전통적 기획
  – 주어진 목표를 예산이나 사업으로 구체화하기 위해 활용되는 것
  – 기존의 조직 역할에 초점
  – 과거에서 현재까지의 추세에 기초하여 가장 높은 미래를 가정하여 목표 달성을 추구하는 경향이 강하기 때문에 장래의 환경 변화에 따른 대처능력이 부족함
  – 법규 및 기획부서의 지위 등에 따라 많은 제약을 받음

• 전략적 기획
  – 전략적 이슈의 확인 및 해결을 위해 활용되는 것으로 조직 내외 환경에 대한 평가를 통해 비전을 추구하면서 조직의 미래 모습을 구체적으로 제시함
  – 정책결정 측면에서 조직의 모든 실제적·잠재적 역할을 고려하게 되어 정치적 상황에 보다 탄력적으로 대응할 수 있음
  – 정책집행 측면에서 법령·지침의 제약을 상대적으로 덜 받아 재량의 범위가 넓음
  – 계획 내용에서 주요 이해관계를 종합적으로 고려하기 때문에 실제적 유용성이 높음

정답 ②

|02| 공공부문의 전략적 기획

(1) 공공부문의 전략적 기획 이해

① 기업의 전략적 기획의 필요성

ㄱ 1970년대 국제경쟁의 심화, 사회적 차원의 변화, 군사적·정치적 불확실성, 국제경기침체 등의 요인들에 의해 대두되었다.

ㄴ 사업기획보다 기업의 비전 차원에서 최고경영자 수준의 고차원적 기획을 의미하며, 조직부서·CEO의 지지와 수용이 필수적이다.

ㄷ 민간부문 전략은 당면문제해결도 중요하지만 더 장기적 관점에서 조직운영 전반의 변수들을 체계적으로 검토·분석·평가하는 과정이며, 기업이익 실현뿐 아니라 기업 생존 차원의 합리적 선택과 전략적 기획·관리 과정에 해당한다.

② 공공부문과 민간부문의 차이점

ㄱ 공공부문 : 법규 해석 및 적용 범위의 차이, 정부 규율 및 규칙의 제약, 정치적 영향, 고객과 이익집단의 압력 등 조직 내·외적 환경변수들이 민간부문보다 강하게 작용한다.

ㄴ 민간부문 : 목표의 단순화, 경제적 이윤 및 이익 지향적 목표설정, 시장 메커니즘을 통한 감시, 조직운영의 비공개성 등이 있다.

③ 공공부문과 민간부문의 공통점 : 조직생존을 위협하는 요소들을 제거하고, 조직의 부(Wealth)와 안전을 증진할 수 있는 대안을 선택(의사결정)하는 것이 전략의 가장 기본적인 내용이다.

④ 공공부문의 전략

ㄱ 일종의 관리적 틀·기법·계획들을 내포한다.

ㄴ 공공조직과 외부환경변수 간의 갈등 완화 및 조정 차원의 계획을 수립한다.

ㄷ 조직 미션·목적·목표에 대해 구체화한다.

ㄹ 효과적 집행을 위한 방법에 대하여 합리적인 설계가 강조되고, 민간보다 전략적 기획의 접근법·세부내용 등이 간결해진다.

(2) 공공부문의 전략적 기획 모형

① Hudak의 공공부문 전략기획 과정

ㄱ 1단계 : 공공조직

ㄴ 2단계 : 조직의 당면 이슈의 명확한 정의

ㄷ 3단계 : 조직 외적 변수(O, T) 분석 및 예측, 각각의 이슈에 대하여 외부 환경의 변화로서 제기되는 기회, 위협요소 등에 대한 분석

ㄹ 4단계 : 조직 내적 변수(S, W) 분석 및 예측, 해당 공공조직의 능력평가에 따른 강점, 취약점 등에 대한 분석

ㅁ 5단계 : 조직 미션(M)·목적·목표(G)에 대한 설정 과정, 민간조직의 경우 2단계 과정에서 이루어지지만 공공부문은 공공재의 특성으로 5단계에 해당

ⓑ 6단계 : 전략발전 단계, 목표달성을 위한 대안을 비교 · 분석 · 평가하는 과정, 독창적 · 합리적인 사고와 철저한 검토과정 수반, 공공부문은 양적 평가와 질적 평가에 의해 대안을 검토해야 하기에 민간보다 주관적 평가가 강함

ⓢ 7단계 : 계획 발전 단계, 누가 · 무엇을 · 어떻게 · 언제 · 자원조달은 어디에서 등과 같이 세부적인 계획 내용을 포함

ⓞ 8단계 : 집행단계, 현실 상황에서 공공 전략적 기획의 적용 및 실행

② Bryson의 전략적 기획 과정

ⓐ 환경 분석, 전략적 쟁점의 식별, 전략 형성 등의 절차를 중시하며, 전략적 기획과정의 채택 및 추진에 대한 조직 내외 의사결정자나 여론지도자 간 기본 합의를 전제로 한다.

ⓑ 다른 학자에 비해 공적 · 비영리 조직의 특성이 반영되어 있으며, 지방정부의 능력 향상을 위한 전략적 기획과정을 적절하게 설명하고 있다.

ⓒ Bryson의 10단계 전략적 기획 과정

• 내부환경
  – 자원 : 인적 자원, 경제적 자원, 정보, 경쟁력
  – 전략의 제시 : 전체적 전략, 기능별 혹은 부서별 전략
  – 집행 : 결과, 현황
• 외부환경
  – 영향요인/추세 : 정치적 요인, 경제적 요인, 사회적 요인, 기술적 요인
  – 고객/비용 : 구매자, 비용 지불자
  – 경쟁자 : 경쟁적 세력
  – 협력자 : 협력적 세력

③ Rowley, Dolence, Lujan의 전략적 기획 모델

ⓐ KPI(Key Performance Indicators, 핵심성과지표) 개발

ⓑ 외부환경진단 수행

ⓒ 내부환경진단 수행

ⓓ SWOT 분석

ⓔ 브레인스토밍(자유의사토의법, 집단자유토의)

ⓕ SWOT 분석 결과 항목들의 잠재적 영향력 평가

ⓖ 미션, 목적과 목표, 전략 수립

ⓗ KPI를 충족시키는 능력에 대한 의도했던 전략, 목적 및 목표의 효과를 알아보기 위한 교차영향분석 수행

ⓘ 전략, 목적과 목표의 승인 및 실행

ⓙ KPI에 관한 전략, 목적 및 목표의 실제 파급효과의 모니터링 및 평가

※ Bryson vs Rowley · Dolence · Lujan
  • 유사점 : 환경을 이해하고 행동을 요구함
  • 차이점 : 중요한 리더십 역량으로 고려되는 비전설정(Bryson)

④ Allison & Kaye의 공공 · 비영리부문의 7단계 전략적 기획 과정

준비	1단계	• 기획의 필요성 인식 • 계획 준비사항 점검 • 기획참여자 선정 • 필요한 정보 확인	결과 →	계획 준비 상태와 계획에 대한 협의

⇩

미션 · 비전 표명	2단계	• 사명선언서 작성 • 비전선언서 작성	결과 →	사명선언서(M)와 비전선언서(V)의 초안

⇩

환경조사	3단계	• 필요한 정보 추가 • 과거와 현재 전략 표명 • 내 · 외부 이해관계자 정보 • 추가적 전략이슈 확인	결과 →	주요 이슈 파악 전략적 정보 구축

⇩

우선순위 결정	4단계	• SWOT 분석 • 사업의 경쟁력 분석 • 미래 핵심전략 선정 • 상하위 목표 기술	결과 →	우선순위, 장단기 목표(G) 협의 · 결정

⇩

전략계획 작성	5단계	• 전략계획 작성 • 계획안 제출 • 구체적 계획 선택	결과 →	전략계획안 도출

⇩

전략기획 실행	6단계	• 연차운영계획 개발 • 연차운영계획 작성	결과 →	구체적 연차운영계획 예산 편성

⇩

모니터링 · 평가	7단계	• 전략기획과정 평가 • 전략계획안의 모니터링 • 계획 업데이트	결과 →	평가 및 계획에 대한 지속적인 점검

Level UP 이론을 확인하는 문제

전략적 기획에서 공공부문의 전략에 대한 설명으로 옳지 않은 것은?

① 조직 미션 · 목적 · 목표에 대한 구체화
② 공공조직과 외부환경변수 간의 갈등 완화 및 조정 차원의 계획 수립
③ 효과적 집행을 위해 방법에 대한 합리적인 설계 강조
④ 민간보다 전략적 기획의 접근법 · 세부내용 등이 복잡해짐

해설 ④ 민간보다 전략적 기획의 접근법 · 세부내용 등이 간결해짐

정답 ④

전략적 농촌지도사업

|01| 농촌지도사업을 위한 전략적 기획

(1) 농촌지도에서 전략적 기획 도입의 개념

① 지방자치의 성공 여부는 지역주민들의 자발적 · 적극적인 참여와 지방자치단체가 주도적으로 지역주민의 기대와 요구에 부응하여 지속적 지역사회 발전을 달성하는 것에 달려 있다.

② 지방자치를 위한 전략적 기획은 지방자치단체의 조직 · 행정의 효율성과 더불어 지역사회 경쟁력 강화에 필수적이다.

③ 우리나라 지방자치단체에서 전략관리를 위한 성과관리제가 도입되고 있다.

   ㉠ 심사평가 제도, 성과주의 예산제도(PBS ; Performance Budgeting System), 목표관리제(MBO ; Management by Objective), 행정서비스 헌장 등을 도입하였다.

   ㉡ 이러한 제도는 중앙정부 주도로 도입되어 지역 실정에 맞는 성과관리시스템과 거리가 멀고, 여러 제도가 통합 운영되지 못하기 때문에 효율성의 문제가 나타난다.

   ㉢ 효율성의 원인은 전략적 기획(성과관리의 전제조건)이 미비하고 성과관리의 효율성을 담보하는 예산제도가 부족하기 때문이다.

(2) 우리나라 농촌지도에서 전략적 기획 도입 시 주의점

① 전략적 기획의 과정

> SWOT 분석 및 PEST 분석 → 전략적 쟁점 도출 → 적절한 대안 · 해결방안 등의 전략 수립 → 전략의 체계적 집행 → 지방정부의 발전목표 및 방향을 구체화

   ㉠ 전략적 기획은 급속한 환경변화 요인 및 추세에 대한 탐색 · 분석을 통해 지방정부의 발전을 도모하려는 체계적 · 종합적 기획 및 정책개발활동이다.

> **참고**
>
> PEST 분석 : Political, Economic, Social, Technological analysis

   ㉡ 전략적 기획 과정은 개방적으로 조직구성원의 많은 참여가 바람직하고, 정치지도자 · 민선공무원 · 전문행정가 · 지역사회단체 등의 적극적 참여와 지원이 요구된다.

② 전략적 기획 도입 성공을 위한 전략적 기획의 특성(미연방 벤치마킹 공동연구팀)

- ㉠ 기획구조적 특성
  - 전략적 기획이 1회성이 아니라 연속적으로 순환되도록 그 과정이 공식화되어야 한다.
  - 외부고객과의 커뮤니케이션 및 조직 내 수직적 · 수평적 커뮤니케이션이 활성화되어야 한다.
  - 하위조직이 직접 예산과정 및 기획과정에 참여할 수 있는 분권적 기획구조여야 한다.
- ㉡ 기획방법적 특성
  - 기획과정에서 현재 및 미래 관점에서 내 · 외부 환경분석과 고객 및 이해관계자에 관한 분석이 필요하다.
- ㉢ 성과평가적 특성
  - 성과평가 결과를 전략적 기획과정의 개선 및 구성원의 성과 제고를 위해 활용해야 한다.
  - 이를 위해 평가정보를 체계적으로 관리하고 성과평가가 인센티브(보상)와 연계되어야 한다.

③ 우리나라 지방자치단체에서 전략적 기획 도입 시 고려할 점

- ㉠ 공공조직에 전략적 기획을 도입하는 궁극적인 목적은 전략계획 수립이 아니라 공공조직의 기획역량을 강화하여 변화하는 환경에 조직이 능동적으로 대응함으로써 바람직한 비전을 실현하는 것이다.
  - 현재 지방자치단체가 전략계획의 성격인 장기계획을 수립하고 있으나, 외부전문가가 아닌 자체적으로 전략적 기획을 추진하는 경우는 극히 희소하다.
  - 계획의 수립만을 중요시하고 조직 자체의 기획역량 향상에는 무관심하다.
- ㉡ 전략적 기획 과정에서 환경분석 · 이해관계자 분석을 충분히 하지 않으면 미래 환경변화에 대처하지 못하고 계획방향 자체가 잘못될 수 있다.
  - 지자체 대부분이 중 · 장기계획이나 비전 수립에 있어 환경분석은 하고 있으나 체계적인 분석이나 이해관계자 분석에 기초하여 수립하는 수준에 이르지 못하고 있다.
  - 우리나라 중 · 장기계획 수립은 환경분석 · 이해관계자 분석이 미약하여 전략목표 달성에 문제가 발생하고 있다.
- ㉢ 전략적 기획의 성공적 추진을 위해서 자치단체장의 적극적 · 참여적 리더십이 필수적이다.
  - 자치단체장의 리더십은 제도 도입 자체를 결정하는 중요한 요인이다.
  - 조직 전체에 영향력을 발휘하는 자치단체장의 역할이 대단히 중요하다.
- ㉣ 전략적 기획의 성공요인으로 조직의 커뮤니케이션 활성화가 핵심이다.
  - 조직 외부 이해관계자의 의견 수렴과 조직구성원 모두가 내부 커뮤니케이션을 통해 전략적 기획의 전 과정에 참여함으로써 계획수립 · 집행에 있어서의 효과성까지도 확보해야 한다.
  - 우리나라 지자체는 내부커뮤니케이션이 활성화되지 않은 것이 현실이다.

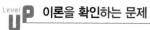

우리나라 지방자치단체가 전략적 기획을 도입할 때 고려할 점으로 옳지 않은 것은?

① 공공조직에서 전략적 기획을 도입하는 궁극적인 목적은 전략계획 수립이다.

② 전략적 기획 과정에서 환경분석 · 이해관계자 분석을 면밀히 하지 않으면, 미래 환경변화에 대처하지 못하고, 계획방향 자체가 잘못된다.

③ 전략적 기획의 성공적 추진을 위해서 자치단체장의 적극적 · 참여적 리더십이 필수적이다.

④ 전략적 기획의 성공요인으로 조직의 커뮤니케이션 활성화가 핵심이다.

해설 ① 공공조직에서 전략적 기획을 도입하는 궁극적인 목적은 전략계획 수립이 아니라 조직의 기획 역량을 강화하여 변화하는 환경에 조직이 능동적으로 대응함으로써 바람직한 비전을 실현하는 것이다.

정답 ①

|02| 우리나라 농촌지도의 전략적 기획 과정

> 3C 분석
>
> ⇩
>
> 미션(M) · 비전(V) 설정
>
> ⇩
>
> 비전 달성을 위한 성과목표(G) 설정
>
> ⇩
>
> SWOT 분석
>
> ⇩
>
> 전략과제(O)의 도출
>
> ⇩
>
> 전략과제의 평가 및 선정
>
> ⇩
>
> 과제별 실행계획 수립

(1) 지도조직 내·외부 환경분석(3C 분석)

① 전략적 기획의 첫 단계로 조직의 미래와 관련된 환경분석이 필요하다.

② 3C 분석은 조직 내·외부 환경분석에 가장 널리 쓰이는 방법이다.

③ 3C 분석은 고객(Customer), 자사(Corporate), 경쟁자(Competitor)에 대한 정보를 분석하는 기법이다.

④ 조직 내·외부 환경분석은 고객, 자사, 경쟁사로 이루어진다.

- ㉠ 고객분석 : 지도사업의 고객에 대해 분석하는 것
- ㉡ 자사 분석 : 자사의 강점과 약점을 분석하고 자사의 경쟁우위 창출 가능성을 식별하는 것
- ㉢ 경쟁사 분석 : 경쟁사의 생산능력, 경쟁사의 시설투자 규모의 진척 정도, 경쟁사의 주요고객 및 판매전략 등을 분석하는 것

⑤ 3C 분석 및 결과의 활용 포인트

고객분석 (Customer)	• 고객은 누구이며, 주 고객의 특성과 속성은 무엇인가? • 고객의 크기 및 변화 추이는? • 고객만족의 핵심요소는 무엇인가? • 현재 제공되는 서비스는 고객의 기대수준을 넘어서는가?
자사분석 (Corporate)	• 우리 센터의 주요 지도업무(서비스)는 무엇인가? • 우리 지역의 주요 품목과 강점과 약점은? • 우리 센터의 전략, 목표 및 우리 센터에 대한 고객 평가는?
경쟁자 분석 (Competitor)	• 우리센터 또는 지역의 주 경쟁자 및 강점과 약점은? • 경쟁자의 목표, 주 고객은? • 경쟁자의 현재 전략과 미래의 전략은?

(2) 미션·비전 설정

① 미션(Mission)

- ㉠ 왜 존재하는가에 대한 이유를 밝히는 진술문으로, 조직이 수행하는 사업(일)을 왜 해야만 하는가에 대한 진술이다.
- ㉡ 미션은 조직 전체에 존재 목적의 일관성과 명쾌성을 유지시켜 준다.
- ㉢ 미션은 조직구성원에게 모든 의사결정의 준거를 제공한다.
- ㉣ 사업 본질에 대한 분명한 의사소통을 통해 조직 내 모든 구성원이 열정을 갖게 하며, 조직 외부인의 이해와 지지를 얻어낼 수 있다.
- ㉤ 미션 진술문의 구성
  - 주요 고객 및 표적시장
  - 고객이 기대하고 요구하는 바
  - 조직에 기여하기 위해 직원들이 제공하고자 하는 차별화된 산출물의 영역(사업영역)

② 비전(Vision)

  ㉠ 미래의 일정 시점에 되고 싶은 모습, 즉 조직이 나아가고자 하는 미래의 바람직한 모습이며, 호소력 있는 미래상이다(비전은 약간 추상적·포괄적인 내용).

  ㉡ 3~5년 후에 달성될 수 있는 명확하게 표현된 목표이자 모두가 원하는 것, 상상할 수 있는 것이어야 한다.

  ㉢ 조직의 모든 사람이 믿을 수 있으며, 중요한 측면에서 지금 존재하는 것보다 나은 미래를 제시함으로써 미래에 대한 포부를 보여주는 것(Lussier & Achua)이다.

  ㉣ 비전 슬로건은 비전을 함축하거나, 비전 달성을 위한 행동지침을 표현한 것이다.

  ㉤ 비전 진술문 3요소
    • 어떤 조직인가?
    • 어떤 일을 하는가?
    • 조직은 어디로 가야 하는가?

(3) 성과목표(G) 설정

① 성과목표는 비전을 달성하기 위한 전략 과제를 도출하기 전에 비전 달성의 의미를 구체화할 수 있는 내용을 규정하는 것이다.

② 양적 개념을 적용하여 수치로 표현한 것이다.

(4) SWOT 분석

① 개 념

  ㉠ 조직의 환경분석을 통해 강점과 약점, 기회와 위협요인을 규정하고, 이를 토대로 전략을 수립하는 기법이다.

  ㉡ SWOT 분석요소는 경쟁자와 비교하여 자사에 인식되는 부분으로 강점·약점이 있고, 외부환경에 대한 상황요인으로 기회·위협이 있다.

② SWOT 분석요소

  ㉠ 강점(Strength) : 경쟁자와 비교하여 고객으로부터 우위에 있다고 인식되는 부분

  ㉡ 약점(Weakness) : 경쟁자와 비교하여 고객으로부터 열세에 있다고 인식되는 부분

  ㉢ 기회(Opportunity) : 외부환경에서 유리한 조건이나 상황요인

  ㉣ 위협(Threat) : 외부환경에서 불리한 조건이나 상황요인

③ SWOT 분석 절차 : 환경분석 → 자사역량 분석 → 환경 대응전략 도출

  ㉠ 환경분석 : 환경변화의 요소나 속성, 그 내용(기회·위협)의 구분, 영향의 정도를 분석하는 것이다.

  ㉡ 자사역량 분석 : 지도기관(자사)이 가진 현재 역량의 강점·약점을 평가하여 변화하는 환경에 어떻게 대응할 것인가에 대한 전략을 모색하기 위해 필요한 과정이다.

  ㉢ 대응전략 도출 : 변화하는 환경에 대응하기 위해 우리가 무엇을 해야 할 것인가를 결정하는 것이다.

④ SWOT 분석을 할 때 현장에서의 방법상 문제점

   ⊙ 환경인식의 기법이나 예측 분석방법이 제대로 갖춰지지 않을 경우, 환경에 대한 자의적 선발과 해석으로 중요한 환경요소들이 간과될 수 있다.

   ⊙ 환경의 기회(O)·위협(T)요인의 인식이 쉽지 않다. 요인 정도가 약하면 기회와 위협으로 분류되지 않고 SWOT 분석 작업에서 제외된다.

   ⊙ 조직역량 검토에 있어서 강점·약점에 대한 명확한 인식이 쉽지 않고, 미래에 우리 조직의 강점·약점 분석은 자의성이 개입된다.

   ⊙ 강점인가 약점인가에 대한 해석이 불명확하다. 실제상황에서나 이것이 강점인지, 약점인지를 판단할 수 있다.

   ⊙ 핵심 역량으로 간주해야 할 두드러지지 않는 요소가 강점·약점 분류에서 빠져 버리는 경우가 있다.

   ⊙ SWOT 분석에서 각 대안들의 상관관계나 보안 관계를 파악하기 어렵다.

   ⊙ 각 대안들이 어떤 부류의 조치를 의미하는 것인지 이해하기 어렵고, 그것을 종합하기도 어렵다.

(5) 전략과제 도출

① SWOT 분석을 통해 사업의 경쟁력을 분석하여 우선순위에 따라 미래의 핵심전략을 선정하고 상·하위 목표를 기술하며 전략적 계획을 작성한다.

② SWOT 분석을 이용한 전략과제를 개발하기 위한 전략 유형

   ⊙ SO 전략(강점 – 기회전략) : 시장의 기회를 활용하기 위해 강점을 사용하는 전략

   ⊙ ST 전략(강점 – 위협전략) : 시장의 위협을 회피하기 위해 강점을 사용하는 전략

   ⊙ WO 전략(약점 – 기회전략) : 약점을 극복하여 시장의 기회를 활용하는 전략

   ⊙ WT 전략(약점 – 위협전략) : 시장의 위협을 회피하고 약점을 최소화 하는 전략

(6) 전략과제의 평가 및 선정

① 다양한 전략과제를 도출하고 이를 평가하여 우선순위를 정한다.

② 우선순위 판단 기준 : 긴급성, 중요성, 실행가능성, 파급성 등

(7) 과제별 실행계획 수립

① 전략과제 중 우선순위가 높은 전략과제의 실행계획서를 수립하고, 실행계획서에는 전략과제, 평가기준, 평가지표, 실행 프로세스, 담당(책임)자, 기간 등이 포함된다.

② 전략적 계획이 작성되면 연차 운영계획을 작성한다.

③ 전략적 기획은 목표지향적이라기보다는 결과지향적으로 전략적 쟁점에 대한 자원배분에 핵심이 있다. 따라서 포함해야 할 결과지향적 활동은 다음과 같다.

   ⊙ 현재의 정책과 사업안을 재검토한다.

   ⊙ 일반계획, 재정계획, 투자계획, 기술발전계획 등 현재의 다른 기획안들을 수정한다.

   ⊙ 새로운 정책 또는 사업계획을 채택한다.

ⓔ 달성수준과 측정 가능한 목표를 파악한다.

ⓜ 행동계획의 구성요소는 가능하면 각 부서와 개인의 성과목표를 통합한다.

ⓗ 계획안을 적절하게 감독하고 평가할 수 있는 과정과 방법을 제도화한다.

ⓢ 계획 과정상에서 환류로 얻은 정보와 교훈은 최고경영진과 이해관계자에게 적절히 전달되어야 한다.

Level UP 이론을 확인하는 문제

SWOT 분석에 대한 설명으로 옳지 않은 것은?   18 경북 기출(변형)

① 환경에 대한 자의적 선발과 해석으로 중요한 환경요소들이 간과될 수 있다.

② SWOT 분석 절차는 환경 분석 → 자사역량 분석 → 환경 대응전략 도출 순이다.

③ 환경분석은 강점과 약점을, 자사역량분석은 기회와 위협을 구분하는 것이다.

④ SWOT 분석에서는 각 대안들이 어떤 부류의 조치를 의미하는 것인지 이해하기 어렵고, 그것을 종합하기도 어렵다.

해설 • 환경분석 : 환경변화의 요소나 속성, 그 내용(기회 · 위협)의 구분, 영향의 정도를 분석하는 것이다.
• 자사역량 분석 : 지도기관(자사)이 가진 현재 역량의 강점 · 약점을 평가하여 변화하는 환경에 어떻게 대응할 것인가에 대한 전략을 모색하기 위해 필요한 과정이다.

정답 ③

안심Touch

01

농촌지도계획의 과정으로 옳지 않은 것은?

① 지도계획위원회의 조직과 운영
② 단기 지도계획 수립
③ 연간활동계획 수립
④ 성과평가와 실적발표

해설 ② 장기 지도계획을 수립한다.

02

Black은 개발계획이 3가지의 성격을 갖고 있다고 하였다. 개발계획 성격 3가지에 포함되지 않는 것은 무엇인가?

① 종합성   ② 연속성
③ 일반성   ④ 장기성

해설 블랙(Black)의 개발계획 성격 3가지
• 종합성 : 물리적 개발뿐만 아니라 사회적 · 정신적 개발도 포함하여야 한다.
• 일반성 : 개발계획은 더 나은 상태로 접근하기 위한 전반적인 의도의 표시에 불과하며, 개별적 · 구체적 확약이나 규칙은 아니다.
• 장기성 : 개발계획은 5, 10년 혹은 50년의 장래를 전망하여 설계한다.

03

Kelsey and Hearne의 미국 농촌지도계획 수립방식으로 옳지 않은 것은?   20 지도사 기출(변형)

① 종합 중심 사업계획
② 객체 중심 사업계획
③ 주체 중심 사업계획
④ 사실 중심 사업계획

해설 Kelsey and Hearne(1967)의 미국 농촌지도계획의 수립방식
• 주체 중심 사업계획 : 영농구조가 단순하고, 영농소득이 생산에만 좌우되던 농촌사회에 농촌지도사들이 일방적으로 수립한 농촌지도계획을 말한다.
• 객체 중심 사업계획 : 농촌사회가 발전함에 따라 농민들의 관심 및 욕구도 다양해져 농촌지도사가 일방적으로 농촌지도계획을 수립하지 않고 농민과 함께 계획하는 농촌지도계획을 말한다.
• 사실 중심 사업계획 : 지역사회 내는 물론 지역 외적 사실과 농업 외적 사실까지도 조사 · 분석하여 지도사, 농민대표, 관계기관대표 및 전문가가 함께 계획하는 농촌지도계획을 말한다.

04

농촌지도계획에서 3~5년간의 장기적인 안목에서 수립하는 계획은?

① 기본계획
② 연간계획
③ 실행계획
④ 활동계획

해설
- 농촌지도계획에는 3~5년간의 장기적인 안목에서 계획을 수립하는 농촌지도 기본계획이 있고, 그 안에 각 연도별로 수립해야 하는 연간계획 혹은 실행계획이 있으며, 최소 단위의 활동계획이 있다.
- 실행계획(연간활동계획) : 장기지도계획을 근간으로 그 해에 달성해야 할 일들이 무엇인가를 확인하고, 특히 그 해에 성취하여야 할 지도사항을 파악하고 난 뒤에 실행계획을 수립하여야 한다.
- 활동계획 : 연간활동계획서를 근간으로 농촌지도사가 직접 농촌주민과 만나 지도할 하나하나의 활동계획이다.

05

실행계획의 항목에 해당하지 않는 것은?

① 활동과제별 활동내용
② 활동방법
③ 활동시기
④ 교재 및 교구

해설 실행계획 항목 : 활동과제별 활동내용, 활동방법, 활동시기, 활동책임자

06

최민호의 농촌지도계획의 원리로 옳지 않은 것은?

① 충분한 자료와 설명이 있어야 한다.
② 관계기관과 독립성을 유지해야 한다.
③ 현재의 계획은 과거의 계획과 미래의 계획이 상호 연관되도록 작성해야 한다.
④ 영세민과 노약자 보호에 관심을 두어야 한다.

해설 ② 관계기관과 긴밀히 협동해야 한다.

07

농촌지도계획의 원리에 대한 설명으로 옳지 않은 것은?   97 강원 **기출**

① 현재의 계획은 과거의 계획과 미래의 계획이 별개로 운영되도록 작성해야 한다.
② 농촌지역의 실정에 기초를 두어야 한다.
③ 영세민과 노약자의 보호에 관심을 두어야 한다.
④ 농촌지도계획에는 농촌주민이 참여하여야 한다.

해설 **농촌지도계획의 원리**
- 충분한 자료와 설명이 있어야 한다.
- 관계기관과 긴밀히 협동해야 한다.
- 농촌지역사회의 실정에 기초를 두어야 한다.(②)
- 주어진 자원의 한계 내에서 계획하여야 한다.(④)
- 농촌지도계획에는 농촌주민이 참여하여야 한다.(③)
- 영세민과 노약자의 보호에 관심을 두어야 한다.
- 사업계획은 사회변화에 따라 수정 · 보완되어야 한다.
- 농촌지도사는 변화촉진자로서 그 지역사회의 관습과 문화적인 측면을 이해하고 있어야 한다.
- 현재의 계획은 과거의 계획과 미래의 계획이 상호 연관되도록 작성해야 한다.(①)
- 계획은 국가–시 · 도–시 · 군–읍 · 면의 각 단위에서 일관성이 유지되어야 한다.

08

우리나라 농촌지도 사업계획 수립 시 고려사항으로 옳지 않은 것은?

① 기본사업에 대한 객관적 분석과 평가가 전제되어야 한다.
② 사업목적과 우선순위를 결정하여 예산을 확보할 수 있는 분야별 전문가들의 협의체를 적극 활용해야 한다.
③ 지도사업 계획수립을 위해 분야별 전문가들의 요구를 정확히 파악해야 할 것이다.
④ 지도사업에 대한 장기전망을 마련한다.

해설 **농촌지도 사업계획 수립 시 고려해야 할 사항**
• 기본사업에 대한 객관적 분석과 평가가 전제되어야 한다.
• 사업목적과 우선순위를 결정하여 예산을 확보할 수 있는 분야별 전문가들의 협의체를 적극 활용해야 할 것이다.
• 지도사업 계획수립을 위해 농업인(지도고객)의 요구를 정확히 파악해야 할 것이다.
• 지도사업에 대한 장기전망을 마련한다.

09

다음 중 농촌지도 사업계획 수립의 4단계로 옳은 것을 고르시오. 97 경기 기출

① 실태파악 – 계획수립 – 실천 – 지도방법 결정
② 계획수립 – 실태파악 – 실천 – 평가
③ 실태파악 – 계획수립 – 실천 – 평가
④ 지도대상 결정 – 지도항목 결정 – 실천 – 평가

해설 **농촌지도 사업계획 수립의 4단계**
실태파악 – 계획수립 – 실행(실천) – 평가

10

농촌지도사업의 원리 중 옳지 않은 것은?
97 경기 기출

① 농민의 자발적 참여
② 농민의 필요를 충족시키는 지도
③ 과제의 단계적 발전 유도
④ 모든 지역의 동일한 방법 지도

해설 **농촌지도사업의 원리**
• 농민의 필요를 충족시키는 지도
• 과제의 단계적 발전
• 농민의 자발적 참여
• 민주적인 지도방법 등

11

농촌지도계획 절차의 첫 단계는?

① 장기 농촌지도 목표 설정
② 지역사회 문제 결정
③ 지역실정 조사 · 분석
④ 장기 지도계획서 작성

해설 **농촌지도계획 절차**
1. 지역실정 조사 · 분석
2. 지역사회 문제 결정
3. 장기 농촌지도 목표 설정
4. 실천계획 및 평가계획
5. 장기 지도계획서 작성

12

현재 상태와 원하는 이상적 상태 간의 격차 간극을 비교·분석하는 작업을 모색하는 공식적인 과정은?

① 요구분석
② 경쟁력 분석
③ SWOT 분석
④ 환경분석

해설 **요구와 요구분석**
• 요구(Needs) : 현재의 산출과 기대 산출 간의 격차
• 요구분석(Needs Assessment) : 현재의 산출과 기대 산출 간의 격차를 측정하여 우선순위별로 배열하고 그 격차를 해소할 수 있는 방법을 모색하는 공식적인 과정

13

다음 중 알파 요구분석에 대한 설명으로 옳은 것을 모두 고르시오.

㉠ 아무런 제약조건 없이 전면적인 개혁을 목적으로 실시한다.
㉡ 지도사업 목표의 우선순위를 결정하기 위하여 사용한다.
㉢ 요구분석의 가장 기본적인 형태이며 가장 큰 변화를 초래할 수 있다.
㉣ 현재상황과 바람직한 상황만의 차이(필요격차)를 분석하는 방법이다.

① ㉠ ㉢
② ㉠ ㉡
③ ㉡ ㉣
④ ㉢ ㉣

해설 ㉡은 감마 요구분석, ㉣은 베타 요구분석이다.

14

Kaufman과 English의 지역요구 분석방법 중 Beta 요구분석에 대한 설명으로 옳은 것은?

① 총괄평가와 비슷한 성질을 가졌다.
② 현행 지도사업은 그 수행상 큰 문제가 없다는 전제조건 하에서 단순히 현재상황과 바람직한 상황만의 차이를 분석한다.
③ 지역실정의 분석에 대한 아무런 제약조건 없이 전면적인 개혁을 목적으로 한다.
④ 지도사업목표의 우선순위를 결정하기 위하여 사용한다.

해설 ① Epsilon 요구분석
③ Alpha 요구분석
④ Gamma 요구분석

15

다음 중 바람직한 상황과의 차이를 나타내는 것을 무엇이라 하는가?

① 요구분석
② 사용자 분석
③ 필요격차
④ 알파분석

해설 **필요격차(Need Gap) :** 농촌지도계획에서 현재 주민의 지식, 기술, 태도의 정도와 목표하는 바람직한 수준의 지식, 기술, 태도의 정도 차이를 말한다.

안심Touch

16

다음 중 농촌지도과제 결정 시 고려해야 할 사항이 아닌 것은?　　　　　98 경북, 07 대전 기출

① 문제와 관련된 주민 수
② 문제와 관련된 소득의 정도
③ 주민의 관심
④ 농업기술센터의 규모

해설　**농촌지도과제 결정 시 고려해야 할 사항**
- 문제와 관계되는 농촌주민의 수
- 문제와 의해 좌우되는 소득의 정도
- 문제해결에 대한 주민의 관심도
- 문제해결에 필요한 자원의 가용 여부

17

다음 농촌지도계획 수립 시 요구분석 사항 중 영농현황에 해당하지 않는 것은?　　　　　11 경기 기출

① 이용형태 및 토양조건
② 재배기술문제
③ 인구의 연령구조
④ 작목별 영농규모

해설　**영농현황**
- 경지 : 소유면적과 형태, 수리·배수 실태, 경지정리, 이용형태 및 토양조건 등
- 농업생산 : 작목별 영농규모, 수량과 품질, 재배기술문제 등
- 농업경영 : 농업자금, 농업노동, 부채, 경영방식, 소작실태, 영농소득 등
- 농업기계 : 보유 수, 소유실태, 이용실태, 관리·기술적 문제 등
- 농산물시장 유통가공 : 농산물 출하시기와 방법, 농업자재 구입, 가공실태 등

18

스미스가 제시한 농촌지도 목표 설정 시 참고사항으로 거리가 먼 것은?　　　　　97 경남 기출

① 포괄성과 연관성의 기준
② 일관성과 비모순의 기준
③ 인간의 기본욕구의 기준
④ 민주적 이상의 기준

해설　**스미스가 제시한 농촌지도 목표 설정 시 참고사항**
- 사회적 적절성의 기준 : 사회변화에 적응해야 함
- 인간의 기본욕구의 기준 : 기본욕구가 충족되어야 함
- 민주적 이상의 기준 : 민주주의 이념을 실현해야 함
- 일관성과 비모순의 기준 : 상호중립 또는 상합적이어야 함
- 행동적 해석의 기준 : 실제 행동으로 나타나야 함
- 가치와 가능성의 기준 : 성취가 가능한 목표를 설정해야 함
- 포괄성과 종합성의 기준 : 인지적·정의적·심체적 영역을 동시에 발달시킬 수 있는 목표를 설정해야 함

01

기획과 계획의 차이에 대한 설명으로 옳지 않은 것은?

① 계획은 미래의 활동을 예측하는 행위로 기획 수립, 작성, 집행하는 과정이다.
② 기획은 계속적, 동적, 절차적 개념이다.
③ 계획은 최종적, 산출적 개념이다.
④ 기획은 절차와 과정을 의미한다.

해설 **기획과 계획의 차이**
- 기획은 미래의 활동을 예측하는 행위로 계획을 수립, 작성, 집행하는 과정이고, 계획은 기획을 통해 산출되는 결과물이다.
- 기획은 절차와 과정을 의미하고, 계획은 문서화된 활동목표와 수단을 의미한다.
- 기획은 계속적, 동적, 절차적 개념이고, 계획은 최종적, 산출적 개념이다.

02

기획의 본질적 특성으로 옳지 않은 것은?

① 목표지향성
② 현재지향성
③ 변화지향성
④ 행동지향성

해설 **기획의 본질적 특성**
- 목표지향성 : 기획은 설정된 목표나 정책을 구체화하는 과정
- 미래지향성 : 미래의 바람직한 활동계획을 준비하는 예측과정으로 불확실성이 지배
- 합리적 과정 : 무형적 요인 등이 작용하므로 전적으로 합리적 과정이라 할 수는 없지만 정치적·역동적인 정책결정에 비해서 합리성 추구
- 의사결정과정 : 목적을 효율적으로 달성하기 위한 최적수단의 선택과정
- 계속적 준비과정 : 기획은 조직이 집행할 계속적인 작은 의사결정을 준비하는 과정
- 변화지향성 : 기획은 현상을 타파하고 더 나은 방향으로의 변화를 지향
- 행동지향성 : 실천과 행동을 위한 문제해결능력의 향상과 현실의 개선에 역점
- 국민의 동의·지지 획득수단 : 기획은 통치의 정당성을 확보하는 수단
- 정치적 성격 : 기획은 현재의 상태를 변화시키려는 것이므로 정치적 대립이 불가피
- 통제성 : 바람직한 미래를 구현하려는 의도적인 수정과 통제활동이므로 개인의 창의력을 저해하거나 획일과 구속으로 인한 절차상 비민주성을 내포

03

다음 설명 중 옳지 않은 것은?

① 정책은 기획에 선행하는 기획을 위한 기본적인 프레임워크이다.
② 전략적 기획은 목표지향적 활동으로 쟁점에 대한 자원배분이 핵심이다.
③ '전통적 기획'은 과거에서 현재까지 추세에 기초하여 가장 높은 미래를 가정하고 '전략적 기획'은 조직의 미래모습을 구체적으로 제시한다.
④ 전략은 민간 부문에서도 적용되어 왔으며, 장기적으로 여러 변수를 면밀히 검토·분석함으로써 사업이익을 극대화하는 기획과정을 활용하였다.

해설 ② 전략적 기획은 목표지향보다 결과지향적 활동으로 쟁점에 대한 자원배분이 핵심이다.

04

전략의 개념 설명으로 옳지 않은 것은?

① 전략은 'To Plan(계획하다)'이라는 의미를 가진 그리스어 'Stratego'에 어원을 두고 있다.

② 초기 연구에서는 정치 · 군사적 측면에서의 리더 선발에 관한 것이었으며, 리더는 외부환경의 위협과 도전에 대처하기 위한 계획을 수립하고 자원을 통합하는 역할을 수행했다.

③ 전략이라는 용어는 장기 미래, 동태적 환경(상황), 불확실성 변화 등을 내포하고 있다.

④ 전략은 대규모 전쟁에서 승리하기 위하여 인적 · 물적 자원 등의 여러 조건과 상황을 이용하려는 고차원적 접근을 뜻하는 말로 전술(Tactics)과 같은 뜻이다.

> **해설** ④ 전략은 대규모 전쟁에서 승리하기 위하여 인적 · 물적 자원 등의 여러 조건과 상황을 이용하려는 고차원적 접근을 뜻하기 때문에, 특정 소규모 전쟁 승리를 위한 계책 마련의 저차원적 접근인 전술(Tactics)과는 구별된다.

05

드러커(Drucker, 1974)의 비즈니스 전략적 기획에 대한 정의 중 옳은 것은?

① 기교이며, 현재 결정의 장래성을 다루는 것이다.

② 예측하는 것이다.

③ 미래의 의사결정을 다루는 것이다.

④ 위험을 제거하려는 시도이다.

> **해설** 비즈니스 전략적 기획은 요령이 아니라 기교이며, 예측하는 것이 아니다. 또한 미래의 의사결정을 다루는 것이 아니라 현재 결정의 장래성을 다루는 것이며, 위험을 제거하려는 시도가 아니다.

06

학자별 전략적 기획의 정의에 대한 설명으로 옳지 않은 것은?

① Steiner : 기본적 조직 목표, 목적, 정책 등을 수립하고 조직의 목표를 달성하기 위해 사용될 전략을 개발하는 체계적인 노력이다.

② Olsen & Eadie : 조직의 실제목표가 무엇이며 조직이 특정 업무수행을 왜 해야 하는지에 대한 결정과 행동을 산출해내는 훈련된 노력이다.

③ Poister : 조직이 무엇이며, 무엇을 해야 하며, 왜 그것을 해야 하는지에 대한 기본적인 결정과 행동을 만들어내는 훈련된 노력이다.

④ Druker : 기업의 미래에 대한 최대한의 지식을 바탕으로 '체계적으로' 기업의 의사결정을 하고, 그 결정을 수행하려는 노력을 구체화하고, 피드백을 통해 기대치에 대한 결과를 측정하는 지속적인 과정이다.

> **해설** ③은 Bryson의 정의이다.
> **Poister & Streib의 전략적 기획의 정의**
> 조직의 전략적 의제를 발굴하기 위한 모든 주요한 활동, 기능 그리고 지시 등을 통합할 수 있는 집중적인 관리 과정이다.

07

다음 중 전략적 기획에 대한 설명으로 옳지 않은 것은?

① 조직의 모든 부서와 조직 운영 체계를 통하여 전략적 비전을 확산하려는 데 목적이 있다.
② 기본적인 조직 목표, 목적, 정책 등을 수립하고 조직의 목표를 달성하기 위해 사용될 전략을 개발하는 체계적인 노력이다.
③ 이해관계를 종합적으로 고려하기 때문에 실제적 유용성이 높다.
④ 전략적 기획은 목표지향적이라기보다는 결과지향적이다.

해설 ①은 전략적 관리에 대한 설명이다.

08

전통적 기획과 전략적 기획의 차이로 옳지 않은 것은?

① 전통적 기획은 장래의 환경변화에 따른 대처능력이 부족하다.
② 전략적 기획은 주어진 목표를 예산이나 사업으로 구체화하기 위해 활용된다.
③ 전략적 기획은 조직 내외 환경에 대한 경과를 통해 비전을 추구하면서 조직의 미래 모습을 구체적으로 제시한다.
④ 전략적 기획은 주요 이해관계를 종합적으로 고려하기 때문에 실제적 유용성이 높다

해설 ②는 전통적 기획에 대한 설명이다.

09

전통적 기획과 전략적 기획의 차이점에 대한 설명 중 옳지 않은 것은?

① 전통적 기획은 사용목적이 정책(목표)의 구체적 수단이지만 전략적 기획은 관리도구이다.
② 전통적 기획은 포괄적이지만 전략적 기획은 선택적이다.
③ 전통적 기획은 불연속적 전제 방법을 사용하지만 전략적 기획에서는 미래예측에 기초를 둔다.
④ 전통적 기획은 과정의 변경이 어렵지만 전략적 기획은 과정의 변경을 수용한다.

해설 전통적 기획과 전략적 기획의 차이

구 분	전통적 기획	전략적 기획
사용목적	정책(목표)의 구체적 수단	관리도구
재량범위	최소화	최대화(복잡한 문제를 다루기 위해)
방향성	주로 물리적 개발, 토지 이용	기능을 위한 전략
포괄성	포괄적	선택적
형식성	획 일	다 양
목 표	전 제	전제되지 않음
방 법	추세연장법에 의한 미래예측에 기초	불연속성 전제
과 정	변경이 어려움	변경 수용

10

전략적 기획의 특성으로 옳지 않은 것은?

① 조직의 비전과 사명, 가치를 확인하고, 이를 수정, 보완하는 과정을 중요시한다.
② 조직과 연관된 내외적 환경여건을 중요하게 여긴다.
③ 정책형성과 정책집행을 연결하는 안전장치의 역할을 한다.
④ 조직의 강점과 약점, 기회 및 위협요인 등을 탐색하고 분석하는 데 역점을 둔다.

> **해설** 조직 내부의 장점(S) · 단점(W)을 분석하고 조직 내외의 기회(O) · 위협(T) 요인을 어떻게 대처하느냐에 초점을 둔다.

11

전략적 기획의 특징에 대한 설명으로 옳지 않은 것은?

① SP는 조직 내 발생하는 갈등을 완화하여 구성원에게 동기 부여를 한다.
② SP는 전략적 이슈(목표, 수단, 이해관계자집단 등)에서의 갈등과 같은 문제를 효과적으로 해결하기 위해 불확실한 상황에 대비하는 것이다.
③ SP는 정책환경에 변화가 생기면 정책이 실패할 수 있기 때문에 이를 예방하기 위한 수단적 방안을 마련하는 것이다.
④ SP에서 전략적 기획가는 조직의 강점 · 약점 · 기회 · 위협요인 등을 탐색하고 분석하는 데 역점을 둔다.

> **해설** ④ SP는 분석보다 종합에 더 역점을 둔다.

12

Mintzberg의 전략적 기획의 문제점이 아닌 것은?

① SP가 미래예측에 기반을 두고 있다.
② SP가 수립되기 위해서는 조직관리자(기획가)가 일상 업무에서 떨어져서 상황을 분석해야 하는데, 계획과 실천이 유기적으로 연계되기 어렵다.
③ 전략적 기획의 많은 경우 직관적이며, 공식화하기 어려운 내용을 담고 있어 반복되기 어렵다.
④ 조직의 의사결정과정이 지나치게 복잡한 경우 몸소 부딪히는 방식이 현실적이다.

> **해설** ④는 일반적 한계에 속한다.

13

전략적 기획의 일반적 한계로 옳지 않은 것은?

① 조직의 의사결정과정이 지나치게 복잡한 경우 몸소 부딪히는 방식이 현실적이다
② SP의 비용이 편익보다 클 때 사용할 이유가 없다.
③ 조직지도자가 뛰어난 직관을 갖고 있는 경우 조직 전체가 참여하는 전략적 기획은 효율적이다.
④ 위기에 처한 조직의 경우 전략적 기획을 위한 능력, 자원, 적극적 후원이 충분하지 않기 때문에 SP는 옳은 선택이 아닐 수 있다.

> **해설** ③ 조직지도자가 뛰어난 직관을 갖고 있는 경우 조직 전체가 참여하는 전략적 기획은 비효율적이다.

14

전략적 기획의 문제점에 대한 설명으로 옳지 않은 것은?

① 전략적 기획의 단계별 과정이 너무 경직되어 있거나, 급속한 환경변화에 신속하게 대응하지 못하고 있다.

② 전략적 기획에 대한 설계가 지나치게 현실적이다.

③ 전략적 기획 과정은 본래 취지와 달리, 관료제의 역기능과 유사하게 독창적·혁신적인 변화에 대해 저항·반발을 초래할 수 있다.

④ 미래예측에 기반을 두고 있어서, 미래에 대한 불확실성이나 예측의 부정확성 등으로 계획을 수립한다는 것이 무의미할 수 있다.

> **해설** ② 전략적 기획에 대한 설계가 지나치게 추상적이며, 사회적·정치적 역동성을 제대로 반영하지 못한다.

15

Bozeman & Straussman의 전략적 관리의 원칙으로 옳지 않은 것은?

① 장기적 관점

② 조직 목적 및 목표 계층 간의 융화

③ 전략적 관리와 기획은 상호 독자적인 실행

④ 환경에 대한 적응이 아닌 환경변화에 대한 예측과 대응적 관점

> **해설** ③ 전략적 관리와 기획은 상호 독자적인 실행이 아니라는 인식

16

전략적 관리의 특징으로 옳지 않은 것은?

① SM은 기업의 최종적 목표가 되며, 운영체계의 발전을 목적으로 한다.

② SP가 적절한 전략 결정을 형성하는 것이라면, SM은 기업의 전략적 산출물이다.

③ SM은 조직 부서별 SP를 단순 통합 수준이 아니라, 그 이상의 조직 전반에 대한 복합적 의미를 가진다.

④ 갈수록 복잡해지는 행정환경 속에서 정부조직이 변화자체를 추구하기보다는 주어진 상황에 반응하여 즉각적으로 대처해야 한다.

> **해설** ④ 더욱 복잡해지는 행정환경 속에서 정부조직이 주어진 상황에 단순 반응하기보다는 오히려 변화 자체를 추구하면서 사전에 대처해야 한다.

17

전략적 관리의 특징으로 옳지 않은 것은?

① 보다 나은 상태로 전진해 가려는 관리로서 장기목표를 지향하는 목표지향적·개혁적 관리체제이다.

② 조직의 변화에는 장기간이 소요된다는 점과 조직의 환경에 대한 이해를 강조한다.

③ 조직자체의 내부 역량 분석보다는 외부 환경 분석을 중시한다.

④ 부서별 활동을 분리하는 전통적·일상적 관리와 달리 미래의 목표성취를 위한 전략을 개발·선택하고, 이를 위한 주요 조직 활동의 통합·연계를 중시한다.

> **해설** ③ 외부 환경뿐만 아니라 조직 자체의 내부 역량 분석을 중시한다. 즉, 조직의 강점과 약점, 기회와 위협 등 조직 내외 상황적 조건도 중시한다.

18

전략적 관리의 특징으로 옳지 않은 것은?

① 신자유주의 및 신공공관리론, 균형성과 관리 등에 입각하여 개방체제하에서 환경과의 관계를 중시하는 변혁적·탈관료적 관리전략이다.

② 조직은 우선 단기적인 관점에서 자신의 대내적 강점 및 약점과 환경으로부터의 위협 및 기회를 분석하여 최적의 전략을 수립하는 것이다.

③ 전략적 선택, 위기관리전략, 전략적 리더십, 변혁적 리더십, 전략적 기획모형 등을 포함하는 개념이며, 하버드정책모형의 TOWS 전략이 핵심이다.

④ 단기적·폐쇄적·미시적 관점에 집착한 MBO가 자기적 관점에서 전략적 관리를 하지 못한 데에 대한 반발로 등장하였다.

[해설] ② 주된 목적은 조직과 그 조직이 처한 환경 사이에 가장 적합한 상태를 형성하는 것으로서 조직은 우선 장기적인 관점에서 자신의 대내적 강점 및 약점과 환경으로부터의 위협 및 기회를 분석하고 확인하며, 이러한 분석에 기초하여 최적의 전략을 수립하는 것이다.

19

전략적 기획과 전략적 관리에 관한 설명으로 옳지 않은 것은?

① 전략적 기획은 전략적 관리의 기초로, 전략적 기획의 확장을 전략적 관리로 본다.

② 전략적 관리는 조직의 모든 부서와 조직운영체계를 통하여 전략적 비전을 확산하는 것이다.

③ 전략적 기획은 전략적 관리보다 확대된 수준이다.

④ 전략적 기획이 적절한 전략결정을 형성하는 데 초점을 두고 있다면 전략적 관리는 기업의 전략적 산출물을 생산하는 데 초점을 둔다.

[해설] ③ 전략적 관리는 전반적 관리업무와 기획기능의 결합이므로, 전략적 기획보다는 포괄적인 수준이며, 조직환경과의 역동적 상호작용 및 분석을 중요시 한다.

20

Bryson의 10단계 전략적 기획 과정 중 외부환경에 속하지 않은 것은?

① 정치적 요인
② 경제적 자원
③ 구매자 및 비용 지불자
④ 협력적 세력

[해설] **Bryson의 10단계 전략적 기획 과정**
- 내부환경
  - 자원 : 인적 자원, 경제적 자원, 정보, 경쟁력
  - 전략의 제시 : 전체적 전략, 기능별 혹은 부서별 전략
  - 집행 : 결과, 현황
- 외부환경
  - 영향요인/추세 : 정치적 요인, 경제적 요인, 사회적 요인, 기술적 요인
  - 고객/비용 : 구매자 및 비용 지불자
  - 경쟁자 : 경쟁적 세력
  - 협력자 : 협력적 세력

01

우리나라 농촌지도의 전략적 기획 과정에 대한 설명으로 옳지 않은 것은?

① 전략적 기획은 급속한 환경변화 요인 및 추세에 대한 탐색·분석을 통해 지방정부의 발전을 도모하려는 체계적·종합적 기획 및 정책개발활동이다.
② 전략적 기획의 과정은 전략적 쟁점 도출 → SWOT 분석 및 PEST 분석 → 전략의 체계적 집행 → 지방정부의 발전목표 및 방향을 구체화하는 접근법이다.
③ 전략적 기획 과정은 개방적으로 조직구성원의 많은 참여가 바람직하다.
④ 정치지도자·민선공무원·전문행정가·지역사회단체 등의 적극적 참여와 지원이 요구된다.

> 해설 **전략적 기획의 과정**
> SWOT 분석 및 PEST 분석 → 전략적 쟁점 도출 → 적절한 대안·해결방안 등의 전략 수립 → 전략의 체계적 집행 → 지방정부의 발전목표 및 방향 구체화

02

지방자치단체의 전략적 기획 도입에 관한 설명으로 옳지 않은 것은?

① 자치단체 리더의 전략적 마인드와 철저한 리더십은 전략적 기획이 성공적으로 도입·수행되기 위해 가장 중요한 조건이다.
② 전략적 기획은 하나의 수단일 뿐이므로 많은 비용은 필요하지 않다.
③ 전략적 기획과 기획을 위한 모든 자료 분석, 정책결정 수단은 조직을 기능하게 하는 주체가 아니라 구성원의 직관·논리적 판단을 지원하는 역할을 할 뿐이다.
④ 전략적 기획 그 자체가 끝(End)이 아니며 그 계획이 집행(Do)되기 전에는 어떤 결과물(Results)도 생산하지 못한다.

> 해설 ② 전략적 기획은 하나의 수단일 뿐 최종판단은 기관장에게 달려 있으며, '기획' 그 자체가 많은 비용(시간, 재원 등)이 필요하고, 그 지역의 특수성과 구체적 요구(Needs)를 고려하여 전략적 기획 과정을 개발해야 한다.

03

우리나라 농촌지도의 전략적 기획 과정 중 3C 분석에 대한 설명으로 옳지 않은 것은?

① 지도조직 내·외부 환경분석으로 전략적 쟁점을 파악하는 것이다.
② 내외부 이해관계자에 대한 분석과 이와 관련된 정보를 수집한다.
③ 환경분석 단계의 결과물은 주요 이슈를 파악하는 것과 전략적 정보를 구축하는 것이다.
④ 3C란 고객(Customer), 조합(Combination), 경쟁자(Competitor)에 대한 정보를 분석하는 기법이다.

해설   ④ 3C란 고객(Customer), 자사(Corporate), 경쟁자(Competitor)에 대한 정보를 분석하는 기법이다.

04

중요한 측면에서 지금 존재하는 것보다 나은 미래를 제시함으로써 미래에 대한 포부를 보여 주는 것을 무엇이라 하는가?

① 미 션
② 비 전
③ 성과목표
④ 전략과제

해설   비전이란 조직의 모든 사람이 믿을 수 있으며, 중요한 측면에서 지금 존재하는 것보다 나은 미래를 제시함으로써 미래에 대한 포부를 보여주는 것이다.

05

비전 진술문 3요소에 해당하지 않는 것은?

① 어떤 조직인가?
② 무엇을 위해 일하는가?
③ 어떤 일을 하는가?
④ 조직은 어디로 가야 하는가?

해설   비전 진술문 3요소
• 어떤 조직인가?
• 어떤 일을 하는가?
• 조직은 어디로 가야 하는가?

06

비전을 달성하기 위한 전략과제를 도출하기 전에 비전 달성의 의미를 구체화하는 단계는?

① 미션 설정
② SWOT 분석
③ 전략과제
④ 성과목표

해설   ④ 성과목표 : 비전은 약간 추상적이고 포괄적인 내용이기 때문에 비전을 달성하기 위한 전략과제를 도출하기 전에 비전 달성의 의미를 구체화할 수 있는 내용을 규정하는 것이며, 양적 개념을 적용하여 수치로 표현한 것이다.

07

SWOT 분석 절차의 순서로 옳은 것은?

① 환경분석 → 자사의 역량분석 → 환경변화에 대
   응하기 위한 전략도출
② 자사의 역량분석 → 환경분석 → 환경변화에 대
   응하기 위한 전략도출
③ 환경변화에 대응하기 위한 전략도출 → 자사의
   역량분석 → 환경분석
④ 환경변화에 대응하기 위한 전략도출 → 환경분
   석 → 자사의 역량분석

> **해설** SWOT 분석 절차
> 환경분석 → 자사 역량분석 → 환경 대응전략 도출

08

**전략적 농촌지도사업에서 SWOT 분석에 대한 설명
으로 옳지 않은 것은?** 　　　　17 지도사 〈기출(변형)〉

① 핵심 역량으로 간주해야 할 두드러지지 않는 요
   소가 강점 · 약점 분류에서 빠져 버리는 경우가
   있다.
② 현재의 조직역량 검토에서 강점 · 약점이 명확하
   지만, 미래의 조직역량 검토에서는 불명확하다.
③ 환경의 기회요인과 위협요인의 인식이 쉽지 않다.
④ 각 대안들의 상관관계를 파악하기 어렵다.

> **해설** SWOT 분석을 할 때 현장에서의 방법상 문제
> • 환경인식의 기법이나 예측 분석 방법이 제대로
>   갖춰지지 않을 경우, 환경에 대한 자의적 선발과
>   해석으로 중요한 환경요소들이 간과될 수 있음
> • 조직역량 검토에 있어서 강점 · 약점에 대한 명확
>   한 인식이 쉽지 않고, 미래에 우리 조직의 강점 ·
>   약점 분석은 자의성이 개입됨(②)
> • 강점인가 약점인가에 대한 해석도 불명확함. 실
>   제 상황에서 이것이 강점인지, 약점인지 판단 가
>   능함
> • 핵심 역량으로 간주해야 할 두드러지지 않는 요
>   소가 강점 · 약점 분류에서 빠져 버리는 경우가
>   있음(①)
> • 환경의 기회(O), 위협(T) 요인의 인식이 쉽지 않
>   음. 요인 정도가 약하면 기회와 위협으로 분류되
>   지 않게 되고, SWOT 분석 작업에서 제외됨(③)
> • SWOT 분석에서 각 대안들의 상관관계나 보완관
>   계를 파악하기 어려움(④)
> • 각 대안들이 어떤 부류의 조치를 의미하는 것인
>   지 이해하기 어렵고 그것을 종합하기도 어려움

09

**SWOT 분석을 이용한 전략과제를 개발하기 위한
전략 유형으로 옳지 않은 것은?**

① 시장의 기회를 활용하기 위해 강점을 사용하는
   SO 전략
② 시장의 위협을 회피하기 위해 약점을 사용하는
   ST 전략
③ 약점을 극복함으로써 시장의 기회를 활용하는
   WO 전략
④ 시장의 위협을 회피하고 약점을 최소화하는 WT
   전략

> **해설** ② ST 전략은 시장의 위협을 회피하기 위해 강점을
> 사용하는 전략이다.

안심Touch

10

우리나라 농촌지도의 전략적 기획 과정 중 과제별 실행계획수립 단계에서 실행계획서 작성에 포함될 사항이 아닌 것은?

① 전략기획
② 평가기준
③ 실행 프로세스
④ 담당자

해설 실행계획서에는 전략과제, 평가기준, 평가지표, 실행 프로세스, 담당자, 기간 등이 포함되어야 한다.

11

우리나라 농촌지도의 전략적 기획 과정의 설명으로 옳지 않은 것은?

① 순서는 3C 분석 → 미션과 비전 설정 → 비전 달성을 위한 성과목표 설정 → SWOT 분석 → 전략과제 도출 → 전략과제의 평가 및 선정 → 과제별 실행계획 수립의 순이다.
② 비전이란 왜 존재하는가에 대한 이유를 밝히는 진술문으로, 조직이 수행하는 사업을 왜 해야만 하는가에 대한 진술이다.
③ 성과목표란 비전은 약간 추상적이고 포괄적 내용이기 때문에, 비전을 달성하기 위한 전략과제를 도출하기 전에 비전 달성의 의미를 구체화할 수 있는 내용을 규정하는 것이다.
④ 전략과제 도출은 SWOT 분석을 통해 사업의 경쟁력을 분석하여 우선순위에 따라 미래의 핵심전략을 선정하고, 상·하위 목표를 기술하며 전략적 계획을 작성한다.

해설 미션과 비전

- 미션 : 왜 존재하는가에 대한 이유를 밝히는 진술문으로, 조직이 수행하는 사업을 왜 해야만 하는가에 대한 진술
- 비전 : 조직의 모든 사람이 믿을 수 있으며 중요한 측면에서 지금 존재하는 것보다 나은 미래를 제시함으로써 미래에 대한 포부를 보여주는 것

12

우리나라 농촌지도의 전략적 기획 과정에 대한 설명으로 옳지 않은 것은?

① 전략과제의 우선순위를 판단하는 기준에는 긴급성, 중요성, 실행가능성, 파급성 등이 있다.
② SWOT 분석을 할 때 실제상황에서 강·약점 판단이 가능하고 이론상 강·약점 해석이 불명확하다.
③ 3C 분석은 경쟁자와 비교를 정하고 이를 토대로 전략을 수립하는 기법으로 전략적 기획 과정에서 사용되는 방법이다.
④ 전략과제 도출은 SWOT 분석을 통해 사업의 경쟁력을 분석하여 우선순위에 따라 미래의 핵심전략을 선정하고 상·하위 목표를 기술하며 전략적 계획을 작성한다.

해설 ③은 SWOT 분석에 대한 내용이다.

PART 04

농촌지도실천

농촌지도실천

|01| 농촌지도실천의 개념

(1) 의 미

① 계획(Plan) → 실천(Do) → 평가(See)라는 농촌지도의 3가지 과정 중 하나로 농업인이 농업에 적용했을 때 유익한 결과를 가져다줄 수 있는 정보, 영농방법, 사고방식을 변화시키는 과정

② 농업인의 문제 해결과 그 결과를 전파하는 과정

③ 농촌지도실천은 농촌지도의 성공을 위해 필수적인 과정

④ 농촌지도실천은 농촌지도 대상의 특성, 실천 원리, 지도 방법 등을 포함함

　㉠ 농촌지도실천 대상 : 농촌지역에 거주하는 남녀노소 모든 사람을 위한 사회교육과정. 주로 농촌의 성인 · 청소년 등을 대상으로 하는 교육적 활동

　㉡ 실천원리 : 사회교육 실천원리, 농촌지도 실천원리

　㉢ 지도방법 : 개인 · 집단 · 대중 접촉방식

(2) 원 리

① 사회교육실천의 원리

　㉠ 자발학습의 원리 : 학습자가 자발적 의지에 따라 교육에 참여해야 학습에 대한 관심과 흥미를 유발시키고 지속적 동기를 유발시켜 학습효과를 높일 수 있다는 원리이다.

　㉡ 자기주도적 학습원리 : 자기 스스로 학습의 주체가 되어야 학습효과를 높인다는 원리이다. 학습기간, 학습시기, 학습방법, 학습결과의 수용 여부, 스스로 학습에 대한 판단도 주도적으로 결정해야 한다.

　㉢ 상호학습의 원리 : 학습자 스스로 횡적으로 상호작용하여 학습할 때 효과가 높다.

　㉣ 현실성의 원리 : 교육이 실제 생활과 밀접해야 한다. 가정 · 직장 · 사회생활과 연관된 내용일 때 학습효과가 높다.

　㉤ 다양성의 원리 : 교육대상자가 이질적이고 다양하므로 그들의 요구와 관심도 다양하다. 교육 시간 · 장소 · 방법 등이 다양하며, 융통성이 있어야 한다.

　㉥ 능률성의 원리 : 최선의 교육자, 방법, 장소 등을 동원해야 한다. 성인의 시간은 부족하며 학습기회를 얻기 어렵기 때문에 교육을 통해 얻는 것이 없고, 효율적으로 진행이 안 되면 참석하려 하지 않는다.

ⓐ 참여교육의 원리 : 교육의 계획, 실천, 평가에 교육대상자들이 적극적으로 참여할 때 교육의 효과가 높아진다.

ⓞ 오락성의 원리 : 교육방법으로서 오락, 게임, 연극 등을 활용한다는 의미로, 교육기간에 오락이나 유희를 삽입할 때 교육효과가 높아진다.

② 농촌지도실천에서 적용되어야 할 원리

ㄱ 실용적 학습내용을 중심으로 하여야 한다.

ㄴ 농촌지역사회 내에서의 가시적 결과를 가지고 지도하여야 한다.

ㄷ 다양한 지도방법을 활용하여야 한다.

ㄹ 지도 장소의 교육환경은 불편이 없도록 정비되어야 한다.

ㅁ 교육대상자로 하여금 그들의 경험과 의견을 표현하도록 유도하여야 한다.

ㅂ 지도대상자가 근거리에서 접할 수 있는 사례를 들어 설명하는 것이 좋다.

ㅅ 성인의 자아의식을 다치게 하거나 불편하게 해서는 안 된다.

ㅇ 지도 후에 서로 교제할 수 있는 기회를 제공하는 것이 좋다.

ㅈ 성인은 학습을 즐기므로 흥미 있게 지도하여야 한다.

+ PLUS ONE

Verner와 Booth의 성인교육실천의 원리

- 교육자적 태도를 일체 버려라.
- 참가자를 중심으로 하라.
- 사실을 전하라.
- 공통의 분위기를 만들어라.
- 상대방에게 질문을 하게 하라.
- 강사도 함께 배워라.
- 반증은 하더라도 논쟁은 하지 말라.
- 사실을 간단명료하게 말하라.
- 의문을 일으키도록 하라.
- 배우는 방법을 가르치라.
- 생활을 도와줘라.
- 가장 좋은 시간을 선택하라.

Level UP 이론을 확인하는 문제

농촌지도 실천의 원리에 대한 설명으로 옳지 않은 것은?

① 자발학습의 원리 : 지속적인 동기를 유발시켜 학습효과를 높이는 원리이다.

② 능률성의 원리 : 교육기간에 오락이나 유희를 삽입할 때 교육효과가 높아진다.

③ 상호학습의 원리 : 학습자들 스스로 횡적으로 상호작용하여 학습할 때 그 효과가 높다.

④ 참여교육의 원리 : 교육대상자들이 적극적으로 참여할 때 교육의 효과가 높다.

> **해설** ②는 오락성의 원리에 대한 설명이다.
>
> **정답** ②

|02| 농촌성인의 교육특성

(1) 성인의 발달단계

Moore와 Simpson은 성인 발달단계를 국면접근법과 단계접근법으로 분류하였으며, 국면접근법은 연령과 관계를 강조하고, 단계접근법은 연령독립적이다.

① 국면접근법

    ㉠ 국면접근법은 성인의 생활주기를 4계절의 변화주기에 비유하며, 봄은 유년기, 여름은 청년기, 가을은 중년기, 겨울은 노년기에 해당한다. 이는 계절의 변화처럼 사람은 나이에 따라 발달 특성의 차이를 보인다.

    ㉡ 국면접근법에 의한 성인의 발달적 특성 중 가장 대표적인 것이 Levinson의 연구이다.

아동 및 청소년기 (3~17세)	사회생활의 기초에 대한 훈련의 시기로서, 성인들에 의해서 주어진 생활양식을 따라야 할 의무가 있음
초기 성인기 (22~40세)	그 자신의 생활에 대한 선택과 유지·개선을 하여야 함
중기 성인기 (45~60세)	가정, 사회, 직업생활에 있어서 중심적인 위치와 역할을 수행하는 시기
후기 성인기 (65세 이상)	사회적 생활의 중심권에서 벗어나 중재자로서의 역할을 수행하는 시기

    ㉢ 사람들이 발달단계를 밟는 이유는 연령이 많아짐에 따라 신체생리적 상태의 변화, 사회적 관계의 변화, 직업지위적 관계의 변화 때문이다.

② 단계접근법

    ③ 단계접근법은 사람의 행동변화를 연령보다는 과거의 개인적 경험이나 심리적 경험의 총체로 이루어진다.

    ⑥ 도덕성 발달단계와 같이 나이가 많아도 도덕성 발달수준이 낮은 사람이 많은 것처럼 사람이 과거에 어떤 심리적 경험을 했는가에 따라 발달단계가 좌우된다.

③ 성인발달단계 연구의 교육적 측면

    ③ 국면접근법과 단계접근법이 공통적으로 교육에 주는 가치는 인간의 발달단계에 따른 교육의 내용 및 방법을 결정해야 한다는 사실이다.

    ⑥ 아동과는 연령적·심리적으로 다른 특성을 보이는 성인에게 같은 논리를 적용할 수 없다.

(2) 성인의 학습능력

① 학자들의 주장

    ③ 손다이크(Thorndike)

        • 선천적 능력의 우열에 의하여 학습능력의 최성기가 거의 일정하다고 하였다.

        • 학습능력의 정상곡선과 연령과의 관계를 밝혔는데, 20~25세가 학습능력의 최성기라 하였다.

        • 성인의 학습부적당론은 학습능력의 쇠퇴보다는 성인생활의 현실이 학습에 적극적일 수 없다고 보았다.

    ⑥ 키드(Kidd)

        • 20세 이후부터 인간의 신체적 조건이 감퇴되며, 특히 시각과 청각의 저하가 현저하다고 하였다.

        • 이러한 신체적 장애는 쉽게 극복할 수 있으며, 학습에 있어서 중요한 요소는 연령보다 특정과업의 실천량이라고 하였다.

    ⓒ 놀즈(Knowles)

        • 인간의 지능발달은 26세 전후가 그 정점이고, 그 뒤 40년간은 1년마다 1%의 비율로 쇠퇴한다.

        • 쇠퇴하는 학력 그 자체가 아니고 학습의 속도이며, 그 원인은 학습 성과를 실제에 응용하지 않기 때문이라 하였다.

    ② 비렌(Birren)

        • 학습능력이 연령차이보다 학습에 대한 관심, 집중, 태도, 동기, 신체조건의 차이가 더 크게 좌우한다고 주장했다.

        • 신체조건의 상태를 개선할 때 효과를 높일 수 있다.

② 농촌성인의 교육적 특성

    ㉠ 교육훈련 참여도

        • 청장년 농업인이 고령 농업인보다 교육훈련 참여도가 높다.

        • 교육수준이 높은 농업인이 교육수준이 낮은 농업인보다 참여도가 높다.

        • 영농작목 농업인이 식량작목 농업인보다 참여도가 높다.

        • 창업농이 승계농보다 참여도가 높다.

        • 영농경력이 적은 농업인이 영농경력이 많은 농업인보다 높다.

    ㉡ 농업인이 가장 많이 활용하는 학습방식 : 이웃·학습조직을 통한 주변 농가들과의 대화, 영농관련 서적·신문·잡지 등의 인쇄매체, 집합식 교육훈련, 방송매체, 전문가 자문, 인터넷 검색, 영농 관련 행사 참여의 순

    ㉢ 교육훈련 요구영역 : 농업인은 생산기술, 마케팅 이외에도 다양한 영농 영역에 대한 훈련을 요구함

    ㉣ 농업인이 선호하는 교육방식 : 소규모 인원으로 구성된 강의 및 토론식 교수학습, 견학을 통한 학습

    ㉤ 선호하는 교육장소 : 현장사례를 직접 체험할 수 있는 장소

    ㉥ 선호하는 강사 유형 : 농업현실과 특성을 잘 이해하고 있는 강사

Level UP 이론을 확인하는 문제

다음 초기 성인기의 나이는?　　　　　　　　　　07 대전 기출(변형)

① 45~60세　　　　　　　　　　② 40~45세

③ 22~40세　　　　　　　　　　④ 50~55세

해설　레빈슨(Levinson)의 연구

아동 및 청소년기 (3~17세)	사회생활의 기초에 대한 훈련의 시기로서, 성인들에 의해 주어진 생활양식을 따라야 할 의무가 있음
초기 성인기 (22~40세)	그 자신의 생활에 대한 선택과 유지·개선을 하여야 함
중기 성인기 (45~60세)	가정, 사회, 직업생활에 있어서 중심적인 위치와 역할을 수행하는 시기
후기 성인기 (65세 이상)	사회적 생활의 중심권에서 벗어나 중재자로서의 역할을 수행하는 시기

정답　③

농촌지도방법

|01| 농촌지도방법의 분류

(1) 접촉방식(지도방식)에 따른 분류

구 분	지도 방법
개별접촉방식	농가 방문, 지도기관 방문, 결과전시(집단접촉방식으로 분류하기도 함), 전화, 개인 응답, 회람
집단접촉방식	회의, 단기회의, 화상회의, 강의, 지도자 교육, 포럼, 방법전시, 현장답사(견학), 농업조직(단체), 수련활동, 워크숍, 평가회
대중접촉방식	TV, 뉴스, 라디오, 신문, 영화, 출판물, 전화응답시스템, 컴퓨터 활용 교수학습, 전시회, 품평회, 위성통신, 인터넷, 팸플릿, 리플릿

(2) 의사소통 형태(사용수단)에 따른 분류

구 분	지도 방법
문서에 의한 지도	회람, 리플릿, 팸플릿, 보고자료, 뉴스, 신문, 편지
언어에 의한 지도	회합, 농가 방문, 지도기관 방문, 라디오, 전화, 대화
시각교재에 의한 지도	결과전시, 전시회, 품평회, 포스터, 슬라이드, 비디오, 차트, TV
언어와 시각교재 조합 지도	영화, TV, 전시평가회, 도표 설명, 슬라이드 설명, 심포지엄

(3) 메시지 교환 형태에 따른 분류

기 능	일방적 의사소통	쌍방향 의사소통	다방향 의사소통
농촌지도방법	신문, 잡지, 방송, 전시회, 품평회, 결과전시, 강연회	농장 및 농가 방문, 농업기술센터 내방, 서신, 전화응답	토론회, 평가회
커뮤니케이션 유형	대중 · 공중 커뮤니케이션	대인 커뮤니케이션	소집단 커뮤니케이션
특 성	어느 정도의 지속성	대면성, 비조직성, 일시성	대면성, 구조성, 정규성, 지속성

(4) 피교육자의 참여정도에 의한 분류

① 설명학습지도 : 농촌지도사가 중심이 되어 농촌주민들에게 설명으로 지도하는 방법이다.

② 문제해결학습지도

　⊙ 생활에서 일어나는 문제를 중심으로 농촌지도사와 농촌주민이 협동하여 토의과정을 거침으로써 해결방법을 찾아 나가는 것이다.

　⊙ 지도를 받는 사람의 능동적인 참여가 요구된다.

　⊙ 농촌주민의 자발적 참여도에 따라 지도의 효과가 다를 수 있다.

③ 발견학습지도 : 농촌주민 스스로 문제를 발견하여 해결하도록 하며, 농촌지도사는 뒤에서 도움만 주는 지도방법이다.

(5) 기능(사용수단)에 의한 분류

① USDA CSREES의 농촌지도의 기능

미국 USDA CSREES의 특별위원회인 ECOP(An Extension Committee on Organization and Policy) Task Force에서 정보전달, 교육프로그램 전달, 문제해결의 3가지로 구분하였다.

　⊙ 정보전달 : 농촌지도사업이 뉴스기사, 회합, 컨설팅 등 다양한 의사소통 채널을 통해 고객에게 정보를 전달한다.

　⊙ 교육프로그램 전달

　　• 농촌지도전문가와 지도요원이 고객의 지식 · 기술 · 능력을 향상시키기 위해 준비되고 실행된다.

　　• 교육프로그램은 다양한 활동 또는 교육경험을 제공하였다.

　　• 학습경험은 특별한 청중 · 요구 · 문제점에 초점을 맞추었다.

　⊙ 문제해결(Problem Solving) : 고객은 그들의 농장에서 나타나는 문제점을 해결하기 위해 전문성 · 지식 · 기술을 갖춘 지도기관을 찾는다.

② 사용하는 기법에 따른 분류(왈드론과 무어, Waldron & Moore)

　⊙ 기법이란 농촌지도사가 학습자와 학습과제 간에 관계를 형성하는 방법이다.

　⊙ 농촌전문가가 사용하는 기법에 따라 정보제공, 기술습득, 지시적용기법으로 구분하였다.

정보제공 기법	강의, 패널 발표, 질의응답 세션, 토론
기술습득 기법	시뮬레이션, 전시, 역할극, 훈련, 사례연구, 워크숍, 실험
지식적용 기법	워크숍과 실험, 사례연구, 집단토의, 여러 형태의 집단활동

③ 학습목표에 따른 분류(반덴반과 호킨스, Van den Ban & Hawkins)

학습목표의 특성	전략	선호되는 방법
인지적 : 지식 (Cognitive)	외부에서의 정보 전이	출판물과 매스미디어, 강의, 리플릿, 직접적인 대화를 통한 조언
정의적 : 태도 (Affective)	경험에 의한 학습 (외부에서의 정보)	집단토의, 간접대화, 시뮬레이션, 필름 자료
심동적 : 기술 (Psycho-motor)	기술의 연습(훈련)	교육, 전시 혹은 필름전시와 같은 활동촉진 방법들

④ 지도방법 선정 시 고려할 사항

지도목적과 내용의 성격, 활용 가능한 시간, 지도대상자의 수, 이용 가능한 시설 및 보조교재, 지도대상자의 특성, 지도사의 자질

|02| 개인접촉방법(Individual Contact Method)

(1) 개념 및 특징

① 특 징

　㉠ 개별적으로 가정이나 농가를 방문하거나 기술센터에서 농민의 전화나 편지 또는 지도기관 내방 등에 의한 방법으로 농촌지도사업에서 가장 오래되었으며 보편적으로 사용된다.

　㉡ 접촉할 수 있는 고객의 수가 제한되는 반면, 가장 효과적인 방법 중 하나이다.

　㉢ 개인접촉은 농촌지도에서 필수적이고, 지도요원은 고객의 현 상황을 파악하며, 문제점을 진단한다.

② 장 점

　㉠ 농가실정에 맞는 적절한 지도가 가능하고 바람직한 공적 인간관계가 형성된다.

　㉡ 학습을 위한 분위기 조성이 쉽고, 지역 문제 해결에 최우선의 지식을 제공한다.

　㉢ 신뢰할 만한 정보원으로서의 농촌지도요원과의 신뢰가 형성된다.

　㉣ 지역사회 리더, 전시자와 협력자의 선택에 공헌한다.

　㉤ 농촌지도활동에서 일상적으로 접촉하기 어려운 개인들과의 관계 형성에 도움이 된다.

　㉥ 개별방문은 일반적으로 정보를 확산하는 데 쉽고 빠르며, 효과적인 교수방법이다.

　㉦ 문제점 혹은 의문사항에 대해 즉각적인 피드백을 제공한다.

　㉧ 조언에 대한 지역의 검증 제공이 가능하다.

③ 단 점

    ㉠ 시간, 노력 접촉 비용이 타 방법에 비해 많이 소요된다.

    ㉡ 지역의 지도전문가와 접촉할 수 있는 기회가 제한된다.

    ㉢ 농가 방문에 주의를 기울이지 않았을 경우 도움이 필요한 고객을 경시할 수 있다.

    ㉣ 농가 · 가정 방문에 적절한 교수법 계획이 필요하다.

    ㉤ 기관 또는 전화를 통한 개별 접촉 시 실제 상황에서의 교육자가 배제될 수 있다.

    ㉥ 질문을 이해하지 못했거나 응답이 적절치 못했을 경우 의사소통 문제가 발생한다.

    ㉦ 개별응답 혹은 전화응답이 즉각 이루어지지 않았을 때 잘못된 이미지가 형성될 수 있다.

    ㉧ 결과전시가 성공하기 위해서는 계획과 사후관리에 많은 시간이 소요된다.

    ㉨ 지원에 대한 지속적인 요구를 처리할 수 있는 시간 관리와 능력이 필요하다.

(2) 개인접촉방법의 종류별 특징

① 농가방문

    ㉠ 방문은 정보의 전달이나 획득, 전시농가의 확보, 미팅의 주제, 지역의 클럽활동에 대한 토의 등에 목적이 있다.

    ㉡ 개별방문은 지역 지도기관의 요원, 공무원, 다른 핵심적인 사람들과 우호적인 공적 관계를 형성할 수 있다.

    ㉢ 개별방문은 전문적인 문제점에 대한 실제적인 해결책을 제시해 줄 수 있다.

    ㉣ 방문은 일반적으로 할 수 있는 조언을 특정 상황에 맞도록 변형하여 할 수 있다.

    ㉤ 바람직한 기술들을 개선하는 데 주민의 관심을 유발할 수 있다.

    ㉥ 방문은 프로그램의 결정이나 효과적인 지역의 리더를 선정하는 데 필수적이다.

    ㉦ 방문 대상이 가장 선진 농가에 집중되거나, 도움이 절실한 농가는 등한시할 위험이 있다.

② 지도기관 내방

    ㉠ 농업인이 지도기관을 방문하여 지도요원과 직접 접촉하는 방법이다.

    ㉡ 농업인은 현재 해결해야 할 문제가 있고, 이를 해결하려는 강한 의지가 있기 때문에 다른 기법보다 학습에 매우 호의적이다.

    ㉢ 지도요원의 시간을 절약하고, 동기화된 농업인을 대상으로 하기 때문에 지도효과가 크다.

    ㉣ 농업인이 직접 방문함으로써 지도업무를 더 잘 이해할 수 있다.

③ 전 화

    ㉠ 지역사회와 지도요원을 연결하는 1:1 의사소통의 중요한 수단이다.

    ㉡ 특정 주제의 정보를 요청하거나 교육활동을 촉진하는 데 사용된다.

    ㉢ 전화를 통해 미리 녹음해 둔 메시지나 공공사업을 대중에게 알리는 경우도 있다.

④ 우편(개별서신)

    ㉠ 우편(Mail)은 개인접촉방법 중 하나이다.

    ㉡ 농업인이 작물의 성장과정에 대한 자료를 요청하는 경우 유인물이나 관련 책자를 우편으로 보내준다.

다음 대민접촉방법에서 개인접촉방법으로 볼 수 없는 것은?

97 강원 <기출(변형)>

① 현장답사

② 지도기관 방문

③ 전 화

④ 농가 방문

해설 현장답사(견학)는 집단접촉방법이다.

정답 ①

|03| 집단접촉방법(Group Method)

(1) 개념 및 특징

① 개념 : 농촌지도요원과 2명 이상의 농업인 집단을 대상으로 하는 방법이다.

② 특 징

ㄱ 농촌지도요원을 위한 피드백이나 목표성취를 위해 농민 간의 상호작용이 필요할 때 사용된다.

ㄴ 농촌지도에 관심이 많은 농민이나 농민조직의 구성원만 교육에 참석하기 때문에 선택된 사람에게만 전달된다.

ㄷ 시간·노력·경비를 절감할 수 있고, 대중매체보다 적은 비용으로 변화를 달성할 수 있다.

ㄹ 많은 사람과 접촉할 수 있어 다수 사람들의 학습방식에 적합하다.

ㅁ 실제 모든 주제에 적용 가능하다.

ㅂ 지역사회 리더를 통해 반복 활용 또는 전시가 가능하다.

③ 단 점

ㄱ 적정 조직과 미팅 장소까지 교재와 도구의 이송이 필요하다.

ㄴ 성공하는 데 약간의 쇼맨십과 장비에 대한 투자가 필요하다.

ㄷ 효과를 발휘하기 위해서는 말하기와 프레젠테이션 스킬에서 전문성이 필요하다.

ㄹ 여러 가지 교수기법에 관한 지식이 필요하다.

ㅁ 청중 수에 따라 미팅이 제한된다.

ㅂ 고객의 요구와 접근을 수용할 수 있는 유연한 스케줄이 필요하다.

ㅅ 다양한 고객의 관심과 흥미를 고려한 다양한 교수 상황이 제시되어야 한다.

(2) 집단접촉방법의 종류별 특징

① 강의(Speeches or Talks)

　㉠ 장 점

- 강사는 청중의 교육수준이나 흥미를 충족시키기 위해 강의 내용을 수정할 수 있다.
- 강사는 강의 도중 청중 반응을 고려하고 접근방식을 수정할 수 있다.
- 청중은 강사를 보다 알고 싶어 하고, 몸짓·얼굴표정을 통해 주제에 대해 분명한 인상을 받고 싶어 한다. TV에서도 어느 정도는 가능하다.
- 강의는 청중에게 질문을 하고 이슈에 대해 깊이 있는 토의 기회를 제공할 수 있다.

> **🔍참고**
>
> 농촌지도에서 지식전달 수단으로 강의가 가장 많이 활용된다.

　㉡ 단 점

- 강의 도중에 중요한 내용이나 단어를 쉽게 잊어버린다.
- 어떻게 정보를 적용해야 할지를 가르치는 방법으로는 강의가 적절하지 않다. 다양하게 토의를 하고, 실제로 전시하는 것이 효과적이다.
- 지식을 전달할 때 집단토의보다 강의가 효과적이지만 관심을 끌거나 태도를 변화시키는 데에는 덜 효과적이다.
- 지도사 위주의 지도로 끝내기 쉽다.

　㉢ 효과적 강의를 위해 고려할 사항

- 강사는 알고 있는 모든 정보를 전달하기보다 주요 요점을 강조하는 것이 좋다.
- 강사는 항상 청중의 흥미, 경험 요구에 맞게 강의 내용을 구성해야 한다.
- 강사는 강의 내용을 어떻게 배열할 것인지 정해야 한다.
  - 산만한 접근보다 논리적 사고가 더 쉽게 기억된다.
  - 강사가 먼저 강의 요점을 개괄적으로 설명할 때 청중은 강의의 흐름을 쉽게 따라온다.
  - 주요 요점을 예시하거나 강의 마지막에 요약하는 것도 유용하다.
  - 청중들로 하여금 주제에 대해 스스로 생각할 수 있도록 자극하는 것도 효과적이다.
  - 강사가 단순히 원고를 읽는 것은 바람직하지 않다.

② 전시(Demonstration, 실연)

　㉠ 특 징

- 농촌지도의 방법 중 가장 중심적인 지도방법으로서 새로운 기술과 품종의 효과를 농민의 환경 속에서 실증함으로써 그들로 하여금 수용하도록 하는 방법이다.
- 농민 스스로 혁신을 시도해보도록 자극하거나 농민에게 혁신의 시험을 대신하는 것이다.
- 전시가 어떤 행동의 결과 중 하나일 때는 복잡한 기술적 항목 없이 문제의 원인과 해결책을 보여준다.

ⓒ 전시 종류
- 결과전시(Result Demonstration)
  - 농촌지도의 중심적인 지도방법으로 미국의 냅(Knapp) 박사가 최초로 개발한 지도방법이다.
  - 혁신의 효과를 지도대상자에게 실제로 관찰하게 하는 장기적인 방법이다.
  - 신품종ㆍ비료사용 잡초 및 병충해 방제의 효과 등을 실증하여 보일 때 효과적이다.
  - 지도대상자들이 생활하고 있는 현장에서 그들 중에 대표격이 되는 사람이 직접 새로운 품종을 재배하거나 새로운 기술을 영농에 적용하여, 그 효과를 지도대상자의 눈으로 직접 보게 함으로써 지도대상자 <u>스스로 혁신사항을 수용하게 하는 지도방법</u>이다.
- 방법전시(Methods Demonstration, 연시)
  - 새로운 기술을 실제로 어떻게 사용하는가를 시범하여 보임으로써 혁신을 사용하게 하는 단기적인 전시법이다.
  - 농사기술이나 농기계 운전 등을 지도할 때 가장 많이 사용하는 효과적인 지도방법이다.
  - 교육적 입장에서 가장 효과적이고, 교육적인 성과를 기대할 수 있는 지도방법이다.
  - 비교적 짧은 시간에 끝낼 수 있고 비용이 많이 들지 않는다.
  - 훌륭한 연시자를 구하기가 쉽지 않은 단점이 있다.
    - 예 과일을 재배하는 농민에게 어떻게 가지치기를 할 것인지 보여주기
- 행동전시(Action Demonstration)
  - 정부정책이나 사회에서 대부분의 사람들이 바라는 변화를 보여주려고 노력하는 것이다.
  - 농촌지도요원이 거의 사용하지 않는 방법이다.

PLUS ONE

결과전시와 방법전시의 비교

구 분	결과전시	방법전시
수행자	농업인, 주부, 회원	농촌지도요원, 4-H 또는 사업 프로젝트의 리더나 회원
설 계	전시를 수행하는 인력	방법전시를 수행하는 인력
장 소	농장, 가정과 같은 지리적 영역	교육훈련 장소 또는 TV 등
기 간	몇 주 또는 몇 개월(장기적)	미팅 기간에 따라 좌우됨(단기적)
목 적	• 다른 방법들에 비해서 새로운 방법이 가지고 있는 장점을 시각적으로 증명하기 위함 • 혁신사항의 가치를 입증하는 데 효과적	• 기술 또는 기법을 가르치거나 수행방법을 단계별로 보여주기 위함 • 혁신사항을 어떻게 다루는가에 대한 과정을 지도하는 데 효과적

③ 집단토의(Group Discussion)
  ㉠ 특 징
    • 위원회 등의 모임은 정치적 수준의 합의나 만장일치 의사결정을 도출하기도 한다.
    • 농촌지도 · 지역사회개발 · 성인교육 프로그램에서는 구성원의 문제를 파악하고 해결책을 찾을 때 사용된다.
    • 농촌지도요원은 집단 내 강사 역할과 전문분야 정보원이기도 하고 집단의 일원으로 참여하기도 한다.
    • 5~20명으로 구성되어 지식 증가, 태도 변화, 행동 변화를 이끌어 내는 역할을 한다.
  ㉡ 구 분
    • 직접 개입하는 집단토의 : 지도요원은 집단 구성원이 스스로 문제를 발견하도록 해서 그 문제에 적합한 해결책을 제시해 준다.
    • 간접 개입하는 집단토의 : 지도요원은 구성원이 스스로 문제를 찾고 분석하는 것을 도와주고 해결책을 만들어 내도록 도와준다.

┌─🔍 참고 ●─────────────────────────────────────
│
│ 일반적으로 농촌지도는 직접 개입하는 것보다는 간접적으로 개입하여 집단토의를 하는 접근이 선호된다.
│
└──

  ㉢ 강의법과 비교한 집단토의의 장점
    • 지도요원이 보는 것보다 참여자가 더 많은 측면을 논의할 수 있다.
    • 지도요원이 제시한 솔루션이 실제적인지 아닌지 참여자가 더 잘 판단할 수 있다.
    • 집단토의는 강의법에서 표현되지 않은 일상적 실천과 연관이 높다.
    • 토의과정에서 사용되는 언어는 참여자에게 보다 친숙하다.
    • 참여자들은 질문이나 반대의견을 제시할 수 있고, 이는 의견의 동조를 향상시킨다.
    • 집단토의는 강의법보다 참여자의 활동을 더욱 촉진한다.
    • 참여자는 문제점의 여러 가지 측면을 규명할 수 있고 집단토의에서 논의된 해결책을 수용할 가능성이 커진다.
    • 참여자는 논의되는 문제점의 선택에 영향을 미칠 수 있기 때문에 보다 더 관심을 가진다.
    • 집단토의는 의사결정뿐만 아니라 정보의 전이에도 영향을 미친다.
    • 집단토의 과정에서 집단의 규범이 고려될 수 있고, 수정할 수도 있다.
    • 리더는 구성원의 문제점과 지식수준에 대해 잘 알 수 있다.
  ㉣ 강의법과 비교한 집단토의의 단점
    • 정보의 전이에는 많은 시간이 필요하다.
    • 논의했던 문제점은 강의법보다 덜 체계적이다.
    • 참여자가 관심을 갖는 안건만 다루거나 소수가 토의를 장악하게 된다.

- 바람직한 토의는 참여자가 필요한 지식을 숙지하고 있음을 가정한다. 그렇지 않으면 토의가 초점을 잃어버리게 된다.
- 회의집단에게 부정확한 정보가 제공될 경우 회의가 잘못될 수 있다.
- 집단토의는 예상치 못한 문제를 다룰 수 있는 전문화된 지도요원이 필요하다.
- 집단토의 효과에는 사회적 · 정서적 분위기가 영향을 미치는데, 긍정적 방향으로 이끄는 것이 쉽지 않다.
- 집단토의는 집단 내 동질성을 요구한다.
- 토의 참가자수가 너무 많으면 효과가 떨어진다.

④ 여러 가지 토의법

구 분	적용 상황
원탁토의	• 비교적 소수 집단(보통 5~20명)이 직접 대면하여 생각과 의견을 서로 교환하는 방법 • 공식적 · 민주적 과정으로 작은 집단이 모여 비조직적 대화하는 것과 구분 • 모든 참여자의 공통 경험에 관련된 특정 문제를 집중적으로 분석하고, 바람직한 결론을 얻고자 할 때
집단토의	관련된 문제나 학습과제를 처리하는 데 집단 구성원이 최대한으로 참여하고, 유기적 관계를 가질 수 있을 때
단상토의	• 소규모 사람이 1가지 주제를 여러 견해에서 논의하는 일련의 담화, 강연 또는 강의 • 그 집단에서 관심이 있는 주제에 관해 서로 다른 권위 있는 의견을 진술할 경우 • 사회자가 시간과 주제를 통제함 • 강연은 20분을 초과하지 않게 제한되며, 전체 시간은 1시간을 초과하지 않음
배심토의	• 사회자의 인도 아래 선정된 3명에서 6명의 강사가 청중 앞에서 토의하는 것 • 토의 형식은 대화식으로 진행되며, 패널토의라고도 함 • 3명이나 그 이상의 사람들이 그룹 앞에서 특정 주제에 대해 토의를 한 후 사회자의 진행으로 그룹 토의를 하는 방식으로 진행함 • 주어진 주제에 관해서 여러 견해와 태도 및 평가가 제시되고, 아무런 최종결론을 얻지 못했을 때, 토론자들의 생각이 배심 과정에 따라 전개되는 경우
버즈집단 토의	• 큰 집단을 작은 집단들로 나누어 토의한 후 각 소집단의 대표들이 모여 중요한 내용만을 간추린 후 전체 성원이 가장 좋은 평가방안을 결정하는 토의 방법 • 이 방법의 특징과 기본요소는 허들방법과 유사하여 허들집단토의 방법과 혼용하여 사용됨 • 강사가 자신의 주제에 대해 청중의 흥미를 제고하고자 할 때, 버즈집단을 형성해 질문을 유발하거나, 상이한 내용을 각자 자신들의 생각이나 경험에 연결시킬 수 있는 기회를 제공하고자 할 때
허들집단 토의	• 토의를 활발히 하기 위하여 큰 집단을 작은 단위로 나누는 방법 • 어떤 집단이 토의 목적을 위해 회원을 4명 또는 6명의 소집단으로 구분하여 주어진 주제를 토의하는 방법 • 미시간주립대학 Donald Phillips 교수에 의해서 보편화되어 일명 66토의, 필립스 66이라고도 불림(6명이 6분 동안 문제를 토의함)
자유의사 토의법 (Brain Storming)	• 모든 참가자가 의사결정에 참여하도록 하는 특징이 있는 토의방법 • 어떤 결정사항이나 문제해결에 참가자 모두가 차례로 의견을 진술하게 하여 마지막에 종합하여 결론을 내리는 토의법 • 참가자가 어떠한 의견을 제시하더라도 타인이 그것을 비판할 수 없음 • 모든 성원의 창의성을 활용할 수 있고 모든 구성원의 참여에 의한 결정이므로 참여의식을 조장할 수 있음 • 의견을 제시하면 사회자가 칠판이나 노트에 모두 기록하였다가 다 같이 종합해야 함(서기나 사회 필요) • 브레인스토밍의 특징 중 창의적 의견이나 아이디어는 질보다 양을 우선함

농촌지도방법 중 집단접촉방법에 해당하는 것은?

가. 지도기관 내방	나. 지도자 교육
다. 워크숍	라. 결과전시
마. 품평회	바. 현장답사

① 가, 나, 마　　　　　　　　　② 나, 다, 바

③ 가, 라, 마　　　　　　　　　④ 다, 라, 바

해설 접촉방식에 따른 분류

구 분	개별접촉방식	집단접촉방식	대중접촉방식
지도 방법	농가 방문, 지도기관 방문, 결과전시, 전화, 개인응답	회의, 단기회의, 화상회의, 강의, 지도자 교육, 포럼, 방법전시, 현장답사(견학), 농업조직, 수련활동, 워크숍	TV, 뉴스, 라디오, 신문, 출판물, 전화응답시스템, 컴퓨터 활용 교수학습, 전시회, 품평회, 위성통신, 인터넷

정답 ②

|04| 대중접촉방법(대중매체, Mass Media)

(1) 특 징

① 농업인의 경우는 결정적 단계에서 대중매체보다는 믿고 잘 아는 사람의 판단을 중시한다.

② 송신자와 수신자가 대중매체를 사용할 때 선택적 과정을 사용하기 때문에 대중매체만으로 사람의 행동 변화를 일으키지는 못한다.

③ 송신자의 메시지를 왜곡하는 선택 과정

　㉠ 선택적 공개(Selective Publication)

　㉡ 선택적 주의(Selective Attention)

　㉢ 선택적 지각(Selective Perception)

　㉣ 선택적 기억(Selective Remembering)

　㉤ 선택적 수용(Selective Acceptance)

④ 변화하는 사회에서 대중매체의 특별한 기능

　　㉠ 중요한 토의주제에 대한 의제 형성

　　㉡ 지식의 전이

　　㉢ 여론의 형성과 변화

　　㉣ 행동의 변화

(2) 지도내용을 이해하기 쉽게 제시하는 방법

① 간단하고 단순한 언어를 사용한다.

　　㉠ 기술적 용어는 간단한 문장과 구체적 의미를 지니고 있는 일상적 단어를 사용해야 한다.

　　㉡ 추상적 단어나 은어는 피해야 한다.

② 주장을 명확하게 구조화하고 배열한다.

　　㉠ 핵심이슈와 보조이슈를 구분해서 논리적 순서로 내용을 제시해야 한다.

　　㉡ 핵심주제가 분명하게 제시되어야 한다.

　　㉢ 레이아웃이나 인쇄술을 사용하는 것도 좋다.

③ 요점을 간결하게 서술하라.

　　㉠ 주장은 핵심이슈에 한정해야 한다.

　　㉡ 불필요한 단어 사용 없이 분명하게 진술된 목적을 서술해야 한다.

④ 읽어 보고 싶도록 작성하라 : 문체는 독자의 흥미를 유지할 수 있도록 다양화해야 한다.

구 분	TV	라디오	신 문	농업잡지	전단지
수신자의 메시지 해석	2	4	3	2	2
피드백 정도	1	1	1	2	2
동료의 영향	3	1	1	2	2
수신자의 활동	1	2	2	2	3
청중 규모	4	3	3	2	2
청중의 교육수준	3	2	3	2	2
메시지 비용	3	1	2	2	1
농촌지도조직에 지불된 비용	2	1	1	1	3
정보원의 신뢰성 정도	3	1	1	2	3
매체에 대한 접근	1	2	1	3	4
메시지에 대한 농촌지도요원의 결정	1	1	1	2	4

＊ 숫자가 클수록 매체의 특성이 높은 것

(3) 농촌지도에서의 대중매체

① 장단점

장 점	• 여러 계층의 다수의 사람과 동시 접촉 가능 • 농촌지도로부터 정보를 추구하지 않았던 이들과도 접촉 가능 • 빈번하고 규칙적으로 정보가 제공될 수 있기 때문에 정보의 즉각적인 제공 가능 • 지역의 프로그램과 지도기관에 대한 신뢰 형성 • 문제점, 이슈 또는 주요 관점의 인식 형성 • 사람들과 빠르게 접촉 가능 • 다양한 고객과 정보의 주제를 취급 • 효과적인 다른 교수활동의 강화 제공 • 학습자의 편의 고려 • 지속적인 독자, 청취자 또는 시청자로서의 청중 • 비디오를 활용하여 짧은 시간 내 전파를 탈 수 있도록 확장된 시간이 필요한 절차 또는 과정
단 점	• 다른 방법들에 비해 비용이 많이 듦 • 현 상태를 유지하기 위한 지속적인 개정 필요 • 문제능력이 떨어지는 학습자에게는 제한적 사용 • 기술 전문가의 지원 필요 • 의도했던 메시지를 편집자가 바꿀 경우 비효과적임 • 교육자가 프레젠테이션 능력이 떨어질 경우 효과성이 떨어짐 • 보통 방송국 혹은 매체의 편의를 고려한 제작 필요 • 방송국의 손해 • 장비와 네트워크 접근에 투자 필요 • 대부분의 매체 제작에 시간이 소요됨 • 화상회의에는 시간과 일정 조정 필요

② 대중매체의 일반적인 순기능 vs 역기능

순기능	역기능
• 다양하고 신속한 정보 제공 • 여론의 형성 및 주도 • 사회 통합에 이바지 • 국가 권력에 대한 감시 및 비판 • 휴식 및 오락 제공	• 왜곡된 사실 전달 가능성 • 여론 조작의 가능성 • 구성원의 가치와 사고방식 획일화 • 지배적 규범과 가치 주입 • 지나친 상업주의의 확산(폭력성, 선정성)

(4) 대중매체를 활용한 지도방법

① 인쇄매체

⊙ 특 징

- 인쇄매체는 인쇄된 글과 그림을 통해 메시지를 전하는 방식이다.
- 인쇄물은 농촌지도에서 필요한 많은 양의 지식을 전달할 수 있다.
- 인쇄매체는 단독으로 지도사업에 활용되기보다 다른 방법을 보완하는 시청각자료로 활용하는 것이 좋다.
- 인쇄매체에는 신문, 잡지, 뉴스레터, 포스터, 벽보, 팸플릿 등이 있다.

ⓛ 장단점

장 점	단 점
• 다시 읽을 수 있다. • 매체선택이 자유롭고, 메시지 선택의 무제한성이 있다. • 기록의 영속성이 있다.	• 신속성이 뒤처진다. • 비인격적 · 비친근적이고, 배포과정이 복잡하다. • 문맹자나 낮은 교육수준의 사람들에게 의사 전달이 어렵다.

ⓒ 신 문
- 규모차이가 크지만 어떤 형태의 신문일지라도 농촌지도사업에서 가치 있게 사용할 수 있다.
- 다른 기사와 경쟁관계에 있다. 즉, 경쟁관계에 있는 다른 일반기사가 농촌지도 관련기사보다 농업인의 관심과 흥미를 더 유발할 수도 있다.

ⓔ 뉴스레터
- 뉴스레터는 비교적 적은 비용으로 발행된다.
- 지도요원이 농업인 목록을 가지고 있을 때 유용하게 사용할 수 있는 방법이다.
- 신뢰할 수 있는 정보전달시스템이다(예 e-mail 발송 등).

② 시청각 매체(TV, 라디오)

㉠ 장 점
- 대량의 메시지를 비교적 짧은 시간에 전달할 수 있다.
- 문맹자나 교육정도가 낮은 사람들에게도 전달 가능하다.
- 오락적 매체의 성향이 강하므로 인쇄매체보다 접근이 쉽다.
- 인쇄매체의 여러 가지 제한점을 극복할 수 있다.

㉡ 단 점
- 제작 및 전달에 경비가 많이 든다.
- 재독(다시 읽는)의 가능성이나 기록의 연속성이 없다.
- 매체 선택이나 메시지 선택이 어렵다.

㉢ 텔레비전
- 텔레비전의 경우에는 청각뿐만 아니라 시각까지 이용하기 때문에, 라디오보다 동기유발이 쉽다.
- 라디오보다 상세하고 복잡한 내용을 다룰 수 있다.

㉣ 라디오
- 산업화의 진행이 느린 나라의 농촌에서 가장 중요한 매체이다.
- 농업인에게는 농업인과의 인터뷰가 농업전문학자의 연설보다 효과적이다.
- 일반적으로 인식(Knowing) 단계에서 효율적으로 사용된다.
- 지역적으로 운영되어 특수 지역문제를 다룰수록 더 효율적이다.
- 라디오는 다시 듣기가 어렵고, 설명된 사항을 볼 수 없다.

참고

지도사업에 라디오가 널리 사용되는 이유
- 라디오의 신속성은 새로운 사항에 잘 적응하게 만듦
- 장소를 불문하고 널리 많은 사람들에게 접근할 수 있음
- 교육 수준이 낮은 사람에게도 접근할 수 있음

(5) 정보기술을 활용한 농촌지도

① 특 징
  ㉠ 상호작용성, 탈대중성, 비동시성(이메일의 경우 메일의 송신과 수신의 시간이 다름)이다.
  ㉡ 농장을 직접 방문하지 않고서도 맞춤식 조언을 할 수 있다.
  ㉢ 편리한 시간에 메시지를 보내고 수시로 확인할 수도 있다.

② 주요 정보기술
  ㉠ 전자 데이터 기반 접근 및 검색 시스템
    - 식물의 특성 정보, 기상예보, 동식물의 병해충과 방제법, 사료 배급량 계산, 투입재의 시장가격과 다양한 생산품, 도서관 목록과 문서의 구조화 등이 이 시스템의 기초자료가 된다.
    - 많은 데이터베이스를 얻기 위해 가정용 컴퓨터, 인터넷 전용선 설치, 컴퓨터 활용능력, CD-Rom 등의 장비가 필요하다.
    - 자동화된 전화응답시스템 : 날씨예보, 가격, 작물의 보호측정 등의 정보를 매일 제공하는 시스템으로 비용이 저렴하고, 조작이 간단하다. 농민은 통화할 전화번호만 알면 된다.
  ㉡ 환류시스템(Feedback System)
    - 사용되는 다른 명칭으로 경영정보시스템이라고도 한다.
    - 감지장치를 통한 예측정보가 실제 생산량과 차이가 난다면 무엇인가 오류가 발생했음을 의미하고 그 원인을 찾을 수 있다.
      예 감지장치는 젖소 한 마리당 우유 생산량 계산, 젖소의 임신기와 수유기, 우유를 생산하지 못하는 시기 등을 파악해 준다.
    - 피드백은 최종사용자의 관심을 충족하지 못한다.
    - 중재자의 역할로 정보처리와 해석을 위한 토의 파트너가 필요하다.
    - 정보의 원천은 최종사용자이다.
  ㉢ 조언시스템(Advisory System)
    - 농업인은 전문컨설팅 회사, 농자재 회사, 관련 협회, 품목관련 연구소, 농업기술센터, 대학, 민간 전문가 등을 직접 접촉하지 않고도 조언을 얻을 수 있다.
    - 조언시스템을 활용해 시 · 공간의 제약을 받지 않고 조언을 받을 수 있다.
    - 의사결정지원시스템, 전문가시스템, 지식시스템이라고도 한다.

@ 네트워크 시스템(Network System)
- 현대 정보기술은 다른 지역 농장의 문제가 무엇이고, 그 문제를 어떻게 해결하였는가에 관해 거리에 관계없이 접촉이 가능하다.
- 농민단체도 지도요원처럼 연구단체 설립 및 네트워크를 통한 정보를 획득하고, 다른 단체에게 질문 및 전자메일을 교환할 수 있다. 인터넷을 통한 국제적 정보에도 접근이 가능하다.

PLUS ONE

현대 정보기술을 활용한 지도요원이 지도할 수 있는 내용
- 컴퓨터 및 컴퓨터 프로그램의 선택
- 농장에서 사용할 컴퓨터 프로그램에 사용될 자료의 수집과 기록
- 어떻게 자료를 수집할 것인가
- 농업인의 의사결정을 위한 요구에 관한 정보수집
- 농업인이 받은 정보를 어떻게 정확하게 해석할 것인가

농업정보기술의 특징

구 분	접근 및 검색시스템	환류시스템	조언시스템	네트워크 시스템
실제 사용되는 명칭	• Database • Teletext • Videotex • Hypertext	경영정보시스템(MIS)	• 의사결정지원시스템 • 전문가시스템 • 지식시스템	• E-메일 • 화상회의시스템 • Videotex
목 표	정보에 대한 효율적 접근 제공	적절한 피드백 제공	전문적 지원과 조언 제공	네트워킹 활동 촉진
수 단	검색/선택 절차	자료의 입력, 조작과 표현	계산, 최적화, 시뮬레이션과 설명	의미 변화, 파일전달 (그림, 소리, 문자 등)
정보의 원천	정보 제공자	최종 사용자	최종 사용자와 전문가	최종 사용자와 정보 제공자
학습, 의사결정과 문제해결 측면	주로 이미지 형성과 실행	주로 평가, 이미지 형성과 문제 인식	주로 대안의 검색/선택과 이미지 형성	메시지 내용과 특성에 따른 변수들
의사소통 중재자의 역할	정보 제공자	정보의 처리와 해석을 위한 토의 파트너	토의파트너, 사용자, 수정자	사용자
현실적 문제점	최종사용자의 로직(Logic)과 지식의 모순 검색 절차	피드백은 최종 사용자의 관심을 충족시키지 못함	주요모델의 타당성에 의문, 다양한 원인의 해석에 대한 문제	사용자가 정보의 홍수에 직면함

---

(6) 민속매체

① 개 념

㉠ 농업인에게 대중매체를 활용한 하향식 의사소통방식의 효과가 떨어지고, 민속매체의 활용에 대한 관심이 증가하고 있다.

㉡ 민속매체에는 연극에서의 행동과 노래, 꼭두각시놀이, 이야기 및 다른 전통적 오락 형태 등이 있다.

② 특 징
　㉠ 대중매체는 위로부터 정보를 내보내지만, 민속매체는 청중의 감정에 호소하고 청중들 자신이 배우가 되는 것이다.
　㉡ 민속매체는 지역문화와 친밀하기 때문에 민속매체를 현실과 동일시한다.
　㉢ 민속매체는 감정의 변화를 자극하는 데 효과적이다.
　㉣ 청중은 메시지를 확인하는 경향이 있다.
　㉤ 민속매체와 현대식 매체는 완벽하지는 않지만 서로 보완이 가능하다.
③ 여러 가지 농촌지도방법의 특성 비교

구 분	대중매체	담 화	전 시	민속매체	집단토의	대 화
혁신의 인식	○○○	○	○○	○○	××	×
문제점 인식	×	○	○○	○○○	○○○	○○○
지식의 전이	○○○	○○	○○	○○	○	○○
행동의 변화	×	×	○○	○	○○○	○○
다른 농가의 지식 활용	×	×	○	○○	○○○	○
학습과정 촉진	×	×	○	○○○	○○○	○○
농가의 문제점 조정	×	×	○	○○	○○	○○○
축약 수준	○○○	○○	×	×	○	○
(1인당) 비용	×	○	○	○○	○○	○○○

○ : 적합, × : 부적합

Level UP 이론을 확인하는 문제

다음 중 환류시스템에 대한 설명으로 옳지 않은 것은?　　　　19 경북 기출

① 사용되는 다른 명칭으로 경영정보시스템이라고도 한다.
② 피드백은 최종 사용자의 관심을 충족시키지 못한다.
③ 중재자의 역할로 정보처리와 해석을 위한 토의 파트너가 필요하다.
④ 정보의 원천은 최종 사용자와 전문가이다.

해설 ④ 정보의 원천은 최종 사용자이다.

정답 ④

|05| 새로운 농촌지도방법

(1) SNS를 이용하는 방법

① 소셜 네트워크 서비스(SNS ; Social Network Service) 특징

    ㉠ 온라인상 불특정 타인과 관계를 맺을 수 있는 서비스로 이용자들은 소셜 네트워크 서비스를 통해 새로운 인맥을 쌓거나 기존 인맥관계를 강화시켜가는 역할을 한다.

    ㉡ 개인의 표현 욕구가 강해지면서 사람들 간 사회적 관계(인적 네트워크)를 맺게 하고, 친분관계를 유지시킨다.

    ㉢ SNS는 개인이 중심이 되어 자신의 관심사와 개성을 공유한다.

> **참고**
>
> 기존 웹상 카페 · 동호회 등의 커뮤니티 서비스는 특정 주제에 관심을 가진 사람들이 집단화하여 폐쇄적 서비스를 공유한다.

    ㉣ 초기 SNS는 주로 친목 도모 · 엔터테인먼트 용도로 활용되었으나, 이후 비즈니스 · 각종 정보공유 등 생산적 용도로 활용하는 경향이다.

    ㉤ 인터넷 검색보다 SNS를 통하여 최신 정보를 찾거나 이를 활용하는 경우가 많아지고 있다.

② 농업 분야에서의 SNS의 활용가능성

    ㉠ 기존의 많은 농업인이 고령자 또는 신규사용자이기 때문에 적응하는 데 어려움을 겪을 수 있다.

    ㉡ 스마트폰을 활용한 날씨 확인, 일정 확인, 주문 및 배송조회, 상품 구입, 대금결제 등을 할 수 있다.

    ㉢ 트위터를 활용하여 농산물을 판매하거나 페이스북 등 다른 SNS를 통해 판로를 개척하는 등 스마트 농업 사업이 현실화되고 있다.

    ㉣ SNS의 활용 예시

      • 농촌지도공무원이 농업인에게 정보 · 기술 지원을 빠르게 해 주기 위하여 농업현장에 태블릿 PC 지원

      • 스마트 쇼핑몰을 구축한 농축산물 QR 코드를 시험 · 운영

      • 농촌지도기관이 보유한 농업정보를 쉽게 다운로드받을 수 있도록 모바일 앱(Application) 개발

      • 기존 전문서적이나 교재를 스마트 단말기용 전자책으로 개발 · 보급

③ SNS 활용 시 고려할 점

    ㉠ SNS 특성상 농업 CEO, 농업법인, 마을지도자, 관계공무원 등을 대상으로 먼저 교육을 실시하여 육성한 후, 이들을 지역사회 전파자로 활용하는 단계별 접근을 고려해야 한다.

    ㉡ SNS를 활용한 아이디어는 전문 분야에서 모든 틀을 짜서 공급하는 하향식 일괄형 보급보다는 농업 · 농촌 · 농민이 필요로 하는 것과 전문영역의 노하우를 결합한 상향식 수요조사 및 협력 · 보완시스템으로 추진하는 것이 바람직하다.

(2) 적절한 지도방법 선정 시 고려요인

① 지도목적 · 내용의 성격

    ⊙ 사고력과 판단력 배양인 경우 → 토의법 활용

    ⊙ 지도목적이 단순 사실 · 정보 전달인 경우 → 강의법 활용

    ⊙ 기술 습득인 경우 → 시연 및 실습 활용

    ⊙ 학습자의 관심을 증대시키고 확신을 주기 위한 경우 → 견학, 전시 등을 활용

② 활용 가능한 시간

    ⊙ 강의법은 비교적 짧은 시간에 많은 정보를 제공할 수 있다(최소화하는 것이 좋음).

    ⊙ 토의법은 진행시간이 많이 소요되므로 필요한 경우에만 사용한다.

    ⊙ 시간이 충분하면 방문지도를 하고, 시간이 부족할 때는 대상자의 농촌지도기관을 내방하는 방법도 활용할 수 있으며, 인쇄물을 준비하여 배부할 수도 있다.

③ 이용 가능한 시설 및 보조교재

    시청각 보조교재 필요시 시청각기기와 보조교재를 사용할 수 있는지 확인해야 한다.

④ 지도자의 자질

    ⊙ 지도사가 표현력이 풍부하고, 유머감각이 있는 경우 강의법을 활용한다.

    ⊙ 지도사가 시청각교재를 잘 만들면 교재를 제작하여 활용한다.

    ⊙ 지도사가 연기를 잘하면 단막극을 통하여 지도할 수도 있다.

⑤ 지도대상자의 수

    ⊙ 개인지도의 경우 개별방문지도가 가장 효과적이다.

    ⊙ 지도대상자가 많을 경우 강의법을 사용하거나, 슬라이드 · 영화 등을 활용한다.

    ⊙ 더욱 많은 청중을 대상으로 할 경우 텔레비전 · 신문 같은 대중매체를 활용할 수도 있다.

⑥ 지도대상자의 특성

    ⊙ 민주적 회의진행방법에 익숙한 대상자는 토의법을 활용한다.

    ⊙ 학력이 높은 대상자에게는 인쇄 자료를 제시하여 활용한다.

    ⊙ 보수적 대상자가 많은 경우에는 전시법, 관찰법, 견학 등이 효과적이다.

⑦ 기 타

    ⊙ 선진농가의 경우 상담기능, 소규모 농가의 경우 지식과 정보 전달 · 교육 기능 등을 발휘한다.

    ⊙ 지도목적에 적합하게 인터넷이나 e-mail을 통한 정보교환시스템 등 다양한 매체를 활용한다.

+PLUS ONE

지도법에 대한 농업인의 문제점

• 교육이수자에 대한 사후관리체제 미비

• 대상자별 수준 고려 부족

• 교육방법상 참여 및 실습기회 부족

• 시기와 기간의 부적절성

• 내용의 비현실성 등

(3) 농업 환경의 변화

① 세계화

시장경제 중심의 급속한 발전은 기후 및 환경적 변화를 비롯하여 농업비즈니스 중심의 시장주도적 변화를 통하여 세계적인 농업생산 증가의 요구와 식량 안보의 요구가 높아지고 있다.

② 지방화

지방분권화로 인해 지역에서는 협치(협력적 통치) 차원의 참여적 지역 개발이나 민간단체 및 기업의 참여 등으로 농촌지도 내용, 전달방법, 실제적 효과가 영향을 받는다.

③ 세계화 · 지방화에 따른 적합한 지도내용과 지도방법 선택 시 고려해야 할 범주

   ㉠ 기술적 실현가능성 : 농업경영체 내에서 실행할 수 있는 적합한 기술이어야 한다.

   ㉡ 경제적 실현가능성 : 경제적으로 인력 및 재력 등의 자원 측면에서 실현 가능해야 한다.

   ㉢ 사회적 수용성 : 실행방법이 사회적으로 수용 · 포용적이어서, 개인과 그룹 간 힘의 균형에 소외나 갈등을 일으키지 않도록 해야 한다.

   ㉣ 생태적 지속가능성 : 생산성 증대로 인한 자원고갈과 오염 등이 미치는 환경적 피해로부터 안전하며 지속가능성을 갖고 있어야 한다.

Level UP 이론을 확인하는 문제

새로운 농촌지도 방법인 SNS를 이용할 경우 기대효과 및 활용방안으로 옳지 않은 것은?

16 경북 ◀기출(변형)

① 상향식 수요조사 시스템으로 추진하는 것은 바람직하지 않다.
② 농업인들의 작물과 가축의 판로 확대에 기여할 수 있다.
③ 농업인들이 SNS를 활용하면 정보활용 격차를 줄일 수 있다.
④ 농업인을 대상으로 하는 교육기관 담당자들의 소셜미디어 활용 관련사업의 참고자료로 활용할 수 있다.

> **해설** ① SNS를 활용한 아이디어는 전문 분야에서 모든 틀을 짜서 공급하는 하향식 일괄형 보급보다는 농업 · 농촌 · 농민이 필요로 하는 것과 전문영역의 노하우를 결합한 상향식 수요조사 및 협력 · 보완 시스템으로 추진하는 것이 바람직하다.
>
> **SNS 사용 시 기대효과 및 활용방안**
> • 농업인들의 작물과 가축의 판로 확대에 기여할 수 있음
> • 소셜미디어를 활용해서 마케팅을 전개하면 도시민들이 농업인들이 기르는 작물과 가축에 신뢰를 가지게 되어 우리 농산물에 대한 신뢰성을 높일 수 있음
> • 농업인들이 SNS를 활용할 경우 정보활용 격차를 줄일 수 있음
> • 농업인들은 정보활용 격차 해소를 통하여 사회적 불평등을 해소할 수 있음
> • 농업인을 대상으로 하는 소셜미디어 활용 마케팅 교육의 기본교재와 매체자료로 사용 가능
> • 농업인을 대상으로 하는 교육기관 담당자들의 소셜미디어 활용 관련사업의 참고자료로 활용할 수 있음
>
> **정답** ①

01

농촌성인의 교육훈련 참여도에 대한 설명으로 옳지 않은 것은? 17 지도사 기출(변형)

① 창업농이 승계농보다 높다.
② 식량작물 농업인이 식량작물 이외 작목 농업인보다 높다.
③ 교육수준이 높은 농업인이 교육수준이 낮은 농업인보다 높다.
④ 영농경력이 적은 농업인이 영농경력이 많은 농업인보다 높다.

해설 **농촌성인의 교육훈련 참여도**
- 창업농이 승계농보다 높다.
- 식량작물 이외 작목 농업인이 식량작물 농업인보다 높다.
- 교육수준이 높은 농업인이 교육수준이 낮은 농업인보다 높다.
- 영농경력이 적은 농업인이 영농경력이 많은 농업인보다 높다.
- 청·장년 농업인이 고령 농업인보다 높다.

02

사회교육실천의 원리가 아닌 것은?

① 자발학습의 원리
② 일관성의 원리
③ 오락성의 원리
④ 현실성의 원리

해설 **사회교육실천의 원리**
- 자발학습의 원리 : 학습자가 자발적 의지에 따라 교육에 참여해야 학습에 대한 관심과 흥미를 유발시키고 지속적 동기를 유발시켜 학습효과를 높일 수 있다.
- 자기주도적 학습원리 : 자기 스스로 학습의 주체가 되어야 학습효과를 높일 수 있다.
- 상호학습의 원리 : 학습자 스스로 횡적으로 상호작용하여 학습할 때 효과가 높다.
- 현실성의 원리 : 교육이 실제 생활과 밀접해야 한다.
- 다양성의 원리 : 교육대상자가 이질적이고 다양하므로 그들의 요구와 관심도 다양하다.
- 능률성의 원리 : 최선의 교육자, 방법, 장소 등을 동원해야 한다.
- 참여교육의 원리 : 교육의 계획, 실천, 평가에 교육대상자들이 적극적으로 참여할 때 교육의 효과가 높아진다.
- 오락성의 원리 : 교육방법으로서 오락, 게임, 연극 등을 활용한다는 의미로, 교육기간에 오락이나 유희를 삽입할 때 교육효과가 높아진다.

03

농촌지도실천의 원리에 대한 설명으로 옳지 않은 것은?

① 자발학습의 원리 : 자기 스스로 학습의 주체가 되어야 학습효과를 높인다는 원리이다.
② 현실성의 원리 : 교육이 실제 생활과 밀접한 관계에서 이루어져야 한다.
③ 다양성의 원리 : 교육대상자가 이질적이고 다양하므로 그들의 요구와 관심도 다양하다.
④ 오락성의 원리 : 교육방법으로서 오락이나 게임, 연극 등을 활용한다.

해설 ① 자기주도적 학습의 원리에 대한 설명이다.

04

농촌지도실천에서 적용해야 할 원리 중 옳지 않은 것은?　20 지도사 기출(변형)

① 다양한 지도방법을 활용하여야 한다.
② 지도 후에 서로 교제할 수 있는 기회를 제공하는 것이 좋다.
③ 지도대상자가 장거리에서 접할 수 있는 사례를 들어 설명하는 것이 좋다.
④ 학습을 즐기도록 흥미있게 지도하여야 한다.

해설 ③ 지도대상자가 근거리에서 접할 수 있는 사례를 들어 설명하는 것이 좋다.
농촌지도실천에서 적용되어야 할 원리
• 실용적 학습내용을 중심으로 하여야 한다.
• 농촌지역사회 내에서의 가시적 결과를 가지고 지도하여야 한다.(②)
• 다양한 지도방법을 활용하여야 한다.(①)
• 지도 장소의 교육환경은 불편이 없도록 정비되어야 한다.
• 교육대상자로 하여금 그들의 경험과 의견을 표현하도록 유도하여야 한다.

• 지도대상자가 근거리에서 접할 수 있는 사례를 들어 설명하는 것이 좋다.(③)
• 성인의 자아의식을 다치게 하거나 불편하게 해서는 안 된다.
• 지도 후에 서로 교제할 수 있는 기회를 제공하는 것이 좋다.
• 성인은 학습을 즐기므로 흥미 있게 지도하여야 한다.(④)

05

다음 중 농촌성인의 교육적 특성에 관한 설명으로 거리가 먼 것은?　98 경북 기출(변형)

① 학습에 동기화가 많이 되어 있다.
② 성인의 경험은 이성과 판단력 강화에 도움을 준다.
③ 성인들의 개인차는 학생들의 개인차보다 그 정도가 심하다.
④ 선입견이 적은 편이다.

해설 **농촌성인의 교육적 특성**
• 성인은 직업적 성취나 개인적 성취 또는 자아의 실현욕구가 강하기 때문에 학습에 동기화가 많이 되어 있다.
• 성인은 많은 생활의 경험을 갖기 때문에 이런 경험들은 그들의 관심영역을 넓히고, 이성과 판단력을 강화시키며, 문제해결자로서의 능력을 배양시킨다.
• 성인들의 개인차는 학생들의 개인차보다 그 정도가 심하다.
• 성인은 시간적 제약 속에서 많은 역할과 책임 등을 수행하여야 한다.
• 성인들의 대부분은 오랜 기간 학습과는 유리된 생활을 해왔기에 수업에 불안감을 보일 수도 있다.

06

성인 발달단계를 국면접근법과 단계접근법으로 분류할 때 국면접근법의 설명으로 옳지 않은 것은?

① 성인의 생활주기를 4계절의 변화주기에 비유하며, 봄은 유년기, 여름은 청년기, 가을은 중년기, 겨울은 노년기에 해당한다.
② 국면접근법에 의한 성인의 발달적 특성 중 가장 대표적인 것이 Levinson의 연구이다.
③ 사람들이 발달단계를 밟는 이유는 연령이 많아짐에 따라 신체생리적 상태의 변화, 사회적 관계의 변화, 직업지위적 관계의 변화 때문이다.
④ 국면접근법은 연령독립적이다.

해설 Moore와 Simpson은 성인 발달단계를 국면접근법과 단계접근법으로 분류하였으며, 국면접근법은 연령과 관계를 강조하고, 단계접근법은 연령독립적이다.

07

키츠너의 단계접근법에 대한 설명으로 옳지 않은 것은?

① 인간은 단계별로 독특한 특성을 보이므로, 그 단계들을 쉽게 구분할 수 있다.
② 인간의 발달은 외적 환경에 의해 조직된다.
③ 단계별 특성들은 형태의 복잡성과 부분적 분화성을 강화하는 방향으로 진전되고 있다.
④ 인간의 발달은 대체로 점진적이기는 하지만 가끔 돌연변이를 보이고 있다.

해설 ② 인간의 발달은 내적으로 조직되어 있다.
단계접근법은 사람의 행동변화를 연령보다는 과거의 개인적 경험이나 심리적 경험의 총체로 이루어진다고 본다.

08

학자들의 성인의 학습능력에 대한 주장으로 옳지 않은 것은?

① Thorndike는 성인의 학습능력이 선천적 능력의 우열에 의하여 학습능력의 최성기가 거의 일정하며, 20~25세가 학습능력의 최성기라고 했다.
② Kidd는 20세 이후부터 인간의 신체적 조건이 감퇴되며, 특히 시각과 청각이 현저하다고 하였다.
③ Knowles는 신체적 장애는 쉽게 극복할 수 있으며, 학습에 있어서 중요한 요소는 연령보다 특정과업의 실천량이라고 하였다.
④ Birren은 학습능력이 연령차이보다 학습에 대한 관심, 집중, 태도, 동기, 신체조건의 차이가 더 크게 좌우한다고 주장했다.

해설 ③은 Kidd의 주장이다.
Knowles의 성인 학습능력에 대한 주장
• 인간의 지능발달은 26세 전후가 그 정점이고, 그 뒤 40년간은 1년마다 1%의 비율로 쇠퇴한다.
• 쇠퇴하는 것은 학력 그 자체가 아니고 학습의 속도이며, 그 원인은 학습성과를 실제에 응용하지 아니하기 때문이다.

01

농촌지도사는 지도방법의 기본요소 중 어디에 속하는가?

98 경북 기출

① 대 상　　　　② 전달사항

③ 전달자　　　　④ 전달경로

해설　농촌지도사는 농촌지도요원으로서, 우리나라의 농촌주민을 대상으로 영농과 농촌생활개선에 필요한 여러 가지 혁신사항과 정보를 교육자 또는 전달자의 입장에서 전파하고, 그들로 하여금 수용하도록 권고하기도 하며, 때로는 지도하고 교육하는 역할을 수행한다.

02

다음 중 교육적 입장에서 가장 효과적이고, 교육적인 성과를 기대할 수 있는 지도방법은?

97 강원 기출

① 결과전시　　　　② 영 화

③ 연시(방법전시)　④ VTR

해설　**결과전시와 방법전시**
- 결과전시 : 지도대상자들에게 성취된 어떤 결과를 실제로 보여줌으로써 그 효과를 믿게 하여 이를 수용하도록 자극하는 방법이다. 비교적 의심 많은 농민들에게 매우 효과적이며, 우리나라에서 많이 활용하고 있다. 기술의 가치를 입증하는 데 효과적이다.
- 방법전시 : 연시라고도 하며, 지도 내용을 하나하나 설명함과 동시에, 실제행동으로 실천하여 보여주는 방법이다. 전정법, 운전법 등 기술과정을 어떻게 다루는가에 대한 지도에 효과적이다.

03

대중접촉방식에 속하지 않는 것은?

① 전화응답시스템

② 컴퓨터 활용 교수학습

③ 워크숍

④ 품평회

해설　③ 워크숍은 집단접촉방식이다.

04

메시지 교환형태에 따른 지도방법의 분류 중 일방적 의사소통 방법이 아닌 것은?

① 전시회

② 품평회

③ 강연회

④ 토론회

해설　**메시지 교환 형태에 따른 분류**

기 능	일방적 의사소통	쌍방향 의사소통	다방향 의사소통
농촌지도 방법	신문, 잡지, 방송, 전시회, 품평회, 결과전시, 강연회	농장 및 농가 방문, 농업기술센터 내방, 서신, 전화응답	토론회, 평가회
커뮤니케이션 유형	대중·공중 커뮤니케이션	대인 커뮤니케이션	소집단 커뮤니케이션
특 성	어느 정도의 지속성	대면성, 비조직성, 일시성	대면성, 구조성, 정규성, 지속성

05

다방향 의사소통의 특성이 아닌 것은?

① 대면성
② 구조성
③ 비조직성
④ 지속성

해설 **다방향의사소통의 특성**
구조성, 대면성, 정규성, 지속성

06

다방향 의사소통의 커뮤니케이션 유형은?

① 대중 커뮤니케이션
② 대인 커뮤니케이션
③ 소집단 커뮤니케이션
④ 공중 커뮤니케이션

해설 **커뮤니케이션 유형**
• 다방향 의사소통 : 소집단 커뮤니케이션
• 일방적 의사소통 : 대중 · 공중 커뮤니케이션
• 쌍방향 의사소통 : 대인 커뮤니케이션

07

농촌주민 스스로가 문제를 발견하고 해결하도록 하며, 농촌지도사는 뒤에서 도움만 주는 지도방법은?

03 충남 기출

① 설명학습지도
② 발견학습지도
③ 방문학습지도
④ 문제해결학습지도

해설 **피교육자의 참여정도에 의한 분류**
• 설명학습지도 : 농촌지도사가 중심이 되어 농촌 주민들에게 설명으로 지도하는 방법이다.
• 문제해결학습지도
  – 생활에서 일어나는 문제를 중심으로 농촌지도 사와 농촌주민이 협동하여 토의과정을 거침으 로써 해결방법을 찾아나가는 것이다.
  – 지도를 받는 사람의 능동적인 참여가 요구된다.
  – 농촌주민의 자발적 참여도에 따라 지도의 효과 가 다를 수 있다.
• 발견학습지도 : 농촌주민 스스로 문제를 발견하 여 해결하도록 하며, 농촌지도사는 뒤에서 도움 만 주는 지도방법이다.

08

농촌지도방법에서 USDA CSREES의 농촌지도의 기능으로 옳지 않은 것은?

① 정보전달
② 교육프로그램 전달
③ 지식적용
④ 문제해결

해설 **USDA CSREES의 농촌지도의 기능**
정보전달, 교육프로그램 전달, 문제해결

09

인지적, 정의적, 심동적과 같이 학습목표의 특성에 따라 다양한 학습목표를 달성하기 위한 전략과 방법을 구분하여 제시한 학자는?

① 반덴반과 호킨스
② 왈드론과 무어
③ 베르너와 부스
④ 녹 스

해설 학습목표에 따른 분류(반덴반과 호킨스, Van den Ban & Hawkins)

학습목표의 특성	전 략	선호되는 방법
인지적 : 지식 (Cognitive)	외부에서의 정보전이	출판물과 매스미디어, 강의, 리플릿, 직접적인 대화를 통한 조언
정의적 : 태도 (Affective)	경험에 의한 학습 (외부에서의 정보)	집단토의, 간접대화, 시뮬레이션, 필름 자료
심동적 : 기술 (Psycho-motor)	기술의 연습 (훈련)	교육, 전시 혹은 필름전시와 같은 활동촉진 방법들

10

학습목표에 따른 분류 중 인지적 학습목표에 따른 방법에 속하는 것은?

① 시뮬레이션
② 집단토의
③ 강 의
④ 간접대화

해설 ①, ②, ④는 정의적 학습목표에 따른 방법이다.

11

농촌지도방법의 분류 중 왈드론과 무어의 '사용하는 기법'에 따른 분류의 설명으로 옳지 않은 것은?

① 기법이란 농촌지도사가 학습자와 학습과제 간에 관계를 형성하는 방법이다.
② 정보제공의 기법에는 시뮬레이션, 전시, 역할극, 훈련 등이 있다.
③ 농촌전문가가 사용하는 기법에 따라 정보제공, 기술습득, 지시적용기법으로 구분하였다.
④ 지식적용 기법에는 워크숍과 실험, 사례연구, 집단토의 등이 있다.

해설 Waldron & Moor의 '사용하는 기법'에 따른 분류

정보제공 기법	강의, 패널 발표, 질의응답 세션, 토론
기술습득 기법	시뮬레이션, 전시, 역할극, 훈련, 사례연구, 워크숍, 실험
지식적용 기법	워크숍과 실험, 사례연구, 집단토의, 여러 형태의 집단 활동

12

농촌지도방법에서 지식적용 기법에 따른 분류에 속하지 않는 것은?

① 집단토의
② 사례연구
③ 시뮬레이션
④ 워크숍과 실험

해설 ③ 시뮬레이션은 기술습득 기법이다.

13

개인접촉방법의 설명으로 옳지 않은 것은?

① 시간이나 비용이 적게 든다.
② 접촉할 수 있는 고객의 수가 제한되는 반면, 가장 효과적인 방법 중 하나이다.
③ 농촌지도사업에서 가장 오래되었으며 보편적으로 사용된다.
④ 농촌지도활동에서 일상적으로 접촉하기 어려운 개인들과의 관계 형성에 도움이 된다.

해설 ① 시간, 노력 접촉 비용이 타 방법에 비해 많이 소요된다.

14

개인접촉방법의 장점에 대한 설명으로 옳지 않은 것은?

① 농촌지도 활동에서 일상적으로 접촉하기 어려운 개인들과의 관계 형성에 도움이 된다.
② 질문을 이해하지 못했거나 응답이 적절치 못했을 경우에도 문제해결이 쉽다.
③ 개별방문은 일반적으로 정보를 확산하는 데 쉽고 빠르며 효과적인 교수방법이다.
④ 문제점 혹은 의문사항에 대해 즉각적인 피드백을 제공한다.

해설 ② 질문을 이해하지 못했거나 응답이 적절치 못했을 경우 의사소통문제가 발생한다.

개별접촉방법의 장점
• 농가실정에 맞는 적절한 지도가 가능하고 바람직한 공적 인간관계가 형성된다.
• 학습을 위한 분위기 조성이 쉽고, 지역 문제 해결에 최우선의 지식을 제공한다.
• 신뢰할 만한 정보원으로서의 농촌지도요원과의 신뢰가 형성된다.
• 지역사회 리더, 전시자와 협력자의 선택에 공헌한다.
• 농촌지도활동에서 일상적으로 접촉하기 어려운 개인들과의 관계 형성에 도움이 된다.(①)
• 개별방문은 일반적으로 정보를 확산하는 데 쉽고 빠르며 효과적인 교수방법이다.(③)
• 문제점 혹은 의문사항에 대해 즉각적인 피드백을 제공한다.(④)
• 조언에 대한 지역의 검증 제공이 가능하다.

15

개인접촉방법의 단점에 대한 설명으로 옳지 않은 것은?

① 농가 방문에 주의를 기울이지 않았을 경우 도움이 필요한 고객을 경시할 수 있다.
② 농가·가정 방문에 적절한 교수법 계획이 필요하다.
③ 개별방문은 일반적으로 정보를 확산하는 데 느리고, 효과적이지 않다.
④ 기관 또는 전화를 통해 개별 접촉 시 실제 상황에서의 교육자가 배제될 수 있다.

해설 ③ 개별방문은 일반적으로 정보를 확산하는 데 쉽고 빠르며 효과적인 교수방법이다.

개인접촉방법의 단점
• 시간, 노력 접촉 비용이 타 방법에 비해 많이 소요된다.
• 지역의 지도전문가와 접촉할 수 있는 기회가 제한된다.
• 농가 방문에 주의를 기울이지 않았을 경우 도움이 필요한 고객을 경시할 수 있다.(①)
• 농가·가정 방문에 적절한 교수법 계획이 필요하다.(②)
• 기관 또는 전화를 통한 개별 접촉 시 실제 상황에서의 교육자가 배제될 수 있다.(④)
• 질문을 이해하지 못했거나 응답이 적절치 못했을 경우 의사소통문제가 발생한다.
• 개별응답 혹은 전화응답이 즉각 이루어지지 않았을 때 잘못된 이미지가 형성될 수 있다.
• 결과전시가 성공하기 위해서는 계획과 사후관리에 많은 시간이 소요된다.
• 지원에 대한 지속적인 요구를 처리할 수 있는 시간관리와 능력이 필요하다.

16

개인접촉방법 중 농가방문에 대한 설명으로 옳지 않은 것은?

① 방문은 정보의 전달이나 획득, 전시농가의 확보, 미팅의 주제, 지역의 클럽 활동에 대한 토의 등에 목적이 있다.
② 전문적인 문제점에 대한 실제적인 해결책을 제시해 줄 수 없다.
③ 방문은 일반적으로 할 수 있는 조언을 특정 상황에 맞도록 변형하여 할 수 있다.
④ 방문은 프로그램의 결정이나 효과적인 지역의 리더를 선정하는 데 필수적이다.

해설 ② 개별방문은 전문적인 문제점에 대한 실제적인 해결책을 제시해 줄 수 있다.

17

개인접촉방법 중 지도기관방문에 대한 설명으로 옳지 않은 것은?

① 농업인은 현재 해결해야 할 문제가 있고, 이를 해결하려는 강한 의지가 있기 때문에 다른 기법보다 학습에 매우 호의적이다.
② 농업인이 지도기관을 방문하여 지도요원과 직접 접촉하는 방법이다.
③ 지도요원의 시간을 절약하고, 지도업무를 더 잘 이해할 수 있으나 동기화가 어렵다.
④ 농업인이 직접 방문함으로써 지도업무를 더 잘 이해할 수 있다.

해설 ③ 지도요원의 시간을 절약하고, 동기화된 농업인을 대상으로 하기 때문에 지도효과가 크다.

18

집단접촉방법의 특징으로 옳지 않은 것은?

① 실제 모든 주제에 적용 가능하나 시간 · 노력 · 경비가 많이 소요된다.
② 농촌지도요원과 2명 이상의 농업인 집단을 대상으로 하는 방법이다.
③ 많은 사람과 접촉할 수 있어 다수 사람들의 학습방식에 적합하다.
④ 농촌지도요원을 위한 피드백이나 목표성취를 위해 농민 사이의 상호작용이 필요할 때 사용된다.

> **해설** ① 시간 · 노력 · 경비를 절감할 수 있고, 대중매체보다 적은 비용으로 변화를 달성할 수 있다.

19

집단접촉방법의 단점으로 옳지 않은 것은?

① 효과를 발휘하기 위해서는 말하기와 프레젠테이션 스킬에서 전문성이 필요하다.
② 청중 수에 따라 미팅이 제한되고, 고객의 요구와 접근을 수용할 수 있는 유연한 스케줄이 필요하다.
③ 농촌지도에 관심이 많은 농민이나 농민조직의 구성원들이 교육에 참석하기 때문에 다양한 사람에게 지식이 전달된다.
④ 성공하는 데 약간의 쇼맨십과 장비에 대한 투자가 필요하다.

> **해설** ③ 농촌지도에 관심이 많은 농민이나 농민조직의 구성원만 교육에 참석하기 때문에 선택된 사람에게만 전달된다.

20

집단접촉방법 중 강의에 대한 설명으로 옳지 않은 것은?

① 강사는 청중의 교육수준이나 흥미를 충족시키기 위해서 강의 내용을 수정할 수 있다.
② 강의는 청중에게 질문을 하고 이슈에 대해 깊이 있는 토의 기회를 제공할 수 있다.
③ 어떻게 정보를 적용해야 할지를 가르치는 방법으로는 강의가 가장 적절하다.
④ 농촌지도에서 지식전달 수단으로 강의가 가장 많이 활용된다.

> **해설** ③ 지식을 전달할 때 집단토의보다 강의가 효과적이지만, 어떻게 정보를 적용해야 할지를 가르치는 방법으로는 다양한 토의를 하거나 실제로 전시하는 것이 효과적이다.

21

강의에 대한 설명으로 옳지 않은 것은?

① 강사가 모든 내용을 전달하기보다는 주요 요점을 강조하는 것이 좋다.
② 지식을 전달하며 관심을 끌거나 태도를 변화시키는 데 집단토의보다 효과적이다.
③ 강사는 항상 청중의 흥미, 경험 요구에 맞게 강의내용을 구성해야 한다.
④ 청중들로 하여금 주제에 대해 스스로 생각할 수 있도록 자극하는 것도 효과적이다.

> **해설** ② 지식을 전달할 때 집단토의보다 강의가 효과적이지만 관심을 끌거나 태도를 변화시키는 데 덜 효과적이다.

안심Touch

22

다음 농촌지도방법에 대한 설명으로 옳지 않은 것은?

① 결과전시는 혁신사항의 가치를 입증하는 데 효과적이다.

② 방법전시는 혁신사항을 어떻게 다루는가에 대한 과정을 지도하는 데 효과적이다.

③ 강의는 관심을 끌거나 태도를 변화시키는 데 집단토의보다 효과적이다.

④ 전시는 전통적인 관행과 새롭게 장려하는 실천 사이에 분명한 차이가 있어야만 한다.

> **해설** ③ 지식전달에는 강의가 더 효과적이고 흥미를 끄는 데는 집단토의가 더 효과적이다.

23

효과적인 강의를 위해 고려할 사항과 거리가 먼 것은?

① 좋은 강의를 위해 알고 있는 모든 것을 전달한다.

② 강사는 항상 청중의 흥미, 경험 요구에 맞게 강의 내용을 구성해야 한다.

③ 주요 요점을 예시하거나 강의 마지막에 요약하는 것도 유용하다.

④ 청중들로 하여금 주제에 대해 스스로 생각할 수 있도록 자극하는 것도 효과적이다.

> **해설** ① 강사는 알고 있는 모든 정보를 전달하기보다 주요 요점을 강조하는 것이 좋다.

24

결과전시에 대한 설명으로 옳지 않은 것은?

① 미국 농촌지도사업의 시조라 할 수 있는 Knapp 박사가 최초로 개발한 지도방법이다.

② 혁신의 효과를 지도대상자에게 실제로 관찰하게 하는 장기적인 방법이다.

③ 새로운 기술을 실제로 어떻게 사용하는가를 시범하여 보임으로써 혁신을 사용하게 하는 방법이다.

④ 영농혁신의 효과를 새로이 인식시키기 위하여 주로 사용하는 방법으로, 신품종의 효과, 비료 사용의 효과, 잡초 및 병충해 방제의 효과 등을 실증하여 보일 때 효과적이다.

> **해설** ③은 방법전시의 설명이다.
> **결과전시**
> 지도대상자들이 생활하고 일하는 현장에서 그들 중에 대표격이 되는 사람이 직접 새로운 품종을 재배하거나 새로운 기술을 영농에 적용하여, 그 효과를 지도대상자의 눈으로 직접 보게 함으로써 지도대상자 스스로 혁신사항을 수용하게 하는 지도방법이다.

25

방법전시에 대한 설명으로 옳지 않은 것은?

① 새로운 기술을 실제로 어떻게 사용하는가를 시범하여 보임으로써 혁신을 사용하게 하는 단기적인 전시법이다.

② 지도사나 기타 연시자가 직접 행동과 언어, 필요시에는 차트나 유인물을 이용하여 실질적 상황에서 어떻게 하는지를 시범적으로 보여 주는 지도방법이다.

③ 농사기술이나 농기계운전 등을 지도할 때 가장 많이 사용하는 효과적인 지도방법이다.

④ 실제상황에서 행동하기 때문에 짧은 시간에 할 수 있으나 비용이 많이 든다.

방법전시의 장단점
- 장점 : 비교적 짧은 시간 내에 끝낼 수 있고 비용이 많이 들지 않으며 실제적 상황에서 행동으로 지도하기 때문에 쉽게 이해할 수 있다.
- 단점 : 훌륭한 연시자를 구하기가 쉽지 않다.

26

전시방법 설명 중 옳지 않은 것은? 18 경남 `기출`

① 결과전시는 새로운 방법이 가지고 있는 장점을 다른 방법들에 비해 시각적으로 증명하기 위한 것이다.
② 방법전시는 기술 또는 기법을 가르치거나 수행방법을 단계별로 보여주기 위함이다.
③ 결과전시는 농장, 가정과 같은 지리적 영역에서 실시한다.
④ 결과전시는 과일을 재배하는 농민에게 어떻게 가지치기를 할 것인지를 보여주는 것이다.

해설 ④는 방법전시에 해당한다.

27

다음 중 농촌지도의 중심적인 지도방법으로 미국의 냅(Knapp) 박사가 최초로 개발한 지도방법은? 17 지도사 `기출(변형)`

① 방법전시
② 결과전시
③ 행동전시
④ 결과토의

해설 결과전시는 미국 농촌지도사업의 시조라 할 수 있는 Knapp 박사가 최초로 개발한 지도방법이다.

28

혁신의 효과를 지도대상자에게 실제로 관찰하게 하는 장기적인 방법은? 03 충남 `기출`

① 결과전시
② 강화이론
③ 방법전시
④ 집단토의

해설 결과전시는 농촌지도사업에서 중심적인 지도방법으로, 기술의 가치를 입증하는 데 가장 효과적인 지도방법이며, 지도대상자 스스로 혁신 사항을 수용하게 한다.

29

전시지도방법 중 방법전시(연시)의 특징이 아닌 것은? 11 경기 `기출`

① 새로운 기술을 실제로 어떻게 사용하는가를 시범하여 보임으로써 혁신을 사용하게 하는 단기적인 전시법이다.
② 교육적 입장에서 가장 효과적이고, 교육적인 성과를 기대할 수 있는 지도방법이다.
③ 농사기술이나 농기계운전 등을 지도할 때 가장 많이 사용하는 효과적인 지도방법이다.
④ 신품종의 효과, 비료사용의 효과, 잡초 및 병충해 방제의 효과 등을 실증하여 보일 때 효과적이다.

해설 ④는 결과전시를 말한다. 방법전시는 새로운 기술을 실제로 어떻게 사용하는가를 시범하여 보임으로써 혁신을 사용하게 하는 단기적인 전시법이다.

30

다음 중 지도사 위주의 지도로 끝내기 쉬운 지도방법은?

97 강원 기출

① 방법전시
② 집단접촉지도
③ 강의지도
④ 계획에 따른 지도

해설 강의법은 교사중심이어서 학습자의 자발성, 창의성 저해 우려, 적극적 참여 기회가 적어 지도사 위주의 지도로 끝내기 쉬운 지도방법이다.

31

강의법과 비교한 집단토의 단점으로 옳지 않은 것은?

① 강의법보다 덜 체계적이다.
② 정보의 전이는 많은 시간을 필요로 한다.
③ 농촌지도요원은 강사 역할만 할 뿐 집단에 참여해서는 안 된다.
④ 참여자는 관심을 갖는 안건만 다루거나 소수가 토의를 장악하게 된다.

해설 ③ 농촌지도요원은 집단 내 강사 역할뿐만 아니라 전문분야 정보원이기도 하고 집단의 일원으로 참여하기도 한다.

32

농촌지도방법 중 집단토의의 특성으로 적합하지 않은 것은?

18 경북 기출(변형)

① 혁신의 인식
② 문제점 인식
③ 다른 농가의 지식 활용
④ 학습과정 촉진

해설 **접촉방법의 비교**

구 분	대중 매체	담 화	전 시	민속 매체	집단 토의	대 화
혁신의 인식	○○○	○	○○	○○	×	×
문제점 인식	×	○	○○	○○○	○○○	○○○
지식의 전이	○○○	○○	○○	○○	○	○○
행동의 변화	×	×	○○	○	○○○	○○
다른 농가의 지식 활용	×	×	○	○○	○○○	○
학습과정 촉진	×	×	○	○○○	○○○	○○
농가의 문제점 조정	×	×	○	○○	○○	○○○
축약 수준	○○○	○○	×	×	○	○
(1인당) 비용	×	○	○○	○○	○○	○○○

33

집단토의의 장점으로 옳지 않은 것은?

① 지도요원이 보는 것보다 참여자가 더 많은 측면을 논의할 수 있다.
② 지도요원이 제시한 솔루션이 실제적인지 아닌지 참여자가 더 잘 판단할 수 있다.
③ 집단토의는 강의법에서 표현되지 않은 일상적 실천과 연관이 높다.
④ 집단토의 효과에는 사회적 · 정서적 분위기가 영향을 미치는데, 긍정적 방향으로 이끄는 것이 쉽다.

> **해설** ④ 집단토의 효과에는 사회적 · 정서적 분위기가 영향을 미치는데, 긍정적 방향으로 이끄는 것이 쉽지 않다.

34

강의법과 비교한 집단토의의 장단점으로 옳지 않은 것은?

① 집단토의 과정에서 집단의 규범이 고려될 수 있고, 수정할 수도 있다.
② 논의된 해결책을 수용할 가능성이 커진다.
③ 리더는 구성원의 문제점과 지식수준에 대해 잘 알 수 있다.
④ 토의 참가자수가 많을수록 효과적이다.

> **해설** ④ 토의 참가자수가 너무 많으면 효과가 떨어진다.

35

토의 지도 시 유의사항으로 옳지 않은 것은?

① 토의 시 인신공격, 감정대립 등 비상사태에는 정회, 설득 등 적절한 조치를 취한다.
② 토의가 발언규칙을 준수하며 토의목적과 조건 범위 내에서 이탈하지 않도록 회의를 이끌어야 한다.
③ 토의시간을 정하지 말고 충분한 토의가 이루어지도록 한다.
④ 발언내용이 명확하지 않을 때는 사회자가 쉽게 요약 · 설명한다.

> **해설** 주어진 시간 내에 토의를 마치도록 안건 당 토의시간을 배분해야 한다. 또 의견진술 기회를 고르게 주기 위해 많이 발언하는 사람을 억제시키고 침묵을 지키는 사람의 발언을 중시한다.

36

다양한 토의법에 대한 설명으로 옳지 않은 것은?

① 토의법은 집단 상호 간 다양한 의견을 자유롭게 발표 · 수용함으로써 상호 협력의 의미를 구체화하는 민주주의 원리를 반영하는 교육방법이다.
② 집단사고를 강조함으로써 가르치고, 배우는 일을 이분법으로 나누어 학습을 촉진시킨다.
③ 집단 문제에 대해 각자 근거 있는 내용을 다른 집단 구성원과 동등한 처지에서 상호 비판 · 보완함으로써, 대립보다는 집단 사고와 집단 결론은 이끌어 주는 방법이다.
④ 토의법 유형에는 원탁토의, 공개토의, 단상토의, 허들집단토의, 버즈집단토의 등이 있다.

> **해설** 민주적 학습활동뿐만 아니라 집단사고를 강조함으로써 모두가 가르치고, 배우는 일을 실현시키는 방법이다. 가르치는 자와 배우는 자를 이분법으로 나누기보다 이들 간 일원적 · 통합적 학습을 촉진시킨다.

37

보기에서 설명하는 토의법은 무엇인가?

18 경북 기출(변형)

> • 사회자의 인도 아래 선정된 3명에서 6명의 강사가 청중 앞에서 토의하는 것
> • 토의 형식은 대화식으로 진행되며, 패널토의라고도 함

① 단상토의
② 그룹토의
③ 심포지엄
④ 배심토의

해설 ④ 배심토의 : 배심원으로 선정된 대표자 3~6명이 순서나 형식에 얽매이지 않고 자유로이 의견을 발표한 후 청중과의 질의응답을 통하여 청중을 토의에 참여시키는 방법이다. 배심원이 토의 분야의 전문적인 위치에 있어야 효과적이며 발표자는 반드시 청중보다 많은 연구와 준비를 하여야 한다.

① 단상토의 : 소규모의 사람이 1가지 주제를 여러 견해에서 논의하는 일련의 담화, 강연 또는 강의이다.

② 그룹토의(Group Discussion) : 2명이나 그 이상의 사람이 의견, 경험, 정보를 나누고 함께 아이디어를 제시한 후 평가하는 방식으로 진행된다. 그룹토의에서 참가자는 합의나 더 나은 의견을 도출하기 위해 서로 협동한다.

③ 심포지엄(Symposium) : 같은 맥락에서 동일한 주제에 대해 전문적인 지식을 가진 사람들을 초청하여 각기 다른 입장에서 그 문제에 대해 의견을 발표하도록 한다. 발표된 내용을 중심으로 사회자는 마지막 토론시간을 마련하여 문제를 해결하고자 하며, 이 토론과정에 참여하는 사회자, 강연자, 청중 모두가 토론주제에 대한 전문 지식과 경험이 있어야 한다.

38

단상토의에 대한 설명으로 옳지 않은 것은?

① 사람이 1가지 주제를 여러 견해에서 논의하는 일련의 담화, 강연 또는 강의이다.

② 모든 참여자의 공통 경험에 관련된 특정 문제를 집중적으로 분석하고, 바람직한 결론을 얻고자 할 때 사용한다.

③ 사회자가 시간과 주제를 통제한다.

④ 강연은 20분을 초과하지 않게 제한되며, 전체 시간은 1시간을 초과하지 않는다.

해설 ②는 원탁토의에 대한 설명이다. 단상토의는 그 집단에서 관심이 있는 주제에 관해 서로 다른 권위 있는 의견을 진술한다.

39

어떤 집단이 토의 목적을 위해 회원을 4명 또는 6명의 소집단으로 구분하여 주어진 주제를 토의하는 데 알맞은 토의방법은?

① 허들집단토의
② 버즈집단토의
③ 자유의사토의법
④ 원탁토의

해설 허들집단토의

• 토의를 활발히 하기 위하여 큰 집단을 작은 단위로 나누는 방법

• 어떤 집단이 토의 목적을 위해 회원을 4명 또는 6명의 소집단으로 구분하여 주어진 주제를 토의하는 방법

• 미시간주립대학 Donald Phillips 교수에 의해서 보편화됨

40

버즈집단토의에 대한 설명으로 옳지 않은 것은?

① 토의를 활발하게 하기 위하여 큰 집단을 작은 집단들로 나누는 방법이다.

② 이 방법의 특징·기본요소는 허들방법과 유사하여 허들집단토의 방법과 혼용하여 사용된다.

③ 주어진 주제에 관해서 여러 견해와 태도 및 평가가 제시되고, 아무런 최종결론을 얻지 못했을 때, 토론자들의 생각이 배심 과정에 따라 전개되는 경우에 한다.

④ 큰 집단을 5~10여 명의 소집단으로 나누어 주제를 토의하고, 나중에 큰 집단으로 모여 결과를 보고하는 방식의 토의법이다.

해설 ③은 배심토의 때 진행한다.

버즈집단토의

강사가 자신의 주제에 대해 청중의 흥미를 제고하고자 할 때, 버즈집단을 형성해 질문을 유발하거나 상이한 내용을 각자 자신들의 생각이나 경험에 연결시킬 수 있는 기회를 제공하고자 할 때 하는 토의이다.

41

브레인스토밍의 내용이 아닌 것은? 97 경기 기출

① 모든 참가자가 의사결정에 참여한다.

② 모든 성원들의 참여의식을 조장할 수 있다.

③ 서기나 사회가 필요하다.

④ 참가자 전원이 자유롭게 남의 의견을 비판할 수 있다.

해설 **자유의사토의법(Brain Storming)**

참가자가 어떤 의견을 제시해도 타인이 비판할 수 없다.

42

다음 중 집단과제법으로 분임원은 문제해결을 위해 필요한 자료와 서적을 읽고, 문제 현장을 시찰하고 전문가 강의를 듣는 등 문제해결능력, 사고력을 기르는 데 효과적인 방법은?

① 게임법

② 역할연기법

③ 분임연구법

④ 경영자 코칭

해설 **분임연구법**

• 집단과제법으로서 대집단을 10명 내외의 분반으로 나누는데, 매 분반은 소속과 배경이 다른 사람들로 구성한다.

• 각 반마다 일정한 연구과제가 주어지며 분임원은 사회자와 서기를 선출하여 연구를 진행한다.

• 분임원은 문제해결을 위해 필요한 자료와 서적을 읽고, 문제 현장을 시찰하기도 하고, 외부 전문가를 초청하여 강의를 듣기도 한다.

• 각 반에서 얻은 결론은 보고서로 제출하게 되며, 각 반의 사회자는 피훈련자 전원 앞에서 발표하게 된다.

• 이 방법은 문제해결능력, 사고력을 기르는 데 효과적이다.

43

다음 감수성 훈련에 대한 설명으로 옳지 않은 것은?

① 피훈련자들로 하여금 일상적 생활과 장소에서 격리시키고 문화적으로 고립시켜서 의도적으로 집단참여에 대한 욕구를 갖게 한다. 대인적 공감을 갖게 하고 집단 형성의 메커니즘과 집단기능의 본질을 체득시키는 것이다.

② 피훈련자는 대집단으로 분반하여 2~3일 동안 집중적·지속적으로 접촉하면서 허심탄회하게 내심을 털어놓게 한다.

③ 피훈련자의 감수성을 높여 서로 신뢰하고 다른 사람의 입장을 존중하는 원만한 분위기를 조성할 수 있다.

④ 노련한 훈련자가 필요하고, 심한 부적응자나 동양적 인간관을 가진 사회에서는 부적당할 수 있다.

> **해설** **감수성훈련의 특징**
> 피훈련자는 작은 집단으로 분반하여 1~2주일 동안 집중적·지속적으로 접촉하면서 허심탄회하게 내심을 털어놓게 한다. 훈련과정의 딱딱한 체계는 없고, 훈련자는 참여자들이 자기 참모습을 드러내고 솔직하고 역동적으로 상호작용하도록 분위기를 조성한다.

44

다음 중 대중접촉방식의 장점은? 17년 충남 기출

① 바람직한 공적 관계 형성
② 여러 계층의 다수의 사람들과 동시 접촉 가능
③ 문제점 혹은 의문사항에 대해 즉각적인 피드백 제공
④ 상대적으로 낮은 비용

> **해설** ①, ③은 개인접촉방법의 장점, ④는 집단접촉방법의 장점이다.

45

농촌지도에서 대중매체의 장점으로 옳지 않은 것은?

① 의도했던 메시지를 편집자가 바꿀 경우 더욱 효과적
② 지역의 프로그램과 지도기관에 대한 신뢰 형성
③ 문제점, 이슈 또는 주요 관점의 인식 형성
④ 빈번하고 규칙적으로 정보가 제공될 수 있기 때문에 정보의 즉각적인 제공 가능

> **해설** ① 의도했던 메시지를 편집자가 바꿀 경우 비효과적이다.
> **대중매체의 장점**
> • 여러 계층의 다수의 사람과 동시 접촉 가능
> • 농촌지도로부터 정보를 추구하지 않았던 이들과도 접촉 가능
> • 빈번하고 규칙적으로 정보가 제공될 수 있기 때문에 정보의 즉각적인 제공 가능
> • 지역의 프로그램과 지도기관에 대한 신뢰 형성
> • 문제점, 이슈 또는 주요 관점의 인식 형성
> • 사람들과 빠르게 접촉 가능
> • 다양한 고객과 정보의 주제 취급
> • 효과적인 다른 교수 활동의 강화 제공
> • 학습자의 편의 고려
> • 지속적인 독자, 청취자 또는 시청자로서의 청중
> • 비디오를 활용하여 짧은 시간 내 전파를 탈 수 있도록 확장된 시간이 필요한 절차 또는 과정

46

농촌지도에서 대중매체의 단점으로 옳지 않은 것은?

① 현 상태를 유지하기 위한 지속적인 개정이 필요하다.
② 기술 전문가의 지원이 필요하다.
③ 대부분의 매체 제작에 시간이 소요되나 비용은 적게 소요된다.
④ 보통 방송국 혹은 매체의 편의를 고려해서 제작해야 한다.

> **해설** 대중매체의 단점
> • 다른 방법들에 비해 비용이 많이 듦
> • 현 상태를 유지하기 위한 지속적인 개정 필요(①)
> • 문제 능력이 떨어지는 학습자에게는 제한적으로 사용
> • 기술 전문가의 지원 필요(②)
> • 의도했던 메시지를 편집자가 바꿀 경우 비효과적임
> • 교육자가 프레젠테이션 능력이 떨어질 경우 효과성이 떨어짐
> • 보통 방송국 혹은 매체의 편의를 고려해서 제작 필요(④)
> • 방송국의 손해
> • 장비와 네트워크 접근에 투자 필요
> • 대부분의 매체 제작에 시간이 소요됨
> • 화상회의에는 시간과 일정 조정 필요

47

변화하는 사회에서 대중매체의 특별한 기능이 아닌 것은?

① 중요 토의주제에 대한 의제 형성
② 지식의 전이
③ 행동의 통일
④ 여론의 형성과 변화

> **해설** ③ 행동의 변화가 맞다.

48

대중매체를 사용할 때 송신자의 메시지를 왜곡하는 선택적 과정으로 틀린 것은?

① 선택적 공개
② 선택적 주의
③ 선택적 집중
④ 선택적 기억

> **해설** 송신자의 메시지를 왜곡하는 선택 과정
> • 선택적 공개(Selective Publication)
> • 선택적 주의(Selective Attention)
> • 선택적 지각(Selective Perception)
> • 선택적 기억(Selective Remembering)
> • 선택적 수용(Selective Acceptance)

49

다음 대중매체의 순기능에 속하지 않은 것은?

① 대중매체는 사회통합에 이바지함
② 구성원의 가치와 사고방식 획일화
③ 국가 권력에 대한 감시 및 비판
④ 다양하고 신속한 정보 제공

> **해설** 대중매체의 일반적 순기능 vs 역기능
> • 순기능
>   – 대중매체는 사회통합에 이바지함
>   – 여론 형성 및 주도
>   – 다양하고 신속한 정보 제공
>   – 국가 권력에 대한 감시 및 비판
>   – 휴식 및 오락 제공
> • 역기능
>   – 왜곡된 사실 전달 가능성
>   – 여론 조작의 가능성
>   – 구성원의 가치와 사고방식 획일화
>   – 지배적 규범과 가치 주입
>   – 지나친 상업주의의 확산(폭력성, 선정성)

50

문제점을 인식하는 데 효과적인 농촌지도방법에 해당하지 않는 것은?

① 민속매체
② 대중매체
③ 집단토의
④ 대 화

해설 문제점을 인식하는 데 효과적인 농촌지도방법 : 민속매체, 집단토의, 대화

구 분	대중매체	담 화	전 시	민속매체	집단토의	대 화
혁신의 인식	○ ○ ○	○	○ ○	○ ○	× ×	×
문제점 인식	×	○	○ ○	○ ○ ○	○ ○ ○	○ ○ ○
지식의 전이	○ ○ ○	○ ○	○ ○	○ ○	○	○ ○
행동의 변화	×	×	○ ○	○	○ ○ ○	○ ○

51

혁신의 인식과 지식의 전이에 가장 효과적인 농촌지도방법은?

① 대중매체
② 대 화
③ 집단토의
④ 민속매체

해설 ① 대중매체는 혁신의 인식 및 지식의 전이에는 가장 적합하나, 문제점 인식에는 가장 부적합하다.

52

대중매체를 활용한 지도방법 중 인쇄매체에 대한 설명으로 옳지 않은 것은?

① 인쇄매체는 낮은 교육정도의 사람들에게도 의사전달이 쉽다.
② 비인격적, 비친근적이고, 배포과정이 복잡하다.
③ 인쇄매체에는 신문, 잡지, 뉴스레터, 포스터, 벽보, 팸플릿 등이 있다.
④ 인쇄매체는 신속성에서 뒤처진다.

해설 **인쇄매체의 장단점**

장 점	단 점
• 다시 읽을 수 있다. • 매체선택이 자유롭고, 메시지 선택의 무제한성이 있다. • 기록의 영속성이 있다.	• 신속성이 뒤처진다. • 비인격적, 비친근적이고, 배포과정이 복잡하다. • 문맹자나 낮은 교육수준의 사람들에게 의사 전달이 어렵다.

53

다음 대중매체를 활용한 지도방법 중 시청각매체에 대한 설명으로 옳지 않은 것은?

① 대량의 메시지를 비교적 짧은 시간에 전달할 수 있다.
② 재독의 가능성은 있으나 기록의 연속성이 없다.
③ 오락적 매체의 성향이 강하므로 인쇄매체보다 접근이 용이하다.
④ 인쇄매체의 여러 가지 제한점을 극복할 수 있다.

해설 ② 재독의 가능성이나 기록의 연속성이 없다.

54

다음 대중매체를 활용한 지도방법 중 시청각매체에 대한 설명으로 옳지 않은 것은?

① 텔레비전의 경우에는 청각뿐만 아니라 시각까지 이용하기 때문에, 라디오보다 동기유발이 쉽다.
② 라디오는 산업화가 더딘 나라의 농촌에서 가장 중요한 매체이다.
③ 농업인에게는 농업인과의 인터뷰보다 농업전문학자의 연설이 더 효과적이다.
④ 지역적으로 운영되어 특수 지역문제를 다룰수록 더 효율적이다.

해설 ③ 농업인에게는 농업인과의 인터뷰가 농업전문학자의 연설보다 효과적이다.

55

정보기술에 의한 농촌지도의 특징으로 옳지 않은 것은?

① 상호작용성, 대중성, 동시성이다.
② 농장을 직접 방문하지 않고서도 맞춤식 조언을 할 수 있다.
③ 편리한 시간에 메시지를 보내고 수시로 확인할 수 있다.
④ 저렴한 비용으로 정보를 매일 제공받을 수 있다.

해설 ① 상호작용성, 탈대중성, 비동시성(이메일의 경우 메일의 송신과 수신의 시간이 다름)이다.

56

현대 정보기술의 설명으로 옳지 않은 것은?

① 전자 데이터 기반 접근 및 검색 시스템은 정보에 대한 효율적 접근의 제공이 주요목표이다.
② 환류시스템의 주요목표는 정보처리와 해석을 위한 토의이다.
③ 조언시스템의 주요목표는 전문적인 지원과 조언 제공이다.
④ 네트워크 시스템의 주요목표는 네트워킹 활동 촉진이다.

해설 ② 환류시스템의 주요목표는 적절한 피드백 제공이다.

57

농촌지도에서의 주요 정보기술 중 환류시스템에 대한 설명으로 옳지 않은 것은?

① 감지장치를 통한 예측정보가 실제 생산량과 차이가 난다면 무엇인가 오류가 발생했음을 의미하고 그 원인을 찾을 수 있다.
② 환류시스템은 빠른 피드백이 가능하며, 최종 사용자의 관심을 충족시킨다.
③ 환류시스템의 예를 들면 감지장치는 젖소 한 마리당 우유 생산량 계산, 젖소의 임신기와 수유기, 우유를 생산하지 못하는 시기 등을 파악해준다.
④ 정보의 원천은 최종 사용자이다.

해설 ② 환류시스템은 빠른 피드백이 가능하며, 최종 사용자의 관심을 충족시키지 못한다.

58

현대 정보기술을 이용한 방법으로 환류시스템에 해당하는 것은?   17 지도사 <기출(변형)>

① 의사결정시스템
② 전문가시스템
③ 지식시스템
④ 경영정보시스템

해설 **주요 농업정보기술의 특성**

구 분	접근 및 검색 시스템	환류 시스템	조언 시스템	네트워크 시스템
실제 사용 되는 명칭	• Database • Teletext • Videotex • Hypertext	경영정보 시스템 (MIS)	• 의사결정지원 시스템 • 전문가 시스템 • 지식시스템	• E-메일 • 화상회의시스템 • Videotex
목 표	정보에 대한 효율적인 접근 제공	적절한 피드백 제공	전문적 지원과 조언 제공	네트워킹 활동 촉진
수 단	검색/선택 절차	자료의 입력, 조작과 표현	계산, 최적화, 시뮬레이션과 설명	의미 변화, 파일전달 (그림, 소리, 문자 등)

59

조언시스템에서 실제 사용되는 명칭이 아닌 것은?

① 경영정보시스템
② 의사결정지원시스템
③ 전문가시스템
④ 지식시스템

해설 ① 경영정보시스템은 환류시스템이다.

60

민속매체의 특징으로 옳지 않은 것은?

① 대중매체는 위로부터 정보를 내보내지만, 민속매체는 청중의 감정에 호소하고 청중들 자신이 배우가 되는 것이다.
② 민속매체는 지역문화와 친밀한 면이 있으나 현실과는 괴리감이 있다.
③ 민속매체는 감정의 변화를 자극하는 데 효과적이다.
④ 민속매체와 현대식 매체는 완벽하지는 않지만 서로 보완이 가능하다.

해설 ② 민속매체는 지역문화와 친밀하기 때문에 민속매체를 현실과 동일시하게 여긴다.

61

온라인상 불특정 타인과 관계를 맺을 수 있는 서비스로 농산물 판매와 같은 스마트 농업 사업으로 대두되고 있는 것은?

① 환류시스템(Feedback System)
② 네트워크 시스템(Network System)
③ 전자 데이터 기반 접근 및 검색 시스템
④ 소셜 네트워크 서비스(Social Network Service)

해설 **농업 분야에서의 SNS 활용가능성**
• 기존의 많은 농업인이 고령자 또는 신규사용자이기 때문에 적응하는 데 어려움을 겪을 수 있다.
• 스마트폰을 활용한 날씨 확인, 일정 확인, 주문 및 배송조회, 상품 구입, 대금결제 등을 할 수 있다.
• 트위터를 활용하여 농산물을 판매하거나 페이스북 등 다른 SNS를 통해 판로를 개척하는 등 스마트 농업 사업이 현실화되고 있다.

62

소셜 네트워크 서비스(SNS ; Social Network Service)의 특징에 관한 설명으로 옳지 않은 것은?

① 개인의 표현 욕구가 강해지면서 사람들 간 사회적 관계(인적 네트워크)를 맺게 하고, 친분관계를 유지시킨다.
② SNS는 특정 주제에 관심을 가진 사람들이 집단화하여 폐쇄적 서비스를 공유한다.
③ 초기 SNS는 주로 친목 도모ㆍ엔터테인먼트 용도로 활용되었으나, 이후 비즈니스 및 각종 정보공유 등 생산적 용도로 활용하는 경향이다.
④ 인터넷 검색보다 SNS를 통하여 최신 정보를 찾거나 이를 활용하는 경우가 많아지고 있다.

해설 ② 기존 웹상 카페ㆍ동호회 등의 커뮤니티 서비스는 특정 주제에 관심을 가진 사람들이 집단화하여 폐쇄적 서비스를 공유하였으나, SNS는 개인이 중심이 되어 자신의 관심사와 개성을 공유한다.

63

다음 중 지도방법 선정 시 참고사항으로 거리가 먼 것은?
97 경남 기출

① 시청각교재
② 지도목적과 내용의 성격
③ 지도자의 자질
④ 이용 가능한 시설 및 보조교재

해설 **지도방법 선정 시 참고사항**
• 지도자의 자질
• 지도대상자의 특성
• 지도대상자의 수
• 활동가능 시간
• 지도목적과 내용의 성격
• 이용 가능한 시설 및 보조교재

64

농업인들이 실제로 가장 많이 활용하는 학습방식은?

① 주변 농가들과의 대화
② 영농관련 서적
③ 신문, 잡지 등의 인쇄매체
④ 집합식 교육훈련

해설 농업인이 가장 많이 활용하는 학습방식은 주변 농가들과의 대화 > 영농관련 서적 > 신문, 잡지 등의 인쇄매체 > 집합식 교육훈련의 순이다.

65

다음 중 농업인들이 선호하는 교육방식이 아닌 것은?

① 소규모 인원으로 구성된 강의
② 소규모 인원으로 구성된 토론식 교수학습
③ 견 학
④ 소규모 인원으로 구성된 영농학습동아리

해설 농업인이 선호하는 교육방식은 소규모 인원으로 구성된 강의 및 토론식 교수학습, 견학을 통한 학습이다.

66

[농업기술지], [연구와 지도] 등의 간행물을 비롯하여 특수목적사업을 위한 대농민 교재를 발간하고 있다. 여기에 해당되는 농촌지도 내용은?

06 대구 기출

① 기술보급지도
② 농업경영개선
③ 농촌사회개선
④ 농업기술공보

해설 ④ 농업기술공보는 주로 매체를 통한 대농민 정보 전달이 목적이다.

우리나라 농촌지도 사업의 지도내용
· 기술보급지도
· 농촌사회지도
· 농업경영개선지도
· 농업기술공보

농촌지도사업은 교육을 통하여 농업인의 의식과 태도의 변화를 일으켜서 새로운 기술을 본인의 영농에 받아들이게 하는 교육활동이기 때문에 효과적으로 지도내용을 전달하고 설득할 수 있는 지도매체를 활용하는 것이 매우 중요하다. 농촌진흥청의 기술공보담당부서에서는 농촌지도사들이 활용할 수 있는 다양한 지도매체를 시대의 흐름에 맞게 개발하고 공급하는 역할을 하였고, 농촌지도사들은 자기가 교육하려는 과제에 맞는 효과적인 지도매체를 선정하여 활용하였다.

- 인쇄물 교재 : 리플릿, 월간 농업기술지, 표준 영농교본
- 시청각교재 : 기술교육영화, 슬라이드, 비디오 교재
- 대중매체 : 라디오 농가방송, TV 농가방송, 마을 앰프방송, 신문과 잡지
- 인터넷
- 농업기술 전시

67

21세기의 농촌 성인교육이 지향해야 할 방향으로 가장 적절하지 않은 것은?

14 지도사 기출(변형)

① 세계화에 대응하기 위해 국제적인 농업정보교육에 주력한다.
② 최신의 전문화된 농업기술교육을 강화하여 농업생산성을 향상한다.
③ 농업의 대량생산체제에 발맞추어 보편적인 농업기술을 확대, 보급한다.
④ 고령화 사회에 대응하기 위한 노령층 평생교육을 강화한다.

해설 ③ 전문적인 농업기술을 확대, 보급한다.

PART 05

농촌지도평가

합격의 공식

시대에듀

농촌지도평가

|01| 농촌지도평가의 개념

(1) 평가의 의미

① 일반적 의미

ㄱ 어떤 행위, 과정, 절차, 활동, 행사, 결과 등에 대한 가치부여의 과정이다.

ㄴ 의사결정을 해야 하는 상황에서 판단에 필요한 합리적인 기준을 제공하기 위하여 준거·측정·통계와 같은 형식적 수단을 통해 합당한 정보를 수집·분석·활용하는 과정이다.

ㄷ 의사결정에 필요한 정보를 수집·분석하여 활용하는 과정으로, 평가받는 대상의 가치를 판단하여 결정하는 것이다.

ㄹ 어떤 행사나 활동의 의도한 목표에 얼마만큼 달성되었는가를 검토하는 일이다. 즉, 평가란 목표의 성취도를 측정하는 과정이다.

ㅁ 모든 혹은 일부 프로그램에 대하여 수용 가능한 기준이 충족되었는가를 결정하기 위한 증거를 수집하여 가치 판단을 내리는 것이다.

ㅂ 학자에 따라 측정, 전문적인 가치판단, 본질적인 면에서 정치적 활동, 어떤 가치를 결정짓는 것 등으로 간주한다.

> **참고**
>
> 과거의 행동이나 활동의 가치 판단도 평가에 속하지만 평가의 취지와 목적은 미래지향적 성격이 더욱 강하므로, 평가에서는 앞으로의 발전과 개선에 필요한 자료와 정보를 수집·정리하여 활용하는 과정이 반드시 수반되어야 한다.

② 농촌지도평가의 의미

ㄱ 농촌 주민들이 농촌지도를 통하여 성취된 행동적 변화 정도를 측정함과 동시에 그에 관련된 농촌지도과정의 적절성을 조사하고, 그 결과를 앞으로의 지도사업에 활용하기 위하여 필요한 자료와 정보를 체계적으로 수집·분석하고 활용하는 과정이다.

ㄴ 농촌지도사업에 대한 가치 판단(평가)은 지도사업이 이루어지는 계획(설계, Plan) – 실행(Do) – 평가(See)의 모든 단계에서 반드시 이루어져야 하는 활동이다.

ㄷ 국가 예산을 통해 운영되는 각종 사업의 목적 달성 정도에 대한 판단, 미래 농촌 지도사업의 개선 또는 개발, 예산 대비 효과성 또는 산출물에 대한 증거자료 확보를 통한 재정투자의 공정성 획득 등을 위해 평가한다.

② 농촌지도정책의 목적을 더 효과적으로 달성하기 위해 사업을 기획, 개발, 의사 결정, 프로그램 운영
과 같은 현재 · 미래의 활동을 위해 활용한다.

⑩ 활용한 자원에 비하여 농촌지도사업의 가치를 판단 · 입증하는 활동이다.

⑪ 농촌지도사업을 통하여 농촌 주민들이 인지적 측면(지식, 이해력, 사고력, 평가력 등), 정의적 측면
(태도, 흥미, 가치관, 적성 등), 신체적 측면(기술, 운전, 체력 등)에서 얼마나 향상하였는가를 따져
보는 과정이다.

⑫ 농촌지도평가란 농촌지도를 통한 농촌 주민의 행동적 변화량의 측정이다.

⑬ 농민이 다양한 농촌지도기관을 선택할 때 필요한 정보를 제공한다.

③ 평가의 목적

㉠ 프로그램(사업)의 강점과 약점을 규명하여 프로그램의 질을 향상시키기 위한 것이다.

㉡ 프로그램에 대하여 농촌 주민의 반응과 무엇을 배웠으며, 프로그램이 시간 · 재원 · 자원 측면에서
충분한 가치가 있었는가를 검토하는 것이다.

㉢ 농촌지도사업이 계획한 목적을 달성했는지, 효과적으로 목적을 달성했는지를 판단하기 위한 것이다.

㉣ 프로그램 평가는 앞으로 프로그램이 계속되어야 할 것인지, 중단되어야 할 것인지를 판단하기 위한
것이다.

(2) 평가의 종류

① 평가시기에 의한 분류

㉠ 형성평가(과정평가) : 농촌지도사업이 집행되는 도중에 이루어지는 평가이다.

㉡ 총괄평가 : 사업이 집행된 후 의도한 목적을 달성했는지 여부를 판단하는 평가이다.

> **참고**
>
> 최근 사업이 진행되는 과정에서 점검을 함으로써 잘못된 부분을 쉽게 수정할 수 있는 형성평가를 중요시한다.

② 평가방법에 의한 분류

㉠ 상대평가 : 규준지향적 평가로, 학습자의 성취도를 그가 속한 집단의 결과에 비추어 상대적으로 나
타내는 평가이다.

㉡ 절대평가 : 목적지향적 평가로, 학습자의 성취도를 주어진 목표의 달성 정도에 따라 절대적으로 나
타내는 평가이다.

> **참고**
>
> 농촌지도사업은 절대평가를 중심으로 이루어지며, 경진대회 등은 상대평가로 이루어진다.

③ 평가 내용에 의한 분류
　㉠ 방법평가 : 사업 활동 자체에 대한 평가
　㉡ 결과평가 : 사업 활동 결과에 대한 평가

> **참고**
>
> 때때로 결과가 수단을 정당화시킬 수 없는 경우가 있기 때문에 최근 방법평가가 중요해지고 있다.

(3) 농촌지도평가의 원리

① 농촌지도의 계획과 목표의 달성 정도(성취도)가 평가의 기준이 되어야 한다.
② 농촌지도목표의 달성 여부에 대한 배경과 원인이 밝혀져야 한다.
③ 평가는 연속적인 과정이어야 한다(특정기간의 판단은 아니다).
④ 평가는 위원회 같은 조직체를 만들어 이행하여야 한다.
⑤ 지도대상자의 인격이 존중되도록 자료를 수집하여야 한다.
⑥ 농촌지도는 투자와 산출의 관계에서 검토되어야 한다.
⑦ 농촌지도평가는 표본을 대상으로 평가하여야 한다.

PLUS ONE

농촌지도계획의 원리
• 충분한 자료와 설명이 있어야 한다.
• 관계기관과 긴밀히 협동하여야 한다.
• 농촌지역사회의 실정에 기초를 두어야 한다.
• 주어진 자원의 한계 내에서 계획하여야 한다.
• 농촌지도계획에는 농촌 주민이 참여하여야 한다.
• 사업계획은 사회변화에 따라 수정·보완되어야 한다.
• 농촌지도계획은 영세민과 노약자의 보호에 관심을 두어야 한다.
• 농촌지도사는 변화촉진자로서 그 지역사회의 관습과 문화적인 측면을 이해하고 있어야 한다.
• 계획은 국가 – 시·도 – 시·군 – 읍·면의 각 단위에서 일관성이 유지되어야 한다.

농촌지도실천의 원리
• 실용적 학습내용을 중심으로 하여야 한다.
• 농촌지역사회 내에서의 가시적 결과를 가지고 지도하여야 한다.
• 다양한 지도방법을 활용하여야 한다.
• 지도 장소의 교육환경은 불편이 없도록 정비되어야 한다.
• 성인의 자아의식을 상하게 해서는 안 된다.
• 지도 후에 서로 교제할 수 있는 기회를 제공하는 것이 좋다.
• 성인은 학습을 즐기므로 흥미 있게 지도하여야 한다.

(4) 농촌지도의 평가영역(기관 평가 vs 프로그램 평가)

① 의미

　㉠ 기관 평가 : 기관에 대한 종합적 평가로 정책을 추진하는 체계, 종합적 행정 역량, 조직 문화, 구성원의 역할구조의 타당성 및 적합성 등을 평가하는 것이다.

　㉡ 프로그램 평가 : 사업(프로그램) 자체를 평가한다.

② 분석수준

　㉠ 기관 평가 : 거시적 관점에서 지도사업을 종합 평가한다.

　㉡ 프로그램 평가 : 그 범위가 미시적 관점이다.

③ 접근법

　㉠ 기관 평가 : 기관을 대상으로 체제적 · 조직적으로 접근하여 거시적으로 분석한다.

　㉡ 프로그램 평가 : 프로그램 자체를 평가하는 것으로 상황적 · 과정적으로 접근하여 미시적으로 분석한다.

④ 평가내용

　㉠ 기관 평가 : 기관의 구조 · 관리 · 지원 활동에 관해 평가한다.

　㉡ 프로그램 평가 : 프로그램의 구성 · 운영 · 실제 활동을 평가한다.

⑤ 평가영역

　㉠ 기관 평가 : 양적 준거를 주로 사용하여 조직풍토, 관리자의 리더십, 재정, 시설 설비, 지역사회 봉사 등을 평가한다.

　㉡ 프로그램 평가 : 질적 준거를 사용하여 내용, 방법, 성취도, 정의적 특성, 효과를 평가한다.

⑥ 결과 활용

　㉠ 기관 평가 : 주로 기관을 지원해 주거나 종합적 기관 운영을 효율화할 수 있는 정보를 제공한다.

　㉡ 프로그램 평가 : 프로그램의 존폐 여부를 결정하고, 프로그램을 수정 · 보완하며 프로그램에 대한 다양한 정보를 제공한다.

PLUS ONE

기관 평가 vs 프로그램 평가의 비교

구 분	기관 평가	프로그램 평가
평가대상	기 관	프로그램
접근법	체제 · 조직적 접근	상황 · 과정적 접근
분석수준	거시적 관점	미시적 관점
평가내용	기관의 구조 및 관리 · 지원 활동	프로그램 구성, 운영 및 실제 활동
평가준거	양적 준거 > 질적 준거	양적 준거 < 질적 준거
평가영역	조직 풍토, 관리자의 리더십, 재정, 시설 설비, 지역사회 봉사	내용, 방법, 성취도, 정의적 특성, 효과
평가결과 활용	기관 지원, 기관 운영에 대한 효율화 정보 제공	프로그램의 존폐 결정, 프로그램의 수정 · 보완, 정보 제공

(5) 평가 시 고려할 요건

타당도	• 무엇을 측정할 것인가에 관한 요건 • 조사문항으로써 측정하고자 하는 사항을 측정하는 정도를 의미하며, 평가목표에 부합되는 문항이어야 함 • 농촌지도목표의 달성여부와 그 배경을 알려주는 문항이어야 그 타당도가 높아짐
신뢰도	• 어떻게 측정할 것인가의 요건으로, 얼마나 정확하게 착오 없이 측정하느냐를 의미 • 측정도구의 일관성, 즉 응답이 올바르게 일관적으로 나올 수 있는 문항이어야 함 • 많은 사람이 평가하게 하는 것은 신뢰도를 높이기 위한 방법
객관도	• 얼마나 평가자의 주관이 배제되었는가를 의미 • 식량증산지도평가 시 단위면적당 수량조사를 해야 하는데, 농가소득 조사 등의 비객관적 조사는 객관도를 낮추는 요인이 됨
유용도	타당도, 신뢰도, 객관도가 아무리 높다 하더라도 그 도구가 시간이 너무 많이 소요되고 경비와 노력이 지나치게 요구되면 유용성이 낮음

Level UP | 이론을 확인하는 문제

농촌지도평가의 원리로서 가장 적절하지 않은 것은? 14 지도사 기출(변형)

① 목표에 대한 성취도가 평가의 기준이 되어야 한다.

② 목표에 미달했을 때는 그 배경과 원인이 밝혀져야 한다.

③ 다양한 방법과 수단을 통해 필요한 자료를 수집하여야 한다.

④ 평가자료는 항상 모집단을 상대로 수집하여야 한다.

해설 농촌지도평가는 표본을 대상으로 하여야 한다.

정답 ④

|02| 농촌지도평가의 구성요소

(1) 평가요소

① 평가영역 및 평가항목, 평가준거, 평가지표, 평가기준 또는 규칙, 가치판단 및 평가적 판단 등
② 평가준거와 평가지표는 동일한 의미로 사용되기도 함

(2) 평가영역과 평가항목

① 의 미
 ㉠ 평가하고자 하는 대상 또는 대상의 속성을 분류한 것이다.
 ㉡ 평가영역의 특성에 따라 최소 1개 이상의 평가항목이 포함되어야 한다.
② 평가항목의 기준 : 대표성, 비교가능성, 개선가능성, 관리가능성, 측정가능성, 효율성 등
 ㉠ 대표성
  • 평가항목은 평가대상의 활동을 대표할 수 있어야 한다.
  • 평가대상은 다양한 활동을 수행하지만 모든 활동을 동일한 수준에서 고려하지 않는다.
 ㉡ 비교가능성
  • 평가대상을 비교할 수 있어야 한다.
  • 평가활동은 다수를 대상으로 행해지며, 평가항목은 평가대상을 차별화할 수 있어야 한다.
  • 평가 자체는 의미가 없고 평가활동으로 얻어진 결과를 활용했을 때만 의미가 있다.
 ㉢ 개선가능성
  • 평가활동은 이상적 준거가 있고, 이를 평가항목으로 전환시켜 측정할 수 있도록 해야 한다.
  • 평가목적을 달성할 수 있는 내용들이 평가항목에 포함되어야 한다.
  • 평가기능 중 하나는 현재 상태를 더 나은 방향으로 변화시키고자 하는 것이다.
 ㉣ 관리가능성
  • 평가항목이 평가대상의 통제범위에 있어야 한다.
  • 평가활동은 평가대상의 자의적 활동을 대상으로 한다. 즉, 자연 상태에 있는 대상을 평가하는 것이 아니다.
  • 평가항목은 평가대상을 변화시킬 수 있는 것이어야 한다.
 ㉤ 측정가능성
  • 평가대상이 달성하고 있는 정도를 측정할 수 있어야 한다.
  • 평가항목은 우열을 가릴 수 있도록 측정되어야 한다.
  • 평가항목은 정량적 방법 · 정성적 방법으로도 측정이 가능해야 한다.
 ㉥ 효율성
  • 평가활동은 평가대상 입장에서 고려되어야 한다.
  • 평가활동은 쉽게 이해되고 평가대상의 활동에 도움이 되어야 한다.

(3) 평가준거(Criterion)

① 의미

   ⊙ 평가할 대상 및 내용, 평가하고자 하는 대상의 속성 또는 그로 인한 산출 및 활동 결과의 특정 영역 이나 차원을 의미한다.

   ⓒ 평가활동의 근거로서 평가활동의 범위나 영역 또는 초점을 결정해주며 평가지표 및 기준의 근거가 된다.

   ⓒ 무엇을(어떤 속성, 측면) 평가할 것인가에 관한 평가준거를 구체적으로 설정하는 일은 평가활동에서 중요한 기능을 한다.

   ⓔ 일반적·추상적 수준부터 구체적·행동적 수준까지 위계화가 가능하고 평가목적에 따라 구체적으로 체계화하고 명료화시켜야 한다.

② 특성(7가지)

   ⊙ 평가준거는 대상에서 단순히 발견되는 성질이라기보다는 사람에 의해 가치를 부여받은 성질 즉, 가 치 있다고 여겨지는 양적·질적 성질, 상태, 행위 등의 속성이다.

   ⓒ 하나의 준거는 구체화의 수준에 따라 상위준거, 하위준거의 측정준거로 구분되어 계층을 이루기 때문 에 평가에서 어떤 수준의 준거를 설정하든 계층 간의 개념적 관계를 파악해야 한다.

   ⓒ 평가준거는 가치의 유무나 수준을 확인하는 데 사용되는 변수이므로 준거는 측정이 가능해야 한다.

   ⓔ 하나의 평가대상도 보통 복합적 성질로 구성되기 때문에 충분히 평가하기 위해서는 복수의 준거를 사용해야 한다.

   ⓜ 평가준거는 평가대상 관련 요인이 달라지면 준거의 설정 및 평가결과도 달라지므로 평가대상·평가 자·평가 상황과 함수관계가 있다.

   ⓗ 평가준거는 표현 형식을 결정하는 1가지 방식만 있는 것이 아니기 때문에 다양한 형태의 준거가 존 재한다.

   ⓢ 평가준거는 연역적 방법과 귀납적 방법으로 도출된다.

      • 연역적 방법 : 평가대상의 특성·준거를 이론적으로 도출하는 방법

      • 귀납적 방법 : 평가대상의 특성·준거에 대한 자료를 수집하고 범주화하여 준거를 설정하는 방법

(4) 평가지표(Indicator)

① 의미

ㄱ 평가준거에 관한 판단을 위하여 근거자료를 제시하는 표현 방식, 준거에 관한 결과 및 산출을 입증해주는 자료 또는 그 자료를 수집하기 위한 측정 방법 및 도구를 말한다.

ㄴ 평가지표는 양적·질적인 것으로 나누며, 하나의 준거에 2가지 이상의 평가자료로 그 달성 정도를 표현하는 것이 바람직하다.

ㄷ 평가자료는 효율성, 효과성, 고객의 기대 등을 포함한다.

ㄹ 평가지표의 대표적인 예로는 성과지표가 있다.

> **참고**
>
> 성과지표
>
> 특정 사업을 통해 산출된 행동적·외형적·물질적 변화나 학습결과를 표현하는 근거자료가 성과지표로 활용된다.

② 농촌지도사업의 평가지표와 평가질문

평가지표	평가질문(예시)
효율성 (Efficiency)	• 사업을 적절하게 운영했는가? • 사업계획은 만족스러운가? • 시간과 장소는 적절한가? • 시간과 노력이 가치로운가? • 사업 운영자 및 참여자에게 어느 정도의 시간과 비용이 소요되는가? • 비용 대비 이윤은 적절한가? • 사람들은 이 사업에 일정 비용을 감수하고도 다시 참여할 의사가 있는가?
효과성 (Effectiveness)	• 이 사업은 필요한 것이었는가? • 사업에 필요한 활동을 했는가? • 어느 정도의 변화를 창출했는가?
고객의 기대 (Expectation of Clientele)	• 고객의 기대에 부응했는가? • 사람들이 만족스러워 했는가? • 사업의 질이 좋았는가? (고객의 관심사항, 최신의 정보 제공) • 이 사업은 당면과제에 관련한 것이며 적절한 것인가? (주요 주제, 중요한 정보, 난이도) • 계획된 것이 제대로 운영되었는가? (유용성, 문제해결, 새로운 학습 내용 및 적절한 학습 방법)

(5) 평가기준(Standard)

① 평가기준은 평가준거의 속성과 내용 또는 그로 인한 산출 및 결과의 속성이나 그 자체를 나타내고 그것의 바람직한 성취도를 특정 수준, 범위, 점수로 표시한 것이다.

② 평가기준은 평가적 판단을 위한 근거로 활용하기 위하여 평가준거에 관한 내용을 측정할 수 있도록 점수, 수준, 범위, 정도 등을 활용한다.

③ 점수, 수준 등 그 자체는 의미가 없고 평가준거와의 관련에서만 의미를 부여받는다.

농촌지도사업 평가 시 고려할 요건이 아닌 것은?　　　　　　　17 지도사 기출(변형)

① 경쟁적 원인　　　　　　　　　　　② 목표의 달성여부
③ 측정도구　　　　　　　　　　　　④ 평가자의 태도

해설 ②는 타당도, ③은 신뢰도, ④는 객관도를 나타낸다. 타당도는 사업의 효과가 다른 경쟁적 원인보다는 조작화된 처리에 기인한 정도를 말한다.

정답 ①

|03| 농촌지도의 평가모형

(1) 논리모형(Logic Model)

① 개발 : 1990년대 중반 위스콘신 주립대학교 지도국은 GPRA(Government Performance and Result Act)의 요구로 논리모형을 개발하였다.

② 특 징
　㉠ 논리모형은 목표달성 모형에 가장 가깝다.
　㉡ 프로그램 평가를 효과적으로 지원하며 지도사업 프로그램을 개선시키는 방법이다.
　㉢ 정형화된 틀 안에서 프로그램 계획 · 평가의 도구로 이용된다.
　㉣ 지도사가 단기 · 중기 · 장기적 프로그램의 성과목표를 확정하게 한다.
　㉤ 다양한 교육 경험에서 발생하는 서로 다른 수준의 성과들을 고려할 수 있다.
　㉥ 농촌지도사 역할 중 하나가 교수(Teaching)이기 때문에 우선 무엇을 학습했는지에 대한 단기성과를 측정하고, 행위의 사회적 영향에 관한 중기 성과를 측정하는 것도 중요하다.
　㉦ 논리모형은 단선적 모형(Linear Model)처럼 보일 수 있지만, 역동적 과정을 중시하는 체계모형에 해당한다.
　㉧ 다양한 교육 경험에서 발생하는 서로 다른 수준의 성과들을 고려할 수 있는 장점이 있다.

③ 논리모형은 학습평가에 초점
　㉠ 논리모형이 지도사에게 구체적 · 체계적 방법을 제공해 줄 수 있다.
　㉡ 학습평가를 위한 첫 단계는 학습 성과를 측정하기 위한 논리모형을 사용하는 것이다.
　㉢ 설문조사는 학습을 평가하는 프로그램 마지막 단계이다.
　㉣ 설문지는 장기적 성과를 얻기 위하여 프로그램의 효과에 관한 즉각적인 피드백을 얻을 수 있다.

ⓜ 단순한 사전조사방식인 설문조사를 통해 교육 참가자는 성과의 달성 정도를 평가하게 된다.

ⓗ 학습에 대한 참가자의 평가는 워크숍 전·후에 실시한 것을 비교하여, 차이를 파악함으로써 이루어진다.

(2) Bennet 위계모형

① 특 징

㉠ 농촌지도사업은 위계 수준의 목표가 다양하기 때문에 여러 수준에서 사업을 평가할 수 있다.

㉡ 사업 평가에 대한 수준 설정을 통해 지도사업의 계획부터 종료 후 일정 기간이 지난 뒤 나타나는 사회적 효과까지 평가할 수 있다.

㉢ 농촌지도 프로그램의 투입요소를 기초로 활동이 이루어진다.

㉣ 프로그램 참여를 통해 자신의 지식·태도·기술·포부 등이 변화하고, 그 변화가 자신의 삶과 일에 적용될 때 실천의 변화가 나타나서 최종결과(궁극적 목적)로 이어진다.

> **참고**
>
> 농촌지도사업에 대한 평가는 사업목표를 어느 정도 달성했는가와 적절한 절차에 따라 달성했는가를 중시한다.

② 농촌지도사업 평가의 위계 수준

㉠ 제1수준 : 인력의 수, 시간, 재원에 대해 평가

㉡ 제2수준 : 모임의 종류 및 지도 방법에 대해 평가

㉢ 제3수준 : 참여자의 특성 및 수, 참여 횟수 및 기간에 대해 평가

㉣ 제4수준 : 참여자의 만족도에 대해 평가

ⓜ 제5수준 : 참여자의 지식, 기술, 태도의 변화 정도에 대해 평가

ⓗ 제6수준 : 참여자가 실제 현장에 적용한 변화 정도에 대해 평가

ⓢ 제7수준 : 참여자의 삶의 질 및 지역 사회의 변화 정도에 대해 평가

> **참고**
>
> 제1~2수준은 농촌지도사업의 투입요소에 대한 평가이고, 제 3~7수준은 지도사업의 효과에 대한 평가이다.

(3) 반덴반과 호킨스(Van den Ban & Hawkins) 모형

① 특 징

　　㉠ 반덴반과 호킨스는 Bennet의 위계모형 제7수준에 기반을 두고 '사회에 미친 결과의 평가'인 8수준을 추가한 지도사업 평가방법을 제시하였다.

　　㉡ 평가수준이 높아질수록 이를 평가할 수 있는 판단 준거 설정과 지도사업의 직접적 결과 입증이 어려워진다.

　　㉢ 인력ㆍ수단이 적절치 못한 경우 낮은 수준의 지도사업 평가가 많이 이루어진다.

② 모형의 각 수준에 대한 지도사업평가

　　㉠ 제1수준 : 농촌지도사업이 의도한 목표를 어느 정도 달성할 수 있을 것인지 판단하는 평가

　　㉡ 제2수준 : 평가보다 모니터링에 더 적합한 활동으로, 모니터링은 효과적 사업수행을 위한 인력 및 자원에 대한 검토가 주로 이루어진다.

　　㉢ 제3수준 : 농민이 농촌지도 활동에 얼마나 참여하고 있는가가 평가준거가 된다.

　　　　• 평가자는 농민이 읽은 문헌, 참여한 회의, 시연회, 농민에게 제공된 조언 등을 체크한다.

　　　　• 얼마나 많은 농민이 참여했으며, 그들의 특성은 무엇인지를 판단한다.

　　㉣ 제4수준 : 농촌지도 활동에 대한 농민 의견을 수집하여 지도사업 과정 중 조정을 하기 위한 정보를 제공한다.

　　　　• 평가자는 지도사업의 내용ㆍ방법에 초점을 둔다.

　　　　• 지도사업의 다양한 고객의 요구에 잘 대응하고 있는가, 지도사가 사업을 정확하게 이해하고 있는가를 평가한다.

　　㉤ 제5수준 : 평가자는 최소 2번에 걸쳐 농민의 지식ㆍ기술ㆍ태도 수준을 평가한다.

　　　　• 교육활동으로서의 지도사업이 농민의 수준을 얼마나 변화시켰는지에 대한 객관적 정보를 수집할 수 있다.

　　　　• 비용이 많이 소요된다.

　　㉥ 제6수준 : 주로 연구 활동을 통해 이루어진다.

　　　　• 지도사가 지도한 영농방법을 어떤 농민이 사용했는지에 대한 평가를 통해 성과를 확인한다.

　　　　• 농민의 행동 변화는 지도사의 커뮤니케이션과 같은 다른 요소에 의해 영향을 받는 경우가 많다.

　　㉦ 제7수준 : 농촌지도사업의 궁극적 목적 달성에 관한 것이다.

　　　　• 대상 농민들이 지도사업 내용을 영농현장에 얼마나 적용하여 변화가 일어났는가에 대해 평가한다.

　　　　• 집단의 행동 변화 유ㆍ무에 따라 평가자는 그 원인과 결과에 대해 평가한다.

　　㉧ 제8수준 : 7수준의 결과에 비추어 지도사업의 대상 집단 또는 지역, 사업의 목적에 대한 확대 또는 변경 등을 판단하는 것이 목적이다.

농촌지도사업의 평가수준

수준 1	농촌지도 활동에 대한 사업계획
수준 2	농촌지도사의 사업 실행 정도
수준 3	농촌지도 활동에 대한 농민 참여 정도
수준 4	농촌지도 활동에 대한 농민의 의견
수준 5	지식, 태도, 기술, 도기, 대상 집단 수준의 변화
수준 6	대상 집단의 행동적 변화
수준 7	대상 집단에 미친 결과
수준 8	사회에 미친 결과

Level UP 이론을 확인하는 문제

다음 중 논리모형에 대한 설명으로 옳지 않은 것은?　　19 경북 기출

① 다양한 교육경험에서 발생하는 각기 다른 수준의 성과들을 고려할 수 있다.

② 단기, 중기, 장기적인 프로그램의 성과목표를 확정하게 한다.

③ 단선적인 모형처럼 보일 수 있지만 역동적인 과정을 중시하는 체계모형이다.

④ 사업종료 후 일정기간이 지난 뒤 나타나는 사회적 효과까지 평가할 수 있다.

해설　④는 베넷의 위계모형에 관한 설명이다.

논리모형 특징

· 논리모형은 목표달성 모형에 가장 가깝다.

· 논리모형은 단선적 모형처럼 보일 수 있으나, 역동적 과정을 중시하는 체계모형에 해당한다.

· 프로그램 평가를 효과적으로 지원하며 지도사업 프로그램을 개선시키는 방법이다.

· 정형화된 틀 안에서 프로그램 계획 · 평가의 도구로 이용된다.

· 다양한 교육 경험에서 발생하는 서로 다른 수준의 성과들을 고려할 수 있다.

· 농촌지도사 역할 중 하나가 교수이기 때문에 우선 무엇을 학습했는지에 대한 단기성과를 측정하고, 행위의 사회적 영향에 관한 중기 성과를 측정하는 것도 중요하다.

· 지도사가 단기 · 중기 · 장기적 프로그램의 성과목표를 확정하게 한다.

정답　④

농촌지도평가절차

|01| Knox의 평가절차

평가목표 설정과 지도목표 분석 → 조사항목 결정 → 자료수집 → 조사결과 정리와 분석 → 조사결과 활용

(1) 평가목표의 설정과 지도목표의 분석

① 농촌지도의 평가는 목표에 비추어 달성도를 측정하고, 달성도의 배경을 진단하며, 평가에 나타난 자료 · 정보를 지도의 개선과 발전에 활용하기 위해 정리하는 것이다.

② 평가활동은 농촌지도의 목적을 정확하게 분석해야 평가의 준거를 설정할 수 있고, 목적은 구체적으로 명확하게 설정해야 한다.

③ 목표 진술에서 많이 사용하는 행동적 용어

　㉠ 인지적 영역의 행동적 용어

　　• 지식 : 사물에 관한 단편적 · 사실적 혹은 경험적 인식 · 원리를 이해하여 알고 있는 상태

　　　예 비료의 종류와 3요소를 알고 있음. 품종의 특성을 알고 있음

　　• 이 해

　　　－ 깨달아 알아들음

　　　－ 사리를 분별하여 해석함

　　　－ 내부관계를 합리적으로 파악하고 있는 상태

　　　예 병충해 예방의 필요성을 알고 있음. 영농부기의 가치를 알고 있음

　　• 적 용

　　　－ 특수한 상태나 구체적 상태에 추상적인 개념을 사용할 수 있는 능력

　　　－ 사고력, 문제해결력 수준의 능력

　　　－ 문제를 인식 · 분석하여 착상이나 원리를 응용하여 해결하는 능력

　　　예 청소년의 심리 지도 시에 적용함

　　• 분석력

　　　－ 상호관계나 인간관계를 분석하는 능력

　　　－ 결론을 지지하는 증거를 찾아내는 능력

　　　예 경운기의 고장을 찾아내는 것

- 종합력 : 여러 개의 요소나 부분을 전체로서 하나가 되도록 돕는 능력(창의력과 비슷함)
- 평가력
  - 가치를 판단하는 능력
  - 합리적으로 특정사항을 감정하고 진단하는 능력(판단력, 비판력과 비슷함)

ⓒ 정의적 영역의 행동적 용어
- 태 도
  - 어떤 사업에 대한 개체의 고유한 잠재적 반응 경향
  - 후천적이며 특정한 상태에서 나타나는 비교적 지속성 있는 반응 경향(싫어함 등)
- 습관 : 비교적 변화가 적고 자동적이며, 정형적으로 습득된 반응(늦잠 자기 등)
- 흥 미
  - 어떤 대상에 대하여 적극적이고 선택적이며 정서적인 긴장이 뒤따르는 마음가짐
  - 어떤 대상에 좋은 감정을 가지고 쏠리는 주의(재미있음 등)
- 가치관
  - 행동목표나 양식에 대하여 바람직한가의 여부를 판단하는 평가적인 개념
  - 개인의 심리체계에 내면화되어 동기로서 작용하며 개인의 행동을 유발시키는 평가적 표준
  - 개념 내지 신념(인생에서 중요하게 보는 관점 등)

ⓒ 심체적 영역의 행동적 용어
- 숙련기능 : 단순히 연습을 반복함으로써 얻어지는 기술적 능력
- 전문기능 : 원리를 알고 계속적인 연습을 통하여 획득되는 기술적 능력
- 창조기능 : 원리를 알고 계속적인 연습을 통하여 그 원리를 응용하며 창조적으로 미적인 감각도 나타내는 기술적 능력

PLUS ONE

목표 진술에서 많이 사용하는 행동적 용어
- 인지적 영역의 행동적 용어 : 지식, 이해, 적용, 분석력, 종합력, 평가력
- 정의적 영역의 행동적 용어 : 태도, 습관, 흥미, 가치관
- 심체적 영역의 행동적 용어 : 숙련기능, 전문기능, 창조기능

---

(2) 조사항목의 결정

① 목표가 달성되었다는 근거를 수집하기 위해 어떤 문항을 중심으로 조사해야 하느냐에 대한 결정이 있어야 한다.

② 평가조사 내용
- ㉠ 농촌지도평가를 위한 조사에서 지도계획, 수행과정, 접근법, 수행결과, 조직 및 행정 영역 등
- ㉡ 농촌지도사와 기관의 열정, 교육 참여자 수와 참석률, 매년 참석 추이, 신규학교 졸업자의 참가 수, 교육결과로서 나타난 영농생활의 변화, 농촌지도사에게 요청되는 자문·상담면접 횟수 및 내용 등

ⓒ 사업의 범위와 목표, 사업추진체계, 목표달성 전략, 수혜집단, 유관기관의 관계, 인식된 사업의 성과 등

② 학습자, 목적 및 목표, 조직, 직원, 내용, 방법, 결과, 기자재 등

PLUS ONE

평가문항작성 시 고려할 사항 : 타당도, 신뢰도, 객관도, 유용도

(3) 자료수집

① 의미 : 조사내용이 결정된 후 자료 수집을 어떻게 해야 하는지 결정해야 하는데, 이때 평가 장면의 선정을 의미함

② 평가 장면 : 자연 상태의 장면과 조작 상태의 장면으로 구분

ⓐ 자연 상태의 장면(Natural Situation)
- 일상생활의 상태 그대로 자료를 수집하는 것
- 가장 이상적 장면이지만 실제로 수행하기는 어려움
- 가장 대표적인 장면으로 참여관찰법이 있음
- 참여관찰법 : 평가자가 실제 현장에 들어가 실제 현장의 한 부분으로 활동하면서 관찰한 결과를 자료로서 수집하는 방법

ⓑ 조작 상태의 장면(Artificial Situation)
- 자연적 상태를 잘 반영할 수 있는 상황을 만들어서 자료를 수집하는 것
- 비교적 쉬운 방법 : 필답고사, 질문지 등
- 고도의 이해와 훈련을 요구하는 방법 : 면접법, 투사법, 작품분석법, 평정법 등

③ 평가목표에 따른 자료수집 방법

ⓐ 평가목표가 농촌지도사업일 때 : 질문지법, 관찰법 등을 선택

ⓑ 평가목표가 농민 개인적 성취도일 때 : 성취영역이 인지적 · 정의적 · 심동적인가를 결정하여 평가방법을 활용

평가목표-방법의 적합관계

평가영역	평가목표	평가방법
인지	지식	객관적 테스트
	이해	관찰법, 객관적 테스트, 논술형 테스트, 면접법
	문제의식 사고	관찰법, 평정법, 문제 장면 테스트, 면접법
정의	태도 · 관심 · 의욕	관찰법, 평정법, 일화기록법, 일기분석법, 질문지법
심동(심체)	기능	관찰법, 평정법, 일화기록법, 객관적 테스트
	작품	평정법, 여러 가지 계측
	실천 · 습관	관찰법, 평정법, 질문지법, 일화기록법
집단의 특성		관찰법, 평정법, 사회적 측정법

(4) 조사결과 정리와 분석

① 자료를 분석·해석하는 단계로, 수집된 모든 자료를 특정 통계기법 등을 활용하여 분석하고 그 결과를 해석하는 과정이다.

② 노아랜드(Norland)의 자료해석 시 주의사항

　㉠ 많은 사람들이 특정 문항에 답하지 않는 경우, 그 문항은 따로 다룬다.

　㉡ 조사문항 중 몇 개 문항에만 답한 경우에는 분석에 활용하지 않는다.

　㉢ 자료가 무엇을 의미하는지 미리 짐작하지 말아야 한다.

　㉣ 선택 응답에 대해 해석하지 말아야 한다.

　㉤ 5개 중 2개 이상에 응답하지 않은 경우, 분석에 그 질문지를 사용하지 않아야 한다.

> **참고**
>
> 자료 분석 시 가장 많이 사용하는 통계방법은 기술통계(빈도, 평균)이다.

(5) 조사결과의 활용

① 평가자료의 분석과 해석이 끝나면 평가자료 분석 결과를 보고서로 작성하고, 지도사업의 개선과 책무성의 입증에 활용하는 과정이다.

② 중간평가(형성평가)

　㉠ 농촌지도 결과가 목표를 달성하였다면 다음 목표를 향하여 지도활동을 계속한다.

　㉡ 지도결과가 기대한 대로 되지 않았다면 원인을 찾아 수정해야 한다.

　㉢ 만약 지도사 능력이 미숙했다면 전문성 개발을 위한 교육을 받거나 전문가 자문을 얻는다.

③ 결과평가(총괄평가)

　㉠ 평과결과로 지도 대상의 수정 또는 변경과 다음 지도활동의 주제를 제고한다.

　㉡ 평과결과를 지도계획과 기관의 인원 및 체제 개선, 농민 관심 유도, 홍보 및 관련 기관과의 협력, 지역사회 개선 등의 자료로 활용한다.

Level UP 이론을 확인하는 문제

Knox의 평가절차에서 세 번째 단계는?　　　　　　　　　　　　　18 경북 <기출(변형)>

① 평가목표 설정과 지도목표 분석　　　　② 조사결과의 활용

③ 자료수집　　　　　　　　　　　　　　④ 조사항목 결정

> **해설** Knox의 평가절차
>
> 평가목표 설정과 지도목표 분석 → 조사항목 결정 → 자료수집 → 조사결과 정리와 분석 → 조사결과 활용
>
> **정답** ③

|02| 시버스 등(Seevers et al)의 평가절차

(1) 농촌지도사업 평가절차

① 기획(Planning)
- ㉠ 프로그램 처음부터 기획 단계를 시작하고, 평가할 사업 목적과 의도했던 결과를 검토해야 한다.
- ㉡ 기획단계의 의문점
  - 이 사업을 평가할 수 있는가?
  - 이 사업을 평가하기 위해서는 어떠한 정보가 필요한가?
  - 어떻게 정보를 얻을 수 있는가?
  - 평가결과를 어떻게 활용할 것인가? 등

② 정보 수집(Gathering Information)
- ㉠ 어떤 자료원을 활용할 것인가를 결정하는 것으로, 자료 수집에 사용되는 자료원의 유형을 결정한다.
- ㉡ 정보 수집은 원문서, 보고서와 같은 1차 자료와 이를 가공한 2차 자료를 어떻게 얻을 것인가에 해당한다.
- ㉢ 자료를 직접 응답자로부터 또는 서류나 문서로부터 얻을 것인가를 결정해야 한다.

③ 정보 요약(Summarizing Information)
- ㉠ 수집된 정보는 차트, 표 등의 형태로 가공하여 요약한다.
- ㉡ 요약된 자료를 정확하고 편견 없이 해석하는 것이 중요하다.

④ 기준과 비교(Comparing To Standards)
- ㉠ 어떠한 준거로 사업을 평가할 것인가를 관계자들이 알 수 있도록 사전에 평가기준이 기술되어야 한다(평가기준을 평가자만 알고 있으면 안 됨).
- ㉡ 사업 평가자는 의도했던 사업 목적이 달성되었는가에 대해서 객관적으로 진술해야 한다.

⑤ 가치 판단(Determining Worth)
- ㉠ 평가는 본질적으로 평가자의 가치 판단을 포함한다.
- ㉡ 판단은 수집한 증거를 사전에 결정한 기준과 비교하는 것이다.
- ㉢ 판단된 자료는 평가보고서 양식에 기록하고, 다양한 형태(보고서, 신문, 비디오테이프, 라디오 출연, 텔레비전 출연 등)로 프로그램 관계자에게 공유해야 한다.

(2) 5단계 평가절차를 12단계로 구체화

> ① 평가대상 선정 → ② 평가목표 확인 → ③ 평가목표 설정 → ④ 효과수준 선택 → ⑤ 평가시기, 방법, 대상 집단 선정 → ⑥ 평가양식 개발 → ⑦ 예비조사 및 본조사 실시 → ⑧ 자료 분석 → ⑨ 주요결과 정리 → ⑩ 보고서 작성 → ⑪ 보고서 제출 및 배포 → ⑫ 평가활동에 대한 평가

① 평가절차의 초기단계

　　㉠ 평가대상을 기술하고, 평가목적을 설정하며, 평가를 수행하기 위한 전략을 계획한다.

　　㉡ 평가활동이 계획된 후에는 증거자료를 수집하고 분석하여, 그 결과를 보고하는 절차로 이루어진다.

② 농촌지도 사업목적이 적절하지 못할 경우나, 의도하지 않은 사업효과가 더 중요하거나, 상황이 변동되었을 때는 지도사업의 평가준거를 새롭게 개발하는 것이 바람직하다.

③ 농촌지도의 평가는 사업 관계자가 평가활동의 모든 단계에 참여하는 것이 중요하다.

|03| 미시간대학교의 평가절차

(1) 수베디, 헤인즈와 루오나바라(Suvedi, Heinze & Ruonavaara)의 농촌지도사업 평가절차(11단계)

① Step 1. 평가대상 프로그램 확인 및 기술

　　㉠ 첫 단계는 평가하고자 하는 프로그램을 확인, 기술하는 것이다.

　　㉡ 프로그램의 기술에는 목적과 목표, 적용할 지리적 영역, 대상 고객, 재원, 프로그램 관계자 등이 포함되며, 정보를 수집하게 될 대상 집단을 확인한다.

② Step 2. 프로그램 단계 확인 및 적절한 평가연구유형 선정

　　㉠ 프로그램의 단계를 확인하고, 적절한 평가연구유형을 선정한다.

　　㉡ 프로그램 평가유형에는 요구분석, 기초연구, 형성평가, 총괄평가, 추적연구 등이 있다.

③ Step 3. 평가실행의 실현가능성(Feasibility) 진단

　　㉠ 프로그램 설계 또는 성과의 개선에 평가가 공헌할 수 있다.

　　㉡ 의미 있는 평가가 이루어지는 데 기여한다.

④ Step 4. 핵심 이해관계자 확인 및 면담

　　㉠ 이해관계자는 프로그램 재정부담자, 직원 행정가, 고객 또는 프로그램 참여자들이다.

　　㉡ 프로그램 시작 전 핵심 이해관계자와 함께 프로그램 목적과 절차를 명확히 해야 한다.

　　㉢ 계획보다 생산적이라는 것을 증명할 근거가 되는 평가유형을 결정하는 데 도움이 된다.

⑤ Step 5. 자료 수집방법 확인

    ㉠ 양적 방법

       • 주로 수치화된 자료에 치중한다.

       • 사전에 예상한 결과를 과학적 과정을 거쳐 수치로 측정하는 것이다.

       • 효과 판단, 원인 도출, 비교 혹은 우선순위 설정, 결과의 일반화 또는 명확화에 적합한 방법이다.

    ㉡ 질적 방법

       • 글쓴이의 주관이 표현된다.

       • 사람, 장소, 대화와 행위 등의 다양한 기술을 포함하는 여러 가지 형식을 취한다.

       • 개방적 특성을 가지며, 인터뷰 대상자가 자신의 시각에서 질문에 답하도록 한다.

    ㉢ 통합적 방법 : 양적 및 질적 방법을 한 평가에서 통합하여 활용하는 것이다.

⑥ Step 6. 자료 수집기법 선정

    ㉠ 방법 선정 시 정보의 유형, 시간과 비용의 영향을 받는다.

    ㉡ 최소한 수집된 정보가 믿을 만하고 정확하고 유용한지 고려해야 한다.

⑦ Step 7. 모집단 확인과 표본 선정

    ㉠ 표집이 적절히 이루어지면, 표본은 모집단 전체의 특성을 대표하게 된다.

    ㉡ 표집은 정확성을 잃지 않으면서 시간, 비용, 노력을 줄일 수 있다.

> 🔍 **참고**
>
> 표본 : 조사를 목적으로 대규모 모집단에서 선택된 응답자들의 집합

⑧ Step 8. 자료의 수집, 분석 및 해석

    양적 · 질적 자료의 분석을 위한 여러 종류의 자료 분석 방법이 있다.

⑨ Step 9. 결과물의 보고

    ㉠ 평가자는 평가결과에 대해 이해관계자나 다른 고객에게 결과를 보고할 책임이 있다.

    ㉡ 이해관계자에게 평가결과를 보고할 때는 언제, 어떻게, 누구에게 보고할 것인가를 명확하게 해야 한다.

⑩ Step 10. 결과물의 적용 및 활용

    ㉠ 평가는 평가결과가 향후 과제에 적용되어야 종료된다.

    ㉡ 프로그램의 연장에 대한 결정, 진행 중인 프로그램 개선을 위한 시사점, 향후 계획할 프로그램에 대한 시사점 등을 해당 이해관계자에게 알려야 한다.

⑪ Step 11. 평가결과에 대한 평가(메타 평가)

    ㉠ 평가결과의 평가는 동일한 기준(Standard)이 적용되어야 하며 이전 평가와 유사한 절차를 따른다.

    ㉡ 평가결과를 평가할 때 고려사항

       • 명확한 개념 : 평가결과가 평가의 목적, 역할, 방법에 맞게 분명하게 기술되었는가?

       • 대상의 기술 : 평가결과에 평가대상이 자세하게 기술되어 있는가?

- 적절한 청중의 인식과 표상 : 평가결과에 관심을 가진 청중에게 평가결과를 검토할 기회가 적절히 제공되었는가?
- 평가 시 정치적 문제의 민감성(Sensitivity) : 잠재적으로 정치적 대인관계, 윤리적 이슈를 초래할 민감한 사항은 아닌가?
- 정보 및 정보원의 제시 : 평가결과가 필요한 정보와 정보원을 기술하고 있는가?
- 자료의 종합성 및 포괄성(Comprehensive & Inclusiveness) : 평가에 부합한 자료의 수령에 빠지지 않고 모든 중요한 변인과 이슈들에 대한 자료가 수집되었는가?
- 기술적 적절성(Adequacy) : 평가설계 및 절차에서 평가준거(Criteria)들은 타당성, 신뢰성, 객관성을 충족시키고 있는가?
- 적절한 평가방법 및 분석 : 평가에 적절한 방법이 선택되었는가? 자료는 신중하게 분석하고 해석하였는가?
- 비용에 대한 고려 : 다른 변인과 같이 평가비용에 대한 적절한 고려가 있었는가?
- 평가결과를 판단하기 위한 명확한 기준(Standard)과 준거(Criteria) : 평가목적에 대한 판단을 내리는 데 활용할 기준과 준거에 대해 명확하게 기술 혹은 제시되어 있는가?
- 평가결과에 대한 판단과 조언 : 평가결과의 평가가 단지 결과의 제시뿐 아니라 자료에 기반한 판단이나 조언을 제공하고 있는가?
- 고객 맞춤식 보고 : 평가결과가 적절한 시간과 방식으로 적합한 고객에게 보고되었는가?

PLUS ONE

Bender의 성인교육활동의 평가절차(농촌지도평가절차)
평가의 승인 및 지지 확보 → 평가위원회의 구성 → 평가일정의 계획 → 형식평가의 시행 → 비형식평가의 시행 → 평가결과의 종합과 활용 → 추수평가회의 개최

Level UP 이론을 확인하는 문제

미시간대학교의 평가절차에서 평가결과를 평가할 때의 고려사항으로 옳지 않은 것은?

① 평가 시 정치적으로 민감한 사항은 아닌가에 대한 고려를 한다.
② 평가는 동일한 기준이 적용되어야 하며 이전 평가와 유사한 절차를 따른다.
③ 평가비용에 대한 적절한 고려가 있었는지 고려한다.
④ 결과 제시뿐만 아니라 사업 활동 자체에 대한 평가도 하여야 한다.

해설 ④ 평가결과의 평가가 단지 결과의 제시뿐만 아니라 자료에 기반한 판단이나 조언을 제공하고 있는가에 대한 평가도 하여야 한다.

정답 ④

PART

05

적중예상문제

01

농촌지도평가에 대한 설명으로 옳지 않은 것은?

① 평가의 기준은 농촌지도계획이 되며, 그중에서도 농촌지도는 목표가 중심이다.

② 평가는 농촌지도정책의 목적을 보다 효과적으로 달성하기 위해 사업을 기획, 개발, 의사 결정, 프로그램 운영 같은 현재 · 미래의 활동을 위해 활용된다.

③ 농촌지도평가는 농촌지도를 통하여 이루어진 농촌지도기관의 행동적 변화량의 측정이라 볼 수 있다.

④ 농촌지도사업에 대한 가치 판단(평가)은 지도사업이 이루어지는 계획(설계, Plan) – 실행(Do) – 평가(See)의 모든 단계에서 반드시 이루어져야 하는 활동이다.

해설 ③ 농촌지도평가는 농촌지도를 통하여 이루어진 농촌주민들의 행동적 변화량의 측정이라 볼 수 있다.

02

농촌지도평가의 목적으로 옳지 않은 것은?

① 프로그램의 강점과 약점을 규명하여 프로그램의 질을 향상시키기 위한 것이다.

② 활용한 자원에 비교하여 농촌지도사업의 가치를 판단하고 입증하는 활동이다.

③ 목적을 효과적으로 달성했는지 현재의 사업에 관한 평가를 위한 것으로, 향후 사업을 계획하는 내용은 제외된다.

④ 농촌지도사업이 계획한 목적을 달성했는지, 효과적으로 목적을 달성했는지를 판단하기 위함이다.

해설 ③ 평가는 현재, 향후 사업 계획 모두를 포함한다.

03

농촌지도의 평가원리가 아닌 것은? 06 대구 기출

① 농촌지도의 계획과 목표의 달성 정도가 평가의 기준이 되어야 한다.
② 농촌지도 목표의 달성 여부에 대한 배경과 원인이 밝혀져야 한다.
③ 평가는 연속적인 과정이어야 하며 특정기관의 판단은 아니다.
④ 평가는 농촌지도사가 하여야 한다.

> **해설** ④ 평가는 위원회와 같은 조직체를 만들어 이행해야 한다.

04

다음 중 농촌지도의 평가원리에 대한 설명으로 거리가 먼 것은? 97 강원 기출

① 평가는 연속적인 과정이어야 한다.
② 어느 기간을 무작위로 정하여 평가한다.
③ 개인에 의한 평가보다 조직에 의한 평가가 객관적이다.
④ 농촌지도는 투자와 산출의 관계에서 검토되어야 한다.

> **해설** ② 농촌지도평가는 표본을 대상으로 평가하여야 한다.

05

농촌지도평가의 방법에 의한 분류로 옳은 것은?

① 방법평가, 결과평가
② 형성평가, 총괄평가
③ 상대평가, 절대평가
④ 사업평가, 참여자 평가

> **해설** **농촌지도평가**
> • 평가의 내용에 의한 분류 : 방법평가, 결과평가
> • 평가의 시기에 의한 분류 : 형성평가, 총괄평가
> • 평가의 방법에 의한 분류 : 상대평가, 절대평가
> • 평가대상에 따른 분류 : 사업평가, 참여자 평가

06

농촌지도평가의 종류에 대한 설명 중 옳지 않은 것은?

① 결과평가는 농촌지도목표의 정진정도를 판단함에 있어서 적당하다.
② 방법평가는 사업의 활동 자체에 대한 평가이다.
③ 평가의 시기에 의한 분류는 형성평가와 총괄평가이다.
④ 평가대상에 의한 분류는 사업평가와 형성평가이다.

> **해설** 평가대상에 따른 분류 : 사업평가, 참여자 평가

07

농촌지도사업의 평가시기로 옳은 것은?

97 경기 기출

① 한 사업이 종료된 후
② 관계기관의 평가 요청 시
③ 진행도중 수시로
④ 조사표의 작성 후

> **해설** **형성평가**
> 사업이 집행되는 도중에 이루어지는 평가이다.
> 최근 사업이 진행되는 과정에서 점검을 함으로써
> 잘못된 부분을 쉽게 수정할 수 있는 형성평가를 중
> 요시한다.

08

농촌지도사업평가 시 가장 중요한 사항은?

97 경기 기출

① 농민의 참여율
② 관계기관의 예산
③ 농촌주민과 지도원의 접촉횟수
④ 농촌지도사업의 목적달성 여부

> **해설** 농촌지도의 계획과 목표의 달성정도가 평가의 기준
> 이 되어야 한다.

09

다음 중 농촌지도사업이 마무리된 상태에서 하는 평가는?

09 경기 기출

① 방법평가
② 총괄평가
③ 형성평가
④ 결과평가

> **해설** **총괄평가**
> 사업이 진행된 후 의도한 목적을 달성했는지 여부
> 를 판단하는 평가

10

평가에 대한 설명으로 옳은 것은?

18 경북 기출(변형)

① 결과평가는 사업활동 자체에 대한 평가이다.
② 절대평가는 규준지향적 평가이다.
③ 상대평가는 학습자의 성취도를 그가 속한 집단
의 결과에 비추어 나타내는 평가이다.
④ 총괄평가는 사업이 집행되는 도중에 이루어지
는 평가이다.

> **해설** ③ 상대평가 : 규준지향적 평가, 학습자의 성취도를
> 그가 속한 집단의 결과에 비추어 상대적으로 나
> 타나는 평가
> ① 결과평가 : 사업활동의 결과에 대한 평가
> ② 절대평가 : 목적지향적 평가, 학습자의 성취도를
> 주어진 목표의 달성정도에 따라 절대적으로 나
> 타내는 평가
> ④ 총괄평가 : 사업이 집행된 후 의도한 목적을 달
> 성했는지 여부를 판단하는 평가

11

평가조사문항을 결정하고 평가의 문항과 도구를 만들 때 고려해야 할 요건이 아닌 것은?

① 타당도
② 신뢰도
③ 객관도
④ 혁신도

> 해설 **평가 시 고려할 요건**
> 타당도, 신뢰도, 객관도, 유용도

12

평가 시 고려할 요건으로 옳지 않은 것은?

① 농촌지도목표의 달성 여부와 그 배경을 알려 주는 문항이어야 신뢰도가 높아진다.
② 타당도는 사업의 효과가 조작화된 처리에 기인한 정도, 즉 실험의 정확도에 관한 요건이다.
③ 타당도, 신뢰도, 객관도가 아무리 높다 하더라도 그 도구가 시간이 너무 많이 소요되고 경비와 노력이 지나치게 요구되면 유용성이 낮다.
④ 식량증산지도평가에서 단위면적당 수량조사를 할 경우, 농가소득 조사는 객관도를 낮추는 요인이다.

> 해설 ① 농촌지도목표의 달성 여부와 그 배경을 알려 주는 문항이어야 그 타당도가 높아진다.

13

다음 중 프로그램 평가의 특징에 해당하는 것은?

16 경북 지도사 기출(변형)

① 거시적, 양적
② 거시적, 질적
③ 미시적, 양적
④ 미시적, 질적

> 해설 거시적, 양적은 기관 평가의 특징이다.

14

기관 평가와 프로그램 평가의 비교로 옳지 않은 것은?

① 기관 평가는 거시적 관점에서 농촌지도사업을 종합적으로 평가하는 것이다.
② 기관 평가는 질적 준거를 사용하여 조직풍토, 관리자의 리더십, 재정, 시설 설비 등을 평가한다.
③ 프로그램 평가는 내용, 방법, 성취도, 효과를 평가한다.
④ 프로그램 평가 결과는 프로그램의 존폐, 프로그램의 수정 보완, 정보제공에 활용한다.

> 해설 **기관 평가**
> 양적 준거를 주로 사용하여 조직 풍토, 관리자의 리더십, 재정, 시설 설비, 지역사회 봉사 등을 평가한다.

15

기관 평가와 프로그램 평가의 설명으로 옳지 않은 것은?

① 기관 평가는 조직적 접근, 프로그램 평가는 상황, 과정적 접근법을 따른다.
② 기관 평가는 양적 준거, 프로그램 평가는 질적 준거의 비중이 크다.
③ 프로그램 평가는 프로그램 자체를 평가하는 것으로 상황적, 과정적으로 접근하여 미시적으로 분석한다.
④ 기관 평가는 미시적, 프로그램 평가는 거시적이다.

> **해설** **분석수준**
> • 기관 평가 : 거시적 관점에서 지도사업을 종합 평가한다.
> • 프로그램 평가 : 분석수준이가 미시적이다.

16

기관 평가와 프로그램 평가를 비교한 것으로 옳지 않은 것은?

① 기관 평가는 기관을 대상으로 체제적 · 조직적으로 접근하여 거시적으로 분석한다.
② 프로그램 평가는 프로그램의 구조 및 관리지원 활동을 평가한다.
③ 기관 평가는 양적 준거를 주로 사용하여 조직풍토, 관리자의 리더십, 재정, 시설 설비, 지역사회봉사 등을 평가한다.
④ 프로그램 평가는 프로그램의 존폐 여부를 결정하고, 수정, 보완하여 프로그램에 대한 다양한 정보를 제공한다.

> **해설** **평가내용**
> • 기관 평가 : 기관의 구조 · 관리 · 지원 활동에 관해 평가한다.
> • 프로그램 평가 : 프로그램의 구성 · 운영 · 실제 활동을 평가한다.

17

다음 중 프로그램 평가의 평가영역이 아닌 것은?

① 내 용
② 지역사회봉사
③ 효 과
④ 방 법

> **해설** **평가영역**
> • 프로그램 평가의 평가영역 : 내용, 방법, 성취도, 정의적 특성, 효과
> • 기관 평가의 평가영역 : 지역사회봉사, 조직 풍토, 관리자의 리더십, 재정, 시설 설비

18

농촌지도평가의 평가영역과 평가항목에 대한 설명으로 옳지 않은 것은?

① 평가활동은 이상적 준거가 있고, 이를 평가항목으로 전환시켜 측정할 수 있도록 해야 한다.
② 평가목적을 달성할 수 있는 내용들이 평가항목에 포함되어야 한다.
③ 평가는 평가 자체에 의미가 있다.
④ 평가기능 중 하나는 현재 상태를 더 나은 방향으로 변화시키고자 하는 것이다.

> **해설** ③ 평가 자체는 의미가 없고 평가활동으로 얻어진 결과를 활용했을 때만 의미가 있다.

19

농촌지도평가의 평가영역과 평가항목에 대한 설명으로 옳지 않은 것은?

① 평가활동은 다수를 대상으로 행해지며, 평가항목은 평가대상을 차별화해서는 안 된다.
② 평가대상은 다양한 활동을 수행하지만 모든 활동을 동일한 수준에서 고려하지 않는다.
③ 평가항목이 평가대상의 통제범위에 있어야 한다.
④ 평가항목은 우열을 가릴 수 있도록 측정되어야 한다.

> **해설** ① 평가활동은 다수를 대상으로 행해지며, 평가항목은 평가대상을 차별화할 수 있어야 한다.

20

농촌지도평가의 평가영역과 평가항목에 대한 설명으로 옳은 것은?

① 평가활동은 평가대상 입장을 고려하지 않는다.
② 평가활동은 평가대상의 자의적 활동을 대상으로 하며, 자연 상태에 있는 대상을 평가한다.
③ 평가항목은 정량적·정성적 방법으로 측정이 가능해야 한다.
④ 평가항목은 평가대상의 활동을 대표하여서는 안 된다.

> **해설** ① 평가활동은 평가대상 입장에서 고려되어야 한다.
> ② 평가활동은 평가대상의 자의적 활동을 대상으로 한다. 즉, 자연 상태에 있는 대상을 평가하는 것이 아니다.
> ④ 평가항목은 평가대상의 활동을 대표할 수 있어야 한다.

21

농촌지도평가의 구성요소에 대한 설명으로 옳지 않은 것은?

① 평가준거란 평가할 대상 및 내용 또는 평가하고자 하는 대상의 속성의 특정 영역이나 차원을 말한다.
② 평가지표란 평가준거에 관한 판단을 위하여 근거자료를 제시하는 표현 방식, 준거에 관한 결과 및 산출을 입증해 주는 자료, 또는 그 자료를 수집하기 위한 측정 방법 및 도구를 말한다.
③ 평가기준이란 평가준거의 속성과 내용 또는 그로 인한 산출 및 결과의 속성이나 그 자체를 나타내고 그것의 바람직한 성취도를 특정 수준, 범위, 점수로 표시한 것이다.
④ 평가지표와 평가기준은 동일한 의미로 사용되기도 한다.

> **해설** ④ 평가준거와 평가지표는 동일한 의미로 사용되기도 한다.

22

농촌지도사업 평가의 구성요소에 대한 설명으로 옳지 않은 것은? 18 경북 기출(변형)

① 평가영역의 특성에 따라 최소 1개 이상의 평가항목이 포함되어야 한다.
② 평가활동은 이상적 준거가 있고, 이를 평가항목으로 전환시켜 측정할 수 있도록 해야 한다.
③ 평가활동은 자연 상태에 있는 대상을 평가하는 것이다.
④ 평가항목은 평가대상의 통제범위에 있어야 한다.

> **해설** 평가활동은 자연 상태에 있는 대상을 평가하는 것이 아니라, 평가대상의 자의적 활동을 대상으로 한다.

23

평가항목의 기준으로 옳지 않은 것은?

① 대표성
② 개선가능성
③ 효과성
④ 관리가능성

해설 **농촌지도평가 항목의 기준**
대표성, 비교가능성, 측정가능성, 개선가능성, 관리가능성, 효율성

24

평가항목의 기준 중에서 '평가활동은 평가대상의 입장에서 고려되어야 한다.'는 것은 무엇에 해당하는가?

① 효율성
② 관리가능성
③ 개선가능성
④ 비교가능성

해설 **농촌지도평가의 평가항목 기준**
- 효율성 : 평가활동은 평가 대상 입장에서 고려되어야 한다.
- 관리가능성 : 평가항목이 평가대상의 통제범위에 있어야 한다. 평가활동은 자연 상태에 있는 대상을 평가하는 것이 아니라, 평가대상의 자의적 활동을 대상으로 한다. 평가항목은 평가대상을 변화시킬 수 있는 것이어야 한다.
- 개선가능성 : 평가활동은 이상적 준거가 있으며, 이를 평가항목으로 전환시켜 측정할 수 있도록 해야 하고, 평가목적을 달성할 수 있는 내용들이 평가항목에 포함되어야 한다. 평가 기능 중 하나는 현재 상태를 더 나은 방향으로 변화시키고자 하는 것이다.
- 비교가능성 : 평가대상을 비교할 수 있어야 한다. 평가 그 자체는 의미가 없고 평가활동으로 얻어진 결과를 활용했을 때만 의미가 있다.

- 대표성 : 평가항목은 평가대상의 활동을 대표할 수 있어야 한다.
- 측정가능성 : 평가대상이 달성하고 있는 정도를 측정할 수 있어야 한다.

25

평가요소 중 평가준거에 관한 판단을 위하여 근거자료를 제시하는 표현 방식을 무엇이라 하는가?

① 평가항목
② 평가준거
③ 평가지표
④ 평가기준

해설 ① 평가영역 및 평가항목 : 평가하고자 하는 대상 또는 대상의 속성을 분류한 것으로서, 평가영역의 특성에 따라 최소 1개 이상의 평가항목이 포함되어야 함
② 평가준거 : 평가할 대상 및 내용 또는 평가하고자 하는 대상의 속성, 또는 그로 인한 산출 및 활동 결과의 특정 영역이나 차원
④ 평가기준 : 평가준거의 속성과 내용 또는 그로 인한 산출 및 결과의 속성이나 그 자체를 나타내고 그것의 바람직한 달성 정도를 특정 수준, 범위, 점수로 표시한 것

26

평가준거의 특성으로 옳지 않은 것은?

① 평가준거는 가치의 유무나 수준을 확인하는 데 사용되는 변수이므로 준거는 측정이 가능하다.
② 하나의 평가대상도 보통 복합적 성질로 구성되기 때문에 평가를 쉽게 하기 위해서는 하나의 준거를 사용한다.
③ 평가준거는 대상에서 단순히 발견되는 성질이라기보다 사람에 의해 가치를 부여받은 성질이다.
④ 평가준거는 평가대상 관련 요인이 달라지면 준거의 설정 및 평가결과도 달라지므로 평가대상 · 평가자 · 평가 상황과 함수관계가 있다.

해설 **평가준거의 특성(7가지)**
- 평가준거는 가치의 유무나 수준을 확인하는 데 사용되는 변수이므로 준거는 측정이 가능해야 한다.
- 하나의 평가대상도 보통 복합적 성질로 구성되기 때문에 충분히 평가하기 위해서는 복수의 준거를 사용한다.
- 평가준거는 대상에서 단순히 발견되는 성질이라기보다 사람에 의해 가치를 부여받은 성질이다.
- 평가준거는 평가대상 관련 요인이 달라지면 준거의 설정 및 평가결과도 달라지므로 평가대상 · 평가자 · 평가 상황과 함수관계가 있다.
- 하나의 준거는 구체화의 수준에 따라 상위준거, 하위준거, 측정준거로 구분되어 계층을 이루기 때문에 평가에서 어떤 수준의 준거를 설정하든 계층 간의 개념적 관계를 파악해야 한다.
- 평가준거는 표현 형식을 결정하는 1가지 방식만 있는 것이 아니기 때문에 다양한 형태의 준거가 존재한다.
- 평가준거는 연역적 방법과 귀납적 방법으로 도출된다.
  - 연역적 방법 : 평가대상의 특성 · 준거를 이론적으로 도출하는 방법
  - 귀납적 방법 : 평가대상의 특성 · 준거에 대한 자료를 수집하여 범주화하여 준거를 설정하는 방법

27

평가준거의 특성으로 옳지 않은 것은?

① 표현형식을 결정하는 데 다양한 형태의 준거가 존재한다.
② 평가준거는 측정이 가능해야 한다.
③ 하나의 평가대상에도 복수의 준거를 사용한다.
④ 귀납적 방법으로만 도출된다.

해설 **평가준거의 특성**
- 평가준거는 대상에서 단순히 발견되는 성질이라기보다 사람에 의해 가치를 부여받는 성질이다.
- 평가준거는 측정이 가능해야 한다.
- 하나의 평가대상에도 복수의 준거를 사용한다.
- 연역적 방법 + 귀납적 방법으로 도출된다.
- 평가에서 어떤 수준의 준거를 설정하든 계층 간의 개념적 관계를 파악해야 한다.
- 평가대상 관련 요인이 달라지면 준거의 설정 및 평가결과도 달라지므로 평가대상 · 평가자 · 평가 상황과 함수관계가 있다.
- 표현형식을 결정하는 데 다양한 형태의 준거가 존재한다.

28

평가지표의 설명으로 옳지 않은 것은?

① 특정 사업을 통해 산출된 행동적 · 외형적 · 물질적 변화나 학습결과를 표현하는 근거자료가 성과지표로 활용된다.
② 평가지표는 양적 · 질적인 것으로 나누며, 하나의 준거에 하나의 평가 자료로 그 달성 정도를 표현하는 것이 바람직하다.
③ 평가자료는 효율성, 효과성, 고객의 기대 등을 포함한다.
④ 평가지표의 대표적인 예로는 성과지표가 있다.

해설 ② 평가지표는 양적 · 질적인 것으로 나누며, 하나의 준거에 2가지 이상의 평가 자료로 그 달성 정도를 표현하는 것이 바람직하다.

29

평가지표 중 효율성에 대한 평가질문은?

17년 충남 기출

① 사업에 필요한 활동을 했는가?
② 시간과 장소는 적절한가?
③ 어느 정도의 변화를 창출했는가?
④ 사람들이 만족스러워 했는가?

해설 ①, ③은 효과성, ④는 고객의 기대에 대한 설명이다.

30

농촌지도사업의 평가지표 중 효과성에 대한 내용으로 볼 수 없는 것은?

① 사업을 적절하게 운영했는가?
② 사업에 필요한 활동을 했는가?
③ 이 사업은 필요한 것이었는가?
④ 어느 정도의 변화를 창출했는가?

해설 ①은 효율성에 대한 설명이다.

31

농촌지도사업의 효율성 평가지표에 해당하지 않는 것은?

17 지도사 기출(변형)

① 사업을 적절하게 운영했는가?
② 사업계획은 만족스러운가?
③ 사람들이 만족스러워 했는가?
④ 비용 대비 이윤은 적절한가?

해설 농촌지도사업의 평가지표와 평가질문

평가지표	평가질문(예시)
효율성	• 사업을 적절하게 운영했는가?(①) • 사업계획은 만족스러운가?(②) • 시간과 장소는 적절한가? • 시간과 노력이 가치로운가? • 사업 운영자 및 참여자에게 어느 정도의 시간과 비용이 소요되는가? • 비용 대비 이윤은 적절한가?(④) • 사람들은 이 사업에 일정 비용을 감수하고도 다시 참여할 의사가 있는가?
효과성	• 사업에 필요한 활동을 했는가? • 이 사업은 필요한 것이었는가? • 어느 정도의 변화를 창출했는가?
고객의 기대	• 고객의 기대에 부응했는가? • 사람들이 만족스러워 했는가?(③) • 사업의 질이 좋았는가? • 이 사업은 당면과제에 관련한 것이며 적절한 것인가? • 계획된 것이 제대로 운영되었는가?

32

논리모형(Logic Model)에 대한 설명으로 옳지 않은 것은?

18 경북 기출(변형)

① 정형화된 틀 안에서 프로그램 계획·평가의 도구로 이용된다.
② 프로그램 평가를 효과적으로 지원하며 지도사업 프로그램을 개선시키는 방법이다.
③ 역동적 과정을 중시하는 단선적 모형이다.
④ 다양한 교육 경험에서 발생하는 서로 다른 수준의 성과들을 고려할 수 있다.

해설 ③ 논리모형은 단선적 모형(Linear Model)처럼 보일 수 있지만, 역동적 과정을 중시하는 체계모형에 해당한다.

33

논리모형의 특성으로 가장 알맞은 설명은?

① 학습평가에 초점을 둔다.
② 프로그램의 투입요소를 기초로 활동이 이루어진다.
③ 평가에 대한 수준설정을 통해 평가한다.
④ 사회에 미친 결과의 평가를 포함한다.

해설 ②, ③은 베넷의 위계모형, ④는 반덴반·호킨스의 모형에 대한 설명이다.

34

Bennet의 위계모형에 대한 설명으로 옳지 않은 것은?

① 농촌지도사업은 위계수준의 목표가 다양하기 때문에 여러 수준에서 사업을 평가할 수 있다.
② 평가는 어느 정도까지 목표달성을 했는가, 적절한 절차에 따라 달성했는가를 중시한다.
③ 위계수준 제4수준은 참여자의 지식, 기술, 태도에 대한 변화정도에 대한 평가이다.
④ 사업평가에 대한 수준 선정을 통해 일정기간이 지난 뒤 나타나는 사회적 효과까지 평가할 수 있다.

해설 ③ 위계수준 제4수준은 참여자의 만족도에 대한 평가이다.

35

베넷의 위계모형의 수준이 바르지 않은 것은?

17 지도사 기출(변형)

① 제1수준 : 인력의 수, 시간, 재원에 대해 평가
② 제2수준 : 모임의 종류 및 지도 방법에 대해 평가
③ 제5수준 : 참여자의 지식, 기술, 태도의 변화 정도에 대해 평가
④ 제6수준 : 참여자의 삶의 질 및 지역 사회의 변화 정도에 대해 평가

해설 **농촌지도사업 평가의 베넷의 위계 수준**
  • 제1수준 : 인력의 수, 시간, 재원에 대해 평가
  • 제2수준 : 모임의 종류 및 지도 방법에 대해 평가
  • 제3수준 : 참여자의 특성 및 수, 참여 횟수 및 기간에 대해 평가
  • 제4수준 : 참여자의 만족도에 대해 평가
  • 제5수준 : 참여자의 지식, 기술, 태도의 변화 정도에 대해 평가
  • 제6수준 : 참여자가 실제 현장에 적용한 변화 정도에 대해 평가
  • 제7수준 : 참여자의 삶의 질 및 지역 사회의 변화 정도에 대해 평가

36

베넷의 위계모형 중 3단계에 해당하는 것은?

18 경남 기출

① 주민들의 만족도
② 참여자의 특성 및 수
③ 참여자의 지식, 기술, 태도변화정도
④ 참여자가 실제현장에 적용한 변화정도

해설 제3수준 : 참여자의 특성 및 수, 참여 횟수 및 기간에 대해 평가

37

반덴반과 호킨스의 모형에 대한 특징으로 옳지 않은 것은?

① Bennet의 위계모형에 반대되는 지도사업 평가 방법을 제시하였다.
② 인력·수단이 적절치 못한 경우 낮은 수준의 지도사업 평가가 많이 이루어진다.
③ 평가수준이 높아질수록 판단 준거 설정과 지도사업의 직접적 결과 입증이 어렵다.
④ 농촌지도사업의 평가수준을 제8수준으로 제시하였다.

해설 ① 반덴반과 호킨스는 Bennet의 위계모형 제7수준에 기반을 두고 제8수준을 추가한 지도사업 평가방법을 제시하였다.

38

다음 설명하는 농촌지도사업의 평가수준으로 옳은 것은?

> 사회에 미친 결과에 비추어 지도사업의 대상 집단 또는 지역, 사업의 목적에 대한 확대 또는 변경 등을 판단하는 것이 목적이다.

① 제8수준
② 제7수준
③ 제6수준
④ 제5수준

해설 농촌지도사업의 평가수준

제1수준	농촌지도 활동에 대한 사업계획
제2수준	농촌지도사의 사업 실행 정도
제3수준	농촌지도 활동에 대한 농민 참여 정도
제4수준	농촌지도 활동에 대한 농민의 의견
제5수준	지식, 태도, 기술, 도기, 대상 집단 수준의 변화
제6수준	대상 집단의 행동적 변화
제7수준	대상 집단에 미친 결과
제8수준	사회에 미친 결과

39

농촌지도의 평가모형의 설명으로 옳지 않은 것은?

① 논리모형은 프로그램의 마지막 단계에서 설문조사가 이루어진다.
② 반덴반과 호킨스의 모형은 베넷의 위계모형에서 8수준을 추가한 평가방법이다.
③ 위계모형은 사업 목표를 어느 정도 달성했는가와 그 목표를 적절한 절차에 따라 달성했는가에 중심을 두고 있다.
④ 위계모형은 목표달성 모형에 가장 가까운 모형이다.

해설 ④는 논리모형에 대한 설명이다.

01

다음 중 Knox의 평가절차단계에서 볼 수 없는 것은 어느 것인가?

97 강원 `기출(변형)`

① 전수조사
② 평가목표 설정과 지도목표 분석
③ 조사항목 결정
④ 자료수집

`해설` **Knox의 평가절차**
평가목표 설정과 지도목표 분석 → 조사항목 결정 → 자료수집 → 조사결과 정리와 분석 → 조사결과 활용

02

다음 보기 중 정의적 행동용어로 옳은 것끼리 묶여 있는 것은?

19 경북 `기출`

ㄱ. 이 해	ㄴ. 지 식
ㄷ. 습 관	ㄹ. 태 도
ㅁ. 가치관	

① ㄱ, ㄴ
② ㄱ, ㄷ, ㄹ
③ ㄴ, ㄷ, ㄹ
④ ㄷ, ㄹ, ㅁ

`해설` **정의적 영역의 행동적 용어**
태도, 습관, 흥미, 가치관

03

다음 중 농촌지도평가에서 인지적 영역에 속하지 않는 것은?

97 강원 `기출(변형)`

① 분석력
② 지 식
③ 태 도
④ 종합력

`해설` **인지적 영역의 행동적 용어**
지식, 이해, 적용, 분석력, 종합력, 평가력

04

목표진술에서 사용하는 인지적 영역의 행동적 용어는?

① 종합력
② 태 도
③ 습 관
④ 흥 미

`해설` ②, ③, ④는 정의적 영역의 행동적 용어이다.

05

목표진술에서 사용하는 심체적 영역의 행동적 용어가 아닌 것은?

① 숙련기능
② 전문기능
③ 창조기능
④ 습 관

`해설` **심체적 영역의 행동적 용어**
숙련기능, 전문기능, 창조기능

06

심체적 영역의 행동적 용어에 대한 설명으로 옳지 않은 것은?

① Knox의 평가절차 중 태도나 가치관은 심체적 영역의 행동적 용어이다.
② 숙련기능은 단순히 연습을 반복함으로써 얻어지는 기술적 능력이다.
③ 전문기능은 원리를 알고 계속적인 연습을 통하여 획득되는 기술적 능력이다.
④ 창조기능은 원리를 알고 계속적인 연습을 통하여 그 원리를 응용하며, 창조적으로 미적인 감각도 나타내는 기술적 능력이다.

> **해설** ① Knox의 평가절차 중 태도나 가치관은 정의적 영역의 행동적 용어이다.

07

Knox의 평가절차 중 자료수집 과정에서 목표가 농촌지도사업일 때 활용하는 평가방법은?

① 질문지법, 관찰법
② 평정법, 질문지법
③ 관찰법, 평정법
④ 평정법, 일화기록법

> **해설** **Knox의 평가절차 중 자료수집 방법**
> • 목표가 농촌지도사업일 때 : 질문지법, 관찰법 등
> • 목표가 농민 개인적 성취도일 때 : 성취영역이 인지적 · 심동적 · 정의적인가의 여부를 결정하여 평가방법 활용

08

평가목표에 따른 평가방법의 선택에서 인지적 영역의 문제의식 사고를 평가하는 방법이 아닌 것은?

① 객관적 테스트
② 관찰법
③ 평정법
④ 면접법

> **해설** • 객관적 테스트 : 인지영역의 지식 및 이해를 평가하기 위한 평가법
> • 인지적 영역의 문제의식 사고를 평가하는 방법 : 문제 장면 테스트, 관찰법, 평정법, 면접법

09

평가목표–방법의 적합관계에서 인지영역의 이해를 평가하는 방법으로 옳지 않은 것은?

① 논술형 테스트
② 질문지법
③ 면접법
④ 관찰법

> **해설** **인지 평가영역**
>
> | 평가목표 | 평가방법 |
> | --- | --- |
> | 지 식 | 객관적 테스트 |
> | 이 해 | 관찰법, 객관적 테스트, 논술형 테스트, 면접법 |
> | 문제의식 사고 | 관찰법, 평정법, 문제 장면 테스트, 면접법 |

10

Knox의 평가절차에서 평가목표와 평가방법이 바르게 연결된 것은? 17 지도사 기출(변형)

① 기능 – 논술형 테스트
② 태도 – 면접법
③ 이해 – 질문지법
④ 지식 – 객관적 테스트

해설 평가목표와 평가방법

평가목표	평가방법
지 식	객관적 테스트
이 해	관찰법, 객관적 테스트, 논술형 테스트, 면접법
태도·관심·의욕	관찰법, 평정법, 일화기록법, 일기분석법, 질문지법
기 능	관찰법, 평정법, 일화기록법, 객관적 테스트

11

Knox의 평가절차 중 평가목표와 평가방법이 바르게 연결되지 못한 것은? 17 지도사 기출(변형)

① 기능 – 평정법
② 지식 – 질문지법
③ 태도 – 관찰법
④ 이해 – 객관적 테스트

해설 ② 지식 – 객관적 테스트

12

Norland 자료해석 시 주의사항으로 옳지 않은 것은?

① 많은 사람들이 특정 문항에 답하지 않은 경우, 그 문항은 따로 둔다.
② 조사문항 중 몇 개 문항에만 답한 경우 분석에 활용하지 않는다.
③ 자료가 무엇을 의미하는지 미리 짐작하여야 한다.
④ 5개 중 2개 이상에 응답하지 않은 경우, 분석에 그 질문지를 사용하지 않아야 한다.

해설 Norland의 자료해석 시 주의사항
- 많은 사람들이 특정 문항에 답하지 않은 경우, 그 문항은 따로 둔다.
- 조사문항 중 몇 개의 문항에만 답한 경우 분석에 활용하지 않는다.
- 선택 응답에 대해 해석하지 말아야 한다. (대해서만 해석해야 한다. X)
- 5개 중 2개 이상에 응답하지 않은 경우 분석에 그 질문지를 사용하지 않아야 한다.
- 자료가 무엇을 의미하는지 미리 짐작하지 말아야 한다.

13

Knox의 평가 장면의 선정에서 조작적 상태의 장면에 대한 방법으로 옳지 않은 것은?

① 면접법, 투사법
② 평정법, 면접법
③ 질문지법, 참여관찰
④ 필답고사, 작품분석법

해설 ③ 참여관찰은 자연적 상태의 장면이다.

14

Knox의 평가절차 중 자료수집 단계에서 자연 상태의 장면에 대한 설명으로 옳은 것은?

① 자연적 상태를 잘 반영할 수 있는 상황을 만들어서 자료를 수집한다.
② 가장 대표적인 장면으로 참여관찰법이 있다.
③ 비교적 쉬운 방법에는 필답고사, 질문지 등을 사용한다.
④ 고도의 이해와 훈련을 요구하는 방법에는 면접법, 투사법, 작품분석법, 평정법 등이 있다.

해설 **Knox의 평가절차 중 자료수집(평가 장면)**

자연 상태의 장면	조작 상태의 장면
• 일상생활 그대로 자료를 수집하는 것 • 참여관찰법 : 가장 대표적, 평가자가 실제현장에 들어가 실제 현장의 한 부분으로 활동하면서 관찰한 결과를 자료로서 수집하는 방법	• 자연적 상태를 잘 반영할 수 있는 상황을 만들어서 자료를 수집하는 것 • 비교적 쉬운 방법 : 필답고사, 질문지 등 • 고도의 이해와 훈련을 요구하는 방법 : 면접법, 투사법, 작품분석법, 평정법 등

15

다음 중 Seevers의 평가절차법에 관한 설명으로 옳지 않은 것은?

① Seevers의 평가절차 5단계는 기획 → 정보 수집 → 기준과 비교 → 정보요약 → 가치판단의 순이다.
② 농촌지도의 평가절차를 5단계에서 12단계로 구체화하여 농촌지도에 대한 평가는 해당 사업의 주요 관계자가 평가활동의 모든 단계에 참여하는 것을 강조하였다.
③ 초기단계는 평가대상을 기술하고 평가목적을 설정하게 되며, 평가를 수행하기 위한 전략을 계획한다.
④ 평가활동이 계획된 후에는 증거자료를 수집하고 분석하여, 그 결과를 보고하는 절차로 이루어진다.

해설 **Seevers의 평가절차 5단계**
기획 → 정보 수집 → 정보요약 → 기준과 비교 → 가치 판단

16

미시간대학교의 농촌지도사업 평가절차에 관한 설명 중 옳지 않은 것은?

① 프로그램 평가연구의 유형에는 요구분석, 형성평가, 총괄평가, 추적연구 등이 있다.
② 자료 수집의 양적 방법은 글쓴이의 주관이 글로 표현되고, 질적 방법은 주로 수치화된 자료에 치중한다.
③ 추적연구는 프로그램의 장기적 효과를 측정하는 평가이다.
④ 형성평가는 프로그램의 개선, 수정, 관리의 정보를 제공하고, 총괄평가는 프로그램의 성공 여부, 효과성, 책무성 등을 결정한다.

해설 ② 자료 수집의 질적 방법은 글쓴이의 주관이 글로 표현되고, 양적 방법은 주로 수치화된 자료에 치중한다.

프로그램 평가유형
• 요구분석 : 대상 집단의 요구를 규명하고, 이론적으로 설명할 수 있도록 하며, 프로그램의 내용을 결정하고, 목적을 설정하는 데 초점을 맞춘다. 요구분석에서 프로그램의 현재와 무엇이 요구되는가에 대한 질문을 던진다.
• 형성평가(과정평가, 발전평가) : 프로그램의 개선, 수정, 관리의 정보를 제공한다.
• 총괄평가(효과평가, 감정평가) : 프로그램의 성공 여부, 효과성, 책무성 등을 결정한다. 이를 통해 프로그램의 지속, 확대, 축소 혹은 종료 등을 결정한다.
• 추적연구 : 프로그램의 장기적 효과를 측정하는 평가이다.

17

Bender의 성인교육활동의 평가절차에서 3번째 항목은?

① 평가위원회의 구성
② 평가의 승인 및 지지 확보
③ 평가일정의 계획
④ 형식평가의 시행

해설 **Bender의 성인교육활동 평가절차**
평가의 승인 및 지지확보 → 평가위원회의 구성 → 평가일정의 계획 → 형식평가의 시행 → 비형식평가의 시행 → 평가결과의 종합과 활용 → 추수평가회 개최

농촌지도 조직체계

|01| 조직론 일반

(1) 조직의 개념

① 의 미

㉠ 조직이란 2인 또는 그 이상의 인간이 의식적으로 조정된 행동 또는 제력(諸力)의 체계이다(바나드, Barnard).

㉡ 조직이란 일정한 환경 하에서 특정한 목표를 추구하여 이를 위한 일정한 구조를 지닌 사회단위이다 (에치오니, Etzioni).

㉢ 조직이란 어느 한정된 목표의 달성에 제1차적으로 지향하고 있는 사회체계이다(파슨스, Parsons).

㉣ 조직이란 비교적 특정적인 목적을 다소간에 지속적으로 추구하기 위해 수립된 집합체이다(스코트, Scoott).

㉤ 조직이란 인간의 집합체로서 특정한 목적의 추구를 위하여 의식적으로 구성된 사회적 단위이다(오 홍석).

② 특 성

㉠ 조직은 분명한 목표를 갖고 있다.

㉡ 조직은 사람으로 구성되며 동시에 개별적인 구성원의 존재와는 별도의 실체를 형성한다.

㉢ 규모가 크고 구성이 복잡하며 어느 정도 합리성의 지배를 받는다.

㉣ 사회적 단위로서 그 환경과 상호작용을 한다.

㉤ 경계가 있어 조직과 환경을 구별하여 준다.

㉥ 조직 내에는 비공식적 또는 자주적 관계가 성립된다.

㉦ 조직에는 분화와 결합에 관한 공식적 구조와 과정이 있다.

㉧ 시간적으로 항상 움직여 나가는 동태적 현상을 유지한다.

(2) 조직의 유형

① Mintzberg의 조직 유형(1979)

㉠ 단순구조

• 전략부분의 힘이 강한 소규모 신생조직에 나타나는 유형이다.

• 조직의 중간 계층(기술관료, 지원스탭, 중간관리자)이 없거나 적은 형태이다.

- 상대적으로 전략적 최고위에 대한 의존성이 크다.
- 장점 : 환경대응이 빠르고 융통성이 있으며 유지비용이 적다.
- 단점 : 장기적인 전략결정에는 적합하지 않다.
ⓛ 기계적 관료제 구조
- 기술구조부분의 힘이 강한 유형으로 전형적인 관료제 조직(M. Weber)과 유사한 조직이다.
- 단순하고 안정적인 환경 하에서 정해진 업무의 효율성 제고에 최적화된 형태이다.
- 중간계층이 굉장히 비대한 형태로, 조직의 모든 업무가 표준화되어 운영된다.
- 대표적인 예로 군대를 들 수 있다.
- 장점 : 능률성이 높고 비용을 절감할 수 있으며 예측가능성이 높다.
- 단점 : 상하 간 갈등과 환경 변화에의 신속한 적응이 어렵다.
ⓒ 전문적 관료제 구조
- 핵심운영부분의 힘이 강한 유형으로 표준화하기 어려운 업무이다.
- 복잡하고 안정적인 환경 하에서 적합한 조직이다.
- 전문가들로 구성된 핵심운영계층이 오랜 경험과 훈련으로 표준화된 기술을 내면화하여 자율권을 가지고 과업을 조정한다.
- 작업기술의 표준화를 중시한다.
- 장점 : 전문성 있는 업무 수행이 가능하다(예 병원의 의사 집단).
- 단점 : 하위 부서 간에 갈등이 있고, 환경 변화에 유기적인 대응이 어렵다.
ⓔ 사업부제 구조
- 중간관리자를 핵심부문으로 하는 대규모 조직으로 힘이 강한 유형이다.
- 시장의 다양성 하에서 산출물의 표준화를 중시한다.
- 각 사업부는 스스로 책임 하에 있는 시장을 중심으로 자율적인 영업활동을 수행한다.
- 성과관리에 적합하지만 기능부서 간 중복 및 공통관리비 등 규모의 불경제나 사업 영역 간 갈등이 발생할 수 있다.
- 장점 : 적응성과 신속성이 높고, 성과관리가 용이하다(산출의 표준화 중시).
- 단점 : 기능부서 간 중복으로 자원낭비가 발생할 수 있고, 각 부서 관리자들 간 영업 영역 마찰이 발생하기 쉽다.
ⓜ 임시특별조직(애드호크라시, Adhocracy)
- 규모에 상관없이 지원 스태프(참모)의 힘이 강한 유형이다.
- 비정형적인 과제나 동태적이고 복잡한 환경에 적합한 조직이다.
- 보다 빠르고 혁신적인 기능에 집중된 조직이나, 기존 조직에서 임시적으로 형성된 조직에서 나타난다.
- 표준화를 거부하고 느슨하며 자기혁신적인 조직으로 모든 면에서 기계적 관료제 구조와 반대되는 가장 분권화된 유기적 구조이다.
- 무언가를 최종적으로 실행하는 조직이라기보다는 그 실행을 위한 문제해결에 최대한 초점을 맞춘 조직유형이다.

- 중간계층이 기술관료와 지원스태프의 역할을 겸하고 있다.
- 장점 : 분권화를 바탕으로 창의성과 적응성이 다른 유형에 비해 높고, 불확실한 업무처리에 적합하다.
- 단점 : 조직 내 책임소재가 불분명하고 갈등 발생 소지가 많다.

② Daft의 조직 유형

기계적 구조와 유기적 구조를 양극단에 위치시킨다. 즉, 기계적 구조 – 기능구조 – 사업구조 – 매트릭스 구조 – 수평구조 – 네트워크 구조 – 유기적 구조로 7가지 조직모형을 제시하였다.

㉠ 기계적 구조
- 고전적이고 전형적인 관료제 조직이다.
- 특징은 엄격한 분업과 계층제, 명확히 규정된 직무, 많은 규칙과 규정(높은 공식화와 표준화), 분명한 명령복종체계, 좁은 통솔범위, 낮은 팀워크, 경직성, 내적 통제의 강화, 폐쇄체제 등이 있다.

㉡ 기능 구조
- 조직의 전체 업무를 공동기능(인사, 예산 등)별로 부서화한 조직으로 수평적 조정의 필요성이 낮을 때 효과적이다.
- 특정 기능에 관련된 구성원들의 지식과 기술이 통합적으로 활용되어 전문성 제고와 기능별 중복 방지, 규모의 경제 구현 등을 통해 효율성을 극대화한다는 장점이 있다.
- 이질적인 기능 간 수평적 조정이 어렵다.

㉢ 사업 구조
- 산출물에 기반을 두고 각 사업부를 자율적으로 운영한다.
- 기능구조보다 더 분권화된 구조를 가진다.
- 각 사업부서는 자기 완결적 기능단위로서 사업부서 안에서 기능 간 조정이 용이하다.
- 불확실한 환경이나 비정형적 기술, 외부지향적인 조직목표를 가진 경우에 유리하다.
- 기술적 전문성이 저하되고 규모의 불경제, 기능 중복 등으로 인한 비효율성과 사업부서 간 갈등이 나타난다.

㉣ 매트릭스 구조
- 기능구조와 사업구조를 화학적(이중적)으로 결합한 이중적 권한구조를 가진다.
- 기능부서의 전문성과 사업부서의 신속한 대응성을 결합한 조직이다.
- 목표나 과업의 복잡성이나 불확실성이 높은 경우와 시장성이 불명확한 새로운 제품 생산에 적합하다.
- 기능구조의 단점인 수평적 조정 곤란과 사업구조의 단점인 비용 중복, 전문성 부족을 해소하려는 조직이다.

㉤ 네트워크 구조
- 조직의 자체기능은 핵심역량 위주로만 합리화하고 여타 부수적인 기능은 외부기관들과 아웃소싱(계약위탁)을 통해 연계ㆍ수행하는 유기적인 조직이다.
- IT기술의 확산으로 가능하게 된 조직으로 연계된 조직 간에는 수직적 계층구조가 존재하지 않으며 자율적으로 운영된다.

ⓑ 수평 구조
- 구성원을 핵심 업무과정 중심으로 조직화한 구조로 팀 조직이 대표적이다.
- 수직적 계층과 부서 간 경계를 실질적으로 제거하여 개인을 팀 단위로 모아 의사소통과 조정을 용이하게 한다.
- 고객에게 가치와 서비스를 신속히 제공하는 유기적 구조이다.

ⓢ 유기적 구조
- 가장 유기적인 조직으로 학습조직이 대표적이다.
- 학습조직은 공동의 과업, 소수의 규칙과 절차(낮은 표준화), 비공식적이고 분권적인 의사결정, 구성원의 참여, 지속적인 실험 등이 특징이다.
- 학습조직의 핵심가치는 문제해결이며 네트워크 조직이나 가상조직 등도 모두 학습조직에 포함된다.

(3) 관료제(Bureaucracy)

① 개념
- ㉠ 관료제의 어원은 bureau(사무실)와 -cracy(지배)로 사무실 책상물림이 사람을 지배한다는 뜻이다.
- ㉡ 관료제란 특권적 인간의 집단인 관료를 통해서 지배가 행하여지는 중앙집권국가에 생기는 특정의 행동양식과 의식상태를 가리킨다.
- ㉢ 관료제는 국가조직뿐만 아니라 조건이 구비된 곳에서는 정당·노동조합·기업·학교 등의 대규모의 조직에서도 볼 수 있다.
- ㉣ 관료제는 비밀주의, 번문욕례(繁文縟禮), 선례답습, 획일주의, 법규만능, 창의의 결여, 직위이용, 오만 등의 권위주의적 부작용을 유발할 수도 있으며, 이것을 관료주의 현상이라고 한다.
- ㉤ 회사에서 말하는 관료제는 각 부서마다 엄격하게 역할이 분리되고 이들이 유기적으로 연결되어 경제적 이윤이라는 목적을 효율적으로 달성하는 것을 의미한다.
- ㉥ 막스 베버는 이 체계를 '가장 합리적이며 효율적인 조직의 형태'라고 했다.

② 특징(순기능)
- ㉠ 과업을 세분화, 전문화된 업무 체계로 효율성이 극대화된다.
- ㉡ 구성원들이 자기 분야에 전념하여 전문화되고 숙련된 기술을 획득할 수 있다.
- ㉢ 구성원들의 권한과 책임이 명시되어 있기 때문에 과업 수행에 있어 책임 소재가 분명하여 불필요한 갈등 발생을 막을 수 있다.
- ㉣ 규정과 절차에 의거한 객관적이고 합리적인 체계 즉, 구성원이 교체되더라도 신분이 보장되므로 안정적인 과업 수행이 가능하다.
- ㉤ 연공서열 등 일정한 기준에 따라 공개경쟁을 통해 지위의 획득과 공평한 기회가 보장된다.
- ㉥ 조직의 직위 구조는 피라미드 형태의 위계 구조를 띤다.
- ㉦ 지침이 명료한 가이드라인으로 구성되어 이해하기 쉽다.

③ 역기능

ㄱ 목적 전치 현상 즉, 규약과 절차를 지나치게 강조한 끝에 오히려 본래의 목적 달성을 방해할 수 있다.

ㄴ 구성원들은 조직 내에서 분담한 일만을 반복적으로 수행함으로써 창의력이나 자율성을 발휘하지 못하고 조직의 부속품으로 전락할 수 있다.

ㄷ 조직 내 연고주의가 확산, 연공서열의 강조로 인한 무사 안일주의, 복지부동으로 인해 조직의 효율성이 떨어진다.

ㄹ 규칙과 절차를 지나치게 강조하고 경직된 상명하복 구조를 지니고 있어 주변의 변화에 유연하게 대처하기 어렵다.

(4) 농촌지도조직의 특수성

① 농촌지도조직은 일반행정조직과 달리 그들 양자가 자유로이 자발적인 분위기 속에서 서로 밀접하게 상호작용을 할 수 있도록 일선지역 중심적이고 하의상달적이며 지방분권적인 조직구조를 갖추어야 한다.

② 농촌지도조직은 그 수행과정에서 볼 때 일반행정의 수행과정과 다르므로 일반행정기관과 독립적인 조직기구를 소유하거나 아니면 동일행정기관 내에서라도 최소한 기능적으로 분화된 별도의 조직기관을 소유하는 것이 특징이다.

③ 농촌지도조직의 특수성은 농업발전이나 농촌개발에 필수적인 연구, 협동조합, 행정, 교육 등과 같은 조직과 통합되어 있거나 아니면 밀접한 횡적 협동체제를 갖추고 있다.

Level UP 이론을 확인하는 문제

Daft의 조직 유형 중 매트릭스 구조의 설명으로 옳지 않은 것은?

① 기능구조와 사업구조를 화학적(이중적)으로 결합한 이중적 권한구조를 가진다.

② 기능부서의 전문성과 사업부서의 신속한 대응성을 결합한 조직이다.

③ 목표나 과업의 복잡성이나 불확실성이 높은 경우나 시장성이 불명확한 새로운 제품 생산에 적합하다.

④ 사업구조의 단점인 수평적 조정 곤란과 기능구조의 단점인 비용 중복, 전문성 부족을 해소하려는 조직이다.

해설 ④ 기능구조의 단점인 수평적 조정 곤란과 사업구조의 단점인 비용 중복, 전문성 부족을 해소하려는 조직이다.

정답 ④

|02| 우리나라 농촌지도 조직 체계

(1) 농촌진흥청(RDA) – 중앙정부

① 우리나라 농촌지도 기구의 변천

기 구	특 징

농사개량원
47.12~48.12(1년)
	• 미국식 대학외연교육형 체계 도입
	  – 농과대학 + 시험장 + 교도국
	  – 도 및 군 기구를 지방행정과 분리
	• 인력, 예산 등 여건 불비로 성과 없이 개편

농업기술원 49.1~56.2(7년)	• 정부수립 후 농과대학을 문교부로 이관 • 6 · 25전쟁으로 지도사업 부진
중앙농업기술원 56.3~57.5(1년)	• 6 · 25전쟁 후 농촌 재건이 시급, 교도사업 재개 지방농촌지도기구를 행정에 통합(강력한 농사행정 지원) • 교도사업의 이원화 : 농업기술원과 농림부 농촌지도국

농사원
57.5~62.3(5년)
	• Macy 보고서를 기초로 '농사교도법' 제정
	  지방기구를 행정과 분리, 국가체계로 일원화
	• 훈련된 전문 인력 확보
	  상향식 교육적 지도활동 전개

농촌진흥청
62.4~현재
	• 1962~1996년 : 지도사업의 중앙집권 시기
	• 1962년 4월 1일 농촌진흥청 발족
	  농촌개발에 관련된 유사기능의 통합
	• 농촌진흥청을 유일한 농촌지도기관으로 지정
	  지방기구를 자치단체의 장 소속 외청 기관화
	• 국가와 지방자치단체가 협동사업화
	  읍면지소의 지도소로의 통폐합

	• 1997년 : 지도사업의 지방분권화 시대 • 지방자치단체 소속 지도공무원을 지방직(6,696명)으로 전환함에 따라 국가직은 179명만 남음 • 지방농촌진흥기구를 지방자치단체로 이관

	• 1998년 : 1단계 구조조정
	• 지방농촌기구 명칭 변경
	  – 도 농촌진흥원 → 농업기술원
	  – 시군 농촌지도소 → 농업기술센터
	• 1999년 : 지방기구 2단계 구조조정

② 연 혁

- 1906년 권업모범장 설치
- 1929년 권업모범장을 농사시험장으로 개칭
- 1947년 농업기술교육령에 의하여 농사개량원 발족
- 1949년 농업기술원으로 발족
  - (중앙) 중앙농업기술원(시험장과 교도국 통합, 농과대학은 문교부로 이관)
  - (지방) 도의 교도국과 시험장은 도농업기술원(서무과, 시험부, 기술교도부)으로 통합하고, 군 · 읍 · 면에 도농업기술원 모범포장을 설치, 군농사교도소는 폐지

- 1957년 대통령령에 의거 농사원 발족, 농촌지도업무를 통합·운영
- 1961년 농사원 전면 개편
- 1962년 농촌진흥청발족(농촌진흥청직제 각령에 의거, 2국, 11연구소·시험장)
  농사원, 농림부 지역사회국, 농림부 훈련원, 농림부 제주목장, 중앙전매연구소의 연초시험장을 통합
- 2009년 1관 3국 4 소속기관
  - (본청) 기획조정관, 연구정책국, 농촌지원국, 기술협력국
  - (소속) 국립농업과학원, 국립식량과학원, 국립원예특작과학원, 국립축산과학원
- 2019년 1관 3국 5소속기관
  - (본청) 기획조정관, 연구정책국, 농촌지원국, 기술협력국
  - (소속) 국립농업과학원, 국립식량과학원, 국립원예특작과학원, 국립축산과학원, 농촌인적자원개발센터

(2) 도 농업기술원

① 각 도에 1개소씩 도 농업기술원을 설치했다.
② 1965년 도 농촌진흥청에서 1998년 도 농업기술원으로 개칭하였다.
③ 지방화 이전 농촌진흥청 산하기관이었으나, 현재는 농촌진흥청과 독립적으로 운영한다.
④ 도 농업기술원과 농업기술센터 간 인사교류가 간헐적으로 이루어졌다.
⑤ 도 농업기술원의 업무
  ㉠ 농업인 조직 육성, 농업후계인력 육성, 여성인력육성
  ㉡ 우량종자·종축보급, 개발기술보급, 현장애로기술개발 보급, 생산비 절감기술개발 보급
  ㉢ 기상재해대비 기술지도, 농작물 품질향상 지도, 가축질병방역기술 지도
  ㉣ 지역농업개발, 종자산업 육성, 잠업 육성, 틈새 소득 작물 발굴과 집중육성
  ㉤ 병충해 예찰, 비료·농약·토양·농작물 안정성 시험분석, 농업경영·농업정보 조사연구
  ㉥ 주요농산물의 저장·이용·가공연구, 보급종 벼·보리·콩 생산, 정선, 공급
  ㉦ 농식품 고부가가치창출, 안전먹을거리 새 기술 확산, 과학적 영농기술보급
  ㉧ 농기계 교육, 수출작목개발지원, 농업기술 경쟁력제고와 실용화, 글로벌 농업기술 협력
  ㉨ 전통문화 계승발전 및 소득자원화, 자립형 녹색환경조성, 녹색기술지원 기반 강화, Top 농산물 생산 확대, 농업경영체 현장지원 강화, 도농 교류 확산 및 귀농 귀촌 활성화 등

(3) 시군 농업기술센터

① 농사와 생활기술의 신속한 보급과 농촌사회 개조를 촉진하고 농민생활의 향상을 꾀하기 위해 설립된 정부기구이다

② 농업기술센터 소장·과장은 농촌지도관의 직급을 갖으며, 농촌지도사들이 일선 농촌지도업무를 담당한다.

③ 연 혁

　㉠ 1962년 농촌진흥법에 따라 전국에 농촌지도소를 설치하였다.

　㉡ 1973년 별정직에서 일반직으로 전환되었다.

　㉢ 1998년 농촌지도소를 농업기술센터로 개칭하고, 농촌지도사는 지방직 공무원으로 전환되었다(각 시군 지방자치단체 산하기관으로 소속 변경).

④ 담당업무

　㉠ 특·광역시·시·군에 농업기술센터를 두고 농업기술센터 관내 주요 지구에는 농업기술센터 상담소를 두어 순수 농민교육과 봉사사업을 전담한다.

　㉡ 농업·임업·잠업·축산·생활개선·청소년지도·농촌사회지도사업 등을 담당하고 있다.

　㉢ 농업기술센터 지도사업은 교육을 통한 민주적 지도방식을 채택하고 있다(강제로 생산목표를 달성하려는 전제적 지도방식이 아님).

Level UP 이론을 확인하는 문제

우리나라 농촌지도 조직은?　　　　　　　　　　　　　　　06 대구 기출

① 농림수산식품부 – 농촌진흥청 – 농업기술센터

② 농림수산식품부 – 시·도 농촌진흥청 – 농업기술센터

③ 농촌진흥청 – 도 농촌진흥청 – 일선 농촌지도소

④ 농촌진흥청 – 도 농업기술원 – 농업기술센터

해설 우리나라 농촌조직

　• 1962년 4월 1일 농촌진흥청 발족

　• 도 농촌진흥원 → 도 농업기술원으로 변경

　• 시·군 농촌지도소 → 농업기술센터로 변경

정답 ④

|03| 농업산학협동

(1) 의 미

① 모든 유관기관과 단체가 그들이 갖고 있는 자원을 상호 교환하여 활용하고 그들의 공동목적을 달성하기 위하여 자발적으로 융통성을 가지고 서로 협동하는 활동이다.

② 농업 및 농촌주민의 관련기관과 단체가 그들 기관이나 단체의 목적과 그들의 공동 목적, 나아가 농업발전을 이루기 위하여 그들이 가지고 있는 각종 자원을 공동으로 활용하고 지도하는 등 일련의 횡적인 협동을 말한다.

> 산학연협력(산업교육진흥 및 산학협력촉진에 관한 법률 제2조 제6호)
> 산업교육기관과 국가, 지방자치단체, 연구기관 및 산업체등이 상호 협력하여 행하는 다음 각 목의 활동을 말한다.
> 가. 산업체의 수요와 미래의 산업발전에 따르는 인력의 양성
> 나. 새로운 지식·기술의 창출 및 확산을 위한 연구·개발·사업화
> 다. 산업체등으로의 기술이전과 산업자문
> 라. 인력, 시설·장비, 연구개발정보 등 유형·무형의 보유자원 공동 활용 등

(2) 대상·내용

① 농업발전에 필요한 10가지 기능

Mosher는 농업발전에 필요한 10가지 기능을 제시하고, 10가지 기능 사이의 상호협동을 강조하며, 필수불가결한 요소와 필수불가결한 요소는 아니지만 농업발전에 도움을 줄 수 있는 촉진제로 구분하였다.

㉠ 농업발전 요소의 기능(필수불가결 요소)

- 새로운 기술(New Technology)
- 공급(Supplies)
- 유인(Incentives)
- 시장(Markets)
- 교통(Transport)

㉡ 농업발전 자극의 기능(촉진제)

- 농촌지도(Extension)
- 조직활동(Group Action)
- 계획(Project Planning)
- 신용(Production Credit)
- 토지발전(Land Development)

② Mosher가 제시한 기능과 관련된 국내 농업기관의 분류

㉠ 새로운 기술의 기능을 담당하는 농과계 대학과 농업연구기관

㉡ 농촌지도, 토지개발, 계획, 교통, 유인 등의 기능을 담당하는 농업유관기관

㉢ 조직 활동, 시장, 공급, 신용 등의 기능을 담당하는 농업산업체, 농민단체, 농업관계조합

③ 농촌발전기관들의 주요 협동내용

　　㉠ 정보교환 : 새로운 정보교환은 쉽게 필요한 기관이나 개인에게 교환·활용될 수 있어야 하고, 각 기관이나 개인이 요구할 경우 또한 자발적으로 신정보를 확보하고 공개하여 서로 이용할 수 있도록 하여야 한다.

　　㉡ 연구협동 : 기관이나 개인 간 공동연구의 진행과, 경우에 따라서는 이런 기관이 타 기관에 연구용역이나 보조연구비를 지원할 수 있다.

　　㉢ 교육협동 : 대학 등 교육기관은 기관과 단체에 학생들의 현장실습을 요청할 수 있고, 대학은 그 기관의 종사자들에게 대학원 교육, 단기교육, 재교육 등을 실시할 수 있다.

　　㉣ 겸직제도 : 한 기관의 개인이 타 기관에 겸직을 하면서, 특별한 업무를 처리하는 제도이다.

　　㉤ 인적 자원의 상호활용 : 특강이나 세미나 강사 등을 수시로 상호교환하며 자문·상담 등을 한다.

　　㉥ 시설자료·기기의 상호활용 : 교실, 시청각자료, 컴퓨터, 실습기기 등을 상호 활용한다.

　　㉦ 공동행사 개최 : 연구·교육·세미나·심포지엄 등 각종 행사를 공동 또는 후원기관으로 상호 협동한다.

(3) 농업산학협동의 발생요인과 장애요인

① 발생요인

　　㉠ 환경적 요인 : 농업관계기관들을 둘러싸고 있는 제환경의 변화이다

　　㉡ 조직관계적 요인 : 어느 한 기관의 상대기관에 대한 인식의 정도이다. 즉, 영역, 자원, 권위의 3가지가 산학협동에 영향을 미친다.

　　㉢ 조직성격적 요인 : 어느 조직체 내부의 개별적 성격으로 산학협동에 관계하는 요인이다.

② 장애요인

　　㉠ 내재적 필요성의 결함 : 우리나라에서는 산학협동이 필요한 발전의 역사가 짧고, 산학협동에 대한 인식의 범위가 좁다. 그 결과 유럽식의 산업계 주도형이나 미국식의 학계 주도형과는 달리 국가주도적 사업이 많다.

　　㉡ 국민의 의식구조와의 불일치 : 유교사상의 영향으로 종적인 가치를 중요시하고, 민주주의적인 평등한 유대관계가 형성되지 못하여 대등한 위치에서의 산학협동 실현이 어렵다.

　　㉢ 기관 간의 불신과 이해부족 : 학계 종사자는 기업경영의 경험 부족으로 기업으로 하여금 산학협동에 관심을 갖도록 유발시키려는 노력이 부족하고, 기업체에서는 인력개발이나 연구개발에 대한 관심이 부족하고 학계의 능력을 과소평가한다.

　　㉣ 최고관리층의 견해차이의 심화 : 최고관리층 간의 사회적·교육적 배경이 서로 달라 동질성을 확보하기 어렵거나, 각 기관들 사이에 의사소통이 불충분하여 효과적인 협동이 이루어지지 못하는 경우 등이 있다.

　　㉤ 현대사회의 경쟁의 심화 : 현대 사회의 전문화·기술화 및 조직기능의 확대 등이 산학협동을 어렵게 한다.

(4) 농업산학협동의 추진단계

① 농업산학협동 시 일어날 수 있는 갈등
- ⊙ 자본 전환(Fund Diversion)
- ⓒ 영역 침범(Domain Violation)
- ⓒ 사업 방해(Program Circumvention)
- ⓔ 과장(Overstatement)
- ⓜ 정보의 감춤(Withholding of Information)
- ⓗ 혐오(Annoyance)
- ⓢ 불신(Distrust)

② 농업산학협동의 효과적인 추진단계(Kelsey와 Hearne)
- ⊙ 협동할 상대기관이나 조직체의 권위와 책임을 존중하고, 평등적인 관계에서 협동할 자세를 확립하여야 한다.
- ⓒ 협동할 상대기관이나 조직체의 사업영역을 파악하고 실정을 이해하여야 한다.
- ⓒ 협동할 때 초래될 수 있는 효과와 이익을 중심으로 협동기관들의 목적이 동시에 달성될 수 있는 협동사항을 설정한다.
- ⓔ 협동기관의 공동목표가 성취될 수 있는 협동사항을 실제로 이행하기 위한 구체적인 방안을 모색하여야 한다.
- ⓜ 협동의 구체적 방안을 협동할 기관에서 상호 준수하는 자세를 확고히 해야 하며, 다소 어려움이 있더라도 상호협약을 지켜나가야 한다.

Level UP 이론을 확인하는 문제

농업 산학협동의 장애요인이 아닌 것은?　　　　　　98 경북 〔기출(변형)〕

① 국민의식구조와 불일치
② 현대사회의 고도전문화와 경쟁 심화
③ 기관 간의 정보 비공유
④ 내재적 필요성 결함

〔해설〕 **농업 산학협동의 장애요인**
- 국민의 의식구조와의 불일치
- 현대사회의 고도전문화와 경쟁 심화
- 기관 간의 불신과 이해 부족
- 내재적 필요성의 결함
- 최고 관리층의 견해 차이의 심화

〔정답〕 ③

	1884	농무목축시험장 개장
근 대	1886	농무목축시험 농무국으로 개명
	1900	잠사시험장(잠업과 시험장) 설치
	1904	• 잠사시험장을 잠사시험장으로 개명 • 관립농상공학교 설립(1904) 및 농업시험장 건설(1905)
	1906	• 농업시험장을 원예모범장으로 개명 • 농림학교(수원) 설립 및 권업모범장 설치 • 보성야학 설립
	1907	양잠강습소(여자잠업강습소) 개설(대한부인회)
	1908	종묘장(진주, 함흥) 설치
일제 강점기	1926	조선농회 설립
	1927	4-H 운동 소개
	1929	권업모범장을 중앙농사시험장으로 개명
	1930	농민학원 개설(조선농민사)
	1932	농촌진흥운동 시작
해방 이후	1947	국립농사개량원 설립
	1949	국립농사개량원을 중앙, 농업기술원으로 개편
	1952	• 4-H 클럽연구회 발족 • 농업교도요원제도 설치
	1955	농림부 농정국에 농업교도과 설치
	1956	• 중앙농업기술원에 교도과 부활 • 한미 농사교도사업 발전에 관한 협정 체결
	1957	• 농사교도법 제정 • 농사원 설치 • 농사연구 · 교도 공무원 자격기준 마련
	1958	지역사회개발위원회 설치
	1959	농사개량구락부, 생활개선구락부 조직
	1961	농사교도법을 농사연구교도법으로 개명
	1962	농촌진흥법 제정
	1995	농촌진흥법 개정
	1997	농촌지도공무원의 지방직화

* 현대적인 농촌지도사업을 시작한 것은 1950년대부터임

* 역사적 배경은 조선 초기 모든 지방에 권농관 설치, 씨뿌리기 · 김매기 지도

(1) 조선시대 농촌지도

① 조선시대의 권농조직

⊙ 조선시대는 농업을 중시하여 지방수령들을 임명하여 농업을 책임지고 관리하며 권농에 최우선정책을 두었다.

⊙ 농사기술의 연구와 보급을 위한 별도의 기구는 없었고 다만 국정의 우선순위를 흥농에 두었기 때문에 권농조직을 두고 있었다.

⊙ 권농조직은 중앙조직과 지방조직으로 구분하여 중앙에는 호조와 공조를 두었다.

　• 호조는 농사지도와 농사의 풍흉을 진단하고 백성들에게 곡식을 베풀어 굶지 않도록 하는 업무를 담당하였다.

　• 공조는 가축의 사육과 채소 및 과일의 재·배에 관한 업무를 담당하였다.

⊙ 지방의 권농조직에는 권농관과 잠실을 두고 농사일을 관리하도록 하였다.

　• 권농관은 면단위로 한 사람씩 임명되어 농토를 묵히는 일이 없도록 주민을 지도·계도하는 일을 하게 하였다.

조선시대 정부 부처 산하에 농업과 유관된 독립된 기관
- 사복시(司僕寺) : 말 사육 및 전국의 목장, 왕의 가마 등을 관장하는 기구
- 전생서(典牲署) : 궁중의 제향·빈례·사여에 쓸 가축을 기르는 일을 맡았던 관서
- 장원서(掌苑署) : 원(園)·유(囿)·화초·과물 등의 관리를 관장하기 위해 설치된 관서
- 사포서(司圃署) : 궁중의 채소전과 원포(일이나 채소 따위를 심는 밭)를 관리하던 관청
- 사축서(司畜署) : 잡축 사육에 관한 일을 담당하던 관청
- 조지서(造紙署) : 종이를 뜨는 일을 맡아보던 관아

---

② 농업서적을 통한 농촌지도

⊙ 이조 전기 : 중국농서를 번역한 '농상집요(農桑輯要), 사시찬요(四時纂要)'

⊙ 세종11년 : 최초의 농서로 정초와 변효문의 '농사직설'(1429)

⊙ 세조 : 강희안의 '양화소록(최초의 원예서적으로 채소, 과수, 약초 등을 다루고 있음)'

⊙ 중종 : 김안국의 '농사언해', '잠언서해'(1518)

⊙ 효종 6년 : 신속의 '농가집성'(1655)은 농사직설, 사시찬요, 금양잡록, 주자의 권농문을 종합하여 간행한 농업서 중에 가장 중요한 농서

⊙ 영·정조대 이후에는 실학파들이 중국기술을 비판적으로 소개한 책과 독농가의 경험적 기술을 조사·기록한 농서가 많이 저작되었는데 대표적인 저서로는 다음과 같음

　• 박세당의 색경
　• 홍만선의 산림경제와 증보 산림경제
　• 서명응의 고사신서농포문
　• 박제가의 북학의
　• 박지원의 과농소초
　• 서호수의 해동농서
　• 서유구의 임원경제지 등

③ 농민에 의한 자발적 농촌지도
　　㉠ 조선시대에는 두레, 계, 향약 등과 같은 농민의 생활향상을 목표로 하는 자발적 민간조직을 통하여 농사에 경험이 많은 노농들이 농사에 관한 기술을 지도하였다.
　　㉡ 실질적 농촌지도는 독농가들의 시행착오를 통한 오랜 경험기술의 축적과 중국의 선진농업기술을 토대로 하여 관리나 선비들이 엮어낸 농서와 농사월력 등으로 저작되어 지연과 친지의 줄을 타고 보급·전파되었다.
　　㉢ 박제가는 노농을 통한 농촌지도는 과학적인 영농방식이 아님을 지적하고 있어 노농들의 영농지도방식의 한계점을 지적하나, 그들의 농촌지도활동은 대단하였음을 알 수 있다.

(2) 근대 농촌지도

① 1884년
　　㉠ 보빙사가 미국의 보스턴 등을 시찰 후 미국 농업의 적용을 목적으로 농무목축시험장을 설치하였다.
　　㉡ 보빙사 단장 민영익은 미국 재배기술을 도입하기 위해 기술자 파견을 요청하였고, 보빙사로 참여하였던 최경석이 시험장의 관리관으로 임명되었다.

> **🔍참고**
>
> **보빙사**
> 1882년 5월 조·미수호통상조약을 체결한 1년 후 1883년 7월 보빙사 11명이 미국에 파견되어 서구의 농업과 농학을 접하고 귀국했다.

　　㉢ 미국의 농기계(벼 베는 기계, 벼를 터는 기계, 재식기, 보습과 쇠시랑, 서양저울 등)를 농무목축시험장에 비치하였다.
　　㉣ 농무목축시험장 농장에 각종 농작물, 채소, 과수(보빙사가 귀국할 때 들여온 것, 후에 미국에서 보내온 것, 우리나라 재래종 등) 등을 재배하였다.
　　㉤ 시험장에 재배법·사용법을 소개하는 해설서를 첨부하고, 종자를 지방 군현에 보급하였다.
② 1886년
　　농무목축시험장은 궁중과 직접 관련되어 독립기관으로 운영되었으나, 관리관 최경석이 사망한 후 내무부 농무사에 속하게 되면서 시험장 이름을 농무국으로 개칭하였다.
③ 1900년
　　㉠ 농공상부 산하에 잠업시험장을 서울 필동에 설치하여 개량양잠기술에 관한 시험과 훈련을 담당하도록 하였다(1904년 잠상시험장으로 개칭).
　　㉡ 시험사업보다 주로 양잠기술을 전습하는 정부에 의한 최초의 근대적 기술보급기관이라 할 수 있다.
④ 1904년
　　근대적 실업교육기관으로 서울에 4년제 관립 농상공학교를 설립하였다.

⑤ 1905년
- ㉠ 농상공학교 부속 농사시험장관제를 공포하고 서울 뚝섬에서 농업시험장을 설치하였다.
- ㉡ 잠업전습소를 양지, 소사, 대구, 안의에 신설하여 기능공을 양성하고 상전, 상묘포 치잠공동사육장과 품평회에 대한 보조금을 주는 등의 일을 관장하도록 하였다

⑥ 1906년
- ㉠ 농업시험장을 원예모범장(뚝섬)으로 개칭하고, 농과를 분리하여 수원에 농림학교(서울대 농생대의 모태)를 세워 농과와 임과를 두었다(본과 2년, 연구과 1년 과정).
- ㉡ 권업모범장(농촌진흥청 전신)의 설치
    - 1906년 일본 통감부에서 농업기술 개량 보급을 위하여 농사시험장인 권업모범장을 수원에 설치하고, 목포에 출장소를 설치하였다.
    - 개화기 농사시험 및 지도사업을 본격적으로 추진하기 시작한 것은 권업모범장이 설립되면서부터이다.
    - 권업모범장은 일본 작물품종과 기술의 적응시험 및 보급을 위하여 설치하고, 각종 조사시험과 함께 종묘, 종축의 배포, 강습회 개최, 유인물 발간 등의 활동을 하였다.
    - 권업모범장과 농림학교는 인적 측면에서 산학협력체계를 갖추고 밀접한 유대관계를 가졌다.

⑦ 1907년
- ㉠ 대한부인회에서 양잠강습소를 개설하여 양잠에 대한 전반적인 기술을 강의, 실습하였다.
- ㉡ 양잠강습소(여자잠업강습소)는 1910년 조선총독부 권업모범장관제가 발표되면서 권업모범장 산하로 이관하였다.

⑧ 1908년
- ㉠ 정부는 종묘장관제를 공포하고 진주와 함흥 두 곳에 종묘장을 설치하였으며, 그 지역에 적합한 종자 · 종묘의 육성과 배부를 통하여 농업을 발달시키려고 하였다.
- ㉡ 권업모범장 군산출장소에서 잠업강습회를 시작으로 각지에서 빈번히 개최되었다.

⑨ 1909년
- ㉠ 농상공부 직속으로 전주 · 광주 · 해주 · 의주 · 경성 · 공주 · 춘천에 종묘장을 설치하여 운영하였다.
- ㉡ 종묘장은 종자 · 종묘 · 잠종 · 종금 · 종돈 등의 배부, 농사의 단기 강습 및 순회강좌, 농사의 현장지도 등을 담당하였다.

권업모범장의 주요업무(1910년 공포된 조선총독부 권업모범장관제)
- 농업의 발달 · 개량을 위한 모범 및 시험
- 물산의 조사 및 농업상 필요한 물료의 분석과 감정
- 종묘 · 잠종 · 종금(種禽) · 종돈(種豚) 등의 배부
- 농업상의 지도 · 통신 및 강화 등을 관장

그러나 권업모범장의 사업은 일본 농법을 우리나라에 이식하는 목적이 있었기 때문에 시험조사보다는 모범, 즉 지도 · 권장이 중점적이었다.

---

(3) 대한제국(일제강점기) 농촌지도

① 야학(1906년)

  ⊙ 일제강점기에 주체적으로 가장 활발하게 운영된 농민교육은 야학이 담당하였다.

  ⓒ 1906년 설립된 보성야학을 시작으로 1925년에는 26개, 1926년에는 59개, 1927년에는 113개가 설립되었다.

  ⓒ 주로 조선어·산수 중심으로 교육이 실시되었으나, 농업기술도 교육하였다.

② 조선농민사(1925년)

  ⊙ 1925년 10월에 조선농민의 교양과 훈련을 목적으로 하여 서울 종로 기독교청년회관에서 창립하였다.

  ⓒ 조선농민사는 농민의 지식 계발과 교양운동을 위해 1930년 농촌에 농민학원을 개설하고 농한기를 이용한 농촌강좌를 개최하였으며, 기관지인 「조선농민」, 「농민」을 발간하였다.

  ⓒ 농민공생조합운동, 농지 공동경작운동 등을 전개하며, 농민야학, 농민강좌, 농촌순회강연회를 개최하였다.

③ 조선농회(1926년)

  ⊙ 1906년 11월 일본인 농상공부 관리·권업모범장 기사·농림학교 교원·곡물상 및 농업경영자 등에 의해 조직된 한국중앙농회(한농)는 1910년 8월 한일합방 후 조선농회(조농)로 그 명칭을 변경하였다

  ⓒ 1926년 조선농회령과 산업조합령이 공포되면서 각종 관부단체와 조합을 조선농회로 통합시키고 전 농민을 당연회원으로 하여 의무적으로 회비를 납부하게 하였다.

  ⓒ 농회는 중앙, 도, 시군에 설치되었고 소작농을 제외한 모든 농민이 회원의 대상이었다.

  ② 농회는 농업에 관한 연구 및 조사, 농업에 관한 분쟁 조정 등의 업무와 주 목적인 농사지도를 위한 강습회, 경진회, 품평회, 농업자 대회, 농서출판, 모범부락 조성 등의 활동을 추진하였다.

  ⑩ 농회는 실질적으로 일본의 식민정책을 위한 관부단체로 그들의 지시를 받아 따르게 하는 어용농민 단체였다.

④ YMCA 활동(1927년)

  ⊙ 미국 YMCA를 통해 4-H 운동이 소개되었다. 즉, 뉴욕에 있는 국제 YMCA의 재정지원과 우리나라 각 지역에 지도사를 파견하면서 4-H 클럽이 조직되었다.

  ⓒ 농촌청소년회, 사각청소년회라는 이름으로 생활중심의 청소년 교육활동을 전개하였다.

  ⓒ 4-H 운동을 통하여 민족독립운동을 전개하였다.

  ② YMCA는 농촌사업의 체계적이고 조직적인 전개를 위해 간이교육용 교재를 비롯하여, 농촌문고, 농촌독본 등 농촌사업에 필요한 서적을 간행하였다.

  ⑩ 학생 YMCA의 농촌사업은 초기 간이교육에 주력하던 데서 1929년 이후 협동조합 조직, 농사개량, 부업장려 등으로 영역을 넓혀갔다.

  ⑭ YMCA는 1929년 서울 신촌에 농민고등학교를 설치하여 농민교육을 실시하였다.

⑤ 농사시험장(1929년)

   ㉠ 권업모범장을 농사시험장으로 개칭하고, 그 기구를 확대 개편하여 식민지 조선에 전통 농업기술을 구축하고 일본식 농업기술을 강제로 따르게 하는 역할을 했다.

   ㉡ 각 도에 도종묘장과 채종답을 설치하고 벼 장려품종을 보급, 각종 관부농민단체에 채종답을 설치하여 벼 장려품종과 개량농법을 일방적으로 지도하였다.

   ㉢ 일제강점기의 농촌지도는 대부분 권업모범장이 핵심역할을 수행하였다

   ㉣ 권업모범장의 농촌지도사업은 별도의 전담 부서가 없이 각 부서와 기관에서 인쇄물의 배부, 강습, 강의, 실습지도, 기술자 양성, 견습생 지도, 현지출장 순회, 권업모범장 소유 농지의 소작인 지도 및 품평회 개최, 권업모범장 참관인 안내, 농민의 질의에 대한 서면 및 구두 설명 지도 등의 활동을 수행하였다.

⑥ 농촌진흥운동(1932년)

   ㉠ 농촌진흥운동은 조선총독부가 주도하여 1932년~1940년 사이 전개하였던 관제농민운동이었다.

   ㉡ 소작농 위주의 농촌사회 불만을 억누르고 관심을 다른 곳으로 돌리기 위한 목적이 주된 것이었다.

   ㉢ 농촌문제를 해결하기 위해 일본인 중심으로 1927년경 보통학교를 졸업하고 농사를 짓고 있는 사람 중에서 우수한 사람을 선발하여 약간의 자금 지원과 농사 개량 및 발전을 위한 지도사업을 실시한 것이 후에 농촌진흥운동으로 진전되었다.

🔍참고

농촌문제 : 고리채 문제, 관혼상제를 위한 과도한 비용 지출, 불합리한 생활관습 등

   ㉣ 농촌진흥운동을 위해 총독부에 농촌진흥위원회를 설치하고, 각 도 · 군 · 읍면 단위에도 농촌진흥위원회를 설치하였으며, 부락에는 부락진흥회를 조직하였다.

   ㉤ 주요내용 및 지도방법 등

     • 식량작물의 영농기술 지도, 소득 증대를 위한 양계 · 양돈 · 양잠 등에 대한 기술지도, 채소 재배기술 지도를 실시하였다.

     • 겨울철 농한기에 가마니 짜기, 짚신 만들기 등의 교육, 소비절약, 가계부 기록, 실내청소, 변소 개량 등 농촌의 생활개선을 위한 사업도 실시하였다.

     • 지도방법은 민중을 각성시켜 스스로 듣고, 스스로 보고, 스스로 생각하게 지도하는 자치, 자율 · 자력하도록 지도한다.

   ㉥ 농촌진흥운동은 농민 자발적 노력보다 관공서가 중심이 되어 군과 읍면에 전담직원을 두고 월 1회 이상 농가를 방문하여 추진상황을 확인 · 독려하도록 하는 체제로 운영되었다.

(4) 광복 후(해방 후) 농촌지도

① 1947년 미군정은 농업기술교육령을 공포하였다.

② 1947년 미군정청은 분산 독립된 각종 시험연구기관의 통합과 시험사업 및 지도사업의 긴밀한 연결을 위하여 서울에 국립농사개량원을 설립하였다.

③ 농사개량원

⊙ 미국식 제도를 도입하여 농과대학, 농사시험장, 교도국을 통합한 기구로서 농무부 산하에 설치된 교육, 연구, 지도 기능을 담당했다.

⊙ 중앙교도국은 기술지도과, 수련과, 서무과의 3과를 두고, 각 도 지방교도국에는 기술지도과 · 서무과(2과)를 두었다.

⊙ 각 도에는 도농사시험장과 지방교도국을 따로 두도록 하였으며 군에는 농사교도소를 설치함으로써 농업연구와 농업기술지도를 각각 전문화하는 계기를 만들었다.

⊙ 심의기구로 중앙 농사개량위원회, 자문기관으로 군 농업기술자문위원회를 설치하였다.

⊙ 강제적 · 일방적 일제의 농촌지도에서 벗어나 민주적 · 교육적 미국식 농촌지도를 처음으로 전개했다.

⊙ 지도기구는 행정과 완전히 독립되고, 재정도 모두 국고에서 지출되어 교육적 지도사업이 가능하다는 장점이 있었다.

⊙ 훈련된 인력부족, 행정의 지원부족, 국고예산 부족, 미국식 농촌지도의 이념과 기구에 대한 이해 부족 등으로 본격적인 사업이 전개되지 못한 한계가 있었다.

광복 후의 농업기술 · 보급조직의 변천

조직명	연 도	주요내용
중앙농사시험장	1946	조선총독부에서 미군정으로 소속 이관 후 개칭
국립농사개량원	1947	미 군정청, 농업기술청
중앙농업기술원	1949	정부수립이후 중앙농업기술원 직제 공포
농사원	1957	대통령 제1275호로 농사원직제 공포

④ 1947년 4-H 클럽 부활

⊙ 경기도 지역에 4-H 클럽을 부활시켰다.

⊙ 1952년에 서울대학교 농과대학에 4-H 클럽 연구회가 발족되었고. 이후 각 대학에 4-H 연구가 활성화되면서 대학 4-H 연구회 연합회가 조직되어 현재까지 전개되고 있다.

⑤ 1949년 중앙농업기술원 발족

⊙ 기존의 농사개량원을 폐지하고 중앙농업기술원이 새로 발족되었다.

⊙ 중앙농업기술원은 시험부와 기술교도부로 구성되고, 각 도에 시험장과 교도국을 통합하여 도농업기술원을 설치하였으며, 각 군에 농사교도소를 그대로 두었다.

⑥ 1952년 농업교도요원제도 마련

⊙ 중앙에는 농림부장관 직속 하에 농사보급회를 두고, 지방에는 농사보급회 읍면 지부를 둠으로써, 중앙-도-시군-읍면-리동에 이르는 행정적 지도조직이 구성되었다.

ⓛ 농업교도요원은 부락에서 선출된 사람들로서 자기 농사를 하면서 부락의 농사개량, 협동조합 육성, 청소년 지도 등의 역할을 수행하였다.

ⓒ 농업지도요원 훈련을 위해 1953년 동래에, 1954년에는 서울 청량리에 임시양성소를 설치하고 읍면 교도원 및 부락 교도원을 대상으로 훈련하였다.

⑦ 6·25전쟁 이후 공공단체를 통한 농촌지도사업

　　⑦ 대표적인 기관이 대한금융조합연합회와 대한수리조합연합회이었으나 농촌지도사업을 부수적인 사업으로 여겨 활발히 수행되지 못했다.

　　ⓛ 대한금융조합연합회 : 자연부락 단위로 조직되어 있던 식산계를 중심으로 농사개량, 생활개선, 부업 권장 등의 사업과 순회강연, 단기강습, 소책자 발간, 청소년 회의와 부녀회 조성 등의 활동을 수행했다.

　　ⓒ 대한수리조합연합회 : 일제강점기 때부터 실시해온 수리사업과 동시에 농사개량 사업을 실시하였다.

⑧ 1955년 농림부 농정국에 농업교도과 신설

　　⑦ 농림부 농정국에 농업교도과를 신설하고, 1956년 중앙농업기술원에 교도부가 부활되었다.

　　ⓛ 각 도농산국에 농업교도과를, 시군 산업과에 농업교도계를 설치하였다.

⑨ 1956년 메이시(Macy) 보고서

　　⑦ ICA(한미국제협력처)의 요청으로 미국 미네소타대학교의 메이시, 루투포드, 시몬스(Macy, Rutford, Simmons)가 내한하여 우리나라 농촌과 농업 현장을 시찰하고, 메이시 보고서를 제출하였다.

　　ⓛ 한국과 미국의 원조 당국 간에 '농사교도법에 관한 협정'이 체결되었다.

　　ⓒ 농사교도법에 관한 협정 내용

　　　• 일반 행정 기구와 분리된 농사교도사업 기구를 법률에 의해 설치한다.

　　　• 이 사업을 수행하기 위한 명백한 행정체계를 수립한다.

　　　• 소요 예산은 국회의 예산 조치에 의해 충당되어야 한다.

　　　• 농사교도기구는 농민을 위해 비정치적이고 공평한 입장에서 헌신적으로 일할 수 있도록 충분한 지식과 기술을 훈련 받은 인재를 배치한다.

🔍 **참고**

메이시(Macy) 보고서는 농촌진흥사상 민주적이고 과학적인 농사시험연구 및 지도체제를 정착시키는 기초가 되었으며 농사원 발족의 근거가 되었다.

---

⑩ 1957년 농사교도법 제정, 농사원 개원

　　⑦ 농사교도법이 제정되어, 현대적인 농촌지도사업의 기반을 마련하였다.

　　ⓛ 농사교도법은 농사의 개량 발달을 위한 시험 연구와 농사 및 생활지도에 관한 지식과 기술을 제공하는 지도사업을 통합하여 운영하도록 규정하고 있다.

　　ⓒ 농사교도법에는 중앙에 농사원, 각 도에 도농사원, 각 시군에 농사교도소와 지소를 두도록 규정하였다.

　　ⓔ 교도 공무원은 교도사업 이외의 사무에 관여 또는 겸무를 금지시켰다.

ⓜ 우리나라 농촌지도를 일반행정과 완전히 독립시켰다. 즉, 연구사업과 교도사업을 단일행정체계로 총괄하게 되었고, 농업행정과의 이원적 지도체계를 농사원의 교도사업으로 일원화(행정으로부터 분리)하였다.

ⓗ 농사연구 교도공무원의 자격규정과 자격검정 시험규정이 공포됨에 따라 농과계학교 졸업자에 한해 응시자격을 부여하여 다른 공무원과 구별되는 농촌지도 공무원 제도를 확립하였다.

ⓢ 농사원

   • 농사교도법에 의하여 신설된 농사원은 기존 농업기술원과 그 밖에 분립되어 있던 각종 시험연구 기관 및 농림부 농업교도과의 업무를 승계하였다.

   • 농사원 본원은 시험국과 교도국으로 구성되었고, 지방기구로서 각 도에 도농사원(도농업기술원과 도교도과를 승계)을 두었으며, 각 시군에 농사교도소를 설치하였다.

   • 농사원은 현직자에 대한 재교육, 시비, 못자리, 품종 등에 대한 전시포 운영, 부엌 개량, 메주개량, 작업복 등의 생활개선사업 및 청소년 지도와 기술공보 등 대농민 지도와 청소년 과제훈련 등을 실시하였다.

   • 우리나라 농촌지도가 비로소 법률에 의해 제도적으로 보장받게 되었다.

   • 농업협동조합 운동을 위한 지도도 병행하였다.

ⓞ 지방기구는 도농사원과 시군농사교도소를 각각 도지사와 시장 및 군수 소속으로 개편함으로써 독자적인 지도사업에 많은 지장을 초래하는 폐단이 있었다.

＋PLUS ONE

농사원 발족의 의의

• 우리나라 농촌지도를 행정과 완전히 분리시켰다.
• 민주주의적이며 교육적 성격의 지도사업체계를 구축하였다.
• 우리나라 농촌지도가 법률에 의하여 제도적으로 보장받게 되었다.
• 근대적 지도사업으로 면모를 갖추어 농촌지도 발달사에 가장 큰 발전을 이룩하였다.

---

⑪ 1958년 : 지역사회개발 위원회 설치 등

   ㉠ 후진국 개발산업의 일환인 지역사회 개발사업 추진을 위해 국무회의에서 지역사회개발위원회를 중앙·도·군 단위에 설치, 이 위원회는 1961년 건설부로 편입되었다.

   ㉡ 1959년 영농주로 구성된 농사개량구락부 조직, 농가주부로 구성되는 생활개선 구락부 조직, 농촌청년의 조직체인 4-H 구락부, 모든 농촌주민을 학습단체에 가입하도록 하여 집단 지도를 통한 영농기술을 보급하였다.

＋PLUS ONE

1961년 농사연구교도법

정부기구개편에 따라 농사교도법을 농사연구교도법으로 개정, 지방의 도농사원은 도지사 소속 외청 조직으로, 시군 농사교도소는 시군청 산업과 내에 하나의 계로 편입하였다.

---

⑫ 1962년 : 농촌진흥청, 농촌진흥법

ㄱ. 농촌진흥법을 제정하여 지역사회개발사업을 농사교도사업에 통합하고, 기존의 다원적인 농촌지도 사업을 일원화하기 위한 목적이 있다.

ㄴ. 농촌진흥법을 근거로 하는 농촌진흥청이 발족되었다.

ㄷ. 식량자급달성을 위한 농촌지도체제를 확립하기 위해 상향식 농촌지도사업 계획수립을 지양하고 하향식으로 변경하였다.

ㄹ. 모든 읍면 단위에 지도소 지소를 신설하였고, 지역별로 농촌지도를 책임지는 지역담당지도제를 채택하였다.

ㅁ. 제정 당시 농촌진흥법의 특징
- 농촌지도사업의 범위를 포괄적으로 규정하여 우리나라 모든 기관에서 행해오던 농촌개발을 위한 모든 교육사업을 통칭하게 되었다.
- 다른 기관에서는 농촌지도사업을 할 수 없고 필요시에는 사전에 승인을 얻게 되어 있으며 진흥청과 긴밀히 협조하도록 하였다.
- 지방 농촌진흥기관은 도지사, 시장·군수에게 귀속되었지만 외청으로 두게 되었으며 그 인사권은 농촌진흥청장이 갖도록 하였다.

참고

농촌진흥청은 1906년 4월 설치된 권업모범장으로 시작하여 1929년 농사시험장, 1947년 국립농사개량원, 1949년 중앙농업기술원을 거쳐 1957년 5월 농사원직제에 의해 농사원으로 기관명칭을 변경하였고 1962년 농촌진흥법이 제정되어 농촌진흥청이 발족되었다.

Level UP 이론을 확인하는 문제

다음 우리나라 농촌지도의 발달에서 가장 늦게 설립한 기관은?   18 경북 기출(변형)

① 잠사시험장   ② 국립농사개량원
③ 권업모범장   ④ 농사시험장

해설 잠사시험장(1900년) – 관립농상공학교(1904년) – 권업모범장(1906년) – 농사시험장(1929년) – 국립농사개량원(1947년)

정답 ②

|05| 농촌지도사업 추진체계의 변화

(1) 농촌지도사업 추진체계의 변화

① 1957년 농사교도법을 제정하여 최초의 법적 지위를 보장받았다.

② 1962년 농촌진흥법이 제정된 이후 현재의 농촌지도체계를 유지하고 있으며, 농촌지도사업은 독립된 하나의 기능으로 유지되고, 농촌지도공무원이라는 신분을 보장받았다.

③ 1995년 농촌진흥법이 개정되었다.

    ㉠ 문민정부(김영삼 정부) 시절 지방자치를 강화하기 위한 행정개혁 차원에서 농촌진흥법을 개정하면서 농촌지도사업 체계의 법적 지위의 취약성이 나타났다.

    ㉡ 농촌지도사업에 대한 농촌진흥청(국가)과 지방농촌지도기관(도농업기술원, 시군 농업기술센터) 간의 역할 분담이 명확하게 규정된 바가 없었다.

    ㉢ 농촌지도사업에 대한 개정 법률은 국가와 지방자치단체 간 역할을 분담하기 위하여 지방농촌 진흥기관을 지방자치단체 직속기관으로 설치하도록 규정하였다.

④ 1997년 농촌지도공무원 신분이 국가직에서 지방직으로 전환되었다.

    ㉠ 지방 농촌지도기관의 인사·재정·감시권이 지방자치단체장에게 귀속되었다.

    ㉡ 지방자치단체장 의지에 따라 농촌지도조직과 농업행정조직이 통합되는 경우가 발생하였다.

    ㉢ 지방화 이전의 농촌지도사업 추진체계는 중앙 농촌진흥청, 지방 각 도농업기술원 및 시군의 농업기술센터가 수직적인 구조를 갖고 있었다.

    ㉣ 지방화 후 도 농업기술원 및 시군의 농업기술센터는 각 소속 도와 시군 지자체의 통제 하에 놓인 반면, 기존의 농촌진흥청 - 도농업기술원 - 시군 농업기술센터로 이어지는 연결고리는 거의 단절되었다.

    ㉤ 상하 기관 간 정보와 전문지식의 교류 및 의사소통이 없는 상태에서 160여 개 농업기술센터의 폐쇄적인 지도사업은 인력과 자원의 비효율적 활용을 발생시키고 농촌지도서비스 수준을 저하시키게 되었다.

    ㉥ 지방화 후 지역실정에 맞는 지도사업이 추진되고, 지방비 확보도 상대적으로 용이하게 되었으며, 시군 간 인사이동 없이 안정적으로 근무할 수 있게 되었다.

    ㉦ 시장·군수의 의지에 따라 지도사업이 좌우되고 있고, 행정업무 과다로 지도사업 본래의 역할 수행이 어렵게 되어 지도사업 본연의 업무가 퇴보하였다는 인식이 높았다.

◎ 전국 농업기술센터 중 지역의 농업행정조직과 기능적으로 통합한 곳이 64개소에 이르며, 20개 농업 기술센터에서는 지도업무가 농업행정조직으로 이관되었다(2012년).

시 도	농정업무 센터 통합		지도업무이관 (센터 → 시군청 농업행정)	
	완전통합	부분통합	완전통합	부분통합
경 기	고양, 시흥, 김포, 포천, 가평	파주, 평택, 안성	부천, 안양, 광명, 군포, 구리, 하남, 오산, 의왕, 과천, 동두천	–
강 원	춘천, 원주, 동해, 속초, 평창, 화천, 양구, 인제, 양양	–	–	강릉, 횡성, 정선, 고성
충 북	–	–	–	–
충 남	아산, 공주	–	–	–
전 북	익산, 완주, 무주, 진안, 장수	남원, 김제, 순창	–	–
전 남	여수, 순천, 나주, 광양, 곡성, 무안	화 순	목 포	해남, 완도, 진도
경 북	김천, 영주, 영천, 경산, 봉화, 울릉, 포항, 고령	영양, 청도	–	울 진
경 남	창원, 진주, 통영, 사천, 김해, 밀양, 거제, 양산, 함안, 창녕, 고성, 남해, 하동, 산청, 함양, 거창, 합천	–	울 주	–
제 주	–	–	–	–
특·광역시	달성, 강화	–	–	–
계	54	10	12	8

(2) 지방화 이후 농촌지도사업 주요 업무의 변화(2003년)

① 농촌지도공무원의 지방직 전환 이후 지도사업의 영역 중 경제작물이나 지역 특산물 육성은 강화되었다.

② 단체장의 선거공약 추진 및 행사 참여로 농촌지도사업의 본연의 업무와 농민 애로사항 요구가 잘 해결되지 못하고 있는 것으로 인식하고 있다.

③ 업무량도 지방직 전환 이후 많이 늘어난 것으로 인식하고 있다.

④ 지방화 이후 농촌지도사의 주요업무변화

   ⊙ 기술지원

     • 업무 중요도 : 자료작성 > 지도사업 계획 > 예산 회계 > 농업홍보 > 행사준비 > 기타

     • 향후 육성해야 할 농업인 단체 : 작목별연구회 > 농업경영인 > 농촌지도자 > 여성농업인 > 4-H 후원회 > 4-H 회원, 생활개선회 등

     • 지방직 이후 자체 추진교육 : 작목별 집합교육 > 여름철 순회교육 > 마을별 집합교육 > 야간 순회교육 > 없음

- 농업인 교육 시 중점 추진내용 : 유통정보 > 재배기술교육 > 견학 위주 교육 > 식량증산교육 > 기타
- 교육 전달방법 : 견학 위주 > 빔 프로젝트 > 집합교육 > 인터넷 교육 > 기타
- 경영상담업무 중요도 : 가격 및 유통정보 > 작목별 경영설계 > 경영컨설팅 > 전산교육 > 기타
- 생활개선업무 중요도 : 농업소득사업 > 여성인력 육성 > 식생활 개선 > 주거 생활 개선 > 기타

ⓒ 기술보급
- 기술 보급 업무 중요도 : 지역특산물 및 특작 > 채소과수 > 농업개발센터 > 식량 증산 > 현장 애로기술 > 기타 > 축산
- 지방화 이후 자체 기술보급 업무 : 특산물 브랜드화 > 수출육성 > 소득 작목 발굴 > 특화작목 육성
- 환경농업 업무중요도 : 품종보급 > 재배기술 > 병해충방제 > 보고자료 > 기타 > 수량증대
- 농가의 상담요청 집중도 : 병해충진단·방제 > 신규작목재배기술 > 시범사업 > 농업시책 > 기타
- 현장애로기술 시범사업 농가 도움 여부 : 조금 도움 > 많은 도움 > 거의 같다 > 도움 안 됨 > 기타

ⓒ 시험 연구
- 연구소/시험장 결과 도움 여부 : 농업인 > 모두 > 지도사
- 주요 추진 직무 : 재배방법 개선 > 품종개량 > 품질향상 및 생산비 절감 > 병충해 체계적 방제 > 기타
- 자체 연구사업 내용 : 병충해 체계적 방제 > 품종개량 > 재배방법 개선 > 품질 향상 및 생산비 절감

(3) 지방화 이후 농촌지도사업 문제점

① 국가 및 지역농업 발전의 저해

ⓐ 지도직의 지방직화에 따라 국가 차원의 지도사업 조정 기능이 저하되었다.

ⓑ 시군 농업기술센터가 새 기술 시범사업보다 자치단체별 지역특화작목 중심의 지도사업에 전념한 결과는 다음과 같다.
- 새 기술 보급이 지연된다.
- 국가 차원의 조정이 없어 농산물 공급과잉과 가격하락의 문제를 초래하고 있다.

ⓒ 지도공무원이 행정업무와 지자체 전시업무 지원에 대거 동원되기 때문에 지방화 전보다 지도서비스의 수준이 약화되었다.

ⓓ 자치단체의 지원 하에 지역특화에 성공하는 지방지도기관과 그렇지 못한 지도기관 간 인력 및 예산 확보 측면에서 양극화가 심화되고 있다.

ⓔ 지방화 이후 지역농업의 균형발전이 더 저해되고 있다는 응답이 많이 나타나고 있다.

ⓕ 지방화 이후 농업인 현장지도서비스가 더 악화되었다는 응답이 많았다.

② 지도조직 감소

 ㉠ 1997년 이후 지도기관 수는 큰 차이가 없으나 지도기관과 농업행정이 통합되는 경우가 다수 발생했다.

 ㉡ 읍면 농업인 상담소는 1997년에 1,429개소에서 2005년 625개소로 56% 감소했다.

③ 지도인력 감소

 ㉠ 1995년 지방자치제의 실행으로 인한 도농통합과 구조조정 결과, 1990년대 초반에 비해 약 3,000여 명이 감소했다.

 ㉡ 농촌지도인력은 1992년 농촌지도사의 연구직 전환 및 1997년 IMF 사태 이후 2000년대 초반에는 4,700여명까지 감소하였지만 최근 다시 4,900여 명 수준으로 감소하였다.

 ㉢ 지방화 이후 소속 자치단체의 인력 및 예산 확보가 매우 악화되었다는 응답이 도농업기술원 75%, 시군기술센터 63%, 매우 원활해졌다는 응답은 도농기술원 11%, 시군기술센터 14%로 지방지도기관의 상황이 악화되었다.

④ 예산의 감소

 ㉠ 우리나라 농촌지도사업에서 예산확보는 지도사업의 성패를 좌우할 만큼 중요하다.

 ㉡ 우리나라 농촌지도사업 예산은 1963년 처음으로 100% 국비로 지원되었고, 1964년 53.2%, 1965년 48.2%로 초기에는 국비 부담률이 높았다.

 ㉢ 농촌지도사업에 대한 국비 부담률

  • 1960년대 32~35% 수준, 1970년대 초 20~36% 수준이다.

  • 1975년에는 40.0%, 1976년에는 42.5%로서 비교적 높은 수준이다.

  • 1980년대 10~21% 수준이다.

  • 1991~1994년까지는 연간 1,000~1,500억 원, 1995~1997년까지 연간 254~284억 원의 국비 예산이 대폭 증액되었다.

  • 1997년 농촌지도직 지방직화 이후 국고보조금 지원 비중이 줄어드는 추세였으나, 농촌지도 기반 조성, 새 기술 보급사업, 지역특화사업에 중점을 두고 지원함으로써 1995년부터의 국비 부담률은 33~37% 수준으로 증가하였다.

  • 2000년대 고품질안전농산물 생산과 농촌생활 환경을 개선하여 관광자원으로 육성하기 위한 사업 지원이 확대되고, 지방자치단체에 대한 국고보조금도 지속적으로 확대 지원하였다.

 ㉣ 농업부분의 R&D 예산은 매년 증가 추세이나, 지도사업은 전체 예산에서 차지하는 비중이 감소 추세이다.

⑤ 유관기관 간 연계의 약화

 ㉠ 지방화 이후 농촌진흥청 – 도농업기술원 – 시군 농업기술센터의 관계가 농촌지도사업 운영에서만 관계되고 있을 뿐 실질적으로 농촌지도사업을 추진하는 데 많은 어려움이 나타나고 있다.

 ㉡ 시군 농업기술센터는 중앙과 농업현장을 기능적으로 연결하는 역할을 한다. 그러나 지방화 이후 상호 간의 협력관계가 퇴색하면서 시군 농업기술센터의 역할이 제대로 이루어지지 않고 있다.

 ㉢ 각 시군이 폐쇄적 인력운용으로 우수 전문지도사의 타 시군 출장이 제한되어 전문기술의 광역적 활용이 어렵고 자치단체 간 기술정보 교류가 단절되는 현상이 발생하기도 한다.

⑥ 농업 행정과의 통폐합에 따른 위상 저하

㉠ 농업행정과 농촌지도행정의 이원화로 정책기조의 통일성과 일관성이 어려워 농업부문 공공정책의 효율성이 약화되었다.

㉡ 조직개편과 시장, 군수가 바뀔 때마다 시군 농업기술센터의 통합과 분리가 반복되어 조직의 불안정으로 지도공무원의 사기가 저하되고 있다.

㉢ 농업행정과 농촌지도는 역할·기능·특성이 전혀 다르기 때문에 통합의 대상이 될 수 없다.

> **🔍참고**
>
> 농업행정은 지시·규제·통제 등의 기능을 수행하고, 농촌지도는 농업의 경쟁력 강화와 소득증대를 목표로 기술지도와 교육을 통해 농업인의 지식과 기술 태도를 변화시키는 활동이기 때문에 통합의 대상이 아니다.

㉣ 농업행정과의 통합 등으로 인한 지방농촌지도기관의 축소 및 기능의 약화는 농업인에게 제공되는 농촌지도서비스의 약화를 뜻하고, 이는 곧 농업 기술력의 약화로 이어진다.

(4) 우리나라 농촌지도의 특색 및 과제

① 특 색

㉠ 농촌지도조직이 농사시험연구사업과 농촌지도사업의 동일조직에 병합된 결과
- 연구결과의 신속하고 효과적인 보급이 가능하다.
- 지도활동과 영농에서의 문제점을 연구사업에 쉽게 반영할 수 있다.
- 농촌지도사에 대한 연구결과의 교육과 훈련이 용이하다.

㉡ 도, 시군의 지방단위에서 농촌지도기구와 일반 행정기구가 기능적으로 분화된 가운데 통합된 결과
- 도지사와 시장·군수 산하에 있기 때문에 농업행정과 농촌지도의 일원적 투입을 가능하게 한다.
- 농촌지도가 농업행정에서 독립성을 유지하기 어려울 가능성도 있으나 지도와 행정이 동일 방향으로 전개되므로 그 효과는 증대될 수도 있다.

㉢ 농촌지도요원을 직제 상으로 일반 행정요원과 분리시킨 결과
- 지도사업의 전문적, 교육적 기능을 제고함과 동시에 농민과 행정기관 간 교량적 역할을 담당하고 있다.
- 이러한 특성은 농촌지도요원의 사회경제적 지위가 다른 분야의 농업 관계직에 비하여 상대적으로 높을 때는 자부심을 높여주나 그렇지 못할 때에는 오히려 사기를 저하시키는 경과를 가져올 수 있다.

㉣ 농촌지도기관은 농업계 학교와 횡적으로 협동할 수 있도록 제도화되고 있다.
- 농과대학, 농업전문대학, 농업계 고등학교와 공동 연구 사업을 하며 상호 간에 겸임제도를 두어 교육자들이 농촌지도사로, 그리고 지도사가 교육자로 활동하게 한다.
- 교육시설과 지도교재 등을 공동 활용하며 학생들의 현장실습을 지도기관이 담당하여 준다.

② 과 제
  ㉠ 지난날의 일방적이고 행정독려적인 지도체제에서 탈피하여야 한다.
  ㉡ 지금까지 농촌지도가 주체지향적, 상의하달적, 작목증산적이었다면, 앞으로는 객체지향적, 하의상달적, 대상자의 소득증대와 삶의 질 향상 중심으로 가야 한다.
  ㉢ 농촌지도의 과제
    • 농촌주민의 경쟁력과 창의력을 개발해야 한다.
    • 농촌주민을 농촌지도과정에 참여시켜야 한다.
    • 농촌지도 인력의 전문화가 필요하다.
    • 상업영농시대와 국제개방화시대에 알맞은 농촌지도체계를 확립해야 한다.
    • 자연 및 환경보존지도를 강화해야 한다.
    • 농촌지도기관은 학제적 접근으로 관련기관과 적극적으로 협동하여 사업을 추진해야 한다.

Level UP 이론을 확인하는 문제

지방화 이후 농촌지도사업의 주요 업무 변화에 대한 특징으로 옳지 않은 것은?

① 지방직 전환 이후 지도사업의 영역 중 경제작물이나 지역 특산물 육성은 강화되었다.
② 지방직 전환 이후 업무량이 많이 늘어난 것으로 인식하고 있다.
③ 단체장의 선거공약 추진 및 행사 참여로 농촌지도사업의 본연의 업무와 농민 애로사항요구가 잘 해결되지 못하고 있는 것으로 인식하고 있다.
④ 상하 기관 간 정보와 전문지식의 교류 및 의사소통이 좋아지고 농촌지도서비스 수준이 향상되었다.

해설 ④ 상하 기관 간 정보와 전문지식의 교류 및 의사소통이 없는 상태에서 농업기술센터의 폐쇄적인 지도사업은 인력과 자원의 비효율적 활용을 발생시키고 농촌지도서비스 수준을 저하시키게 되었다.

정답 ④

농업경영지도

|01| 농업경영학의 개념

(1) 농업경영학과 농업경영

① 농업경영

농업경영이란 생산 · 제도 · 기술요소 · 인간요소 · 시장 · 정책 · 환경 등의 변화에 따른 불확실성 하에서 개별 영농단위가 자체의 경제 내 · 외적 목표를 달성하기 위하여 자원을 배분하는, 즉 농장의 문제해결 (Problem Solving)을 위한 의사결정과정이다.

② 농업경영학

농업경영학은 농업경영을 다루는 학문이다.

③ 농업경영학과 생산경제학

㉠ 농업경영학 : 개별 농가의 목표를 달성하기 위한 다양한 의사결정과정을 연구하는 학문이다.

㉡ 생산경제학 : 최고의 수익을 산출하는 투입재의 결합방식을 연구하는 경제학의 한 분야이다.

(2) 농업경영지도의 개념

① 학자별 농업경영지도의 개념

㉠ Williams : 농업경영지도를 생산경제학의 범주로 생각하고 생산경제학의 배경을 농업경영지도의 출발점이라 보았다.

㉡ MacCallum, Burns, Potter : 농업경영지도를 경영기술과 경제정보를 개발하고 이를 농가 경영개 선을 위한 조언으로 보았다.

㉢ Buggie : 농장경영은 투입재와 산출물의 관계 하에서 농장의 현실적 목표와 환경적 여건을 반영하 여야 한다고 보고 경영지도를 경영의 실질적 수행에 바탕을 두려 하였다.

㉣ Boone : 농업경영지도의 역할은 학습과정에서 농민의 독립적인 의사결정을 도와 사업수행을 효과 적으로 하는 데 있다. 농가 경영자가 스스로 과제를 해결할 수 있도록 관련된 지식을 소개해 주는 것을 주된 과제로 보고 있다.

㉤ Giles : 농업경영지도는 농가의 사회문화적 배경과 환경을 반영하여 지도사업을 전개해야 한다고 본다.

② 성공적인 농업경영지도를 위하여 강조할 점(Buggue)

㉠ 다학문적 접근 : 농업경영지도는 여러 사회과학 학문에서 도움을 구해야 한다.

㉡ 전체적 접근 : 단순한 생물학과 경제학 등 자료의 접합보다는 종합적이고 체계적인 접근이 필요하다.

ⓒ 고객본위 : 농업경영지도의 내용이 학습자의 성격에 따라 구성되어야 하며 농업경영과 경영기법 등이 농민들의 학습과 의사결정과정에 연관되어야 한다.

ⓔ 인간요소 : 농업경영지도는 인간과 기술과의 상호관계, 구성원 간의 상호관계 및 농장의 인적 체계를 포함하여야 한다.

③ 농업경영 vs 농업경영지도의 차이점

농업경영	농업경영지도
• 정보중심 • 농장자료를 처리 · 가공하여 얻은 지식을 설명하는 데 중점을 둠	• 고객중심 • 농장의 실제상황하에서의 농민의 학습과 의사 결정을 돕는 데 중점을 둠

|02| 의사결정

(1) 개 념

① 농업경영의 제반조건 및 의사결정 요인

자연적 조건	• 기상 : 온도, 일조, 강수량, 습도 등 • 토지 : 토질, 수리, 지세(경사, 고도)
경제적 조건	• 시장 : 시장과의 경제적 · 물리적 거리, 시장규모, 교통 • 작목 : 수량, 가격, 비용, 소득수준 및 안정성
사회적 조건	국민 소비 습관, 과학기술 발달 수준, 농업관련 법률, 제도, 정책
개인적 조건	• 경영자원 : 경지, 가족노동, 자본력 • 경영능력 : 경영주 능력, 성향

② 농업경영 의사결정의 대상

무엇을, 얼마나, 어떻게, 어느 정도의 규모에서 생산하고 판매하며 자금을 조달할 것인가

③ 농업경영의 의사결정과정

ⓐ 1단계 : 문제 정의 단계로 농업 경영의사결정을 위한 문제 파악

ⓑ 2단계 : 문제 원인 발굴

ⓒ 3단계 : 문제 해결을 위한 여러 가지 대안 개발

ⓓ 4단계 : 가장 적합한 대안 선택

ⓔ 5단계 : 대안을 실행할 계획 수립

ⓕ 6단계 : 대안 실행에 대한 성과 평가 실시

안심Touch

(2) 유 형

① 경영범위에 따른 의사결정 유형

　㉠ 전략적 의사결정

　　• 장기적이고 포괄적인 경영전반에 관한 의사결정이다.

　　• 경영조직에 필요한 자원을 어떻게 조달할 것인가 하는 것이다.

　　• 통상 경영자의 직접 통제하에 있지 않은 조직 외부의 정보를 필요로 한다.

　　• 전략적 의사결정의 책임과 집행 소재가 고위 간부층에 있다.

　　• 고위간부회의, 해외진출전략, 다각화 전략 등이 있다.

　㉡ 전술적 의사결정

　　• 중기성의 특별한 과제에 대한 의사결정이다.

　　• 주어진 자원 내에서 효율적인 배분을 찾는 것이다.

　　• 조직 내부의 정보를 필요로 한다.

　　• 전술적 의사결정의 책임과 집행 소재가 중간 경영층에 있다.

　　• 중간관리자회의, 해외진출에 따른 최선의 대안 등이 있다.

　㉢ 운영적 의사결정

　　• 단기적이고 빈번한 직접적인 행위의 개선 위주이다.

　　• 설정된 계획을 수행하는 데 필요한 작업결정을 말하는 것이다.

　　• 결과는 단시일에 나타나며, 이를 위한 정보는 성문화되어 있고 찾기 쉬우며 만들어진 전략적 결정으로부터 도출되는 경우가 많다.

　　• 운영적 의사결정의 책임과 집행 소재가 하위 관리감독층에 있다.

② 문제 유형에 따른 의사결정 유형

　㉠ 정형적 문제 : 수리적으로 나타낼 수 있고 표준화된 절차에 따라 풀 수 있다.

　㉡ 반정형적 문제 : 정형적 문제와 비정형적 문제의 중간 형태로 인간의 판단과 사무적인 판단의 중간 형태의 문제이다.

　㉢ 비정형적인 문제 : 쉽게 해결할 수 없을 만큼 복잡하고 정리되어 있지 않으며 인간의 경험과 판단을 요구하는 문제이다. 또 많은 자료와 분석을 요구하는 문제이다.

③ 농업경영에서의 의사결정의 유형

문제의 유형에 따른 분류	의사결정의 범위에 따른 분류			의사결정에 필요한 지원
	전략적 결정	전술적 결정	운영방법적 결정	
정형적 (구조적)	업종의 선택	최소비용 자원구성	재고정리, 사료배합, 장부·기록작성	사무적
반정형적 (반구조적)	기업의 확장	생산목표 결정	농가 채무 구조 재편성	의사결정 시스템
비정형적 (비구조적)	기업구조의 재편성	책임소재 결정	일손고용 시간짜기	인간의 판단능력
의사결정체계	고위간부층	중간경영층	하위관리층	–

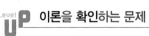 이론을 확인하는 문제

경영범위에 따른 의사결정 유형 중 운영적 의사결정에 대한 설명으로 옳은 것은? 20 지도사 **기출(변형)**

① 설정된 계획을 수행하는 데 필요한 작업결정을 말하는 것이다.

② 의사결정의 책임과 집행 소재가 중간 경영층에 있다.

③ 경영조직에 필요한 자원을 어떻게 조달할 것인가 하는 것이다.

④ 장기적이고 포괄적인 경영전반에 관한 의사결정이다.

해설 ② 전술적 의사결정
③ · ④ 전략적 의사결정

정답 ①

|03| 농업경영지도 분석

(1) 개 념

① **농업경영지도** : 농업경영자가 의사결정을 위해 경영과정을 수행하는 것을 돕는 활동이다.

② **영농에서 농민이 직면하는 경영과정**(Johnson, Halter)

> 과제의 정의 → 관측 → 분석 → 의사결정 → 사업수행 → 책임

㉠ 과제의 정의(파악) : 농장경영자와 농촌지도사는 농업의 과제를 파악하기 위해 농장의 기록을 관찰하고 경영자에게 질문 등을 한다.

㉡ 관측 : 농장경영자와 농촌지도사는 과제파악이 끝나면 과제해결을 위한 여러 가지 대안을 모색하고 자료를 수집한다.

㉢ 분석 : 농장경영자와 농촌지도사는 관측된 대안과 자료를 이용하여 각각의 대안들이 실행되었을 때 농장에 가져다 줄 결과를 파악한다.

㉣ 의사결정 : 분석의 결과를 토대로 의사결정을 한다.

㉤ 사업수행 : 결정된 대안을 실행에 옮기는 것이다.

㉥ 책임 : 실행되어 나타난 결과에 대하여 농업경영자가 책임을 지는 것이다.

(2) 경영분석의 종류

① 상황분석
  - ⊙ 경영의사의 결정은 경영자의 입장에서 과제를 파악하는 것에서 시작하며, 경영지도활동은 농가의 경영조건을 파악하는 것에서 시작된다.
  - ⊙ 일정 시점에 농장의 현황(Facts)에 관한 자료를 제시하는 것(농가의 경영조건 파악)으로, 농장의 과제와 환경 및 성격을 파악한다.
  - ⊙ 상황정보는 농장의 과제와 환경, 성격을 파악하여 주는 중요한 정보로서 상황정보를 파악하지 않고는 경영과정이 성립할 수 없고 경영지도로 농가에 도움을 줄 수도 없다.
  - ⊙ 특정 농가에 대한 상황분석은 농가가 처한 여러 가지 상황, 즉 농가의 유형 및 위치, 역사, 조직, 구성원, 물리적 자원, 작목구성, 생산정보, 재정, 경영자의 성격 등에 관한 정보를 판단하여 정보를 산출한다.
  - ⊙ 적절히 계획된 기본적인 재무자료와 생산기록을 포함하는 기록체계도 경영분석을 위하여 반드시 필요하다.

② 진단분석
  - ⊙ 진단분석은 농장의 현황과 농장의 장단기 목표를 비교·분석하여 그 차이를 분석함으로써 농장의 장단기 과제를 파악하는 것이다.
  - ⊙ 농장의 장단기 목표는 일정기간 동안 경영성적으로 분석(경향분석) 또는 같은 기간의 다른 농장의 경영성적과 비교(비교분석)하여, 농업경영의 성적을 나타내는 가치화한 수행지표로 나타낸다.
  - ⊙ 상황정보만으로는 농장의 과제를 파악할 수 없고 상황분석에 의해 파악된 농장현황을 농업경영의 수행도로 나타내는 가치나 기준치들과 비교하였을 때 과제가 파악될 수 있다.
  - ⊙ 경영지도사는 농장의 수행기준치와 농장현황의 차이에 따라 과제를 설정하고 농장경영의 개선에 관한 결정을 내려야 하는데 이러한 과제분석을 포함하고 있다.
  - ⊙ 농장경영에 있어서의 가치는 가족에 대한 가치, 기업에 대한 가치, 지역사회에 대한 가치로 구별된다.
    - 가족에 대한 가치 : 계층적 배경, 종교적 믿음, 사회적 가치체계 등에 영향을 받는다.
    - 기업에 대한 가치 : 경영의 경험과 지식, 사업형태, 사업동기, 농장의 환경과 배경에 따라 서로 다른 가족가치와 사업가치 등에 영향을 받는다.
    - 지역사회에 대한 가치 : 서로 다른 가족가치와 사업가치, 제도적 가치들이 어떤 공통분모를 가지는 의사법칙 등에 영향을 받는다.

> 🔍 **참고**
>
> 경영에 있어서 가치는 경영자가 가지고 있는 좋고 나쁨의 개념이다.

ⓗ 경영가치가 파악되면 다음 과정은 기록과 정리과정이다.
  • 자료를 전환시켜 의사결정을 위한 유용한 정보를 만드는 것이다.
    – 후진국 : 차트, 그래프, 다이어그램 등의 시각자료를 많이 이용
    – 선진국 : 표, 매트릭스, 인과가지, 인과지도 등 복잡한 방법을 사용
  • 자료정리 과정이 끝난 정보는 업무분석, 농장환경분석, 회계분석, 수익성 분석, 비교분석, 효율성 분석, 생산성 분석, 시차분석 등에 사용한다.
③ 예측분석
  ㉠ 과제해결을 위해 가능한 방안(대안)들을 모색하고, 대안들이 어떤 결과를 초래할지 파악하여 미래에 발생할 문제를 점검함으로써 문제점들을 제거할 수 있도록 하는 것이다.
  ㉡ 농업경영지도사와 농가의 예측방법에는 시뮬레이션, 시스템 분석, 선형계획법, 농장전체분석 등이 있다.
  ㉢ 농업경영지도사는 농장경영자의 마음에 있는 대안들을 끌어내어 각 대안을 수행할 경우 나타날 결과를 예측해 주어야 한다.
  ㉣ 컴퓨터가 없거나 기술교육이 되지 않은 후진국에서는 예산법이나 감응도 분석이 사용된다.
    • 예산법 : 제한된 과제해결의 대안들을 가지고 각기 대안이 실행되었을 때 파생되는 기대비용과 기대수익의 차이를 평가하는 것이다.
    • 감응도 분석 : 후진국 농가의 예측분석 시 여러 가지 가능한 여건 변화를 고려하여 그 결과가 어느 정도 변화할 것인가를 분석하는 것으로, 농장의 여건변화에 따른 경향분석이 감응분석에 도움을 줄 수 있으나 대부분의 농가는 경향분석의 능력이 없으므로 전문가들의 분석을 이용한다.
④ 처방분석
  ㉠ 예측분석으로 얻은 정보는 의사결정에 사용하기에 부족하므로 예측되는 결과들을 경영목표(Goal, 모든 경영행위의 최종점)와 목적(Objectives, 목표를 이루기 위해 계획된 작업)에 비추어 경영의사결정 과정에 포함시켜야 한다.
  ㉡ 농업경영의 목표에는 가족 목표, 사업 목표, 지역사회 목표가 있다.
    • 가족 목표 : 가족의 가치요소와 가족환경요소(가족의 교육수준, 나이, 건강, 성격 등)에 의해 결정된다. → 가계비 증가, 좋은 가족 관계, 좋은 건강, 여가시간의 증가, 인지도 향상, 채무 감소 등
    • 사업 목표 : 사업의 가치요소와 사업 환경요소(농장지원, 농장환경 등)에 의해 결정된다.
      → 높은 수익성, 자산증식, 자금력 확보, 사업성장, 경쟁력 제고 등
    • 지역사회 목표 : 지역사회의 가치요소와 지역사회의 환경요소(농장이 위치한 여건, 영농환경 등)에 의해 결정된다. → 식량자급능력개선, 환경보호, 고용증대, 사회문제 감소 등

> **🔍참고**
>
> 각 농장은 각자의 여건에 따라 가족목표, 사업목표, 지역사회 목표를 세우는데, 3가지 목표가 상충할 경우 농업경영 자와 농업지도사는 처방분석 이전에 이들 목표 사이에 절충점을 찾아야 한다.

ⓒ 결과 예측치의 평가
- 농업경영상 가능성이 있는 목표가 정해지면 경영지도사는 경영과제 해결을 위한 대안에 대하여 결과 예측치를 평가한다.
- 이들 대안은 실현가능하고 이해할 수 있고, 농장과 관련이 있어야 하며, 농장의 경영개선이 이루어져야 한다.

> **참고**
>
> 분석에는 상황분석, 진단분석, 예측분석, 처방분석 등이 있다.

Level UP 이론을 확인하는 문제

농업경영분석 중 농장의 현황과 농장의 장단기목표를 분석하여 그 차이를 분석하는 것은? 18 경남 기출

① 상황분석　　　　　　　　　　　② 진단분석

③ 예측분석　　　　　　　　　　　④ 처방분석

> **해설** 진단분석은 농장의 현황과 농장의 장단기 목표를 비교·분석하여 그 차이를 분석함으로써 농장의 장단기 과제를 파악하는 것이다.
>
> **정답** ②

|04| 농업경영지도의 과제·내용

(1) 과 제

① 농업경영지도와 컴퓨터의 활용

ⓐ 컴퓨터의 도입과 활용
- 컴퓨터 프로그램의 개발로 지도사들이 다양하고 전문화된 농장의 과제들을 정확하게 제시할 수 있게 되었다.
- 지도사들이 컴퓨터의 활용으로 보다 농장경영의 인적 요소에 시간을 할애할 수 있게 되었고 농업 지도의 내용도 다양해지고 있다.

ⓛ 컴퓨터 도입의 문제점

- 지도사가 새로운 프로그램의 사용에 필요한 지식을 가져야 하고, 이에 따른 노력과 시간이 필요하다.
- 농민들이 농장관리에 컴퓨터 활용의 유용성을 인식하기까지 많은 시간이 필요하다.
- 대부분의 농민은 프로그램의 복잡성, 시간부족을 이유로 컴퓨터 사용을 주저하고 있다.
- 농장관리용 프로그램을 교육시키기 위한 개발이 먼저 이루어져야 한다.

② 농가구조의 양극화와 극복방안

㉠ 농업구조의 변화와 양극화

- 농산물 무역의 자유화와 농업보호정책의 후퇴로 상업적 농가가 증가하고, 가족중심의 소규모 농가도 존재하여 농가구조가 양극화되어 가고 있다.
- 중 · 대농의 경우 새로운 자본집약적 기술을 채택하고 영농시설과 장비를 확충하여 생산성을 증가시켜 노동력의 부족을 메우고 있다. 소농에 비하여 정교한 사업원칙과 경제성을 바탕으로 복잡한 경제구조를 가지게 된다.
- 소농의 경우 작목전환, 기술습득, 시장 확보 등의 어려움이 있다.

㉡ 양극화의 극복방안

- 기업예산법, 장기경영설계 등의 교육으로 농가의 농업경영 이론들을 농장에 활용하여 소득과 생활수준의 향상을 지도하여야 한다.
- 농장설계, 농업금융, 경영분석, 위기관리 등 농가가 필요한 정보를 제공하여야 한다.
- 소농의 경우 농외소득, 작목선정 등 소득유지에 중점을 두어 경영지도를 하여야 한다.
- 소농지도만을 담당하는 전문지도사를 두어 농장계획, 재정관리, 기술지도 등을 도와 자본, 토지, 노동 등에 최대한의 이윤을 얻을 수 있도록 지도하여야 한다.

③ 민간지도사업과의 연계

㉠ 기존 농업지도사업은 정부기관(공공기관)을 중심으로 이루어졌다.

㉡ 영농규모가 커지고 상업적 영농이 이루어지면서 민간에 의한 지도사업의 역할이 증가하고 있다.

- 특정 농가를 중심으로 지도사업이 이루어지기 때문에 공공기관이 지도하기 어려운 점이 발생하게 되었다.
- 경영분석도 개별 농가를 중심으로 이루어지기 때문에 다른 농가에 적용이 어렵다.
- 농업선진국에서는 사설 지도업체가 경영지도의 몫을 담당하고 있으며 그 유형도 다양화되고 있다.

㉢ 민간 농촌지도기관에는 유통업체, 조합들, 농자재 판매회사 등이 있다.

- 작목별 유통협회는 경영기록 등 경영지도업무를 담당하고 있는데 대표적인 협회는 우유 유통협회이다.
- 기업들의 목적은 농가의 경영개선을 통해 채무구조를 건전하게 하여 기업의 손실을 줄이고 자재의 판매확대를 도모하는 데 있다.
- 소수의 기업들은 농민에 대한 봉사로 기업 이미지를 개선하기 위하여 비영리지도사업을 담당하기도 한다.

- 농작물을 구매하는 회사도 농산품의 구매확보와 품질유지를 위해서 경영지도서비스를 제공하기도 한다.
- 경영자문을 해주는 자문회사 개념이 농업분야에 도입되었다. 여기에는 토지투자를 자문해주는 부동산 회사나 은행 등이 운영하는 경영 자문회사 등이 있다.
② 농장의 경영을 보다 종합적으로 지도하기 위해서 공공지도기관과 사설지도기관의 연계가 필요하다.

(2) 내 용

① 생산지도
ㄱ 생산지도는 가장 오래되고 전통적인 경영지도이다.
ㄴ 작목선정, 농자재의 사용 시기나 투하량에 대한 분석, 농자재와 농산물의 가격정보 파악 등이 있다.

② 유통지도
ㄱ 농가소득을 높이기 위한 농자재와 농산물 시장을 분석하는 등 유통전략을 제시한다.
ㄴ 유통전략과 생산전략, 전산정보망을 통한 유통정보, 유통 생산성의 향상, 공동출하 및 공동구매 등을 지도한다.

③ 재정지도
ㄱ 생산과 유통에 맞추어 자금조달지도, 자금투자지도를 한다.
ㄴ 지도사의 역할
- 농가의 자산 및 부채상황, 경영성적과 금융기관들의 이자율과 대출조건 등을 파악하고 있어야 한다.
- 필요한 운전자금은 가능한 자체적으로 조달하고, 협동경영을 통하여 자금의 규모화를 도모하도록 지도한다.
- 대출조건 등을 고려하여 협동조합 등에 영농자금을 알선하고 필요한 서류와 신청절차를 알려주어야 한다.

④ 경영기록지도
ㄱ 경영지도사는 먼저 농가의 내·외적인 상황을 파악하고, 이를 위해서 농가에 대한 기본적인 기록이 있어야 한다.
ㄴ 농가에 대한 기록이 없으면 경영분석이 어려워 경영지도가 부실하게 되므로 경영기록이 이루어지도록 지도한다.

⑤ 경영조직 지도
ㄱ 우리나라의 경우 영농규모가 적어 생산비와 경영비가 외국에 비해 상대적으로 높아 가격경쟁에서 불리한 상황이므로, 규모의 경제를 필요로 하고 있다.
ㄴ 규모의 경제를 실현할 수 있도록 농가경영의 일부 또는 전부에서 규모를 늘릴 수 있게 조직화하는 것이 필요하다.

⑥ 위기관리지도

      ⑦ 현실의 농업경영은 불확실성과 위험성이 늘어나고 있으므로 농업경영자와 농업경영지도사의 위기 관리에 대한 바른 이해와 처리가 필요하다.

      ⑥ 불확실성과 위험성은 생산, 가격, 기술, 시장, 규모, 금융, 제도, 사람 등에 관련된 것으로 분류한다.

      ⓒ 농업경영지도사는 개별농가의 종류, 성격, 자원, 경영목표, 재정, 영농의 형태와 환경, 위험에 대처하는 태도와 능력 및 예상되는 위험의 종류와 발생빈도, 수반되는 손해의 정도에 따라 적절한 방법과 전략을 설정하여 농업 경영자에게 제공해야 한다.

Level UP 이론을 확인하는 문제

농업경영지도에 있어 컴퓨터 도입의 문제점으로 옳지 않은 것은?

① 새로운 프로그램의 사용에 필요한 지식을 농민이 먼저 가지고 있어야 한다.

② 농민들이 농장관리에 컴퓨터 활용의 유용성을 인식하기까지 많은 시간이 필요하다.

③ 대부분의 농민은 프로그램의 복잡성, 시간부족을 이유로 컴퓨터 사용을 주저하고 있다.

④ 농장관리용 프로그램을 교육시키기 위한 노력이 먼저 이루어져야 한다.

해설 ① 지도사가 새로운 프로그램의 사용에 필요한 지식을 가져야 하고, 이에 따른 시간이 투입되어야 한다.

정답 ①

적중예상문제

01

조직의 정의에 대한 설명으로 옳지 않은 것은?

① 바나드 : 2인 또는 그 이상의 인간이 의식적으로 조정된 행동 또는 제력(諸力)의 체계이다.
② 에치오니 : 일정한 환경 하에서 특정한 목표를 추구하여 이를 위한 일정한 구조를 지닌 사회단위이다.
③ 파슨스 : 어느 한정된 목표의 달성에 제1차적으로 지향하고 있는 사회체계이다.
④ 민츠버그 : 비교적 특정적인 목적을 다소간에 지속적으로 추구하기 위해 수립된 집합체이다.

해설 ④는 스코트(Scoott)의 정의이다.

02

조직의 특성으로 옳지 않은 것은?

① 조직은 분명한 목표를 갖고 있다.
② 경계가 있어 조직과 환경을 구별하여 준다.
③ 규모가 크고 구성이 단순하며 어느 정도 합리성의 지배를 받는다.
④ 사회적 단위로서 그 환경과 상호작용을 한다.

해설 ③ 규모가 크고 구성이 복잡하며 어느 정도 합리성의 지배를 받는다.

03

농촌지도조직의 특수성으로 옳지 않은 것은?

① 농촌지도조직은 일선지역중심적이고 상의하달적이며 지방분권적인 조직구조를 갖추어야 한다.
② 농촌지도조직은 그 수행과정에서 볼 때 일반행정기관과 독립적인 조직기구를 소유하는 것이 특징이다.
③ 농촌지도조직은 동일행정기관 내에서라도 최소한 기능적으로 분화된 별도의 조직기관을 소유하는 것이 특징이다.
④ 농촌지도조직의 특수성은 농업발전이나 농촌개발에 필수적인 연구, 협동조합, 행정, 교육 등과 같은 조직과 통합되어 있거나 아니면 밀접한 횡적 협동체제를 갖추고 있다.

해설 ① 농촌지도조직은 일반행정조직과 달리 그들 양자가 자유로이 자발적인 분위기 속에서 서로 밀접하게 상호작용을 할 수 있도록 일선지역중심적이고 하의상달적이며 지방분권적인 조직구조를 갖추어야 한다.

04

Mintzberg의 조직 유형에 관한 설명으로 옳지 않은 것은?

① 조직의 유형을 단순구조, 기계적 관료제 구조, 전문적 관료제 구조, 사업부제 구조, 임시특별 조직으로 분류한다.
② 단순구조는 전략부분의 힘이 강한 소규모 신생 조직에 나타나는 유형이다.
③ 기계적 관료제 구조는 기술구조부분의 힘이 강한 유형으로 전형적인 관료제 조직과 유사한 조직이다.
④ 전문적 관료제 구조는 중간관리자를 핵심부문 으로 하는 대규모 조직으로 시장의 다양성 하에서의 힘이 강한 유형이다.

> **해설** ④는 사업부제 구조의 설명이다.

05

다음 중 매트릭스 구조에 대한 설명은?

① 기능구조와 사업구조를 화학적(이중적)으로 결합한 이중적 권한구조를 가지는 조직구조이다.
② 조직의 중간 계층(기술관료, 지원스태프, 중간 관리자)이 없거나 적은 형태이다.
③ 구성원 간의 서열화된 위계를 바탕으로 명시적 인 규범과 절차를 갖춘 대규모 조직이 운영 원리로서, 수직적으로는 계층화되고 수평적으로 는 기능상 분업체계를 이루고 있다.
④ 중간관리자를 핵심부문으로 하는 대규모 조직으 로 시장의 다양성 하에서의 힘이 강한 유형이다.

> **해설** ② 단순구조, ③ 관료제, ④ 사업부제 구조

06

Mintzberg의 조직 유형 중 사업부제 구조에 관한 설명으로 옳지 않은 것은?

① 시장의 다양성 하에서 산출물의 표준화를 중시 한다.
② 각 사업부는 스스로 책임 하에 있는 시장을 중심으로 자율적인 영업활동을 수행한다.
③ 성과관리에 적합하지만 기능부서 간 중복 및 공통관리비 등 규모의 불경제나 사업 영역 간 갈등이 발생할 수 있다.
④ 적응성과 신속성이 높으나, 자원낭비 발생 등으로 성과관리가 용이하지 않다.

> **해설** **사업부제 구조의 장단점**
> • 장점 : 적응성과 신속성이 높고, 성과관리가 용이하다(산출의 표준화 중시).
> • 단점 : 기능부서 간 중복으로 자원낭비 발생 및 각 부서 관리자들 간 영업 영역 마찰이 발생하기 쉽다.

07

Mintzberg의 조직 유형 중 다음 설명하는 유형은 무엇인가?

> • 복잡하고 안정적인 환경에 적합한 조직이다.
> • 작업기술의 표준화를 중시한다.

① 기계적 관료제 구조
② 전문적 관료제 구조
③ 임시특별조직
④ 매트릭스 구조

> **해설** **전문적 관료제 구조의 장단점**
> • 장점 : 전문성 있는 업무 수행이 가능하다.
> • 단점 : 하위 부서 간에 갈등이 있고, 환경 변화에 유기적인 대응이 어렵다.

08

Mintzberg의 조직의 유형 중 임시특별조직(애드호크라시, Adhocracy)의 설명으로 옳지 않은 것은?

① 무언가를 최종적으로 실행하는 조직이라기보다는 그 실행을 위한 문제해결에 최대한 초점을 맞춘 조직유형이다.
② 중간계층이 기술관료와 지원스탭의 역할을 겸하고 있다.
③ 분권화를 바탕으로 창의성과 적응성이 다른 유형에 비해 낮다.
④ 조직 내 책임소재가 불분명하고 갈등 발생 소지가 많다.

해설 ③ 분권화를 바탕으로 창의성과 적응성이 다른 유형에 비해 높고, 불확실한 업무처리에 적합하다.

09

Daft의 조직 유형에 대한 설명으로 옳지 않은 것은?

① 기계적 구조와 유기적 구조를 양극단에 위치시킨다.
② 기계적 구조는 고전적이고 전형적인 관료제 조직이다.
③ 기능 구조는 조직의 전체 업무를 공동기능(인사, 예산 등)별로 부서화한 조직으로 수평적 조정의 필요성이 낮을 때 효과적이다.
④ 매트릭스 구조는 기능 구조보다 더 분권화된 구조를 가진다.

해설 ④는 사업 구조에 대한 설명이다.

10

Daft의 조직 유형 중 사업 구조에 관한 설명으로 옳지 않은 것은?

① 산출물에 기반을 두고 각 사업부를 자율적으로 운영한다.
② 기술적 전문성이 강하나 규모의 불경제, 기능 중복 등으로 인한 비효율성이 나타난다.
③ 각 사업부서는 자기완결적 기능단위로서 사업부서 안에서 기능 간 조정이 용이하다.
④ 불확실한 환경이나 비정형적 기술, 외부지향적인 조직목표를 가진 경우에 유리하다.

해설 ② 기술적 전문성이 저하되고 규모의 불경제, 기능 중복 등으로 인한 비효율성과 사업부서 간 갈등이 나타난다.

11

Daft의 조직 유형에 대한 설명으로 옳지 않은 것은?

① 네트워크 구조는 조직의 자체기능은 핵심역량 위주로만 합리화하고 여타 부수적인 기능은 외부기관들과 아웃소싱(계약위탁)을 통해 연계·수행하는 유기적인 조직이다.
② 수평구조는 구성원을 핵심업무과정 중심으로 조직화한 구조로 팀조직이 대표적이다.
③ 가장 유기적인 조직으로 학습조직이 대표적이다.
④ 학습조직은 공동의 과업, 다수의 규칙과 절차, 공식적이고 집권적인 의사결정이 특징이다.

해설 ④ 학습조직은 공동의 과업, 소수의 규칙과 절차(낮은 표준화), 비공식적이고 분권적인 의사결정, 구성원의 참여, 지속적인 실험 등이 특징이다.

12

관료제의 특징으로 옳지 않은 것은?

① 과업을 세분화, 전문화된 업무 체계로 효율성이 극대화 된다.
② 구성원들이 자기 분야에 전념하여 전문화되고 숙련된 기술을 획득할 수 있다.
③ 구성원들의 권한과 책임이 불분명하여 과업 수행에 있어 책임 소재가 불분명한 문제로 인하여 갈등이 발생할 수 있다.
④ 구성원이 교체되더라도 신분이 보장되므로 안정적인 과업 수행이 가능하다.

해설 ③ 구성원들의 권한과 책임이 명시되어 있기 때문에 과업 수행에 있어 책임 소재가 분명하여 불필요한 갈등 발생을 막을 수 있다.

13

관료제의 특징으로 옳지 않은 것은?

① 연공서열 등 일정한 기준에 따라 공개경쟁을 통해 지위의 획득과 공평한 기회가 보장된다.
② 목적 전치 현상 즉, 규약과 절차를 지나치게 강조한 끝에 오히려 본래의 목적 달성을 방해할 수 있다.
③ 조직 내 연고주의 확산으로 인해 조직의 효율성이 증가한다.
④ 조직의 직위 구조는 피라미드 형태의 위계 구조를 띤다.

해설 ③ 조직 내 연고주의 확산, 연공서열의 강조로 인한 무사 안일주의, 복지부동으로 인해 조직의 효율성이 떨어진다.

14

농촌진흥청의 변천과정에 대한 설명으로 옳지 않은 것은?

① 1949년 설립된 농업기술원은 6·25전쟁으로 지도 사업이 부진하였다.
② 1957년 설립된 농사원은 상향식의 교육적 지도 활동을 전개하였다.
③ 1962년 농촌진흥청은 하향식 농촌지도사업 계획을 수립하고, 인사권은 시장·군수에게 귀속되었다.
④ 1997년 지방농촌진흥기구를 지방자치단체로 이관하였다.

해설 1962년 농촌진흥청은 하향식 농촌지도사업 계획을 수립하고, 지방 농촌진흥기관은 도지사, 시장·군수에게 귀속되었지만 외청으로 두게 되었으며, 그 인사권은 농촌진흥청장이 소유하도록 하였다.

15

다음 농촌지도기관의 설명으로 옳지 않은 것은?

① 농사원 발족 이후에도 농촌지도사업이 산발적으로 전개되어 그 효과는 미미했다.
② 권업모범장은 후대에 농업기술원이 된다.
③ 1957년 농사교도법 제정으로 현대 농촌지도사업의 기반을 마련하였다.
④ 농촌진흥청은 국립축산과학원뿐만 아니라 국립농업과학원, 국립식량과학원, 국립원예특작과학원도 따로 두고 있다.

해설 ② 권업모범장(1906)은 후대에 농촌진흥청(1962)이 된다.

안심Touch

16

1957년 제정된 농사교도법과 농사원의 설명으로 옳지 않은 것은?

① 중앙에 농사원, 각 도에 도농사원, 각 시군에 농사교도소와 지소를 두도록 규정하였다.

② 교도 공무원은 교도사업 이외의 사무에 관여하거나 겸무를 금지시켰다.

③ 연구사업과 교도사업을 단일행정체계에서 총괄하게 되었고, 농업행정과의 이원적 지도체계를 이루었다.

④ 농과계학교 졸업자에 한해 응시자격을 부여하여 다른 공무원과 구별되는 농촌지도 공무원 제도를 확립한다.

> 해설 ③ 연구사업과 교도사업을 단일행정체계에서 총괄하게 되었고, 농업행정과의 이원적 지도체계를 농사원의 교도사업으로 일원화하였다.

17

농촌진흥청의 연혁에 대한 설명으로 옳지 않은 것은?

① 1906년 권업모범장 설치

② 1929년 농사시험장으로 개칭

③ 1947년 농업기술교육령에 의하여 농사개량원 발족

④ 1957년 대통령령에 의거 농업기술원 발족

> 해설 농촌진흥청 연혁
> • 1906년 : 권업모범장 설치
> • 1929년 : 농사시험장으로 개칭
> • 1947년 : 농업기술교육령에 의하여 농사개량원 발족
> • 1949년 : 농업기술원 발족
> • 1957년 : 대통령령에 의거 농사원이 발족, 농촌지도업무를 통합·운영
> • 1962년 : 농촌진흥청은 농촌진흥청직제 각령에 의거하여 발족

18

시군 농업기술센터에 대한 설명으로 옳지 않은 것은?

① 농업기술센터 소장·과장은 농촌지도관의 직급을 갖으며, 농촌지도사들이 일선 농촌지도업무를 담당한다.

② 특·광역시·시·군에 농업기술센터를 두고 농업기술센터 관내 주요 지구에는 농업기술센터 상담소를 두어 순수 농민교육과 봉사사업을 전담한다.

③ 농업·임업·잠업·축산·생활개선·청소년 지도·농촌사회지도사업 등을 담당하고 있다.

④ 강제로 생산목표를 달성하려는 전제적 지도방식을 채택하고 있다.

> 해설 ④ 강제로 생산목표를 달성하려는 전제적 지도방식이 아니라 교육을 통한 민주적 지도방식을 채택하고 있다.

19

농업발전 요소의 기능이 아닌 것은?　　06 대구 기출

① 농촌지도

② 시 장

③ 공 급

④ 교 통

> 해설 Mosher의 농업발전에 필요한 필수불가결 요소(농업발전 요소의 기능)
> 새로운 기술, 시장, 공급, 교통, 유인

20

농업발전자극의 기능에 속하는 것은? 97 강원 기출

① 기 술
② 시 장
③ 유 인
④ 조직활동

> **해설** Mosher의 농업발전에 필요한 촉진제(농업발전 자극의 기능)
> 농촌지도, 신용, 조직활동, 토지발전, 계획

21

농업산학협동의 발생요인으로 옳지 않은 것은?

97 경남 기출(변형)

① 조직관계적 요인
② 정신적 요인
③ 환경적 요인
④ 조직성격적 요인

> **해설** 농업산학협동의 발생요인
> • 조직관계적 요인 : 어느 한 기관의 상대기관에 대한 인식의 정도에 관계되는 요인으로 영역, 자원, 권위의 3가지가 산학협동에 영향을 미친다.
> • 환경적 요인 : 농업관계기관들을 둘러싸고 있는 제환경의 변화를 말한다.
> • 조직성격적 요인 : 어느 조직체 내부의 개별적 성격으로, 산학협동에 관계하는 요인을 말한다.

22

농업산학협동 시 일어날 수 있는 갈등과 거리가 먼 것은?

① 부채 전환
② 영역 침범
③ 사업 방해
④ 정보의 감춤

> **해설** 농업산학협동 시 야기될 수 있는 갈등
> 자본 전환, 영역 침범, 사업 방해, 과장, 정보의 감춤, 혐오, 불신

23

세종 때 정초와 변효문이 왕명에 의해 편찬한 우리나라 최초의 농서는? 03 충남 기출(변형)

① 사시찬요
② 양화소록
③ 농사언해
④ 농사직설

> **해설** 「농사직설」은 조선 세종 때의 문신인 정초·변효문 등이 왕명에 의하여 편찬한 농서이다. 풍토가 다르면 농사의 법도 다르기 때문에, 이미 간행된 중국의 농서와 같지 않다.

24

조선시대 농업서 중에서 주자의 권농문을 종합하여 간행한 것은?

① 정초, 변효문의 「농사직설」
② 강희안의 「양화소록」
③ 김안국의 「농사언해」
④ 신속의 「농가집성」

해설　효종 6년 : 신속의 「농가집성」(1655)
농사직설, 사시찬요, 금양잡록, 주자의 권농문을 종합하여 간행하였으며 농업서 중에 가장 중요한 농서이다.

25

우리나라 근대의 농촌지도 발달 순서로 옳게 나열한 것은?

① 잠사시험장 설치 - 권업모범장 설치 - 농상공학교 설립 - 양잠강습소 개설
② 농상공학교 설립 - 잠사시험장 설치 - 권업모범장 설치 - 양잠강습소 개설
③ 잠사시험장 설치 - 농상공학교 설립 - 권업모범장 설치 - 양잠강습소 개설
④ 잠사시험장 설치 - 양잠강습소 개설 - 농상공학교 설립 - 권업모범장 설치

해설　잠사시험장(1900년) - 농상공학교(1904년) - 권업모범장(1906) - 양잠강습소(1907년)

26

우리나라 근대 농촌지도의 발달과정으로 옳지 않은 것은?

① 1900년 : 잠사시험장 설치
② 1906년 : 농림학교(수원) 설립 및 권업모범장 설치
③ 1926년 : 조선농회 설립
④ 1962년 : 농촌진흥운동 시작

해설　④ 1932년 : 농촌진흥운동 시작

27

일제강점기 때의 우리나라 농촌지도에 관한 설명으로 옳지 않은 것은?

① 1926년 조선농회는 실질적으로 일본의 식민정책을 위한 관부단체로 그들의 지시를 받아 따르게 하는 어용농민단체였다.
② 1929년 권업모범장을 농사시험장으로 개칭하였고, 기구를 확대 개편하여 식민지 시대 농촌진흥사업이 전개되었다.
③ 1930년 조선농민사는 농민의 지식 계발과 교양운동을 위해 농촌에 농민학원을 개설하고, 월간 「농민」을 발간하였다.
④ 1932년 시작된 농촌진흥운동은 관공서보다 농민의 자발적 노력이 중심이 되어 체제를 운영하였다.

해설　농촌진흥운동은 농민의 자발적인 노력보다 관공서가 중심이 되었다. 군과 읍면에 전담직원을 두고 월 1회 이상 농가를 방문하여 추진상황을 확인하고 독려하도록 하는 체제로 운영되었다.

28

일제강점기 때의 우리나라 농촌지도의 연대별 순서로 옳은 것은?

① 조선농회 → 4-H 운동 소개 → 농사시험장 → 농민학원개설 → 농촌진흥운동

② 4-H 운동 소개 → 조선농회 → 농사시험장 → 농민학원개설 → 농촌진흥운동

③ 조선농회 → 4-H 운동 소개 → 농민학원개설 → 농사시험장 → 농촌진흥운동

④ 조선농회 → 농사시험장 → 4-H 운동 소개 → 농촌진흥운동 → 농민학원개설

해설 일제강점기의 농촌지도는 조선농회(1926), 4-H 운동 소개(1927), 농사시험장(1929), 농민학원개설(1930), 농촌진흥운동(1932) 순이다.

29

일제강점기 때의 우리나라 조선농회(1926년~)에 대한 설명으로 옳지 않은 것은?

① 전 농민을 당연회원으로 하여 의무적으로 회비를 납부하게 하였다.

② 중앙, 도, 시군에 설치되었고 소작농을 제외한 모든 농민이 회원의 대상이었다.

③ 주 목적인 농사지도를 위한 강습회, 경진회, 품평회, 농업자 대회, 농서출판, 모범부락 조성 등의 활동을 추진하였다.

④ 농회는 일본의 식민정책을 위한 관부단체였으나 농민들의 자발적인 농촌진흥운동으로 진전되었다.

해설 ④ 농회는 실질적으로 일본의 식민정책을 위한 관부단체로 그들의 지시를 받아 따르게 하는 어용 농민단체였다.

30

일제강점기 때의 우리나라 농사시험장(1929년)에 대한 설명으로 옳지 않은 것은?

① 권업모범장을 농사시험장으로 개칭하였다.

② 농촌지도사업은 별도의 전담 부서에서 인쇄물의 배부, 강습, 강의, 실습지도 등의 활동을 수행하였다.

③ 식민지 조선에 전통 농업기술을 구축하고 일본식 농업기술을 강제로 따르게 하는 역할을 했다.

④ 각 도에 도종묘장과 군채종답을 설치하여 벼 장려품종과 개량농법을 일방적으로 지도하였다.

해설 ② 농촌지도사업은 별도의 전담 부서 없이 각 부서와 기관에서 인쇄물의 배부, 강습, 강의, 실습지도, 기술자 양성, 견습생 지도, 현지출장 순회, 권업모범장 소유 농지의 소작인 지도 및 품평회 개최, 권업모범장 참관인 안내, 농민의 질의에 대한 서면 및 구두 설명 지도 등의 활동을 수행하였다.

31

일제강점기 때의 우리나라의 4-H 운동에 대한 설명으로 옳지 않은 것은?

① 프랑스 YMCA를 통해 4-H 운동이 소개되었다.

② 4-H 운동을 통하여 민족독립운동을 전개하였다.

③ 농촌청소년회, 사각청소년회라는 이름으로 생활 중심의 청소년 교육활동을 전개하였다.

④ YMCA는 1929년 서울 신촌에 농민고등학교를 설치하여 농민교육을 실시하였다.

해설 ① 미국 YMCA를 통해 4-H 운동이 소개되었다. 즉, 뉴욕에 있는 국제 YMCA의 재정지원과 우리나라 각 지역에 지도사를 파견하면서 4-H 클럽이 조직되었다.

32

일제강점기 때의 우리나라 농촌진흥운동(1932년~)에 대한 설명으로 옳지 않은 것은?

① 조선총독부가 주도하여 1932년~1940년 사이동안 전개하였던 관제농민운동이었다.
② 지도방법은 민중을 각성시켜 농업기술을 강제로 따르게 하는 것이었다.
③ 소작농 위주의 농촌사회 불만을 억누르고 관심을 다른 곳으로 돌리기 위한 목적이 주된 것이었다.
④ 농민 자발적 노력보다 관공서가 중심이 되어 군과 읍면에 전담직원을 두고 월 1회 이상 농가를 방문하여 추진상황을 확인하고 독려하도록 하는 체제로 운영되었다.

해설 ② 지도방법은 민중을 각성시켜 스스로 듣고, 스스로 보고, 스스로 생각하도록 지도하였으며, 자치, 자율, 자력하도록 지도하였다.

33

해방 후 미군정청이 설립한 우리나라 최초의 농업시험 및 농촌지도 사업기구와 가장 관계가 깊은 것은?

① 권업모범장
② 농사개량원
③ 농사기술원
④ 농사원

해설 1947년 미군정은 농업기술교육령을 공포하고, 분산 독립된 각종 시험연구기관의 통합과 시험사업 및 지도사업의 긴밀한 연결을 위하여 서울에 국립농사개량원을 설립하였다.

34

해방 후 우리나라 농촌지도 사업의 발달과정으로 옳지 않은 것은?

17 지도사 기출(변형)

① 1961년 농사교도법을 농사연구교도법으로 개정하였다.
② 현대적인 농촌지도사업의 기반을 마련한 농사교도법이 제정되었다.
③ 1957년 농사원 발족 이후에도 산발적 농촌지도를 전개하여 지도사업의 효과는 크지 않았다.
④ 1960년대 농촌진흥법을 제정하여 상향식 농촌지도사업 계획수립을 지향하였다.

해설 ④ 1960년대 농촌진흥법을 제정하여 상향식 농촌지도사업 계획수립을 지양하고 하향식으로 변경하였다.

35

광복 후(해방 후) 농촌지도 중 농사개량원의 설명으로 옳지 않은 것은?

① 미국식 제도를 도입하여 농과대학, 농사시험장, 교도국을 통합한 기구이다.
② 각 도에는 도농사시험장과 지방교도국을 따로 두도록 하였다.
③ 민주적 · 교육적 미국식 농촌지도를 처음으로 전개했다.
④ 지도기구는 행정과 이원화되었다.

해설 ④ 지도기구는 행정과 완전히 독립되었고, 재정도 모두 국고에서 지출되는 교육적 지도사업이 가능하다는 장점이 있었다.

36

해방 후 우리나라 농촌지도사업의 발달과정으로 옳지 않은 것은?

① 1947년 농업기술교육령에 의거하여 농사개량원이 발족되었다.
② 1949년 기존의 농사개량원을 폐지하고 농업기술원이 새로 발족되었다.
③ 1952년 농업교도요원제도를 마련하여 농림부장관 직속 하에 농사보급회를 두었다.
④ 6 · 25전쟁 이후 공공단체를 통한 농촌지도사업이 수행되어 중앙-도-시군-읍면-리동에 이르는 행정적 지도조직이 구성되었다.

해설 1952년 농업교도요원제도가 마련되어 중앙에는 농림부장관 직속 하에 농사보급회를 두고, 지방에는 농사보급회 읍면 지부를 둠으로써, 중앙-도-시군-읍면-리동에 이르는 행정적 지도조직이 구성되었다.

37

1956년 제출된 메이시 보고서에 대한 설명으로 옳지 않은 것은?

① 일반 행정기구와 통합된 농사교도사업 기구를 법률에 의해 설치한다.
② 소요 예산은 국회의 예산 조치에 의해 충당한다.
③ 이 사업을 수행하기 위한 명백한 행정체계를 수립한다.
④ 농사교도기구는 농민을 위해 비정치적이고 공평한 입장에서 헌신적으로 일할 수 있도록 한다.

해설 ① 일반 행정기구와 분리된 농사교도사업 기구를 법률에 의해 설치한다.

38

다음 시대별 농촌지도의 발달과정으로 옳지 않은 것은?

① 1956년 : 메이시 보고서
② 1957년 : 농사교도법 제정, 농사원 개원
③ 1952년 : 농업교도요원제도 설치
④ 1962년 : 농촌진흥운동 시작

해설 ④ 1962 : 농촌진흥법 제정

39

다음 시대별 농촌지도의 발달과정으로 옳지 않은 것은?

① 1947년 농사교도법의 제정으로 국립농사개량원을 설립하였다.
② 1949년 농업기술원이 발족되어 각 도에는 시험장과 교도국을 통합하여 도농업기술원이 설치되었다.
③ 1957년 농사교도법이 제정되어, 현대적인 농촌지도사업의 기반을 마련하였다.
④ 1962년 농촌진흥청이 발족되어 상향식 농촌지도사업 계획수립을 지양하고 하향식으로 그 방식을 변경하였다.

해설 ① 농사교도법의 제정으로 농사원이 설립되었다.

40

다음 중 최초로 법률적 보장을 받은 농촌연구지도 사업기구는?

① 농업기술원
② 농촌진흥청
③ 농사원
④ 권업모범장

> **해설** 농사원은 1957년 농사교도법이 제정되어 우리나라의 현대적인 농촌지도사업의 기반을 만들었고 농촌지도사업을 일반행정기구와 분리시키면서 만들어진 조직으로 최초로 법률적 보장을 받은 농촌연구지도사업기구이다.

41

1957년 농사교도법, 농사원에 대한 설명으로 옳지 않은 것은?

① 농사교도법을 제정하여 최초 법적 지위를 보장받았다.
② 농사교도법의 국회통과로 고등학교 졸업자에 한해 응시자격을 부여하여 농촌지도공무원 제도를 확립하였다.
③ 민주주의적이며 교육적 성격의 지도사업체계를 구축하였다.
④ 교도공무원은 교도사업 이외의 사무에 관여 및 겸무를 금지시켰다.

> **해설** 농사연구 교도공무원의 자격규정과 자격검정 시험 규정이 공포됨에 따라 농과계학교 졸업자에 한해 응시자격을 부여하여 농촌지도공무원 제도를 확립하였다.

42

1962년 제정된 농촌진흥법에 대한 설명으로 옳지 않은 것은?

① 기존의 다원적인 농촌지도사업을 일원화하기 위한 목적으로, 지역사회개발사업을 농사교도사업에 통합하였다.
② 식량자급달성을 위한 농촌지도체계를 확립하기 위해 농촌지도사업 계획수립을 하향식으로 변경하였다.
③ 지방 농촌진흥기관의 인사권이 지방자치단체장에게 귀속되었다.
④ 다른 기관에서는 농촌지도사업을 할 수 없고 필요시에는 사전에 승인을 얻게 되어 있으며, 진흥청과 긴밀히 협조하도록 하였다.

> **해설** ③ 지방 농촌진흥기관은 도지사, 시장, 군수에게 귀속되었지만 외청으로 두게 되었으며, 그 인사권은 농촌진흥청장이 소유하도록 하였다.

43

농촌지도사업 추진체계 변화의 특징으로 옳지 않은 것은?

① 1957년 농사교도법을 제정하여 최초로 법적 지위를 보장받았다.
② 1962년 농촌진흥법이 제정된 이후 현재의 농촌지도체계를 유지하고 있으며, 농촌지도사업은 독립된 하나의 기능으로 유지되고, 지방직 농촌지도공무원이라는 신분을 보장받았다.
③ 전국의 농촌지도소는 1962년 농촌진흥법에 따라 설치되었다.
④ 1995년 농촌진흥법 개정으로 국가와 지방자치단체 간 역할을 분담하기 위하여 지방 농촌진흥기관을 지방자치단체 직속기관으로 설치하도록 규정하였다.

1997년 농촌지도공무원 신분이 국가직에서 지방직으로 전환되면서 지방 농촌진흥기관의 인사·재정·감시권이 지방자치단체장에게 귀속되었다.

45

다음 중 농촌지도사의 지방직 전환 이후 나타난 경향으로 옳지 않은 것은?

① 국가 및 지역농업 발전 저해
② 지도 조직 및 인력의 감소
③ 유관기관 간 연계의 강화
④ 농업행정과의 통폐합으로 위상 저하 및 예산의 감소

③ 유관기관 간 연계의 약화 즉, 지방화 이후 '농촌진흥청 – 도농업기술원 – 시군 농업기술센터'의 관계가 농촌지도사업 운영에서만 관계되고 있을 뿐 실질적으로 농촌지도사업을 추진하는 데 많은 어려움이 나타나고 있다.

44

1997년 농촌지도공무원 신분이 국가직에서 지방직으로 전환됨에 있어서의 변화로 옳지 않은 것은?

① 지방 농촌지도기관의 인사·재정·감시권이 지방자치단체장에게 귀속되었다.
② 지방자치단체장 의지에 따라 농촌지도조직과 농업행정조직이 통합되는 경우가 발생하였다.
③ 지방화 후 농촌지도사업 추진체계는 중앙 농촌진흥청, 지방 각 도농업기술원 및 시군의 농업기술센터가 수직적인 구조를 갖추게 되었다.
④ 지방화 후 지역실정에 맞는 지도사업이 추진되고, 지방비 확보도 상대적으로 용이하게 되었으며, 시군 간 인사이동 없이 안정적으로 근무할 수 있게 되었다.

지방화 후 도농업기술원 및 시군의 농업기술센터는 각 소속 도와 시군 지자체의 통제 하에 놓인 반면, 기존의 '농촌진흥청 – 도농업기술원 – 시군 농업기술센터'로 이어지는 연결고리는 거의 단절되었다.

46

지방화 이후 농촌지도사업의 문제점으로 옳지 않은 것은?

① 지도직의 지방직화에 따라 국가 차원의 지도사업 조정 기능이 저하되었다.
② 시군 농업기술센터가 새 기술 시범사업에 보다 전념할 수 있었다.
③ 자치단체의 지원 하에 지역특화에 성공하는 지방지도기관과 그렇지 못한 지도기관 간 인력 및 예산 확보 측면에서 양극화가 심화되고 있다.
④ 지도공무원이 행정업무와 지자체 전시업무 지원에 대거 동원되기 때문에 지방화 전보다 지도 서비스의 수준이 약화되었다.

② 시군 농업기술센터가 새 기술 시범사업보다 자치단체별 지역특화작목 중심의 지도사업에 전념한 결과 새 기술 보급이 지연되고, 국가 차원의 조정이 없어 농산물 공급과잉과 가격하락의 문제를 초래하고 있다.

안심Touch

47

우리나라 농촌지도의 특징으로 옳지 않은 것은?

① 도, 시군의 지방단위에서 농촌지도기구와 일반 행정기구가 기능적으로 분화된 가운데 통합되었다.
② 농촌지도조직은 농사시험연구사업과 농촌지도사업이 동일조직에 병합되어 연구결과의 신속하고 효과적인 보급이 가능하다.
③ 농촌지도요원은 직제상으로 일반행정요원과 동일하여 지도사업의 전문적, 교육적 기능을 향상시킬 수 있다.
④ 농촌지도기관은 농업계학교와 횡적으로 협동하도록 제도화되어 있다.

> 해설 ③ 농촌지도요원은 직제상으로 일반행정요원과 분리시켜 지도사업의 전문적, 교육적 기능을 제고함과 동시에 농민과 행정기관의 교량역할을 한다.

48

우리나라의 농촌지도과제로 옳지 않은 것은?

① 지난날의 일방적이고 행정독려적인 지도체제에서 탈피하여야 한다.
② 농촌지도가 주체지향적, 상의하달적, 작목증산적이어야 한다.
③ 상업영농시대와 국제개방화시대에 알맞은 농촌지도체계를 확립해야 한다.
④ 농촌주민을 농촌지도과정에 참여시켜야 한다.

> 해설 ② 지금까지 농촌지도가 주체지향적, 상의하달적, 작목증산적이었다면, 앞으로는 객체지향적, 하의상달적, 대상자의 소득증대와 삶의 질 향상 중심으로 가야 한다.

01

농업경영의 전략적 의사결정에 대한 설명으로 옳지 않은 것은?

① 단기적이고 포괄적인 경영전반에 관한 의사결정이다.
② 경영조직에 필요한 자원을 어떻게 조달할 것인가 하는 것이다.
③ 통상 경영자의 직접 통제하에 있지 않은 조직외부의 정보를 필요로 한다.
④ 전략적 의사결정의 책임과 집행 소재가 고위 간부층에 있다.

해설 ① 장기적이고 포괄적인 경영전반에 관한 의사결정으로, 고위간부회의, 해외진출전략, 다각화전략 등이 있다.

02

농업경영의 전술적 의사결정에 대한 설명으로 옳지 않은 것은?

① 중기성의 특별한 과제에 대한 의사결정이다.
② 주어진 자원 내에서 효율적인 배분을 찾는 것이다.
③ 조직 내부의 정보를 필요로 한다.
④ 전술적 의사결정의 책임과 집행 소재가 최고 경영층에 있다.

해설 중간관리자회의, 해외진출에 따른 최선의 대안 등의 의사결정으로 책임과 집행 소재가 중간 경영층에 있다.

03

농업경영의 운영적 의사결정에 대한 설명으로 옳지 않은 것은?

① 단기적이고 빈번한 직접적인 행위의 개선 위주이다.
② 설정된 계획을 수행하는 데 필요한 작업결정을 말하는 것이다.
③ 결과는 단시일에 나타나며, 이를 위한 정보는 성문화되어 있고 찾기 쉬우며 만들어진 전략적 결정으로부터 도출되는 경우가 많다.
④ 운영적 의사결정의 책임과 집행 소재가 중간 관리감독층에 있다.

해설 ④ 운영적 의사결정의 책임과 집행 소재가 하위 관리감독층에 있다.

04

농업경영에서의 의사결정의 유형 중 구조적인 문제의 유형이 아닌 것은? 17 지도사 기출

① 재고정리
② 사료배합
③ 업종의 선택
④ 생산목표 결정

해설 **농업경영에서의 의사결정의 유형**

문제의 유형에 따른 분류	의사결정의 범위에 따른 분류			의사결정에 필요한 지원
	전략적 결정	전술적 결정	운영방법적 결정	
정형적 (구조적)	업종의 선택	최소비용 자원구성	재고정리, 사료배합, 장부·기록 작성	사무적
반정형적 (반구조적)	기업의 확장	생산목표 결정	농가 채무 구조 재편성	의사결정 시스템
비정형적 (비구조적)	기업 구조의 재편성	책임소재 결정	일손고용 시간짜기	인간의 판단능력
의사결정 체계	고위 간부층	중간 경영층	하위관리층	–

05

농업경영자의 의사결정을 돕는 농업경영지도 분석의 범주에 속하지 않는 것은? 14 지도사 기출(변형)

① 상황분석
② 진단분석
③ 예측분석
④ 평가분석

해설 **농업경영지도 분석**
• 상황분석 : 일정 시점에 농장의 현황에 관한 자료를 제시하는 것(농가의 경영조건 파악)으로, 농장의 과제와 환경 및 성격을 파악한다.
• 진단분석 : 농장 현황과 장단기 목표를 비교하여 그 차이를 분석함으로써 농장의 장단기 과제를 파악하게 한다.
• 예측분석 : 과제해결을 위해 가능한 방안(대안)들을 모색하고, 대안들이 어떤 결과를 초래할지 파악하여 미래에 발생할 문제를 점검한다.
• 처방분석 : 예측분석 후 얻은 정보를 의사결정에 사용하기에는 부족하기 때문에 예측결과 들을 경영목표(Goal)와 목적(Objectives)에 비추어 의사결정 기준을 설정해야 한다.

06

농장의 현재 상태(Facts)에 관한 자료를 제시하는 분석은? 17 지도사 기출(변형)

① 상황분석
② 진단분석
③ 예측분석
④ 처방분석

해설 상황분석은 일정 시점에 농장의 현황(Fact)에 관한 자료를 제시하는 것으로, 농장의 과제와 환경 및 성격을 파악한다.

07

경영분석의 종류 중 상황분석에 대한 설명으로 옳은 것은?

① 경영의사의 결정은 경영자의 입장에서 과제를 파악하는 것에서 시작하며, 경영지도활동은 농가의 경영조건을 파악하는 것에서 시작된다.

② 농장의 장단기 목표는 일정기간 동안 경영성적으로 분석 또는 같은 기간의 다른 농장의 경영성적과 비교하여, 농업경영의 성적을 나타내는 가치화한 수행지표로 나타낸다.

③ 상황분석에 의해 파악된 농장현황을 농업경영의 수행도로 나타내는 가치나 기준치들과 비교하였을 때 과제가 파악될 수 있다.

④ 경영지도사는 농장의 수행기준치와 농장현황의 차이에 따라 과제를 설정하고 농장경영의 개선에 관한 결정을 내려야 하는데 이러한 과제분석을 포함하고 있다.

> **해설** ② · ③ · ④는 진단분석에 대한 설명이다.

08

경영분석의 종류 중 진단분석에 대한 설명으로 옳지 않은 것은?

① 농장경영에 있어서의 가치는 가족에 대한 가치, 기업에 대한 가치, 지역사회에 대한 가치로 구별된다.

② 가족에 대한 가치는 계층적 배경, 종교적 믿음, 사회적 가치체계 등에 영향을 받는다.

③ 기업에 대한 가치는 서로 다른 가족가치와 사업가치, 제도적 가치들이 어떤 공통분모를 가지는 의사법칙 등에 영향을 받는다.

④ 기록과 자료정리 시 선진국에서는 표, 매트릭스, 인과가지, 인과지도 등 복잡한 방법을 사용한다.

> **해설** ③은 지역사회에 대한 가치의 설명이다. 기업에 대한 가치는 경영의 경험과 지식, 사업형태, 사업동기, 농장의 환경과 배경에 따라 서로 다른 가족가치와 사업가치 등에 영향을 받는다.

09

경영분석의 종류 중 예측분석에 대한 설명으로 옳지 않은 것은?

① 과제해결을 위해 가능한 방안(대안)들을 모색하고, 대안들이 어떤 결과를 초래할지 파악하여 미래에 발생할 문제를 점검함으로써 문제점들을 제거할 수 있도록 하는 것이다.

② 정상 확률 과정의 표본 값에 선형의 조작을 하여 예측 값과 예측 오차를 얻고, 그로부터 스펙트럼 분해를 구하는 방법이다.

③ 농업경영지도사와 농가의 예측방법에는 시뮬레이션, 시스템 분석, 선형계획법, 농장전체분석 등이 있다.

④ 예산법은 간편하고 쉬운 예측방법으로 선진국의 개별농가에서 많이 이용된다.

> **해설** **예산법**
> 제한된 과제해결의 대안들을 가지고 각기 대안이 실행되었을 때 파생되는 기대비용과 기대수익의 차이를 평가하는 것이다. 이는 간편하고 쉬운 예측방법으로 컴퓨터가 없거나 기술교육이 되지 않은 후진국 등에서 사용된다.

10

경영분석의 종류 중 처방분석에 대한 설명으로 옳지 않은 것은?

① 예측분석으로 얻은 정보는 의사결정에 사용하기에는 부족하므로 예측되는 결과들을 경영목표와 목적에 비추어 경영의사결정 과정에 포함시켜야 한다.

② 농업경영의 목표에는 가족목표, 사업목표, 지역사회목표가 있다.

③ 목표가 상충할 경우 농업경영자와 농업지도사는 이익이 큰 목표를 선택해야 한다.

④ 경영과제 해결을 위한 대안은 실현가능하고 이해할 수 있고, 농장과 관련이 있어야 하며, 농장의 경영개선이 이루어져야 한다.

> 해설　각 농장은 각자의 여건에 따라 가족목표, 사업목표, 지역사회 목표를 세우는데, 3가지 목표가 상충할 경우 농업경영자와 농업지도사는 처방분석 이전에 이들 목표 사이에 절충점을 찾아야 한다.

11

농업경영지도에 있어 농촌지도기관의 설명으로 옳지 않은 것은?

① 영농규모가 커지고 상업적 영농이 이루어지면서 공공기관에 의한 지도사업의 역할이 증가하고 있다.

② 농업선진국에서는 사설 지도업체가 경영지도의 중요한 역할을 담당하고 있으며 그 유형도 다양화되고 있다.

③ 농장의 경영을 보다 종합적으로 지도하기 위해서 공공지도기관과 사설지도기관의 연계가 필요하다.

④ 기존 농업지도사업은 정부기관을 중심으로 이루어졌다.

> 해설　① 영농규모가 커지고 상업적 영농이 이루어지면서 민간에 의한 지도사업의 역할이 증가하고 있다.

12

농업경영지도의 내용에 관한 내용으로 옳지 않은 것은?

① 경영지도에는 생산지도, 유통지도, 재정지도, 경영기록지도, 경영조직 지도, 위기관리지도 등이 있다.

② 경영지도사는 농가의 내·외적인 상황을 파악하는 것이 우선이며 이를 위해서 농가에 대한 기본적인 기록이 있어야 한다.

③ 재정지도에서 지도사의 역할은 농가의 부채, 자산상황, 경영성적, 금융기관들의 이자율과 대출조건 등을 파악하고 있어야 한다.

④ 가장 오래되고 전통적인 지도방법은 경영조직지도이다.

> 해설　④ 가장 오래되고 전통적인 방법은 생산지도이다. 작목선정, 농자재에 대한 분석, 농자재와 농산물 가격정보 파악 등을 지도하는 것이다.

PART 07

외국의 농촌지도조직

미국의 농촌지도

|01| 농촌지도 발달 및 특징

(1) 미국 농촌지도의 발달

1843년	순회농업교사 활용(미국 뉴욕주 농업협회)
1847년	아일랜드의 농업서비스 사업(최초의 농촌지도사업)
1862년	미국 모릴법 제정 : 주립대학 설립, 미국 농무부 창설
1863년	농민학원 개설
1873년	확장교육 실시(영국 케임브리지 대학)
1874년	차우타우콰(Chautauqua) 운동 시작(영국 확장교육에 영향을 받음)
1886년	농사전시사업 실시(Knapp)
1887년	해치법 제정 : 농업시험장 설립
1890년	대학확장교육협회 창립
1899년	이동식 학교 운동(Movable School)
1900년	생활개선사업 실시, 청소년지도사업 실시
1914년	스미스-레버법 제정 : 농촌지도사업 법적근거마련, 협동적 농촌지도사업

① 미국 농촌지도의 역사적 배경
  ㉠ 유럽 최초의 농촌지도사업
    • 1847년 아일랜드에서 실시된 농업서비스 사업이다.
    • 당시 감자 기근의 문제를 해결하기 위해 농업순회교사를 채용하여 기근이 심각한 농가 및 지역을 순회하며 교육사업을 실시했다.
  ㉡ 현대적 농촌지도 : 1873년 영국 케임브리지대학에서 일반시민을 대상으로 한 교육사업에서 유래되었다.

② 1843년 순회농업교사 활용
  ㉠ 순회농업교사는 미국 농촌지도사업의 최초 형태이다.
  ㉡ 뉴욕주 의회 농업위원회에서 주 농업협회가 순회교사를 초빙하여 주 전체를 순회하면서 농업에 관한 지식·기술을 강의할 수 있도록 법제화하였다.
  ㉢ 미국 최초로 농업교사들을 채용하여 순회지도를 실시하였다.
  ㉣ 1845년 오하이오주 농업협회도 순회교사를 채용하였고, 지역사회마다 한 달에 한 번씩 주민회의를 소집하여 강의를 듣고, 결과를 보고하였다.

③ 1862년 모릴(Morrill)법 제정

　㉠ 모릴법은 농업 · 공업 분야의 숙련기술자 육성을 목표로 제정하였다.

　㉡ 농업과 공업을 가르치는 대학을 각 주에 하나 이상 설립하고 정부가 대학에 국유지를 제공하였다.

　㉢ 미국 산업인력을 양성하는 주립대학이 설립되었다.

　㉣ 초창기 교육환경은 교외 농장에서 동식물에 대한 학습 또는 교수가 농장에서 직접 실험한 결과를 학생들에게 가르치는 열악한 수준이었다.

④ 1863년 농민학원(Famer's Institutes) 개설

　㉠ 메사추세츠 주 암허스트 대학의 히트콕(Hitcock) 총장이 농민학원의 설립 필요성을 제기하였다.

　㉡ 농민학원은 1863년 주 농업위원회에 의해 메사추세츠 주의 스프링필드(Springfield)에 처음 설립되었고, 1899년까지 3개 주를 제외한 모든 주에 설립되었다.

　㉢ 농민학원은 농민, 농가주부, 청소년을 대상으로 2~3일 동안 농업과 가정에 관한 주요 주제를 토의하는 지역농민의 개별 집회였다.

　㉣ 농촌지도사업이 정식으로 발족되기 이전에 여러 곳에 결성되어 농촌지도사업을 대행하였다.

　㉤ 워싱턴은 농민학교에서 미국 농촌의 흑인을 대상으로 농촌지도사업을 실시하였다.

　㉥ 1899년 카버(Carver)는 농민교육을 위해 이동식 학교를 설립하였다.

　㉦ 1890년대~20세기 초 농민학원을 통해 대학의 교육적 기능을 확대하였다.

⑤ 1874년 차우타우콰(Chautauqua) 운동

　㉠ 뉴욕 주 차우타우콰(Chautauqua) 호숫가에서 1874년부터 여름철에 10일 동안 다양한 주제로 강의 · 토의를 중심으로 하면서 오락과 휴식도 겸하는 모임이다.

　㉡ 활동이 확대되어 정기집회 외에도 독서모임, 통신강의도 하였다.

　㉢ 코넬(Cornell)대학은 지역 포도 재배 농업인의 문제를 해결하기 위해 농업 시험장에서 포도 재배 연구 · 지도를 위한 정보 제공용 유인물을 발간하고, 단기 강좌를 개설, 독서회뿐만 아니라 강사의 현장지도를 실시하였다.

　㉣ 코넬대학의 사례는 전국으로 확산되어 1890년 대학확장교육협회가 창립되었다.

　㉤ 1891년 뉴욕 주립대학이 처음으로 대학확장교육을 대학의 공식사업으로 인정하고 예산을 투자하였다. 후에 1892년 시카고대학, 위스콘신대학으로 확산되었다.

⑥ 1886년 농사전시사업

　㉠ 농사전시사업은 냅(Knapp)에 의해 실시되었다.

　㉡ 1886년 루이지애나(Louisiana)에 거주하는 원주민 · 이주민이 농사법에 관심이 없자 지도급 농부 몇 명을 선정하여 집중 지도하고, 그 결과를 이웃 주민에게 보여줌으로써 새 농사법을 보급시켰다.

　㉢ Texas의 목화농장에 병충해가 심해 농무부 곤충과에서 연구한 구제법을 전시포를 통하여 농민들이 직접 볼 수 있게 하였다.

　㉣ 청소년 옥수수 단체를 조직하고, 전시활동을 하게 하여 성인의 농업기술 수용에 영향을 줄 수 있게 하였다.

　㉤ 냅의 전시법의 원리는 농민들에게 가장 먼저 실증한 사례이다.

⑦ 1887년 해치(Hatch)법 제정

    ㉠ 각 주 주립대학에 소속된 농업시험장이 설립되었다.

    ㉡ 대학생 외에 농민학원의 농민에게도 보급되었다.

⑧ 1900년대 청소년 지도사업

    ㉠ 벤슨(Benson)에 의해 4-H 명칭과 이념이 마련되었다.

    ㉡ 공립학교에서 베일리(Baley), 그라함(Graham), 오트웰(Otwell), 냅(Knapp) 등에 의해 청소년을 대상으로 한 농업지도사업이 시작되었다.

      • 베일리(Bailey)는 농촌학교에서의 자연학습을 확대하기 위해 노력하였다.

      • 그라함(Graham)은 교실 밖 학습에 대한 아이디어를 제시하고, 도시학교의 청소년을 위한 직업교육 모형을 개발하였으며, 농촌 청소년을 위한 농업 및 가정관리와 같은 교육에 관심을 가졌다.

      • 오트웰(Otwell)은 농촌청소년을 대상으로 한 옥수수 기르기 경연 등을 통해 농촌 청소년들에게 농업교육을 실시하였다.

    ㉢ 생활개선사업도 1900년대 코넬대학에서 시작되어 1914년 미국 대부분 지역에서 생활개선활동이 전개되었다.

⑨ 1914년 스미스-레버법 제정

    ㉠ 현대적 미국 농촌지도사업의 가장 핵심적인 근거법이 되었다.

    ㉡ 1906년 미국 농과대학과 농촌지도위원회는 농업인을 위한 정보 제공 및 교육에 대한 재정 지원과 기구의 설립을 위해 연방정부에 제도적 지원을 제안하여 1914년 제정하였다.

    ㉢ 각 주립대학은 주요 기능의 하나로서 협동적 농촌지도사업(CES)을 전개하였다.

    ㉣ 각 주립대학은 연방정부·주정부에서 재정적 보조를 받게 되었다.

    ㉤ 군단위에서 농촌지도사업을 전개할 농촌지도사를 채용하게 되었다.

    ㉥ 이 법은 기존에 대학, 농무성, 기타 각종 정부기관에서 중복적으로 수행해오던 농촌지도사업을 해소하기 위해 농촌지도사업 주체의 책무에 대한 양해각서를 작성하였다.

(2) 협동적 농촌지도사업(CES ; Cooperative Extension System)

① 개 념

    ㉠ 공적인 재원을 바탕으로 농무부(USDA)-주립대학-지역행정조직 단위로 교육과 연구를 연계한 비형식적(Nonformal) 교육 활동이다.

    ㉡ 협동(서로 연계·협조하는 파트너 3조직)

      • 연방정부의 파트너 : USDA(미국 농무부)의 협동연구교육지도청(CSREES ; Cooperative State Research, Education, and Extension Service)

      * 2009년 CSRESS는 NIFA로 개명

      • 주정부의 파트너 : 주립대학에서 수행하는 협동적 농촌지도사업(CES ; Cooperative Extension Service)

      • 지역 파트너 : 지방 행정기관 또는 지역 농촌지도 프로그램 관장기관

ⓒ 확장(Extension)

- 농무부(USDA)와 주립대학이 캠퍼스가 아닌 곳에서 민간인에게 지식과 자원을 확대하는 역할을 수행함으로써 파트너를 확대시키는 것이다.
- 프로그램은 지역 사회와 가정에서 지역고객들의 요구와 문제점, 이슈들을 반영하는 것이다.

② 시스템(System)

ⓐ 연구기관이나 대학에서 연방-주-지역의 전문가들이 실제적이고, 편향되지 않은 정보를 주민에게 제공하는 국가적 차원의 교육체계를 말한다.

ⓑ 비학점 교육을 통해 제공되는 정보는 지역 주민이 일상에서 문제점들을 진단·해결하는 데 도움이 되도록 대학에서 제공하는 서비스이다.

(3) Seevers가 제시한 미국 협동적 농촌지도사업(CES)의 특징

① 농촌지도는 법률에 의거 정부기관에서 시행한다.

② 농촌지도는 연방, 주, 지역 정부 간의 협력관계이다.

③ 농촌지도에서의 연구와 지도조직은 동등한 파트너이다.

④ 정보의 제공은 연구에 기반하여야 한다.

⑤ 고객의 참여는 순수하게 자발적이다.

⑥ 고객에게 기술적 서비스를 제공한다.

⑦ 농촌지도는 헌신적이다.

⑧ 농촌지도요원이 매우 중요하며, 그 누구에게도 편향되지 않은 서비스를 제공한다.

⑨ 농촌지도의 현장은 주로 농업, 가정 경제 관련 영역이다.

⑩ 농촌지도프로그램은 농업인과 지역사회의 요구에 기반하고 있다.

⑪ 교육 프로그램의 계획-집행-평가에 자원지도자의 참여가 중요하다.

⑫ 농촌지도 프로그램은 유연하면서도 가치 있다.

⑬ 농촌지도는 교육기관들의 보편적인 미션과는 매우 다른 교육기관이다.

ⓐ 고착된 교육과정이 없다.

ⓑ 학년과 학위가 없다.

ⓒ 수업 장소로서 농장, 가정, 산업현장 등 캠퍼스 밖에서 무형식적으로 운영된다.

ⓓ 다양한 영역의 전문가들을 교수자로 활용한다.

ⓔ 문제 해결을 위한 이론적인 것보다는 보다 실제적인 주제를 제공한다.

ⓕ 농촌지도는 다양한 교수기법을 무형식적으로 활용하여 수행되고, 교육 대상자의 정신과 물리적 행위의 변화를 요구하는 특성을 가진 교육이다.

ⓖ 지도 대상은 다양하고 이질적이다.

(4) 미국 농촌지도사업의 특징

① 농촌지도가 대학 중심으로 전개되었다. 즉, 대학이 농촌주민들을 직접교육하고 있어서 새로이 연구 개발된 혁신사항이 신속하게 전달된다.

② 농촌지도사업에 행정적 권위가 개입되지 않고, 교육적 특성과 민주적 특성이 그대로 유지되는 농촌지도 기구를 갖고 있다.

③ 농촌지도의 계획(Plan) – 실행(Do) – 평가(See)에 농촌지도사 외에 농민대표, 관계기관 대표 등이 참여하고 있다.

④ 농촌지도사의 대상 지역을 농촌지역에 한정하지 않고 도시지역의 성인과 청소년까지도 포함하고 있다.

⑤ 사회경제적으로 소외되고 있는 집단과 종족적으로 소수집단을 중요시하고 있다. 즉, 사회복지적 차원에서 소외집단과 소수집단의 생활향상을 중요시하고 있다는 점이다.

⑥ 농촌지도 대상자가 지도사업 계획수립에 참여함으로써 그들의 필요와 문제를 반영할 수 있다.

Level UP 이론을 확인하는 문제

다음 중 미국 농촌지도의 발달에 관한 설명으로 옳지 않은 것은? 17 지도사 〈기출(변형)〉

① 모릴법은 농업 · 공업 분야의 숙련기술자 육성을 목표로 제정하였다.

② Carver에 의해 농사전시사업이 실시되었다.

③ 순회농업교사는 미국 농촌지도사업의 최초 형태이다

④ 워싱턴은 농민학교에서 미국 농촌의 흑인을 대상으로 농촌지도사업을 실시하였다.

> **해설** 농사전시사업 : Knapp에 의해 실시된 농사전시사업은 1886년 루이지애나에 거주하는 원주민 · 이주민이 농사법에 관심이 없자 지도급 농부 몇 명을 선정하여 집중적으로 지도하고, 그 결과를 이웃 주민에게 보여줌으로써 새 농사법을 보급시켰다.
>
> **정답** ②

|02| 미국 농촌지도의 조직

(1) 지도체계

① 협동적 농촌지도사업(Cooperative Extension System)
  ㉠ 미국에서는 농촌지도사업을 협동적 농촌지도사업이라 말한다.
  ㉡ 농촌지도사업이 주립 농과대학, NIFA(연방농무부), 농민 단체의 상호 협동을 통해 전개된다.
  ㉢ 지도사업을 각 주의 주립대학교 농과대학에서 주관하고 시행한다.
  ㉣ 지도사업의 가장 큰 특징은 계획수립에 민간인 참여가 활성화되어 있어 민주적 특성이 잘 나타나고 있다는 점이다.
  ㉤ 각 주와 군(County) 수준에서 농촌지도사업에 관계되는 민간인들로 자문위원회를 만들어 농촌지도의 계획, 전개, 평가에 적극 참여시키고 있다.

② 농촌지도 조직
  ㉠ 미국은 농과대학 내에 농촌지도국을 설치하여 농촌지도를 전담하고 있다.
  ㉡ 국장 및 지도국 간부는 대학교수로 임명되고 그들이 주의 농촌지도를 계획하고 관장한다.
  ㉢ 시군 단위 지도사업은 주립대학이 NIFA와 협력하여 수행하며, 주립대학 내에 주정부의 지도국이 설치되어 있다.

③ 농촌지도 인력
  ㉠ 지도 인력은 최고관리자(Director/Assistant Director), 관리자(Supervisor), 지도행정가(Administrative Support), 전문지도사(Specialist), 시군 단위 지도사(County Agent/Advisors/Educators)로 구성되어 있다.
  ㉡ 주립 농과대학 전문지도사는 대부분 박사급의 교수들로 교육 · 연구 · 지도 업무 간의 일정 비율을 정하여 겸직하고, 매년 심사에 의하여 비율을 조정한다.
  ㉢ 시군 단위 지도사는 학사 · 석사 출신자가 대부분이나, 일부 박사도 있다.

④ 농촌지도 예산
  ㉠ 농촌지도 예산의 1/5은 연방농무부에서 지원한다.
  ㉡ 지도사업의 주요 방향설정에 있어 각 주가 연방 농무부와 합의하여 설정하며, 각 주의 농촌지도계획은 연방농무부의 승인을 받아야 한다.
  ㉢ 농촌지도 예산은 연방정부(21.2%), 주 정부(48.4%), 군 단위(22.9%), 기타(7.5%)이다(2010년 기준).

(2) 농촌지도 기관

① 미국 농무부(USDA ; United States Department of Agriculture)

농업 및 해외농업지원, 농촌개발 등 크게 8개 분야의 임무를 수행한다.

분야	주요임무	담당부서
농업생산 및 보전	주요 1차 농산품, 신용, 자연자원 보전, 재해 및 긴급사태 지원	FSA, RMA, NRCS
무역 및 외국농업	농산물 및 식품 수출, 외국농업	FAS
식량, 영양, 소비자 지원	기아로부터의 해방, 보건 개선, 영양 교육 제공	CNPP, FNS
식품안전	육류, 가금류, 계란류 제품의 안전한 공급과 적정한 라벨 및 포장의 장려	FSIS
유통 및 검사부	미국산 농산물의 국내 및 해외 마케팅 촉진과 동식물 보건 강화	APHIS, AMS, GIPSA
자연자원 및 자연환경	산림자원 관리	FS
연구, 교육 및 경제학	농업경쟁력 증진	ARS, NIFA, ERS, NASS
농촌개발	농촌지역의 경제 및 개발 증진	RUS, RHS, RBCS

㉠ 농업생산 및 보전(농가 및 해외농업 지원국, FFAS ; Farm and Foreign Agricultural Service)
- 지속가능하고 경쟁력 있는 농업 시스템 지원, 경작농지 보존 보장 등
- 소속기관으로 농업지원청(FSA ; Farm Service Agency), 해외농업국(Foreign Agricultural Service) 위험관리청(Rick Management Agency) 등이다.

㉡ 식량 · 영양 · 소비자 지원국(FNCS ; Food, Nutrition and Consumer Services)
- 저소득 계층에 대한 지원을 확대하고, 적절한 영양과 운동을 촉구함으로써 미국인의 영양수준을 개선하는 업무를 담당한다.
- 보충영양지원프로그램(SNAP), 여성, 유아, 어린이 특별보충영양 프로그램(WIC), 긴급 식량 지원 프로그램 등 다수의 프로그램을 운영한다.
- 지속적으로 보충영양지원프로그램(SNAP)이 적합한 지원자에게 제공될 수 있도록 할 것이며, 고령층에게도 혜택을 확대해 운영한다.

㉢ 식품안전국(FS ; Food Safety)
- 미국 내 육류, 가금류, 가공 계란 제품이 안전하고, 위생적이며, 적절한 표시제와 포장으로 공급될 수 있도록 보장한다.
- 식품안전 분야는 식품안전검사국(FSIS)의 활동을 포함하고 있으며, 식품안전검사국은 살모넬라 감염 감소 노력을 통한 다양한 활동을 통해 공공보건 향상을 추진한다.
- 미국의 국제식품규격위원회(Codex) 운영에 대한 업무를 담당한다.
- 위험성 병원균에 대한 식품기인성(Foodborne) 질병을 감소시키기 위한 역할 및 소비자들에게 안전한 식품 처리 방법에 대한 공공교육을 진행한다.

ⓔ 마케팅 및 규제 계획국(MRP ; Marketing and Regulatory Programs)
  - 특정 동물의 인도적 관리 및 치료 보장, 동식물 보건에 대한 위협으로부터 농산물 보호 지원, 미 농산품의 국내외 마케팅 확장을 추진한다.
  - 미국 농산물의 국내외 유통을 확장하고, 동식물의 건강과 후생을 보호한다.
  - 농산물 검역활동이나 외래 동식물, 병충해 및 질병유입에 대한 예방활동을 한다.
  - 농산물 생산자의 무역기회 확대, 유통 및 판매체계의 효율성을 증진하는 업무를 한다.
ⓜ 자연자원 및 자연 환경(NRE ; Natural Resources and Environment)
  - 국가 사유지 보존 및 자연자원의 지속가능한 사용 증진, 국가 산림과 초원에 대한 공공 수요 서비스와 재화 생산을 담당한다.
  - 교육, 기술 및 금융지원을 통해서 사유지에 있는 자연자원 보전 활동을 수행한다.
  - 여가나 기타 재화 · 서비스 공급에 대한 국민의 요구에 부응한다.
ⓗ 연구 · 교육 및 경제 지원국(REE ; Research, Education and Economics)
  - 농업연구 · 교육 · 지도 활동 · 경제 연구 · 통계 등을 통해 생물학, 물리학, 사회과학에 걸친 발견, 정보, 기술 등을 보급하며, 고등교육 기관의 역량 강화에 따른 경쟁 보조금 프로그램을 통해 미 농무부의 전략목표를 지원한다.
  - 4개의 기관을 통해 연구, 교육 및 경제 지원 분야 업무를 수행한다.
    - 농업연구청(ARS) : 자연과학과 생물과학에 대한 교내 연구 수행
    - 국립농식품연구청(NIFA) : 대학 파트너들과 외부 연구, 고등 교육, 지도 활동 수행
    - 경제연구청(ERS) : 교내 경제 · 사회과학 연구 수행
    - 국가농업통계서비스(NASS) : 농업인구조사 수행, 농업분야 경제 · 환경지표 및 농업생산성 통계자료 제공
ⓢ 농촌개발국(RD ; Rural Development)
  - 농촌 거주민, 사업자, 민간–공공기관에 재정적 지원 및 기술을 지원하고 제공한다.
  - 직접융자, 보증대출, 보조금, 기술 지원 및 기타 지불금 등의 형태로 금융을 지원한다.
  - 농업경영체 및 공동시설 구축, 현대식 수리시설 개발, 전기 및 통신서비스 설치 등을 지원한다.
  - 3가지 기관이 농촌개발 프로그램 시행
    - 농업비지니스협력국(RBCS) : 소기업을 포함한 산업 및 사업 개발 지원, 재생가능 에너지 및 에너지 향상 프로젝트 수행
    - 농촌유틸리티서비스(RUS) : 광대역 접근 포함, 물, 폐기물 처리, 농촌지역 전기 및 통신에 대한 지원 제공
    - 농촌주택지원국(RHS) : 주택 소유 지원, 다가구 주택 지원, 보건 및 공공안전 사회기반시설과 같은 지역 필수 시설 지원

② 농업연구청(ARS ; Agricultural Research Services)

　㉠ 특 징

　　• 미국의 농업 문제 해결을 목적으로 설립된 미국 농무부 산하 기관이다.

　　• 농업문제를 해결하기 위한 연구 및 정보 제공 등에 중점을 두어 농업 연구와 정보를 통한 국가 선진미래선도와 농업정책 지원을 위한 기술개발 및 연구역할을 담당한다.

　　• 고품질 안전 농산물 생산, 미국 사람의 적정 영양 유지, 경쟁 가능한 농업경제의 지속, 자연자원과 환경보전, 농촌거주자 및 농촌사회의 경제 및 복지향상 등을 위한 연구를 추진한다.

　　• ARS에는 다양한 분야별 전문가가 각자의 연구영역을 유지 · 발전시키고 있다.

　　• 새로운 첨단기술 개발에 대한 요구가 발생할 경우, 시 대학 · 민간 연구소 연구원과 공동연구를 수행하는 시스템을 갖추고 있다.

　　• ARS는 세계최대 생물자원(식물, 미생물, 동물 자원)을 유지 · 보존하고 있고, 대학 및 민간 연구원에 분양을 지원하는 등 생명공학연구를 지원한다.

　　• ARS는 미국 농무부(USDA)로부터 인사 · 예산에 대한 자율권을 보장받는다 하여, 대부분의 예산은 자율집행 예산으로 구성되어 있다.

　㉡ 연구 및 활동 분야

　　• ARS의 연구는 영양 · 식품안전성 · 품질, 가축 생산 및 보호, 자연자원 및 지속농업 시스템, 작물생산 및 보호 등 4대 연구 분야, 17개 국가전략 연구 프로그램(National Programs)으로 기획되고 관리된다.

4대 분야	17개 국가전략 연구 프로그램
영양, 식품안전성/품질	• 인체 영양 • 농축산물 안전성 • 농산물 품질 및 이용
가축 생산 및 보호	• 가축 생산 • 가축 건강 • 수산양식 • 수의, 의학 및 도시곤충
작물생산 및 보호	• 식물병 • 작물보호 및 검역 • 작물 생산 • 유전자원, 유전체 및 유전적 개량
자연자원 및 지속농업시스템	• 수자원 관리 • 바이오에너지 • 농산업 부산물 활용 • 기후변화, 토양 및 온실가스 • 목초지 관리 • 농업시스템 경쟁력 및 지속성

　　• 활동 분야

　　　- 국가 농업 프로그램 분석

　　　- 특정 작목의 경쟁력 강화

　　　- 농업정책관련 정보수집 및 자료 분석

- 기후변화 대응식량 안정생산 등 공동관심 분야에 대한 국제공동연구과제 개발
- 농산물의 수량 증대, 친환경적인 농업기술 개발 및 생산성 향상 기술 개발

ⓒ 역할 및 기능
- 국가 프로그램은 미국의 농업과 미국인의 식품의 질에 영향을 미치는 농업 관련 문제를 조사 및 해결하고 국가의 과학적 지식을 확장하는 데에 관여한다.
- 이 프로그램은 영양 및 식품 안전과 품질, 가축 생산 및 보호, 자연자원 및 지속 가능한 농업체제, 작물 생산 및 보호 등 4가지 영역으로 나누어 진행된다.
- ARS 산하에는 국제연구 프로그램 조정부, 기술이전부, 정보지원부, 과학적 품질평가부, 봉사·인종 및 기회균등 지원부 등이 있다.
  - 국제연구 프로그램 조정부 : 연구 결과물과 권고 사항에 관한 보고서 작성, 관련 정보 공지, 국제 연구에 관한 업무를 수행
  - 기술이전부 : 연구와 시장을 연결시켜 주는 업무를 수행
  - 과학적 품질평가부 : 동료심사 정책 및 과정, 절차 관리에 관한 업무를 수행
  - 봉사·인종 및 기회균등 지원부 : 시민의 권리 보호, 동등한 고용 기회 제공, 각 농업연구소의 혜택 균등 분배 등의 업무를 수행

ⓔ ARS 농업연구과제 수행의 주요 특징
- 농업문제 해결을 위한 국가적 우선순위가 높은 공통 목표를 추구한다.
- 연구비 재원이 안정적이므로, 장기적이고 위험도가 높은 고비용의 기반기술 개발을 위한 연구과제 수행이 가능하다.
- 기초연구(Basic Research)와 응용연구(Applied Research)의 균형을 유지한다.
- 워크숍 등을 통하여 의회, 농무부, 고객, 협력자, 이해당사자, 과학자 그룹 및 ARS 내 연구원의 의견을 수렴하여 연구과제를 선정하는 고객 중심적인 특성이 있다.
- 연구과제는 USDA의 정책목표와 항상 일치한다.

③ 국립식품농업연구원(NIFA ; National Institute of Food and Agriculture)

ⓐ 조직의 개요
- 기존의 CSRESS를 해체하고 대체기관으로 NIFA를 설립하였다. 즉, NIFA는 연구와 지도의 연계를 강화하기 위해 CSRS와 ES를 통합하여 설립한 CSREES를 계승하는 기관이다.
- NIFA는 미국 농업을 더 생산적이고, 환경적으로 지속가능한 연구·기술혁신에 자금을 지원하고 촉진하기 위하여 식품·자연·에너지법(Food, Conservation, and Energy Act ; Farm Bill)에 의거하여 2009년 농무부 내에 설립되었다.
- NIFA는 미국 농무부의 연구, 교육, 경제(REE ; Research, Education, and Economics)를 담당하는 4개 소속기관 중 하나이다.

협동연구교육지도청(CSREES ; Cooperative State Research, Education, and Extension Service, 1994~2009)
• 연방정부 농무부(USDA) 내에 협동연구교육지도청(CSREES)을 두고 주립 농과대학의 농촌지도사업 · 시험연구사업 · 학교교육을 지원한다.
• CSREES는 NIFA로 개칭(2009)
  − CSRS + ES → CSREES(1994) → NIFA(2009)
  − CSRS(Cooperative State Research Service) : 1962년 농무성 내에 설립하였으며, 각 주에 대한 연구비의 할당과 조정, 협력을 주 업무로 한다.

ⓒ NIFA 미션
  • 주립대학시스템이나 REE 프로그램을 지원함으로써 농업, 환경, 인간 건강, 웰빙, 지역사회를 위한 지식을 증진한다.
  • NIFA는 실제로 REE(연구, 교육 및 지도업무)를 수행하지 않으며, 주 단위 또는 소지역 단위로 REE를 자금 지원한다.
  • NIFA는 NPL(National Program Leaders)을 조직하여 자금을 운용한다.
  • 미션 달성을 위해 국가리더십 프로그램을 제공한다. 즉, 농업생산자, 소규모 자영업자, 청소년 및 가족, 기타 등을 대상으로 연구 · 지도(기술보급) · 교육을 할 수 있도록 주정부를 지원한다.
  • 미션 달성을 위해 연방정부의 지원을 대행한다. 즉, 매년 정규적인 자금을 주립대학에 지원하며, 주립대학과 다른 대학에 공개경쟁을 통한 연구비를 지원한다.

NPL(National Program Leaders)
• NIFA의 미션을 수행하기 위해 권한을 부여받은 전문가 그룹
• NPL 역할
  − 정부가 요구한 미션과 관계된 문제나 기회, 이슈 등에 대하여 조력자들과 협력
  − 과학을 기반으로 한 연구개발을 통해 발굴된 문제, 기회, 이슈 등을 프로그램화 · 정형화
  − 과학과 지식을 응용 · 발전시키기 위한 프로그램을 관리
  − 프로그램에 대한 평가

ⓒ NIFA 조직

- 농업 · 자연자원과 식품 · 지역사회자원 부분으로 이원화된 조직이다.
- 4개 연구소 설치 : R&D 자금을 연구소 · 기업에 배분하는 역할을 전략적으로 수행하기 위해 설치하였다.
  - 식량생산 · 지속농업연구소(Institute of Food Production and Sustainability)
  - 바이오에너지 · 기후 · 환경연구소(Institute of Bioenergy, Climate and Environment)
  - 식품안전 · 영양연구소(Institute of Safety and Nutrition)
  - 청소년 · 가족 · 사회공동체연구소(Institute of youth, Family, and Community)

ⓔ NIFA 주요 기능

- 농업 · 자연자원 부문과, 식품 · 지역사회자원 부문별 연구개발 프로그램을 기획 및 총괄
- NIFA가 제공하는 프로그램에 적합한 지원자를 탐색하고 선정
- 기술정보 제공 및 연구자금 집행 현황을 관리
- 식량, 에너지 등 글로벌 이슈 관련 국제연구를 조직화하고 참여
- 기초 · 응용 연구, 식물과 동물, 식품과 영양, 자연자원 등에 관한 광범위한 농림수산식품의 현안을 다룸

ⓜ NIFA 자금의 지원형태

- Formula Grants : 토지증여대학, 임업대학, 수의과대학 등에 대해 지역인구, 농림업 인구 등의 기준에 따라 일정액의 연구 지원금을 제공
- Competitive Grants : 국가적 관심사가 되는 농업 이슈를 해결할 수 있는 능력을 지닌 여러 지원자들 중 최고의 연구수행 능력을 보유한 개인 혹은 기관을 경쟁을 통해 선발하여 연구자금을 지원
- Non Competitive Grants : 주나 지역의 주요 문제들을 해결하기 위해 의회의 주도하에 특정 연구기관 또는 연구그룹을 지정하여 연구자금을 지원

🟢 PLUS ONE

ARS vs NIFA의 비교

구 분	ARS	NIFA
차이점	연구를 직접 수행	• 직접 연구수행보다 주 단위의 지역 농림수산식품연구원에 연구자금을 배분 · 관리 • 공모과제를 모집하여 연구자금 지원
공통점	기초 · 응용 연구, 식물과 동물, 식품과 영양, 자연자원 등에 관한 광범위한 농림수산식품의 현안을 다룸	

Level UP 이론을 확인하는 문제

NIFA에 대한 설명으로 옳지 않은 것은?

① NIFA는 미국 농업을 더 생산적이고, 환경적으로 지속가능한 연구 · 기술혁신에 자금을 지원하고 촉진시키기 위하여 식품 · 자연 · 에너지법에 의거하여 2009년 농무부 내에 설립하였다.

② 기존의 CSREES를 해체하고 대체기관으로 NIFA를 설립하였다.

③ 농업기초 및 응용 연구를 직접 수행한다.

④ NIFA는 미국 농무부의 연구, 교육, 경제를 담당하는 4개 소속기관 중 하나이다.

해설 NIFA(국립식품농업연구원)
- NIFA는 미국 농업을 더 생산적이고, 환경적으로 지속가능한 연구 · 기술혁신에 자금지원하고 촉진하기 위하여 식품 · 자연 · 에너지법에 의거하여 2009년 농무부 내에 설립하였다.
- NIFA는 CSREES를 계승하는 기관이자 미국 농무부의 소속기관 중 하나이다.
- 기초 · 응용 연구, 식물과 동물, 식품과 영양, 자연자원 등에 관한 광범위한 농림수산식품의 현안을 다룬다.

정답 ③

|03| 미국 농촌지도의 내용 및 최근의 변화

(1) 내 용

① 농업 및 연관기업에 대한 지도

ㄱ 농업생산지도, 임업생산 및 시장지도, 토양 및 수자원의 보호, 농산물시장 · 가공 · 유통지도 등이 있다.

ㄴ 농업생산지도는 약화되고, 가공 · 유통 · 시장에 대한 지도가 강화되는 추세이다.

② 농업인의 사회경제적 발전을 위한 지도

ㄱ 지역사회자원 개발지도, 공공사업교육, 자연자원 개발지도, 저소득 농가지도 등이 있다.

ㄴ 지역사회자원 개발지도는 민주주의적 시민성을 갖고 능동적 참여를 조장하며, 경제 · 사회 · 문화 · 교육 · 보건 기구를 적절하게 이용할 수 있는 능력의 개발을 뜻한다.

ㄷ 공공사업 교육은 지역사회 공공 문제를 인식하고 분석하며 그 문제를 해결하는 지도를 의미한다.

③ 농촌주민 생활의 질 개선지도

가정생활 개선, 농촌 청소년 지도, 합리적 의사결정 지도, 인간관계 조성 지도, 지역사회 봉사의 활용과 참여지도, 사회경제적 지위 향상 지도 등이 있다.

④ 국제농촌지도

개발도상국을 대상으로 식량이나 경제원조보다 기술과 정보를 제공하기 위해 농촌지도와 관련된 인쇄물 보급, 전문가 파견, 외국훈련생 교육 등을 한다.

(2) 최근 지도사업의 변화

① 지도대상

　㉠ 농촌지도의 대상을 기존 농업인에서 농촌지역사회에 거주하는 주민으로 확대하였다.

　㉡ 프로그램도 기존 사업영역 외에도 건강, 영양, 수질, 비만, 실내 환경, 공공정책, 직업능력개발 등 다양하게 진행된다.

② 지도방식

　㉠ 농촌지도의 정보화 사업이 본격 추진되고 있다.

　㉡ 2008년부터 인터넷 기반의 농촌지도 정보시스템을 구축·운영하여 연구에 기초한 정보와 학습기회를 제공하고 있다.

　㉢ 직접 연구수행보다 주 단위의 지역 농림수산식품연구원에 연구자금을 배분·관리한다.

　㉣ 공모과제를 모집하여 연구자금을 지원한다.

|01| 일본 농촌지도의 발달

(1) 메이지 유신

① 일본에서 농업에 관한 시험연구를 조직적으로 하게 된 것은 메이지 시대 이후이다.

② 정부가 근대국가 건설을 위해 농업정책을 첫 번째 주요시책으로 추진하면서부터 해외에서 농업전문가를 초청함과 동시에 다수의 종자 · 농기구를 도입하여 시험제작하고, 이를 시험할 수 있는 농사시험연구시설을 설치하였다.

③ 최초로 설치된 곳 중에 하나가 1871년에 삿포로시에 설립된 삿포로관 농원이다.

    ㉠ 삿포로관 농원에서는 온갖 다양한 식물을 재배하고 풍토에 맞는지 적부판정 시험을 하며 종자와 묘목을 나누어 주면서 농사를 장려하는 것을 목적으로 하였다.

    ㉡ 밀, 쌀보리 외에 채소류를 시험 재배하고 1875년부터 종자 · 묘목 등을 유상 · 무상으로 도내 농가에 나누어 주었다.

④ 정부 차원의 농업연구 기관이 운영되기 시작한 것은 1890년 농상무성을 만들고 농사부와 잠사부를 두면서부터이다.

⑤ 1893년 농사시험장을 정식으로 설립하여 작물의 품종개량과 새로운 농업기술을 개발하기 시작하였다.

⑥ 1899년 전국 부 · 현의 농사시험장에 국고보조 제도가 시행되면서 전국 각 부 · 현에 부립 · 현립 농사시험장을 두기 시작하여 각 지역에서 농업기술 향상을 위한 시험 · 연구가 활발하게 추진되었다.

(2) 일본 근대 농촌지도사업

① 우리나라와 같이 2차 대전 후 미국의 농촌지도가 소개되면서 시작하였다.

② **1915년 최초의 농촌지도** : 농민단체인 '농회'에서 기술지도요원을 두어 각 부락을 순회하면서 농사 시험장에서 개발한 품종과 농사법을 농민에게 보급하기 시작하였다.

③ **2차 대전 직전(1939)** : 일본사회가 전시체제로 바뀌면서 농회의 지도사업도 식량 증산을 위한 책임생산제와 강제 식량공급 등 일방적인 독려사업으로 변화하였다.

④ 1942년 식량관리법을 재정하여 전시체제에 기초해 식량의 정부 일괄 수매, 일괄 판매를 실시한 것이 특징이다.

⑤ 1948년 : 일본식 농촌지도사업의 시작

  ㉠ 2차 대전 직후

    • 1948년 연합군 사령부의 지원으로 농민의 경제적 파탄을 복구하고, 농지개혁의 단행을 위하여 농업개량조장법을 제정하고, 이 법을 근거로 농업개량 보급사업을 시행하였다(일본식 농촌지도사업의 시작).

    • 1948년 「농업개량조장법」을 제정하며 법적 근거 마련

  ㉡ 1948~1955년 : 주요 농산물의 증산에 주력

  ㉢ 1959~1961년 : 채소, 과수, 축산 등 경제작목의 발전에 기여

  ㉣ 1962~1970년 : 농업구조 개선에 주력

  ㉤ 1971~1990년 : 시장유통, 가공 등의 지도를 통하여 생산조정과 농지이용률 증대

  ㉥ 1998년 지방분권화

    • 지방분권추진계획 조치사항을 통해 보급사업에 관한 지방(도도부현) 분권화가 추진되었다.

    • 세부내용 : 지역농업개량보급 센터의 명칭 및 설치 형태, 설치기준, 보급직원의 배치, 보급직원의 전임규정, 교부금 신청양식의 간소화, 교부금 할당기준 개정, 개량보급수당 지급, 보급직원 자격시험 법 규정화 등이 있다.

⑥ 2차 대전 이후 농촌지도의 발전

  ㉠ 농촌지도조직은 농업행정기구 내에 설치되어 있지만 행정과의 독립성을 유지하며 교육적 농촌지도사업으로 발전하였다.

  ㉡ 중앙정부와 지방정부가 공동으로 예산을 조달하고 사업을 관장하고 있으나, 농촌지도의 교육적 특성을 최대한 살려나가고 있다.

  ㉢ 농촌지도가 국가의 정책목표이기보다는 농민의 복지와 생활수준을 향상하는 데 가장 큰 목표를 두고 있다.

(3) 일본 농업정책의 주요 연혁(1873~현재)

① 전쟁 전(1873~1944년) : 전시체제에 기초한 봉건적 농업정책

  ㉠ 1873년 기생지주제 실지

  ㉡ 1876년 권업정책 실시

  ㉢ 1921년 미곡법 제정

  ㉣ 1942년 식량관리법 제정(전시시한입법)

② 전쟁 후 1차 시기(1945~1959년) : 농촌민주화 및 농업발전의 기본 틀 마련

  ㉠ 1946년 농지개혁 : 영세농경구조 상정

  ㉡ 1947년 농업협동조합법 제정 : 생산성 향상

  ㉢ 1948년 농업개량조장법 제정 : 보급사업 전개

  ㉣ 1949년 토지개방법 제정

  ㉤ 1952년 농지법 제정

③ **전쟁 후 2차 시기(1960~1979년)** : 농업문제의 근본적 해결을 위한 정책 실시 및 국내외 환경 변화에 따른 농업정책 궤도 수정

   ㉠ 1961년 농업기본법 제정

   ㉡ 1962년 농업생산법인제도의 창설

   ㉢ 1964년 토지개량법 개정

   ㉣ 1970년 농지법 개정

④ **전쟁 후 3차 시기(1980~1999년)** : 현대적 개념의 농업 정책으로의 전환 시도

   ㉠ 1980년 농정심의회에서 농정 기본방향 결정

   ㉡ 1981년 식량관리법 개정

   ㉢ 1986년 21세기 농정 기본방향 결정

   ㉣ 1992년 새로운 식료 · 농업 · 농촌정책(신정책)의 방향 결정

   ㉤ 1995년 식량관리법 폐지 및 신 식량법 제정

   ㉥ 1999년 농업기본법 대신 식료 · 농업 · 농촌기본법 제정

⑤ **전쟁 후 4차 시기(2000~현재)** : 기본계획에 의한 농정변화, 국제화, 다원화, 산업화 등을 추구

   ㉠ 2000년 제1차 식료 · 농업 · 농촌기본계획 책정

   ㉡ 2005년 제2차 식료 · 농업 · 농촌기본계획 책정

   ㉢ 2007년 농정개혁의 3대 정책 개시

   ㉣ 2009년 농지법 개정 : 기업의 농업 참여 확대

   ㉤ 2010년 제3차 식료 · 농업 · 농촌기본계획 책정

   ㉥ 2011년 6차 산업화법 제정

   ㉦ 2014년 '공격적 농림수산업' 정책 추진

   ㉧ 2015년 제4차 식료 · 농업 · 농촌기본계획 책정

|02| 협동농업보급사업

(1) 체 계

① 일본의 농촌지도사업을 협동농업보급사업이라 한다.

    ⊙ 협동이란 용어는 국가와 도도부현과의 협동을 뜻한다.

    ⓒ 일본의 보급사업은 정부차원에서는 식량의 안정공급, 지방자치단체에서는 지역의 특성을 살린 농업·농촌 진흥에 초점을 두고 상호 협력하여 지도사업을 추진한다.

        • 중앙정부 : 국가 차원의 농업생산력·식량자급률 향상을 위하여 보급기관 설치·운영, 보급 활동의 기본방침 제시

        • 지방기관 : 현장에서 활동주체로서의 역할 수행, 지방기관 간 지식·기술 교환

    ⓒ 보급사업 비용부담은 중앙정부와 지방정부가 각각 반씩 부담한다.

    ⓔ 일본의 보급사업은 시험연구기관과 농민 간 연결 역할을 한다.

(2) 특 징

① 도도부현 주축으로 광역적 보급사업을 추진하고 있다.

    ⊙ 도도부현 소속의 '지역농업개량보급센터'를 설치, 보급직원을 배치하여 시정촌에 대한 보급 활동을 직접 관리한다.

    ⓒ 도도부현 직원과 시정촌 개량보급원센터 직원 간 원활한 인사교류가 활발하다.

    ⓒ 도도부현의 연구기관으로 지역실정을 감안한 '지역농업시험장'이 설치되어 있다.

    ⓔ 모든 도도부현에 농업대학교 설치 : 농촌청소년 등 농업후계 인력에 대한 교육과 적극적·체계적인 육성이 이루어지고 있다.

② 농정과 보급사업 간 확고한 연계체계를 통해 농정을 뒷받침하고 있다.

    ⊙ 중앙단위의 보급기능은 농림수산성에 소속되어 농정업무와 유기적인 협력체계를 유지한다.

    ⓒ 도도부현 단위에서도 현청 농정부서의 보급사업 계획을 담당한다.

    ⓒ 일부 도도부현에 '농업종합센터'를 설치하여 연구·지도 사업을 종합·관리한다.

③ 보급사업은 효율적인 '공익법인체' 운영을 통한 지도사업을 추진하고 있다.

    ⊙ 농림수산성 보급과 소속의 전국농업개량보급협회 등 11개 법인에서 보급 정보 네트워크를 운영한다.

    ⓒ 보급사업의 조사연구, 간행물 편찬, 보급 직원 연수, 해외 기술 협력, 강연회, 연찬회 개최 등을 실시한다.

④ 협동농업보급사업에 대한 특징이 명확히 규정되어 있다.

    ⊙ 협동보급사업은 시험연구기관과 농업인과의 연계자로서의 기능을 수행한다. 즉, 시험연구기관에서 개발된 신기술을 지역실정에 맞게 가공하여 현지적용실증 등을 통해 보급을 도모한다.

    ⓒ 직접 사람을 대상으로 기술경영개선 등을 실시한다.

    ⓒ 농업과 농촌생활의 일체적 활동을 대상으로 한다. 즉, 농업을 직업으로 선택하고 경영을 확립하기 위하여 농업생산과 농촌생활 개선을 동시에 추진한다.

(3) 관계 법령

① 보급사업은 농업개량조장법(1948년 제정)에 근거하여 추진되고 있다.

      ㉠ 47개 도도부현과 중앙정부가 협동으로 추진한다.

      ㉡ 추진사업의 주요골자는 시험연구기관과의 연계에 의하여 농업자에게 원활한 기술 이전, 농민 개개인의 경영개선 지원, 농촌생활 개선에 관한 자문 등이 있다.

② 식료 · 농업 · 농촌기본법(1999년 제정)

      ㉠ 기본이념

- 식료의 안전공급 확보
- 다면적 기능의 충분한 발휘
- 농업의 지속적 발전과 농촌 진흥

      ㉡ 법 제25조의 인력육성 및 확보, 제29조의 기술개발 및 보급에서 보급사업의 내용

- 효과적이고 안정적인 경영체 육성
- 신규 취농자 육성
- 첨단 농업경영을 위한 혁신적 기술보급
- 소비자 중심의 농업생산, 유통, 판매로 전환
- 토지 이용형 농업의 확립
- 환경과 조화로운 농업생산방식 도입
- 중산간지역의 농업 · 농촌진흥

(4) 보급사업의 체계

① 협동농업보급사업

      ㉠ 시험연구기관과 농업자 간 교량 역할을 한다. 즉, 협동농업보급사업은 농업인과 지역 요구에 대해 농연기구(NARO, 중앙단위 독립행정법인)와 현 단위 시험연구기관에 기술개발을 요청하고, 개발된 기술에 대하여 지역적응 실증시험을 통하여 그 기술을 보급한다.

      ㉡ 농연기구(NARO)와 현 단위 시험연구기관은 역할 분담을 한다. 즉, 현 내 문제 해결은 현 단위 시험연구기관에서 하고, 현 단위에서 개발하기 어려운 기술개발은 농연기구에서 담당한다.

      ㉢ 중복 부분에 대한 조정 : 지역 연구 · 보급 연락회의, 추진회의(농연 기구에 설치)에서 담당한다.

📋🔍 **참고**

농연기구

농업기술연구기구와 농업공학연구소, 식품종합연구소 등이 통합되어 농업 · 식품산업종합연구기구(농연기구, National Agriculture and Food Research Organization)로 되었으며, 2016년 4월에 기존의 농연기구와 농업생물자원연구소, 농업환경기술연구소, 종묘관리센터가 통합되었다.

② 지도사업의 지도 체제

　　㉠ 협동농업보급사업은 농정기획과, 농업진흥과, 농업기술과, 농업경영과 등에서 담당하고 있기 때문에 부현마다 상황이 다르다.

　　㉡ 일본 농촌지도사업은 농림수산성–도도부현–보급지도센터(구 농업개량보급센터) 체제로 운영하고 있다.

　　㉢ 농민에게 가장 중요한 역할은 도도부현과 각 지역 보급 지도센터가 수행한다.

　　　• 국가 : 도도부현과의 역할분담 하에 운영지침 책정, 교부금 교부, 자격시험, 연수, 연대체제 구축 등의 역할을 한다.

　　　• 농림수산성 : 관계기관과의 일체적인 추진으로 지도요원을 실험연구기관에 파견하여 연수를 실시하고, 정보 네트워크를 정비하고 활용하여 신속한 기술보급을 한다.

　　　• 도도부현 : 보급지도원을 지도센터 및 시험연구기관, 연수교육시설(농업대학교) 등에 배치하고, 관계기관과 같이 시험연구기관에서 개발된 기술을 지역에서 실증하고 매뉴얼을 작성하며, 강연회 개최를 통하여 기술혁신을 지원한다.

Level UP 이론을 확인하는 문제

정부와 도도부현의 연계 협력을 위한 역할 분담의 설명으로 옳지 않은 것은?

① 협동농업보급사업은 농정기획과, 농업진흥과, 농업기술과, 농업경영과 등에서 담당하고 있기 때문에 부현마다 상황이 다르다.

② 일본 농촌지도사업은 농림수산성–도도부현–보급지도센터(구 농업개량보급센터) 체제로 운영된다.

③ 농민에게 가장 중요한 역할은 국가의 농림수산성에서 수행한다.

④ 국가는 도도부현과의 역할분담 하에 운영지침 책정, 교부금 교부, 자격시험, 연수, 연대체제 구축 등의 역할을 수행한다.

해설 ③ 농민에게 가장 중요한 역할은 도도부현과 각 지역 보급 지도센터가 수행한다.

정답 ③

|03| 협동농업보급사업 조직

(1) 보급조직 일반

① 협동농업보급사업 조직은 보급지도센터이다(구 지역개량보급센터, 설치근거는 자율).

② 보급인력으로는 2004년 농업개량조장법 개정으로 전문기술원·개량보급원을 보급지도원으로 일원화하였다.

(2) 보급지도원(전문기술원 + 개량보급원 = 보급지도원으로 일원화)

① 농업인의 고도화·다양화되는 기술요구에 대응하기 위해 보급지도원으로 일원화하였다.

② 보급지도원은 농업인과 직접 접하고 농업기술 지도 및 경영 상담 또는 농업 정보를 제공해 농업기술이나 경영 향상을 위한 지원 및 지도를 전문으로 하는 도도부현의 공무원이다.

③ 보급지도원의 임용 및 자격

    ㉠ 국가, 도도부현, 농협 등에서 선발

    ㉡ 농업 또는 가정에 관한 시험연구 업무에 종사한 자

    ㉢ 농업 또는 가정에 관한 교육에 종사한 자

    ㉣ 농업 또는 가정에 관한 기술에 대한 보급 지도에 종사하고 있던 기간이 대학원 수료자 2년 이상, 대학 졸업자 4년 이상, 단기 대학 졸업자 6년 이상, 고등학교 졸업자 10년 이상의 실무경험을 필요로 함

④ 보급지도원의 기능

    보급지도원은 전문가 기능(고도의 기술 및 지식의 보급지도)과 코디네이터 기능(농업인·내외관계기관과 연계하여 지역의 과제해결을 지원)을 수행한다.

⑤ 보급지도 활동방식

    ㉠ 지역분담 방식 : 관할구역을 몇 개의 활동지구로 구분하고 각각의 활동지역마다 보급지도원 팀을 편성하여 보급 활동을 실시한다.

    ㉡ 전문분담 방식 : 보급지도원이 관할구역 전체를 대상으로 하여 전문분야마다 팀을 편성하여 보급 활동을 실시한다.

    ㉢ 병용 방식 : 지역분담방식과 전문분담방식을 병행하여 편성한다.

> **🔍참고**
>
> 최근 보급활동체제는 지역분담방식이 감소하고 전문분담방식과 양자병용방식으로 전환되고 있다.

일본의 협동농업보급사업 보급체계의 특징으로 옳지 않은 것은?

① 협동농업보급사업 조직은 보급지도센터이다.

② 농업인의 고도화·다양화하는 기술요구에 대응하기 위해 보급지도원으로 일원화하였다.

③ 보급지도원은 농업 정보를 제공해 농업기술이나 경영 향상을 위한 지원 및 지도를 전문으로 하는 국가 공무원이다.

④ 보급지도원은 전문가 기능과 코디네이터 기능을 수행한다.

해설 ③ 보급지도원은 농업인과 직접 접하고 농업기술 지도 및 경영 상담 또는 농업 정보를 제공해 농업기술이나 경영 향상을 위한 지원 및 지도를 전문으로 하는 도도부현의 공무원이다.

정답 ③

CHAPTER 03

네덜란드의 농촌지도

|01| 네덜란드 농촌지도의 발달 및 특징

(1) 발 달

① 1980년대 후반

㉠ 국가에서 지원해 온 농촌지도조직 · 운영에 대한 검토가 시작되었다.

㉡ 일부 농촌지도 비용을 농가가 부담할 수 있고, 규모가 크고 경쟁력 있는 소수 농장육성을 위한 새로운 시스템이 검토되었다.

> **참고**
>
> 농촌지도국(DLV)에 대한 정부의 재정지원은 1991년 100%에서 매년 5%씩 삭감되어 2002년 50%로 감소, 나머지 50%는 농민과 수익자가 부담하는 계획이 추진되었다.

② 1990년 이후

㉠ 농업연구와 민영화된 농촌지도조직과의 유대강화를 위하여 정보지식센터(IKC)를 설치하였다.

㉡ IKC(정보지식센터)의 주요업무는 시험연구기관과 공적 · 사적 지도사업을 연결하는 것으로, 연구 · 지도의 이원화 시 정보교류의 단절 문제를 완화하려는 조치였다.

㉢ 1992년 : 농촌지도국은 국가조직체에서 재단법인으로 성격이 변하였다.

㉣ 1993년 : 본격적 민영화 단계로 필요 재원의 일부를 수요자의 이용수수료로 충당하였다.

> **참고**
>
> 네덜란드 농촌지도사업은 주로 농촌지도국(DLV, 농업수산자연관리성 내 기구)에서 실시했고, 사회경제지도사업조직(SEV, 독립적인 농민조직)이 농업후계자육성, 농업경영, 농가문제 등을 무료로 지원해왔다.

(2) 준 민영화

① 네덜란드 농촌지도사업은 정부 주도도, 민간 주도도 아닌 중간 단계 성격의 준 민영화 단계였다.

② 네덜란드 농촌지도국은 일부 정부 재정 지원을 받는 준 민영화 단계로 농업보급위원회(농민조직대표와 정부대표로 구성)의 관리와 감독을 받았다.

③ 정부 재정 지원을 받기 때문에 일부 무료로 제공되는 지도사업도 진행된다.

(3) 민영화 과정에서의 문제점

① 농촌지도사들의 농촌지도 동기가 결여됨

② 지도조직의 불안전성 등으로 유능한 직원이 손실되고 전문성 약화

③ 특히 복잡한 기술 보급에 있어 전문가 부족은 지도조직 전체 위상을 저하시킴

④ 네덜란드에서 지도기관-연구기관 간 협력관계 약화

⑤ 정부 지원금 감소로 연구, 교육, 몽민기관, 상담원과 공급·판매 대표자 간 지식 체계에 대한 경쟁으로 상호 유기적 협조가 어려움

⑥ 조직 간, 직원 간 지나친 경쟁구도가 형성되어 인력의 이직을 발생시킴

(4) 민영화 과정에서 긍정적인 영향

① 지도영역과 고객범위의 확대

② 지도시장 확대와 상업화에 따른 수요자 중심의 지도강화로 농민을 포함한 모든 고객에 대한 서비스의 질 제고 등

Level UP 이론을 확인하는 문제

네덜란드의 농촌지도에서 민영화 과정에서의 문제점으로 옳지 않은 것은?

① 농촌지도사들의 농촌지도 동기가 결여되었다.

② 지도조직의 불안전성 등으로 유능한 직원이 손실되고 전문성이 약화되었다.

③ 네덜란드에서 지도기관-연구기관 간 협력관계가 약화되었다.

④ 지도영역과 고객범위의 확대 등으로 인력의 이직을 발생시키고 있다.

해설 ④ 지도영역과 고객범위의 확대는 긍정적 영향이다. 정부 지원금 감소로 연구, 교육, 몽민기관, 상담원과 공급·판매 대표자 간 지식체계의 경쟁으로 상호 유기적 협조가 어렵게 되었고, 조직 간, 직원 간 지나친 경쟁구도가 형성되어 인력의 이직을 발생시키고 있다.

정답 ④

|02| 네덜란드 농촌지도체계

(1) 지도체계의 개요

① 1990년 이전 지도사업은 재정 · 운영의 모든 측면에서 정부가 주도하였다.

② 1990년 이후

 ㉠ 농업정보지식센터(IKC)를 창설 : 정부조직으로 시험연구기관과 공 · 사적 농촌지도사업을 연결하는 기능을 하였다.

 ㉡ 공적지도사업(DLV) : 농민에 대한 기술 · 경제적 서비스를 담당하였다.

③ 농업연구 : 와게닝겐 유알(Wageningen UR, WUR)을 설립하여 전담하고 있다.

(2) 네덜란드의 농업정보지식센터(IKC)

① 정부는 농업인 교육사업의 민간화를 위해 IKC 활동을 지원한다.

② 시험연구-지도의 연계를 위해 지도원 대부분 시험장에 상주시키고, 연구자와 커뮤니케이션 긴밀화를 도모하고 있다.

③ IKC 관리기능은 중앙에 있고, 주체는 농업시험장이다.

④ 지방 IKC팀은 보급과학, 정보기술, 경제 분야를 중앙에서 지원받는다.

⑤ 경종 · 원예 IKC와 축산 IKC가 있다.

(3) 네덜란드의 공적지도사업(DLV)

① 구성 및 역할

 ㉠ 구성 : 팀당 15~20명으로 구성되어 있으며, 팀 리더(Team Leader), 선임전문가(Senior Experts), 전문지도원(Specialists), 작물전문지도원(Crop Specialists), 전 분야 전문가(All-round Experts), 사무원(Secretariat) 등으로 구분된다.

 ㉡ 역할 : '변화하는 환경, 시장조건에 대한 대응'으로 농민 지원과 동시에 생산물의 품질, 안전성, 경쟁력을 확보하는 것이다.

② 민영화

 ㉠ 1993년 농촌지도소가 민영화되면서 DLV로 개명되었다.

 ㉡ 농업인 단체 주도형의 농촌지도사업을 수행하고, 농촌지도사업은 국내외의 DLV 지역사무소를 통해 실시한다.

 ㉢ 민간 컨설팅 회사로서 농업컨설팅을 전문적으로 수행하고 있다.

 ㉣ 민영화 이후 정부 재정지원을 받고, 농업정책 대행 업무를 수행하고 있어서 완전한 민간기관이라 볼 수 없다.

 ㉤ 모든 사무소는 독립채산제를 원칙으로 지방 분권화되어 있고, 컨설팅 결과의 책임도 해당 사무소에 있다.

③ 운영

　㉠ 농촌지도사업은 전적으로 농민 요구에 기초하여 이루어진다.

　㉡ 팀 구성은 운영, 지역사무소의 위치 선정, 조직의 의사전달체계 등이 농민 요구에 맞춰 결정된다.

　㉢ 농업부문별 컨설팅 팀의 마케팅 전략과 기획은 중앙단위 본부와 상관없이 독립적으로 이루어지며, 중앙본부는 단지 후방에서 지원한다.

④ 조직체계

　㉠ DLV의 각급 단위에는 중앙농촌지도위원회, 부문별 평의회, 지도협의회의 위원회가 있다.

　• 중앙농촌지도위원회 : 9명(회장 1, 농업위원회대표 4, 농업자연관리수산부 4)으로 구성되어, DLV 방침을 결정하고 활동을 지시한다.

　• 부문별 평의회 : 8명으로 구성되어, 부문별 지도과제를 검토하고 적절한 지도활동에 대하여 조언한다.

　• 지도협의회 : 지역단위 농민조직 대표와 일반농민으로 구성되어, 팀 사업에 대한 평가 및 피드백, 응용연구 및 교육과 관련된 조직과의 협력 등 팀의 활동에 관하여 조언한다.

　㉡ DLV는 농업교육기관 · 연구기관 · 대학 등과 밀접한 연관을 맺고, 농업관련 최신 연구정보를 획득하여, 유기적으로 농민에게 전달(연계)한다.

⑤ 후원조직(모든 DLV는 후원조직이 있음)

　㉠ 본부단위 : 농민조직연합회 대표, 농민노조 대표, 농림부 대표 3자로 구성된 농업 위원회의 후원을 받는다.

　㉡ 농업부분별 부서 : 부문별 농민대표와 농림부 대표에 의한 자문위원단의 후원을 받는다.

　㉢ 각 팀 : 지역농업 지도위원회의 후원을 받는다.

(4) 네덜란드의 사회경제지도사업(SEV)

① 목적 및 구성

　㉠ 영농을 새롭게 시작할 때나 효율적으로 농업경영을 제고하기 위한 것이 목적이다.

　㉡ 5개 농민 조직(가톨릭 농민연합, 프로테스탄트 농민연합, 왕립 네덜란드 농업위원회 등)이 지도서비스를 수행한다.

　㉢ 5개 단체 외에도 원예농업재단, 민간회사, 민간컨설턴트 등이 지도사업을 하기도 하였다.

② SEV의 농업인 지도서비스의 특징

　㉠ 다른 지도사업과의 제휴를 중시하며 필요시 다른 분야 전문가의 도움을 받기도 한다.

　㉡ 지역 및 지방은행, 농업관계 학교와의 밀접한 협력관계를 유지한다.

　㉢ SEV의 서비스 영역에는 농장의 후계, 농업경영관리, 농업경영의 적응, 농업의 폐업, 가족문제 등이 있다.

③ SEV 지도원의 역할 및 활동

　㉠ 회계, 재무, 보험, 토지의 차입, 경영계획, 법률, 규칙, 농업경제, 부기, 세법, 사회보장, 가족문제, 지도방법, 컴퓨터 등 채용 후에 상당히 광범위한 분야의 연수를 담당한다.

ⓛ 일반적으로 농민 쪽에서 지도원에게 접촉을 요구해오는 방식이다.

ⓒ 문제에 따라 전화 및 편지를 이용하기도 하며, 특수하고 개별적인 문제에 대해서는 지도원이 농가를 방문한다.

ⓔ 일반적인 문제를 취급할 때는 그룹을 대상으로 지도활동을 수행한다.

(5) 네덜란드의 Wageningen UR(WUR)

① 개 요

ⓖ 농산업의 중요성이 감소하고, 우수인력 영입이 불가능하게 되었으며, 고객을 고려하지 않은 연구로 연구의 질이 저하되는 것 등의 원인으로 정부 연구조직(DLO) 및 소속기관을 통폐합하면서 규모를 확대하여 Wageningen UR을 설립하였다.

ⓛ Wageningen UR은 영역과 역할에 따른 복합적 매트릭스 조직구조를 갖추고 있어서, 현안에 대하여 조직의 중요도와 우선순위에 따라 유연한 대처가 가능하다.

ⓒ 조직의 서로 다른 예산구조에도 불구하고 관련 분야의 통합을 통해 기초연구부터 응용연구까지 동일한 관리 하에 효율적으로 업무를 추진하고 있다.

ⓔ 농업연구는 Wageningen UR(와게닝겐 유알)에서 전담하고, 농촌지도사업은 DLV 지역사무소를 통해 실시하고 있다.

② 특 징

ⓖ 시장과 고객에 대한 철저한 분석을 바탕으로 연구 활동을 실천한다.

 • 조직능력을 극대화하여 국가와 사회가 중요하다고 여기는 부분에 연구를 확대 또는 집중한다.

 • 사회과학분야 전문가 그룹(농경제 연구소)을 설치하여 시장과 고객분석을 한다.

 • WUR의 연구결과에 대하여 대가(자원, 정책적 지원 등)를 지불할 의사가 있는 주체(정부, 농민조직, 산업체, 소비자, 외국 등)가 고객이다.

 • 국내외 시장환경의 변화에 따른 현재 또는 잠재고객 분석, 고객의 대가 지불능력에 따라 중요성과 우선순위 선정, 우선순위에 따라 연구분야의 규모 조정, 선택과 집중을 추진한다.

ⓛ WUR 연구는 지적재산권이나 연구결과물을 산업화로 연결한다.

 • 직접 벤처 형태의 회사를 설립 · 운영(4~5개/년)하고 있다.

 • 지속적으로 연구와 연결하거나 성공한 형태의 농산업 관련 기업을 양성하여 외부에서 인수토록 하는 데 목적을 둔다.

ⓒ WUR은 합리적이고 효율적이며 일관성 있는 경영 관리를 위해서 노력한다.

 • 철저한 중장기계획(4~5년)에 따른 경영을 위해 최고관리자는 구성원 모두가 공감할 수 있는 미래지향적 미션과 임무를 제공하고, 중간관리자는 그에 맞는 연구가 세부조직에서 수행되는지 점검하고 문제점을 수정한다(Top-down).

 • 연구자 수준에서의 연구비 수주 현황과 중요성에 대한 분석을 통하여 시장과 고객의 요구 방향을 이해하고 다음 중장기 계획에 적용한다(Bottom-up).

- 모든 성과(연구비 수주, 논문, 산업화 지원 등)는 수입과 지출의 논리에 의해 조직별, 개인별로 분석되어 지원과 감축 기준으로 활용한다.
- 모든 경영 원칙과 세부사항은 충분히 조직원에 전달되고, 문제점은 항상 검토하여 원활한 의사소통이 이루어지도록 한다.

(6) 네덜란드 농촌지도체계의 변화

① 네덜란드 농촌지도조직의 2차 조직개편(2005년 이후)
  ㉠ 정부 소유 주식을 직원에게 양도하여 완전한 민간회사로 전환하였다.
  ㉡ DLV를 DLV Animal, DLV Plant, DLV Belgium으로 분리 · 재편하였다.
  ㉢ 공급자 중심에서 시장 · 고객중심으로 조직문화를 변화시켰다.
  ㉣ 자문비용 지불의 정당성에 대해 농업인의 설득과 이해도를 도출하였으며, 철저한 자원 분석을 실행하였다.
  ㉤ 인력의 전문성 강화를 위해 노력하고 있다. 즉, 민영화에 따른 훈련을 강화, 신규인력 채용 시 커뮤니케이션 능력, 가치창조, 창의성, 주도 능력에 대한 평가를 강화하였다.

② Agriconsult BV
  ㉠ DLV의 자회사로서 국제적 지도사업의 자문 역할을 한다.
  ㉡ 주요사업
    - 시장지향적 농업지식체계(AKS) 내에서 지도사업 수행에 관한 전략 및 정책 조언
    - 농업지식체계의 커뮤니케이션 촉진 및 정부지도사업의 민간화
    - 시장 및 고객지향의 전략개발, 농업 및 농촌개발 과제 모니터링 및 평가
    - 농장 구조 및 운영 설계, 온실 설계, 건설, 공학 등

③ 기타 농촌지도사업 전개
  ㉠ DLV와 함께 전국농민연합회인 LTO, 농업자재공급사, 민간 컨설턴트, 협동조합 등에서도 자체적인 지도서비스를 전개하고 있다.
  ㉡ PTC(Practical Training Centre)
    - 전문교육훈련 프로그램을 운영하여 농업 및 자연환경부문의 효율적 역할을 수행하기 위해 지식의 개발, 확산 및 응용에 중점을 둔다.
    - 원예, 버섯, 축산, 식량작물, 농기계 등 5개 분야 실기 위주의 농업교육을 하고 있다.
    - PTC의 역할
      - 새로운 첨단기술 전문가 재교육
      - 농과계 학생들의 전문 현장실습 교육
      - 농가 및 전문회사의 요청에 의한 전문가 양성 교육
      - 신선농산물 친환경 생산 기술 전파
      - 단위 면적당 수량증대 및 품질 향상 기술교육 등

네덜란드 정부는 국내시장 보호와 농가소득지원 정책 대신 농촌지도, 연구 · 교육 등 농업지식정보체계를 구축하여 농업 경쟁력을 향상시키는 데 중점을 두었으며, 이는 네덜란드의 농업 성공에 기여하였다.

PLUS ONE

미국, 일본, 네덜란드의 농업연구와 농촌지도 비교

구 분		미 국	일 본	네덜란드
농업 연구	조 직	농업연구청(ARS)	• 국립시험연구기관 및 농업시험연구 독립법인(NARO) • 도도부현 시험연구기관	와게닝겐 대학 내 매트릭스 조직
	특 징	• 23개 국가전략 프로그램 • 국가적 우선순위가 높은 공통 목표 추구 • 안정적인 연구재원 확보 • 하향식 연구사업 선정 • 농무부의 정책집행 지원	• 중앙기관은 기초연구 중심 • 지방기관은 지역실정에 맞는 연구주제 선정	• 기초기술 및 식품연구 • 동물, 식물, 환경, 사회과학 연구 • 독립전문교육대학 운영
농촌 지도	조 직	식량농업청(NIFA) – 주립대학 – 지도센터	도도부현의 농업종합기술센터 및 시정촌의 보급지도기술센터	25개의 국내외 DLV
	내 용	• 농업인에서 지역사회에 거주하는 주민으로 확대 • 기존 사업영역 외 다양한 프로그램 수행	• 농업인의 의향을 전제한 보급 활동 • 신규 취농 촉진 활동	12개 사업부별 전문가 집단을 구성하여 품목별 생산기술 제공
	요 원	• 관리자 및 행정가 • 전문지도사 • 시군단위 일반지도사	보급지도원(2004년까지 도도부현에 전문기술원, 시정촌에 개량보급원)	• 팀리더, 선임전문가 • 전문지도기술원 • 작물전문지도기술원 • 만능전문가 • 사무원
	특 징	국가, 주, 지방에 의한 재원 확보	• 국가와 도도부현에 의한 협동사업 • 도도부현 중심의 광역적 보급 사업 • 농업대학에서 농업후계 인력 육성 • 공익법인체 운영(농업개량보급협회)	• 민간화로 자문서비스의 질 향상 • 정부의 재정부담과 비용의 효율성 제고 • 생산기술에서 유통, 경영, 가공까지 내용 확대 • 농가 간 불균형 심화
연구-지도 연계		USDA 산하에 REE를 설립하여 ARS와 NIFA 등을 통합 관리	지도기관의 요청에 의해 농업연구기관의 연구개발 및 지원 기능 수행	DLV의 연구 인력이 신기술 개발 및 WUR 연구기능과 연계를 담당

네덜란드의 농촌지도 중 공적지도사업(DLV)에 대한 설명으로 옳지 않은 것은?

① 1993년 농촌지도소가 민영화되면서 DLV로 개명되었다.

② 농촌지도사업은 국내외의 DLV 지역사무소를 통해 실시한다.

③ 1993년 농촌지도국(DLV)의 민영화로 네덜란드의 농촌지도사업은 완전한 민간기관이 되었다.

④ 모든 사무소는 독립채산제를 원칙으로 지방 분권화되어 있고, 컨설팅 결과의 책임도 해당 사무소에 있다.

해설 ③ 민영화 이후 정부 재정지원을 받고, 농업정책 대행 업무를 수행하고 있어서 완전한 민간기관이라 볼 수 없다.

정답 ③

|03| 유럽의 농촌지도

(1) 특 징

① 일종의 자문활동이다. 즉, 농업인과 관계자들이 함께 현명한 결정과 더 나은 해결책을 토의 · 모색하는 전형적인 사회활동이다.

② 지도사업 대상 및 영역을 명확히 규정하기 어렵다.

　㉠ 최근 농업인의 평생학습에 대한 요구가 증가하고 있는 상황에서 다른 사회과학과 밀접히 연결되어 있기 때문이다.

　㉡ 작물, 동물, 기술 등에 대한 새로운 지식과 내용을 계속 이해해야 하므로 한 분야에 깊이 있는 전문가보다는 다방면에 걸쳐 박식한 자를 요구하기 때문이다.

　㉢ 유럽의 농촌지도는 농업자문서비스 → 농업지식정보체계 → 농업혁신체계 등으로 발전되었다.

③ 유럽 농촌지도학은 농업관련 학문 중에서 가장 복잡한 분야이다.

　㉠ 응용연구이고 부분적 실천연구이며 여러 학문에 연계되어 있다.

　㉡ 방법과 내용에서도 사회과학이면서 농업과 농촌개발이 복합적으로 존재한다.

　㉢ 학문적 성과를 올리기 어렵고, 연구비 확보의 어려움이 따른다(젊은 학자의 부족).

　㉣ 1960년대 이후 농촌지도 연구가 농학자, 지리학자 등과 같은 분야의 전문가에 의해 이루어지고, 국제컨설턴트와 같은 비과학자에 의해서 논문이 주로 작성되었다.

　㉤ 전문화된 과학적 학회지가 거의 없는 등 학문으로서 지속, 유지될 수 있는 기준에 미치지 못하였다.

유럽 농촌지도학의 교과과정
- 농촌지도방법과 관리, 농촌사회학, 농업 저널리즘, 농업경제, 가정경제 등으로 구성되었다.
- 주요 연구 분야는 변화관리, 설득 커뮤니케이션, 다문화 간 커뮤니케이션과 교육, 혁신과 전파, 영향평가연구 등이다.

(2) 최근 국제적인 농업의 부각

① 농업의 중요성이 강조되고, 향후 농업교육·훈련에 대한 거대 수요가 예측된다.

② 세계는 더 많은 식량·사료·섬유·연료·토지생산물을 필요로 한다.

③ 토지·물·다른 생산수단은 제한되어 있고, 기후가 변화하고 있다.

④ 토지의 집약적 이용 필요성이 높아지고 농산물 생산 가격이 높아지는 상황은 농업과 농촌개발에 오히려 밝은 미래가 예측된다.

⑤ 최근 국제농업연구컨설팅그룹(CGIAR), 농업연구세계포럼(GFAR), 뉴샤텔 이니셔티브(Neuchatel Initiative) 등이 지도사업의 연계를 강조하고 있다.

CHAPTER 01 미국의 농촌지도

01

미국의 시대별 농촌지도의 발달과정으로 옳지 않은 것은?

① 1862 – 미국 모릴법 제정, 미국 농무부 창설
② 1874 – 차우타우콰 운동 시작
③ 1887 – 청소년 지도사업 실시
④ 1914 – 스미스 레버법 제정

해설 ③ 1887 – 해치법 제정

02

다음 미국 등 농촌지도의 발달과정으로 옳지 않은 것은?

① 미국 농촌지도사업의 최초 형태는 순회농업교사의 활용이다.
② 1862년 모릴법의 제정으로 각 주의 주립대학에 소속된 농업시험장이 설립되었다.
③ 1845년 오하이오주 농업협회도 순회교사를 채용하였다.
④ 유럽 최초의 농촌지도사업은 1847년 아일랜드에서 실시된 농업서비스 사업이다.

해설 농업시험장의 설치는 1887년 해치법에 관한 설명이다. 1862년 모릴법은 농업과 공업을 가르치는 대학을 각 주에 하나 이상 설립하는 법이다.

03

미국의 농촌지도의 발달에 대한 설명 중 옳지 않은 것은?

① 1843년 미국 최초로 농업교사들을 채용하여 순회지도를 실시하였다.
② 1914년 스미스–레버법이 제정되어 각 주에 주립대학이 설립되었다.
③ 농민학원은 1863년 주 농업위원회에 의해 메사추세츠 주의 스프링필드(Springfield)에 처음 설립되었다.
④ 농업교육을 위한 연구와 실험의 필요성이 강조되면서 1887년 해치법이 제정되었다.

해설 ② 1862년 모릴법 제정 이후 주립대학이 설립되었다.

04

미국의 농촌지도에서 모릴법의 제정에 대한 설명으로 옳지 않은 것은?

① 모릴법은 농업·공업 분야의 숙련기술자 육성을 목표로 제정하였다.
② 농업과 공업을 가르치는 대학을 각 주에 하나 이상 설립하고 정부가 대학에 국유지를 제공하였다.
③ 주립대학에서 시민들에게 고등교육 기회를 제공하는 토지공여제도를 도입하였다.
④ 지역사회마다 한 달에 한 번씩 주민회의를 소집하여 강의를 듣고, 결과를 보고하였다.

해설 ④는 1845년 오하이오주 농업협회의 활동이다.

05

다음 미국의 농촌지도 발달 순서를 알맞게 나열한 것을 고르시오.

㉠ 모릴법 제정
㉡ 농민학원 개설
㉢ 스미스-레버법 제정
㉣ 해치법 제정
㉤ 농사전시사업 실시

---

① ㉣ → ㉡ → ㉢ → ㉤ → ㉠
② ㉠ → ㉡ → ㉤ → ㉣ → ㉢
③ ㉡ → ㉣ → ㉢ → ㉤ → ㉠
④ ㉠ → ㉡ → ㉢ → ㉤ → ㉠

해설 **미국의 농촌지도 발달 순서**
모릴법 제정(1862) → 농민학원 개설(1863) → 농사전시사업 실시(1886) → 해치법 제정(1887) → 스미스-레버법 제정(1914)

06

미국의 농촌지도 중 1863년 농민학원에 대한 설명으로 옳지 않은 것은?

① 농민학원은 농민, 농가주부, 청소년을 대상으로 2~3일 동안 농업과 가정에 관한 주요 주제를 토의하는 지역농민의 개별 집회였다.
② 농촌지도사업이 정식으로 발족되기 이전에 여러 곳에 결성되어 농촌지도사업을 대행하였다.
③ 카버(Carver)는 농민학교에서 미국 농촌의 흑인을 대상으로 농촌지도사업을 실시하였다.
④ 1890년대~20세기 초 농민학원을 통해 대학의 교육적 기능을 확대하였다.

해설 ③ 농민학교에서 미국 농촌의 흑인을 대상으로 농촌지도사업을 실시한 사람은 워싱턴이다. Carver는 1899년 농민교육을 위해 이동식 학교를 설립하였다.

07

미국의 농촌지도에서 1886년 농사전시사업에 대한 설명으로 옳지 않은 것은?

① 농사전시사업은 차우타우콰(Chautauqua) 운동으로 실시되었다.
② 1886년 루이지애나(Louisiana)에 거주하는 원주민·이주민에게 보여줌으로써 새 농사법을 보급시켰다.
③ Texas의 목화농장에 병충해가 심해 농무부 곤충과에서 연구한 구제법을 전시포를 통하여 농민들이 직접 볼 수 있게 하였다.
④ 냅의 전시법 원리는 농민들에게 가장 먼저 실증한 사례이다.

해설 ① 농사전시사업은 냅(Knapp)에 의해 실시되었다.

08

미국의 농촌지도에서 1874년 차우타우콰(Chau-tauqua) 운동에 대한 설명으로 옳지 않은 것은?

① 뉴욕 주 차우타우콰(Chautauqua) 호숫가에서 1874년부터 여름철에 10일 동안 다양한 주제로 강의 · 토의를 중심으로 하면서 오락과 휴식도 겸하는 모임이다.

② 활동이 확대되어 정기집회 외에도 독서모임, 통신강의도 하였다.

③ 코넬(Cornell)대학은 지역 포도 재배 농업인의 문제 해결을 위해 농업 시험장에서 포도 재배 연구 · 지도를 위해 단기 강과를 개설, 독서회뿐만 아니라 강사의 현장지도를 실시하였다.

④ 코넬대학이 처음으로 대학확장교육을 대학의 공식사업으로 인정하였다.

> 해설 코넬대학의 사례는 전국으로 확산되어 1890년 대학확장교육협회가 창립되었다. 1891년 뉴욕 주립대학이 처음으로 대학확장교육을 대학의 공식사업으로 인정하고 예산을 투자하였으며, 후에 1892년 시카고 대학, 위스콘신 대학으로 확산되었다.

09

미국의 농촌지도에서 1900년대 청소년 지도사업에 대한 설명으로 옳지 않은 것은?

① 공립학교에서 베일리(Baley), 그라함(Graham), 오트웰(Otwell), 냅(Knapp) 등에 의해 청소년을 대상으로 한 농업에 관한 지도사업이 시작되었다.

② 베일리(Bailey)에 의해 4-H 명칭과 이념이 마련되었다.

③ 오트웰(Otwell)은 농촌청소년을 대상으로 한 옥수수 기르기 경연 등을 통해 농촌 청소년들에게 농업교육을 실시하였다.

④ 생활개선사업도 1900년대 코넬대학에서 시작되어 1914년 미국 대부분 지역에서 생활개선활동이 전개되었다.

> 해설 ② 벤슨(Benson)에 의해 4-H 명칭과 이념이 마련되었다. 베일리(Bailey)는 농촌학교에서의 자연학습을 확대하기 위해 노력하였다.

10

미국 농촌지도의 발달에 대한 설명으로 옳지 않은 것은?

① 모릴법(1862) : 미국의 농촌지도를 법률적으로 보장한 법이다.
② 해치법(1887) : 미국 각 주 주립대학에 소속된 농업시험장의 설립 근거가 되었다.
③ 스미스-레버법(1914) : 현대적 미국 농촌지도사업의 가장 핵심적인 근거법이다.
④ 청소년 지도사업 : 냅(Knapp) 등에 의해 청소년을 대상으로 농업에 관한 지도사업이 시작되었다.

해설 ① 미국의 농촌지도를 법률적으로 보장한 법은 스미스-레버(Smith-Lever)법이다.

모릴(Morrill)법 제정
1862년에는 농업ㆍ공업 분야의 숙련기술자 육성을 목표로 하고, 농업과 공업을 가르치는 대학을 각 주에 하나 이상 설립하였다. 또한 정부가 대학에 국유지를 제공하였으며, 미국 산업인력을 양성하는 주립대학이 설립되었다.

11

미국의 농촌지도사업의 시조라 할 수 있는 사람은?

① 시이맨 냅(Seaman Knapp)
② 앤더슨(Anderson)
③ 오스카 벤슨(Oscka Benson)
④ 모릴(Morrill)

해설 1862년 최초로 산업인력을 양성할 수 있는 모릴(Morrill)법이 제정됨으로써 농촌지도사업의 선구자적 역할을 하였다.

12

Seevers가 제시한 미국 협동적 농촌지도사업(CES)의 특징 중 농촌지도의 교육에 대한 설명으로 옳지 않은 것은?

① 학년과 학위가 없다.
② 수업 장소로서 농장, 가정, 산업현장 등 캠퍼스 밖에서 형식적으로 운영된다.
③ 교육 대상자의 정신과 물리적 행위의 변화를 요구하는 특성을 가진 교육이다.
④ 지도 대상은 다양하고 이질적이다.

해설 ② 수업 장소로서 농장, 가정, 산업현장 등 캠퍼스 밖에서 무형식적으로 운영된다.

농촌지도의 교육적 특징
• 고착된 교육과정이 없다.
• 학년과 학위가 없다.(①)
• 지도 대상은 다양하고 이질적이다.(④)
• 다양한 영역의 전문가들을 교수자로 활용한다.
• 문제 해결을 위한 이론적인 것보다는 보다 실제적인 주제를 제공한다.
• 수업 장소로서 농장, 가정, 산업현장 등 캠퍼스 밖에서 무형식적으로 운영된다.(②)
• 농촌지도는 다양한 교수기법을 무형식적으로 활용하여 수행되고, 교육 대상자의 정신과 물리적 행위의 변화를 요구하는 특성을 가진 교육이다.(③)

13

미국 농촌지도에서 농업 및 연관기업에 대한 지도의 내용에 포함되지 않는 것은?

① 농업 생산지도
② 저소득 농가지도로 구분
③ 토양 및 수자원 보호
④ 임업생산 및 시장지도

> **해설** 미국 농촌지도의 내용
> - 농업 및 연관기업에 대한 지도
>   - 농업생산지도, 농산물 시장·가공·유통지도
>   - 토양 및 수자원의 보호, 임업생산 및 시장지도
> - 농업인의 사회경제적 발전을 위한 지도
>   - 지역사회자원 개발지도, 공공사업교육
>   - 자연자원 개발지도, 저소득 농가지도
> - 농촌주민 생활의 질 개선 지도
>   - 가정생활 개선, 농촌 청소년 지도, 지역사회 봉사의 활용과 참여 지도
>   - 인간관계 조성 지도, 합리적 의사결정 지도, 사회경제적 지위 향상 지도
> - 국제농촌지도
>   개발도상국을 대상으로 식량이나 경제원조보다 기술과 정보를 제공하기 위해 농촌지도와 관련된 인쇄물 보급, 전문가 파견, 외국훈련생 교육 등을 하는 사업

14

미국 농촌지도의 내용에서 농촌주민 생활의 질 개선을 위한 지도가 아닌 것은?

① 가정생활 개선 지도
② 자연자원 개발지도
③ 합리적 의사결정 지도
④ 사회경제적 지위 향상 지도

> **해설** 농촌주민 생활의 질 개선 지도
> - 가정생활 개선 지도, 농촌 청소년 지도, 지역사회 봉사의 활용과 참여 지도
> - 인간관계 조성 지도, 합리적 의사결정 지도, 사회경제적 지위 향상 지도

15

미국 농촌지도사업의 특징으로 옳지 않은 것은?

① 대학 중심으로 전개되고 있는 점과 농촌지도의 계획(Plan)-실행(Do)-평가(See)에 농촌지도사 외에 농민대표, 관계기관 대표 등이 참여하고 있음
② 농촌지도사업에 행정적 권위가 개입되지 않고, 대학의 연구결과가 곧바로 농촌지도에 활용됨
③ 농촌지도 대상자가 지도사업 계획수립에 참여함으로써 그들의 필요와 문제를 반영할 수 있음
④ 농촌지도사의 대상 지역을 도시지역의 성인과 청소년을 제외한 모든 농촌지역 포함

> **해설** ④ 농촌지도사의 대상 지역을 농촌지역에 한정하지 않고 도시지역의 성인과 청소년까지도 포함하고 있으며, 특히 도시지역의 소외집단과 소수 종족 집단의 생활 향상 지도에 있어서도 중요한 역할을 담당함

16

최근 미국의 농촌지도사업은 지도대상과 지도방식에서 변화하고 있다. 다음 중 옳은 것은?

17 충남 기출(변형)

① 농촌지도의 대상을 기존 농업인에서 농촌지역사회에 거주하는 주민으로 확대한다.
② 품목별 조합을 육성한다.
③ 농업순회교사를 채용하여 지역을 순회하며 교육사업을 수행한다.
④ 농촌지도센터는 독립채산제를 원칙으로 지방분권되었다.

해설 **최근 미국의 농촌지도사업의 변화**
- 지도대상 : 기존 농업인에서 농촌지역사회에 거주하는 주민으로 확대하여 기존 사업영역 외에도 건강, 영양, 비만, 수질, 실내 환경, 공공정책, 직업능력개발 등 다양한 프로그램을 진행
- 지도방식 : 농촌지도의 정보화 사업이 본격 추진되고, 2008년부터 인터넷 기반의 농촌지도 정보시스템을 구축·운영하여 연구에 기초한 정보와 학습기회를 제공
  - 직접 연구수행보다 주 단위의 지역 농림수산식품연구원에 연구자금을 배분·관리
  - 공모과제를 모집하여 연구자금 지원

17

미국 농촌지도체계에 대한 설명으로 옳지 않은 것은?

① 미국의 농촌지도사업을 협동적 농촌지도사업이라 한다.
② 농촌지도에 필요한 예산의 1/5은 연방농무부에서 지원한다.
③ USDA는 농업 및 해외농업지원, 농촌개발 등 크게 8개 분야의 임무를 수행한다.
④ 현재 미국의 농촌지도사업은 협동연구교육지도청(CSREES)이 담당하며 직접적인 연구수행보다 연구자금을 지원하는 역할을 수행한다.

해설 ④ NIFA에 대한 설명으로 CSREES는 2009년 NIFA로 대체되었다.

18

미국 농무부 산하의 연방정부 조직으로 농업연구를 담당하는 기관은?

① USDA
② CSREES
③ ARS
④ AKIS

해설 ③ ARS는 농업문제를 해결하기 위한 연구 및 정보 제공 등에 중점을 두어 농업 연구와 정보를 통한 국가 선진미래선도와 농업정책 지원을 위한 기술개발 및 연구역할을 담당한다.

19

농촌지도기관에 대한 설명이 올바르게 연결되지 않은 것은?

① 식품안전국(FS) – 공공보건 향상 추진
② 농촌개발국(RD) – 민간 · 공공기관에 재정적 지원 및 기술 제공
③ 연구 · 교육 및 경제 지원국(REE) – 농무부의 교육목표 확장
④ 마케팅 및 규제 계획국(MRP) – 국내외 마케팅 확장 추진

해설 ③ 연구 · 교육 및 경제 지원국(REE)는 미국 농무부의 전략목표를 지원한다.

20

미국의 ARS와 NIFA는 농무부(USDA)의 '연구 · 교육 및 경제지원국(REE)' 산하이다. REE 산하 기관이 아닌 것은?

① 국립식품농업연구원(NIFA)
② 농업연구청(ARS)
③ 경제연구청(ERS)
④ 협동연구교육지도청(CSREES)

해설 REE 산하기구 : 국립식품농업연구원(NIFA), 농업연구청(ARS), 경제연구청(ERS), 국가농업통계청(NASS)

21

NIFA의 주요 기능이 아닌 것은?

① NIFA가 제공하는 프로그램에 적합한 지원자를 탐색하고 선정
② 기초연구(Basic Research)와 응용연구(Applied Research)의 균형을 유지
③ 기술 정보 제공 및 연구자금 집행 현황을 관리
④ 글로벌 이슈 관련 국제연구를 조직화하고 참여

해설 ②는 ARS의 기능이다.

22

다음 미국 농무부 산하 ARS 주요 임무에 해당하지 않는 것은?

① 농업문제 해결을 위한 정책집행의 지원
② 국가전략 프로그램, 연구결과의 평가
③ 기술개발뿐만 아니라 기술의 이전
④ 기술개발의 수익창출

해설 ④ ARS는 수익창출이 아니라 개발기술의 산업화가 목적이다.

23

다음 미국 농무부 산하 ARS 농업연구과제 수행의 주요 특징으로 옳지 않은 것은?

① 농업문제 해결을 위한 국가적 우선순위가 높은 공통 목표를 추구한다.

② 연구비 재원이 안정적이므로, 단기적이고 위험도가 낮은 저비용의 기반기술 개발을 위한 연구과제 수행이 용이하다.

③ 워크숍 등을 통하여 의회, 농무부, 고객, 협력자, 이해당사자, 과학자 그룹 및 ARS 내 연구원의 의견을 수렴하여 연구과제를 선정한다.

④ 연구과제는 USDA의 정책목표와 항상 일치한다. 국가적 중대 현안이 발생하여 의회·농무부의 요구가 있을 경우 세부 연구과제 내용을 즉시 수정 및 보완할 수 있다.

> **해설** ② 연구비 재원이 안정적이므로, 장기적이고 위험도가 높은 고비용의 기반기술 개발을 위한 연구과제 수행이 가능하고, 기초연구와 응용연구의 균형을 유지한다.

24

국립식품농업연구원(NIFA)에 대한 설명으로 옳지 않은 것은?

① 미국 농무부의 연구, 교육, 경제(REE ; Research, Education, and Economics)를 담당하는 4개 소속기관 중 하나이다.

② 주립대학시스템이나 REE 프로그램을 지원함으로써 농업, 환경, 인간 건강, 웰빙, 지역사회를 위한 지식을 증진시킨다.

③ 각 부문별로 실제 연구, 교육 및 지도업무를 수행한다.

④ 식량, 에너지 공급 등 글로벌 이슈에 대한 국제 프로그램 센터를 설치·운영한다.

> **해설** ③ NIFA는 실제 연구, 교육 및 지도업무를 수행하진 않지만 국가와 지역의 레벨에 맞게 기금을 제공하거나 각 부문별로 NPL을 조직하여 미션을 수행한다.

25

미국 주립 농과대학의 지도사업 목표로 옳지 않은 것은?

① 가정관리 강화, 아동·청소년의 건강과 안전 및 지역사회의 개발

② 농업환경변화에 대응하여 농업의 생산성과 소득 증대 농업의 경쟁력 향상과 식품의 지속성 촉진

③ 자연자원과 지역 환경의 지속성을 유지하는 책임

④ 식량, 에너지 등 글로벌 이슈 관련 국제연구를 조직화하고 참여

> **해설** ④는 NIFA의 주요 기능이다. 지도사업 목표로 ①, ②, ③ 이외에 농업인과의 대화를 통해 복잡한 현안의 문제해결과 세계화 시대에 농업인에게 도움을 줄 수 있는 선진기술 보급 및 경쟁력 제고가 있다.

01

일본의 농촌지도 발달에 대한 설명으로 옳지 않은
것은?

① 협동농업보급사업이라고 하며, 협동이란 국가
와 도도부현과의 협동을 의미한다.
② 1915년 농민단체인 '농회'에서 기술지도요원을
두어 각 부락을 순회하면서 농사 시험장에서 개
발한 품종과 농사법을 농민에게 보급하기 시작
한 것이 최초의 농촌지도이다.
③ 2차 대전 이후 지도조직은 농업행정기구 내에
설치되어 지도와 행정이 일원화되었다.
④ 우리나라와 같이 2차 대전 후 미국의 농촌지도
가 소개되면서 시작하였다.

해설 ③ 농촌지도조직은 농업행정기구 내에 설치되어 있
지만 행정과의 독립성을 유지하며 교육적 농촌
지도사업으로 발전하였다.

02

일본의 농촌지도 발달에 대한 설명으로 옳지 않은
것은?

① 1942년 식량관리법을 재정하여 전시체제에 기
초해 식량의 정부 일괄 수매 일괄 판매를 실시
한 것이 특징이다.
② 1948년 농업개량조장법을 제정하며 법적 근거
가 마련된다.
③ 농촌지도가 농민의 복지와 생활수준 향상보다는
국가의 정책목표에 가장 큰 목표를 두고 있다.
④ 일본에서는 농촌지도를 협동농업보급사업이라
고 한다.

해설 ③ 농촌지도가 국가의 정책목표이기보다는 농민의
복지와 생활수준 향상에 가장 큰 목표를 두고
있다.

03

일본의 농촌지도사업에 대한 설명으로 옳지 않은
것은?

① 1998년 보급사업에 관해 지방분권화가 추진되
었다.
② 중앙정부는 보급 활동의 기본방침을 제시하고,
지방기관은 현장에서의 활동주체 역할을 수행
하며 보급사업은 정부와 지방정부가 각각 반씩
부담한다.
③ 1961년 농업기본법 제정으로 전문기술원 및 개
량보급원을 보급지도원으로 일원화하였다.
④ 연구–지도의 연계는 지도기관의 요청에 의한
연구 개발 및 지원 기능을 수행한다.

해설 ③ 2004년 농업개량조장법 개정으로 전문기술원
및 개량보급원을 보급지도원으로 일원화하였다.

04

일본 근대 농촌지도사업에 대한 설명으로 옳지 않은 것은?

① 1915년 : 농민단체인 '농회'에서 지도기술요원을 두어 각 부락을 순회하면서 농사시험장에서 개발한 품종과 농사법을 농민에게 보급하기 시작하였다.

② 2차 대전(1939년) 직전 : 농회의 지도사업이 식량증산을 위한 책임생산제와 강제 식량공급 등 일방적인 독려사업으로 변화하였다.

③ 2차 대전 직후 : 농지개혁을 단행하기 위해 '농지개량조장법'이 제정되었다. 이 법에 근거하여 농업개량 보급사업을 시행하였다.

④ 1948~1955년 : 농업구조 개선에 주력하였다.

> **해설** ④ 1960~1970년대 일본 농촌지도사업은 농업구조 개선에 주력하였다.

05

일본 농촌지도사업에 대한 설명으로 옳지 않은 것은?

① 1959~1961년 : 채소, 과수, 축산 등 경제작목의 발전에 기여

② 1962~1970년 : 농업구조 개선에 주력

③ 1971~1990년 : 시장유통, 가공 등의 지도를 통한 생산조정과 농지이용률 증대

④ 1998년 : 식료 · 농업 · 농촌기본법 제정

> **해설** ④ 식료 · 농업 · 농촌기본법 제정은 1999년이다. 1998년에는 지방분권추진계획 조치사항을 통해 보급사업에 대하여 지방(도도부현) 분권화가 되었다.

06

일본의 협동농업보급사업에 대한 설명으로 옳지 않은 것은?

① 시험연구기관과 농업자 간 교량 역할을 한다.

② 협동농업보급사업은 농업인과 지역의 요구에 대해 중앙단위 독립행정법인 농연기구(NARO), 현 단위 시험연구기관에 기술개발을 요청하고, 개발된 기술에 대하여 지역적응 실증시험을 통하여 보급한다.

③ 독립행정법인(NARO)과 현 단위 시험연구기관이 역할을 연계하여 시행한다.

④ 독립행정법인(NARO)과 현 단위 시험연구기관의 역할 중복된 부분에 대한 조정은 지역 연구 · 보급 연락회의, 중앙단위 독립행정법인 농연 기구에 설치된 추진회의 등에서 담당한다.

> **해설** ③ 독립행정법인(NARO)과 현 단위 시험연구기관이 역할을 분담한다. 즉, 현 단위 시험연구기관에서는 현 내 문제 해결을 중심으로 하고, 현 단위에서 개발하기 어려운 고도의 기술개발은 독립행정법인에서 담당한다.

07

일본의 협동농업보급사업의 특징으로 옳지 않은 것은?

① 보급사업은 효율적인 '공익법인체' 운영을 통한 지도사업을 추진하고 있다.

② 협동농업보급사업에 대한 특징이 명확히 규정되어 있다.

③ 도도부현의 연구기관으로 지역농업개량보급센터가 설치되어 있다.

④ 중앙단위의 보급기능은 농림수산성에 소속되어 농정업무와 유기적인 협력체계를 유지한다.

> **해설** ③ 도도부현의 연구기관으로 지역실정을 감안한 '지역농업시험장'이 설치되어 있다. '지역농업개량보급센터'는 도도부현 소속으로, 보급직원을 배치하여 시정촌에 대한 보급 활동을 직접 관리한다.

01

네덜란드의 농촌지도 발달에 대한 설명으로 옳지 않은 것은?

① 1990년 이후 농촌지도국은 완전히 민영화되었다.
② 민영화 과정에서 연구와 지도의 유대강화를 위해 정보지식센터(IKC)를 만들었다.
③ 공적지도사업(DLV)은 농민에 대한 기술·경제적 서비스를 담당하였다.
④ 1992년 농촌지도국은 국가조직체에서 재단법인으로 성격이 변하였다.

해설 네덜란드 농촌지도국은 일부 정부 재정 지원을 받는 준 민영화 단계로 농업보급위원회(농민조직대표와 정부대표로 구성)의 관리와 감독을 받았다.

02

네덜란드의 농촌지도사업에 대한 설명으로 옳지 않은 것은?

① 1990년 이전 지도사업은 재정·운영의 모든 측면에서 정부가 주도하였다.
② DLV는 공적지도사업으로 농민에 대한 기술적, 경제적 서비스를 담당하였다.
③ IKC 관리기능은 중앙에 있고, 주체는 농업시험장이다.
④ IKC는 농업후계자육성, 농업경영, 농가문제 등을 무료로 지원하였다.

해설 ④ SEV는 농업후계자육성, 농업경영, 농가문제 등을 무료로 지원하였다.

03

네덜란드의 농촌지도 중 농업정보지식센터(IKC)에 대한 설명으로 옳지 않은 것은?

① 정부는 농업인 교육사업의 민간화를 위해 IKC 활동을 지원한다.
② 시험연구-지도의 연계를 위해 지도원 대부분 농업정보지식센터에 상주시키고 있다.
③ 지방 IKC팀은 보급과학, 정보기술, 경제 분야를 중앙에서 지원받는다.
④ 경종·원예 IKC와 축산 IKC가 있다.

해설 ② 시험연구-지도의 연계를 위해 지도원 대부분 시험장에 상주시키고, 연구자와 커뮤니케이션 긴밀화를 도모하고 있다.

04

네덜란드의 농촌지도 중 공적지도사업(DLV)에 대한 설명으로 옳지 않은 것은?

① 농촌지도사업은 전적으로 농민 요구에 기초하여 이루어진다.
② 농업부문별 컨설팅 팀의 마케팅 전략과 기획은 중앙단위 본부의 통제를 받는다.
③ DLV의 각급 단위에는 중앙농촌지도위원회, 부문별 평의회, 지도협의회의 위원회가 있다.
④ 본부단위는 농민조직연합회 대표, 농민노조 대표, 농림부 대표 3자로 구성된 농업 위원회의 후원을 받는다.

해설 ② 농업부문별 컨설팅 팀의 마케팅 전략과 기획은 중앙단위 본부와 상관없이 독립적으로 이루어지며, 중앙본부는 단지 후방에서 지원한다.

05

네덜란드의 사회경제지도사업(SEV)에 대한 설명으로 옳지 않은 것은?

① 영농을 새롭게 시작할 때나 효율적으로 농업경영을 제고하기 위한 것이 목적이다.
② SEV의 서비스 영역에는 농장의 후계, 농업경영관리, 농업경영의 적응, 농업의 폐업, 가족문제 등이 있다.
③ SEV 지도원은 채용 후에 농업에 관련된 분야에 대한 연수를 담당한다.
④ SEV 지도원은 문제에 따라 전화 및 편지를 이용하기도 하며, 특수하고 개별적인 문제에 대해서는 직접 농가를 방문한다.

해설 ③ 회계, 재무, 보험, 토지의 차입, 경영계획, 법률, 규칙, 농업경제, 부기, 세법, 사회보장, 가족문제, 지도방법, 컴퓨터 등 채용 후에 상당히 광범위한 분야의 연수를 담당한다.

06

네덜란드의 농촌지도 중 Wageningen UR(WUR)에 대한 설명으로 옳지 않은 것은?

① WUR 연구는 지적재산권이나 연구결과물을 산업화로 연결한다.
② 복합적 매트릭스 조직구조를 갖추고 있다.
③ WUR은 합리적이고 효율적이며 일관성 있는 경영 관리를 위해서 노력한다.
④ 최고관리자는 세부사항 및 문제점을 확인하고 바로 수정한다.

해설 ④ 모든 경영 원칙과 세부사항은 충분히 조직원에게 전달되고, 문제점을 항상 검토하여 원활한 의사소통이 이루어지도록 한다.

07

네덜란드의 농촌지도체계의 변화에 대한 설명으로 옳지 않은 것은?

① 정부 소유 주식을 직원에게 양도하여 완전한 민간회사로 전환하였다.
② 시장 · 고객중심에서 공급자 중심으로 조직문화를 변화시켰다.
③ 인력의 전문성 강화를 위해 노력하였다.
④ 자문비용 지불의 정당성에 대해 농업인의 설득과 이해도를 도출하였으며, 철저한 자원 분석을 실행하였다.

해설 ② 공급자 중심에서 시장 · 고객중심으로 조직문화를 변화시켰다.

08

네덜란드의 농촌지도 중 PTC(Practical Training Centre)에 대한 설명으로 옳지 않은 것은?

① 전문교육훈련 프로그램을 운영한다.

② 농업 및 자연환경부문의 효율적 역할을 수행하기 위해 지식의 개발, 확산 및 응용에 중점을 둔다.

③ 원예, 버섯, 축산, 식량작물, 농기계 등 5개 분야 실기 위주의 농업교육을 하고 있다.

④ DLV의 자회사로서 국제적 지도사업 자문 역할을 한다.

> **해설** ④ DLV의 자회사는 Agriconsult BV이다.
>
> **Agriconsult BV**
> - DLV의 자회사로서 국제적 지도사업 자문 역할을 한다.
> - 주요사업
>   - 시장지향적 농업지식체계(AKS) 내에서 지도사업 수행에 관한 전략 및 정책 조언
>   - 농업지식체계의 커뮤니케이션 촉진 및 정부지도사업의 민간화
>   - 시장 및 고객지향의 전략개발, 농업 및 농촌개발 과제 모니터링 및 평가
>   - 농장 구조 및 운영 설계, 온실 설계, 건설, 공학 등

09

미국, 일본, 네덜란드의 농업연구와 지도 시스템의 비교로 옳지 않은 것은?

① 미국은 안정적인 재원확보가 가능하다.

② 미국은 상향식 연구사업을 선정한다.

③ 일본은 도도부현 지도사업의 요구에 의한 연구·개발을 한다.

④ 네덜란드의 농촌지도는 생산기술에서 유통, 경영, 가공까지 내용을 확대하였다.

> **해설** ② 미국은 하향식 연구사업을 선정한다.

10

미국, 일본, 네덜란드의 농업연구의 특징으로 옳지 않은 것은?

① 미국의 농촌지도는 농가 간 불균형이 심화되었다.

② 일본의 농촌지도는 국가와 도도부현에 의해 협동사업이 이루어진다.

③ 네덜란드는 연구결과의 산업화를 추구한다.

④ 일본의 농촌지도는 공익법인체를 운영한다.

> **해설** ① 네덜란드의 농촌지도는 농가 간 불균형이 심화되었다.

PART 08

농촌지도요원의 전문성

지도공무원 선발 · 교육

|01| 지도직 공무원

(1) 공무원의 분류

① 공직분류 기준은 경력직과 특수경력직, 국가직과 지방직, 개방형과 폐쇄형, 일반행정가와 전문행정가 등 다양한 분류기준이 있으나, 직위분류제와 계급제가 대표적인 기준이다.

② 우리나라는 계급제에 직위분류제를 가미한 절충형이며, 실정법상 국가공무원법에 따라 경력직과 특수 경력직으로 구분한다.

    ㉠ 경력직

        실적과 자격에 따라 임용되고 그 신분이 보장되며 평생 동안(근무기간을 정하여 임용하는 공무원의 경우에는 그 기간 동안을 말함) 공무원으로 근무할 것이 예정되는 공무원을 말하며, 그 종류는 일반 직 공무원, 특정직 공무원이 있다(국가공무원법 제2조).

일반직 공무원	기술 · 연구 또는 행정 일반에 대한 업무를 담당하는 공무원
특정직 공무원	법관, 검사, 외무공무원, 경찰공무원, 소방공무원, 교육공무원, 군인, 군무원, 헌법재판소 헌법연구관, 국가정보원의 직원과 특수 분야의 업무를 담당하는 공무원으로서 다른 법률에서 특정직 공무원으로 지정하는 공무원

    ㉡ 특수경력직

        경력직 공무원 외의 공무원을 말하며, 그 종류는 정무직 공무원, 별정직 공무원이 있다.

정무직 공무원	• 선거로 취임하거나 임명할 때 국회의 동의가 필요한 공무원 • 고도의 정책결정 업무를 담당하거나 이러한 업무를 보조하는 공무원으로서 법률이나 대통령령(대통령 비서실 및 국가안보실의 조직에 관한 대통령령만 해당한다)에서 정무직으로 지정하는 공무원
별정직 공무원	비서관 · 비서 등 보좌업무 등을 수행하거나 특정한 업무 수행을 위하여 법령에서 별정직으로 지정하는 공무원

(2) 지도직 공무원

① 개 념

    ㉠ 1998년 농촌지도기관을 지방자치단체로 이관하면서 중앙에 농촌진흥청을 두고 광역자치단체에는 농업기술원, 기초자치단체는 농업기술센터를 설치하고 상황에 따라 농민상담소를 운영하고 있다.

      ⓛ 농촌지도직 공무원은 농촌진흥청 소속인 경우 국가공무원이지만 농업기술원이나 농업기술센터에 소속된 공무원은 지방공무원으로 지도직의 절대 다수를 차지한다.

      ⓒ 채용도 국가직은 농촌진흥청, 지방직은 각 시도청이나 시군청 등 지방자치단체에서 채용한다.

      ⓔ 공무원으로 신분과 급여 및 복지는 동일하다.

      ⓜ 업무적으로 농촌진흥청은 연구 중심이고 농업기술원이나 기술센터는 연구와 기술지도를 병행하며, 시군 단위는 기술지도 중심의 업무를 수행하고 있다.

      ⓗ 농촌지도사는 지도직 공무원으로, 농업, 농업경영, 임업, 잠업, 원예, 축산, 가축위생, 농촌사회, 농업기계, 농업토목, 농촌생활 등의 직류로 구분된다.

      ⓢ 지도직 공무원의 계급은 지도관(5급 이상)과 지도사(6급 이하)로 분류되고 농촌지도사는 일반직 6~8급에 해당한다.

  ② 농촌지도사 공무원의 주요업무

      ㉠ 농업연구기관에서 개발된 선진농법을 바탕으로 영농교육 실시

      ⓛ 농촌사회교육을 위한 지도관리와 계몽 업무

      ⓒ 농촌생활의 의식주 개선을 위한 생활지도 업무

      ⓔ 농촌복지와 문화수준의 향상을 위한 지원 업무

(3) 지도직 공무원 선발

  ① 지도직 공무원 중 지도사 임용시험과목

  (연구직 및 지도직 공무원의 임용 등에 관한 규정 별표 4 참고)

계급 시험 과목		지도사				
		공개경쟁 채용시험		경력경쟁채용시험 · 전직		
		제1차	제2차	제1차	제2차	
직렬	직류	필수	필수	필수	필수	선택
농촌 지도	농업	국어(한문포함), 영어, 한국사	생물학개론, 재배학, 작물생리학, 농촌지도론	재배학	작물 생리학	토양학, 작물육종학, 작물 보호학, 농촌지도론 중 1과목
	농업 경영	국어(한문포함), 영어, 한국사	농업경제학, 농업경영학, 농산물유통학, 농촌지도론	농업 경제학	농업 경영학	농산물유통학, 농업정책학, 농산물가격론, 농촌조사론, 농촌지도론 중 1과목
	임업	국어(한문포함), 영어, 한국사	생물학개론, 조림학, 임업경영학, 산림보호학	조림학	임업 경영학	산림보호학, 산림공학, 수목학, 조경학, 농촌지도론 중 1과목
	잠업	국어(한문포함), 영어, 한국사	생물학개론, 육잠학, 재상학, 농촌지도론	잠학 개론	육잠학	재상학, 제사학, 잠상보호학, 농촌지도론 중 1과목
	원예	국어(한문포함), 영어, 한국사	생물학개론, 재배학, 원예학, 농촌지도론	재배학	원예학	토양학, 작물육종학, 생화학, 작물생리학, 농촌지도론 중 1과목

농촌지도	축산	국어(한문포함), 영어, 한국사	생물학개론, 가축사양학, 가축번식학, 농촌지도론	축산학개론	가축사양학	가축번식학, 축산경영학, 가축영양학, 축산가공학, 농촌지도론 중 1과목
	가축위생	국어(한문포함), 영어, 한국사	생물학개론, 수의보건학, 수의전염병학, 농촌지도론	수의미생물학	수의보건학	수의전염병학, 수의병리학, 수의생리학, 수의약리학, 수의기생충학, 수의독성학, 농촌지도론 중 1과목
	농촌사회	국어(한문포함), 영어, 한국사	농촌지도론, 농촌사회학, 농업정책학, 농업경영학	농촌지도론	농촌사회학	농업정책학, 농업경영학, 농업교육학, 농촌사회복지론, 농촌커뮤니케이션, 농촌청소년지도론 중 1과목
	농업기계	국어(한문포함), 영어, 한국사	물리학개론, 농업기계학, 농업시설공학, 농촌지도론	물리학개론	농업동력학	농작업기계학, 농산가공기계학, 농업기계설계, 농업시설공학, 농촌지도론 중 1과목
	농업토목	국어(한문포함), 영어, 한국사	물리학개론, 농업수리학, 농촌계획학, 농촌지도론	물리학개론	농업수리학	측량학, 농지조성학, 농업시설공학, 응용역학, 농촌계획학, 토질역학, 농촌지도론 중 1과목
	농촌생활	국어(한문포함), 영어, 한국사	생활과학학, 농촌사회학, 식품영양학, 농촌지도론	생활과학학	농촌사회학	식품영양학, 피복관리학, 조경학, 농촌조사연구방법론, 농촌지도론 중 1과목

※ 비 고

위 표에도 불구하고 제23조 제1항 각 호에 따라 인사혁신처장이 실시하는 지도관 및 지도사 경력경쟁채용시험 등의 필기시험은 제1차 시험 및 제2차 시험을 통합한 하나의 시험으로 실시할 수 있다. 이 경우 그 시험의 시험과목은 지도관 공채 제1차 필수과목 중 언어논리영역, 자료해석영역 및 상황판단영역으로 할 수 있다.

㉠ 국가자격기술법에 의한 기술사, 기사, 산업기사 자격증이 있는 경우 가산점이 있다.

㉡ 각 도청에서 실시하는 지방농업지도사 공무원 경력채용시험의 경우 선택과목이 정해져 있거나 선택과목 수가 규정과 다르기 때문에 반드시 공고문을 참고해야 한다.

※ 2021년 전라남도 제4회 공개 및 경력경쟁임용시험 지도사 학력 · 경력 및 자격(면허)증 제한

직 급	직 렬	직 류	제한사항
지도사	농촌지도	농 업	• 기술사 : 종자, 시설원예, 농화학, 식품 • 기사 : 종자, 시설원예, 식물보호, 식품, 바이오화학제품제조, 토양환경, 유기농업, 화훼장식
		원 예	• 기술사 : 종자, 시설원예, 농화학 • 기사 : 종자, 시설원예, 식물보호, 바이오화학제품제조, 토양환경, 유기농업, 화훼장식
		축 산	• 기술사 : 축산, 식품, 폐기물처리 • 기사 : 축산, 식품, 폐기물처리, 바이오화학제품제조, 유기농업 • 수의사
		농업기계	• 기술사 : 기계, 공조냉동기계, 차량, 건설기계, 용접, 금형, 산업기계설비 • 기사 : 일반기계, 메카트로닉스, 공조냉동기계, 자동차정비, 건설기계설비, 건설기계정비, 기계설계, 용접, 프레스금형설계, 사출금형설계, 농업기계, 승강기

|02| 전문성 개발을 위한 교육훈련

(1) 채용 전 교육(직전훈련, Pre-service Training)

① 지도공무원이 직전교육 담당

    ㉠ 농촌지도요원으로 채용되기 이전에 받는 전문적인 훈련이다.

    ㉡ 농과계 고등학교, 전문대학 및 대학에서 농촌지도요원이 될 수 있도록 교육한다.

② 농촌지도론 교육기관의 변천

    ㉠ 1965년 : 대통령훈령으로 농촌지도론 또는 관련된 과목이 처음 개설되었다.

    ㉡ 1970년대

        • 농업산학협동을 강화한 이후 지도직 공무원이 학교에 출강하여 농촌지도론을 강의하였다.

        • 각종 지도교재 배부와 실습교육을 통하여 지도직 공무원의 채용 전 교육이 확대되었다.

        • 서울대학교 농과대학(농업생명과학대학 전신) 농업교육과에 농촌지도전공이 개설(지도사업 발전에 획기적)되었다.

        • 농업전문대학에 농촌지도학과가 설치되어 농업분야에 대한 전문지식은 물론 농촌지도사업의 이념 · 정책 · 기구에 대한 지식, 사업계획의 개발, 집단활동, 인간관계에 대한 지식, 커뮤니케이션, 평가 등을 교육과정에 포함하여 운영하였다.

    ㉢ 1980년 중반 : 세계적으로 농촌지도사업이 전환기를 맞이한 시기다.

    ㉣ 1990년 : 서울대학교 농과대학 농촌지도전공이 농촌사회교육전공으로 변경되고 학문영역이 확장되었다.

    ㉤ 1997년 : 서울대 농촌사회교육전공에서 농경제사회학부 지역사회개발학전공으로 변경되었다.

    ㉥ 2007년 : 다시 지역정보전공으로 변경되면서, 지도직공무원을 양성하기 위한 대학의 학과나 전공은 없어졌다.

    ㉦ 현재 : 순천대학교 농업교육과와 전남대학교 농업경제학과에서 「농촌지도론」, 서울대학교 대학원 농산업교육과에서 「농촌지도와 개발」이 교과목으로 채택되었다.

(2) 신규채용자 교육(신규훈련, 보수훈련, 수습훈련)

① 개 념

    ㉠ 농촌지도요원으로 채용된 새 요원이 그에게 특정 업무가 할당되기 전에 주어지는 훈련으로 수습훈련이라고도 한다.

    ㉡ 수습을 받아야 할 내용

        • 농촌지도의 이념, 역사, 목적, 범위, 기구, 시책

        • 전문직으로서 농촌지도직의 장단점, 지도요원으로서 가져야 할 자세와 신념, 이행해야 할 책임과 역할

        • 담당해야 할 지도 영역, 지도 방법, 교재 작성 등에 대한 실용적 능력의 훈련

- 주어진 사무 업무의 수행능력
- 직장인으로서의 규범과 기대
- 근무 지역의 환경과 실태 및 주민 특성

② 변천

ㄱ 1957년
- 농사원 발족 후부터 실시하였다.
- 지역사회개발요원에 대한 교육도 농촌지도자훈련원에서 실시하여 지방농촌진흥기관에 배치하였다.

ㄴ 1962년
- 농촌진흥청 발족 후 채용인원이 많아져 지도직 공무원의 기초교육은 단기화되었다.
- 1차 기초훈련은 대부분 농촌진흥청 농민훈련과(현재 역량개발과)와 농업공무원교육원에서 4주 ~20주의 교육을 실시하였다.
- 실습교육 : 농촌진흥청 시험연구기관에서 해당분야 연구관들이 교관이 되어 실시하였다.

ㄷ 1987~1991년
- 1987년 : 농촌지도직이 생활지도직으로 전직
- 1991년 : 농촌지도직이 연구직으로 전직

ㄹ 1997년
- 지방직 전환 이후 신규채용자 교육을 지방자치단체 교육기관에서 담당하였다.
- 지방직 전환으로 1999년~2000년에는 농촌진흥청이 주관한 교육이 잠시 중단되었다.

ㅁ 2003년
- 2001, 2002년에는 교육기간이 2주였으나 교육기간을 4주로 확대하였다.
- 공직가치, 기초 농업기술, 기초 직무역량, 리더십 등 다양한 교육내용을 실시하였다.
- 지도직뿐만 아니라 연구직 신규채용자에 대한 교육도 처음 실시하였다.

ㅂ 2007년 : 본격 연구직 신규채용자 교육 실시

(3) 재직자 직무훈련(재훈련)

① 개념
ㄱ 재직자 직무교육이란 정규 농촌지도요원에게 주어지는 모든 종류의 교육훈련이다.
ㄴ 직무교육 목적
- 자기가 전공하고 담당하는 업무에서 새로 연구 · 개발된 지식, 정보, 기술을 교육 받기 위함이다.
- 과거 알고 있었던 지식을 잊지 않도록 환기시키기 위함이다.
ㄷ 재직자 직무교육은 1974년까지는 기본교육과 전문교육을 구분하지 않았으나, 1975년부터 구분하여 실시하였다.

② 지도직 공무원 전문능력 개발 지원
ㄱ 현직훈련 : 근무하고 있는 현지의 직장에서 필요한 지식이나 기술을 상위직 지도요원이 계획적으로 또는 그때그때 훈련시키는 것이다.

ⓛ 단기과정훈련 : 1~2주일 또는 1개월 이상 근무지, 학교, 훈련기관에서 1가지 특수한 주제에 대해 깊이 있게 훈련받는 것이다(전시법, 포도병충해방제법 등).

ⓒ 멘토링과 코칭

- 새로운 지도요원이 자연스럽게 직업에 적응하도록 하기 위한 방법이다.
- 숙련된 요원이 멘토로 지정되며 안내자 역할을 한다.
- 새로운 요원인 멘티는 멘토의 경험과 지혜를 학습한다.
- 멘티의 역량과 자신감이 늘어나면서 멘토의 영향은 점점 감소한다.

ⓔ 위탁훈련과정 : 근무지에서 일정기간 농촌지도 계통의 기관이 아닌 타 기관 즉, 수련기관이나 대학에 위탁해서 훈련시키는 과정이다.

ⓜ 외국파견훈련 : 선진 외국의 농촌지도기관이나 대학에 파견시켜 장·단기훈련을 받거나, 각종 정규 학위 과정을 이수하는 외국에서의 훈련이다.

ⓑ 연찬회(Workshops)

- 함께 공부하고 연구하는 회의이다.
- 참석자와 강사가 1~3주가량 한 장소에서 같이 생활하면서 특정 주제에 대하여 의문점과 문제점을 함께 토의하며 배우는 훈련과정이다.

ⓢ 세미나(연구발표회) : 지도요원이 어떤 특정 주제에 대한 연구발표 내용을 듣고 각자 의견과 연구결과를 상호 토의하게 하여, 토의과정을 거치는 동안 많은 학습을 하게 되는 모임이다.

ⓞ 전문지도 연구회

- 농촌지도공무원의 자율적인 연구모임체로서 학습조직의 기능을 한다.
- 신규 농촌지도공무원들에게 가입을 권장하고 해당 연구회 작목을 체험하도록 다양한 교육기회를 제공함으로써 신규지도사의 전문능력을 활성화한다.

ⓩ 개인적 독서 : 특정 관심 분야에 대한 기술 잡지와 농촌지도에 관한 잡지 등을 읽어서 최신 정보를 습득하는 것으로, 미국의 「Journal of Extension(농촌지도학회지)」가 대표적이다.

ⓩ 보충훈련(Refresher Course)

- 훈련기간은 4~6주간 정도로써, 일반적으로 농촌지도방법, 양계법, 과수재배법 등과 같이 그 주제가 넓고, 여러 가지 주제에 대해서 같은 기간 동안에 실시한다.
- 과수에 대한 것이면 전반적으로 과수재배에 대한 모든 지식, 기술 및 그 경영에 관하여 훈련을 받는다.

ⓣ 진학과정 훈련

- 지도요원으로 근무 시 승진이나 업무수행상 학력을 더욱 높일 필요와 기회가 주어진다.
- 근무를 하면서 야간대학이나 대학원 또는 방송통신대학에 등록하는 방법도 있다.
- 계절대학원에서 학위를 받거나, 혹은 휴직을 하고 대학원 과정을 이수하는 경우도 있다.

ⓔ 각종 정기직원회의
- 중앙에서 혹은 도 단위에서 각종 직급의 지도요원들의 정기회의에서 행정과 시책 등에 관한 회의와 더불어 훈련을 실시한다.
- 행정 지시 · 시책 소개 등이 있다.
- 지도요원의 정신교육 · 사기진작 · 지도사업의 중요성 인식 등의 절차가 있다.
- 각종 영역에 대한 교육과 훈련을 실시한다.
- 근무 지역에서 체험한 훌륭한 업적과 지도사례를 소개하고 토의한다.
ⓜ 일선지역 훈련회의
- 특수작물재배나 가축사육지역에서 그러한 작목생산과 경영 관련 혁신사항을 일선 농촌지도요원에게 훈련하기 위하여 모이는 반나절 혹은 일주일가량의 모임이다.
- 강사는 일선 농촌지도요원이나, 중앙이나 도에서 모셔올 수도 있다.

Level UP 이론을 확인하는 문제

농촌지도직 공무원 양성을 위한 서울대학교 전공 변천을 바르게 나열한 것은? 17 지도사 기출(변형)

① 지역정보전공 → 농촌사회교육전공 → 지역사회개발학전공 → 농촌지도전공
② 농촌지도전공 → 지역사회개발학전공 → 지역정보전공 → 농촌사회교육전공
③ 지역정보전공 → 지역사회개발학전공 → 농촌사회교육전공 → 농촌지도전공
④ 농촌지도전공 → 농촌사회교육전공 → 지역사회개발학전공 → 지역정보전공

해설 **서울대학교 전공 변천**
- 1970년대 : 서울대학교 농과대학 농업교육과에 '농촌지도전공' 개설
- 1990년 : 서울대학교 농과대학 '농촌지도전공'이 '농촌사회교육전공'으로 개명
- 1997년 : '농촌사회교육전공'에서 농경제사회학부 '지역사회개발학전공'으로 변경
- 2007년 : '지역사회개발학전공'에서 '지역정보전공'으로 변경

정답 ④

농촌지도공무원의 역량 및 경력단계

|01| 농촌지도요원의 역할

(1) Havelock의 변화촉진자로서 개발요원의 4가지 역할

① **촉매자로서의 역할** : 자극을 통하여 문제상황의 인식과 개발욕구를 불러일으키는 역할을 의미한다.

② **해결방안 제시자로서의 역할** : 문제상황에 적절한 해결방안의 제시와 그것을 수용하게 하는 역할을 의미한다.

③ **진행협조자로서의 역할** : 모든 개발단계에 따른 문제해결활동을 측면지원하고 그 활동의 성과제고를 유도하는 역할을 의미한다.

④ **자원동원자로서의 역할** : 활동에 필요한 자원을 발견하고 동원하는 역할을 의미한다.

(2) 리피트(R. Lippitt(1958))가 제시한 역할 – 구체적인 변화촉진자적 역할

① **행동변화의 필요 인지** : 변화촉진자는 농민 스스로 행동변화의 필요를 인지하도록 도와주어야 한다. 특히 이와 같은 변화적 필요의 발전은 전통적 사회에서 더 필요하다.

② **상호신뢰 관계의 조성** : 변화적 필요가 창출되면 변화촉진자는 그의 고객과 상호신뢰 관계를 발전·수립시켜야 한다. 즉, 농민의 필요와 문제와의 관련에서 신뢰성, 확실성, 감정이입 등의 깊은 상호관계적인 분위기 조성이 필요하다.

③ **문제의 진단** : 변화촉진자는 농민의 문제상황을 분석하여, 왜 현실적인 대안이 그들의 필요를 충족시켜 주지 못하는지를 이해시켜야 한다. 이러한 진단적 결론은 감정이입적으로 베풀어져야만 한다.

④ **고객의 동기유발 촉진** : 농민의 목적 달성을 위하여 가능한 모든 행동사항을 모색결정한 후에 변화촉진자는 고객의 변화의지, 즉 혁신하려는 동기유발을 촉진시켜야 하는데, 이는 고객위주의 것이 되어야 한다.

⑤ **변화의지의 행동화** : 변화촉진자는 농민의 필요에 따라 작성한 권장사항에 의해 농민의 행동을 변화하도록 촉진시켜야 한다. 단순한 합의나 의사가 아니라 행동·실천을 촉구시키는 것이다.

⑥ **변화의 고정과 중단 방지** : 혁신을 수용한 농민에게 보충적 메시지를 전달함으로써 새로운 행동을 효과적으로 고정·동결시키도록 배려하여야 한다.

⑦ **종결적 상호관계의 수립** : 변화촉진자의 최종적 목적은 농민이 내면화된 행동을 발전시키는 데 있으므로 변화촉진자에게 의지하지 않고 자발적으로 의지하도록 만들어야 한다.

농촌지도요원의 변화촉진자적 역할을 보다 구체적으로 분류하여, 시계열 순서에 의하여 설명하고 있다.

(3) 농촌지도자들에게 요구되는 자질(Cusack)

① 집단지도능력

② 의사소통능력

③ 인간관계조정능력

④ 새 기술의 전시능력

⑤ 선택한 연구결과와 정보의 변용 능력

⑥ 지도대상자의 습관, 가치관, 사고방식의 이해

⑦ 지도대상자들에게 유용한 연구결과와 정보의 선택 능력

⑧ 사회의 변화에 따른 적절한 대안을 설정할 수 있는 능력

⑨ 자기의 전공영역과 관련된 사회 및 자연과학분야의 각종 연구결과와 정보의 이해 능력

(4) 농촌지도요원의 역할(김진모 외)

① 농촌지도사업의 성공을 위한 농촌지도공무원의 역할

　㉠ 촉매자 : 농촌지도사는 주민들에게 개발욕구를 자극하고 실천에 옮기도록 격려하는 역할

　㉡ 제시자 : 농촌주민의 생활을 개선하는 데 필요한 정보 · 지식 · 기술 등을 제공하는 역할

　㉢ 자문가 : 농민이 의사결정을 할 때나 자원을 동원할 때 도와주는 역할

　㉣ 변화촉진자 : 주민들 간의 모임을 활성화시켜 변화를 촉진하는 역할

　㉤ 의사소통자 : 효과적인 의사소통을 통해 주민들을 서로 이해시키고, 단합시키는 역할

　㉥ 혁신자 : 바람직한 변화를 이끌어내기 위해 주민들과의 창조적인 일을 계획하는 역할

　㉦ 조직자 : 지역 발전의 목표와 비전을 제시하고 주민들을 조직화하는 역할

② 지도사 역할은 인적자원개발 담당자의 역할과 유사함

　㉠ 우리나라 지도기관은 단순히 농업기술보급 기능뿐만 아니라 정부정책 전달자, 지역사회개발자, 지역 인적자원개발자 등 다양한 역할을 수행한다.

　㉡ 전문능력, 지역 특화 농업기술, 컨설팅 능력 등의 인적자원개발이 중요해지고 있다.

　㉢ 개인 개발 상담자로서의 역할, 매체 전문가로서의 역할, 요구분석가로서의 역할 등이 있다.

　㉣ 농촌지도사업은 교육적 성격이 강하다.

③ 조직 수준에 따른 역할의 중요도

순 위	1위	2위	3위
중앙 단위	전략가	전문가	평가자
도 단위	전략가	전문가	네트워커/메신저
시군 단위	자문가/상담자/코치	전문가	네트워커/메신저

㉠ 중앙 · 도 단위 지도인력에게는 전략가가 가장 중요하다.

㉡ 시군 단위 지도인력 : 자문가, 상담자, 코치의 역할이 가장 중요하다.

㉢ 담당분야의 전문가가 모든 조직수준에서 2순위로 중요하다.

㉣ 네트워커/메신저의 역할은 도 · 시군 단위에서 중요하다.

㉤ 중앙 단위에서 평가자의 역할이 3순위로 중요하다.

Level UP **이론을 확인하는 문제**

다음 중 농촌지도요원의 역할이 아닌 것은?   17 충남 기출

① 촉매자   ② 해결방안 제시자
③ 진행협조자   ④ 정책집행자

해설 정책집행자, 전술전달자는 해당하지 않는다.

정답 ④

|02| 농촌지도요원의 역량

(1) 개 념

① 지도공무원의 역량은 종합적 전문성으로 인식한다.

㉠ 종합적 전문성이란 기술보급 · 생활개선 · 농촌여성 및 청소년 지도 등의 전공영역 외에도 교육자적 자질 · 사업계획 및 평가 · 연구수행 등에 대한 전문성도 확보해야 한다는 것을 의미한다.

㉡ 농촌지도공무원은 농업기술 지식뿐만 아니라 교육자의 자질을 갖고 다양한 활동을 하며 각자 자기 분야의 전문성을 가질 때 지도사업의 발전을 기대할 수 있기 때문이다.

② 농촌지도공무원의 전문성은 지도공무원이 지도활동을 수행하는 데 필요한 능력·자질로 보거나, 각기 분야에서 전문 활동을 수행할 수 있는 제반 능력을 말한다.

③ 지도공무원의 전문성은 지도사업의 내외적 상황에 따라 다양하게 정의되고 변화된다.

(2) 우리나라 농촌지도사 유형에 따른 전문 능력

① 농촌지도조직관리자, 전문지도사, 일반농촌지도사로 구분

유 형		요구되는 전문능력
농촌지도 행정가	전문 능력	• 농업에 대한 지식 • 기본훈련 및 선진기술훈련 능력 • 지도사업에 대한 전략적 기획 능력 • 보고서 통계, 기타 서류 작성 능력 • 전문지도사의 사업영역과 조정 능력 • 예산 및 행정처리 능력 • 인력배치 능력 • 평가 능력
전문농촌 지도사	자 질	• 일반농촌지도사가 갖추어야 할 자질 • 성공적인 일반농촌지도사로 적어도 1년간의 근무 경험 • 일반농촌지도사에 대한 기본적·전문적 훈련 능력
	품 성	• 일반농촌지도사가 갖추어야 할 품성 • 협동 능력 • 관리 능력
	전문 능력	• 일반농촌지도사가 기술적으로 능력이 부족할 때 조언하는 능력 • 일반농촌지도사를 대상으로 한 적정한 기술 및 기법 사용 능력 • 문제해결 접근원리를 가지고 가능한 해결책과 장애를 인지하는 능력 • 일반농촌지도사를 대상으로 기본 및 전문교육을 할 수 있는 능력 • 연구기관과 일반농촌지도사 간의 교량 역할을 수행할 수 있는 능력
일반농촌 지도사	자 질	• 지역 언어 • 수혜집단과의 친밀성 • 농업에 대한 경험 • 최소한의 학력 • 농업기술에 대한 훈련
	품 성	• 동 기 • 배우려는 태도 • 새로운 기술습득을 위한 커뮤니케이션 능력 • 신체적인 건강 • 정신적으로 건전한 품성 • 독립심
	전문 능력	• 지도사업에서 실천한 내용 결정 능력 • 지도사업의 실행 능력 • 관리와 통제 능력

② 1990년대 초반 우루과이라운드(UR) 타결(1993), WTO 출범(1995), 농촌지도공무원의 지방화(1997) 이후 급변한 세계농업과 국내 농촌지도환경 변화가 충분히 고려하지 않았다는 한계가 있다.

(3) 농촌지도사의 역할 수행에 요구되는 능력

인적자원 개발자	• 개인 및 집단의 요구에 맞는 프로그램을 개발할 수 있는 능력 • 집단의 분위기를 조절하고, 촉진할 수 있는 능력 • 조직(시스템)의 문제를 확인하기 위해 진단할 수 있는 능력 • 개인의 문제를 발견하고, 효과적으로 상담할 수 있는 능력 • 변화를 관리할 수 있는 능력
고객지원자	• 고객의 작업환경을 진단할 수 있는 능력 • 고객의 능력을 개발할 수 있는 능력 • 고객의 수행을 관리할 수 있는 능력 • 고객에게 필요한 정보나 자원을 찾아 적시에 제공할 수 있는 능력
전략적 컨설턴트	• 핵심 사업전략을 선정하고 수립할 수 있는 능력 • 농업인의 수행 문제를 찾아낼 수 있는 능력 • 품목별 전문지식 및 기술을 활용할 수 있는 능력 • 농업인을 비롯한 관련 이해당사자들에게 영향력을 행사할 수 있는 능력
관리전문가	• 지도사업 프로세스와 시스템에 대한 전문 지식 • 지도사업 프로세스 개선 능력 • 정보기술을 활용할 수 있는 능력 • 고객과의 관계를 관리할 수 있는 능력 • 지도사업 서비스에 대한 요구분석 능력

(4) 역량모델

① 필요성

   ㉠ 지도업무의 최우선 과제가 농업연구기관에서 개발된 농업 신기술을 농업인에게 효과적으로 전파 · 보급하는 것이었기 때문에 농촌지도공무원의 전반적 역량에 관한 논의보다 지도사의 직업적 전문성을 개발 · 강화하는 데 치중하였다.

   ㉡ 농업기술 보급이나 주요 업무영역 대부분에서 지도공무원으로서의 역할 및 업무수행 표준이 제시되어 있지 않아 고성과자(高成果者)를 판단할 근거가 미흡하다.

   ㉢ 향후 농업환경 변화에 대응한 농촌지도사업의 발전을 위해서 농촌지도공무원의 전반적인 역량 개발 및 강화가 요구된다.

   ㉣ 역량 개발 및 강화를 위해 지도공무원의 현재 역량 수준을 체계적 · 구체적으로 파악할 수 있는 역량 진단이 이루어져야 한다.

   ㉤ 역량중심의 인적자원개발 시스템은 역량모델에서 출발한다.

② 농촌지도공무원의 역량모델링(심미옥, 2006)

   ㉠ 기초역량

     • 기초역량은 전문지도인력의 성공적 업무수행을 위한 기본역량에 해당된다.

     • 기초역량은 모든 역할을 수행하는 데 필요하고 전문 분야와 상관없이 일반적으로 적용된다.

     • 일부 기초역량은 매니저 · 전략가로서의 역할을 수행하는 데 필요하나, 그 역량은 지도사업 추진을 위한 기반으로 적용된다.

ⓒ 직무역량

- 기초역량보다 전문지도인력의 업무 수행에 직접적으로 연관되는 역량이다.
- 업무의 성공적 수행을 위해 보다 특정한 지식과 기술이 요구된다.

(5) 농촌지도공무원의 역량모델(김진모, 2006)

① 국내외 농촌지도사 역량 선행연구를 바탕으로 듀보이스(Dubois)의 5가지 직무역량모델을 수정하여 사용하였다.

② 농촌지도공무원 역량모델을 기초직무 역량군, 전문직무 역량군, 리더십 역량군으로 분류하였다.

    ㉠ 기초직무 역량군 : 외국어 능력 · 아이디어 창출 등으로 구성

    ㉡ 전문직무 역량군 : 전략적 지도사업계획 · 현장지도 · 고객지향성 등으로 구성

    ㉢ 리더십 역량군 : 자기개발 · 책무성 등으로 구성

③ 현재 가장 높은 역량은 리더십 역량군의 책무성이고 그 다음이 전문직무 역량군의 고객지향성이며, 가장 낮은 역량은 기초직무 역량군의 외국어 능력이었다.

(6) 농촌지도공무원의 계층별 육성방안(김진모, 2006)

구 분	계 층	육성의 초점	육성방법		
			중앙 단위	도 단위	센터 단위
일반 지도사	1계층 (3년 미만)	• 지도사업 및 농업 전반 이해 • 기초적 지도행정능력 개발	• 집합교육 • 오리엔테이션	집합 교육	• 멘토링/코칭 • 부서별 OJT • 자기주도학습 유도
	2계층 (3~10년)	기초적 농업상담 및 기술지도 능력 개발	• 집합교육 • 연구기관연수 • 전문지도연구회 참여	집합 교육	• 멘토링/코칭 • 과제수행 • 자율탐구 • 영농체험 • 시험장 파견 • 직무순환 • 자체 세미나 참여
	3계층 (10~20년)	• 특정 작물에 대한 전문성 확보 • 전업농 상담 및 경영지도 능력 개발	• 집합교육 • 전문지도연구회 참여 • 국내 학회 참여	집합 교육	• 과제수행 • 자율탐구 • 시험장 파견 • 직무순환 • 자체 세미나 참여
	4계층 (20년 이상)	• 특정 작물에 대한 전문성 유지 • 농업경영체 상담 및 경영지도 능력 개발	• 집합교육 • 전문지도연구회 참여 • 국내외 학회 참여	집합 교육	• 현장영농컨설팅 • 농업기술강의 기회 제공 • 자체 세미나 참여

관리자	5계층 (담당)	개별 지도사업을 효과적으로 이끌 수 있는 리더십 개발	• 집합교육 • 성과평가 • 국내외 학회 참여	집합 교육	과제수행
	6계층 (과장)	조직 비전달성을 위한 전략과제를 효과적으로 이끌 수 있는 리더십 개발	• 집합교육 • 성과평가 • 국내외 학회 참여	집합 교육, 연찬회	과제수행
	7계층 (소장, 국장, 원장)	조직 비전과 방향을 제시할 수 있는 리더십 개발	• 집합교육 • 성과평가 • 리더십 평가센터	집합 교육, 연찬회	–

Level UP 이론을 확인하는 문제

농촌지도요원의 역량에 대한 설명으로 옳지 않은 것은?

① 농촌지도요원의 전문성 지도사업은 내외적 상황에 따라 다양하게 정의되고 변화된다.

② 농촌지도공무원의 전문성은 지도공무원이 지도활동을 수행하는 데 필요한 능력·자질로 보거나, 각기 분야에서 전문 활동을 수행할 수 있는 제반 능력을 말한다.

③ 우리나라 농촌지도요원의 인력 구조는 상류층이 부족한 피라미드형이다.

④ 리더십 역량보다 특정 작목 품목에 대한 지식기술수준으로 한정한 경향이 강하다.

> **해설** ③ 우리나라 농촌지도요원의 인력 구조는 중간층이 부족한 모래시계형이다.
>
> **정답** ③

|03| 농촌지도요원의 경력단계(김진모·주대진 외, 2006)

(1) 신규지도사

① 개 념

ⓐ 입직해서 1~2년 이내의 지도사로 체계적 직무경험과 일정기간의 집합교육을 통해 농촌지도사업의 특성을 이해한다.

ⓑ 농업 전반에 대한 기초지식의 습득과 지도행정을 처리할 수 있는 사무능력을 갖추는 단계이다.

② 채 용

ⓐ 우리나라는 일반공채, 제한공채, 특채 형식으로 지도직 공무원을 채용한다.

ⓑ 최근에는 대부분이 일반공채를 통해 입직하며, 비농업 전공자 비율이 높은 추세이다.

ⓒ 입직과 동시에 실무에 투입되면 지도업무를 수행하는 데 어려움이 있으므로 일정기간 중앙단위나 광역단위(도)에서 집합교육이 필요하다.

③ 교육과정

㉠ 공통전문교육 이외에 농업·농업인에 대한 이해, 지도조직·업무에 대한 이해, 대표 작목기술에 대한 기초 이해를 위해 최소한 2~3개월 정도의 장기적인 집합교육이 필요하다.

㉡ 부서별 OJT, 멘토링(멘티 역할), Self-Study(이론/지식, E-Learning 포함) 등의 방법이 유용하다.

(2) 실무지도사

① 개 념

㉠ 신규지도사 단계를 거친 후 다양한 작목(품목)에 대한 경험과 지식을 접할 수 있는 체계적 직무경험을 제도적 차원에서 제공받아 농업인을 대상으로 기초 농업상담 및 기술지도가 가능할 정도의 지도 사이다.

㉡ 육성 목표에 따라 체계적 직무경험과 교육기회를 제공하여 전공분야를 선택하게 하고 그 분야 최고 전문가로 성장해갈 수 있는 기회와 조직 차원의 지원이 필요하다.

② 교육과정

㉠ 멘토링에서의 멘티 역할, 자체 세미나 참여, 현장 영농체험, 시험장 파견, 전문지도연구회 참여, 직무순환 등이 유용하다.

㉡ E-Learning 프로그램을 도입하여 기술적인 부분의 교육이나 사이버 코칭도 가능하다.

ⓒ 자체 세미나는 주 1회나 격주 1회 정도 해당 품목에 대해서 세미나를 하면 효과가 높다.

㉣ 현장 영농체험도 효과가 높다.

(3) 전문지도 단계(2단계) – 책임지도사

① 개 념

㉠ 실무지도사를 거쳐 특정 작물 내 특정 품목에 대한 전문적인 지식을 갖추고, 특정 품목 전업농에 대한 상담 및 경영지도가 가능한 농촌지도공무원이다.

㉡ 지도직 공무원이 지역 특성과 지도 환경을 고려하여 전략적으로 집중 육성해야 할 작목(품목)을 선정하고, 그 분야 전문가로 성장할 수 있도록 충분한 교육경험과 직무경험을 조직적 차원에서 제공해야 한다.

ⓒ 작목(품목)전문가로서 생산기술, 포장, 유통, 판매에 이르는 전 과정에 대한 농업인 상담 및 경영지도가 가능한 작목 컨설턴트로서 성장할 수 있도록 제도적 지원이 필요하다.

② 육성방법

국내외 학회 참여, 멘토링(멘토 역할), 자체세미나 주도, 전문지도연구회 참여, 자율탐구, 농업기술강사 경험, 집합교육 등이 있다.

㉠ 학회 참여 : 세미나 및 관련 학회에 참석하여 기술적 전문성을 강화한다.

㉡ 전문지도연구회 : 제도적 차원에서 전공분야를 선택하게 되면 전문지도연구회 활동으로 해당 작목의 기술적 능력 및 자기개발을 유도한다.

ⓒ 멘토링 : 지도사 선배와의 멘토링 체제를 구축하여 현장실무능력을 배양한다.

ⓔ 자율탐구(Project Assignment) : 현장의 요구와 현장애로기술을 직접 개발·시험할 수 있고, 전공 분야에 대해 심층 연구 기반이 제공된다.

(4) 농업기술컨설팅단계(3단계) - 수석지도사

① 개 념

ⓐ 농촌지도직 공무원으로서 최고 수준의 농업전문가이다.

ⓑ 특정 작물에 대한 전반적 지식 및 다품목(또는 특정 품목)에 대한 전문적 지식을 지속적으로 유지·개발하여, 특정 품목 전업농 수준 이상의 농업경영체에 대한 상담 및 경영지도가 가능한 농촌지도직 공무원이다.

ⓒ 직무경험 및 교육기회의 제공보다 작목(품목)에 대한 개인별 연구기능을 지원하고, 지속적 자기개발을 통하여 농업 부문별 최고수준의 전문가로서 특정 작목(품목)에 대한 생산·가공·유통·판매 전 과정을 관리할 수 있는 컨설턴트이다.

ⓔ 입직에서 20여년 기간이 소요되고, 이후 지도사업 관리자나 작목전문가로 업무수행 후 퇴직하게 된다.

② 육성방법

ⓐ 농업기술 강사로 활동, 자체 세미나 주관, 멘토링(멘토 역할), 국내외 학회 발표, 현장영농컨설팅, 집합교육 등이 좋다.

ⓑ 농업기술교육 강사나 현장영농컨설팅을 집중적으로 하게 만드는 방법 등이 유용하다.

③ 퇴직 이후의 노력

ⓐ 전문지도사로의 노하우와 기술을 사장시키지 않도록 국가적 차원의 노력이 필요하다.

ⓑ 농촌지도직 공무원은 농업행정과 달리 퇴직 후에도 농업부문 전문가로서 활동이 가능하며, 퇴직 후 재취업과정 프로그램을 마련하여 전문지식과 노하우를 지속적으로 유지·개발하는 작업이 필요하다.

농촌지도직 공무원의 바람직한 경력단계 설정

단 계	기 간	정 의
입 직	1~2년	
일반지도 단계 (1단계)	3~5년	• 농촌지도사업의 특성을 이해하고, 농업 전반에 대한 기초적 지식을 소유한다. • 농업인을 대상으로 기초적인 농업상담 및 기술지도가 가능하다. • 지도행정을 처리할 수 있는 사무능력을 갖춘 지도직 공무원이다. • 입직 후 1~2년의 신규지도사, 그 후 3~5년간의 실무지도사 단계로 구분한다.
전문지도 단계 (2단계)	5~8년	• 농업에 대한 이해 및 특정 작물에 대한 전반적인 지식을 바탕으로, 특정 품목에 대한 전문적인 지식을 소유한다. • 특정 품목 전업농에 대한 상담 및 경영지도가 가능한 농촌지도직 공무원이다. • 책임지도사가 해당한다.
농업기술 컨설팅 단계 (3단계)	3~5년	• 특정 작물에 대한 전반적인 지식 및 다품목 또는 특정 품목에 대한 전문적인 지식을 지속적으로 유지·개발하여, 특정 품목 전업농 수준 이상의 농업경영체에 대한 상담 및 경영지도가 가능한 농촌지도직 공무원이다. • 수석지도사가 해당한다.

다음 중 지도사의 정의에 따른 명칭으로 옳지 않은 것은?

① 신규지도사는 농업 전반에 대한 기초지식의 습득과 지도행정을 처리할 수 있는 사무능력을 갖추는 단계이다.

② 실무지도사는 작목(품목)전문가로서 생산기술, 포장, 유통, 판매에 이르는 전 과정에 대한 농업인 상담 및 경영지도가 가능한 작목 컨설턴트이다.

③ 책임지도사는 특정 작물에 대한 전문적인 지식을 갖추고, 특정 품목 전업농에 대한 상담과 경영지도가 가능하다.

④ 수석지도사는 특정 작물에 대한 전반적인 지식 및 다품목(또는 특정 품목)에 대한 전문적인 지식을 지속적으로 유지하고 개발하여 특정 품목 전업농 수준 이상의 농업경영체에 대한 상담 및 경영지도가 가능한 농촌지도직 공무원이다.

해설 ②는 책임지도사에 대한 설명이다.

실무지도사
다양한 작목(품목)에 대한 경험과 지식을 접할 수 있는 체계적 직무경험을 제도적 차원에서 제공받아 농업인을 대상으로 기초 농업상담 및 기술지도가 가능할 정도의 지도사이다.

정답 ②

CHAPTER

03

농촌 리더십

|01| 리더십 이론

(1) 개 념

① 학자들의 정의

   ㉠ 피고르(Pigor) : 다른 사람을 이끌고 다스리는 인성이라고 하여 지도와 인성을 강조하였다.

   ㉡ 알포드와 비틀리(Alford & Beatley) : 집단성원의 자발적 행동을 유도하는 인물의 영향력 또는 행동이다.

   ㉢ 깁(Gibb) : 집단성원의 상호작용을 위한 조정과 통제이다.

   ㉣ 올포트(Aliport) : 집단의 내외적 상황에 대한 영향력을 강조하여 리더와 성원 간의 인간관계를 통해서 집단상황에 크게 변화를 가져오는 활동이다.

   ㉤ 집단의 목표 달성과 유지 발전을 위하여 집단성원의 자발적인 지지와 참여를 바탕으로 그들 간의 상호작용을 유도하고 집단 내외적 상황을 변화시키는 리더의 행동이다.

   ㉥ 농촌 리더십이란 일반적 리더십에 농촌이라는 용어를 덧붙인 것으로 지역사회 리더십의 하나이다.

② 특 징

   ㉠ 리더십은 선천성이 아니라 후천적 특성이 강하기 때문에 누구든지 수련하면 소유할 수 있다.

   ㉡ 리더십은 모든 집단성원이 가질 수 있는 것이며, 리더십을 가장 많이 지닌 사람이 그 집단의 리더가 된다.

   ㉢ 단순한 힘이나 영향력이라기보다 의도성과 방향성을 지닌 행동이다.

(2) 농촌 리더십 이론

① 특성이론(Traits Theory)

   ㉠ 리더십 초기 연구 : 리더가 지니고 있는 천부적인 특성에 초점을 두었다.

   ㉡ 스미스와 크루거(Smith & Kruger) : 리더란 천부적인 것으로서 그들은 다른 사람들에 비해서 정신적 · 물질적 · 개인적으로 우월하여 이런 특성들은 어떤 상황 하에서도 변질될 수 없는 것이기에 이런 특성들을 소유하는 사람들만이 진정한 지도자가 될 수 있다는 것이다.

   ㉢ 만(Mann) : 실증연구결과 자질이란 천부적인 것이 아니며 인간의 어떤 자질이 바람직한 리더상이 될 수 있는지 예측하기 어렵다고 주장하였다.

② 성원이론(Follower Theory)
- ㉠ 배경 : 자질론의 반박으로 제기되었다. 즉, 특성이론이 리더와 피지도집단 간의 기능 관계라는 점을 간과했다고 비판한다(상황이론에 포함시키기도 함).
- ㉡ 특 징
  - 지도적 권위는 지도자의 개인적 자질에도 물론 내재하지만 그보다 오히려 공통적인 조직목표에 대한 광범위한 충성에서 기인하는 피지도자의 '동의의 잠재력'에 내재한다고 보고 있다.
  - 동의적 잠재력에 구성원의 리더에 대한 인지, 구성원의 성격 · 습관, 문화적 배경 등이 포함된다.
- ㉢ 장점 : 사람들은 자신의 개인적 욕망을 충족시켜 주는 사람을 추종하는 경향이 있다는 것을 밝혀냈다.
- ㉣ 비판 : 리더와 성원들의 상호작용에 관계하는 환경이나 상황에 대한 관심을 간과한다.
③ 상황이론(Situation Theory)
- ㉠ 로스와 헨드리(Ross & Hendry) : 리더십을 특정 개인이 갖고 있는 자질요소나 종속자들의 태도보다는 오히려 그 조직의 목적 내지 기능을 파악하고, 그것과 지도자와의 관계를 규명하고자 하는 이론이다. 특히 신앙, 사교, 학술 등 각각 그 조직의 목적 · 기능이 다른 경우 상이한 리더를 요구하며, 같은 조직에서도 상황이 변화하면 다른 리더가 요구된다고 하였다.
- ㉡ 카트라이트와 잔더(Cartwright & Zander) : 집단목표의 성격, 집단의 구조, 집단 구성원의 태도와 요구, 외부환경에서 오는 기대라고 주장했다.
- ㉢ 깁(Gibb) : 집단을 둘러싼 사회적 · 물리적 환경의 성격, 집단 임무의 성격, 집단 구성원의 개인적 특성을 의미한다.
④ 상호작용이론(Interaction Theory)
- ㉠ 배경 : 상호작용이론은 전통적 리더십 이론들이 리더의 행동에 따른 결과만을 연구하고 있다는 데에 대한 반론으로 제기되었다.
- ㉡ 의미 : 조직지도자, 조직구성원, 조직상황의 3가지 요인을 동시에 고려하여야 한다는 이론이다.
  - 리더의 행동결과가 그 이후의 리더의 행동에 영향을 미칠 수 있다.
  - 리더의 행동에 의해 바람직한 결과가 나왔다면 그런 행동은 반복되고, 반대라면 반복되지 않는다.

🔍 **참고**

크게 특성이론, 성원이론, 상황이론으로 구분하지만 이들은 독자적이라기보다는 상호 보완관계에 있다. 최근에는 리더 특성 + 구성원 + 상황 요건을 동시에 고려하는 상호작용이론이 대두되었다.

(3) 동기부여이론

① 내용이론

Maslow	생리적 욕구	안전욕구	사회적 욕구	존경 욕구	자아실현 욕구
Alderfer	E : 생존욕구		R : 관계욕구		G : 성장욕구
McGregor	X이론			Y이론	
Herzberg	위생요인(불만족요인)			동기요인(만족요인)	
Argyris	미성숙 이론			성숙 이론	
Likert	체제1, 체제2			체제3, 체제4	

Maslow의 욕구계층이론	• 5계층적 욕구 : 생리적 → 안전 → 사회적 → 존경 → 자아실현 욕구 • 순차적 진행 : 하위욕구 충족 시(100%가 아닌 어느 정도) 상위욕구로 진행 • 충족된 하위욕구는 동기유발 無
Alderfer ERG이론	• 2개 이상의 욕구가 복합적으로 작용하여 동기유발 • 미충족 시 좌절-퇴행
McGregor X-Y이론	• X이론은 통제지향적이므로 부적합 • Y이론은 동기를 유발시키는 미래지향적 관리
Herzberg 위생-동기	• 만족과 불만족은 별개의 차원(만족의 반대≠불만족, 불만족의 반대≠만족) • 위생요인(불만족요인, 만족을 위한 필요조건) : 정책과 관리, 지위, 임금, 감독, 기술, 작업조건, 안전, 조직방침과 관행, 개인 상호 간의 관계 • 동기요인(만족요인, 만족을 위한 충분조건) : 성취감(자아개발), 인정, 직무 그 자체의 보람, 안정감, 직무충실, 책임감, 승진, 심리적 요인 • 장기적으로 동기요인을 충족시켜야 하며(동기화 전략) 직무확충을 대안으로 제시
Argyris 미성숙-성숙	• 개인은 미성숙(수동적 · 의존적) 상태에서 성숙(능동적 · 독립적) 상태를 지향 • 관료제는 이를 억제하므로 인간중심적 민주적 가치체계를 지닌 관료제 제시 • 조직발전, 조직학습을 대안으로 제시
McClelland 성취동기이론	• 권력욕구 → 친교욕구 → 성취욕구 순으로 발달 • 성취욕구가 높을수록 근무성과가 높고 경제적 번영을 달성
Hackman & Oldham 직무특성이론	• 직무의 특성이 개인의 심리상태와 결합되어 성장욕구에 부합되면 동기유발(개인 차이를 고려) • 직무특성 = (기술의 다양성 + 직무의 정체성 + 직무의 중요성)/3×환류×자율성

② 과정이론

Vroom (VIE 이론) 선호-기대 이론	[노력] → [성과] → [보상] → [선호] E(기대감) I(수단성) V(유의성) • 기대감(E) : 노력이 성과(1차 결과)를 가져올 것이라는 신념, 주관적 확률(0 ~ +1) • 수단성(I) : 성과(1차 결과)가 보상(2차 결과)을 가져올 것이라는 믿음의 강도(-1 ~ +1) • 유의성(V) : 주관적인 선호의 강도(-n ~ +n) • 동기유발 = E×I×V • 성과에 영향을 주는 요인 : 노력, 능력, 환경

Skinner
학습이론
	• 학습이론 = 강화이론 = 순치이론 : 외적자극에 의해 학습된 행동이 유발되는 과정을 설명
	• 자극 → 반응 → 결과
	  (손다이크의 결과의 법칙에 근거 : 결과에 따라 행동이 달라짐)
	• 유인기제
	  ⓐ 강화(반복확률↑)
	   – 적극적 강화 : 원하는 것을 부여(승진, 봉급 인상, 칭찬)
	   – 소극적 강화 : 원하지 않는 것을 제거(징계 제거)
	  ⓑ 처벌(반복확률↓) : 원하지 않는 것을 부여(징계)
	  ⓒ 중단(반복확률↓) : 원하는 것을 중단(성과금 폐지, 칭찬 중단)

Level UP 이론을 확인하는 문제

조직의 목적이나 기능을 파악하여 그것과 리더와의 관계를 규명하고자 하는 이론은?   18 경남 기출

① 상황이론   ② 상호작용이론

③ 성원이론   ④ 특성이론

해설   상황이론(Situation Theory)

• Ross & Hendry : 리더십을 특정 개인이 갖고 있는 자질요소나 종속자들의 태도보다는 오히려 그 조직의 목적 내지 기능을 파악하고, 그것과 지도자와의 관계를 규명하고자 하는 이론이다. 특히 신앙, 사교, 학술 등 각각 그 조직의 목적·기능이 다른 경우 상이한 리더를 요구하며, 같은 조직에서도 상황이 변화하면 다른 리더가 요구된다고 하였다.

• Cartwright & Zander : 집단목표의 성격, 집단의 구조, 집단 구성원의 태도와 요구, 외부환경에서 오는 기대라고 주장했다.

• Gibb : 집단을 둘러싼 사회적·물리적 환경의 성격, 집단 임무의 성격, 집단 구성원의 개인적 특성을 의미한다.

정답 ①

|02| 농촌 리더의 유형

(1) 특성에 따른 농촌 리더의 종류

① 전통적 리더

　　㉠ 연령, 학식, 경력, 신분 등으로 그 사회의 관습에 의해서 존경을 받고 있어서 영향력을 행사하는 리더이다.

　　㉡ 전통사회에서 사회의 여론을 조성하여 지도해 나가는 데 큰 힘을 가진 지도자이다.

② 카리스마적 리더

　　㉠ 그 사람의 매력적인 특성에 의해 타인에게 존경을 받고 리더로 추앙받는다.

　　㉡ 초인적인 인간성이나 능력을 가진 위대한 위인들이 카리스마적 리더이다.

　　㉢ 카리스마적 리더의 권위는 리더의 매력적인 특성에서 발생한다.

③ 관료적 리더

　　㉠ 어떤 조직의 목적을 달성하기 위하여 제도나 규칙으로 규정된 역할을 착실히 수행하는 사람으로서 행정적 책임자들이 관료적 리더이다.

　　㉡ 인간성이나 융통성을 배제하고 법과 질서를 지나치게 강조하는 리더의 유형이다.

　　㉢ 관료적 리더의 권위는 법과 제도에서 발생한다.

④ 민주적 리더

　　㉠ 구성원의 의견과 인격을 존중하고 그들의 참여를 강조하며 집단의견을 합리적으로 조정하여 집단을 협력적으로 이끌어가는 리더이다.

　　㉡ 민주적 리더의 권위는 집단성원의 위임에서 발생한다(가장 바람직).

⑤ 전제적 리더

　　㉠ 권력과 지배를 강조하고 복종을 요구하는 리더이다.

　　㉡ 독재주의자가 여기에 속한다.

(2) 형식과 선출방법에 따른 농촌 리더의 유형

① 공식적 리더 : 선거나 임명에 의하여 공식적으로 알려진 리더로 선출방법에 따라 선출된 리더와 임명된 리더로 구분된다.

　　㉠ 선출된 리더 : 집단이 민주적 방식에 의해 선출한 리더로 영농회장, 부녀회장 등이 있다.

　　㉡ 임명된 리더 : 정부기관이나 공공단체에서 하향적으로 임명한 지도자로 이장, 새마을 지도자 등이 있다.

② 비공식적 리더 : 선거나 임명이 없어도 집단이나 부락에서 커다란 영향력을 지닌 사람으로 마을 여론을 좌우하는 오피니언 리더, 전통적 리더, 자원지도자 등이 있다. 특히 농촌지도사업에서는 비공식적 리더의 역할이 중요하다.

　　㉠ 오피니언(여론) 리더 : 공식적인 직책과 아무런 관련 없이 다른 사람의 의견이나 여론에 영향력을 끼치는 개인이다.

ⓛ 전통적 리더 : 그가 갖고 있는 학식, 경력, 연령 등에 의해 영향력을 행사하는 유지급의 인사이다.

ⓒ 자원지도자 : 경제적 보수 없이 자원해서 자신의 시간과 노력을 보람 있고 가치 있는 일에 희생적으로 봉사하는 사람이다.

Level UP 이론을 확인하는 문제

다음 중 리더의 설명으로 옳지 않은 것을 고르시오.   18 경남 **기출**

① 관료적 리더 : 권력과 지배를 강조하고 복종을 요구한다.

② 전통적 지도자 : 연령, 학식, 신분 등으로 존경을 받는다.

③ 카리스마적 지도자 : 그가 가진 매력적 특성에 의해 타인에게 존경받는다.

④ 민주적 지도자 : 구성원들의 의견과 인격을 존중하고 그들의 참여를 강조한다.

해설 ①은 전제적 리더를 말한다.

정답 ①

|03| 농촌 환경 변화에 따른 리더의 변화

(1) 시대별 농촌 리더의 변화

시대 구분	농촌 리더의 특징
일제 강점기	• 일제의 식민정책 전달 창구 역할을 하는 교량적 성격의 리더로 이장이 대표적인 리더이다. • 이장은 행정력을 바탕으로 일제 정책의 수용과 집행, 자원의 배분, 인력동원 등의 권한을 행사하여 실질적으로 농촌을 이끌어가는 개념보다는 식민정부의 역할을 수행하였다.
해방 이후	정부 주도의 농촌 근대화를 위한 지도사업 집행을 위해 들어선 여러 사회조직을 통해 공식적인 리더십이 형성되었다.
1960년대	• 직·간접적으로 정치적 색채를 띠었으며, 촌락 내부 유지 등의 영향력이 매우 컸다. • 리더에는 이장, 반장, 친목회장, 면장, 유지 등이 있다.
1970년대	• 새마을운동 과정에서 농촌개발에 적극적인 추진력을 보였다. • 계획 수립이나 집행에 주민의 이해를 충분히 전달하지 못하였다(한계점).
1980년대	• 다원적이고 민주적인 리더가 출현했다. • 이장이 선출직으로 전환되었고, 생산자 조직이나 작목반 조직의 리더가 등장하였다.
1990년대	• 농업관련 조직의 리더나 핵심인력이 변화를 이끄는 리더로 등장하였다. • 이장은 행정 보조역할로 부수적인 리더, 새마을지도자는 명목상으로만 존재하는 등 역할이 모호해졌다.

(2) 환경변화에 따른 농촌 리더의 변화

① 농촌사회와 농업정책의 변화

구 분	과 거	현 재
농촌사회	• 자족적인 지역사회 • 혈연 · 지연의 강조 • 농업 위주의 농민구조 • 분업적 협동	• 개방적 사회 • 평등주의적 관계 • 겸업, 혼주화, 고령화 • 조직적 협동
농업정책	• 농업발전과 농촌발전의 동일시 • 하향식, 평균적 시책 • 정부의 시장 개입 • 농촌근대화, 농업발전 강조	• 농업정책과 농촌정책 구분 • 상향식, 선택과 집중 • 농가의 직접 시장 대응 • 농업 · 농촌을 유지하는 상태에서 소득 복지 향상

② 농촌 리더의 변화

구 분	과 거	현 재
형 태	공식적 · 형식적 형태	공식 · 비공식 · 실질적 형태
영향력 범위	주로 마을단위로 영향력이 미침	지역 작목 등 다양하게 영향력이 미침
리더선출	관선적 선출	지지와 선출
리더역할	국가정책 실현을 위해 지시하고 전달하는 역할	지역의 자발적 계획을 실천하는 조직가, 실천가 역할
기 타	덕망에 의한 대표 상황과 현실에 순응하며, 수동적 · 하향식 · 권위적인 리더	전문성과 교섭력을 바탕으로 동기부여, 변화를 촉진하는 자발적 · 상향식 · 민주적 역할의 리더

Level UP 이론을 확인하는 문제

시대별 농촌 리더의 변화에 대한 설명 중 옳지 않은 것은?

① 일제강점기 때는 수동적, 교량적 성격의 리더십의 성격을 보였다

② 1960년대는 정치적 색체를 띠며 촌락 내부의 유지에 큰 영향력을 미쳤다.

③ 1970년대는 주민의 이해를 계획수립이나 집행에 충분히 전달하였다.

④ 1980년대는 다원적이고 민주적인 리더십이 출현했다.

해설 ③ 1970년대는 새마을운동을 통해 농촌개발에 적극적인 추진력을 보였으나, 계획수립이나 집행에 주민의 이해를 충분히 전달하지 못하였다.

정답 ③

|04| 농촌 리더의 특성

(1) 오피니언 리더

① 오피니언 리더는 공식적 집단보다는 비공식적이며, 광범위한 집단을 대상으로 하기보다는 대면적 작용을 하고, 직접 행동을 이끄는 것보다 의견·변화를 유도한다(한형수, 1981).

② 특 성
   ㉠ 교육수준이 일반농민보다 일반적으로 높으나, 월등히 높은 것은 아니다.
   ㉡ 일반농민보다 광역지향적이다. 즉, 농촌지도원·대량전달매체·외부사람들과의 접촉이 많다.
   ㉢ 전통적인 규범체제 하에서는 사회규범에 의해 그 지위가 결정되지만, 도시화 사회에서는 대부분 개인의 능력이나 공식적 직책에 의해 결정된다.
   ㉣ 보다 많은 사회참여를 하고 높은 사회적 지위에 있다.

③ 성원들과의 관계로 본 오피니언 리더의 특성(한형수, 1981)
   ㉠ 오피니언 리더는 매스미디어를 통해 추종자보다 외부세계와 접촉이 활발하며 변화주도자와 더 많이 교류함에 따라 외부와 매스미디어를 통해 네트워크를 가진다.
   ㉡ 오피니언 리더는 추종자(성원, Followers)보다 매스미디어에 더 많은 주의를 기울이며 더 많이 노출되어 있다.
   ㉢ 오피니언 리더는 개혁에 대한 개인 메시지를 전달하기 위해서 추종자와 직접 대화하며 더 많은 사회참여를 한다.
   ㉣ 오피니언 리더는 보통 추종자들보다 사회적 지위가 높다. 즉, 추종자는 자신보다 사회적 지위가 높은 사람을 리더로 여기기 때문이다.
   ㉤ 오피니언 리더가 유능한 전문가로 인정받으려면 새 아이디어를 채택해야 한다는 점에서 추종자보다 더 개혁성을 띤다. 개혁성은 사회규범의 성격에 따라 달라지는 데 규범이 사회변동에 유연하게 반응할 때 더 적극적으로 추진할 수 있다.

(2) 자원지도자

① 의 미
   ㉠ 농촌사회 구성원으로서 타인에 비하여 영향력을 비교적 많이 행사하는 사람이다.
   ㉡ 자원지도자를 농촌민간리더 또는 농촌지역리더(Rural Local Leader)라고도 한다.

> **참고**
>
> 자원지도자는 선거로 선출된 리더나 기관·단체에서 지명하는 리더가 아닌 먼저 자원하는 것이 전제가 된다.

② 자원의 의미를 강조하는 이유
   ㉠ 농촌지도사업에 참여하여 자신의 명예와 경제적 이익에 도움을 받는 것이 아니라 시간, 경제적 희생, 봉사가 수반되는 일을 무보수로 하기 때문이다.

ⓒ 자원지도자는 사람들이 하기 싫어하는 일(노약자, 부모 없는 어린이, 장애 청소년 등에게 정신적·교육적 봉사)을 한다. 그러나 민간단체(친목단체, 동창회 등)의 리더는 보수는 없지만 다소의 명예와 지배욕구(지식·명령·감독 등)를 충족시켜 준다.

ⓒ 자원지도자는 리더보다는 자원봉사자의 의미가 더 강하고, 존중 차원에서 리더라는 명칭을 부여하였다. 자원봉사자가 리더십이 있어야 그 역할을 훌륭히 수행하기 때문이다.

③ 자원지도자의 지도사업 참여 동기

ⓐ 헨더슨(Henderson)의 참여 동기
- 참여동기를 성취동기, 친애동기, 권력동기로 구분하였다.
- 자원지도자는 자아실현과 타인과의 친목 및 영향력 행사에 대한 기대욕구에 의한 것이다.

ⓑ 앤더슨과 로더데일(Anderson & Launderdale)의 참여 동기요소
- 소 속
- 전문적 훈련 이수
- 문제해결에서의 참여
- 새로운 관계 형성
- 재미, 베풂
- 새로운 기술의 습득
- 진로 가능성의 검증
- 기존의 기술 활용
- 교육요구 성취
- 팀의 구성원 되기
- 평가받은 일 경험의 수용
- 지루함과 단조로움의 탈피
- 인정받는 것
- 새로운 관심의 개발
- 창의적이 되는 것
- 개인적 리더십 능력의 개발 등

Level UP 이론을 확인하는 문제

농촌 리더 및 오피니언 리더에 대한 설명으로 옳지 않은 것은?   20 지도사 기출(변형)

① 농촌 리더 유형은 특성과 선출방법에 따라 달라진다.
② 집단구성원들에 의해 선출된 농촌 리더는 공식적 리더이다.
③ 오피니언 리더는 일반농민과 교육수준이 비슷하며, 광역지향적이다.
④ 자원지도자와 오피니언 리더는 비공식적 리더이다.

해설 ③ 오피니언 리더는 일반농민보다 교육수준이 높으며, 광역지향적이다.

정답 ③

|05| 자원지도자의 관리

(1) 자원봉사활동

① **자원봉사 기준** : 적극적 참여, 자발적 행동, 금전적 보상 비지급, 공동의 선
② 자원봉사자원관리가 등장하였고 자원봉사 관련 협회, 회의, 국제학회지 등이 생겼다.
③ 자원봉사자원관리 역량모델이 개발되었다(사프리트와 슈미싱).
　㉠ 성공적으로 자원봉사활동에 참여하도록 준비하는 데 필요한 역량 11개
　㉡ 목적에 따라 자원봉사자들을 모집·선발·훈련·배치·관리하는 데 필요한 역량 32개
　㉢ 자원봉사활동이 지속적으로 이루어질 수 있도록 자원을 확보하고 프로그램을 운영하는 데 필요한 역량 20개

(2) 농촌지도자의 역할

① 과거의 상의하달식 지도방법에서 벗어나 하의상달은 물론 수평적 의사전달자로서의 역할을 수행함으로써 정부 말단행정체계와 농민 간의 심리적 거리를 좁혀 주었다.
② 지역사회의 협조자로서, 농촌지도자의 제안과 발상은 지도사업 계획수립부터 사업실시단계까지 새로운 영농기술을 보급하는 데 기여하였다.
③ 농촌지도사업 참여를 통하여 쌓은 성과는 지도자 개인발전, 지역 발전, 국가시책의 실행에도 기여하였다.
④ 학습단체의 조직과 운영, 단체 구성원의 협동영농활동을 통하여 각종 시범사업을 주도함으로써 지역사회 발전에 기여하였다.

(3) 자원지도자 관리 모형(Volunteer Manegement Model)

① 펜로드(Penrod)의 LOOP 모형
　㉠ 찾기(Location : Selection, Recruitment)
　㉡ 오리엔테이션(Orienting : Informal, Formal)
　㉢ 운영하기(Operating : Education, Accomplishment)
　㉣ 지속화하기(Perpetuating : Evaluation, Recognition)
② 보이스(Boyce)의 ISOTURE 모형
　효과적 자원지도자 조직을 구성·유지하기 위해 확인 → 선발 → 오리엔테이션 → 교육훈련 → 활용 → 인정 → 평가 요소로 모형화하였고, 각 요소는 서로 독립적으로 분리되어 있지만 상호 관련성이 있다.
　㉠ 확인(Identification)
　　• 조직 내 자발적 참여 기회를 확인하고, 자원자를 위한 적절한 직무기술서를 개발하는 활동을 하며, 직무기술서는 중요 커뮤니케이션 도구가 된다.
　　• 직무기술서 개발 목적은 직무에 대해 예측하고 수행해야 하는 과업을 기술하기 위한 것이다.
　　• 직무기술서 내용은 직무명, 일반적인 설명, 요구되는 능력, 구체적인 책무, 인적·물적 자원, 감독 또는 자문자, 직무수행 지역, 소요시간 등이 포함된다.

ⓛ 선발(Selection)

- 자원지도자 선발
  - 많은 자원지도자는 모집(Recruitment)을 통해 임명된다.
  - 선발의 가장 좋은 방법으로 개인적 계약(Personal Contact)이 있다.
  - 자원지도자와 계약 또는 고용할 때 그들이 해야 하는 일이 무엇이고, 언제까지 해야 하며, 해야 할 일의 목적이 무엇이고, 누구에게 도움이 되는지를 명확히 고지해야 한다.
- 선발 도구는 직무기술서이다. 요구가 명확히 정의되어 있기 때문에 적절한 자격을 갖춘 자를 선발할 수 있기 때문이다.
- 선발 방법은 인터뷰이다. 인터뷰가 지원자의 능력 및 자질에 관한 정보를 가장 잘 획득할 수 있기 때문이다.
- 잠재적인 자원지도자 유형
  - 사업에 직접 관련된 사람 또는 그러한 사람들을 잘 아는 사람
  - 특정 기술을 다른 사람들과 공유하고자 하는 사람
  - 사업에 관계없이 기꺼이 남을 돕고자 하는 사람

ⓒ 오리엔테이션(Orientation)

- 오리엔테이션 목적은 자원지도자가 전체 조직 및 부여된 특정 직무에 대해 익숙해지도록 하기 위해 실시한다.
- 오리엔테이션 방법은 회의, 면대면 방식, 자기주도학습(질문, 매뉴얼 탐독) 등이 있다.
- 신규 자원지도자 오리엔테이션 내용
  - 사업내용 및 역사
  - 조직구조 및 주요 직원 소개, 시설 소개
  - 감독체계(보고체계, 불만 또는 관심사항 처리 절차)
  - 사업정책 및 절차에 대한 검토
  - 자원지도자에 대한 혜택
  - 자원지도자 기록관리, 긴급절차
  - 일정 변경 또는 결근 요청 절차 등

ⓔ 교육훈련(Training)

- 선발된 자원지도자에게 추가적인 지식, 기술, 태도를 개발하기 위한 교육훈련을 한다.
- 교육훈련 수준
  - 자원지도자가 직무를 실제로 수행하기 전에 제공되는 직전 교육훈련
  - 직무를 실제로 수행하면서 자신의 지식과 기술을 개선하기 위한 OJT
  - 기관 또는 개인 스스로 하는 계속교육

ⓜ 활용(Utilization)
- 자원지도자의 지식, 기술, 태도를 활용하는 것이다(사람을 일에 투입하는 것).
- 감독자는 자원지도자가 직무를 잘 수행할 수 있게 해 주는 사람인데, 감독자가 일을 잘 했느냐는 그가 맡은 자원지도자가 일을 잘 수행하였느냐에 달려 있다.
- 효과적인 활용
  - 직무에 적합한 사람을 잘 준비시켜서 배치하는 것
  - 일을 하는 데 필요한 권한과 지침을 제공해 주는 것
  - 규칙적인 훈련이 뒤따르도록 하는 것
  - 자원지도자와 농촌지도원 간의 지속적·쌍방향적 의사소통이 이루어지는 것
ⓗ 인정(Recognition)
- 인정은 자원지도자의 가치를 존중하고 공개적으로 표현하는 방식으로, 농촌지도사업에 공헌한 자원지도자에 대한 보상의 하나이다.
- 인정 방식
  - 공식적 방법 : 대개 실질적인 것을 제공하는 것으로 자격증 부여, 감사편지 발송, 생활에 필요한 것을 주는 것 등이 있다.
  - 비공식 방법 : 실질적이지는 않지만 보다 자연스럽게 일어나는 것으로 감사의 표현, 특별한 기회에 대한 고려(추가적 역할 부여, 특별한 훈련에 참가할 수 있는 기회 제공, 농촌지도사를 대신하는 일 등)가 있다.
ⓢ 평가(Evaluation)
- 자원지도자에 대한 수행뿐만 아니라 자원지도자 개발 프로그램에 대한 평가이다.
- 농촌지도사와 동일하게 자원지도자도 자신의 업무수행에 대한 피드백을 받는다.

> 🔍 **참고**
>
> 자원지도자의 열정에 감사를 표현하는 인정은 자원지도자의 수행내용에 대한 평가 행위와는 다른 것이다.

- 자원지도자 평가
  - 비공식적 평가(주로 활용) : 토론, 간단한 인터뷰 등
  - 공식적 기법 : 자가평정 체크리스트, 감독자의 평가, 동료 및 고객의 의견, 심층 인터뷰 등

자원지도자 관리 모형에서 Penrod의 LOOP 모형의 순서로 알맞은 것은?

① 선발 → 교육훈련 → 오리엔테이션 → 평가 요소
② 선발 → 오리엔테이션 → 교육훈련 → 평가 요소
③ 찾기 → 운영하기 → 오리엔테이션 → 지속화하기
④ 찾기 → 오리엔테이션 → 운영하기 → 지속화하기

해설 • 자원지도자 관리 모형에서 Penrod의 LOOP 모형 순서
    찾기 → 오리엔테이션 → 운영하기 → 지속화하기
  • Boyce의 ISOTURE 모형 순서
    확인 → 선발 → 오리엔테이션 → 교육훈련 → 활용 → 인정 → 평가 요소

정답 ③

|06| 농촌 리더의 발굴

(1) 농촌 리더의 발굴

농촌 리더로서 오피니언 리더를 발굴하는 방법은 사회관계 측정방식, 정보제공자의 평가, 자기 추천방식, 관찰 등이 있다.

(2) 사회관계 측정방식(Sociometric Techniques)

① 개 념

ㄱ 모레노(Moreno)가 1934년에 창안하였으며, 가장 널리 알려진 방법이다.

ㄴ 집단을 성원 상호의 견인과 반발의 긴장체계로 보고, 이것을 측정하여 집단 구조 · 인간관계 · 집단 성원의 지위 등을 측정하는 이론과 기술이다.

ㄷ 응답자들이 특정 혁신에 대한 정보와 충고를 얻기 위해 누구를 찾는지를 알아보는 방법이다.

ㄹ 대면 접촉을 통해 서로의 존재를 심리적으로 인식하고 있는 사람들에게 적용할 수 있는 것으로 오피니언 리더를 찾는데 대단히 효과적이다.

ㅁ 직접적인 인지자료에 근거하여 측정하므로 리더십 측정에 매우 합당한 방법이다.

ㅂ 오피니언 리더는 집단성원이 정보원으로 가장 많이 선택하는 사람들이므로 다수의 네트워크 연결고리에 속해 있다. 따라서 사회체계(적은 수)의 표본보다는 모집단 전체의 네트워크 자료를 확보할 때 가장 효과적이다.

② 방 법

    ㉠ 집단성원에게 어떤 선택 상황을 제시하는 질문을 하고 응답의 비밀을 보장하는 약속을 한 후, 각 응답자 본인과 그가 선택하는 사람을 셋으로 제한하고, 그 세 사람에 대한 선호 순위를 표시하게 하는 것이다.

    ㉡ 응답의 결과를 감정지도(Sociogram)로 도식화하여 집단 내의 선호 관계를 한눈에 볼 수 있게 한다.

③ 한 계

    ㉠ 소수의 오피니언 리더를 발견하기 위해서 상당히 많은 응답자에게 질문해야 하는 번거로움이 있다.

    ㉡ 사회관계 측정 질문은 응답자가 네트워크를 통한 동료·지인을 모두 열거할 수 있도록 고안될 필요가 있다.

④ 다른 접근법의 명단 조사(Roster Study)

    ㉠ 응답자는 한 체계의 모든 구성원의 리스트를 제공받고 명단에 있는 다른 사람들과 교류를 하는지, 얼마나 자주 하는지를 대답하는 것이다.

    ㉡ 강한 네트워크뿐만 아니라 약한 네트워크 연결고리를 측정할 수 있는 장점이 있다.

(3) 정보제공자의 평가(Informants' Ratings)

① 개 념

    ㉠ 지식이 많은 주요 정보제공자들(Key Informants)에게 질의하는 방법이다.

    ㉡ 소규모의 체계에서 특정 정보제공자가 많은 정보를 가지고 있을 경우, 소수의 정보제공자들을 대상으로 조사하는 것만으로도 사회관계 측정방식 이상으로 효과적일 수 있다.

② Buller의 연구사례

    ㉠ 뉴멕시코의 타오스 카운티(Taos County)에서 오피니언 리더들에게 컴퓨터와 인터넷 사용법을 배우게 해서 디지털 격차를 줄이는 사업에서 사용되었다.

    ㉡ 종교지도자들, 공무원들, 교직원들, 그 지역 장기 거주자 등의 주요 정보제공자에게 질문했는데, 그들이 두 번 이상 언급한 사람들은 오피니언 리더였다.

(4) 자기 추천방식

① 개 념

    ㉠ 응답자들로 하여금 체계 내에서 다른 사람들이 응답자들을 얼마나 영향력이 있는 사람으로 평가하는지 질문하는 방식이다.

    ㉡ '당신은 사람들이 정보나 충고를 얻기 위해서 다른 사람보다 당신을 찾는다고 생각하십니까?'라는 질문 등이 예시이다.

    ㉢ 응답자들이 자신의 이미지를 얼마나 잘 지각하고 보고하는가에 따라 정확성이 결정된다.

② 효과적인 사용

    ㉠ 한 체계 내에서 임의의 표본 응답자들에게 질의할 때 적절한 방법이다.

    ㉡ 사회관계 측정방식을 적용할 수 없을 때 사용된다.

(5) 관찰(Observation)

① 개념
- ㉠ 사람들을 관찰함으로써 피관찰자의 리더십을 측정하는 방법이다.
- ㉡ 연구자가 체계 구성원의 커뮤니케이션 행동을 확인하고 기록함으로써 리더십을 확인한다.

② 장점
- ㉠ 자료의 타당도가 매우 높다.
- ㉡ 소규모 사회체계에서 가장 효과적이다. 이유는 대인적 교류가 일어날 때 관찰자가 실제적으로 관찰하고 기록하기 쉽기 때문이다.

③ 한계
- ㉠ 소규모 체계에서의 관찰은 피관찰자에게 개입할 수 있는데, 사람들은 자신이 관찰되고 있다는 것을 알기 때문에 실제와 다르게 행동할 수 있다.
- ㉡ 연구자가 관심을 갖는 어떤 사회적 행위가 일어날 때까지 인내심 있게 행동해야 한다.

PLUS ONE

오피니언 리더 발굴 방법

측정방법	정의	질문	장점	한계점
사회관계 측정방식	구성원들에게 정보와 충고를 얻기 위해 누구를 찾는지를 묻는 방법	당신의 오피니언 리더는 누구입니까?	상이한 상황과 주제에 대해서 적용하기 쉬우며 타당도가 높음	• 사회관계 측정자료를 분석하는 것이 복잡할 수 있음 • 소수의 오피니언 리더를 식별하기 위해 많은 수의 응답자 필요 • 사회체계의 일부인 표본을 대상으로 할 경우 적합하지 않음
정보 제공자의 평가	오피니언 리더를 식별하기 위해 주관적으로 선별된 주요 구성원들에게 질의하는 방법	체계에서 오피니언 리더들은 누구입니까?	사회관계 측정방식에 비해서 시간과 비용 절약	개별 정보제공자는 체계에 대해서 잘 알고 있어야 함
자기추천 방식	응답자가 자신을 오피니언 리더로서 어느 정도 인식하는지를 알아보기 위해 일련의 질문을 하는 방법	당신은 체계에서 오피니언 리더입니까?	응답자 자신의 리더십에 대한 인식을 측정하는 것으로서 응답자의 행동에 영향을 미침	응답자가 자신의 이미지를 정확하게 식별하고 보고하는 것이 가장 중요
관찰	커뮤니케이션 네트워크 연결고리들을 식별하고 기록하는 방법	없음	타당도가 높음	• 관찰자가 노출됨 • 매우 작은 체계에 가장 적당하며, 관찰자는 상당한 인내심을 발휘해야 함

자료 : Rogers(2003)

오피니언 리더를 발굴하는 방법에 포함되지 않은 것은?

① 사회관계 측정방식   ② 정보제공자의 평가

③ 자기 지원방식   ④ 관 찰

해설 농촌 리더로서 오피니언 리더를 발굴하는 방법은 사회관계 측정방식, 정보제공자의 평가, 자기 추천방식, 관찰 등이 있다.

정답 ③

안심Touch

CHAPTER

04

외국 농촌지도공무원 인적자원개발

|01| 미국 HRD(Human Resource Development)

(1) 미국의 지도요원

① 미국 농촌지도 계층구성 및 육성

㉠ 최고관리자(Director/Assistant Director), 관리자(Supervisor), 지도행정가(Administrative Support), 지도전문가(Specialist), 시군 단위 지도사(County Agent/Advisors/Educators)로 구성된다.

㉡ 지도사의 경력 수준에 따라 계층을 구분하며, 계층별로 육성 목적이 달라 계층별로 다른 교육내용과 육성방안을 제공하고 있다.

㉢ 전체 주립대학에는 지도전문가(Specialist)가 근무하고, 시군 단위 주립대학 소속하의 농촌지도센터에 농촌지도사가 근무하고 있다.

㉣ 미국 농촌지도는 주립대학 중심으로 이루어지고, 주별로 지도요원 육성체계가 다르다.

② 지도전문가(Specialist)

㉠ 주립대학 내에 주정부의 지도국이 설치되어 있다.

㉡ 주립 농과대학의 지도전문가는 대부분 박사급 교수이며, 교육 · 연구 · 지도업무 간의 비율을 정하여 겸직하고, 매년 심사에 의하여 비율을 조정한다.

③ 시군 지도사(County Agent)

㉠ 시 · 군 단위의 농촌지도사업은 주립대학이 NIFA와 협력하여 수행하며, 주립대학 소속의 농촌지도센터가 설치되어 있다.

㉡ 시군 농촌지도사는 대부분 학사 · 석사이고, 일부 박사도 포함된다.

④ 시군 지도사 선발

㉠ 대부분 주별로 자체 선발하는 경우가 많으며, 사전에 대학에서 농촌지도요원 분야별 과목을 이수해야 한다.

ⓛ 미국 농촌지도요원 이수과목

구 분	과 목	
4-H 청소년 육성	• 사회학 • 가족관계와 인적자원개발 • 심리학 • 기타 관련 학문 • 교육학(농업, 초등, 중등, 가족 · 소비자과학, 물리)	• 커뮤니케이션론 • 동물, 낙농, 가금과학 • 청소년 육성 • 레크리에이션
지역사회 개발	• 농산업 및 응용경제학 • 공원, 레크리에이션, 관광경영 • 지도 및 토지정보과학	• 지역사회보건교육 • 농업교육학
가족 및 소비자과학	• 지역사회보건교육 • 식품과학과 영양 • 가족자원개발 • 가정경제교육	• 아동개발 • 영양 및 식품관리 • 가족관계와 인적자원개발 • 섬유 및 의류
농업 및 자연자원	• 농산업 및 응용경제학 • 환경 커뮤니케이션 또는 교육 · 수질관리 • 농업시스템 관리	• 농업 커뮤니케이션 • 농업교육학

(2) 켄터키주 HRD

① County Extension Agent Development System을 갖춰 농촌지도사의 입직부터 전문성을 완성하기까지 체계적으로 육성하고 있다.

② 1 · 2단계 : 지도업무 수행을 위한 기초 지식 · 기술을 향상시키는 공통 교육과정이다.

③ 3 · 4단계 : 사업 또는 업무 영역별로 요구되는 전문적인 능력 개발 과정이다.

공통교육 과정	1단계 오리엔테이션	• 신입지도사의 지도조직 및 지도사업에 대한 이해와 지도사업의 절차 · 방법 등 기초지식과 기술을 익히기 위한 과정 • 3일간의 오리엔테이션, 지역의 최고관리자 방문, 멘토링 프로그램, 현장학습으로 구성
	2단계 기본훈련	• 입직 1년 후 지도업무 수행에 요구되는 공통적인 직무능력 및 리더십, 관리능력 함양 • 주제는 개인개발 · 조직개발, 관리기술, 지도사업 프로그램 개발로 구성됨
전문능력 개발과정	3단계 프로그램 영역 훈련	• 각 지역 프로그램별 요구되는 차별적 능력을 함양하는 단계 • 지역별 지도사업 프로그램, 최고관리자가 각 지도사의 임무 부여로 구성
	4단계 전문성 개발	• 지도사가 지역 및 개인의 요구에 부합할 수 있도록 전문성 함양 • 현직 교육, 전문성 향상 등

(3) 오하이오주 HRD

Dalton은 오하이오 주립대학 농촌지도센터의 농촌지도사의 경력단계를 3단계로 구분하고, 각 단계별 전문능력 개발을 동기부여하기 위한 유인책과 조직적 전략을 제시하였다.

① 진입단계

ㄱ 조직에 대한 이해, 조직의 구조 및 문화, 직무 수행을 위한 필수 기술을 습득해야 한다.

ㄴ 오하이오 주립대학 지도센터(OSU 지도센터)는 동료 멘토링 프로그램, 전문성 개발 지원팀, 리더십 코칭, 오리엔테이션/직무훈련 같은 방법을 개발했다.

② 동료단계

ㄱ 지도사는 전문적 지식과 독립성을 갖추어야 한다.

ㄴ 현직교육, 전문 능력 개발을 위한 교육예산의 확보 등의 방안이 활용된다.

③ 카운슬러 및 어드바이저 단계

ㄱ 조직에 대한 지도사 개인의 기여를 넘어 다른 지도사와 협업할 수 있는 능력을 개발해야 한다.

ㄴ 지도사는 자기학습을 통하여 지식과 기술을 갱신하고, 강사로서의 기회도 갖으며, 특별한 프로젝트에 임시로 참여하기도 한다.

ㄷ 자신의 삶을 되돌아보고 갱신할 수 있는 수련회, 멘토링과 훈련가로서의 역할 수행, 리더십 진단센터, 조직 내 전문가 협의체 등의 조직적 전략 등을 활용한다.

경력단계	강조점	조직적 전략
진입단계	• 지도조직, 구조, 문화의 이해 • 직무수행에 필요한 필수 기술 획득 • 지도기관 내 동료들과의 관계 형성 • 이니셔티브와 창조성 발휘	• 동료 멘토링 프로그램 • 전문성 개발 지원팀 • 리더십 코칭 • 오리엔테이션/직무훈련
동료단계	• 전문성 영역 개발 • 전문성 개발을 위한 예산 확보 • 독자적인 문제해결이 가능한 수준 • 전문가로서의 자격과 의식 갖기 • 혁신과 창조성 발휘 • 의존적 활동에서 독립적 활동으로의 변화	• 현직교육 • 전문성 개발 예산 확충 • 전문가 협회 참가 지원 • 정규교육
카운슬러 및 어드바이저 단계	• 광범위한 전문성 획득 • 리더십 발휘 • 조직적 문제해결에 관여 • 전문가로서의 상담/코칭 • 자기개발 강화 • 타인에게 영향력을 미칠 수 있는 지위 획득	• 수련회 • 멘토링과 훈련가로서의 역할 수행 • 리더십 진단센터 • 조직 내 전문가 협의체

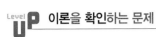
미국의 농촌지도직 공무원의 전문성 개발에 대한 설명으로 맞지 않는 것은?

① 미국은 시군 단위 주립대학 소속하의 농촌지도센터에 농촌지도사가 근무한다.

② 주립 농과대학의 지도전문가는 대부분 박사급 교수로 교육과 연구, 지도 업무 간의 일정 비율을 정하여 겸직한다.

③ 각 주별로 지도사 육성체계는 다르지만, 시군 단위 농촌지도사는 주립대학을 중심으로 같이 선발한다.

④ 지도사의 경력 수준에 따라 계층을 구분하며, 계층별로 육성목적이 달라 차별적인 교육내용을 제공한다.

> **해설** 대부분 주별로 자체 선발하는 경우가 많으며, 사전에 대학에서 농촌지도요원 분야별 과목을 이수해야 한다.
>
> **정답** ③

|02| 일본 HRD

(1) 보급지도원 자기연수지원체제 정비

① 보급지도원은 고도의 전문기술 지식을 갖추고, 현장의 과제해결능력이나 조사연구능력을 갖추어야 한다.

② 능력향상을 위해 현지 조사연구 활동이나 연구회 활동을 통한 자기 연구 등 자발적 학습이 중요하다.

③ 보급지도원의 자발적 연구를 향상할 수 있도록, 보급사업·농업교육 등에 관한 자료 및 문헌의 제공이나 연수거점 정비, 연수환경 정비 등의 필요성을 강조한다.

(2) 보급지도원의 자질 향상을 위한 연수

보급지도원이 지역농업의 기술혁신을 추진할 수 있도록 정부와 도도부현이 역할분담을 하여 4단계 연수를 실시하고 있다.

① 연수체계 4단계

　㉠ 실천지도력 강화 연수

　　• 보급지도원의 역할 및 목적의식의 함양

　　• 기초적인 지도방법의 습득과 실천적 지도력 향상에 관한 연수

ⓛ 전문지도력 강화 연수

- 전문분야를 중심으로 문제해결능력 향상에 관한 연수
- 마케팅 · 운영 관리 등 경영적 관점을 중시한 지도력 향상에 관한 연수
- 지적재산의 창조 · 보호 · 활용의 지원에 관한 지도력 향상에 관한 연수

ⓒ 종합지도력 강화 연수

농촌지역의 종합적 과제에 대한 해결능력을 향상하기 위한 보급지도방법의 고도화 등에 관한 연수

ⓔ 기획 · 운영능력 강화 연수

- 보급지도활동의 총체로서의 기능을 발휘하기 위해 보급 활동의 종합적인 기획 · 조정 연수
- 보급지도원의 양성 및 자질 향상, 보급지도 활동의 관리운영에 관한 연수

② 보급지도원의 발전단계에 따른 연수 내용

기초적인 지도력 확립 (신임기, 제1기)	실천적 지도를 실행하기 위해 필요한 보급방법이나 기술 · 경영에 관한 기초적인 지도력과 커뮤니케이션 능력을 갖추기 위한 연수
스페셜리스트 기능(전문) (향상기, 제2기)	개별 경영이나 법인 경영 등의 농업경영체나 생산조직, 학습 · 연구 · 실천집단 등이 안고 있는 기술적인 문제나 경영관리기법에 대해 지도할 수 있는 능력을 갖추기 위한 연수
코디네이터(통합) 기능 (충실기, 제3기)	전문기술을 보다 고도화하고, 지역의 통합적인 과제해결을 위한 효과적인 제안이나 지도를 실행할 수 있는 능력을 갖추기 위한 연수
기획관리력의 기능 (제4기)	보급지도원의 조직적인 활동이나 효과적인 연수의 실시, 관계기관 및 단체와의 연계 강화, 시험연구 행정 분야 성과기법의 종합적인 활용 등을 실행할 수 있는 능력을 갖추기 위한 연수

③ 연수방법

ⓐ 연수목적에 따라 집합연수, OJT(On the Job Training), 파견연수, E-러닝, 전문가에 의한 개별지도 등이 활용된다.

ⓑ 집합연수를 통해 강의뿐만 아니라 토의, 연습, 실습 등으로 연수효과를 향상시키고, OJT는 신임 보급지도원의 능력제고에 효과적이며, 파견연수 비중도 증가하고 있다.

ⓒ 보급지도원의 파견 연수

파견하는 곳	습득하고자 하는 지식 및 기술
지역의 선도적인 역할을 하는 농업인	농업생산, 농업경영 및 농촌생활에 관한 실천적 지식, 농업인과의 커뮤니케이션
대학, 대학원, 시험연구기관	농업에 관한 고도의 지식과 선도적 기술 등
소매업자, 식품사업자	마케팅, 식품가공에 관한 지식 및 지원 방법
민간 전문가 등	생산기술 및 경영 등에 관한 고도의 지식과 지원 방법 등

(자료 : 이금옥 · 김지성, 2011)

CHAPTER 01 지도공무원 선발 · 교육

01

농촌지도공무원의 주요 업무로 옳지 않은 것은?

① 농촌복지와 문화수준의 향상을 위한 지원 업무
② 농촌사회교육을 위한 지도관리와 계몽 업무
③ 농촌생활의 의식주 개선을 위한 물품지원 업무
④ 농업 연구기관에서 개발된 선진농법을 바탕으로 영농교육 실시

> 해설 ③ 농촌생활의 의식주 개선을 위한 생활지도 업무이다.

02

농촌지도공무원의 전문성 개발을 위한 교육훈련으로 옳지 않은 것은?

① 직전훈련이란 농촌지도요원으로 채용되기 이전에 받는 전문적인 훈련이다.
② 농촌지도요원으로 채용된 새 요원에게 특정 업무가 할당되기 전에 주어지는 훈련을 직전훈련이라 한다.
③ 재직자 직무교육이란 정규 농촌지도요원에서 주어지는 모든 종류의 교육훈련이다.
④ 직무교육 목적은 자기가 전공하고 담당하는 업무에서 새로 연구 · 개발된 지식, 정보, 기술을 교육받기 위함이다.

> 해설 ② 농촌지도요원으로 채용된 새 요원에게 특정 업무가 할당되기 전에 주어지는 훈련을 신규훈련 또는 수습훈련이라 한다.

03

농촌지도공무원의 전문성 개발을 위한 교육훈련 현황 및 설명으로 옳지 않은 것은?

① 지도공무원의 직전교육은 농과계 고등학교 및 대학에서 담당하고 있다.

② 신규채용자에 대한 교육은 1962년 농촌진흥청 발족 후부터 실시되었다.

③ 1997년 지방직 전환 이후 신규채용자 교육은 지방자치단체의 교육기관에서 담당한다.

④ 직무교육은 공식적으로 이루어지기도 하고, 각 지역마다 개인의 노력에 따라 다양하게 이루어진다.

해설 ② 신규채용자에 대한 교육은 1957년 농사원 발족 후부터 실시되었다.

04

우리나라 농촌지도요원의 교육훈련에 관한 설명으로 옳지 않은 것은?

① 최근 채용되는 신규지도인력이 경력경쟁으로 인해 전공자들의 비율이 상승하고 있는 추세이다.

② 실습교육은 농진청 산하 해당 시험 연구기관에서 해당 분야 연구관들이 교관이 되어 실시된다.

③ 1962년 농촌진흥청 발족 후 채용인원이 증가하여 기초교육은 단기화되었다.

④ 2007년 본격적으로 연구직 신규채용자 교육을 실시하였다.

해설 ① 최근 채용되는 신규지도인력의 비농업 계열 전공자가 늘어나고 있는 추세이다.

05

재직자 직무훈련(재훈련)에 대한 설명으로 옳지 않은 것은?

① 재훈련이란 정규 농촌지도요원에게 주어지는 모든 종류의 교육훈련이다.

② 자신이 전공하고 담당하는 업무를 연구·개발된 지식, 정보, 기술을 새롭게 교육 받는다.

③ 재직자 직무교육의 목적은 새로운 내용을 교육 받고 과거에 알고 있던 지식을 잊지 않도록 하는 데 있다.

④ 재직자 직무교육은 1974년 전에는 기본교육과 전문교육을 구분하지 않았으나, 1974년부터 구분하여 실시하였다.

해설 ④ 재직자 직무교육은 1974년까지는 기본교육과 전문교육을 구분하지 않았으나, 1975년부터 구분하여 실시하였다.

06

다음 중 농촌지도사 훈련 중 부적당한 것은?

97 경기 기출

① 경마훈련
② 선진지견학
③ 농장견학
④ 회 의

해설 **직무훈련의 목적**
· 자기가 전공하고 담당하는 업무에서 새로 연구·개발된 지식, 정보, 기술을 교육 받기위해 실시한다.
· 과거 알고 있었던 지식을 잊지 않도록 환기시키기 위해 실시한다.

07

보기에서 설명하는 교육훈련의 명칭은 무엇인가?

18 경북 기출(변형)

> 참석자와 강사가 1~3주가량 한 장소에서 같이 생활하면서 특정 주제에 대하여 의문점과 문제점을 함께 토의하며 배우는 훈련과정이다.

① 세미나
② 현직훈련
③ 연찬회
④ 전문지도연구회

해설 **연찬회(Workshops)**
- 함께 공부하고 연구하는 회의이다.
- 참석자와 강사가 1~3주간 한 장소에서 같이 생활하면서 특정 주제에 대하여 의문점과 문제점을 함께 토의하며 배우는 훈련과정이다.

08

지도직 공무원 전문능력 개발 지원에 대한 설명으로 옳지 않은 것은?

① 단기과정훈련은 근무하고 있는 현지의 직장에서 필요한 지식이나 기술을 상위직 지도요원이 계획적으로 또는 그때그때 훈련시키는 것이다.
② 보충훈련은 일반적으로 농촌지도방법, 양계법, 과수재배법 등과 같이 그 주제가 넓으며, 여러 가지 주제에 대해서 4~6주간 실시하는 훈련이다.
③ 멘토링과 코칭은 새로운 지도요원이 자연스럽게 직업에 적응하도록 하기 위한 방법이다.
④ 전문지도 연구회는 농촌지도공무원의 자율적인 연구모임체로서 학습조직의 기능을 한다.

해설 ①은 현직훈련에 대한 설명이다. 단기과정훈련은 1~2주일 또는 1개월 이상 근무지, 학교, 훈련기관에서 1가지 특수한 주제에 대해 깊이 있게 훈련받는 것이다.

01

Havelock의 변화촉진자로서의 개발요원의 역할 중 자극을 통하여 문제상황의 인식과 개발욕구를 불러일으키는 역할은?

① 촉매자로서의 역할
② 해결방안제시자로서의 역할
③ 진행협조자로서의 역할
④ 자원동원자로서의 역할

해설 **Havelock의 변화촉진자로서의 개발요원의 역할**
- 촉매자로서의 역할 : 자극을 통하여 문제상황의 인식과 개발욕구를 불러일으키는 역할
- 해결방안제시자로서의 역할 : 문제상황에 적절한 해결방안의 제시와 그것을 수용하게 하는 역할
- 진행협조자로서의 역할 : 모든 개발단계에 따른 문제해결활동을 측면지원하고 그 활동의 성과제고를 유도하는 역할
- 자원동원자로서의 역할 : 활동에 필요한 자원을 발견하고 동원하는 역할

02

Havelock이 말하는 농촌지도자의 역할과 거리가 먼 것은? 03 충남, 14 지도사 기출(변형)

① 촉매자로서의 역할
② 농촌리더로서의 역할
③ 해결방안제시자로서의 역할
④ 진행협조자로서의 역할

해설 Havelock의 개발요원의 역할 4가지는 촉매자, 해결방안제시자, 진행협조자, 자원동원자이다.

03

다음 보기에 해당되는 농촌지도요원의 역할은?
06 대구 기출

- 농민 스스로 행동변화의 필요를 인지하도록 도와주어야 한다.
- 농민의 필요와 문제와의 관련에서 신뢰성, 확실성, 감정이입 등의 깊은 상호관계적인 분위기를 조성해야 한다.
- 농민의 문제상황을 분석하여 왜 현실적인 대안이 그들의 필요를 충족시켜주지 못하는지 이해시켜야 한다.

① 해결방안제시자
② 진행협조자
③ 자원동원자
④ 변화촉진자

해설 리피트(R. Lippitt)가 제시한 구체적인 변화촉진자 역할 중 행동변화의 필요 인지, 상호신뢰 관계의 조성, 문제의 진단에 관한 내용이다.
- 행동변화의 필요 인지 : 변화촉진자는 농민 스스로 행동변화의 필요를 인지하도록 도와주어야 한다.
- 상호신뢰 관계의 조성 : 변화적 필요가 창출되면 변화촉진자는 그의 고객과 상호신뢰 관계를 발전·수립시켜야 한다. 즉, 농민의 필요와 문제와의 관련에서 신뢰성, 확실성, 감정이입 등의 깊은 상호관계적인 분위기 조성이 필요하다.
- 문제의 진단 : 변화촉진자는 농민의 문제상황을 분석하여, 왜 현실적인 대안이 그들의 필요를 충족시켜주지 못하는지를 이해시켜야 한다.

04

다음 중 농촌의 발전을 위해 활동하는 농촌지도자의 역할로 가장 적절하지 않은 것은?

14 지도사 기출(변형)

① 주민들 간의 모임을 활성화시켜 변화를 촉진하는 변화촉진자로서의 역할
② 효과적인 의사소통을 통해 주민들을 서로 이해시키고, 단합시키는 의사소통자로서의 역할
③ 주민들의 경제적 능력과 학벌, 사회적 지위 등을 종합적으로 판단하여 역할을 분담시키는 판단자로서의 역할
④ 바람직한 변화를 이끌어내기 위해 주민들과의 창조적인 일을 계획하는 혁신자로서의 역할

해설 농촌지도자는 촉매자, 제시자, 자문가, 의사소통자, 혁신자, 정책전달자, 지역사회개발자, 지역인적자원개발자 등 다양한 역할을 하지만, 판단자로서의 역할은 하지 않아야 한다.

05

Lippit는 농촌지도요원의 변화촉진자적 역할을 보다 구체적으로 분류하여 시계열 순서에 의하여 설명하고 있다. Lippit가 제시한 농촌지도요원의 역할이 아닌 것은?

① 행동변화의 필요 인지
② 상호신뢰적 관계의 조성
③ 의사소통능력
④ 고객의 동기유발 촉진

해설 Lippit가 제시한 농촌지도요원의 역할
• 행동변화의 필요 인지
• 상호신뢰적 관계의 조성
• 문제의 진단
• 고객의 동기유발
• 변화의지의 행동화
• 변화의 고정과 중단 방지
• 종결적 상호관계의 수립

06

다음 중 농촌지도요원의 조직 수준에 따른 역할의 중요도에 관한 설명으로 옳지 않은 것은?

① 시군 단위 지도인력에게는 자문가, 상담자의 역할이 가장 중요하다.
② 도 단위의 지도인력에서는 전문가의 역할이 가장 중요하다.
③ 중앙 단위의 지도인력에서는 전략가의 역할이 가장 중요하다.
④ 조직 수준에 상관없이 전문가가 2위로 나타났다.

해설 ② 중앙, 도 단위의 지도인력에서는 전략가의 역할이 가장 중요하다.

07

다음 중 농촌지도요원의 역할이 아닌 것은?

① 의사결정을 할 때나 자원을 동원하려고 할 때 도와주는 자문가로서의 역할을 한다.
② 전문능력, 지역 특화 농업기술, 컨설팅 능력 등의 인적자원개발이 중요해지고 있다.
③ 농업환경의 다각적인 변화에서 지도사 스스로의 인적자원개발이 중요하다.
④ 개인 개발 상담자로서의 역할, 환경 전문가로서의 역할 등이 있다.

해설 ④ 개인 개발 상담자로서의 역할, 매체 전문가로서의 역할, 요구분석가로서의 역할 등이 있다.

08

농촌지도요원의 역할 설명으로 옳지 않은 것은?

① 농촌지도사의 역할은 인적자원개발 담당자의 역할과 유사한 부분이 많다
② 우리나라 지도기관은 단순히 농업기술보급기능뿐만 아니라 정부정책 전달자, 지역사회개발자, 지역 인적자원개발자 등 다양한 역할을 수행한다.
③ 최근에는 지역특화농업기술, 컨설팅 능력 등 다양한 능력이 요구된다.
④ 조직 수준에 따라 시군 단위 지도인력에게는 전문가의 역할이 가장 중요하다.

해설 ④ 시군 단위에서는 자문가, 상담가, 코치의 역할이 가장 중요하다.

09

우리나라 농촌지도사의 유형에 따른 전문능력에 해당되지 않는 것은?

① 농촌지도조직관리자
② 전문지도사
③ 시군 단위 지도사
④ 일반농촌지도사

해설 우리나라의 농촌지도사 유형은 농촌지도조직관리자, 전문지도사, 일반농촌지도사로 구분하였다. 시군 단위 지도사는 미국의 농촌지도인력 유형이다.

10

농촌지도조직관리자에게 요구되는 전문능력이 아닌 것은?

① 일반농촌지도사가 기술적으로 능력이 부족할 때 조언하는 능력
② 전문지도사의 사업영역과 조정능력
③ 기본훈련 및 선진기술훈련 능력
④ 지도사업에 대한 전략적 기획 능력

해설 ① 일반농촌지도사가 기술적으로 능력이 부족할 때 조언하는 능력은 전문지도사에게 요구되는 전문능력이다.

11

일반농촌지도사에 요구되는 품성으로 옳은 것으로만 나열한 것은?

> ㉠ 농업에 대한 경험
> ㉡ 배우려는 태도
> ㉢ 독립심
> ㉣ 신체적인 건강
> ㉤ 관리와 통제능력

① ㉠ ㉡ ㉣　　　　② ㉡ ㉢ ㉣
③ ㉡ ㉢ ㉤　　　　④ ㉠ ㉡ ㉢

해설 **일반농촌지도사에게 요구되는 전문능력**

자 질	품 성	전문능력
• 지역언어 • 수혜집단과의 친밀성 • 농업에 대한 경험 • 최소한의 학력 • 농업기술에 대한 훈련	• 동 기 • 배우려는 태도 • 새로운 기술습득을 위한 커뮤니케이션 능력 • 신체적인 건강 • 건전한 품성 • 독립심	• 지도사업에서 실천한 내용 결정 능력 • 지도사업의 실행 능력 • 관리와 통제 능력

12

농촌지도요원 역량모델의 필요성으로 옳지 않은 것은?

① 농촌지도요원의 직업적 전문성을 개발하고 강화하기보다 전반적 역량에 관한 논의에 치중하였다.
② 지도공무원으로서의 역할 및 업무수행 표준이 제시되어 있지 않아 고성과자를 판단할 근거가 미흡하다.
③ 향후 농업환경 변화에 대응한 농촌지도사업의 발전을 위해서 농촌지도공무원의 현재 역량 수준을 체계적·구체적으로 파악할 수 있는 역량진단이 이루어져야 한다.
④ 역량 중심의 인적자원개발시스템은 '역량모델'에서 출발한다.

해설 ① 농촌지도요원의 전반적 역량에 관한 논의보다 지도사의 직업적 전문성을 개발 및 강화하는 데 치중하였다.

13

농촌지도요원 육성단계 중 멘토링에서 멘티 역할, 자체 세미나 참여, 현장영농체험, 시험장 파견, 전문지도연구회 참여, 직무순환 등이 유용한 단계의 지도사는?

① 수석지도사
② 책임지도사
③ 실무지도사
④ 신규지도사

해설 **실무지도사 교육과정**
• 멘토링에서의 멘티 역할, 자체 세미나 참여, 현장 영농체험, 시험장 파견, 전문지도연구회 참여, 직무순환 등이 유용하다.
• E-Learning 프로그램을 도입하여 기술적인 부분의 교육이나 사이버 코칭도 가능하다.
• 자체 세미나는 주 1회나 격주 1회 정도 해당 품목에 대해서 세미나를 하면 효과가 높다.
• 현장 영농체험도 효과가 높다.

01

다음 리더십에 관한 설명으로 옳지 않은 것은?

① 농촌 리더십이란 농촌 지역사회 및 특수집단의 발전을 위하여 지역사회 주민이 자발적이고 상호 역동적으로 노력하게끔 유도하고 조정하여 이끄는 농촌 리더의 행동을 의미한다.

② 농촌 리더십 이론은 특성이론, 성원이론, 상황이론, 최근의 상호작용이론이 있다.

③ 지역사회 리더에는 임명된 리더, 선출된 리더, 자원지도자 등이 있다.

④ 농촌지도사업에서는 공식적 리더의 역할이 중요하고, 그 중 선출된 리더와 자원지도자의 역할이 강조되고 있다.

해설 ④ 농촌지도사업에서는 비공식적 리더의 역할이 중요하며, 그 중 오피니언 리더와 자원지도자의 역할이 강조되고 있다. 특히 농촌 리더로서 오피니언 리더를 발굴하는 방법은 크게 사회관계 측정방식, 정보제공자의 평가, 자기 추천방식, 관찰 등이 있다.

02

다음 중 리더십의 개념을 가장 잘 설명한 것은?

97 경기 기출

① 같은 목표를 가진 사람들의 모임

② 특정 개인이 다른 사람에 대하여 영향을 끼치는 능력

③ 특정 단체가 어떤 개인에 대하여 영향을 끼치는 능력

④ 어떤 단체에서 토의 능력을 함양하는 것

해설 농촌 리더는 농촌주민(개인)으로서 구성된 집단의 목적 달성과 유지·존속을 위해 집단성원의 자발적 참여를 중심으로 집단 내외적인 상호작용을 농촌 사회규범 속에서 비교적 많이 주도·조정·통제하는 업무를 이행하는 농촌주민이다. 즉, 다른 사람에 대하여 영향을 끼치는 능력을 의미한다.

03

다음 중 농촌지도력에 대한 설명으로 옳지 않은 것은?

07 대전 기출

① 특성이론은 지도자란 천부적인 것으로서 그들은 다른 사람들에 비해서 정신적·물질적·개인적으로 우월하여 이런 특성들은 어떤 상황에서도 변질될 수 없는 것이기에 이런 특성들을 소유하는 사람들만이 진정한 지도자가 될 수 있다는 것이다.

② 성원이론은 지도적 권위는 지도자의 개인적 자질에도 물론 내재하지만 그보다 오히려 공통적인 조직목표에 대한 광범위한 충성에서 기인하는 피지도자의 '동의의 잠재력'에 내재한다고 보고 있다.

③ 상황이론은 지도력을 특정 개인이 갖고 있는 자질요소나 종속자들의 태도보다는 오히려 그 조직의 목적 내지 기능을 파악하고, 그것과 지도자와의 관계를 규명하고자 하는 이론이다.

④ 농촌지역사회 주민들을 강제성과 반강제성을 동원하여 농촌생활의 개선을 이끄는 농촌지도사의 행동을 농촌지도력이라고 한다.

해설 농촌이라는 지역사회 혹은 그 지역사회의 주민으로 구성된 개개 특수집단들의 유지 발전을 위하여 농촌지역사회 주민이 자발적이고 상호역동적으로 노력하게끔 유도하고 조정하여 이끄는 농촌 리더의 행동을 농촌지도력이라고 한다.

04

농촌 리더십 이론의 설명으로 옳지 않은 것은?

20 지도사 기출(변형)

① 특성이론은 리더와 부하 간의 관계를 중심으로 리더십 행동의 다양한 유형 연구이다.

② 상호작용이론은 조직지도자, 조직구성원, 조직상황의 3가지 요인을 동시에 고려해야 한다는 것이다.

③ 성원이론은 지도적 권위는 리더 개인적 자질에도 내재하지만, 그보다 공통 조직목표에 대한 충성에서 기인하는 구성원의 동의의 잠재력에 내재한다고 본다.

④ 상황이론은 리더십을 특정 개인이 갖고 있는 자질이나 추종자의 태도보다는 그 조직의 목적 및 기능을 파악하고, 그것과 리더의 관계를 규명하려는 것이다.

해설 ① 특성이론은 리더가 지니고 있는 천부적인 특성에 초점을 둔다.

05

리더십 이론 중에서 카리스마적 리더는 어느 유형에 해당하는가?

17 지도사 기출(변형)

① 특성이론
② 성원이론
③ 상황이론
④ 상호작용론

해설 리더십이 어떤 개인적 초인적 자질에 근거한다는 이론은 특성이론이다.

06

농촌 리더십 이론에 대한 설명으로 옳지 않은 것은?

① 특성이론에서 Mann은 실증연구 결과 자질이란 천부적인 것이 아니라고 했다.
② 상황이론은 특성이론이 리더와 피지도집단 간의 기능관계라는 점을 간과한다고 비판했다.
③ 상황이론은 집단이 관련된 요소가 리더십 기능에 영향을 미치는 이론이다.
④ 상호작용이론은 전통적 리더십 이론들이 리더의 행동에 따른 결과만을 연구하고 있다는 데에 대한 반론으로 제기되었다.

해설 ② 성원이론은 특성이론이 리더와 피지도집단 간의 기능관계라는 점을 간과한다고 비판했다.

07

농촌 리더십 이론 중 성원이론에 대한 설명으로 옳은 것은?

① 리더의 행동결과가 그 이후의 리더의 행동에 영향을 미칠 수 있다.
② 신앙, 사교, 학술 등 각각 그 조직의 목적과 기능이 다른 경우 상이한 리더를 요구한다.
③ 사람들은 자신의 개인적 욕망을 충족시켜 주는 사람을 추종하는 경향이 있다는 이론이다.
④ 집단목표의 성격, 집단의 구조, 집단 구성원의 태도와 요구, 외부환경에서 오는 기대라고 주장했다.

해설 ① 상호작용이론, ② · ④ 상황이론

08

보기에서 설명하는 리더십 이론은 무엇인가?

18 경북 기출(변형)

> 조직지도자, 조직구성원, 조직상황의 3가지 요인을 동시에 고려하여야 한다는 이론으로서 리더의 행동결과가 그 이후의 리더의 행동에 영향을 미칠 수 있다.

① 상호작용이론
② 상황이론
③ 성원이론
④ 특성이론

해설 상호작용이론(Interaction Theory)
- 배경 : 상호작용이론은 전통적 리더십 이론들이 리더의 행동에 따른 결과만을 연구하고 있다는 데에 대한 반론으로 제기되었다.
- 의미 : 조직지도자, 조직구성원, 조직상황의 3가지 요인을 동시에 고려하여야 한다는 이론이다.
  - 리더의 행동결과가 그 이후의 리더의 행동에 영향을 미칠 수 있다.
  - 리더의 행동에 의해 바람직한 결과가 나왔다면 그런 행동은 반복되고, 반대라면 반복되지 않는다.

09

연령, 학식, 경력, 신분 등으로 그 사회의 관습에 의해서 존경을 받고 있어 영향력을 행사하는 지도자의 형태는?

① 전통적 지도자
② 공식적 지도자
③ 관료적 지도자
④ 카리스마적 지도자

해설 전통적 리더는 가부장적 전통사회에서 사회의 여론을 조성하여 지도해 나가는 데 큰 힘을 가진 지도자이다.

10

농촌 리더의 설명 중 옳지 않은 것은?

① 전통적 리더 : 연령, 학식, 경력, 신분 등으로 그 사회의 관습에 의해서 존경을 받고 있어 영향력을 행사하는 리더
② 카리스마적 리더 : 그 사람의 매력적인 특성에 의해 타인에게 존경받고 추앙받는 리더
③ 전제적 리더 : 어떤 조직의 목적을 달성하기 위하여 제도나 규칙으로 규정된 역할을 착실히 수행하는 사람으로서 법과 질서를 지나치게 강조하는 리더
④ 민주적 리더 : 구성원의 의견과 인격을 존중하고 그들의 참여를 강조하며 집단의견을 합리적으로 조정하여 집단을 협력적으로 이끌어가는 리더

해설 • 관료적 리더 : 어떤 조직의 목적을 달성하기 위하여 제도나 규칙으로 규정된 역할을 착실히 수행하는 사람으로서 법과 질서를 지나치게 강조하는 리더
• 전제적 리더 : 권력과 지배를 강조하고 복종을 요구하는 리더

11

다음 중 규칙과 제도에 따른 역할에 충실한 지도자의 유형으로 옳은 것은?　　19 경북 기출

① 민주적 지도자　　② 관료적 지도자
③ 전제적 지도자　　④ 카리스마적 지도자

해설 관료적 리더
• 어떤 조직의 목적을 달성하기 위하여 제도나 규칙으로 규정된 역할을 착실히 수행하는 사람으로서 행정적 책임자들이 관료적 리더이다.
• 인간성이나 융통성을 배제하고 법과 질서를 지나치게 강조하는 리더의 유형이다.
• 관료적 리더의 권위는 법과 제도에서 발생한다.

12

농촌지도자의 유형 중 참여를 강조하며 집단의견을 합리적으로 조정하여 집단을 합동적으로 이끌어가는 지도자 유형은?　　11 경기 기출

① 관료적인 지도자
② 민주적인 지도자
③ 방임적인 지도자
④ 카리스마적인 지도자

해설 민주적인 지도자란 구성원의 의견을 존중하고 그들의 참여를 강조하며 집단의 의사를 합리적으로 조정하여 이끌어 가는 특성을 가진 지도자이다.

13

다음 중 성격유형이 다른 농촌지도자는?　　06 대구 기출

① 이 장
② 영농회장
③ 부녀회장
④ 작목반장

해설 공식적 · 비공식적 지도자
• 공식적 지도자
  - 임명된 지도자 : 정부기관이나 공공단체에서 하향적으로 임명한 지도자(이장, 새마을지도자 등)
  - 선출된 지도자 : 집단이 민주적 방식에 의해 선출한 지도자(영농회장, 부녀회장 등)
• 비공식적 지도자 : 여론지도자, 전통적 지도자, 자원지도자 등

14

농촌 리더의 유형 중 비공식적 리더가 아닌 것은?

17 지도사 [기출(변형)]

① 전통적 리더　　　② 오피니언 리더
③ 새마을 지도자　　④ 자원지도자

해설　비공식적 리더 : 오피니언 리더, 전통적 리더, 자원
지도자

15

시대별 농촌 리더의 변화 양상 중 옳지 않은 것은?

① 일제강점기에는 일제 식민정책 전달 창구 역할
을 하는 리더의 모습이었다.
② 해방 이후 농촌 근대화를 위한 지도사업 집행을
위해 공식적인 리더십이 형성되었다.
③ 1980년대부터 이장이 선출직으로 전환되고 다
원적이고 민주적인 리더십이 출현하였다.
④ 1970년에 들어서는 이장이 부수적인 리더가 되
었으며 새마을지도자는 역할이 모호해졌다.

해설　④는 1990년대의 설명이다.

16

환경 변화에 따른 농촌사회의 변화로 옳지 않은 것은?

① 자족적인 지역사회에서 개방적인 사회로 변화
하였다.
② 혈연·지연의 강조에서 평등주의적 관계로 변
화하였다.
③ 농업 위주의 농민구조에서 겸업, 혼주화, 고령
화 구조로 변화하였다.
④ 조직적 협동에서 분업적 협동으로 변화하였다.

해설　④ 분업적 협동에서 조직적 협동으로 변화하였다.

17

환경 변화에 따른 농촌사회와 농업정책의 변화로
옳지 않은 것은?

① 농업정책은 농업발전과 농촌발전을 동일시했으
나 농업정책과 농촌정책을 구분하고 있다.
② 농촌근대화, 농업발전의 강조에서 농업·농촌유
지/소득 복지 향상 정책으로 변화했다.
③ 상향식이고 선택과 집중에서, 하향식이고 평균
적인 시책으로 변화했다.
④ 정부의 시장개입정책에서 농가의 직접 시장 대
응으로 변화했다.

해설　③ 농업정책은 하향식에서 상향식으로, 평균적 시
책에서 선택과 집중으로 변화했다.

18

농업 농촌 환경변화에서 현재의 농촌리더 변화 양
상으로 옳지 않은 것은?

① 농촌사회 - 농업 위주의 농민구조 속에서 분업
적 협동
② 농촌리더 - 전문성과 교섭력을 바탕으로 동기
부여
③ 리더역할 - 지역의 자발적 계획을 실천하는 조
직가, 실천가
④ 농업정책 - 농가의 직접 대응, 선택과 집중

해설　① 농촌사회 - 겸업, 혼주화, 고령화 속에서 조직적
협동

19

오피니언 리더에 대한 설명으로 옳지 않은 것은?

① 오피니언 리더는 비공식적이며 광범위한 집단을 대상으로 작용하고 직접 행동을 이끌기보다는 변화를 인도한다.
② 교육수준이 일반농민보다 일반적으로 높으나 월등히 높은 것은 아니다.
③ 일반농민보다 광역지향적이다.
④ 보다 많은 사회참여를 하고 높은 사회적 지위에 있다.

> **해설** ① 오피니언 리더는 공식적 집단보다는 비공식적이고, 광범위한 집단을 대상으로 하기보다는 대면적 작용을 하며, 직접 행동을 이끄는 것보다 의견·변화를 유도한다.

20

오피니언 리더의 특징으로 옳지 않은 것은?

① 일반농민보다 광역지향적이며, 농촌지도원·대량전달매체·외부사람들과의 접촉이 많다.
② 전통적 규범체제에서는 사회규범이나 공식적 직책에 의해 그 지위가 결정되지만, 도시화 사회에서는 대부분 개인의 능력에 의해 결정된다.
③ 오피니언 리더는 추종자(성원, Followers)보다 매스미디어에 더 많은 주의를 기울이며 더 많이 노출되어 있다.
④ 오피니언 리더는 유능한 전문가로 인정받으려면 새 아이디어를 채택해야 한다는 점에서 추종자보다 더 개혁적이다.

> **해설** ② 전통적 규범체제 하에서는 사회규범에 의해 그 지위가 결정되지만, 도시화 사회에서는 대부분 개인의 능력이나 공식적 직책에 의해 결정된다.

21

성원들과의 관계로 본 오피니언 리더의 특성으로 옳지 않은 것은?

① 매스미디어를 통해 추종자보다 외부세계와 접촉이 활발하며 변화주도자와 더 많이 교류함에 따라 외부와 매스미디어를 통해 네트워크를 가진다.
② 매스미디어보다 추종자(성원, Followers)에 더 많은 주의를 기울이며 더 많이 노출되어 있다.
③ 개혁에 대한 개인 메시지를 전달하기 위해서 추종자와 직접 대화하며 더 많은 사회참여를 한다.
④ 보통 추종자들보다 사회적 지위가 높다. 즉, 추종자는 자신보다 사회적 지위가 높은 사람을 리더로 여기기 때문이다.

> **해설** ② 오피니언 리더는 추종자(성원, Followers)보다 매스미디어에 더 많은 주의를 기울이며 더 많이 노출되어 있다.

22

자원지도자에 대한 설명으로 옳지 않은 것은?

18 경북 기출(변형)

① 자원지도자가 지명을 통해 임명한다.
② 수평적 의사전달자로서의 역할을 수행한다.
③ 각종 시범사업을 주도함으로써 지역사회 발전에 기여한다.
④ 농민과 지도공무원 간 고리를 연결하는 역할을 수행한다.

> **해설** ① 많은 자원지도자가 모집을 통해 임명된다.

23

다음 자원지도자의 설명 중 옳지 않은 것은?

97 경기 기출

① 비전문적 지도부분에 활용이 가능하다.
② 자원지도자는 지도력이 없어도 가능하다.
③ 자원지도자의 심리적 욕구는 성취동기 · 친애동기 · 권력동기가 있다.
④ 자원지도자는 무보수이다.

해설 ② 농촌사회 구성원으로서 타인에 비하여 영향력을 비교적 많이 행사하는 사람으로 지도력이 있어야 가능하다.

Henderson의 자원지도자의 지도사업 참여 동기
- 권력동기 : 타인에게 어떤 영향력을 행사할 수 있기를 기대하는 욕구
- 친애동기 : 타인과 사귀고 싶고 애정을 교환하고 싶어 하는 욕구
- 성취동기 : 자기이상을 실현하여 자기존중과 만족감을 느끼려고 하는 동기

24

다음 중 농촌자원지도자의 관리 모형으로 옳은 것을 고르시오.

> ㉠ MULTI 모형
> ㉡ ISOTURE 모형
> ㉢ 시스템 모형
> ㉣ LOOP 모형

① ㉠ ㉡
② ㉠ ㉢
③ ㉡ ㉣
④ ㉢ ㉣

해설 자원지도자 관리 모형에는 펜로드(Penrod)의 LOOP 모형, 보이스(Boyce)의 ISOTURE 모형이 있다.

25

오피니언 리더 발굴방법 중 사회관계 측정방식에 대한 설명으로 옳지 않은 것은?

① 지식이 많은 주요 정보제공자들에게 질의를 통해 측정하므로 리더십 측정에 매우 합당한 방법이다.
② 응답자들이 특정 혁신에 대한 정보와 충고를 얻기 위해 누구를 찾는지를 알아보는 방법이다.
③ 집단을 성원 상호의 견인과 반발의 긴장체계로 보고, 이것을 측정하여 집단 구조 · 인간관계 · 집단성원의 지위 등을 측정하는 이론과 기술이다.
④ 대면 접촉을 통해 서로의 존재를 심리적으로 인식하고 있는 사람들에게 적용할 수 있는 것으로 오피니언 리더를 찾는 데 대단히 효과적이다.

해설 ①은 정보제공자의 평가 방법이다. 사회관계 측정방식은 직접적인 인지자료에 근거해 측정하므로 리더십 측정에 매우 합당한 방법이다.

26

오피니언 리더를 발굴하는 방법 중 강한 네트워크 연결고리뿐만 아니라 약한 네트워크 연결고리를 측정할 수 있다는 장점을 가진 방법은?

① 사회관계측정방식
② 명단 조사
③ 정보제공자의 평가
④ 관 찰

해설 **다른 접근법의 명단 조사(Roster Study)**
- 응답자는 한 체계의 모든 구성원의 리스트를 제공받고 명단에 있는 다른 사람들과 교류를 하는지, 얼마나 자주 하는지를 대답하는 것이다.
- 강한 네트워크뿐만 아니라 약한 네트워크 연결고리를 측정할 수 있는 장점이 있다.

27

여론지도자의 발견을 위해 사용하는 방법 중 가장 널리 알려진 방법은? 17년 충남 기출

① 사회관계 측정방식
② 자기추천방식
③ 관 찰
④ 정보제공자의 평가

해설 사회관계 측정방식은 집단을 성원 상호의 견인 · 반발의 긴장체계로 보고, 이것을 측정하여 집단 구조 · 인간관계 · 집단성원의 지위 등을 측정하는 이론으로 가장 널리 알려진 방법이다.

28

사회관계 측정방법에 대한 설명으로 옳지 않은 것은? 18 경북 기출(변형)

① 응답의 결과를 감정지도(Sociogram)로 도식화하여 집단 내의 선호관계를 한눈에 볼 수 있다.
② 사회체계의 모집단 전체보다는 표본의 네트워크 자료를 확보할 때 가장 효과적이다.
③ 응답자들이 특정 혁신에 대한 정보와 충고를 얻기 위해 누구를 찾는지를 알아보는 방법이다.
④ 직접적인 인지자료에 근거해 측정하므로 리더십 측정에 매우 합당하다.

해설 ② 사회체계의 표본보다는 모집단 전체의 네트워크 자료를 확보할 때 가장 효과적이다.

29

다음 중 사회관계 측정법에 대한 설명으로 옳은 것은? 19 경북 기출

① 오피니언 리더를 찾는 데 효과적이다.
② 소규모의 체계에서 오피니언 리더를 조사하는 데 적합하다.
③ 응답자가 자신을 어떻게 인식하고 있는지를 잘 보여준다.
④ 커뮤니케이션 네트워크 연결고리들을 식별하고 기록하는 방법이다.

해설 대면 접촉을 통해 서로의 존재를 심리적으로 인식하고 있는 사람들에게 적용할 수 있는 것으로 오피니언 리더를 찾는 데 대단히 효과적이다.

30

농촌 리더 발굴방법 중 정보제공자의 평가방법에 대한 내용을 고르시오.

① 질의하기 쉬우며 상이한 상황과 주제에 대해 적용하기 쉽고 타당도가 높다.
② 사회관계 측정방식에 비해 시간과 비용이 절약된다.
③ 응답자 자신의 리더십에 대한 인식을 측정하는 것으로서 응답자의 행동에 영향을 미친다.
④ 자료의 타당도가 매우 높으며, 소규모 사회체계에서 가장 효과적인 방법이다.

해설 ① 사회관계 측정법, ③ 자기추천 방식, ④ 관찰

01

미국 농촌지도의 특징으로 옳지 않은 것은?

① 지도인력은 최고관리자, 관리자, 지도행정가, 지도전문가, 시군 단위 지도사로 구성되어 있다.
② 시군 단위 농촌지도사는 주별로 대부분 자체 선발한다.
③ 주립대학 중심으로 활동하며 주별 지도요원의 육성체계가 통일되어 있다.
④ 각 주립대학 내에 주정부 지도국이 설치되어 있다.

> **해설** ③ 미국 농촌지도는 주립대학 중심으로 이루어지나, 주별로 지도요원 육성체계가 다르다.

02

미국 오하이오주 HRD의 각 단계별 전문능력 개발을 동기부여하기 위한 조직적 전략 중 '진입단계'에 속하지 않는 것은?

① 수련회
② 리더십 코칭
③ 전문성 개발 지원팀
④ 오리엔테이션

> **해설** ① 수련회는 카운슬러 및 어드바이저 단계에 해당한다.
> **진입단계**
> • 동료 멘토링 프로그램
> • 리더십 코칭
> • 전문성 개발 지원팀
> • 오리엔테이션/직무훈련

03

오하이오주 HRD에서 각 단계별 전문능력 개발을 동기부여하기 위한 조직적 전략 중 카운슬러 및 어드바이저 단계가 아닌 것은?

① 수련회
② 현직교육
③ 리더십 진단센터
④ 조직 내 전문가 협의체

> **해설** ② 현직교육은 동료단계에 해당한다.
> **카운슬러 및 어드바이저 단계**
> • 수련회
> • 멘토링과 훈련가로서의 역할수행
> • 리더십 진단센터
> • 조직 내 전문가 협의체

04

미국 텍사스주 HRD 중 관리자(Supervisors) 육성방법으로 옳지 않은 것은?

① 대부분 실무지도사의 육성방법과 거의 동일한 방법을 통해 전문성을 함양한다.
② 주지사 경영 개발센터 프로그램을 통해 지도사업 프로그램 개발 및 실행에 필요한 자원을 관리하는 능력을 배양한다.
③ 남부 지도사업 리더십 개발 프로그램을 통해 리더십의 이론 및 적용을 학습한다.
④ 관련 대학 및 협회와 네트워크 형성을 통해 다양한 학습 자원을 제공한다.

> **해설** ① 대부분 리더십 및 관리 역량을 함양하기 위한 교육을 실시한다.

05

미국 텍사스주 HRD 중 실무지도사(Agents) 육성
방법으로 옳지 않은 것은?

① 실무지도사는 지역사회의 요구를 반영할 수 있
는 현실적인 지도사업 프로그램을 실행하기 위
한 전문성을 함양할 수 있는 다양한 육성방법을
활용한다.

② 실무지도사는 지도사업 관련 학회, 워크숍, 자
격 프로그램, 학위코스, 세미나 등 다양한 학습
기회에 대한 정보를 제공한다.

③ 전문지도사는 실무지도사의 육성방법과 거의
동일한 방법을 통해 전문성을 함양한다.

④ 전문지도사는 지도사업과 관련된 협회 및 도서
에 대한 정보를 제공하고, 멘토링 프로그램을
실시한다.

> 해설 **실무지도사(Agents)와 전문지도사(Specialist) 육성
방법**
> - 실무지도사(Agents) 육성방법
>   - 지역사회의 요구를 반영할 수 있는 현실적인
지도사업 프로그램을 실행하기 위한 전문성을
함양할 수 있는 다양한 육성방법이 활용됨
>   - 다양한 학습기회에 대한 정보 제공 : 지도사업
관련 학회, 워크숍, 자격 프로그램, 학위코스,
세미나 등 다양한 학습기회에 대한 정보를 제
공하고 있으며, 지도사업과 관련된 협회 및 도
서에 대한 정보를 제공하고, 멘토링 프로그램
도 실시
> - 전문지도사(Specialist) 육성방법
>   - 실무지도사의 육성방법과 거의 동일한 방법을
통해 전문성을 함양함
>   - 학습내용이 보다 전문적이고, 실무지도사와 달
리 멘토링 프로그램은 실시하지 않음

06

2000년 이후 일본 농촌지도의 특징으로 옳지 않은
것은?

① 전문기술원 및 개량보급원을 보급지도원으로
일원화

② 지역보급개량센터를 '보급지도센터'로 개칭하고
설치근거를 자율화시킴

③ 보급협력위원을 보급지도협력위원으로 명칭 변경

④ 농촌지도사업을 도 단위 사업에서 국가 단위 사
업으로 일원화

> 해설 2000년 : 일본의 농촌지도사업은 국가 단위에서 도
단위로 이관되었다.

07

일본 보급지도원의 발전단계에 대한 설명으로 옳지 않은 것은? 　17 지도사 <기출(변형)>

① 기초적 지도력 확립 : 기초적인 지도력과 커뮤니케이션 능력
② 스페셜리스트 기능 : 농업경영체의 기술적인 문제지도
③ 종합지도력 : 시험연구 행정 분야 성과기법의 종합적인 활용
④ 기획관리력 : 관계기관 및 단체와의 연계 강화

[해설] **보급지도원의 발전단계에 따른 연수 내용**
- 기초적인 지도력 확립(신임기, 제1기) : 실천적 지도를 실행하기 위해 필요한 보급방법이나 기술·경영에 관한 기초적인 지도력과 커뮤니케이션 능력을 갖추기 위한 연수
- 스페셜리스트 기능(전문, 향상기 제2기) : 개별 경영이나 법인 경영 등의 농업경영체나 생산조직, 합습·연구·실천집단 등이 안고 있는 기술적인 문제나 경영관리기법에 대해 지도할 수 있는 능력을 갖추기 위한 연수
- 코디네이터(통합) 기능(충실기 제3기) : 전문기술을 보다 고도화하고, 지역의 통합적인 과제해결을 위한 효과적인 제안이나 지도를 실행할 수 있는 능력을 갖추기 위한 연수
- 기획관리력의 기능(제4기) : 보급지도원의 조직적인 활동이나 효과적인 연수의 실시, 관계기관 및 단체와의 연계 강화, 시험연구 행정 분야의 성과기법의 종합적인 활용 등을 실행할 수 있는 능력을 갖추기 위한 연수

08

일본 보급지도원의 연수에 대한 설명으로 옳지 않은 것은?

① 보급지도원이 지역농업의 기술혁신을 추진할 수 있도록 정부와 도도부현이 역할분담을 하여 3단계 연수를 실시하고 있다.
② 기초적인 지도방법의 습득과 실천적 지도력 향상에 관한 연수를 실시한다.
③ 마케팅·운영 관리 등 경영적 관점을 중시한 지도력 향상에 관한 연수를 실시한다.
④ 농촌지역의 종합적 과제에 대한 해결능력을 향상하기 위한 보급지도방법의 고도화 등에 관한 연수를 실시한다.

[해설] **일본 보급지도원의 연수체계 4단계**
- 실천지도력 강화 연수
- 전문지도력 강화 연수
- 종합지도력 강화 연수
- 기획·운영능력 강화 연수

PART 09

농촌 인적자원개발(HRD)

01

농업인 지도 및 소농 중심 농촌지도

|01| 농업인 지도

(1) 품목별 신기술 보급과 지원(농촌진흥 50년사)

① 채소 시범사업

1960년대	• 우량품종과 비료효과 전시사업 • 복합요인 투입 채소 시범사업 • 지역유망채소재배 기술지도
1970년대	• 고추 비닐멀칭 재배 시범 • 농특사업지구와 주산지 시군 고추 등 전시 시범 • 지역소득작목 시범사업 • 시설채소 재배기술 시범
1980년대	• 마늘, 양파 비닐멀칭 시범 • 간이저장고와 건조기 시범사업 • 표준화 하우스 시범 • 양채류 기술보급 시범
1990년대	• 백색혁명 성취 • 농가보급형 하우스 시범 • 시설원예 환경개선 시범 • 시설원예 에너지 절감 시범 • 채소 기계화 촉진 시범 • 채소 수경재배 시범
2000년대	• 마늘 주아재배 시범 • 성페르몬 이용 해충방제 시범 • 딸기 우량묘 보급 시범 • 내재해형 하우스 보급 • 환경친화형 채소생산 시범

> **참고**
>
> 시범사업
> 시범농가로 하여금 혁신기술을 선도적으로 실천하도록 하여 새 기술이 인근에 파급되도록 하는 기술보급으로 가장 효율적인 지도방법에 해당한다.

CHAPTER 01 | 농업인 지도 및 소농 중심 농촌지도 **451**

② 과수 시범사업

연대	내용
1960년대	• 과수 집단부락 전시사업 • 농어민 소득증대사업 – 주산단지 조성 시범
1970년대	• 왜성사과 재배 시범 – 조기결실과 단위당 수량 제고 • 과수재배단지 조성과 사과 왜성재배 • 산지과수원조성 시범
1980년대	• 왜성대목묘 보급 • 점적관수시설 보급 • 생산비 절감 기술지도 • 토양 및 엽 분석에 의한 시비 지도 • 감귤 시설재배
1990년대	• 과수 품질향상 및 출하 조정 • 고품질과실 안정생산 시범 • 수출전문단지 육성 시범 • 과수 토양수분감응 자동관수 시범 • 축열물 주머니 이용 에너지 절감 시범 • 사과 저수고 밀식재배 시범 • 배 Y자 재배 시범
2000년대	• 성페로몬 이용 해충방제 시범 • 저온저장고 환경관리 자동화 시범 • 포도 덕 및 비가림 복합모델 시범 • 과원구조 생력화, 초생재재 • 야생조수류 피해방지 시범 • 미세살수장치 이용 늦서리 피해방지 시범 • 꽃가루 은행, 영양 진단실, 바이러스바이로이드 진단 • 탑프루트 프로젝트 시범

③ 화훼 시범사업

연대	내용
1960년대	• 절화류 재배 시작 • 독농가를 중심으로 화훼단지 형성
1970년대	• 양란 조직배양 시작 • 구근류 생산 시작
1980년대	• 무궁화 신품종 보급 시범 • 농업기술센터에 조직배양실 설치 • 구근류 재배기술 보급 시범 • 절화류 표준출하 규격집 발간
1990년대	• 우량꽃 생산 시범 • 구근류 종구생산 시범 • 국화 연3기작 시범 • 지역특성화 기술개발
2000년대	• 국화 비가림 재배 • 백합상자 재배기술 보급 • 화훼 벤처농 육성 • 소형분화생산 저면관수 • 장미 보광처리 시범 • 생활원예 가구기 시범 • 화훼 직무육성 품종 보급

④ 축산 시범사업

1960년대	• 한우 생산과 합리적 배합사료 급여 • 비닐이용 토굴 싸이로 담근먹이 제조 이용
1970년대	• 한우 · 샤로레 교잡종과 돼지 3원 교잡종 사육 • 섬바디 및 서강 사료용 고구마 재배
1980년대	• 한독 · 한영 · 한뉴 축산분야 국제협력사업 • 유휴지 산지 개발 초지 조성
1990년대	• 비육촉진을 위한 비육제 활용소비육과 고급육 생산 • 돼지 분뇨로 인한 환경오염 방지
2000년대	• 안전 고품질 축산물 생산 사육단계 HACCP 적용 • 유용미생물을 활용한 친환경축산 기반 구축 • 가축분뇨 퇴액비 자원화 이용

⑤ 생활자원 시범사업

1960년대	• 식생활 개선, 식량소비전략 및 분식 장려 • 개량 메주 만들기, 아궁이 개량
1970년대	• 농번기 탁아소 운영, 농번기 공동 취사장 운영 • 응용 영양사업, 부업 및 메탄가스 이용지도
1980년대	• 농가주거환경 개선, 부엌 개량 지도 • 생활개선 종합시범마을
1990년대	• 농촌여성 일감 갖기 • 농업인 건강관리실, 농촌노인 생활지도 • 농산물 가공기술 보급
2000년대	• 농촌전통테마마을, 농산물 종합가공센터 설치 • 농촌체험교육농장, 식생활교육 및 향토음식 자원화 • 농촌건강장수마을, 농업인 건강관리실 설치 • 농작업 재해예방, 안전한 농작업 환경조성

(2) 우리나라 50대 농업기술

① 1960, 1970년대 녹색혁명기(전통적 농업 기반)

1. 통일벼 개발로 전 국민의 배고픔을 해결
2. 우리나라 최초의 일대잡종 배추 품종 육성
3. 농업기계화 도입 및 식량 증산을 위한 농지개량 기술개발
4. 양잠, 우리나라 근대화를 뒷받침
5. 우리가 즐겨먹는 교잡종 옥수수 시대를 엶

② 1980년대 백색혁명기(안정적 농업 기반)

6. 비닐하우스 도입(백색혁명)으로 우리 농촌과 식탁이 풍성해짐
7. 벼 도열병 극복으로 식량 안정 생산 가능
8. 벼 기계이앙으로 고된 벼농사가 쉽고 편리해짐

9. 쇠고기 품질고급화를 향한 과학적인 유통거래 제도 도입

10. 과실 품질향상을 위한 과수봉지재배 및 비가림재배

③ 1990년대 품질혁명기(고품질 농업 기반)

11. 통일형 벼 품종에서 일반형 품종으로 성공적 교체

12. 우리나라 토양의 족보 '한국토양총설' 발간

13. 농산물 생산의 새로운 패러다임 병해충종합관리(IPM) 사업 시행

14. 다수확 과수 재배 시스템을 확립

15. 한국형 씨돼지, MADE IN KOREA

16. 쪼개거나 자르지 않고도 맛을 알아냄. '비파괴 품질판정기술'

17. 농가보급형 비닐하우스, 시설원예에 날개를 닮

18. 다양한 버섯 신품종 시대 진입 및 현장 실용화 성공

19. 일 년 내내 균일한 채소를 대량 생산하는 '공정육묘기술'

20. 국제경쟁력이 높은 과수 신품종 육성

21. 세계 최첨단 무병 씨감자 생산 기술

22. 천적활용시대를 엶

23. 한국형 순환식 수경재배 기술

24. FTA 대응 화훼 신품종 개발 토대 마련

④ 2000년대 지식혁명기(융복합 농업 기반)

25. 전국 토양정보를 한눈에 보는 국가 농경지관리체계 '흙토람' 구축

26. 로열티 파동을 극복한 국산 딸기 품종 개발

27. 누에와 꿀벌은 기능성 소재의 보배!

28. 풀사료 자급 달성을 위한 사료작물 품종 육성

29. 백마, 화훼품종 국산화의 비전 제시

30. 쫄깃한 육질과 맛, 토종 '우리맛닭' 복원

31. 우수한 신토불이 한우 복제소 생산기술

32. 농촌 어메니티 자원, 농촌에 활력을 불어넣다!

33. 한국형 가축사양표준 제정으로 생산비 절감

34. 농촌 인력 육성의 요람, 농업인대학

35. 탑라이스 생산으로 수입 쌀 개방화에 대응

36. 석유대체 저탄소 · 친환경 시설원예 난방기술 개발

37. 설갱벼를 이용한 전통주 개발

38. 농식품 가공 · 창업 지원으로 여성농업인 CEO 육성

⑤ 2010년대 가치혁명기(친환경 농업 기반)
  39. 해외농업기술개발센터(KOPIA) 설립 및 운영
  40. 바이오장기 생산용 형질전환 복제돼지 생산기술
  41. 배추 유전체를 해독함
  42. 식물 바이러스 종류, 모두 알 수 있음
  43. 가축분뇨를 에너지 자원으로 활용
  44. 난치병 신약 개발에 불을 당기다!
  45. 최고 품질의 맛있고 안전한 과실(탑프루트) 생산
  46. 굳지 않는 떡을 아시나요?
  47. 환경오염 제로에 도전, 벼 부산물 이용 생분해성비닐 개발
  48. 도시민도 농사를 짓는다, 도시농업 기반기술
  49. 온실가스 감축 및 탄소성적 평가기술 개발
  50. 안전 농산물 생산을 위한 유용미생물 이용 작물 보호제 개발

Level UP 이론을 확인하는 문제

우리 농업의 역사를 새로 쓴 50대 농업기술과 사업 중 다음 보기는 어떤 시기인가?

- 비닐하우스 도입으로 우리 농촌과 식탁이 풍성해지다.
- 벼 도열병 극복으로 식량 안정 생산이 가능하였다.
- 벼 기계이앙으로 고된 벼농사가 쉽고 편리해지다.

① 녹색혁명기   ② 백색혁명기
③ 품질혁명기   ④ 지식혁명기

해설 1980년대 : 백색혁명기(White Revolution Period)
사시사철 채소를 기를 수 있는 비닐하우스 농법을 개발하여, 국민의 균형 잡힌 영양섭취 기반을 마련하였을 뿐만 아니라 쇠고기, 과일 등 앞으로 수요가 증가할 것으로 생각되는 분야의 품종을 개발하여 보급함으로써 농업선진국의 토대를 마련하였다.

정답 ②

안심Touch

|02| 소농 중심 농촌지도

(1) 개 념

① 농촌지도의 의의

㉠ 소농은 가족단위 경영이며 가족 구성원의 노동력 공급에 의해 영위되고 세대적 계승에 기초한다는 점에서 생산경제적 경영단위이며 또한 가계단위이다.

㉡ 소농 중심적 농촌지도의 개념은 본질적으로 일반 농촌지도와 동일한 의미를 갖는 것이다.

㉢ 과거는 농업소득·생산성 증대에 역점을 두었다면, 앞으로 모든 발전지향적 활동은 빈곤 제거, 실업 감소, 불평등 개선이라는 3측면에서 재검토되어야 한다.

② 소농의 구분기준

㉠ 소농은 일반적으로 영세한 토지규모와 낮은 소득수준으로 특징지을 수 있다.

㉡ 소농은 대부분 농업경영의 후진성과 빈약성을 면치 못하며, 낮은 기술과 자본투입, 불완전 고용·잠재적 실업, 불합리한 토지 소유, 미래지향적 의식이 부족한 것이 일반적이다.

㉢ 소농은 자신의 문제와 환경을 해결·개선하려는 노력보다는 비관적 운명주의에 사로잡혀 외부 또는 자기환경의 압력과 영향에 그대로 순응한다.

③ 농촌사회발전에 있어 소농과 같은 비편익 집단을 위한 교육·지도(Goulet)

㉠ 식량, 주택, 건강, 취업 등의 측면에서 기본생계유지 능력의 향상

㉡ 자아가치, 인간존엄성, 인간평등 등에 대한 자아존중감의 향상

㉢ 외부로부터의 물질가치관, 경제적 압력, 교조주의적 신념, 자신의 무지 등의 예속상태로부터 탈피능력 향상

④ 소농 중심 농촌지도의 정의

농촌사회의 비편익적 주민을 대상으로 그들의 빈곤, 실업, 불평등분배 등에 의한 한계적 생계수준을 탈피시키고, 그들의 불리한 사회·경제적 지위를 향상시킴은 물론, 인간으로서 자아존중과 행복한 삶을 추구할 수 있는 자질과 소양을 배양하고 향상시키는 과정이다.

(2) 필요성

① 공공사업으로서의 농촌지도는 민주적 원리에 입각하여 농촌주민 모두에게 평등하게 실시될 의무가 있다.

② 종래 소수 대농이나 진보적 농민만을 대상으로 농촌지도가 이루어진 이유

㉠ 과거의 농촌지도는 혁신전파이론을 지나치게 강조하였다.

㉡ 농촌지도가 일반농민들에게 장려하였던 혁신사항들이 대부분 농민들의 현실에 부합되지 못했기 때문이다.

③ 과거 농촌지도와 농촌개발의 문제점

　　㉠ 가난한 농민들의 다수가 농촌지도나 농촌개발로부터 혜택을 받지 못하고 있다.

　　㉡ 소농의 대부분은 지역사회 내의 농촌지도나 농촌개발에 대한 유용한 정보를 갖고 있지 못하고, 또 가지고 있더라도 자신들은 활용할 여건이 구비되어 있지 않으며, 자신들과 무관한 사업이라 느끼고 있었다.

　　㉢ 소농들은 공동구판장, 협동조합, 관심집단 등과 같은 지역사회의 단체활동의 참여는 거의 이루어지지 않고 있다.

　　㉣ 소농의 대부분은 자금을 필요로 할 때 주로 부락의 고리대금업자나 부유한 친척에게 의존하고 있고, 제도적 신용의 이용은 자신들이 무식하고 사회적 지위가 낮아 자신들과는 무관하다고 생각하고 있으며, 은행 측에서도 그들에 대한 융자를 기피하고 있다.

　　㉤ 대부분의 농촌지도요원은 개량된 농업기술을 선진농가로부터 소농으로 전파시키는 낙수적 개발이론을 따르고 있다.

　　㉥ 영세부락을 위한 실험농촌개발사업은 초창기에는 성공적이었으나 농촌지도요원의 철수와 아울러 실패로 끝났고, 지나치게 하향적인 개발방식은 주민의 자율성 신장을 저해하였다.

　　㉦ 농촌지도는 임금노동자, 소농, 빈농의 부녀자나 청소년 등의 비편익적 소수집단을 위한 사업을 개발하지 못하고 있었다.

　　㉧ 대부분의 농촌개발은 상부로부터 하부로의 하향식 계획에 의존하고 있으며, 특히 계획수립과 실천과정에 소농의 참여는 거의 무시되었다.

　　㉨ 농촌지도 및 개발사업은 의식적·무의식적으로 다수인 저소득층의 필요욕구를 무시하여 왔으며, 오히려 대농과 소농의 상대적 빈부의 격차를 가중시키고 있다.

(3) 소농의 일반적 특성

① 경제적 특성

　　㉠ 영농규모의 영세

　　　• 소농은 영세한 규모의 토지를 소유하고 있어 농업생산성과 농업소득이 낮다.

　　　• 생활비 지출에 어려움을 겪는 것은 물론 대외신용력을 얻기 어렵다.

　　㉡ 노동집약적 생산방식

　　　• 소농은 수입을 주로 농업생산에 의존하고 있어 영세한 토지 이외에 노동력을 투하할 대상이 없다.

　　　• 기계화와 같은 자본집약적 생산방식보다는 노동집약적 생산방식이 일반적이며, 생산의 능률도 낮다.

　　㉢ 낮은 노동생산성

　　　• 소농은 가족노동에 의존하여 농업생산을 영위하고 있다.

　　　• 노동력이 부족할 경우는 '품앗이'와 같은 형태의 공동노동력도 사용하나, 그들의 영세한 경지규모는 유휴가족노동력을 발생시킨다.

ⓔ 낮은 상품화 비율

소농은 생계유지를 위한 자급자족적 농업생산을 유지하고 있으므로 생산농산물의 상품화 비율이 매우 낮다.

ⓜ 비능률적 농업경영

- 소농은 농업경영의 측면에서 토지 · 노동 · 자본의 생산성 등이 대농에 비해 낮고, 유휴노동력의 활용이 제대로 이루어지지 않고 있다.
- 농산물 유통에 있어서도 생산가격이 판매가격보다 더 높은 것이 일반적이다.

② 사회심리적 특성

㉠ 상호 불신적 성격

- 소농은 대인관계에 있어서 상호 불신적 특성이 강하다.
- 전형적인 형태의 소농들은 개인주의적이고, 특수 외부인에 대하여 의혹적이고 회피적인 경향을 나타내며, 그들과 어떤 사회경제적 도움을 주고받거나 상호 협동하기를 꺼려한다.

㉡ 제한된 선의 지각

- 소농은 대개 자신의 세계는 바람직한 일들이 매우 한정되어 있는 것으로 지각하는 경향이 강하다.
- 토지, 부, 건강, 애정, 권력, 안전 등 생활에 있어 바람직하다고 생각될 수 있는 모든 것들이 부족하고, 그것의 취득기회가 매우 제한되어 있는 것으로 생각한다.

㉢ 정부권위에 대한 의존성과 배타성

- 소농은 정부나 외부인의 권위에 대하여 의존적이며, 동시에 적대적인 경향이 두드러진다.
- 전통적으로 농촌인들, 특히 소농들은 정부기관의 사람들에 대하여 뿌리 깊은 불신감을 지니고 있다.

㉣ 가족주의적 성격

- 소농은 특히 가족주의적 경향이 강하다.
- 전통적 농촌사회의 특성과 마찬가지로 소농들은 특히 강한 가족적 유대를 지니고 있다.

㉤ 혁신성의 결여

- 소농은 많은 경우에 새로운 변화나 혁신사항에 긍정적으로 반응하지 않는다.
- 소농의 빈약한 사회경제적 상황의 부적합 또는 혁신기술의 출처나 방법에 대한 지식이 없고, 안전성을 추구하는 전통성에 기인한다.

㉥ 운명주의

- 소농은 자신들의 미래를 조정할 능력이 없다는 생각, 즉 운명주의에 젖어 있는 경향이 강하다.
- 자신들에 일어나는 행 · 불행을 운명의 탓으로 돌리고 합리적인 인간관계나 상황의 개선을 시도하지 않는다.

㉦ 낮은 포부

- 소농은 생계수준, 사회적 지위, 교육, 직업 등에 대하여 낮은 포부를 가지고 있다.
- 생활이 향상되어도 성취욕구는 낮은 수준에 머문다.

◎ 현재지향주의
- 소농은 일반적으로 생활양식에 있어 현재지향주의적 성격이 강하게 나타난다.
- 사회이동도 꾸준한 향상보다는 순간적 도약에 의존하는 것이 보통이다.
㉣ 제한된 세계관
- 소농은 지리적 이동성, 대중매체 노출성 등에 있어 지역성이 강하다.
- 가치관이나 생활양식이 외부지향적이 아닌 내부지향적 특성이 강하다.
㉤ 낮은 감정이입
- 소농은 자신을 타인, 특히 자신보다 사회경제적 지위가 높은 사람의 역할에 투사할 수 있는 감정이입의 능력이 결여되어 있다.
- 도시문화의 접촉기회나 대중매체의 접촉기회가 제한되어 있는 등 지역성이 강한 소농의 세계는 현대문화나 도시 엘리트들과는 매우 다르다.

③ 경제 · 사회 · 심리적 특성의 상호작용
㉠ 토다로(Todaro, 1977)는 개발도상국에 있어서 분배의 불공평과 인간의 불평등을 심화시키고 있는 종래의 경제발전을 비판하고, 질적 성장과 인간평등을 기본이념으로 새로운 경제발전이론을 제시하였다.
㉡ 농업부문의 저개발 상태는 낮은 생계수준, 낮은 자아존중감, 외부종속과 제한된 선택자유가 경제 · 사회 · 심리적 기본요인의 상호작용에 의하여 구제된다고 하였다.
㉢ 근본적으로 저소득에서 기인하는 낮은 생계수준은 낮은 자아존중감, 외부종속과 제한된 선택자유에 시발적 영향을 미친다.
㉣ 소농의 경제 · 사회 · 심리적 요인들의 상호 역동적인 작용은 결국 소농의 영속적 저개발과 빈곤의 악순환을 불러일으키게 되는데, 그 근본원인은 소농의 낮은 생계수준에서부터 비롯된다.

(4) 소농 중심 농촌지도의 접근방법

① 의식화 접근
㉠ 의식화의 의미
- 앎(Knowing)과 행위(Doing)에 대한 통찰과정에서 이론과 실제를 결합시키는 것이다.
- 정치적 · 경제적 · 사회적 여러 모순을 인식하고 현실의 압제요인들에 항거하는 행동을 취하기 위한 학습이다.
- 사람들이 수용자가 아니라 지식습득의 주체로서 자신의 삶을 형성하는 사회문화적 현실과 그 현실을 변화시키는 능력의 심화를 달성하는 과정이다.
- '의식화의 개념은 지식의 증가과정이다.'라고 하면서 Freire가 처음 보편화시켰다.
㉡ Freire가 제시한 의식화
- 주민들이 고정관념을 일깨워 새로운 인식을 갖게 한다.
- 자신들의 삶을 조정할 수 있는 사람은 자기 자신이란 것을 이해하게 해준다.
- 자신의 역량을 넘어서는 것으로 여겼던 압박감을 해소시켜 주는 것이다.

ⓒ Freire의 의식화 교육의 적용한 농촌사회교육의 접근방법
- 농촌사회 문제의 주체적 해결을 위해 농촌주민들이 직접 사회의 정치 · 경제적 영역과 의사결정과 정에 적극적으로 참여하여 더 많은 권력과 권리를 농촌주민이 갖도록 돕는 것이다.
- 자신의 열악한 사회환경 구조를 변화시키는 의식을 고양하고, 실천력을 기르는 데 도움을 주는 인간지향적 교육과정이다.
- 목표달성의 과정으로서 의식화 교육의 전략
  - 문제해결방법으로 급진적 개혁보다는 점진적 개혁으로 민주적 방식을 취한다.
  - 의식화 교육의 실천적 방법으로서 참여연구가 중요한 전략이다.

> **PLUS ONE**
>
> 소농개발을 위한 가장 효과적인 접근법 : 소농의 의식화, 자조적 집단화

② 집단적 접근
ⓐ 의 미
- 소농의 집단화를 위한 효과적 농촌지도전략을 모색하는 것이다.
- 소농 협동조직체 육성과 자조적 집단활동을 통해서 소농의 만성적 저개발 상태를 해결할 수 있는 대처방안이다.

> **PLUS ONE**
>
> 소농의 만성적 저개발 상태 현상
> - 낮은 소득에 기인하는 저위 생계수준
> - 부정적 · 사회심리적 특성
> - 외부와 사회 · 경제적으로 불리한 종속관계

ⓑ 소농 협동조직체육성과 자조적 집단활동이 이루어져야 하는 이유
- 소농은 자본구조와 영농규모가 취약하므로 개별 농가단위보다는 협동조직체를 통하여 생산과 판매, 영농자재구입 등의 생산능력과 자원의 관리 · 활용능력을 제고시킬 수 있다.
- 자조적 집단활동의 통합을 통하여 대농이나 외부상품 교환체제에 대비하는 등 자신들의 권익과 요구를 주장할 수 있는 정치적 압력집단을 형성함으로써 외부와의 불리한 위치에서 탈피할 수 있다.
- 생활 전반에 걸친 자조적 협동활동을 통하여 자신들의 문제와 필요에 대해서 자율적 의사결정을 하게 함으로써 생의 성취의욕 및 집단활동 참여의식을 고취시킬 수 있다.
ⓒ 소농의 자조적 집단활동 육성방안
- 소농의 소규모 기초집단들은 공통된 이해와 관심사를 바탕으로 10~15명을 단위로 조직되는 것이 바람직하다.

- 기초집단들은 회원들의 지도력과 협동심 및 참여의식을 개발·함양시키기 위하여 회장, 서기, 회계 등 집단지도자를 선출하여 집단의 자율적 조직을 갖추어야 한다.
- 회원들 간의 공통된 관심사, 즉 소득 및 생산증대, 능력개발, 생활개선 등에 관계된 자신들의 문제와 필요를 규명하고 토의하기 위한 정기적 모임이 개최되어야 하며, 집단은 사업의 자율적인 운영능력과 의사결정능력이 신장되어야 한다.
- 기초적 소집단들의 자조적 협동활동이 신장됨에 따라 공통관심사와 이해를 바탕으로 그것들의 기능을 통합하는 하나의 협동조직체가 형성되어야 한다.
- 소농의 모든 자조적 집단활동은 궁극적으로 자신의 생활 전반에 걸친 관리능력과 자아존중감 및 신뢰감의 고취·함양에 기여할 수 있어야 한다.
- 자조적 집단활동의 육성방법으로는 집단역학에 전문성이 있는 지도요원이 채용되어야 하고, 충실한 현장연구를 통하여 소농의 필요와 문제를 정확히 파악하여야 하며, 그들의 참여를 전제로 한 상향식 사업계획이 수립되어야 한다.

② 효과적 소농지도를 위한 농촌지도기관의 전략
- 농촌지도기관 또는 유관기관들이 대농이나 중농보다는 소농들이 농촌지도나 개발사업으로부터 도움을 훨씬 필요로 하고 있다는 사실을 인식하는 것이 선행되어야 한다.
- 종래의 소득증대와 농업생산성 증대에만 중점을 두었던 농촌지도의 양적 평가지표가 수정되어 평등과 분배가 강조되는 질적 평가지표가 채택됨으로써 비편익적 소농집단들의 이익과 생활향상에 우선순위를 둔 보다 많은 지도사업들이 개발·보급되어야 한다.
- 소농들이 필요로 하는 지식이나 기술, 생활개선, 기초소양 등에 대하여 보다 다양한 교육훈련 프로그램을 개발·실시하여야 한다.
- 공동생산활동, 공동판매 및 구매활동, 공동농산물저장, 기계화 영농 등 소농의 자조적 협동활동에 대한 지도를 강화하고, 지도계획이 수립되어야 한다.
- 소농들의 불리한 사회경제적 여건에 부합할 수 있는 규모의 적정기술과 소득증대 사업을 개발·보급시켜야 한다.
- 경제적 협동활동과 소농의 자조적 집단활동을 효과적으로 지원하기 위해서는 공동생산과 판매 및 구매 등 원활한 사업들이 개발되어야 한다.
- 소농들 중 특히 임금노동자나 소작자를 위하여 취업기회확대를 위한 농가부업, 농외취업 등에 대한 사업의 개발과 지도가 강화되어야 한다.
- 소농의 기초적 생산기반 및 생활환경개선을 위해서 농로, 상하수도, 토지정리 등 농촌의 하부구조개선에 도움이 되는 사업이 보다 많이 전개되어야 한다.
- 농촌지도요원들이 소농을 보다 잘 이해하고, 그들의 문제와 필요에 대한 상담을 효과적으로 지도할 수 있는 소농지도의 전문적인 자질과 능력이 개발·함양되어야 한다.

소농의 경제적 특성으로 옳은 것은?   97 경남, 17 지도사 **기출**

> ㉠ 자본집약적 생산 방식
> ㉡ 높은 노동생산성
> ㉢ 낮은 상품화 비율
> ㉣ 비능률적 농업 경영

① ㉠ ㉢   ② ㉡ ㉣
③ ㉠ ㉡   ④ ㉢ ㉣

해설 **소농의 경제적 특성**
- 영농규모의 영세
- 노동집약적 생산 방식
- 낮은 노동생산성
- 낮은 상품화 비율
- 비능률적 농업 경영

정답 ④

02 농촌청소년지도

|01| 농촌청소년지도의 개념

(1) 청소년의 특징

① 청소년의 심리적 특성
- ㉠ 자아의식의 형성
- ㉡ 독립심과 소속감
- ㉢ 청소년 문화에 대한 욕구
- ㉣ 이성에 대한 욕구
- ㉤ 논리적 사고능력의 소유
- ㉥ 정서적 불안

② 농촌청소년의 특성
- ㉠ 자아개념이 상대적으로 낮다. 즉, 긍정적인 자아를 가지고 있지 못하다.
- ㉡ 도시로 떠난 청소년들로 인해 남아 있는 청소년들의 마음에 동요를 일으킨다.
- ㉢ 이상실현이 불가능하다는 무력감과 생활의 무의미함을 느낀다.
- ㉣ 사회적 고립감과 심리적 소외현상을 나타내는 경향이 있다.
- ㉤ 그들의 직업에 대하여 긍정적인 태도를 갖지 못하고 있다.

(2) 농촌청소년지도의 필요성

- ① 이촌현상에 대처
- ② 영농후계자 양성의 필요성
- ③ 비진학 농촌청소년지도
- ④ 학교교육의 보완
- ⑤ 사회교육기회의 확대
- ⑥ 기술혁신의 촉매자

(3) 농촌청소년지도의 목표

- ① 농촌지역사회 청소년으로서 긍정적 자아개념을 확립하게 한다.
- ② 건전한 시민성·지도력을 함양시킨다.
- ③ 직업선택능력과 준비성을 배양하게 한다.
- ④ 영농생활에 대한 가치를 인식하게 한다.
- ⑤ 행복한 가정생활능력을 함양하게 한다.
- ⑥ 집단생활에 적극적으로 참여할 수 있는 능력을 갖게 한다.
- ⑦ 여가선용능력을 갖게 한다.
- ⑧ 자연자원의 보호능력을 배양시킨다.
- ⑨ 국제적 안목을 증진시킨다.

(4) 농촌청소년지도의 원리

① 청소년의 심리적 특성을 감안하여 지도한다.

② 자원지도자를 확보하고 그들의 지도력을 활용하여야 한다.

③ 가정과 지역사회의 지원을 확보하여야 한다.

④ 개인지도를 중심으로 스스로 해결하도록 도와주어야 한다.

⑤ 계획과 평가에 모든 청소년을 참여시키도록 노력해야 한다.

⑥ 발표와 봉사의 기회를 자주 부여하는 것이 필요하다.

⑦ 강화를 시켜주어야 한다.

⑧ 집단활동에 흥미를 부여하여야 한다.

PLUS ONE

농촌청소년 활동의 분류

지도대상자 수에 따른 분류	개별활동	과제활동, 상담활동, 체육활동, 현장연수활동, 현장참가
	집단활동	과제활동 경진활동 체육활동, 야영활동, 오락활동, 협동활동, 집단운영, 회의진행활동, 지역봉사활동 등
활동내용에 따른 분류	교양활동	독서, 산술, 예절, 일반상식
	여가선용 활동	체육, 오락, 야영
	가정관련 활동	의식주 개선, 가사 돕기, 절약, 저축
	지역사회 활동	시민성, 지도력, 지역봉사, 회의참가, 자연자원보호
활동성격에 따른 분류	과제활동, 경진활동, 연수활동, 봉사활동, 집단활동, 회의활동, 오락활동, 야외활동 등	

(5) 4-H 운동

① 의 미

농촌 청소년에게 장차 농촌을 지키고 가꾸어나갈 훌륭한 농민으로서, 더 나은 민주시민으로서 갖추어야 할 기본적인 소양을 쌓아 변화하는 시대에 적응할 수 있는 유능한 제2세 국민을 육성하기 위한 사회교육 과정이며 사회개발 운동이다.

참고

4-H는 1900년대 초 미국에서 처음 시작된 운동이다.

② 실천이념

    ㉠ 지육(智育, Head) : 머리를 명석하게 하여 올바른 판단과 계획능력을 배양함

    ㉡ 덕육(德育, Heart) : 덕성을 함양하고 진실과 겸손으로 인격을 도야하여 더불어 살아감

    ㉢ 노육(勞育, Hands) : 근로와 봉사를 통해 쓸모 있는 기능을 기르며 밝은 사회건설에 이바지함

    ㉣ 체육(體育, Health) : 건강을 증진하여 질병을 물리치고 능률을 증진하며 생활을 즐겁게 함

③ 4-H 운동의 변천

기 간	내 용
1947~1951년	해방 전후 농촌부흥을 위한 중견농업인 양성을 목표로 경기도 지역에서 처음 시작 • 명칭 : 농촌청년구락부 • 자격 : 30세 이하의 농촌청소년
1952~1961년	전후 농촌재건을 촉진하기 위해 정부사업으로 채택 • 명칭 : 새마을 4-H 구락부 • 자격 : 10~20세의 미혼남녀 청소년
1962~1973년	후계영농주 육성에 목적을 두고 자격연령을 13~24세로 조정하고 전국 리동단위로 확대 조직
1974~1979년	후계 새마을지도자 육성을 목표로 새마을운동과 연계 추진 • 명칭 : 새마을 4-H 구락부(1979년 새마을청소년회로 개칭) • 자격 : 13~26세 조정
1980~1990년	농촌을 이끌어갈 영농후계세대 육성에 중점을 두고 사업 추진 • 읍·면 회원의 자격연령 29세로 조정
1991~2007년	건전하고 생산적인 농촌청소년 육성에 목표를 두고 직능별 조직 개편 • 영농 4-H회 : 첨단농업기술지도로 후계영농주 육성 • 학생 4-H회 : 초급영농과제이수로 농심 함양
2008년 이후	민간추진 청소년운동으로의 전환을 위한 사업 추진 • 한국 4-H활동 지원법 제정(2007.12.21.) • 한국 4-H활동 지원 기본시책 수립

Level UP 이론을 확인하는 문제

4-H회 모임의 실용적 목표에 속하는 것은? 98 경북 〔기출〕

① 지육(智育)

② 노육(勞育)

③ 덕육(德育)

④ 체육(體育)

[해설] 4-H 실천이념
- 지육(智育, Head) : 머리를 명석하게 하여 올바른 판단과 계획능력을 기른다.
- 덕육(德育, Heart) : 덕성을 함양하고 진실과 겸손으로 인격을 도야하여 더불어 살아간다.
- 노육(勞育, Hands) : 근로와 봉사를 통해 쓸모 있는 기능을 기르며 밝은 사회건설에 이바지한다.
- 체육(體育, Health) : 건강을 증진하여 질병을 물리치고 능률을 증진하며 생활을 즐겁게 한다.

[정답] ②

안심Touch

|02| 농촌 4-H 주요 활동

(1) 회의 및 의식활동

① 회의활동

　　㉠ 회원들은 회의생활에 잘 참여하여 친숙하게 하고 회의를 통해 자제력을 갖게 되며 민주주의의 기본 원칙과 절차를 익히고 실천한다.

　　㉡ 주요 회의로는 월례회의와 정례회의가 있다. 정례회의에는 연시·연말총회, 4-H 신입회원 가입식, 4-H 임원 임명식 및 취임식, 분과별 임원회 등이 있다.

② 의식활동

　　㉠ 봉화식과 촛불의식이 있다.

　　㉡ 각종 4-H 행사에서 자신을 태워 불을 밝히는 촛불을 보며 4-H 정신과 이념을 다시 생각하고 각오를 다지는 것이다.

(2) 과제활동

① 개 념

　　㉠ 과제는 생활 속에서 스스로 경험해서 배우는 실천적 학습 활동이다.

　　㉡ 과제활동의 3요소는 청소년, 부모, 지도자이다.

　　㉢ 4-H 활동은 대부분 과제활동으로 이루어진다.

　　㉣ 과제란 개량 개선에 목표를 두고 무엇이든 관찰과 실천을 통해 체득하게 하는 일이다.

② 목 적

　　㉠ 흥미와 적성의 개발

　　㉡ 실천적 학습기회의 부여

　　㉢ 사업적 경영능력의 개발

　　㉣ 자주성과 창의성의 개발

　　㉤ 미래자산의 확보

③ 종 류

　　㉠ 과제 이수 목적에 따라 : 생산과제(주과제), 개량과제, 보조과제

　　㉡ 과제 이수자 수에 따라 : 개인과제, 공동과제, 단체과제

　　㉢ 과제 내용에 따라 : 흥미, 희망, 필요 등에 따라 다양함

④ 과제활동지도에서 고려되어야 할 사항

　　㉠ 경력별 지도 : 처음 초기년도에는 비교적 쉽고 단순하며 흥미로운 과제가 좋다.

　　㉡ 계속적 확대지도 : 자기에게 특별히 흥미롭고 관심이 가는 과제가 발견되면 연차적으로 규모를 확대하여 사업적 규모로 발전시켜 나가는 것이 바람직하다.

　　㉢ 청소년 스스로에 의한 활동 : 청소년의 자발성과 자주적 노력을 강조하므로 부모나 지도자의 지나친 간섭과 지도는 삼가고, 시행착오과정을 거쳐 스스로 깨닫도록 지도한다.

ⓔ 철저한 기록 : 과제활동은 계획과정부터 철저하게 기록하는 습관을 길러야 한다.

ⓜ 과제이수 발표회 : 이수한 과제활동의 업적을 마을 주민 등에게 발표할 수 있는 기회를 주어야 하고, 발표방법은 구두법, 연시법, 전시법 등이 있으며, 발표회가 끝나면 강화를 주는 방향에서 강평을 해주어야 한다.

(3) 과제활동의 종류(과제 이수목적에 의한 분류)

① 생산과제

ⓐ 개 념
- 무엇을 만들거나 생산하는 활동이다(도구상자 만들기, 꽃 기르기, 채소재배 등).
- 생산과제(소유권 과제라고도 부름)는 과제이수자가 책임을 지고 생산하여야 하며, 생산물은 과제이수자에게 소속되어야 한다.
- Harmonds and Binkley는 생산물이 과제이수자에게 소속되지 않으면 그것은 엄격한 의미에서 생산과제가 아니고 개량과제라고 하였다.

ⓑ 의 의
- 이수자의 책임 하에 생산하고 관리하게 할 때
- 생산품의 소유가 이수자에게 있을 때
- 시장유통에 관한 경험도 해볼 때

ⓒ 분 류
- 주과제 : 한 사람이 여러 가지 생산과제를 이수할 때 가장 규모가 크고 소득이 높은 과제
- 부과제 : 주과제 다음으로 비중이 있는 과제
- 조과제 : 목초나 녹비작물 재배와 같이 주과제나 부과제의 이수에 필요로 사용되는 과제

② 개량과제

ⓐ 개 념
- 가정생활이나 지역사회생활, 영농이나 기타 사업경영에 있어서 편리와 효율을 도모하거나 재산상의 가치를 증진시키는 활동을 말한다.
- 병해방제, 가축사육, 축사수선, 지력증진, 농로개수, 가정청소, 의복수선, 마을청소, 기금조성 등이 있다.

ⓑ 특 징
- 개량과제는 생산과제와는 달리 그 소유권이 이수자에게 속하지 아니한다.
- 가축을 사육하는 경우 그 가축이 이수자 소유이면 생산과제에 속하고, 집안 소유이면 개량과제에 속한다.
- 생산과제와 개량과제란 그 소유권이 누구에게 속하느냐에 따라 구별될 수 있다.

③ 보조과제

ⓐ 생산과제나 개량과제를 이수하는 데 필요한 하나하나의 기능을 배우고 익히며 숙련하는 활동이다.

ⓑ 전정법, 사료배합법, 종자소독법, 땜질하기, 칼 갈기 등이 있다.

(4) 교육행사 및 훈련

① 개 념

　ⓐ 단체학습이나 활동을 통하여 새로운 기술을 습득하고, 협동심·극기력·적극성 등을 함양하며, 더불어 살아가는 사회인으로서 심성을 키우기 위한 행사이다.

　ⓑ 경진대회, 야영훈련, 문화탐방, 청소년의 달 행사 등이 있다.

② 교육행사를 개최하는 목적

　ⓐ 과제이수능력 향상

　ⓑ 인간관계가 넓어짐

　ⓒ 사회성 향상

　ⓓ 집단 전체의 발전을 위한 친목과 단합

　ⓔ 협동·봉사정신 및 공동체 의식 함양

　ⓕ 심신을 단련하면서 호연지기 향상

　ⓖ 선진 영농기술 습득과 견문 확장

Level UP 이론을 확인하는 문제

다음 중 가장 이익과 그 규모가 가장 큰 과제로 옳은 것은?　　　　19 경북 기출

① 부과제　　　　　　　　　　　　　② 주과제

③ 보조과제　　　　　　　　　　　　④ 개량과제

해설 　② 주과제 : 한 사람이 여러 가지 생산과제를 이수할 때 가장 규모가 크고 소득이 높은 과제

정답 　②

|03| 4-H 운동의 성과와 발전과제

(1) 성 과

① 의식개혁 운동의 주도적 역할

② 농촌 청소년의 건전한 성장과 산업화의 인적 기반 형성

③ 농촌의 기간농업인과 지역지도자 배출

④ 농촌지도력 배양과 농업 개발

⑤ 농업기술혁신을 통한 소득 증대

(2) 발전과제

① 변화시대에 적응할 수 있는 4-H 교육

② 농촌 청소년의 진로지도 확대

③ 4-H 연소 회원 및 여회원의 참여 확대

④ 전문지도자의 확보와 지원 기능의 강화

Level UP 이론을 확인하는 문제

4-H 운동의 발전과제와 거리가 먼 것은?

① 변화시대에 적응할 수 있는 4-H 교육

② 농촌지도력 배양과 농업 개발

③ 4-H 연소 회원 및 여회원의 참여 확대

④ 전문지도자의 확보와 지원 기능의 강화

해설 농촌지도력 배양과 농업개발은 4-H 운동의 성과이고, 발전과제는 농촌청소년의 진로지도 확대 등이 있다.

정답 ②

안심Touch

|04| 영농후계자의 육성

(1) 개 념

① 의 의
- ㉠ 미래에 이상의 농업직에 종사할 사람이다.
- ㉡ 영농에 종사하기를 결심하여 영농정착과 발전을 위한 교육과 훈련을 쌓고 있는 청소년은 물론, 독립적인 영농정착을 위하여 이미 부분적으로 영농에 참여하고 있는 청소년을 말한다.

② 농업관련직의 분류
- ㉠ 영농직 : 전업영농직, 겸업영농직
- ㉡ 영농노동직 : 목동직, 농기계운전직, 농장관리직, 노임노동직
- ㉢ 농업산업직 : 유통시장업체, 가공공장, 농기계공장, 농화학공장직
- ㉣ 농업전문직 : 농업공무원직, 농업관계협동조합직, 공공 및 사설농업단체

③ 영농후계자의 육성단계
- ㉠ 1단계
  - 청소년들로 하여금 영농분야에 취업하도록 결심하게 하는 단계의 과정이 주어져야 한다.
  - 이 과정에서는 최소한 청소년들에게 영농에 대한 흥미와 관심, 더불어 그들에게 영농에 대한 적성을 개발하여 나아가야 그들의 영농정착에 대한 의사결정을 확고히 할 것이다.
- ㉡ 2단계
  - 청소년들이 취업 전 농업분야의 취업을 위한 준비활동이 되어야 한다.
  - 다시 말하면 교육과 훈련을 철저히 하여 영농에 대한 가치를 그들 스스로 부여하게 지도하여 나가는 단계이다.
- ㉢ 3단계
  - 견습생이며 실습생으로 또는 부모의 감독 하에서 부모와 함께 영농에 종사하도록 계획적으로 지도해야 한다.
  - 독립적인 영농정착을 위한 기술적인 측면은 물론 자산적인 측면까지 충실하게 준비시켜 나가야 한다.

(2) 목 적

① 농촌청소년들에게 영농에 대한 흥미와 적성을 갖게 한다.
② 영농후계자들에게 영농생활에 대한 긍지와 자신감을 갖게 한다.
③ 영농후계자들에게 향토발전에 대한 책임의식과 봉사자세를 갖게 한다.
④ 영농후계자들에게 이상에 맞는 배우자를 선택하여 행복한 가정생활을 조성할 수 있도록 능력을 배양하게 한다.
⑤ 영농후계자들이 영농정착에 필요한 각종 자산을 장기적으로 구축할 수 있게 한다.

⑥ 영농후계자들에게 개별적으로 또는 협동적으로 효율적인 농업경영을 통하여 영농소득을 증대시킬 수 있는 과학적인 영농능력을 함양하도록 한다.

⑦ 영농후계자들이 그들 주위에 있는 가용자원과 외부환경을 효과적으로 활용할 수 있게 한다.

⑧ 영농후계자들에게 닥쳐올 수 있는 시련과 위험을 극복할 수 있는 정신과 인내력을 기른다.

⑨ 영농후계자들이 세계적인 안목에서 정보를 입수하고, 현대사회의 변화에 대처할 수 있는 합리적인 의사결정력을 기르게 한다.

(3) 영농정착의 관련 요인

① 직업선택의 과정에 영향을 미치는 요인 : 능력, 직업적 흥미, 인성, 학력, 가정배경, 직업세계의 구조와 변화, 신체적 조건, 학교 등

② 직업발달의 단계
  ㉠ 환상적 단계 : 11세 이전의 어린이들이 자신의 흥미, 능력, 적성 등을 고려하지 않고 무조건 상위직에 관하여 호기심을 갖는 단계이다.
  ㉡ 시험적 단계 : 11~17세의 청소년들이 흥미, 능력, 가치의 요인을 기초로 직업을 선택하려고 하는 단계이다.
  ㉢ 현실적 단계 : 18세 이상의 청소년들이 흥미, 능력, 가치 이외에 현실적 요인, 즉 직업의 요구조건, 부모의 기대, 가정 사정 등과 타협하여 직업을 결정하는 단계이다.

③ 우리나라 농촌청소년의 직업결정에 영향을 주는 요인
  ㉠ 개인의사결정요인 : 직업선택의 기회, 개인의 특성, 부모의 기대, 이주의사 등
  ㉡ 주변요인 : 가족구조, 가정의 농업형태, 청소년단체의 효과, 도시와 농촌의 사회적 환경, 도농격차, 농업정책, 대중매체, 학교교육 등

(4) 영농정착의 발달단계

진로인식단계 → 진로탐색단계 → 진로준비단계 → 진로전문화단계

① 진로인식단계(초등학교 과정의 나이, 6~12세)
다양한 직업세계를 소개하고, 일에 대한 가치를 인식시키며, 자신과 직업세계를 연관시켜 보는 경험을 갖게 한다.

② 진로탐색단계(중학교 과정의 나이, 12~15세)
기회가 있는 대로 영농과 관련된 과제활동을 하게 하여 흥미와 능력, 적성을 개발한다.

③ 진로준비단계(고등학교 과정의 나이, 16~18세)
한 분야의 직업을 선택하게 한 후 다음으로 직업에 필요한 기술을 익히고 그 직업에 대한 가치를 부여하여 건전한 직업관을 갖게 한다.

④ 진로전문화단계(대학과정 이상의 나이)

선택한 직업에 필요한 전문적 지식과 기술을 확보하게 하고, 직업인으로서 건전한 인간관계의 조성능력을 갖게 하며, 또한 그 직업발전에 공헌할 수 있음은 물론 자신의 승진을 도모할 수 있는 능력도 갖게 한다.

(5) 부자협약영농

① 개 념

㉠ 진로전문화 단계에서 영농정착을 지도하는 활동 중 가장 중요한 지도활동은 부자협약영농활동이다.

㉡ 영농후계자가 부친의 영농을 후계하는 경우 부자 간 영농책임, 소득분배, 영농이양 등에 있어서 부자 간 상호협약하여 영농하는 것이다.

㉢ 부자를 중심으로 영농경영과 농가생활에서 가족 각자의 분담을 결정하고, 일정한 약속 하에서 노동보수를 나누는 가족 상호 간에 새로운 인간관계를 결성하는 것이다.

② 목 적

㉠ 부자협약영농은 자녀로 하여금 영농후계를 성공적으로 이양하는 데 있다.

㉡ 부자 간에 상호협약을 통하여 자녀로 하여금 영농에 보다 적극적이고 체계적으로 보람을 가지고 참여할 수 있는 바탕을 마련한다.

㉢ 영농후계자로서의 자질과 결심을 확고히 하여, 직접적으로 영농자산을 부모로부터 원활히 확보할 수 있도록 한다.

③ 형 태

㉠ 시안협약 : 자녀에게 영농을 후계시킬 목적으로 가축이나 농장의 일부를 경작시키는 협약이다.

㉡ 경영부문협약 : 경영의 일부분에 대한 책임을 주고 경영하게 한다.

㉢ 임금협약 : 노동에 대한 책임협약이다.

㉣ 임금 및 소득분배협약 : 임금을 지불하고 잉여소득을 배분하는 협약이다.

㉤ 임대차협약 : 부모의 농지와 가축 등에 대하여 임차하는 소작경영협약이다.

㉥ 공동경영협약 : 부자간에 공동출자하여 동업협약으로 조합협약과 회사협약을 한다.

㉦ 농장양도협약 : 자식에게 소유권을 이전하는 협약으로, 현금, 연부지불, 부양계약에 의한 인수 등이 있다.

영농정착의 발달단계를 순서대로 나열한 것은?

17 지도사 〈기출(변형)〉

① 진로준비단계 → 진로인식단계 → 진로전문화단계 → 진로탐색단계
② 진로인식단계 → 진로준비단계 → 진로탐색단계 → 진로전문화단계
③ 진로준비단계 → 진로전문화단계 → 진로인식단계 → 진로탐색단계
④ 진로인식단계 → 진로탐색단계 → 진로준비단계 → 진로전문화단계

해설 **영농정착의 발달단계**

- 진로인식단계(초등학교 과정의 나이, 6~12세) : 다양한 직업세계를 소개하고, 일에 대한 가치를 인식시키며, 자신과 직업세계를 연관시켜 보는 경험을 갖게 한다.
- 진로탐색단계(중학교 과정의 나이, 12~15세) : 기회가 있는 대로 영농과 관련된 과제활동을 하게 하여 흥미와 능력, 적성을 개발한다.
- 진로준비단계(고등학교 과정의 나이, 16~18세) : 한 분야의 직업을 선택하게 한 후 다음으로 직업에 필요한 기술을 익히고 그 직업에 대한 가치를 부여하여 건전한 직업관을 갖게 한다.
- 진로전문화단계(대학과정 이상의 나이) : 선택한 직업에 필요한 전문적 지식과 기술을 확보하게 하고, 직업인으로서 건전한 인간관계의 조성능력을 갖게 하며, 또한 그 직업발전에 공헌할 수 있음은 물론 자신의 승진을 도모할 수 있는 능력도 갖게 한다.

정답 ④

CHAPTER 03 농촌여성지도

|01| 여성의 특성

(1) 신체적 특성

① **생식관계적 특성** : 아이를 잉태하고 분만하고 수유하여 양육하는 여성의 성적 특성이다.

② **생화학적 특성** : 여성호르몬 · 생식호르몬 · 남성호르몬 등과 같은 신체 호르몬 구성은 남녀 간 상대적 차이로, 이러한 특성은 여성의 생식관계적 특성과 신체규모에 영향을 미친다.

③ **신체규모** : 개인의 성숙과정에서 남성은 완력적인 활동에, 여성은 비완력적인 활동에 종사하게 된다.

④ **감각기관적 특성** : 대부분 오감적 감각기관이 남성보다 여성이 더 잘 발달되어 있다.

⑤ **생물학적 강인성** : 대부분 외모적으로 여성보다 남성이 더 힘이 세고 건장하지만, 생물학적 측면에서는 여성보다 남성이 더 취약한 경향을 보인다.

(2) 심리적 특성

① **공격성** : 대부분 남성보다 여성이 비공격적 행위를 보여주는 경향이 있다.

② **독립성과 수동성** : 여성은 보통 사회화 과정(정치, 산업, 종교, 교육 등 많은 분야)에서 수동적이도록 교육 · 훈련되어 왔다는 점에서, 그러한 여성의 특성이 여성의 생득적 특성이라고 보기는 어렵다.

③ **양육성과 표현성** : 전통적으로 여성은 육아의 양육적 역할을 수행하고 있으며, 정서적 표현에 능하다. 특히 표출적 행동은 여성에게, 도구적 행동은 남성에게서 보다 더 많이 관찰된다고 한다.

(3) 적성적 특성

① **언어능력**

　㉠ 남성보다 여성이 언어적 능력이 탁월하다. 특히, 10대에 들어서면서 차이가 두드러진다.

　㉡ 남성보다 여성이 일찍 언어를 습득하고 언어구사 · 쓰기 · 읽기 등에 있어서 빨리 발달한다.

　㉢ 여성의 언어적 능력의 발달은 신체와 정신의 성숙이 남성보다 빠르다는 사실과 관계가 있다.

② **공간지각**

　㉠ 공간지각이나 공간구성에 관한 능력은 일반적으로 여성보다 남성이 우월하다.

　㉡ 종합적 이해와 상호조정을 요하는 공간작업에서 여성보다 남성이 우수하다.

　㉢ 근육적 능력을 요하는 작업들이 공간상 사물의 상호조정이나 사물의 공간 관계 추리를 요하는 일이기 때문에 남성의 공간지각 분야의 능력이 여성보다 더 숙달될 수 있다.

③ 지능
ㄱ 지능검사의 결과는 여성보다 남성이 높은 것으로 나타난다.
ㄴ 정규교육 전의 연령에서는 여성의 지능이 높게 나타나지만, 정규교육이 계속됨에 따라 남성의 지능 지수가 더 높아지는 경향이 있다.

④ 분석적 능력
ㄱ 어떤 물체들을 공통된 특성으로 모으거나 분류하는 일, 수학 등에 있어서의 분석적 능력은 여성보다 남성이 우월하다고 한다.
ㄴ 사회에서 분석적 또는 해부적 능력을 요하는 일들이 대부분 근육적 능력을 요하는 일이어서 남성은 자연히 성장과정에서 분석적 능력이 잘 발달된다.

|02| 농촌여성지도의 개념

(1) 농촌여성의 개념

① 농촌여성이라는 용어는 농가여성, 여성농민, 여성농업인 등과 혼용되고 있다.
② 농촌여성이란 행정구역상 읍이나 면의 농촌에 거주하고 있는 여성으로 경제적으로 열악한 농촌에 거주하면서 농업생산 활동과 가사노동을 병행하는 사회적인 약자이다.
③ 농촌여성이라는 용어는 여성농업인이라는 용어에 비해서 농촌에 거주하는 여성을 총칭하는 편의적인 말로서 여성을 수동적이고 우연히 모여 살게 된 집단으로 보는 경향이 강하다.
④ 농가여성이란 농업을 경영하거나 농업에 종사하는 가구에 거주하는 여성, 특히 주부를 의미하는 용어이다.
⑤ 여성농민이란 직업인으로서의 여성의 역할을 강조하는 용어이며, 농산업 분야에서 경제활동을 수행하는 여성이라는 의미이다.

(2) 농촌여성의 역할

① 일반적으로 여성의 다양한 활동은 농업노동과 같은 가치생산적 활동, 육아나 의식주 생활관리 같은 노동력 재생산적 활동으로 구분될 수 있다.
② 기능적인 측면에서 농촌여성의 역할은 의식주 생활관리, 영농참여, 자녀양육과 교육, 보건위생관리, 소비생활 및 금전관리, 지역사회활동의 참여, 출산과 가족계획 등으로 구분한다.

(3) 농촌여성지도의 목표

① 농촌여성들에게 의사결정능력과 이행능력을 배양한다.
② 농촌여성들에게 건전한 인간관계를 조성할 수 있는 능력을 배양한다.
③ 농촌여성들에게 개인적으로, 지역사회활동에 능동적으로, 그리고 효과적으로 참여할 수 있는 능력을 배양한다.

④ 인생의 가치와 가정역할에 대한 중요성을 이해시킨다.

⑤ 농촌여성들에게 가정이나 사회에서 여성의 지위를 스스로 향상시킬 수 있는 능력을 함양한다.

⑥ 농촌자녀를 건전하게 육성할 수 있는 능력을 배양한다.

⑦ 합리적으로 현금과 재산을 관리할 수 있는 능력을 배양한다.

⑧ 의식주 생활을 합리적으로 이행할 수 있는 능력을 배양한다.

⑨ 영농직과 타 직업의 고용기회에 대한 철저한 준비능력을 배양한다.

(4) 농촌여성지도의 중요성

① 과거 농업노동력 부족과 노령화, 농업 후계자의 단절 등의 문제를 여성 농업 인력이 대신할 수 있다.

② 농업분야는 다른 산업과 달리 여성 농업 인력의 비중이 높으므로 여성 노동력을 적극 이용할 필요가 있다.

③ 우리나라 농촌여성의 교육수준이 도시에 비해, 농촌남성에 비해 낮은 경향이 있으므로 농촌여성에게 충분한 사회교육 기회를 부여하고, 농촌여성의 잠재적 능력 개발 및 농가생활 전반의 질적 향상을 추구해야 한다.

④ 농촌여성의 역할은 점점 늘어나고 있으나 합당한 사회적 지위를 받지 못하면서 가사와 농사 병행, 육아 문제 등 도시여성이 받는 사회적 배려 수준보다 낮은 대우를 받고 있다.

⑤ 농촌여성의 지위향상을 통한 남녀평등화는 농촌여성의 잠재능력 개발의 전제조건이 되며, 농촌여성이 주어진 역할을 효과적으로 수행할 수 있도록 잠재능력 개발이 필요하다.

(5) 농촌여성지도의 의미

① 농촌여성지도란 농촌여성을 대상으로 하는 모든 지도사업을 말한다.

② 농촌여성지도와 농촌생활개선지도를 동일시하는 경향이 있는데 이들은 지도대상과 내용에 있어 서로 같은 개념이 아니다.

PLUS ONE

농촌여성지도와 생활개선지도를 동일한 의미로 본 전통적 관점의 기본목적
- 농촌인의 영양 개선
- 자녀교육, 양육능력의 향상
- 지도력과 시민정신의 함양
- 농촌문화 수준의 향상
- 건강과 위생관리 능력의 향상
- 가정생활의 합리적 운영

③ 농촌생활개선지도

　　㉠ 의미 : 농촌여성만을 대상으로 하지 않고 농촌생활개선에 관계되는 사회 · 경제적 모든 활동이다.

　　㉡ 지도대상 : 농촌여성 중심으로 하는 모든 농촌주민이다.

　　㉢ 지도내용 : 생활의 질 개선사업과 비슷한 의미이다. 의식주 등 물질적 개선뿐만 아니라 교육과 보건 기회의 증대, 청소년의 농촌이탈 문제, 농촌인력의 질적 빈곤, 영농 외의 취업 문제, 여가 비용, 교통 · 통신 문제 등이 있다.

　　㉣ 농촌생활개선사업 : 농촌주민 생활의 개선을 위하여 농촌여성을 중심으로 하는 모든 농촌주민이 그들의 가정이나 지역사회에서 농촌 생활의 질 향상에 관계되는 경제 · 사회 · 문화적 활동에 참여하고 스스로 개선을 추구할 수 있는 인격과 능력을 함양하며 그들에게 필요한 혁신과 정보를 제공하는 사업이다.

(6) 농촌여성지도의 지도대상 및 이념

① 지도대상 : 농촌에 거주하고 있는 청 · 장 · 노년층의 모든 여성(남녀를 동등한 입장에서 보고 성을 기준으로 구분)이다.

② 기본이념 : 농촌여성의 불평등한 실태에 관심을 가지고, 농촌여성의 인간성 회복과 지위 향상을 통한 농촌사회의 질적 향상을 추구한다.

③ 지도내용

　　㉠ 소득증대지도
　　　　• 농업생산의 부농을 위한 생산자재 구입 및 판매
　　　　• 부녀자 농기계훈련, 영농기술교육
　　　　• 부업단지의 조성 및 부업기술지도

　　㉡ 가정관리지도 : 가계부 정리, 소비생활, 현금관리, 가정의례, 농가생활 진단, 보험 등의 재해대책, 생활기기의 구입과 관리

(7) 농촌여성 유관기관

① 전국여성농민회총연합(약칭 전여농) : 1989년 발족, 전국여성농민의 권익을 대변, 넓게는 농업인의 권익을 대변

② 한국여성농업인 중앙연합회

　　㉠ 1996년에 설립, 여성농업인 연합회

　　㉡ 목적 : 전국 후계자 부인과 여성 후계자의 자주적인 협동체이고 회원 상호 간의 친목을 도모하여 농업경영의 합리화, 과학화 및 여성농업인의 권익보호 외 지위 향상을 도모하고 농촌의 제반 문제 해결 및 향토문화의 계승발전을 도모하여 복지 농촌건설에 기여함

농촌여성의 개념으로 옳지 않은 것은?

① 농촌여성이라는 용어는 농가여성, 여성농민, 여성농업인 등과 혼용되고 있다.

② 농촌여성이란 경제적으로 열악한 농촌에 거주하면서 농업생산 활동과 가사노동을 병행하는 사회적인 약자이다.

③ 농민이란 농업을 경영하거나 농업에 종사하는 가구에 거주하는 여성, 특히 주부를 의미하는 용어이다.

④ 여성농민이란 직업인으로서의 여성의 역할을 강조하는 용어이며, 농산업 분야에서 경제활동을 수행하는 여성이라는 것을 의미한다.

해설 ③은 농가여성에 대한 설명이다.

정답 ③

|03| 농촌여성지도의 접근방법

(1) 농촌여성지도의 장애요인

① **문화적 요인** : 농촌여성의 지도활동에 대한 참여를 막는 장애요인으로 남녀 차별적 관습, 종교의식, 사고방식 등과 같은 농촌사회의 문화, 가치규범 등이 있다.

② **가정적 요인** : 농촌여성의 복합적 역할과 과중한 노동부담은 농촌여성 자신을 위하여 필요한 지도활동이나 사회교육 기회에 참여하는 것을 어렵게 한다.

③ **사회적 요인** : 농촌사회에 있어 여성은 전통적으로 남성보다는 낮은 사회·경제적 지위를 점하여 왔기 때문에 농촌지도활동이나 여타의 사회활동에 있어서 남성보다 활동적이고 적극적인 역할을 하는 것은 사실상 배제되어 왔다.

④ **농촌지도기관적 요인** : 농촌지도기관이 농촌여성지도의 필요성을 인식하고 있지 못하였고, 여성들에게 필요한 적합한 기술과 교육방법을 개발하지 못하였기 때문에 자연히 여성지도를 등한시 해 왔다.

(2) 농촌여성지도의 내용

① **기초 및 교양지도** : 농촌여성으로서 건전한 시민생활을 영위하고 보람 있는 삶을 추구할 수 있는 기초적 능력과 교양을 함양시키는 지도활동이다.

② 가정관리지도

　　㉠ 의미 : 여성에게 가정의 경제적 자산과 자본 및 노동시간을 과학적이고 합리적으로 관리하도록 하
　　　　며, 가족구성원 간에 합리적으로 가사역할을 분담시킬 수 있는 능력을 개발·함양하는 지도이다.

　　㉡ 지도활동 : 가계부 정리, 소비생활, 현금관리, 가정의례, 농가생활 진단, 보험 등의 재해대책, 생활
　　　　기기의 구입과 관리 등에 관한 여성지도활동 등이 있다.

③ 의식주 생활개선지도

　　㉠ 의미 : 농촌의 의식주 생활의 개선·향상을 위하여 여성들에게 합리적이고 과학적인 의식주 생활관
　　　　리능력을 배양시키는 지도이다.

　　㉡ 지도활동 : 작업복 만들기, 간편한 일상복 만들기, 피복의 구입 및 보관관리 등의 의생활지도, 식품
　　　　요리, 영양개선, 식품의 저장가공, 부엌개량, 단체급식, 공동 취사 등의 식생활지도, 주택개량, 정원
　　　　관리, 실내장식, 변소 및 부엌개량 등의 주생활지도 등이 있다.

④ 자녀교육지도

　　㉠ 의미 : 자녀교육, 특히 취학 전 아동교육과 유아보육 등의 능력을 개발하고 지도하는 활동이다.

　　㉡ 지도활동 : 농번기 탁아소(새마을유아원)의 설치·운영, 부모교육, 자녀의 가정학습지도, 자녀의 여
　　　　가선용지도, 자녀 진학지도, 청소년문제지도 등이 있다.

⑤ 보건위생지도

　　㉠ 의미 : 농촌의 보건위생을 개선·향상시키기 위해 여성을 대상으로 보건위생에 관하여 실시하는 지
　　　　도활동

　　㉡ 지도활동 : 오물처리, 우물소독, 상하수도개량, 예방접종, 모자보건, 의료보험, 의료생활, 농약중독
　　　　예방 등이 있다.

⑥ 소득증대지도

　　㉠ 의미 : 농촌가정의 경제생활향상을 위하여 농촌여성을 대상으로 영농 및 부업에 대한 지식과 기술을
　　　　개발·함양시키는 지도이다.

　　㉡ 지도활동 : 영농기술교육, 부녀자 농기계훈련, 부업단지의 조성 및 부업기술지도, 농업생산의 부농
　　　　을 위한 생산자재 구입·판매 등이 있다.

⑦ 가족계획지도

　　㉠ 의미 : 농촌의 고출산력을 억제하기 위하여 농촌여성을 대상으로 하는 가족계획의 필요성과 실천방
　　　　법 등에 관한 지식을 보급·전파하는 지도이다.

　　㉡ 지도활동 : 가족계획사업을 통하여 전개되며, 피임지식과 도구의 보급, 가족계획의 홍보·계몽·피
　　　　임시술, 산전·산후의 관리방법 등이 있다.

⑧ 사회참여지도

　　㉠ 의미 : 농촌사회발전에 따라 증대하고 있는 농촌여성의 사회참여활동을 농촌여성들이 건전하고 바
　　　　람직하게 수행할 수 있도록 기초적 자질과 소양을 계발·함양하는 지도이다.

　　㉡ 지도활동 : 지도력의 개발, 집단활동참여, 인간관계조성, 의사소통방법, 지역사회 개발활동의 참여
　　　　등에 대한 다양한 사회교육활동이 있다.

(3) 여성들이 선호하는 지도방법(Maunder, 1972)

① 여성은 전시를 좋아한다.

여성은 여러 가지 전시과정을 보고 싶어 하고, 그러한 전시과정을 스스로 도우며 참여하는 데 즐거움을 느낀다.

② 여성은 견학과 여행을 좋아한다.

여성은 다른 가정이나 선진지를 방문하여 부엌개량, 새로운 취사도구와 취사방법, 영농기술 등을 보기 좋아하며, 그러한 것을 남에게 보여주고 싶어 한다.

③ 여성은 지도요원들이 자신의 집을 직접 방문하는 것을 좋아한다.

여성은 누가 자신에게 관심을 보여 주는 것을 좋아하며, 자신의 문제를 개인적으로 토론할 기회를 갖고 싶어 한다.

④ 여성은 자신이 직접 실습하는 것을 좋아한다.

여성의 생활은 줄곧 무엇인가 하는 것이 습관화되어 있어 실습을 요하는 경우에는 그것을 직접 실습하기를 좋아한다.

⑤ 여성은 조직을 좋아한다.

일반적으로 여성은 조직화되어 있을 때 남성보다 더 많은 열성을 갖는다. 농촌여성은 주로 집단활동을 통하여 새로운 생활양식, 사고유형, 협동정신, 책임감 등을 배울 수 있으며 그 조직 자체가 농촌여성에게 체계적인 교육을 제공할 수 있다.

(4) 농촌여성지도의 집단적 접근(최민호)

① 농촌여성 조직육성의 장애요인

㉠ 농촌사회의 남성우위적인 사회·문화적 규범은 농촌여성의 집단조직과 집단활동에 매우 저항적이다. 그러나 일반적으로 조직설립이 소득증대를 위한 경제활동, 신기술보급, 문맹퇴치나 보건향상 등과 같은 명확한 사회·경제적 효과를 목표로 하는 경우에는 그러한 저항은 경감될 수 있다.

㉡ 농촌여성은 가정의 한 구성원으로서의 역할을 최우선적으로 받아들이고 수행하는 경향이 있기 때문에 농촌사회발전에 대한 자신들의 역할과 공헌을 인지하고 있지 못하고 있다. 따라서 자신들의 능력개발이나 사회활동을 위한 집단조직 또는 집단활동에 무관심하다.

㉢ 농촌의 전통적 여성집단활동이나 지도력을 찾아내어 그것을 효과적으로 활용하는 문제이다. 어느 지역사회에서나 여성에게는 전통적으로 공식적·비공식적 집단활동과 여성여론지도자가 존재하는데, 그것을 활용하는 것이 여성의 조직체를 육성하는 데 매우 중요하다.

㉣ 일반적으로 여성은 어떤 동질성을 바탕으로 한 보편적 집단을 형성하는 것이 매우 힘들다는 점이다. 모든 가정은 생활주기나 세대구성, 사회·경제적 지위 등에 있어서도 차이가 있으며, 그에 따라 농촌여성들의 가정 외 활동, 즉 집단활동참여에 대한 제약요인도 상이하다. 이러한 사실은 여성조직체의 형성에 어려움을 가져다 줄 뿐만 아니라 기존의 조직체들이 강한 통합성을 유지하지 못하게 한다.

　　　 ⑩ 농촌여성조직체의 경우 집단활동이 쉽게 와해되거나 중단되는 경향이 있다. 전통적 자생집단을 제
　　　　　외한 외부주도적 비자생집단의 경우, 대부분 처음의 집단목표가 성취되면 그 집단활동은 더 이상 존
　　　　　속하지 않고 기존목표의 새로운 목표로의 전환과 대치가 쉽게 이루어지지는 못하는 것이 보통이다.
　② 농촌여성조직체를 육성하기 위한 고려사항(ILO)
　　　 ㉠ 농촌여성조직체는 여성들 스스로의 선택에 의하여 독립적이고 자발적으로 형성되어야 한다.
　　　 ㉡ 농촌여성의 집단활동은 취업기회획득, 의식주에 관한 기본욕구충족, 인간존엄성의 회복 등 여성의
　　　　　합리적 역할수행과 지위향상에 도움이 될 수 있도록 전개되어야 한다.
　　　 ㉢ 농촌여성은 농업노동력의 상당부분을 차지하고 있으므로 농촌여성들의 정부, 협동조합, 농촌지도기
　　　　　관, 지역의 생산업체나 고용자 등과 자신들의 문제와 취업에 관하여 서로 상의하고 그들의 사업에
　　　　　능동적으로 참여할 수 있도록 해야 한다.
　　　 ㉣ 농촌여성들 중 특히 하위계층의 여성들을 위한 기초조직을 적절하게 형성하여 그들의 사회적 무능력
　　　　　을 극복하고, 나아가 상위조직 활동의 참여를 활성화시킬 수 있도록 해야 한다.

(5) 농촌여성지도의 종합적 접근

　① 농촌지도기관이나 유관기관의 입장에서 농촌여성의 역할과 지위에 대한 전통적 관념이 불식되고, 농촌
　　　사회발전을 위한 여성의 공헌이 충분히 인정될 수 있어야 하며, 동시에 농촌여성지도의 필요성이 충분
　　　히 인식되어야 한다.
　② 농촌여성을 위한 보다 다양한 교육 프로그램과 소득증대사업이 개발되어야 하고, 농업 또는 비농업적
　　　활동, 영양과 건강관리, 육아, 가정생활 등 농촌여성의 역할 전반에 관한 지도활동이 더욱 강화되어야
　　　한다.
　③ 농촌여성조직을 보다 많이 육성하고 그들의 활동을 강화함으로써 농촌여성들이 필요로 하는 지식·정
　　　보·교양·기술 등을 스스로 배우고 학습할 수 있도록 하고, 그것을 이끌어 갈 자발적 여성지도력을 계
　　　발·함양시켜야 한다.
　④ 농촌여성의 사회·경제적 활동참여를 활성화시키기 위해서 과중한 농업노동과 가사노동을 경감시키고
　　　다중적 역할을 덜어 줄 수 있는 적절한 방안과 기술개발이 이루어져야 한다.
　⑤ 농촌지도기관에서는 보다 많은 여성농촌지도사를 양성하여야 하며, 그들의 활동도 생활개선분야 외에
　　　영농지도, 청소년지도, 농업공보 등 농촌지도의 모든 분야에 균형적으로 배속될 수 있도록 해야 한다.
　⑥ 협동조합, 신용조합, 부락개발위원회 등 모든 농민단체의 활동에 여성도 참여할 수 있도록 하여야 하
　　　며, 남녀 간의 동등한 투표권의 행사나 회원참여가 보장되어야 한다.

다음 중 농촌여성지도의 장애요인과 거리가 먼 것은?　　　　　17 지도사 **기출(변형)**

① 가정적 요인　　　　　　　　　　　② 신체적 요인

③ 문화적 요인　　　　　　　　　　　④ 사회적 요인

> **해설**　농촌여성지도의 장애요인
> • 가정적 요인 : 농촌여성의 다중적 역할과 과중한 노동부담은 농촌여성 자신을 위하여 필요한 지도활동이나 사회교육 기회에 참여하는 것을 어렵게 한다.
> • 문화적 요인 : 남녀차별적 관습, 종교의식, 사고방식 등과 같은 농촌사회의 문화, 가치규범은 농촌여성의 지도활동에 대한 참여를 막는 장애요인이 되고 있다.
> • 사회적 요인 : 농촌사회에 있어 여성은 전통적으로 남성보다는 낮은 사회경제적 지위를 점하여 왔으며, 남성우위적 사회제도가 형성되어 있기 때문에 농촌지도활동이나 여타의 사회활동에 있어서 남성보다 활동적이고 적극적인 역할을 하는 것은 사실상 배제되어 왔다.
> • 농촌지도기관적 요인 : 농촌지도기관이 농촌여성지도의 필요성을 인식하고 있지 못하였으며, 여성들에게 필요한 적합한 기술과 교육방법을 개발하지 못하였기 때문에 자연히 여성지도를 소홀히 해왔다.
>
> **정답**　②

|04| 농촌여성지도 내용

(1) 농촌생활개선사업으로서의 지도(농촌진흥청, 2011)

① 생활개선사업의 시대별 중점지도 내용과 방법

　㉠ 1960년대

시대적 배경	• 6 · 25전쟁 후 경제적 불안정 • 국민재건운동의 개시 • 식량부족과 잠재실업의 가중
중점지도 내용	• 간편한 농작업복 입기 • 개량메주 만들기 • 식량 소비절약 및 분식 장려 • 아궁이 개량
지도방법	생활개선구락부 육성을 통한 집단지도

ⓛ 1970년대

시대적 배경	• 경제 급성장 시기 • 석유 파동 • 새마을운동 전개 • 식량증산에 총력을 기울여 성공적 녹색혁명 성취
중점지도내용	• 농번기 공동취사장 운영 • 농번기 탁아소 운영 • 식생활 개선 • 부업 밀 메탄가스 이용 지도
지도방법	생활개선구락부와 새마을부녀회 조직을 통한 집단지도

ⓒ 1980년대

시대적 배경	• 경제성장 지속 • 농산물 수출 • 쌀 자급생산 달성 • 여성 역할의 다양화
중점지도내용	• 아동영양 지도 • 농민건강유지 지도 • 부엌개량 지도 • 농촌여성 역할확대 대응지도
지도방법	• 생활개선실천요원 위촉 • 생활개선종합시범마을 운영

ⓔ 1990년대

시대적 배경	• 농촌사회 여건 변화 가속 • 농가소득 증대 및 영농구조 다변화 • 도농 간 상대적 격차 심화 • 농민의 생활 향상 요구 증가 • 개방화, 지방화 시대 대응 요구
중점지도내용	• 농가 주거환경 개선 • 농작업 환경 개선과 노동관리 • 농민 건강증진 • 우리농산물 애용 및 한국형 식생활 정착 지도 • 농촌여성 일감 갖기 사업 • 농가 가계관리 • 농촌노인생활 지도 • 생활문화 지도
지도방법	• 생활개선시범마을 육성 • 생활개선회 조직을 통한 집단지도

ⓜ 2000년대

시대적 배경	• 지식정보화 사회 • 농업인의 요구와 기술수요의 다양화 • 농촌경제의 주체로서 여성의 역할 증가 • 농업 · 농촌의 공익적 기능 가치 증대 • 농업 · 농촌의 정책방향이 농촌지역 개발, 복지인프라 확충 증시
중점지도 내용	• 농특산물 가공상품화로 농가소득 증대 • 농촌 어메니티 자원 활용 • 농업인 건강관리와 농촌환경 조성 • 쌀 중심 한국형 식생활 정착지도 • 여성과 노인의 생산적 복지 향상 • 농촌전통문화 보전 • 친환경주거모델 시범 및 화장실 설치 • 향토음식 자원화 및 전통식문화 계승 • 농촌여성 평생학습 센터 운영
지도방법	• 생활개선회 조직을 통한 집단지도 • 인터넷, e-mail 등 사이버를 통한 네트워크화 도입

② 지도방법

ⓐ 모든 시대에 걸쳐 생활개선회를 통한 집단지도 방법을 사용하였다.

ⓑ 생활개선회 사업은 농촌생활개선지도 내용과 거의 일치하는데, 생활개선회가 농촌생활개선사업의 중추적인 역할을 담당하고, 농촌여성 지도에도 많은 영향을 끼쳤다.

(2) 생활개선회(사단법인 생활개선중앙회) 활동

① 목 적

ⓐ 농촌여성의 역할은 점차 확대되어 가정적 역할, 농업생산 및 농업 외 소득활동의 역할이 증대되고 있으며 단순히 농업의 보조가가 아닌 영농주체이면서 선진농촌을 이끌어가는 파수꾼 역할을 수행한다.

ⓑ 농촌가정을 건전하게 육성하고 회원 간의 친목을 도모하며 지역사회 발전에 자발적으로 참여하여 밝은 지역사회를 만들기 위한 것이다.

ⓒ 농촌여성의 지위 및 권익 향상, 농촌을 지켜나갈 여성 후계세대를 육성 및 지원하기 위한 것이다.

② 역할과 과제

ⓐ 건전한 가정육성 및 활력 있는 농촌사회의 형성, 회원 간 친목도모를 위한 교육행사

ⓑ 농가소득 향상을 위한 농축산물의 생산 · 저장 · 가공식품의 개발 및 상품화 · 판매

ⓒ 전통문화 계승 및 효의 실천

ⓓ 농촌과 도시회원 간 교류 및 도농연대 농촌현장 체험 교육

ⓔ 의식개발 및 리더십 배양과 회원의 복지증진을 위한 활동

ⓕ 여성농업인의 전문 인력화와 여성후계세대 육성을 위한 과제 활동

ⓖ 농업정보화기술능력 향상을 위한 정보화 사업

ⓗ 농업생산활동 주체로서의 역할 및 경영능력의 전문기술 교육이수

(3) 여성농업인 육성계획에서 농촌여성 지도

① 기본전략

    ㉠ 여성농업인의 경영능력 강화

- 신기술·신지식 농업으로의 이행과 친환경 농업의 확산, 유통 및 식품안전을 비롯한 농업관련 산업의 발달 등 급속하게 변화하는 농업환경에의 대응능력을 강화하는 것이다.
- 세부사업은 전문인력화와 영농활동 지원이다.

전문인력화	• 영농에 필요한 정보 활용을 위한 정보화 교육 • 전문영농기술이나 농가계조직과 같은 영농기술교육 • 농업경영과 마케팅 등의 지식 기술 습득을 위한 전문농업경영교육 실시 • 전문교육시스템 구축, 여성농업인의 해외선진농업 연수 실시
영농활동 지원	후계 육성과 여성농작업의 기계화 추진 등

    ㉡ 여성농업인의 지위 향상 촉진

- 농업노동·가사노동 및 지역사회의 활동 등 농업·농촌에서 여성농업인의 역할에 대한 위상의 재정립과 양성평등의 실현을 통한 경제·사회적 지위 향상을 촉진한다.
- 각종 위원회와 협동조합에 여성 참여를 확대한다.
- 여성단체위탁사업의 활성화로 다양한 식생활 개선 프로그램을 개발하고 국민 안전식생활 교육과 홍보가 이루어져야 한다.
- 농업·농촌에 대한 이해와 사회적 공감대 형성을 위하여 농촌·도시 간 교류 사업을 추진해야 한다.
- 다양한 세미나, 여성농업인 대회 등 단체행사를 지원하고 여성농업인을 시상하는 등 전문 직업의식을 고양해야 한다.
- 자녀의 보육이나 학습지도, 교양·문화활동 공간, 다용도 학습 공간, 여성농업인종합상담사업 등 지역특성 및 여성농업인의 여건을 고려한 프로그램 운영을 위해 여성농업인센터 운영을 지원해야 한다.

    ㉢ 여성농업인의 삶의 질 제고

- 유능한 여성세대의 안정적인 농촌 정주를 위한 농가도우미제도 등 농촌지역의 복지서비스 향상을 목표로 한다.
- 정책과제는 자녀 학자금 지원, 농가도우미 제도, 영유아 양육비 지원 등이 필요하다.

② 여성농업인 육성 성과와 한계

    ㉠ 성 과

- 여성농업인 경영능력 향상을 위한 정책 관심도가 높아지고, 경영주체로서의 자각이 확산되었다.
- 지위향상 및 삶의 질 제고를 위한 지원이 확대되었다.
- 여성농업인센터 운영은 농촌생활에서 실질적 도움이 되는 사업으로 호응이 높다.
- 농업인 자녀 학자금 제도는 농촌주민의 경제적 어려움을 완화시켰다.
- 농가도우미의 경우 인지도와 이용률이 낮지만, 적용대상의 확대와 국가 지원액 확대가 필요하다.

ⓛ 한 계
- 사업량이 적어 종합 복지기능 확산이 어렵고, 각종 사회보장제도의 수혜 대상자가 적었으며 양방향 정책 시스템이 부족하다.
- 소수의 엘리트 여성농업인만 교육을 받거나 여성농업인에 대한 역할 증가로 노동에 대한 부담을 증가시켰다.
- 여성농업인이 사회활동에 참여한다고 해도 의사결정에 영향력을 행사할 수 없다.

Level UP 이론을 확인하는 문제

여성농업인 육성계획에서 여성농업인 육성 성과와 한계에 대한 설명으로 옳지 않은 것은?

① 여성농업인 경영능력 향상을 위한 정책 관심도가 높아지고, 경영주체로서의 자각이 확산되었다.
② 지위향상 및 삶의 질 제고를 위한 지원이 확대되었다.
③ 여성농업인센터 운영은 농촌생활에서 실질적 도움이 되는 사업으로 호응이 높다.
④ 여성농업인이 사회활동에 참여하여 많은 의사결정에 영향력을 행사하였다.

해설 ④ 여성농업인이 사회활동에 참여한다고 해도 의사결정에 영향력을 행사할 수 없었다.

정답 ④

|05| 이주여성농업인 지도

(1) 농촌 다문화가정

① 개 념
- ㉠ 우리나라는 최근 개방과 교류의 확대, 결혼이민, 외국 노동력 유입 등으로 다문화 사회로 진입하고 있다.
- ㉡ 다문화란 이주민에 의해 새로운 문화와 생활양식이 도입된 국가와 지역사회에서 일어나는 사회현상으로, 문화의 다양성을 상징한다.
- ㉢ 농촌에서는 국제결혼이 증가함에 따라 우리나라 다문화를 선도하는 지역과 새로운 일자리가 나타나고 있다.

> **참고**
>
> 1990년대부터 지방자치단체 중심으로 '농촌총각 장가보내기 운동'이 적극 추진되면서 농촌지역의 다문화가 시작되었다.

② 문제점
- ㉠ 다문화인들의 생활수준은 대체적으로 국내 농가에 비해 낮은 편이며, 사회적 편견과 차별이 있다.
- ㉡ 다문화부부의 문화적 갈등은 크게 부모 부양 방식, 식문화와 가사 분담 순으로 나타난다.
- ㉢ 적응 과정을 도와줄 내국인 없다거나 집안 분위기나 고향 등의 이야기를 주고받을 사람이 없다.

③ 다문화의 가치 : 'MULTI'로 표현(양순미 · 안옥선, 2012)
- ㉠ Maintenance(농촌유지와 발전의 원동력) : 농촌사회의 고령화 추세를 늦추고 출산율을 높임으로써 농촌공동체를 유지하는 견인체로서의 역할
- ㉡ Universal(우리 농촌 속의 세계문화) : 에스닉 푸드(Ethnic Food)와 다문화가 만드는 축제의 장을 통해 우리 농촌의 세계화를 촉진하는 촉매 기능
- ㉢ Linkage(다문화를 통한 신문화 동맹) : 지구촌시대를 맞이하여 미래의 문화동맹을 형성하여 국제관계를 활성화
- ㉣ Testbed(사회문제 해결의 시험장) : 다문화로 인해 발생할 수 있는 각종 사회문제를 해결하는 단서를 찾을 수 있는 장소
- ㉤ Improvement(마을 분위기와 소득 향상) : 마을의 분위기를 개선하고, 새로운 작목을 재배함으로써 농가소득을 향상시키는 원동력의 역할을 의미

④ 다문화의 가치를 실현하기 위한 과제(양순미 · 안옥선, 2012)
- ㉠ 세계화 시대에 걸맞은 성숙된 시민의식의 함양이 필요하다.
- ㉡ 다문화가족의 인적 · 문화 자원적 가치를 활용하는 '두 갈래 전략'을 이용하는 한국형 다문화사회 모델의 개발이 필요하다.
- ㉢ 정책의 시행은 다문화로 이행되는 속도가 상대적으로 빠른 농촌에 우선하여 시행되어야 한다.
- ㉣ 다양한 문화적 배경을 지닌 역할 모델과 서비스를 개발하기 위한 연구가 필요하다.

(2) 이주여성농업인 1:1 맞춤 농업교육

① 목적 : 농업종사를 희망하는 이주여성농업인과 전문여성농업인을 연계하여 1:1 맞춤 농업교육을 통한 우수 여성농업인력 양성 및 농촌 정착을 유도하기 위한 사업이다.

② 대 상

  ㉠ 이주여성농업인

  ㉡ 한국어 소통이 가능하고 신청일로부터 1년 이상 실제 농업에 종사하고 있는 자

③ 농업교육후견인 제도 : 농촌 이주여성을 우수한 농업 농촌의 농업 인력으로 양성할 수 있는 의지가 있고, 5년 이상 농업에 종사하고 있는 전문 여성농업인을 대상으로 함

④ 교육 장소 : 이주여성농업인과 농업교육후견인을 1:1로 연결시켜, 이주여성농업인의 농장이나 농업교육후견인의 농장에서 교육 실시

(3) 이주농촌여성 기초농업교육

① 목적 : 농업종사 의지가 있는 농촌 여성결혼 이민자의 안정적인 농촌정착 지원과 과소화 · 고령화된 농가 인구구조에서 농촌의 젊은 여성결혼이민자를 농업인력으로 자원화하는 데 있다.

② 대 상

  ㉠ 이주농촌여성 중 기초농업을 희망하는 이민 초기 여성

  ㉡ 세부 지원 조건으로 한국어로 의사소통이 가능해야 하고, 영농정착 의지와 실천능력이 있는 자, 남편 등의 가족이 동의한 자에 한함

③ 교육기관 : 연간 500명 정도 선발하여 지방자치단체, 농업기술센터, 다문화가족지원센터 등이 협조하여 강의지원, 교육자료, 기타 업무를 실행하고 이들을 교육시킴(한국어 교육은 다문화지원센터나 시군의 평생교육센터에서 이루어짐)

CHAPTER 04
우리나라 농촌지도사업 성과 및 과제

|01| 농촌지도사업의 문제점과 개선방안 및 성과

(1) 농촌지도 환경의 변화와 정책방향

① 농촌지도사업의 패러다임 변화(임상봉, 1995 ; 이용환, 2000)

ㄱ 농촌산업에서 삶의 공간으로 : 농업을 직업으로 하는 사람들이 소득을 높이고 행복한 삶을 살 수 있는 농촌으로 만들어야 한다.

ㄴ 국가목표 중심에서 농업인 중심으로 : 국가목표 달성을 위한 하향식 농촌지도사업이 아닌 농가 또는 농민 중심의 사업으로 전환해야 한다.

ㄷ 농업기술 중심에서 문화복지 중심으로 : 전통적인 농업기술 중심의 농촌지도가 아닌 농업인의 풍요로운 삶을 보장할 수 있는 문화복지적 차원을 강조해야 한다.

ㄹ 중앙정부 중심에서 지방정부 중심으로 : 지역의 특색과 지역주민의 요구를 반영한 농촌지도가 이루어져야 한다.

② 농촌지도사업의 기본방향

ㄱ 농업기술지도뿐만 아니라 농촌구조 개선에 관련된 비농업분야의 지식·정보 등을 제공하는 기능을 강화해야 한다.

ㄴ 지식·기술지향적 농업과 소비자 농업을 함께 육성해야 한다.

ㄷ 지도사업의 정체성을 재정립하고, 새로운 시대에 맞는 농촌지도사업을 새롭게 정의하는 것이 필요하다.

ㄹ 농업 지식정보사업으로의 전환, 농촌지도사업의 대상 확대, 농촌지도사업의 추진방법 전환이 필요하다.

③ 농촌지도사업이 수행해야 할 정책과제(조용철·송용섭, 2003)

ㄱ 소비자 농업(Consumers Driven Agriculture)의 육성

ㄴ 친환경 농업 실천 감시 기능 수행

ㄷ 농촌지도기관의 농산물 품질관리를 통한 농산물의 통합 브랜드화

ㄹ 농업·농촌의 다원적 기능 활용

ㅁ 농업기술·경영 컨설팅 강화

ㅂ 품목별 농업인조직 육성

ㅅ 사이버 농업 지식정보 제공

ㅇ 수출지향 농업 육성

ⓩ 수확 후 관리 및 가공기술 중점 보급

ⓩ 종자생산보급기능 확대

㉠ 시군 농업기술센터 연구개발 기능 확충

④ 농촌지도사업이 앞으로 강조해야 할 지향점(이용환 등, 2004)

　　㉠ 기관중심의 변화 방향 : 정부기관과 비정부기관의 연계 및 학교교육과 사회교육의 연계이다.

　　㉡ 대상중심의 변화 방향 : 농촌주민에서 도시주민으로의 확대 및 성인중심에서 전 연령층으로의 확대이다.

　　㉢ 내용중심의 변화 방향 : 농업기술과 농촌 관련 사업과의 연계 및 직업농업교육과 교양농업교육의 연계이다.

　　㉣ 방법중심의 변화 방향 : 온라인 교육과 오프라인 교육의 연계 및 교수학습방법의 다양화이다.

(2) 농촌진흥청의 농촌지도사업 활성화 방안 모색

① 농촌진흥청에서 제시한 농촌지도사업의 새 정의

　　㉠ 농업 및 농촌생활과 관련된 기술과 정보를 농업인과 소비자에게 보급하는 지식기반사업이다.

　　㉡ 농업 · 농촌의 유지 · 발전과 이와 관련된 기술혁신, 문제해결, 의사결정능력을 지원하기 위하여 농업인, 소비자, 연구자 등이 생성하거나 필요한 기술과 정보를 체계적으로 수집, 종합, 분산, 연계하는 공공서비스이다.

② 농촌지도사업의 방향과 개혁과제(2005년)

　　㉠ 농촌지도사업의 방향 : 농업인과 소비자를 위한 지식 · 정보 · 기술지원사업으로 정하였다.

　　　• 21세기 지식정보화사회에 맞는 지식기반 농업의 실현을 위한 기술보급, 교육 · 인력육성을 담당한다.

　　　• 개방화에 대응한 농업 · 농촌의 유지 · 발전을 위한 농업인 · 소비자 등 고객 중심의 공공서비스 사업으로의 전환한다.

　　㉡ 농촌진흥조직의 활력화를 위한 7대 개혁과제

　　　• 농촌진흥기관의 정체성 재정립

　　　• 조직 활력화를 위한 제도개선

　　　• 고객중심의 새로운 농촌진흥사업 확충

　　　• 영농현장중심의 기술개발역량 확충

　　　• 중앙과 지방의 업무 연계 활성화

　　　• 전문 인력육성 프로그램 혁신

　　　• 창조적 조직혁신 문화 기반 확충

(3) 농촌지도사업의 주요 발전방안

① 1997년 농촌지도공무원의 지방직화를 전후로 제시한 발전방향

농업연구	• 센터의 연구개발 기능 강화 • 연구–지도 연계와 연구개발 공유 및 유관기관과의 공동연구
기술보급 및 지도	• 농업의 공익성 및 농촌지도사업의 필요성에 대한 국민적 인식 제고와 공감대 확산 • 농촌지도사업의 지도대상, 지도방법, 지도영역 등에 관한 정체성 확립 • 안전 및 정밀영농기술 확대 보급 • 농작물 재해예방 및 병해충 종합관리 방법 정착 등 환경 친화적 주곡 안정생산 및 기술보급 • 수출농업 육성 및 국제경쟁력 강화를 위한 첨단농업기술개발 • 고객중심 농촌지도사업 전개 및 소비자농업 육성 • 선도 시범사업 및 고부가가치 지역특화 전략품목 선정 등 지역특성화개발 사업지원 • 영농실태조사, 기술경영 컨설팅 체계 구축 등 현장중심 기술 · 정보 지원체제 강화 • 사이버(디지털) 기술 정보지원 • 생산물 저장, 가공, 유통 등 수확 후 관리기술 보급 및 통합브랜드 운영 • 농촌지도사업 성과평가제 도입 • 품목별 농산물 품질관리 모니터링
교육 및 육성	• 농업인의 지식사회 자율대응능력 함양을 위한 농업인 정보화기술 향상 • 농업인의 집단화, 전문화 및 학습조직화 가속화 • 요구분석을 통한 다양한 프로그램 개발 등 수요자 중심 교육 • 수혜자 경비 부담제 및 모니터 제도를 통한 과정 참여 확대와 질적 수준 향상
농촌자원 개발	• 농촌생활환경, 농촌관광 및 전통테마 마을조성 등 농업 · 농촌의 다원적 기능 활용 • 농작업 환경개선 • 농촌여성 가정경영, 영농기술능력 배양 • 노후생활지원
수행체제	• 시군 센터의 광역자치단체 소속기관화 • 유관기관 간 기능특성화, 유사사업 통합, 효율적 역할분담 및 상호연계 • 대화의 장 상설화(한자리 종합상담) • 지도공무원 업무 단순화 및 명확화 등을 통한 전문능력 향상 • 전국단위 기술전문가 네트워크 구축 • 처우 개선을 통한 사기진작 • 연구직과 지도직의 상호 교환근무 및 센터 간 인력 활용
기 타	농촌지도사업 명칭 변경

(4) 우리나라 지도사업 문제점 · 개선방안

① 기술보급 및 지도

문제점	개선방안
• 21C 유망 생명산업으로서의 농업에 대한 인식 부족 • 농촌지도사업 홍보 부족으로 사업 필요성에 대한 인식 저하 • 지식정보화 시대, 농촌지도직공무원의 지방직화 등 사업 패러다임 변화에의 대응 미흡	• 농업의 공익성 및 농촌지도사업의 필요성에 대한 국민적 인식 제고와 공감대 확산 • 농촌지도사업의 지도대상, 지도방법, 지도영역 등에 관한 정체성 확립 • 최적 농자재와 재배기술의 적기, 적량투입에 의한 안전 · 정밀영농기술 확대 보급
• 안전농산물에 대한 소비자 불신풍조 • 그린라운드에 따른 선진국의 환경규제 강화	• 농작물 재해예방 및 병해충 종합관리방법 정착 등 환경친화적 주곡 안정생산 및 기술 보급 • 품목별 안전농산물 기준 마련 등 농산물 품질관리 모니터링
농산물 교역증대에 대한 국제 경쟁력 미흡	수출농업(전략품목) 육성 및 국제 경쟁력 강화를 위한 첨단 농업기술개발 및 보급
고객 및 내용에 따른 차별적 기술보급 및 지도 미흡	고객 중심 농촌지도사업 전개 및 소비자농업 육성
• 중앙 지원 시범사업과 도 · 시 · 군 자체 추진 시범사업 내용의 일부 중복 등 실증효과 검증 미비 • 지방화 등에 따른 브랜드 품목 및 차별화된 지역특화 전략품목에의 집중 부족	• 새기술 · 정보 실증효과가 높은 시범사업 및 고부가가치 • 지역특화 전략품목 선정 등 지역특성화개발사업 추진
농업전문화 및 정보화 진전에 따른 체계적 컨설팅 수요충족 미비	영농실태조사, 기관별 농업기술경영 컨설팅 체계 구축 등 현장중심 기술 · 정보 관리 및 지원체제 강화
면대면 현장지도 형태의 높은 비중에 따른 시간 부족 및 대상 농업인 수 제한	농업인 컴퓨터 지원 및 영역별 동영상 콘텐츠 제작 등을 통한 사이버(디지털) 기술 · 정보 지원
시설기자재 투입사업 치중으로 생산, 유통 등 종합적 지도 부족	생산물 저장, 가공, 유통 등 수확 후 관리기술 보급 및 통합 브랜드 운영
현재 기관평가 중심의 농촌지도사업 평가와 사업물량달성 중심의 개별 사업 평가	농촌지도사업 성과평가제 도입 – 농업인 중심 사업평가 및 중앙 농촌지도사업평가단 – 성과지향 계량평가 확대 – 평가결과 활용
공공기관의 무료시스템에 의한 사업추진으로 농업인의 자발적 참여유도 부족	–

② 교육 및 육성

문제점	개선방안
도시(민)에 비해 상대적으로 낮은 컴퓨터 보급률과 인터넷 등 정보화기술 활용률	지식정보화사회 자율대응능력 함양을 위해 농업인 정보화 기술 향상
• 현 농업인 집단의 전문성 등 부족 • 4-H 　- 지나치게 넓은 회원연령의 폭(만 9~29세) 　- 경진대회, 야영교육 등 행사위주 과제 활동 　- 지도교사에 대한 비가점 • 농촌지도자회 : 노령화에 따른 생산적, 발전적 활동 미약 • 생활개선회 : 농촌생활여건 향상에 따른 명칭 부적절 및 활동내용 홍보 부족	농업인 집단의 전문화 및 학습조직화 가속화 : 4-H, 품목별 학습조직, 농촌지도자회, 생활개선회 육성
공공기관의 무료 운영체제에 따른 참여의식 부족	• 요구분석을 통해 지역상황에 적합한 다양한 프로그램 개발 및 운영 등 수요자 중심 교육 • 수혜자 경비부담제 및 모니터 제도 등을 통한 참여확대와 질적 수준 향상
전업화 및 소득원 다양화에 따른 교육대상자 사전요구조사 체제 미흡	정기적 요구분석을 통한 수요자 중심 주문식 교육

③ 자원 개발

문제점	개선방안
• 농업 · 농촌영역의 경제적 비중 감소 및 경제외적 기능, 역할 확대에 따른 농업 · 농촌의 다원적 기능 활용 부족 • 각종 농촌개발사업의 종합적 연계, 조정 조직체계 부재	• 농촌생활환경, 농촌관광 및 전통테마마을 조성 등 농업 · 농촌의 다원적 기능 활용 　- 도시민 생활문화 체험기회 확대 및 소득자원화 • 농작업환경개선 및 농작업 휴식, 운동방법 등 개발 보급 • 농촌여성 소득증대 및 영농기술능력 배양 　- 지역특산물 가공기술 및 부업기술습득 훈련 　- 농촌여성중심 향토음식연구회 육성 • 전통기술보유자 발굴 및 명품화를 통한 노후생활 지원

④ 농업연구

문제점	개선방안
지역농업발전을 위한 실용화 연구 부족	센터의 연구개발 기능 강화 : 농업인 개발과제 참여 및 지역농산물 가공연구 확대
연구사업에 현장애로기술 반영 미흡 및 연구결과의 신속한 농가보급이 곤란하여 농업인에게 필요한 전문기술지원 제한	연구 · 지도사업 협의체, 정기회의 제도화 등 영농현장 애로기술의 연구 · 지도 연계
농업연구 관련 정보 교류 취약 : 기술개발 정보공유 및 D/B 구축 미흡	센터 연구개발 결과에 대한 중앙단위 종합발표회를 통한 정보 교류
유관 기관 간 협력 부재	센터, 연구기관, 대학, 농가와의 공동연구

⑤ 수행체제

문제점	개선방안
• 지도기관은 권한 없는 기술지도와 사후관리를 과도하게 책임(농정기관은 대상자 선정, 자금지원 권한 보유) • 행정업무 우선 추진에 따른 영농현장 지도가 약화되어 현장성 및 전문기술특성 감소	시군 센터의 광역자치단체 소속기관화 – 농업행정과 분리하여 전문 농촌지도사업 수행 – 센터의 지역특화시험장 흡수통합 및 연계
유관기관 간 사업추진방향 연계 부족에 따른 지도사업 중복의 경우 발생	농촌지도 공급자 다양화(중앙, 지방농촌진흥기관, 농협 등 농민단체, 민간 컨설팅 회사 등)에 따른 기능특성화, 유사 사업 통합, 효율적 역할분담 및 상호협조
연구 및 지도기관 간 상이한 가치관에 따른 커뮤니케이션 부족	대화의 장 상설화(한자리 종합상담)
지방직화 이후 지도인력 감소에 따라 확대되고 불분명해진 직무범위, 영농진단, 영농설계, 소득분석 등 영역별 기술전문가 부족, 선도농가에 앞설만한 기술 및 정보지원 미흡	농촌지도공무원 업무 단순화 및 명확화를 통한 전문능력 향상 – 단계별 전문화 전략수립 – 중앙/일선 지도공무원 간 전문기능 차별화
기술전문가 간 연계 채널 부족	전국 단위 기술전문가 네트워크 구축
전공과 일치하지 않는 잦은 보직변경 등 비전문적 인사 및 인사침체, 연구직이나 행정직보다 상대적으로 낮다고 생각하는 처우	처우개선을 통한 사기진작 – 우수공무원 해외연수 및 학위 취득 보장 – 지도직 특성에 부합되는 보수 및 수당체계 – 선별포상범위 확대
연구/지도기관 간 상이한 가치에 따른 커뮤니케이션 부족 및 센터 간 인력교환 미흡	연구직과 지도직 상호 교환근무 및 센터 간 인력 활용
• 농촌 : 도시화와 농업에 대한 소비자 수요, 다원적 기능 등을 포괄하지 못함 • 지도 : 지식정보의 일방적 전달의 권위적 의미를 내포하여 수평적 연계 및 협력을 중시하는 현 상황에 부적절	행정기관과 지도기관의 분리 및 기술 정보보급의 특성 등을 반영한 농촌지도사업 명칭 변경

(5) 농촌지도사업 성과

① 1990년 이전까지는 한국의 농업연구와 농촌지도사업의 조직을 농촌진흥청이라는 단일기구로 통합하여 국가주도의 농촌지도사업을 수행함으로써 세계적으로 성공적인 연구–지도의 연계체제를 갖추고 있다고 평가받았다.

② 1997년 이후 한국의 농촌지도사업은 지도공무원의 신분이 지방직으로 전환되면서 어려운 상황이었으나, 외형적으로는 다양한 사업을 꾸준히 전개하는 등 성공적이었다.

③ 우리나라 농업기술보급사업 주요 성과

1960~ 1970년대	• 녹색혁명 : 식량증산/지도 보급 강화 • 통일벼 보급, 농촌생활개선지도(주거 · 식생활 개선)
1980년대	• 백색혁명 : 농업의 계절성 극복/생력화 • 수리시설 개선, 비닐하우스 설치기술 보급 → 사계절 신선채소 공급
1990년대	• 품질혁명 : 고품질/저비용 생산기술 • UR(詩), WTO(訣) 대응 → 고품질 원예품종 개발 · 보급, 축산 자동화 규모화
2000년대	• 지식혁명 : BT · IT · NT 등 융 · 복합 녹색기술(전 분야) • BT · ET · IT · NT 등 첨단과학기술 접목 → 국가 신성장 동력원으로 부상
2010년대	• 가치혁명 : 강소농 육성, 친환경 · 건강기능성 고부가가치 • 약식동원(藥食同原)시대 → 고부가가치 창출, 식의약 소재산업, 수출농업

참고

약어정리

• 약식동원(藥食同原) : 음식과 약의 근원은 같다는 의미
• BT(Bio Technology, 생명공학기술)
• ET(Environment Technology, 환경공학기술)
• IT(Information Technology, 정보기술)
• NT(Nano Technology, 초정밀기술)

|02| 농촌지도사업 과제

(1) 농촌지도사업의 패러다임 전환

구 분	과거의 농촌지도사업	현재의 농촌지도사업
개 념	새로운 기술 교육 또는 시범사업을 통하여 보급하는 사업	농업 농촌의 유지발전과 이와 관련된 기술 · 정보를 수집 · 가공 · 분산 · 연계하는 공공서비스
대 상	농업인	소비자 + 농업인
기 능	• 생산기술보급 • 학습단체육성 • 농촌생활개선 • 시범농가 전시지도	• 생산~소비 일관 기술보급 • 품목별 조직 및 후계인력 육성 • 농촌지역사회개발 • 기술 · 경영 컨설팅
방 법	대면접촉 상담	사이버 상담
지 원	지역 내 지도사 활용	전국 기술전문가 네트워크

(2) 전략과제의 도출

① 농업환경변화에 대응하는 전략

    ⊙ 대응전략(Reactive Strategy) : 단기적 전략. 이미 일어난 농업환경 변화에 적응하는 것

    ⓛ 선도전략(Proactive Strategy) : 장기적 전략. 앞으로 일어날 농업환경의 변화를 유리한 방향으로 이끌어 가는 것. 바라는 방향을 사전에 설정하고 농업환경과 조건을 그 방향으로 만들어나가는 전략

② 바람직한 전략과제

    ⊙ 전략과제가 농촌지도사업의 궁극적인 목적인 농업인의 소득 향상, 삶의 질 향상, 복지 농촌 사회 건설에 직접 기여할 수 있어야 한다(전략과제 : 지도사업의 비전 및 미션을 달성하는 데 직결되는 중요한 일).

    ⓛ 농업인의 지식, 기술, 태도와 같은 행동변화뿐 아니라 실천성과까지 목적을 확장해야 한다.

    ⓒ 전략과제가 농촌지도사업의 수요자인 농업인과 소비자가 진정으로 원하는 것을 반영해야 한다.

    ⓔ 한-미 FTA 등 상황은 고객인 소비자의 요구에 부합하는 마케팅과 상품화가 요구된다.

    ⓜ 전략과제가 국가 · 지역 수준의 농업정책을 구현하는 데 직접 연계되어야 한다.

    ⓗ 농업정책 구현에 도움이 되는 지도기능이 되려면 반드시 정책과의 연계성을 충분히 검토해야 한다.

③ 경쟁력 있는 조직구축을 위한 인적담당자의 역할(김진모, 2003)

    ⊙ 농촌지도사의 역할을 규명하기 위해 미시간대학 교수인 울리히의 경쟁력 있는 조직구축을 위한 인적자원의 역할 모델을 벤치마킹했다.

    ⓛ X축 : 사람관리 활동과 프로세스(도구와 시스템) 관리 활동으로 구분한다(활동을 나타냄).

    ⓒ Y축 : 활동을 전략적 · 미래지향적 · 장기적, 일상적 · 운영적 · 단기적으로 구분한다(활동의 성격을 나타냄).

미래/전략에 초점(장기적)

프로세스	2사분면 (전략적 인적자원 관리) • 전략적이고 프로세스 관리 성격의 활동 • 결과가 전략의 실행이고, 활동은 조직 전체의 전략 달성과 직접 연계된 활동 • 전략적 파트너(Strategic Partner) 역할	1사분면 (변화와 혁신 관리) • 전략적이고 사람관리 성격의 활동 • 결과가 새로워진 조직의 창출 • 변화촉진자(Change Agent) 역할	사람
	3사분면 (확고한 하부구조 관리) • 일상적이고 프로세스 관리 성격의 활동 • 결과가 효율적인 하부구조의 구축이고, 활동은 조직 프로세스를 지속적으로 개선하는 활동 • 관리전문가(Administrative Expert) 역할	4사분면 (조직구성원 기여 관리) • 일상적이고 사람관리 성격의 활동 • 결과가 조직구성원의 참여와 역량 증대이고, 활동은 조직구성원의 소리에 반응하는 활동 • 조직구성원을 관리하는 리더(Employee Champion) 역할	

일상/운영에 초점(단기적)

Ulrich모델에 근거한 지도사업 분류

미래/전략에 초점(장기적)

프로세스	(전략적 농촌지도사업 관리) • 고품질 · 적정 생산 기술 • 수확 후 관리 및 가공기술 중점 • 수출지향 농업 • 지속가능한 친환경농법 • 종합적 기술 · 경영 컨설팅 • 농업 · 농촌의 다원적 기능 • 지역특성에 맞는 과제 중점 → 전문화된 기술지도	(전략적 인적 자원관리) • 4-H 육성 • 영농후계자 육성 • 품목별 농업인 조직 육성 • 생활개선회 육성 → 농업인 조직 육성	사람
	(지도사업 시스템 효율화) • 지도사업 계획 프로세스 • 지도사업 운영 프로세스 • 지도사업 평가 프로세스 → 지도사업 기반 구축	(고객 관리) • 소비자 농업 육성 • 지역농업인의 일반적 기술상담 • 농업연구 및 행정 등과의 연계(현장 피드백, 농정 교육 · 홍보) • 농촌여성과 노인에 대한 건강 지원 → 농업복지 및 위상 제고	

일상/운영에 초점(단기적)

(3) 지도조직의 구조 및 사업방식 시스템 변화

① 농촌지도의 비전과 과제를 효과적으로 추진하기 위한 조직구조의 변화

    ㉠ 농업행정과 통합된 농업기술센터의 농촌지도 기능을 분리하고 독립적으로 기능을 수행해야 한다.

    ㉡ 농촌지도공무원의 신분을 지방직에서 국가직으로 환원 또는 도원 소속으로 전환해야 한다.

    ㉢ 농촌지도기능과 시험연구 기능의 연계를 보다 실질적으로 강화해야 한다.

    ㉣ 지역적 특성(농업인구, 품목 등)을 고려하여 전략적으로 조직구조를 설계할 필요가 있다.

> **🔍참고**
>
> **조직구조개편 이유**
> • 농촌지도사의 지방직화 이후 시군 농업기술센터 기능이 약화되고, 농업인의 기대에 미치지 못한다.
> • 농업기술센터 조직 구조상 농업행정과 통합되어 운영되거나 시장 · 군수의 농업적 인식이 취약하여 농촌지도 본연의 업무를 수행하지 못하기 때문이다.

② 지도사업 방식 및 시스템 변화

    ㉠ 현장의 고객인 농업인과 소비자와 밀착된 지도사업방식을 강화해 나가야 한다.

    ㉡ 농업기술 · 경영컨설팅 · 사이버 상담을 확대 강화해야 한다.

    ㉢ 개별농가 중심이 아니라 집단(조직) 중심의 농촌지도를 강화해야 한다.

 ② 농촌지도사업 고객의 요구를 신속·정확하게 파악할 수 있고, 결과 평가에 고객 참여 방식을 도입할 필요가 있다.

 ⑩ 지도사업의 요구분석과 평가에 고객인 농업인과 소비자의 참여를 반드시 보장해야 한다.

(4) 지도사업 담당자 변화 및 역할

① 지도공무원의 능력·의식의 변화

 ㉠ 새로운 패러다임에 부합할 수 있는 농촌지도공무원의 역할을 규정하고, 역량을 개발할 수 있도록 지원해야 한다.

 ㉡ 각 역량을 지도공무원 단계별로 구분하고, 체계적으로 지원하기 위한 프로그램을 제공해야 한다.

 ㉢ 지도공무원 스스로 자신의 전문성을 개발할 수 있는 방안을 마련하여 적극 활용토록 장려한다.

 ㉣ 농촌지도사업은 현장지도 능력이 중요하기 때문에 현장의 실제 과제를 프로젝트 형식의 활동을 수행할 수 있도록 하고, 시험연구기능과 협력하여 일할 수 있는 기회를 제공한다.

 ㉤ 지도공무원은 중앙의 지시가 아니라 지역 농업인의 필요를 파악하고, 직접 해결할 수 있는 방향으로 사고를 전환해야 하며, 세계화·선진화·분업화·전문화·여가 공간화라는 변화의 흐름을 읽고 이를 반영한 지도사업에 힘쓸 필요가 있다.

② 농촌지도공무원의 역할

인적 자원 개발자 능력 (Ulrich 모델의 1사분면)	개인·조직의 잠재적 능력을 개발하는 일과 관련된 것으로서, 농업인의 리더십 개발(Leadership Development)에 필요한 능력
고객지원자 능력 (4사분면)	고객의 다양한 문제에 대응하는 것뿐만 아니라 필요를 발굴하고 제시하여 고객만족 차원을 넘어 고객감동 단계까지 도달하도록 하는 고객만족(Customer Satisfaction) 능력
전략적 컨설턴트 능력 (2사분면)	농업의 성격과 사업적 가능성에 대한 이해를 바탕으로, 농업인 문제를 정확히 발견하고, 적합한 전문적 해결방안(기술)을 제공하는 수행 컨설팅(Performance Consulting) 능력
관리전문가 능력 (3사분면)	지도사업의 효율성을 진단하고 개선하는 일과 관련된 것으로서 지도사업 자체의 수행 개선(Performance Improvement) 능력

③ 농촌지도사의 역할 수행에 요구되는 능력

역 할	필요 능력
인적 자원 개발자	• 개인 및 집단의 요구에 맞는 프로그램을 개발할 수 있는 능력 • 집단의 분위기를 조절하고, 촉진할 수 있는 능력 • 조직(시스템)의 문제를 확인하기 위해 진단할 수 있는 능력 • 개인의 문제를 발견하고, 효과적으로 상담할 수 있는 능력 • 변화를 관리할 수 있는 능력
고객지원자	• 고객의 작업환경을 진단할 수 있는 능력 • 고객의 능력을 개발할 수 있는 능력 • 고객의 수행을 관리할 수 있는 능력 • 고객에게 필요한 정보나 자원을 찾아 적시에 제공할 수 있는 능력
전략적 컨설턴트	• 핵심 사업전략을 선정하고 수립할 수 있는 능력 • 농업인의 수행 문제를 찾아낼 수 있는 능력 • 품목별 전문지식 및 기술을 활용할 수 있는 능력 • 농업인을 비롯한 관련 이해당사자들에게 영향력을 행사할 수 있는 능력
관리전문가	• 지도사업 프로세스와 시스템에 대한 전문 지식 • 지도사업 프로세스 개선 능력 • 정보기술을 활용할 수 있는 능력 • 고객과의 관계를 관리할 수 있는 능력 • 지도사업 서비스에 대한 요구분석 능력

④ 지도사업 영역별 지도대상과 역할 선정

포괄적 역할	업무영역	지도대상	세부역할
인적 자원 개발자	개인 · 조직의 변화역량관리	• 4-H • 영농후계자 • 품목별 농업인 조직	• 교육프로그램개발자 • 강사(전달자) • 그룹촉진자 • 상담자
고객지원자	고객관리	• 농업인 • 소비자 • 농업연구 • 농업행정	• 고객요구 분석가 • 정보제공자 • 지역사회 자원 동원자 • 마케터
전략적 컨설턴트	전략적 지도사업 관리	농업인(전업농가) (농업연구/행정과의 파트너십 중요)	• 수행전문가 • 기술내용전문가 • 조정자
관리전문가	지도사업 시스템 효율화	지도사업의 모든 수혜자	• 업무시스템 분석가 • 조직 · 시스템 설계자 • 조정자

농촌지도사업의 패러다임 전환에서 과거, 현재의 농촌지도사업에 대한 설명 중 옳지 않은 것은?

17 충남 기출

① 대상이 농업인에서 소비자 · 농업인으로 전환되었다.
② 현재의 방법은 사이버 상담으로 전환되었다.
③ 기능 중 농촌지역사회개발은 농촌생활개선으로 전환되었다.
④ 과거 시범농가 전시지도는 현재 기술 · 경영 컨설팅으로 변화되었다.

해설 ③ 기능 중 농촌생활개선은 농촌지역사회개발로 전환되었다.

정답 ③

적중예상문제

CHAPTER 01 농업인 지도 및 소농 중심 농촌지도

01

다음 중 우리나라 50대 농업기술과 연도의 특징으로 옳지 않은 것은?

① 1980년대(백색혁명기) : 벼 도열병 극복으로 식량 안정 생산이 가능하였다.
② 1990년대(품질혁명기) : 농산물 생산의 새로운 패러다임 병해충종합관리(IPM) 사업을 시작하였다.
③ 2000년대(지식혁명기) : 통일형 벼 품종에서 일반형 품종으로 성공적으로 교체하였다.
④ 2010년대(가치혁명기) : 해외농업기술센터(KOPIA 설립)를 설립하였다.

해설 ③은 1990년대 품질혁명기(고품질 농업 기반)에 해당한다.

02

우리 농업의 역사를 새로 쓴 50대 농업기술과 사업 중 다음 보기는 어떤 시기인가?

- 통일벼 개발로 전 국민의 배고픔 해결
- 우리나라 최초의 일대잡종 배추 품종 육성
- 농업기계화 도입 및 식량 증산을 위한 농지개량 기술개발

① 녹색혁명기
② 백색혁명기
③ 품질혁명기
④ 지식혁명기

해설 **1960~1970년대 : 녹색혁명기(Green Revolution Period)**
1962년 설립된 농촌진흥청은 국민의 식량자급을 위한 기술개발에 모든 노력을 다하여 우리 농업의 여명기를 만들었다. 그 결과 통일벼를 개발, 쌀의 자급을 이룬 녹색혁명을 성취하였고, 우리 기술로 개발한 독자적인 배추, 옥수수 등을 개발하고 보급하였으며 농기계 활용 및 식량증산을 위한 농지개량도 추진하였다.

03

우리나라 50대 농업기술과 사업 중 다음 보기는 어떤 시기인가?

> • 우리나라 토양의 족보 「한국토양총설」 발간
> • 농산물 생산의 새로운 패러다임 병해충종합관리(IPM) 사업
> • 한국형 씨돼지, MADE IN KOREA

① 녹색혁명기
② 백색혁명기
③ 품질혁명기
④ 지식혁명기

해설 **1990년대 : 품질혁명기(Quality Revolution Period)**
국민소득이 늘어남에 따라 높아진 국민들의 생활수준에 맞추어 우리 농산물의 품질을 높이는 데 주력하였다. 이에 통일벼를 대신하는 맛이 좋은 최고 품질 벼를 개발하였고, 버섯, 한국형 씨돼지, 과수 등 식생활의 다양화를 추구하였으며, 세계적 수준의 품종을 만들어 보급하였다. 또한 지난 30년간 논과 밭의 토양을 조사한 결과를 모아 우리나라 농경지 토양 해설서인 「한국토양총설」을 발간하고 환경에 끼치는 영향은 줄이고 농산물의 품질은 높이는 병해충종합관리사업(IPM) 등을 추진하였다.

04

우리나라 50대 농업기술과 사업 중 다음 보기는 어떤 시기인가?

> • 전국 토양정보를 한눈에 보는 국가 농경지관리체계 '흙토람' 구축
> • 로열티 파동을 극복한 국산 딸기 품종 개발
> • 누에와 꿀벌은 기능성 소재의 보배!

① 녹색혁명기
② 백색혁명기
③ 품질혁명기
④ 지식혁명기

해설 **2000년대 : 지식혁명기(Knowledge Revolution Period)**
농촌진흥청에서는 21세기 농업을 '전통문화를 기반으로 세계와 경쟁하는 산업'으로 보고, 수입에 의존하던 딸기, 화훼, 사료작물, 씨닭 등을 국산품종으로 대체하여 외화를 절감하였을 뿐만 아니라 수출의 기반도 마련하였다. 또한 우리 농촌만이 가지고 있는 농촌다움(어메니티 자원)을 발굴하여 새로운 문화상품으로 발전시킬 기반을 마련하였으며, 세계적인 트렌드에 맞추어 봉독(蜂毒) 등의 기능성 농산물과 저탄소 시대에 맞는 난방대체 기술 등을 개발하기 시작하였다.

05

우리나라 50대 농업기술과 사업 중 다음 보기는 어떤 시기인가?

- 해외농업기술개발센터(KOPIA) 설립 및 운영
- 바이오장기 생산용 형질전환 복제돼지 생산기술
- 가축분뇨를 에너지 자원으로 활용

---

① 녹색혁명기
② 백색혁명기
③ 품질혁명기
④ 가치혁명기

해설 **2010년대 : 가치혁명기(Value Revolution Period)**
농업이 단순한 식량생산이 아닌 다양한 기능을 가진 종합산업으로 발전되어야 한다는 시대적 흐름에 따라 농촌진흥청은 IT(정보통신), BT(생명공학), CT(문화관광) 등을 농업에 녹여내어 스마트 온실, 가축 분뇨의 에너지 자원 활용, 환경오염 및 탄소가스 배출 감소 기술, 새싹보리, 배추 유전자 염기서열 분석, 의료용 형질전환 돼지생산, 전통 식문화의 상품화 등 새로운 가치를 창출할 수 있는 기술개발을 중점적으로 추진하고 있다. 또한 농촌은 온 국민이 즐기고, 쉬고, 재충전하고, 마음을 치유하는 국민의 삶의 가치를 높이는 공간이자 제2의 창업공간으로 만들기 위한 노력도 계속하여 도시농업, 귀농귀촌 등은 이제 일반 국민들에게도 친숙한 단어가 되고 있다.

06

다음 소농 중심 농촌지도의 정의 중 옳지 않은 것은?

① 한계적 생계수준 탈피
② 불리한 사회 경제적 지위 향상
③ 인간으로서 자아존중과 행복한 삶 추구
④ 농촌의 편익적 주민을 대상으로 함

해설 ④ 농촌의 비편익적 주민을 대상으로 한다.

07

소농의 일반적 특성으로 옳지 않은 것은?

17 지도사 기출

① 제한된 세계관　　② 가족주의적 성격
③ 낮은 감정이입　　④ 미래지향주의

해설 **소농의 일반적 특성 중 사회심리적 특성**
상호불신적 성격, 제한된 세계관, 제한된 선의 지각, 가족주의적 성격, 혁신성의 결여, 운명주의, 낮은 포부, 낮은 감정이입, 현재지향주의, 정부권위에 대한 의존성과 배타성 등

08

소농의 경제·사회·심리적 특성의 상호작용에 대한 설명으로 옳지 않은 것은?

① 토다로(Todaro)는 빈곤의 제거, 실업의 감소, 불평등의 개선이라는 세 측면에서 재검토되어야 한다고 하였다.
② 농업부문의 저개발 상태는 낮은 생계수준, 낮은 자아존중감, 외부종속과 제한된 선택자유가 경제·사회·심리적 기본요인의 상호작용에 의하여 구제된다고 하였다.
③ 근본적으로 저소득에서 기인하는 낮은 생계수준은 낮은 자아존중감, 외부종속과 제한된 선택자유에 시발적 영향을 미친다.
④ 소농의 경제·사회·심리적 요인들의 상호 역동적인 작용은 결국 소농의 영속적 저개발과 빈곤의 악순환을 불러일으키게 되는데, 그 근본원인은 소농의 낮은 생계수준에서부터 비롯된다.

해설 ① Todaro(1977)는 개발도상국에 있어서 분배의 불공평과 인간의 불평등을 심화시키고 있는 종래의 경제발전을 비판하고, 질적 성장과 인간평등을 기본이념으로 새로운 경제발전이론을 제시하였다.

09

소농 중심 농촌지도의 접근방법 중 의식화 접근의 설명으로 옳지 않은 것은?

① 의식화란 앎과 행위에 대한 통찰과정에서 이론과 실제를 결합시키는 것이다.
② 의식화는 주민들이 고정관념을 일깨워 새로운 인식을 갖게 한다.
③ 문제해결방법으로 점진적 개혁보다는 급진적 개혁으로 민주적인 방식을 취한다.
④ 자신의 열악한 사회환경구조를 변화시키는 의식을 고양하고, 실천력을 기르는 데 도움을 주는 인간지향적 교육과정이다.

해설 ③ 문제해결방법으로 급진적 개혁보다는 점진적 개혁으로 민주적인 방식을 취한다.

10

소농 중심 농촌지도의 접근방법 중 의식화 접근의 설명으로 옳지 않은 것은?

① 의식화란 사람들이 수용자가 아니라 지식습득의 주체로서 자신의 삶을 형성하는 사회문화적 현실과 그 현실을 변화시키는 능력의 심화를 달성하는 과정이다.
② 의식화는 자신들의 삶을 조정할 수 있는 사람은 자기 자신이란 것을 이해하게 해준다.
③ 의식화란 사람들이 수용자로서 자신의 삶을 형성하는 사회문화적 현실과 그 현실을 변화시키는 능력의 심화를 달성하는 과정이다.
④ 의식화는 자신의 역량을 넘어서는 것으로 여겼던 압박감을 해소시켜 주는 것이다.

해설 ③ 의식화란 사람들이 수용자가 아니라 지식습득의 주체로서 자신의 삶을 형성하는 사회문화적 현실과 그 현실을 변화시키는 능력의 심화를 달성하는 과정이다.

01

농촌청소년의 특성이 아닌 것은 어느 것인가?

① 환경적(사회, 문화, 경제적)으로 도시와의 격차가 많은 곳에 살고 있다.
② 도시로 진출한 동료의 영향을 많이 받는다.
③ 사회적 안목이 좁아 기대 수준이 낮다.
④ 농촌 생활에 항상 불만을 갖고 있다.

해설 ③ 농촌청소년들의 안목도 높아졌으며, 특히 사회, 문화, 경제적 측면에서 기대수준도 대단히 높아졌다.

02

농촌청소년의 특성으로 옳지 않은 것은?

① 자아개념이 상대적으로 낮다. 즉, 긍정적인 자아를 가지고 있지 못하다.
② 도시로 떠난 청소년들로 인해 남아 있는 청소년들의 마음에 동요를 일으킨다.
③ 그들의 직업에 대하여 긍정적인 태도는 갖고 있으나 생활의 무의미함을 느낀다.
④ 사회적 고립감과 심리적 소외현상을 나타내는 경향이 있다.

해설 이상실현이 불가능하다는 무력감과 생활의 무의미함을 느끼고, 그들의 직업에 대하여 긍정적인 태도를 갖지 못하고 있다.

03

농촌청소년지도의 필요성과 거리가 먼 것은?

① 이촌현상에 대처
② 영농후계자 양성의 필요성
③ 학교교육의 보완
④ 자연자원의 보호능력 배양

해설 ④는 농촌청소년지도의 목표이다.

04

다음 중 농촌청소년 지도목표의 내용과 거리가 먼 것은?

① 주요 목표는 영농후계자 육성
② 건전한 시민성 함양
③ 여가선용 능력 배양
④ 직업선택 능력과 준비성 배양

해설 ①은 농촌청소년지도의 필요성에 해당한다.

05

농촌청소년지도의 원리가 아닌 것은?

① 청소년의 특성을 고려
② 훌륭한 직업 지도자의 확보
③ 개인 지도의 강화
④ 발표와 봉사의 기회 부여

> **해설** **농촌청소년지도의 원리**
> • 청소년의 심리적 특성을 감안하여 지도한다.
> • 자원지도자를 확보하고 그들의 지도력을 활용하여야 한다.
> • 가정과 지역사회의 지원을 확보하여야 한다.
> • 개인지도를 중심으로 스스로 해결하도록 도와주어야 한다.
> • 계획과 평가에 모든 청소년을 참여시키도록 노력한다.
> • 발표와 봉사의 기회를 자주 부여하는 것이 필요하다.
> • 강화를 시켜주어야 한다.
> • 집단 활동에 흥미를 부여하여야 한다.

06

4-H 운동에 대한 설명으로 옳지 않은 것은?

① 4-H의 실천이념은 지육, 덕육, 체육이다.
② 4-H는 1900년대 초 미국에서 처음 시작된 운동이다.
③ 1947년 경기도에서 4-H 구락부가 처음 조직되었다.
④ 단위 4-H는 영농 4-H, 학생 4-H, 일반 4-H로 결성된다.

> **해설** ① 4-H의 실천이념은 지육, 덕육, 노육, 체육이다.

07

우리나라 4-H 운동의 변천 대한 설명으로 옳지 않은 것은? 20 지도사 `기출(변형)`

① 1947년 농촌부흥을 위한 중견농업인 양성을 목표로 시작하였다.
② 1979년 새마을 4-H 구락부에서 새마을청소년회로 개칭하였다.
③ 1980년대는 농촌을 이끌어갈 영농후계세대 육성에 중점을 두고 사업을 추진하였다.
④ 민간 추진 청소년 운동으로의 전환을 위하여 2008년에 「한국 4-H활동 지원법」이 제정되었다.

> **해설** ④ 「한국 4-H활동 지원법」은 2007년에 제정하였다.

08

다음 중 4-H회 교육행사를 개최하는 목적이 아닌 것은?

① 심신단련
② 4-H회 정신계발
③ 발표력 향상 결과발표
④ 선진 영농기술 습득과 견문 확장

> **해설** **교육행사를 개최하는 목적**
> • 과제이수능력 향상
> • 넓은 인간관계
> • 사회성 향상
> • 집단 전체의 발전을 위한 친목과 단합
> • 협동 · 봉사정신 및 공동체 의식 함양
> • 심신단련으로 호연지기 향상
> • 선진 영농기술 습득과 견문 확장

09

과제활동에 대한 설명으로 옳지 않은 것은?

① 과제활동의 3요소는 청소년, 부모, 지도자이다.
② 과제를 생활 속에서 스스로 경험해서 배우는 실천적 학습 활동이다.
③ 생산과제에는 의복수선, 마을청소, 기금조성, 가축사육 등이 있다.
④ 과제란 개량 개선에 목표를 두고 무엇이든 관찰과 실천을 통해 체득하게 하는 일이다.

> **해설**
> • 개량과제 : 의복수선, 마을청소, 기금조성, 가축사육, 병해방제, 축사수선, 지력증진, 농로개수 등
> • 생산과제 : 도구상자 만들기, 라디오 만들기, 음식 만들기, 송아지 기르기, 꽃 기르기, 채소재배 등

10

다음 중 농촌청소년들이 과제를 이수하는 목적으로 적당하지 않은 것은?

① 자주성과 흥미의 개발
② 실천적 학습기회 부여
③ 사업경영능력 개발
④ 자신의 운명승패의 경험 부여

> **해설** **과제활동의 목적**
> • 흥미와 적성의 개발
> • 실천적 학습기회의 부여
> • 사업적 경영능력의 개발
> • 자주성과 창의성의 개발
> • 미래자산의 확보

11

과제활동에 대한 설명으로 옳은 것은?

17 지도사 기출(변형)

① 개량과제를 소유권 과제라 지칭하기도 한다.
② 개량과제는 주과제, 부과제, 보조과제로 구분한다.
③ 생산과제는 과제이수자가 책임을 지고 생산하여야 한다.
④ 개량과제는 생산과제나 개량과제를 이수하는 데 필요한 하나하나의 기능을 배우고 익히며 숙련하는 활동을 말한다.

> **해설** **과제활동의 종류**

생산과제	• 무엇을 만들거나 생산하는 활동 • 생산과제(소유권 과제라고도 부름)는 과제이수자가 책임을 지고 생산하여야 하며, 생산물은 과제이수자에게 소속되어야 한다. • 생산과제의 분류 : 주과제, 부과제, 보조과제
개량과제	가정생활이나 지역사회생활, 영농이나 기타 사업경영에 있어서 편리와 효율을 도모하거나 재산상의 가치를 증진시키는 활동
보조과제	생산과제나 개량과제를 이수하는 데 필요한 하나하나의 기능을 배우고 익히며 숙련하는 활동

12

과제활동의 지도에서 고려되어야 할 사항으로 옳지 않은 것은?

① 경력별 지도
② 청소년 스스로에 의한 지도
③ 계속적 확대 지도
④ 과제활동의 총괄적 지도

해설 **과제활동의 지도에서 고려되어야 할 사항**
- 경력별 지도
- 계속적 확대 지도
- 청소년 스스로에 의한 지도
- 철저한 기록 지도
- 과제이수 발표회

13

4-H 운동의 성과에 해당하지 않는 것은?

① 의식개혁 운동의 주도적 역할
② 농촌청소년의 건전한 성장과 산업화의 인적기반 형성
③ 농업기술혁신을 통한 소득증대
④ 전문지도자의 확보와 지원 기능의 강화

해설 ④는 4-H 운동의 발전과제이다.
4-H 운동의 성과
- 의식개혁 운동의 주도적 역할
- 농촌청소년의 건전한 성장과 산업화의 인적 기반 형성
- 농촌의 기간농업인과 지역지도자 배출
- 농촌지도력 배양과 농업 개발
- 농업기술혁신을 통한 소득 증대

14

우리나라 농촌청소년의 직업결정에 영향을 주는 요인 중 개인의사결정요인에 속하지 않는 것은?

① 부모의 기대
② 개인의 특성
③ 학교교육
④ 직업선택의 기회

해설 **우리나라 농촌청소년의 작업결정에 영향을 주는 요인**
개인의사결정요인 : 직업선택의 기회, 개인의 특성, 부모의 기대, 이주의사 등
- 주변요인 : 가족구조, 가정의 농업형태, 청소년단체의 효과, 도시와 농촌의 사회적 환경, 도농격차, 농업정책, 대중매체, 학교교육 등

15

다음 중 부자협약이 필요한 시기로 바른 것은?

① 진로인식단계
② 진로탐색단계
③ 진로준비단계
④ 진로전문화단계

해설 진로전문화단계에서 영농정착을 지도하는 활동 중 가장 중요한 지도활동은 부자협약영농활동이다.

16

부자협약영농에 대한 설명으로 옳지 않은 것은?

① 영농후계자가 부친의 영농을 후계하는 경우 부자 간 영농책임·소득분배·영농이양 등에 있어서 부자 간 상호협약하여 영농하는 것이다.
② 진로전문화단계에서 가장 중요한 지도활동은 부자협약영농활동이다.
③ 부자협약영농은 자녀로 하여금 영농후계를 성공적으로 이양하게 하는 데 있다.
④ 공동경영협약은 자녀에게 영농을 후계시킬 목적으로 가축이나 농장의 일부를 경작시키는 협약이다.

해설 ④는 시안(경영경험)협약에 대한 설명이다.

17

자녀에게 영농을 후계시킬 목적으로 가축이나 농장의 일부를 경작시키는 협약은?

① 시안협약
② 경영부문협약
③ 임대차협약
④ 임금 및 소득분배협약

해설 **부자협약영농의 형태**
• 시안(경영경험)협약 : 자녀에게 영농을 후계시킬 목적으로 가축이나 농장의 일부를 경작시키는 협약
• 경영부문협약 : 경영의 일부분에 대한 책임을 주고 경영하게 한다.
• 임금협약 : 노동에 대한 책임협약이다.
• 임금 및 소득분배협약 : 임금을 지불하고 잉여소득을 배분하는 협약이다.
• 임대차협약 : 부모의 농지와 가축 등에 대하여 임차하는 소작경영협약이다.
• 공동경영협약 : 부자 간 공동출자하여 동업협약으로 조합협약과 회사협약을 한다.
• 농장양도협약 : 자식에게 소유권을 이전하는 협약으로 현금·연부지불, 부양계약에 의한 인수 등이 있다.

01

농촌여성지도에 대한 설명으로 옳지 않은 것은?

① 농업노동력 구조변화에 따른 여성 노동력을 적극 이용하기 위한 지도이다

② 농촌여성지도란 농촌여성을 대상으로 하는 모든 지도사업을 말한다.

③ 농촌여성지도와 농촌생활개선지도는 지도대상과 내용에 있어 서로 같은 개념이다.

④ 농촌생활개선지도는 농촌여성만을 대상으로 하지 않고 농촌생활개선에 관계되는 사회 · 경제적 모든 활동이다.

> 해설 농촌여성지도와 농촌생활개선지도를 동일시하는 경향이 있는데 이들은 지도대상과 내용에 있어 서로 같은 개념이 아니다.

02

농촌여성지도와 농촌생활개선의 지도의 설명으로 옳지 않은 것은?

① 농촌생활개선 지도의 지도대상은 농촌여성 중심으로 하는 모든 농촌주민이다.

② 농촌여성지도의 지도대상은 농촌에 거주하고 있는 청 · 장 · 노년층의 모든 여성이다.

③ 농촌생활개선지도는 농촌여성만을 대상으로 하는 사회 · 경제적인 모든 활동이다.

④ 농촌여성지도는 농촌여성의 불평등한 실태에 관심을 가지고, 농촌여성의 인간성 회복과 지위 향상을 통한 농촌사회의 질적 향상을 추구한다.

> 해설 ③ 농촌생활개선지도는 농촌여성만을 대상으로 하지 않고 농촌생활개선에 관계되는 사회 · 경제적인 모든 활동이다.

03

다음 중 농촌생활개선지도에서 농촌여성이 참여하는 활동으로 볼 수 없는 것은?

① 문화적 활동

② 사회적 활동

③ 복지적 활동

④ 경제적 활동

> 해설 **농촌생활개선사업**
> 농촌주민 생활의 개선을 위하여 농촌여성을 중심으로 하는 모든 농촌주민이 그들의 가정이나 지역사회에서 농촌 생활의 질 향상에 관계되는 경제 · 사회 · 문화적 활동에 참여하고 스스로 개선을 추구할 수 있는 인격과 능력을 함양하며 그들에게 필요한 혁신과 정보를 제공하는 사업이다.

04

농촌여성지도의 내용 중 소득증대지도에 속하지 않는 것은?

① 현금관리

② 부녀자 농기계훈련

③ 부업단지의 조성

④ 영농기술교육

> 해설 ① 현금관리는 가정관리지도에 해당한다.
> **가정관리지도**
> 가계부정리, 소비생활, 현금관리, 가정의례, 농가생활진단, 보험 등의 재해대책, 생활기기의 구입과 관리

05

OO농업기술원에서 실시하는 여성농업인을 위한 기초 농기계훈련은 어느 항목에 해당하는가?

17 지도사 기출

① 기초 및 교양
② 의식주 생활개선
③ 농업소득 증대
④ 사회참여

해설 **여성의 소득증대 지도활동**
영농기술교육, 부녀자 농기계 훈련, 부업단지의 조성 및 부업기술지도, 농업생산의 부농을 위한 생산자재 구입·판매 등이 있다.

06

Maunder가 주장한 여성들이 선호하는 지도방법에 속하지 않는 것은?

17 지도사 기출

① 여성은 자신이 직접 실습하는 것을 좋아한다.
② 여성은 조직을 좋아한다.
③ 여성은 지도요원들이 자신의 집을 직접 방문하는 것을 싫어한다.
④ 여성은 견학과 여행을 좋아한다.

해설 ③ 여성은 지도요원들이 자신의 집을 직접 방문하는 것을 좋아한다.

07

여성농업인 육성 기본계획의 기본전략에 해당되지 않은 것은?

① 여성농업인의 경영능력 강화
② 여성농업인의 지위 향상 촉진
③ 여성농업인의 삶의 질 제고
④ 여성농업인의 전문 인력화

해설 여성농업인 육성 기본계획의 기본전략에는 ①, ②, ③이 있다.

08

다문화사회를 맞이하기 위한 과제로 옳지 않은 것은?

① 다문화가족의 인적, 문화적 가치를 활용하는 '통합전략'을 이용하여 한국형 다문화사회 모델을 개발한다.
② 세계화 시대에 걸맞은 성숙된 시민의식의 함양이 필요하다.
③ 정책의 시행은 다문화로 이행되는 속도가 상대적으로 빠른 농촌에 우선하여 시행되어야 한다.
④ 다양한 문화적 배경을 지닌 역할 모델과 서비스를 개발하기 위한 연구가 필요하다.

해설 농촌 다문화의 가치를 실현하기 위해서는 세계화 시대에 걸맞는 성숙된 시민의식의 함양이 필요하며, 다문화가족의 인적, 그리고 문화자원적 가치를 활용하는 '두 갈래 전략(Two-Track)'을 이용하는 한국형 다문화사회 모델의 개발이 필요하다.

01

농촌지도사업의 패러다임 변화에 대한 설명으로 옳지 않은 것은?

① 농촌산업에서 삶의 공간으로
② 농업인 중심에서 국가목표 중심으로
③ 농업기술 중심에서 문화복지 중심으로
④ 중앙정부 중심에서 지방정부 중심으로

해설 ② 국가목표 중심에서 농업인 중심으로

02

농촌지도사업의 패러다임 전환에서 과거, 현재의 농촌지도사업에 대한 설명 중 옳지 않은 것은?

① 과거 농촌지도사업은 농업인만 대상으로 하였는데 현재는 소비자+농업인으로 전환되었다.
② 과거 농촌지도사업 기능은 생산기술보급인데 현재는 생산~소비 일관 기술보급으로 전환되었다.
③ 과거 기술·경영 컨설팅에서 현재 시범농가 전시지도로 전환되었다.
④ 과거 대면접촉 상담에서 현재 사이버 상담으로 전환되었다.

해설 ③ 과거 시범농가 전시지도에서 현재 기술·경영 컨설팅으로 전환되었다.

03

농촌지도사업의 패러다임 전환에서 과거, 현재의 농촌지도사업에 대한 설명 중 옳지 않은 것은?

① 과거 농촌지도사업의 대상자는 농업인과 더불어 소비자를 포함한다.
② 과거 생산기술을 보급하고 시범농가 전시지도의 기능을 하였다.
③ 현재 품목별 조직 및 후계인력 양성, 컨설팅 등으로 변화하였다.
④ 현재 지역 내 지도사 활용뿐만 아니라 전국 기술 전문가 네트워크를 활용한다.

해설 **농촌지도사업의 패러다임 전환**

구 분	과거의 농촌지도사업	현재의 농촌지도사업
개 념	새로운 기술 교육 또는 시범사업을 통하여 보급하는 사업	농업 농촌의 유지발전과 이와 관련된 기술·정보를 수집·가공·분산·연계하는 공공서비스
대 상	농업인	소비자 + 농업인
기 능	• 생산기술보급 • 학습단체육성 • 농촌생활개선 • 시범농가 전시지도	• 생산~소비 일관 기술 보급 • 품목별 조직 및 후계인력 육성 • 농촌지역사회개발 • 기술·경영 컨설팅
방 법	대면접촉 상담	사이버 상담
지 원	지역 내 지도사 활용	전국 기술전문가 네트워크

04

농촌지도사업이 수행해야 할 정책과제가 아닌 것은?

① 소비자 농업의 육성
② 수출지향 농업 육성
③ 시군 농업기술센터 연구개발 기능 확충
④ 지역사회자원 개발 확대

> **해설** 농촌지도사업이 수행해야 할 정책과제
> • 소비자 농업의 육성
> • 수출지향 농업 육성
> • 시군 농업기술센터 연구개발 기능 확충
> • 농업 · 농촌의 다원적 기능 활용
> • 친환경농업 실천 감시기능 수행
> • 농촌지도기관의 농산물 품질관리를 통한 농산물의 통합 브랜드화
> • 농업기술 · 경영 컨설팅 강화
> • 품목별 농업인 조직 육성
> • 사이버 농업지식정보 제공
> • 수확 후 관리 및 가공기술 중점 보급
> • 종자생산보급기능 확대

05

농촌지도사업이 적극적으로 수행해야 할 정책과제가 아닌 것은?

① 농촌지도기관의 농산물 품질관리를 통한 농산물의 통합 브랜드화
② 농업 · 농촌의 다원적 기능 활용
③ 품목별 농업인 조직 육성
④ 공급자 농업의 육성

> **해설** ④ 소비자 농업의 육성

06

농촌지도사업이 앞으로 강조해야 할 지향점에 해당되지 않는 것은?

① 기관을 중심으로 한 변화의 방향은 정부기관과 비정부기관의 연계 및 학교교육과 사회교육의 연계이다.
② 대상을 중심으로 한 변화의 방향은 농촌주민에서 도시주민으로의 확대 및 성인중심에서 전 연령층으로의 확대이다.
③ 내용을 중심으로 한 변화의 방향은 농업기술과 농촌 관련 사업과의 연계 및 직업농업교육과 교양농업교육의 연계이다.
④ 방법을 중심으로 한 변화의 방향은 온라인 교육과 오프라인 교육의 연계 및 교수학습방법의 단일화이다.

> **해설** ④ 방법을 중심으로 한 변화의 방향은 온라인 교육과 오프라인 교육의 연계 및 교수학습방법의 다양화이다.

07

저투입 지속형 농업(LISA ; Low Input & Sustainable Agriculture)의 설명으로 가장 옳은 것은?

17 지도사 기출

① 이농을 최소한으로 억제하고, 젊은 노동력을 투입하여 지속적으로 영농을 하는 것이다.
② 단일 품목을 지속적으로 재배하여 전문화하는 것이다.
③ 생태계가 유지·보존될 수 있도록 농업화학물질을 최소한으로 투입하여 지속적으로 농업생산성을 유지 내지 향상시키는 농업생산방식이다.
④ 생태계를 지속적으로 유지하기 위해 농업화학물질을 전혀 투입하지 않고 영농을 하는 것이다.

해설 **저투입 지속형 농업**
• 농약과 비료 등의 사용으로 농업이 환경을 가해하는 작용이 증대되어 미국과 EU를 중심으로 이의 대응책으로 LISA(Low Input Sustainable Agriculture) 즉, 저투입에 의한 지속 가능한 농업이 대두되었다.
• 저투입 지속형 농업(LISA ; Low Input & Sustainable Agriculture)은 생태계가 유지·보존될 수 있도록 농업화학물질을 최소한으로 투입하여 지속적으로 농업생산성을 유지 내지 향상시키는 농업생산방식이다.

08

농촌진흥조직의 활력화를 위한 7대 개혁과제가 아닌 것은?

① 농촌진흥기관의 정체성 재정립
② 조직 활력화를 위한 제도 개선
③ 고객중심의 새로운 농촌진흥사업 확충
④ 농촌진흥기관 중심의 기술개발 역량 확충

해설 **농촌진흥조직의 활력화를 위한 7대 개혁과제**
• 농촌진흥기관의 정체성 재정립
• 조직 활력화를 위한 제도 개선
• 고객중심의 새로운 농촌진흥사업 확충
• 영농현장 중심의 기술개발 역량 확충
• 중앙과 지방의 업무 연계 활성화
• 전문 인력육성 프로그램 혁신
• 창조적 조직혁신 문화 기반 확충

09

우리나라 농업 혁명기를 시대별로 잘못 연결한 것은?

17 지도사 기출(변형)

① 1960~1970년대 – 녹색혁명기
② 1980년대 – 백색혁명기
③ 1990년대 – 지식혁명기
④ 2010년대 – 가치혁명기

해설 **우리나라 농업 혁명기**
• 1960~1970년대 : 녹색혁명기, 전통적 농업 기반
• 1980년대 : 백색혁명기, 안정적 농업 기반
• 1990년대 : 품질혁명기, 고품질 농업 기반
• 2000년대 : 지식혁명기, 융복합 농업 기반
• 2010년대 : 가치혁명기, 친환경 농업 기반

10

'우리나라 시대별 농업기술보급사업의 주요 성과'로
옳지 않은 것은?

① 1970년대 : 식량증산, 통일벼 보급
② 1980년대 : 농업 계절성 극복, 비닐하우스 보급
③ 1990년대 : 고품질 · 저비용, UR, WTO 대응
④ 2000년대 : 강소농 육성, 친환경 · 건강기능성
　　고부가가치

> 해설　• 2000년대 : BT · IT · NT 등 융 · 복합 녹색기술
> 　　• 2010년대 : 강소농 육성, 친환경 · 건강기능성 고
> 　　부가가치

11

시대별 주요기술과 사업의 주요 성과로 옳지 않은
것은?

① 녹색혁명기에는 통일벼 개발과 양잠, 교잡 옥수
　수 사업에 성공하였다.
② 1980년대 백색혁명기에는 비닐하우스 도입으로
　농업의 계절성을 극복하였다.
③ 1990년대 강소농 육성, 친환경 · 건강기능성식
　품이 발전하였다.
④ 2000년대 BT · ET · IT · NT 등 첨단과학기술을
　접목하여 국가 신성장 동력원으로 부상하였다.

> 해설　**1990년대**
> 　• 품질혁명 : 고품질 · 저비용 생산기술
> 　• UR(詩), WTO(訣) 대응 → 고품질 원예품종 개
> 　　발 · 보급, 축산 자동화 규모화

12

전략과제란 지도사업의 비전 및 미션을 달성하는
데 직결되는 중요한 일이다. 바람직한 전략과제로
옳지 않은 것은?

① 전략과제가 농촌지도사업의 궁극 목적인 농업
　인의 소득 향상, 삶의 질 향상, 복지 농촌 사회
　건설에 직접 기여할 수 있어야 한다.
② 농업인의 지식, 기술, 태도와 같은 행동변화보
　다는 실천성과까지 목적을 확장해야 한다.
③ 전략과제가 농촌지도사업의 수요자인 농업인과
　공급자인 국가 · 지역 수준의 농업정책이 진정
　으로 원하는 것을 반영해야 한다.
④ 한－미 FTA 등 상황은 고객인 소비자의 요구에
　부합하는 마케팅과 상품화가 요구된다.

> 해설　③ 전략과제가 농촌지도사업의 수요자인 농업인과
> 　　소비자가 진정으로 원하는 것을 반영해야 한다.

13

농촌지도사의 역할을 규명하기 위해 미시간대학 교
수인 울리히의 모델을 벤치마킹한 경쟁력 있는 조
직구축을 위한 인적자원 역할 모델의 2사분면에 대
한 설명으로 옳지 않은 것은?

① 전략적 컨설턴트로서의 역할을 수행한다.
② 결과가 새로워진 조직의 창출이고, 활동은 조직
　전체의 전략 달성과 직접 연계된 활동이다.
③ 농업인의 문제를 정확히 발견하고, 그에 적합한
　전문적인 해결방안(기술)을 제공한다.
④ 주요 능력들은 농업의 성격과 사업적 가능성에
　대한 이해를 바탕으로 한다.

> 해설　② 결과가 전략의 실행이고, 활동은 조직 전체의 전
> 　　략 달성과 직접 연계된 활동이다.

14

농촌지도사의 역할을 규명하기 위해 벤치마킹한 미시간대학 교수인 울리히의 경쟁력 있는 조직구축을 위한 인적자원 역할 모델의 3사분면에 대한 설명으로 옳지 않은 것은?

① 변화촉진자로서의 역할을 수행한다.
② 주요 능력들은 지도사업 업무의 효율성을 진단하고 개선하는 일과 관련된 것들이다.
③ 결과가 효율적 하부구조의 구축이고, 활동은 조직 프로세스를 지속적으로 개선하는 활동이다.
④ 확고한 하부구조 관리로 일상적이고 프로세스 관리 성격의 활동이다.

> **해설** ① 관리전문가로서의 역할을 수행한다.

15

농촌지도사의 역할을 규명하기 위해 벤치마킹한 미시간대학 교수인 울리히의 경쟁력 있는 조직구축을 위한 인적자원 역할 모델의 4사분면에 대한 설명으로 옳지 않은 것은?

① 변화촉진자(Change Agent) 역할을 수행한다.
② 다양한 고객들의 다양한 문제에 대응하는 것이다.
③ 고객의 필요를 발굴하여 제시함으로써 고객들이 만족의 차원을 넘어 감동의 단계까지 이를 수 있도록 하는 고객만족 관련 능력들이다.
④ 결과가 조직구성원의 참여와 역량 증대이고, 활동은 조직구성원의 소리에 반응하는 활동이다.

> **해설** ① 조직구성원을 관리하는 리더(Employee Champion) 역할을 수행한다.

16

농촌지도사의 역할을 규명하기 위해 벤치마킹한 미시간대학 교수인 울리히의 경쟁력 있는 조직구축을 위한 인적자원 역할 모델의 1사분면에 대한 설명으로 옳지 않은 것은?

① 변화촉진자(Change Agent) 역할로서의 역할 수행을 한다.
② 주요 능력들은 개인과 조직의 잠재적 능력을 개발하는 일과 관련된 것들로서, 농업인의 리더십 개발에 필요한 능력들이다.
③ 조직구성원 기여 관리로 일상적이고 사람관리 성격의 활동이다.
④ 결과가 새로워진 조직의 창출이다.

> **해설** ③ 변화와 혁신 관리로 전략적이고 사람관리 성격의 활동이다.

17

농촌지도의 비전과 과제를 효과적으로 추진하기 위한 조직구조의 변화로 옳지 않은 것은?

① 농업행정과 농업기술센터의 농촌기능을 통합된 기능으로 수행해야 한다.
② 농촌지도공무원의 신분을 지방직에서 국가직으로 환원 또는 도원 소속으로 전환해야 한다.
③ 농촌지도-시험연구 기능의 연계를 보다 실질적으로 강화해야 한다.
④ 지역적 특성을 고려하여 전략적으로 조직구조를 설계할 필요가 있다.

> **해설** ① 농촌지도사의 지방직화 이후 시군 농업기술센터 기능이 약화되고, 농업인의 기대에 미흡해졌다. 따라서 농업행정과 통합된 농업기술센터의 농촌기능을 분리 · 독립적 기능으로 수행해야 한다.

18

농촌지도의 비전과 과제를 효과적으로 추진하기 위한 지도사업 방식 및 시스템 변화로 옳지 않은 것은?

① 현장의 고객인 농업인과 소비자와 밀착된 지도사업방식을 강화해 나가야 한다.
② 농업기술 · 경영컨설팅 · 사이버 상담을 확대 강화해야 한다.
③ 집단(조직) 중심이 아니라 개별농가 중심의 농촌지도를 강화해야 한다.
④ 지도사업의 요구분석과 평가에 고객인 농업인과 소비자의 참여를 반드시 보장해야 한다.

해설 ③ 개별농가 중심이 아니라 집단(조직) 중심의 농촌지도를 강화해야 한다. FTA 등 시장개방 상황에서 농업경쟁력을 갖기 위해서는 조직화가 필요하다. 즉, 소비자의 요구조사에서부터, 생산, 가공, 유통, 마케팅, 상품화에 이르기까지 전 공정을 효율적이고 효과적으로 작업하려면 조직화를 통한 집단지도방식이 매우 유용하고, 조직 스스로 학습할 수 있는 학습조직 역량도 배양할 수 있도록 지원하여 자생력을 키워야 한다.

19

농촌지도의 비전과 과제를 효과적으로 추진하기 위한 지도공무원의 능력 · 의식의 변화로 옳지 않은 것은?

① 새로운 패러다임에 부합할 수 있는 농촌지도공무원의 역할을 규정하고, 역량을 개발할 수 있도록 지원해야 한다.
② 지도공무원 스스로 자신의 전문성을 개발할 수 있는 방안을 마련하여 적극 활용토록 장려한다.
③ 농촌지도사업은 현장의 실제 과제를 프로젝트 형식의 활동을 수행할 수 있도록 하고, 시험연구 기능과 협력하여 일할 수 있는 기회를 제공한다.
④ 지도공무원은 중앙의 지시에 따라, 직접 해결할 수 있는 방향으로 사고를 전환해야 한다.

해설 ④ 지도공무원은 중앙의 지시가 아니라 지역 농업인의 필요를 파악하고, 직접 해결할 수 있는 방향으로 사고를 전환해야 하며, 세계화 · 선진화 · 분업화 · 전문화 · 여가 공간화라는 변화의 흐름을 읽고 이를 반영한 지도사업에 힘쓸 필요가 있다.

20

농촌지도사의 역할 수행 중 관리전문가에 요구되는 능력으로 옳지 않은 것은?

① 지도사업 프로세스와 시스템에 대한 전문지식
② 고객의 능력을 개발할 수 있는 능력
③ 정보기술을 활용할 수 있는 능력
④ 고객과의 관계를 관리할 수 있는 능력

해설 ② 지도사업 프로세스 개선 능력이다. 즉, 지도사업의 효율성을 진단하고 개선하는 일과 관련된 것으로서, 지도사업 자체의 수행 개선(Performance Improvement) 능력이다.

안심Touch

21

농촌지도사의 역할 수행 중 고객지원자에게 요구되는 능력으로 옳지 않은 것은?

① 고객의 작업환경을 진단할 수 있는 능력
② 고객의 능력을 개발할 수 있는 능력
③ 고객의 수행을 관리할 수 있는 능력
④ 개인의 문제를 발견하고, 효과적으로 상담할 수 있는 능력

> **해설** ④ 고객에게 필요한 정보나 자원을 찾아 적시에 제공할 수 있는 능력이다. 즉, 고객의 다양한 문제에 대응하는 것뿐만 아니라 필요를 발굴 · 제시하여 고객만족 차원을 넘어 고객감동 단계까지 도달하도록 하는 고객만족(Customer Satisfaction) 능력이다.

22

농촌지도사의 역할 수행 중 인적 자원 개발자에 요구되는 능력으로 옳지 않은 것은?

① 핵심 사업전략을 선정하고 수립할 수 있는 능력
② 집단의 분위기를 조절하고, 촉진할 수 있는 능력
③ 조직(시스템)의 문제를 확인하기 위해 진단할 수 있는 능력
④ 개인의 문제를 발견하고, 효과적으로 상담할 수 있는 능력

> **해설** ① 개인 및 집단의 요구에 맞는 프로그램을 개발할 수 있는 능력이다. 즉, 개인 · 조직의 잠재적 능력을 개발하는 일과 관련된 것으로서, 농업인의 리더십 개발(Leadership Development)에 필요한 능력이다.

23

농촌지도사의 역할 수행능력 중에서 관리전문가에게 필요한 능력이 아닌 것은? 18 경북 〈기출(변형)〉

① 지도사업 프로세스 개선 능력
② 개인 및 집단의 요구에 맞는 프로그램을 개발할 수 있는 능력
③ 정보기술을 활용할 수 있는 능력
④ 지도사업 프로세스와 시스템에 대한 전문 지식

> **해설** **관리전문가에게 필요한 능력**
> • 지도사업 프로세스와 시스템에 대한 전문 지식
> • 지도사업 프로세스 개선 능력
> • 정보기술을 활용할 수 있는 능력
> • 고객과의 관계를 관리할 수 있는 능력
> • 지도사업 서비스에 대한 요구분석 능력

24

농촌지도사의 역할 중 전략적 컨설턴트의 필요능력에 해당하지 않는 것은? 17 지도사 〈기출〉

① 핵심 사업전략을 선정하고 수립할 수 있는 능력
② 변화를 관리할 수 있는 능력
③ 품목별 전문지식 및 기술을 활용할 수 있는 능력
④ 농업인을 비롯한 관련 이해당사자들에게 영향력을 행사할 수 있는 능력

> **해설** ② 변화를 관리할 수 있는 능력은 인적 자원 개발자의 필요능력이고, 전략적 컨설턴트의 필요능력은 농업인의 수행 문제를 찾아낼 수 있는 능력이다.

25

다음에서 제시된 농촌지도공무원의 역할은?

> 지도사업 업무의 효율성을 진단하고 개선하는
> 일과 관련된 것들로서 지도사업 자체의 수행 개
> 선 능력이다.

① 인적 자원 개발자
② 고객지원자 능력
③ 전략적 컨설턴트 능력
④ 관리전문가 능력

해설 농촌지도공무원의 역할
- 인적 자원 개발자 능력(Ulrich 모델의 1사분면) :
  개인 · 조직의 잠재적 능력을 개발하는 일과 관련
  된 것으로서, 농업인의 리더십 개발에 필요한 능력
- 고객지원자 능력(4사분면) : 고객만족 차원을 넘어
  고객감동 단계에 도달하도록 하는 고객만족능력
- 전략적 컨설턴트 능력(2사분면) : 농업인의 문제
  를 정확히 발견하고, 적합한 전문적 해결방안을
  제공하는 수행 컨설팅 능력
- 관리전문가 능력(3사분면) : 지도사업의 효율성
  을 진단하고 개선하는 일과 관련된 것으로, 지도
  사업 자체의 수행 개선 능력

26

농촌지도사업 영역별 역할 중 전략적 컨설턴트의
세부역할이 아닌 것은? 17 지도사 **기출(변형)**

① 수행전문가
② 조직 · 시스템 설계자
③ 조정자
④ 기술내용전문가

해설 농촌지도사업 영역별 지도대상과 역할 선정

포괄적 역할	업무영역	지도대상	세부역할
인적 자원 개발자	개인 · 조직의 변화역량 관리	· 4-H · 영농후계자 · 품목별 농업인 조직	· 교육프로그램 개발자 · 강사(전달자) · 그룹촉진자 · 상담자
고객 지원자	고객관리	· 농업인 · 소비자 · 농업연구 · 농업행정	· 고객요구 분석가 · 정보제공자 · 지역사회 자원 동원자 · 마케터
전략적 컨설턴트	전략적 지도사업 관리	농업인(전업농가) (농업연구/ 행정과의 파트너십 중요)	· 수행전문가 · 기술내용전문가 · 조정자
관리 전문가	지도사업 시스템 효율화	지도사업의 모든 수혜자	· 업무시스템 분석가 · 조직 · 시스템 설계자 · 조정자

27

농촌지도사업의 지도사업 영역별 역할 중 업무영역에 대한 설명으로 옳지 않은 것은?

① 인적 자원 개발자 : 개인 · 조직의 변화역량 관리
② 고객지원자 : 행정과의 파트너십 관리
③ 전략적 컨설턴트 : 전략적 지도사업 관리
④ 관리전문가 : 지도사업 시스템 효율화

해설 ② 고객지원자 : 고객관리

28

농촌지도사업 영역별 역할 중 인적 자원 개발자의 세부역할이 아닌 것은?

① 강사(전달자)
② 교육프로그램 개발자
③ 정보제공자
④ 그룹 촉진자

해설 ③ 정보제공자는 고객지원자의 세부역할이다.

PART 10

기출문제

2020 서울시 지도사 기출문제

01

성인교육의 교수학습 전략 중 액션러닝(Action Learning)에 대한 설명으로 가장 옳지 않은 것은?

① 액션러닝은 적절한 답변보다 적절한 질문에 더 큰 비중을 둔다.

② 액션러닝은 학습한 내용을 전 조직과 개인의 삶에 적용하는 것에 의미를 둔다.

③ 액션러닝 그룹은 문제에 관심이 있는 사람, 문제에 대한 지식이 있는 사람, 그룹의 결정사항을 실행할 권한이 있는 사람 등으로 구성된다.

④ 액션러닝은 문제해결을 통해 즉각적 이익을 얻는 것에 목적이 있다.

> 해설 ④ 액션러닝은 즉각적·단기적 이익을 얻는 것이 목적이 아니라, 학습한 내용을 전 조직과 개인의 삶에 적용하는 것이다.

02

농촌 리더십 이론에 대한 설명으로 가장 옳지 않은 것은?

① 특성이론(Traits Theory)에서 어떤 개인적 자질은 리더가 리더십을 발휘하기 위하여 구비해야 할 요건 중 하나라고 본다.

② 상호작용이론(Interaction Theory)은 조직지도자, 조직구성원, 조직상황의 세 가지 요인을 동시에 고려해야 한다는 이론이다.

③ 상황이론(Situation Theory)은 특정 개인이 갖고 있는 자질보다는 조직의 목적 및 기능을 파악하고, 그것과 리더와의 관계를 규명하고자 하는 이론이다.

④ 성원이론(Follower Theory)에서 지도적 권위는 개인적 자질에 대부분 내재한다고 본다.

> 해설 ④ 성원이론은 자질론의 반박으로 제기되었다. 지도적 권위는 지도자의 개인적 자질에도 물론 내재하지만 그보다 오히려 공통적인 조직목표에 대한 광범위한 충성에서 기인하는 피지도자의 '동의의 잠재력'에 내재한다고 보았다.

03

전략적 기획에 대한 설명으로 가장 옳지 않은 것은?

① 전략적 기획은 조직의 비전과 사명, 또는 가치를 확인하고, 이를 수정 또는 보완하는 과정이 중요하다.

② 전략적 기획은 기본적으로 환경 변화에 대응하기 위한 기획이지만, 사후 상황 극복뿐만 아니라 선도적 변화를 추구한다.

③ 과거에서 현재까지의 추세에 기초해 가장 높은 미래를 가정하여 목표 달성을 추구하는 경향이 강하다.

④ 정책집행 측면에서 법령이나 지침의 제약을 상대적으로 덜 받는다.

> **해설** ③ 과거에서 현재까지의 추세에 기초하여 가장 높은 미래를 가정해 목표 달성을 추구하는 경향이 강한 것은 전통적 기획이다.

04

혁신을 창조하는 사람들의 특성 중 내외의 여러 가지 끊임없는 자극과 행동에 대하여 반응하고 적응하고자 하는 과정을 나타내는 욕구는?

① 자아규정의 욕구

② 기피의 욕구

③ 긴장해소의 욕구

④ 보상적 욕구

> **해설** ① 자기를 하나의 지속적이며 통합된 실체로 유지하려는 욕구를 말한다.
> ② 주어진 생활양식에 불만을 품는 사람일수록 현실조건의 변경으로써 새로운 사항을 창출하고자 하는 욕구를 말한다.
> ④ 원래 목적하던 바를 실패하여 욕구좌절을 당했을 때 그 보상작용의 형태에는 여러 가지가 있는데, 혁신과 관련되는 반응형식에는 우회·공격과 새로운 욕구 등을 말한다.

05

영농구조가 단순하고 영농소득을 생산에만 의존하는 농촌사회에 적용되던 농촌지도계획 방식은?

① 주체 중심 사업계획

② 객체 중심 사업계획

③ 사실 중심 사업계획

④ 종합 중심 사업계획

> **해설** Kelsey and Hearne(1967)의 미국 농촌지도계획의 수립방식
> • 주체 중심 사업계획 : 영농구조가 단순하고, 영농소득이 생산에만 좌우되던 농촌사회에 농촌지도사들이 일방적으로 수립한 농촌지도계획을 말한다.
> • 객체 중심 사업계획 : 농촌사회가 발전함에 따라 농민들의 관심 및 욕구도 다양해져 농촌지도사가 일방적으로 농촌지도계획을 수립하지 않고 농민과 함께 계획하는 농촌지도계획을 말한다.
> • 사실 중심 사업계획 : 지역사회 내는 물론 지역 외적 사실과 농업 외적 사실까지도 조사·분석하여 지도사, 농민대표, 관계기관대표 및 전문가가 함께 계획하는 농촌지도계획을 말한다.

06

농촌지도사업의 세계적 흐름에 대한 설명으로 가장 옳지 않은 것은?

① 1950년대 농촌지도사업은 국가 차원에서 농촌지도가 제도화되고 중·단기 발전계획이 수립되어 추진되기 시작하였다.

② 1970년대 농촌지도사업은 통합적 농촌개발이며 이때 농촌지도 방법으로 훈련·방문 시스템(Training & Visiting System)이 등장하였다.

③ 1980년대 농촌지도사업은 전환기로서 참여접근법이 강조되었고 여성의 생산성 증대와 생태계 보전에 대한 관심이 부각되었다.

④ 1990년대 농촌지도사업은 개별 농가에 대한 관심보다는 농촌지역을 하나의 사업단위로 고려하는 지역사회개발에 초점이 맞추어졌다.

> **해설** ④ 1960년대 농촌지도사업은 개별 농가에 대한 관심보다는 농촌지역을 하나의 사업단위로 생각하는 지역사회개발에 초점이 맞추어졌다.

07

Kaufman과 English의 지역요구 분석방법 중 Alpha 요구분석에 대한 설명으로 가장 옳지 않은 것은?

① 지역실정 분석에 대한 아무런 제약조건 없이 전면적 개혁을 목적으로 한다.

② 가장 큰 변화를 초래할 수 있지만 위험부담이 높다.

③ 현행 지도사업은 수행상 큰 문제가 없다는 전제조건 하에 현재상황과 바람직한 상황의 차이를 분석한다.

④ 요구분석의 가장 기본적인 형태이다.

> **해설** ③ Beta 요구분석은 현행 지도사업은 그 수행상 큰 문제가 없다는 전제조건 하에서 단순히 현재상황과 바람직한 상황만의 차이를 분석하는 방법이다.

08

경영범위에 따른 의사결정 유형 중 전술적 의사결정에 대한 설명으로 가장 옳은 것은?

① 주어진 자원 내에서 효율적인 배분을 찾는다.

② 통상 경영자의 직접 통제 하에 있지 않은 조직 외부의 정보를 필요로 한다.

③ 설정된 계획을 수행하는 데 필요한 작업결정을 말한다.

④ 단기적이고 직접적인 행위의 개선을 위주로 한다.

> **해설** ② 전략적 의사결정
> ③·④ 운영적 의사결정
> **전술적 의사결정**
> • 중기성의 특별한 과제에 대한 의사결정이다.
> • 주어진 자원 내에서 효율적인 배분을 찾는 것이다.
> • 조직 내부의 정보를 필요로 한다.
> • 전술적 의사결정의 책임과 집행 소재가 중간 경영층에 있다.
> • 중간관리자회의, 해외진출에 따른 최선의 대안 등이 있다.

09

성인학습자의 특성에 따른 교수 방향에 대한 설명으로 가장 옳지 않은 것은?

① 교육의 출발점을 다양하게 제시한다.
② 내재적 동기부여보다 외재적 동기부여에 초점을 둔다.
③ 학습에 대한 강화는 부적 강화보다 정적 강화가 더 효과적이다.
④ 학습의 극대화를 위해 정보를 조직적으로 제시한다.

해설 **성인학습의 교수 방향**
- 학습에 대한 강화는 정적 강화가 더 효과적(③)
- 내재적 동기부여와 능동적 참여 분위기 조성(②)
- 교육의 출발점을 다양하게 제시(①)
- 환경의 극대화를 위해 정보를 조직적으로 제시(④)
- 환경요인 고려
- 의미 있는 학습과제 제시
- 체계적인 반복 필요

10

농촌지도 실천에 적용해야 할 원리로 가장 옳지 않은 것은?

① 실용적 학습내용을 중심으로 해야 한다.
② 농촌 지역사회 내에서의 가시적 결과로써 지도해야 한다.
③ 획일적이고 주입식의 지도방법을 활용해야 한다.
④ 성인들의 자아의식을 상하게 해서는 안 된다.

해설 ③ 다양한 지도방법을 활용하여야 한다.
농촌지도실천에서 적용되어야 할 원리
- 실용적 학습내용을 중심으로 하여야 한다.(①)
- 농촌지역사회 내에서의 가시적 결과를 가지고 지도하여야 한다.(②)
- 다양한 지도방법을 활용하여야 한다.
- 지도 장소의 교육환경은 불편이 없도록 정비되어야 한다.

- 교육대상자로 하여금 그들의 경험과 의견을 표현하도록 유도하여야 한다.
- 지도대상자가 근거리에서 접할 수 있는 사례를 들어 설명하는 것이 좋다.
- 성인의 자아의식을 다치게 하거나 불편하게 해서는 안 된다.(③)
- 지도 후에 서로 교제할 수 있는 기회를 제공하는 것이 좋다.
- 성인은 학습을 즐기므로 흥미 있게 지도하여야 한다.

11

국가별 농촌지도 유형을 옳게 짝지은 것은?

① 민간주도형 – 뉴질랜드
② 학교외연교육형 – 덴마크
③ 정부조직형 – 타이완
④ 농민조합기구형 – 네덜란드

해설 ① 민간주도형 – 영국, 네덜란드, 뉴질랜드 등
② 학교외연교육형 – 미국, 스위스 등
③ 정부조직형 – 한국, 일본, 태국 등
④ 농민조합기구형 – 프랑스, 독일, 덴마크 등

12

우리나라의 근대 농촌지도사업에 대한 설명으로 가장 옳은 것은?

① 미국을 시찰하고 돌아온 보빙사의 제안으로 1884년경에 내무부 농사부 소속의 농무목축시험장이 만들어졌다.
② 1900년에 서울 필동에 설립된 잠사시험장은 정부에 의한 최초의 근대적 기술보급기관이다.
③ 1906년에 일본의 작물품종 및 기술의 적응을 시험하고, 이를 보급하기 위하여 농사시험장인 권업모범장을 뚝섬에 설치하였다.
④ 1907년에 조선농회에서 양잠강습소를 개설하여 양잠에 대한 전반적인 기술을 강의하고 실습하였다.

해설 ① 1884년 농무목시험장은 궁중과 직접 관련되어 독립기관으로 운영되었다.
③ 1906년 일본 작물품종과 기술의 적응시험 및 보급을 위하여 농사시험장인 권업모범장을 수원에 설치하고, 목포에 출장소를 설치하였다.
④ 1907년 대한부인회에서 양잠강습소를 개설하여 양잠에 대한 전반적인 기술을 강의하고 실습하였다. 조선농회는 1926년에 설립되었다.

13

국가농촌지도 접근방법으로 가장 옳지 않은 것은?

① 훈련 · 방문지도(Training & Visit Extension)
② 영농체계개발지도(Farming Systems Development Extension)
③ 전략적 지도 캠페인(Strategic Extension Campaign)
④ 교육기관에 의한 지도(Educational Institution)

해설 ② 생산자 주도 농촌지도 접근방법으로서 지도, 연구자들과 지역 농업인 또는 농업인 단체 간의 파트너십을 강조한다.

14

성인학습자의 학습이론 중 사회학습이론에 따른 인지적 과정(학습)의 4단계를 순서대로 바르게 나열한 것은?

① 주의집중 → 동기화 → 운동재생산 → 파지
② 주의집중 → 파지 → 운동재생산 → 동기화
③ 동기화집중 → 파지 → 운동재생산 → 주의집중
④ 파지 → 주의집중 → 운동재생산 → 동기화

해설 **사회학습이론에 따른 인지적 과정(학습) 4단계**
주의집중과정 → 파지과정 → 운동재생산과정 → 동기화과정

15

합의수준의 농촌지도이념에 대한 설명으로 가장 옳지 않은 것은?

① 농촌주민과 함께 인간 개개인의 발전과 행복을 추구한다.
② 농업과 농촌발전을 통한 국가발전을 지향한다.
③ 세계와 인류의 발전을 지향한다.
④ 농촌지역사회의 희생을 바탕으로 국가발전을 추구한다.

> 해설 **농촌지도사업이 지향하는 이념**
> • 농촌주민의 소득증대와 복지증진
> • 국가발전과 복지사회 건설
> • 농업과 농촌발전을 통한 국가발전(②)
> • 농촌주민(인간 개개인)의 발전과 행복추구(①)
> • 세계와 인류의 발전 지향(③)

16

혁신의 의사결정과정 및 수용자 범위에 대한 설명으로 가장 옳지 않은 것은?

① 혁신의 의사결정과정 중 관심단계는 혁신사항에 대한 설득기능을 담당한다.
② 혁신의 의사결정과정에 참여하는 사람이 많을수록 수용률은 감소하게 된다.
③ 혁신에 대한 조기수용자의 지배적 가치관은 존경이라 할 수 있으며, 지역적인 성격을 가진다.
④ 혁신에 대한 조기수용자는 후기수용자에 비해 소규모 조직에 속해서 일하는 경우가 많다.

> 해설 ④ 혁신에 대한 후기수용자는 조기수용자에 비해 소규모 조직에 속해서 일하는 경우가 많다.

17

농촌지도의 기본성격 중 교육적 성격에 대한 설명으로 가장 옳은 것은?

① 지도대상자가 학습경험을 가질 때 비로소 농촌지도 목표에 도달할 수 있다.
② 모든 의사결정은 지도대상자에게 달려 있으며, 그 책임도 지도대상에게 있다.
③ 농촌주민, 지역사회 및 국가의 목적들은 상호 간 상보적 관계를 유지해야 한다.
④ 농촌지도기구가 독자적으로 농촌지도(교육)사업을 전개할 수 없는 것은 아니다.

> 해설 ② 민주적 성격
> ③ 균형적 성격
> ④ 협동적 성격

18

협동자조 농촌지도 접근법에 대한 설명으로 가장 옳은 것은?

① 교육과 정보를 하향식으로 전달하며, 농가소득 증진을 최우선으로 한다.
② 교육 및 기술이 단독으로 전파되어서는 아무런 효과가 없다고 강조한다.
③ 경제적인 측면의 양적 발전보다는 인간적인 측면의 질적 발전을 더 강조한다.
④ 수혜자가 비용의 일부분을 담당해야 그 지도의 효과가 크다고 강조한다.

> 해설 ① 일반농촌지도 접근
> ② 농촌종합개발 접근
> ④ 비용분담 접근

19

우리나라 4-H 운동에 대한 설명으로 가장 옳은 것은?

① 1990년 이후 4-H 운동은 농촌개발을 위한 중견 농업인 양성에 목표를 두고 있다.

② 영농 4-H회는 첨단농업기술지도로 후계영농주를 육성하는 데 목표를 두고 있다.

③ 일반 4-H는 초급영농과제이수로 농심을 함양하는 데 목표를 두고 있다.

④ 정부 추진 청소년 운동으로의 전환을 위하여 2007년에 「한국4에이치활동 지원법」이 제정되었다.

> 해설 ① 1947~51년 4-H 운동은 농촌개발을 위한 중견 농업인 양성에 목표를 두고 있다.
>
> ③ 학생 4-H는 초급영농과제이수로 농심을 함양하는 데 목표를 두고 있다.
>
> ④ 정부의 지원하에 민간 추진 청소년 운동으로의 전환을 위하여 2007년에 한국4에이치활동 지원법이 제정되었다.

20

농촌지도자(농촌 리더) 및 여론지도자(오피니언 리더)에 대한 설명으로 가장 옳지 않은 것은?

① 농촌지도자는 공식적 지도자일 수도 있고, 비공식적 지도자일 수도 있다.

② 여론지도자는 일반농민에 비해 광역지향적이며, 높은 사회적 지위를 가지고 있다.

③ 집단구성원들에 의해 선출된 농촌지도자와 존경받는 전통적 지도자는 공식적 지도자에 해당된다.

④ 사회관계 측정법은 농촌집단에서 여론지도자를 발굴하는 효과적인 방법으로 알려져 있다.

> 해설 ③ 집단구성원들에 의해 선출된 농촌지도자는 공식적 리더에 해당하고, 존경받는 전통적 지도자는 비공식적 리더에 해당한다.

농촌리더의 유형

공식적 리더	• 선출된 리더 : 집단이 민주적 방식에 의해 선출한 지도자(例 영농회장, 부녀회장 등) • 임명된 리더 : 정부기관이나 공공단체에서 하향적으로 임명한 지도자(例 이장, 새마을지도자 등)
비공식적 리더	선거나 임명이 없어도 집단이나 부락에서 커다란 영향력을 지닌 사람(例 오피니언 리더, 전통적 리더, 자원지도자 등)

참고문헌

1. 김경덕 · 김정호 · 김종선, "농업 생산 · 경영 구조의 변화와 전망 : 2000 · 2005 · 2010 농업총조사 분석", 한국농촌경제연구원 2012

2. 김성수 · 김진모 · 주대진, "미국 · 일본 · 네덜란드의 농업연구와 지도체계 고찰", 한국농촌지도학회 2010

3. 김진모, "일본, 미국, 네덜란드 농촌지도사업의 동향과 시사점", 한국농업교육학회 2008

4. 김진모 · 주대진 공저, "전략적농촌지도론", 서울대학교출판문화원 2014

5. 농림축산식품부(2014), "농업전문인력 육성 기본계획"

6. 마상진, "선진 농업국의 농업교육 정책동향 및 우수사례 분석", 농촌경제연구원 2008

7. 마상진 · 박성재 · 김강호, "농림수산식품 인력육성정책 진단 및 발전방안 연구", 한국농촌경제연구원 2011

8. 박태식 외, "신제 농촌지도론", 향문사 1997

9. 장면주, "일본의 지도사업과 농촌지역개발사업의 영향분석 : 이와테현, 오이타현, 구마모토현의 현 지사례를 중심으로", 10. 한국농촌지도학회 15 (15) : 621~658, 2008

10. 장사원, "컨셉 농촌지도론", 서울고시각 2019

11. 장종익, "미국농업연구체계의 발전 : 공공부문의 적응과정을 중심으로", 한국농촌경제연구원 32 (32) : 57~83, 2009

12. 정준용, "미국의 농촌지도사업 추진체계 및 활용방안 조사", 농촌진흥청 2004

13. 정철영 · 이용환 · 나승일, "21세기 지식기반 농업을 위한 농업인력 육성 방안", 서울대학교 농업생명과학대학 2002

14. 지방농촌진흥기관 발전기획단, "일본의 농촌지도사업", 농촌진흥청 2006

15. 최민호, "농촌지도론", 서울대학교 출판부 1995

16. 최정섭, "해외농업 시리즈 2 : 농업강국 네덜란드의 농업 교육", 한국농촌경제연구원 2007

17. Piet Rijk, "네덜란드 농업정책의 변화와 미래과제", 한국농촌경제연구원 2008

좋은 책을 만드는 길
독자님과 함께하겠습니다.

도서에 궁금한 점, 아쉬운 점, 만족스러운 점이
있으시다면 어떤 의견이라도 말씀해 주세요.
시대인은 독자님의 의견을 모아 더 좋은 책으로 보답하겠습니다.

www.sidaegosi.com

2022 농촌지도사 농촌지도론 핵심이론 합격공략

개정2판1쇄 발행	2022년 01월 07일 (인쇄 2021년 08월 24일)
초 판 발 행	2020년 01월 10일 (인쇄 2019년 11월 07일)
발 행 인	박영일
책 임 편 집	이해욱
저 자	SD공무원시험연구소
편 집 진 행	박종옥 · 노윤재 · 한주승
표지디자인	박수영
편집디자인	박지은 · 윤준호
발 행 처	(주)시대고시기획
출 판 등 록	제 10-1521호
주 소	서울시 마포구 큰우물로 75 [도화동 538 성지 B/D] 9F
전 화	1600-3600
팩 스	02-701-8823
홈 페 이 지	www.sidaegosi.com
I S B N	979-11-383-0412-2 (13520)
정 가	29,000원